高等院校研究生教学丛书·教育部研究生工作办公室推荐

木材科学

（第三版）

主　编　李　坚

副主编　陆文达　刘一星

编　委　李　坚　陆文达　刘一星
安玉贤　方桂珍　王金满
崔永志　王立娟　吴玉章
李大纲　罗建举

主　审　葛明裕　彭海源

科学出版社

北　京

内 容 简 介

本书重点阐述了木材的解剖、化学、生物、物理、力学和环境学特性及其与加工利用和人类生活的关系；介绍了木材改性、木材与林产品检测、木材科学保存、制造新型木材、现代波谱分析和计算机视觉在木材科学中的应用技术及最新进展；评说了我国的林木资源及当今世界木材科学研究等内容。

本书可供高等院校和科研院所的木材科学与技术专业研究生学习使用，也可供家具与室内学、木质环境学、木材保护学、木材功能改良学、森林经营学等专业（研究方向）的研究生，以及工程技术、科学研究、木材贸易、企业生产与管理等方面的人员学习与参考。

图书在版编目(CIP)数据

木材科学/李坚主编. —3 版. —北京：科学出版社，2014. 6
（高等院校研究生教学丛书・教育部研究生工作办公室推荐）
ISBN 978-7-03-041107-5

Ⅰ. ①木…　Ⅱ. ①李…　Ⅲ. ①木材学-研究生-教材　Ⅳ. ①S781

中国版本图书馆 CIP 数据核字(2014)第 129151 号

责任编辑：吴美丽 / 责任校对：蒋　萍
责任印制：赵　博 / 封面设计：迷底书装

科学出版社出版
北京东黄城根北街 16 号
邮政编码：100717
http://www.sciencep.com
北京凌奇印刷有限责任公司印刷
科学出版社发行　各地新华书店经销
*
2014 年 6 月第 三 版　开本：787×1092　1/16
2025 年 1 月第三次印刷　印张：30 1/4
字数：793 000
定价：135. 00 元
（如有印装质量问题，我社负责调换）

第三版前言

木材科学是研究木质化了的天然材料与衍生产品，以及为木质材料的加工利用和森林经营管理技术提供科学依据的一门生物的、化学的和物理的科学。

近些年来，木材科学研究取得了日新月异的进展，其研究内容越来越多地与其他学科交融渗透，综合拓展，并且注重先进性与应用性；其研究方法越来越广阔，分析和测试手段越来越先进，所获取的木材科学知识也越来越丰富；无疑，也将为提高木材和林产品的加工利用水平，实现农林生物质的低碳加工和高附加值利用，改善我国现有林的经营管理技术，提供越来越多的科学可靠的新理论、新思维和新方法。

面向 21 世纪，森林被公认为是保障地球前途、维持人类生存的重要因素，人们已意识到以破坏环境为代价谋取发展是一条危险之路，因此要求林业工作者要站在新的高度，用新的观念和新的原则来规划 21 世纪的林业建设。其中，木材科学是木材和林产品加工、综合利用的基础，同时也为森林的集约经营、优化林木材质和改善人类生存环境服务。木材是人类最先注意到，也是最先利用的物质之一，与人类和环境息息相关。因此，木材科学研究要面向未来，面向世界前沿，不断创造新理论和发展新技术、高技术，并使之应用于工业生产和林业建设，为驱动我国森林资源的高产、优质、高效和可持续发展发挥应有的作用。

为了 21 世纪木材科学事业的繁荣昌盛，与相关学科同仁悉心合作编著此书，由李坚教授主编，葛明裕和彭海源教授主审。此书经国务院学位委员会学科评议组召集人会议审定，入选为教育部研究生工作办公室推荐的研究生教学用书。

全书共 12 章。第 1 章和第 5 章由李坚编写；第 2 章由安玉贤、崔永志编写；第 3 章由李坚、王立娟(3.3.4)编写；第 4 章由刘一星、方桂珍编写；第 6 章由陆文达编写；第 7 章由陆文达、李坚(7.5)编写；第 8 章由刘一星编写；第 9 章由方桂珍、吴玉章(9.6)编写；第 10 章由李坚、李大纲、王立娟、吴玉章编写；第 11 章由王金满编写；第 12 章由罗建举编写。

限于水平，不妥之处在所难免，恳请读者不吝指正。

编　者

2013 年 6 月于哈尔滨

第二版前言

[illegible]

目　录

第1章 我国的林木资源

森林与人类息息相关，没有森林就没有人类。森林被认为是保障地球前途、维持人类生存的重要因素。它有助于保持水土，对农业起着重要的支持作用，成为绿色的屏障；有助于改善局部和全球的气候，降低碳含量，缓解气候的急剧变化；有助于美化城市和乡村，满足人类娱乐和游憩的需要；有助于满足人类对粮食、能源、木材、纤维材料及林特产品的需要，为经济贸易提供重要产品；有助于维持对保持生物多样性有重要意义的森林生态系统。森林是陆地生态系统的主体，是陆地上最大的可再生资源库、生物质能源库、生物基因库，也是陆地上最大的“储碳库”和最经济的“吸碳器”。

森林中一切对人类产生效益的物质都属于森林资源的范畴。其中，人类最先注意到，也是最先开始利用的物质之一便是木材资源。人类的生存依靠着森林所提供的各种财富，而木材便是其中最重要的财富之一。

木材是大自然的杰作。与人类生活相伴，展现了朴实幽雅的品质，价值无与伦比。祖先学会了钻木取火，秦始皇用木材修造阿房宫，现代建筑的精雕细刻，都表明中国文化与木材有着紧密的联系。随着生活质量的提高，人们越来越希望在他们生活的空间中更多地使用木材和木制品。木材具有天然的生态学属性和独特的环境学品质，是绿色环境和人体健康的贡献者。

1.1 我国林木资源形势

我国政府高度重视林业工作，始终把林业发展和生态建设放在重要战略位置。其制定了一系列关于全面推进现代林业建设的政策或规定，并得到了认真贯彻执行，实现了科学发展。随着国家林业重点工程的稳步推进，林业体制、机制的不断创新，森林资源管理的有力加强，中国森林资源呈现出快速增长的良好态势，林业的生态产品、林产品和生态文化产品的供给能力逐步增强，林业应对气候变化的能力明显提高，为发展现代林业、建设生态文明、推动科学发展奠定了坚实的基础。

新中国成立以来，自1973年开始曾先后完成了7次全国森林资源清查。为准确掌握近几年来我国森林资源变化情况，国家林业局根据《森林法》、《森林法实施条例》的有关规定，于2004～2008年组织开展了第七次全国森林资源清查工作。

清查结果显示，全国森林面积1.95亿hm^2，居世界第5位；森林覆盖率20.36%，活立木总蓄积149.13亿m^3，森林蓄积137.21亿m^3，居世界第6位；人工林保存面积0.62亿hm^2，蓄积19.61亿m^3，人工林面积继续居世界首位；森林植被总碳储量78.11亿t，年生态服务功能价值10.01万亿元。与第六次清查结果相比，我国森林面积净增2054.30万hm^2，森林覆盖率上升了2.15%，森林蓄积净增11.23亿m^3。其中，天然林面积净增393.05万hm^2，天然林蓄积净增6.76亿m^3；人工林面积净增843.11万hm^2，人工林蓄积净增4.47亿m^3；乔木林每公顷蓄积量增加1.15m^3，每公顷株数增加57株，混交林比例上升了9.17%，森林资源质量稳步提高。

中国森林资源发展变化经历了过量消耗、治理恢复、快速增长的过程。新中国成立之初到

20世纪70年代末，从国家建设需要出发，其首要任务是生产木材，森林资源曾一度出现消耗量大于生长量的状况。20世纪80年代以后，坚持“以营林为基础，普遍护林，大力造林，采育结合，永续利用”的方针，森林资源保护和造林绿化工作得到了加强，到20世纪90年代初，实现了森林面积、蓄积双增长，但生态环境恶化趋势没有得到根本扭转。

进入新世纪，林业建设步入以生态建设为主的新时期，扎实推进了林业的各项改革，全面实现了林业重点工程建设，持续加强森林资源保护和管理，中国森林资源快速增长。

我国地域辽阔，自然地理和气候条件复杂，孕育了物种丰富、类型多样的森林资源。拥有从热带雨林到温带针阔叶混交林和寒温带针叶林多种森林生态系统，具有高生物多样性，这些为使我国林业实现高产、优质、高效和可持续发展提供了优越的条件。与其他国家或地区相比，我国的森林资源具有森林分布广、树木种类繁多和木材品质良好等特点，但也存在一些不足之处。

1.1.1　稀有和名贵树种多

我国是世界上森林树种最多的国家，特别是珍贵稀有树种。据我国植物学家统计，我国有种子植物2万余种，其中属于森林树种的有8000余种。在这些树种中，仅乔木就有2000多种，而材质优良、树干高大通直、经济价值高、用途广泛的乔木树种有千余种。针叶类的松、杉树种，是北半球的主要树种。全球约有30属，而我国就有20属，近200种，其中有8个属为我国特有。这8个特有属是水杉属、银杉属、金钱松属、水松属、台湾杉属、油杉属、福建柏属和杉木属。阔叶树种更为丰富，有200属之多，其中许多是我国特有树种，如珙桐属、杜仲属、喜树属、香果树属和瘿椒树属等。

在种类繁多的树种中，有很多珍贵稀有树种，如水杉、铁杉、油杉、红豆杉、白豆杉、台湾杉、金钱松、陆均松、水松、雪松、竹柏、福建柏、珙桐、山荔枝、香果树、瘿椒树、紫檀、黄檀、格木、蚬木、樟树、楠木、红松、梓树、水青冈、榉树、柚木、轻木、铁力木、黄杨、天目木姜子、苦梓、桃花心木、花榈木、青皮、坡垒、红椿、海南木莲、青钩栲、木荷、核桃楸、水曲柳、黄菠萝、杉木、树蕨等。它们都是建筑、桥梁、车船、家具和工艺雕刻上不可缺少的良材美木。

国外早已绝迹而在我国独存的珍贵树种有银杉、银杏、水杉等。银杉是世界上极其珍贵稀有的孑遗植物，经第四纪冰川的浩劫，仅在我国西南部的冰川空隙地带幸存下来，被誉为“植物中的大熊猫”，是世界上独一无二的罕见珍宝。

1.1.2　竹林资源广阔分布

我国是世界上竹类分布最广、资源最多、利用最早的国家之一，有竹子99类40属400余种。

竹林四季常青、鞭根发达、生长速度快、繁殖能力强，具有很高的生态、经济和文化价值。竹林具有涵养水源、保持水土、调节气候、净化空气、减少噪音等方面的功能；竹材作为木材的替代和补充材料，广泛用于建筑、交通、造纸、家具和工艺品制造等诸多领域；竹笋还是人们烹饪佳肴的膳食材料；竹子在中华文字、绘画艺术、工艺美术、园林艺术、民俗文化的传承和发展中起着重要的作用。中国竹文化历史悠久，素有“竹子王国”之美誉。我国的竹子资源大致可分为三大竹区：一为黄河、长江之间的散生竹区，主要竹种有刚竹、淡竹、桂竹、黄条金刚竹等；二为长江、南岭一带散生型和丛生型混合竹区，竹种以毛竹类为主，也有散生型刚竹、水竹、桂竹和混合型苦竹、箬竹及丛生型慈竹、硬头黄竹、凤凰竹等；三为华南一带丛生型竹区，主要竹种有撑篙竹、青皮竹、麻竹、粉单竹、硬头黄竹和茶秆竹等。我国的竹材加工工业已研制出多种竹制产品,包括竹丝板、竹纤维板、竹碎料板、竹编胶合板、竹材胶合板、竹材层积板、竹木复合板、竹(拼花)地板、竹材模板等人造板产品,还有竹筷、竹席、竹牙签、竹梭等竹制品。我国竹林资源的开发利用对实现以竹代木、以竹养木具有重要意义。全国竹林面积538.10万hm^2,其中毛竹林386.83万hm^2,杂竹林151.27万hm^2;竹林分布在19个省(自治区、直辖市),其中竹林面积30万hm^2以上的有福建、江西、浙江、湖南、四川、广东、安徽、广西8省(自治区),合计占全国的88.64%。

1.1.3 经济林木非常丰富

经济林是我国森林资源的重要组成部分,为工农业生产和人们日常生活提供了丰富的粮油食品、干鲜果品、香料调料、木本药材及原料产品,对改善生态环境、调整农业结构、保障粮食安全、增加农民收入、促进区域经济发展发挥着重要作用。

根据用途不同,将经济林分为果树林、食用原料林、林化工业原料林、药用林和其他经济林等类型。经济林面积2041.00万hm^2,其中果树林1111.67万hm^2,食用原料林545.71万hm^2,林化工业原料林184.97万hm^2,药用林37.67万hm^2,其他经济林160.98万hm^2。果树林和食用原料林面积较大,分别占54.47%和26.74%。广西、云南、湖南、广东、辽宁、江西、陕西、浙江等省(自治区)经济林面积较大,8省(自治区)合计1123.34万hm^2,占全国的55.04%。果树林较多的省(自治区)有广东、广西、河北、山东、陕西、福建、辽宁、云南、浙江,9省(自治区)合计占全国的61.13%。

我国特用经济林,不仅种类多,而且很多属于我国特有。在众多的特用经济林中,主要树种有:漆、白蜡树、油桐、乌桕、橡胶树、栓皮栎、杜仲、茶、桑、花椒、八角、肉桂、黑荆、枸杞、黄连木等。

1.1.4 红树林资源独特

红树林资源结构复杂,树种多样,具有独特的生态功能,被人们称为“海上卫士”。

20世纪90年代,国家林业局制定了《中国21世纪议程林业行动计划》,发布了《中国林业可持续发展国家报告》,把红树林的可持续经营列入了重要议事日程,建立了25处红树林自然保护区,加强了红树林资源保护。

根据2001年全国红树林资源调查结果,红树林资源各地累计总面积8.28万hm^2。其中,红树林面积2.20万hm^2,占总面积的26.6%;红树林未成林地面积0.19万hm^2,占2.3%;宜林地面积5.89万hm^2,占71.1%,红树林具有较大的发展空间。红树林主要集中在广东、广西、海南、福建、浙江5省(自治区)。

此外,中国的灌木林分布广、面积大。全国灌木林面积5365.34万hm^2,占全国林地面积的17.66%。灌木林主要分布在西南和西北各省(自治区),其中西藏、四川、内蒙古、新疆、云南、甘肃、青海和广西等省(自治区)面积较大,8省(自治区)合计占全国的75.28%。

灌木耗水量小、耐干旱、耐风蚀、耐盐碱、耐高寒,具有很强的复壮更新和自然修复能力,是干旱、半干旱地区的重要造林树种。在乔木树种难以生长的高山、湿地、干旱、荒漠地区形成的稳定灌木群落,其生态防护效益非常显著。在我国生态脆弱的西部地区,保护和发展灌木林资源对改善生态环境、促进区域经济发展、增加当地农民收入具有重要的意义。

1.1.5 森林资源尚有不足

与世界其他各国和地区森林资源相比较，我国森林资源主要有以下不足。

(1) 森林资源少，覆盖率低。我国森林资源的绝对量是可观的，在世界上占有一定地位，人均森林资源却显得十分贫乏(表 1-1)。

表 1-1　世界部分国家森林资源主要指标

国家	森林面积		森林蓄积		人均森林面积		人均森林蓄积		森林覆盖率	
	$\times 10^3 hm^2$	序号	$\times 10^6 hm^3$	序号	hm^2/人	序号	m^3/人	序号	%	序号*
全球	3 952 025		434 219		0.624		68.542		30.3	
中国	195 452	5	13 721	6	0.145	144	10.151	112	20.36	139
俄罗斯联邦	808 790	1	80 479	2	5.663	13	563.52	8	47.9	49
巴西	477 698	2	81 239	1	2.673	29	454.57	13	57.2	34
加拿大	310 134	3	32 983	4	9.721	5	1 033.89	5	33.6	91
美国	303 089	4	35 118	3	1.033	50	119.65	35	33.1	95
澳大利亚	163 678	6	—	—	8.135	6	—	—	21.3	137
刚果民主共和国	133 610	7	30 833	5	2.439	31	562.90	9	58.9	30
印度尼西亚	88 495	8	5 216	8	0.407	96	23.97	84	48.8	47
秘鲁	68 742	9	—	—	2.495	30	—	—	53.7	42
印度	67 701	10	4 698	10	0.063	178	4.35	124	22.8	129
瑞典	27 528	22	3 155	15	3.064	26	351.14	15	66.9	20
日本	24 868	23	4 249	13	0.195	126	33.26	71	68.2	18
芬兰	22 500	25	2 158	23	4.314	16	413.81	14	73.9	12
加蓬	21 775	27	4 845	9	15.848	4	3 526.20	3	84.5	7
法国	15 554	36	2 465	19	0.259	114	41.09	62	28.3	116
越南	12 931	41	850	45	0.157	141	10.35	109	39.7	71
德国	11 076	47	—	—	0.134	148	—	—	31.7	100
挪威	9 387	56	863	44	2.049	32	188.35	21	30.7	105
新西兰	8 309	60	—	—	2.046	34	—	—	31	103
韩国	6 265	69	502	60	0.130	149	10.43	108	63.5	25
朝鲜	6 187	70	395	68	0.272	111	17.37	91	51.4	45

资料来源：根据联合国粮农组织《2005 年全球森林资源评估报告》分析整理

* 各国的数据按多少排序的序号

—无相关数据

森林资源总量不足。我国森林覆盖率只有全球平均水平的 2/3，排在世界第 139 位；人均森林面积 0.145hm^2，不足世界人均占有量的 1/4；人均森林蓄积 10.151m^3，只有世界人均占有量的 1/7。全国乔木林生态功能指数 0.54，生态功能好的仅占 11.31%，生态脆弱状况没有根本扭转。生态问题依然是制约我国可持续发展最突出的问题之一，生态产品依然是当今社会最短缺的产品之一，生态差距依然是我国与发达国家之间最主要的差距之一。

(2) 森林资源分布不均衡。受自然条件和社会经济发展状况的影响，我国现有森林主要分布于年降水量≥400 mm 的东北、西南、东南和华南地区。在我国辽阔的西北地区、内蒙古中西部、西藏大部，以及人口稠密、交通方便和经济发达的华北和长江及黄河中下游地区，森林资源分布较少(表 1-2)。

表 1-2 全国各省(自治区、直辖市)森林资源主要指标排序

统计单位	森林覆盖率		林地面积		森林面积		森林蓄积		活立木总蓄积		经济林面积		天然林面积		天然林蓄积		人工林面积		人工林蓄积		乔木林单位面积蓄积量	
	%	序号	万 hm^2	序号	万 hm^2	序号	万 m^3	序号	万 m^3	序号	万 hm^2	序号	万 hm^2	序号	万 m^3	序号	万 hm^2	序号	万 m^3	序号	m^3/hm^2	序号
全国	20.36		30 590.41		19 545.22		1 372 080.36		1 491 268.19		2 041.00		11 969.25		1 140 207.18		6168.84		196 052.28		85.88	
北京	31.72	15	101.46	29	52.05	28	1 038.58	28	1 291.29	28	16.40	24	16.32	26	466.96	26	35.65	26	571.62	26	29.20	30
天津	8.24	29	14.22	30	9.32	30	198.89	30	277.01	30	3.86	28	0.44	30	12.06	30	8.88	28	186.83	28	36.43	28
河北	22.29	19	705.37	18	418.33	19	8 374.08	22	10 183.91	22	91.08	12	167.02	17	4 135.48	24	212.27	14	4 238.60	17	29.06	31
山西	14.12	23	754.58	17	221.11	25	7 643.67	23	8 846.96	23	45.38	18	115.21	23	5 804.72	22	102.74	22	1 838.95	24	44.33	24
内蒙古	20.00	21	4 394.93	1	2 366.40	1	117 720.51	5	136 073.62	5	19.78	22	1 397.13	2	110 146.56	5	303.91	7	7 573.95	10	70.02	11
辽宁	35.13	12	666.28	20	511.98	17	20 226.85	17	21 174.91	17	122.24	5	200.55	16	12 927.51	17	283.03	9	7 299.34	12	55.98	16
吉林	38.93	10	848.73	14	736.57	12	84 412.29	6	88 244.21	6	8.99	26	586.79	7	74 817.39	6	148.94	19	9 594.90	8	116.15	4
黑龙江	42.39	9	2 184.16	4	1 926.97	2	152 104.96	4	165 191.60	4	14.34	25	1 691.29	1	138 585.30	4	235.68	12	13 519.66	4	79.53	10
上海	9.41	28	7.46	31	5.97	31	100.95	31	275.20	31	2.28	29	—	—	—	—	5.97	29	100.95	31	29.69	29
江苏	10.48	25	128.64	28	107.51	27	3 501.75	26	5 022.59	26	29.46	20	3.36	29	93.92	29	104.15	21	3 407.83	20	47.04	20
浙江	57.41	3	667.97	19	584.42	14	17 223.14	18	19 382.93	18	112.52	8	316.98	14	11 214.86	18	267.44	10	6 008.28	16	43.76	25
安徽	26.06	18	439.40	23	360.07	20	13 755.41	20	16 258.35	20	56.85	14	150.08	19	6 732.19	20	209.87	15	7 023.22	14	50.79	18
福建	63.10	1	914.81	13	766.65	11	48 436.28	7	53 226.01	7	101.29	9	407.47	12	28 834.73	9	359.18	5	19 601.55	1	85.57	9
江西	58.32	2	1 054.92	11	973.63	7	39 529.64	9	45 045.51	9	120.33	6	681.76	6	28 794.82	10	291.87	8	10 734.82	7	51.46	17
山东	16.72	22	342.12	25	254.46	24	6 338.53	24	8 627.99	24	98.34	11	10.08	27	136.43	28	244.38	11	6 202.10	15	40.60	27
河南	20.16	20	502.02	22	336.59	21	12 936.12	19	18 051.16	19	51.13	16	119.20	22	5 456.00	23	217.39	13	7 480.12	11	45.65	21
湖北	31.14	17	822.01	16	578.82	15	20 942.49	15	23 121.55	15	55.68	15	411.49	11	16 734.70	15	167.01	18	4 207.79	18	41.24	26
湖南	44.76	8	1 234.21	7	948.17	8	34 906.67	10	38 177.20	10	158.21	3	483.49	10	18 888.34	12	464.04	3	16 018.33	3	48.05	19
广东	49.44	6	1 073.07	9	873.98	9	30 183.37	13	32 160.74	13	130.46	4	346.84	13	18 662.94	13	503.18	2	11 520.43	6	44.47	22

续表

统计单位	森林覆盖率		林地面积		森林面积		森林蓄积		活立木总蓄积		经济林面积		天然林面积		天然林蓄积		人工林面积		人工林蓄积		乔木林单位面积蓄积量	
	%	序号	万 hm^2	序号	万 hm^2	序号	万 m^3	序号	万 m^3	序号	万 hm^2	序号	万 hm^2	序号	万 m^3	序号	万 hm^2	序号	万 m^3	序号	m^3/hm^2	序号
广西	52.71	4	1 496.45	6	1 252.50	6	46 875.18	8	51 056.78	8	196.96	1	517.88	8	29 747.20	8	515.52	1	17 127.98	2	58.11	15
海南	51.98	5	208.73	26	176.26	26	7 274.23	24	7 940.93	25	90.53	13	50.97	24	6 043.84	21	125.29	20	1 230.39	25	86.42	8
重庆	34.85	13	400.18	23	286.92	23	11 331.85	21	13 803.63	21	19.24	23	137.59	21	8 823.64	19	76.20	24	2 508.21	21	62.25	12
四川	34.31	14	2 311.66	4	1 659.52	4	159 572.37	2	168 753.49	3	99.56	10	897.77	4	146 211.28	3	415.65	4	13 361.09	5	136.94	3
贵州	31.61	16	841.23	16	556.92	16	24 007.96	14	27 911.53	14	48.05	17	259.39	15	15 289.58	16	199.86	16	8 718.38	9	60.31	13
云南	47.50	7	2 476.11	3	1 817.73	3	155 380.09	3	171 216.68	2	166.51	2	1 321.56	3	148 120.22	2	326.77	6	7 259.87	13	105.51	6
西藏	11.91	24	1 746.63	5	1 462.65	5	224 550.91	1	227 271.36	1	0.60	30	838.38	5	224 440.17	1	3.36	31	110.74	30	266.96	1
陕西	37.26	11	1 205.80	10	767.56	10	33 820.54	11	36 144.16	11	116.11	7	503.38	9	31 789.41	7	183.27	17	2 031.13	22	59.65	14
甘肃	10.42	26	955.44	18	468.78	18	19 363.83	17	21 708.26	16	25.71	21	158.46	18	17341.45	14	80.77	23	2 022.38	23	90.73	7
青海	4.57	30	634.00	22	329.56	22	3 915.64	26	4 413.80	27	0.36	31	31.42	25	3 621.46	25	4.44	30	294.18	27	110.30	5
宁夏	9.84	27	179.03	29	51.10	29	492.14	29	625.93	29	4.45	27	5.16	28	306.02	27	10.38	27	186.12	29	44.38	23
新疆	4.02	31	1 066.57	13	661.65	13	30 100.54	13	33 914.50	12	34.30	19	141.79	20	26 028.00	11	61.75	25	4 072.54	19	177.86	2
台湾	58.79	—	210.24	—	210.24	—	35 820.90	—	35 874.40	—	—	—	—	—	—	—	—	—	—	—	—	—
香港	17.10	—	1.92	—	1.92	—	—	—	—	—	—	—	—	—	—	—	—	—	—	—	—	—
澳门	21.70	—	0.06	—	0.06	—	—	—	—	—	—	—	—	—	—	—	—	—	—	—	—	—

资料来源：全国森林面积含国家特别规定的灌木林新增面积，各省(自治区、直辖市)森林面积含国家特别规定的灌木林面积；台湾地区数据来源于《第三次台湾森林资源及土地利用调查(1993 年)》；香港特别行政区的森林面积来源于香港环境资源顾问有限公司 2003 年在香港特区政府持续发展组的委托下编写的《陆上栖息地保护价值评级及地图制》；澳门特别行政区数据来源于《澳门 2006 年统计年鉴》，森林面积为总绿化面积，该森林覆盖率指绿化面积占土地面积的比例；全国经济林面积、天然林面积和蓄积、人工林面积和蓄积、乔木林单位面积蓄积量不含香港特别行政区、澳门特别行政区和台湾地区数据

从森林资源绝对量来看，各省、区、直辖市差异也很大。我国森林资源总的分布特点是边疆省区多、内地少；经济发达、人口众多的地区少，经济落后、人烟稀少的地区多；东北和西南地区较集中。

(3) 用材林多，防护林少。各林种比例不够合理，同充分发挥森林资源多种效益的要求是不适应的。

(4) 森林资源质量不高。乔木林每公顷蓄积量85.88m^3，只有世界平均水平的78%，平均胸径仅13.3cm，人工乔木林每公顷蓄积量仅49.01m^3，龄组结构不尽合理，中幼龄林比例依然较大。森林可采资源少，木材供需矛盾加剧，森林资源的增长远不能满足经济社会发展对木材需求的增长。

我国现有森林资源的质量，同世界上林业发达的国家相比，其主要差距是：林业用地中有林地所占比例小；单位面积蓄积量低；森林生长率不高。因此，须采取多种有效措施，提高林地用地的利用率，加强现有森林经营管理，提高森林生产力，从而提高森林资源质量，实现可持续发展。

1.2　资源保护与合理利用

1.2.1　资源保护与发展

中国林业主管部门国家林业局森林资源管理司发布的“第七次全国森林资源清查及森林资源状况”，文中显示了第六次全国森林资源清查(1999～2003年)与第七次清查时间间隔5年，我国森林资源发生了重要变化，其主要特点是：①森林面积蓄积持续增长，全国森林覆盖率稳步提高；②天然林面积蓄积明显增加，天然林保护工程区增幅明显；③人工林面积蓄积快速增长，后备森林资源呈增加趋势；④林木蓄积生长量增幅较大，森林采伐逐步向人工林转移；⑤森林质量有所提高，森林生态功能不断增强；⑥个体经营面积比例明显上升，集体林权制度改革成效显现。

总之，第七次全国森林资源清查结果充分显示了我国林业建设取得的巨大成就，同时也深刻揭示出森林资源保护和发展工作中面临的一些问题，如森林资源总量不足、生态脆弱状况没有根本扭转、森林资源质量不高、林地保护管理和造林难度大等。

针对这些具体问题，国家林业局提出了森林资源保护与发展的8项措施：①加快推进造林绿化，稳步增加森林资源总量；②全面加强森林经营，着力提升森林质量和效益；③扎实推进集体林权制度改革，激发森林资源发展动力；④加大依法治林力度，保障森林资源安全；⑤坚持科技兴林，增强森林资源可持续发展能力；⑥加强森林资源管理基础建设，提高森林资源保护管理水平；⑦大力增加森林固碳总量，提高林业应对气候变化能力；⑧积极开展国际合作与交流，提高我国林业的国际影响力。

为实现我国森林资源保护发展目标和具体要求，各林业部门、生产企业和广大林业工作者应该继续坚持“严格保护、积极培育、科学经营、持续利用”的森林资源方针，着力推进现代林业建设和森林资源的可持续发展。

1.2.2　资源的合理利用

世界木材生产量在逐渐下降，主要原因是易于获得的针叶材和阔叶材的大量消耗及来自环境保护方面的限制，使木材供应来源逐渐减少，而受影响最严重的是那些传统的木材生产区。与此相反，木材的需求量却在明显增加，并且随着世界人口的增加，木材消耗量也越来越大。我国人均木材消耗量仅为世界人均消耗量的1/3。若达到世界人均消耗水平，这是我国现有森林资源所不能满足的。因此，保护好现有的森林资源，合理利用有限的资源和挖掘资源潜力，提高木材的综合利用率加工质量，是缓解木材供需矛盾的重要举措。

1. 充分利用采伐和加工剩余物

要充分利用林区的采伐、造材和木材加工剩余物，大力生产木片，开展小材小料加工，发展人造板生产。木片是造纸、纤维板和刨花板生产的原料。利用采伐和加工剩余物及小径木、枝丫材生产木片，发展造纸和人造板工业，在国际上被称为"速效林业"，已成为林产品国际贸易的大宗商品。

现在，应该利用当前多数林业局原木计划产量调减、运材能力过剩的条件，迅速扩大木片生产。组织和协调有关部门，解决阻碍木片发展速度的诸多因素，如木片的长途运输和贮存问题，木片的价格、税收和销售渠道等问题，以促进木片生产的大发展。

2. 加强技术改造，提高原木加工质量

除少部分直接以原木形式利用外，绝大部分原木都要经过锯割加工之后才能利用。因此，制材加工质量和技术水平，对木材能否得到合理利用，提高木材利用率有着极为重要的影响。

① 实行规范化管理。一定要分树种、等级、材长和径级进锯，结合需要制订生产计划，"按户供料"、"专料专用"。根据各用材单位的锯材数量及质量要求，制定好主副产品搭配的作业计划，按时、保质、保量完成。学习制材先进技术，不断提高锯材质量，力争达到锯材不用刨光经过砂光就可使用的程度。

② 加强对制材企业的技术改造。对制材企业技术改造，要以提高产品质量、木材利用率及经济效益为中心，应根据原木的树种、径级范围、质量状况、产品要求，使产品定向化，使锯机设备专门化，向专业化制材方向发展；试制高精度、高张紧度锯机，强化对旧设备的维修和改造，因地制宜地制定制材工艺，提高制材工人素质和技术水平。

③ 注重木材的预干燥。木材干燥是制材产品结构改革范围内必须考虑的问题，也是对制材传统产业技术改造的一个重要方面。经过预干燥使木材达到运输含水率(20%)的要求，在贮运过程中减少变形、开裂或霉变等。

④ 改进锯材包装。关键在于解决包装技术和制定木材包装标准，以保证经数次装卸和长途运输而不开裂、翘曲、损坏和遗失。以往这样的损失约占材积的5%。

⑤ 加强制材技术的科学研究、技术开发，培育和引进高新技术。

3. 提高人造板质量，扩大人造板应用领域

目前，我国人造板工业企业生产规模小，设备陈旧，工艺落后，产品质次价高，品种单一，用途较少，因而造成我国木材的综合利用率只有50%～60%，而且纤维板和刨花板的产品质量、品种、规格等都不能满足广大用户的要求。另外，由于技术结构不合理，不配套，人造板的胶黏剂、表面加工及应用技术还未配套发展，用途较窄，主要用于家具生产。

应该消化吸收和用好引进的人造板生产和二次加工设备与技术，不断开发新产品，发展深加工，迅速提高人造板质量，扩大使用范围；对现有企业进行挖潜改造，调整产品结构，使人造板生产继续发展。此外，还应该发展胶合木，开发小径材的重组木生产。

4. 强化木材保护

木材经防腐、防虫、阻燃、尺寸稳定化等防护处理后，可提高和改善使用功能，延长使用寿命，节约大量维修用材和费用。这是节约木材的重要措施，对森林资源贫乏的我国尤为重要。40多年来，我国铁道部门推广使用防腐木材，按使用寿命延长4倍计算，为国家节约木材近1亿 m^3。但是，我国木材防护工作与发达国家差距很大，今后应该提高认识，采取有力措施，加强木材防护工作的组织领导，制定对木材保护的有关规定，提高木材干燥生产能力，提高木材防腐厂生产能力。在木材过夏贮存期间进行科学保管和防腐、防蛀、防变形、防霉等处理，进一步加强木材防护技术的研究、开发和应用，如研制高效、低毒、多品种及“一剂多效”的防腐剂，改进防腐处理技术，提高木材防腐质量。

5. 节约建筑用材

我国基本建设耗用木材数量很大，由于计划外基本建设项目增多，用材量可能达到原木产量的20%。根据我国森林资源亟须保护的局面，木材计划产量还要进一步调减，很难满足建筑上的需求。因此，对建筑用木材必须贯彻合理利用、综合利用和节约利用的方针，加强领导，强化管理，理顺建筑用材管理体制。继续倡导节约木材，养成自觉节约木材的风气，不仅要小材大用，次材优用，而且还要大力开拓人造板材在建筑中的应用以替代实体木材，从而增加建筑用木材供应量，满足社会需要。

6. 加强速生林木材性质及加工利用研究

采取集约经营方法，抓紧营造一批速生丰产林，使之成为新的商品材基地，这是缓解今后木材供需矛盾的主要措施。我国速生树种主要有杨树、桉树、泡桐、杉木、落叶松和马尾松等。这些树种木材材性变异性很大，要加强对这些速生材材性和加工工艺的研究，根据木材质量和径级大小分层次加工利用；根据不同树种木材的材质和材性，适树适用，并采取科学处理方法对速生材进行改良，做到合理利用和充分利用。也可根据用途需要营造短周期工业用材林，根据材性变异规律，准确确定成熟期，实现适材适用。

7. 重视阔叶材资源开发与利用

在我国森林资源中拥有相当数量的阔叶林，特别是南方的所谓“杂木”，在储木场大量积压，造成降等变质，只好作为等外材廉价处理，有的废弃在山场或作烧柴用，使这一大宗资源未能得到应有的加工利用。全国阔叶林蓄积量占总蓄积量的45.5%，要利用好这将近一半的森林资源。

8. 改变消费结构，大力节约薪材

薪材是我国木材消费的重要方面。据中国能源研究会统计，全国每年薪材就消耗森林资源1.4亿 m^3，约占森林资源消耗量的一半。另据林业部门估算，薪材年消耗量为5000万～7000万 m^3，约占森林资源消耗量的1/3，相当于全国木材计划产量。薪材主要是农村民用能源，占农村能源消耗的34%左右，城镇也有大量消耗。在有条件的地方，应积极推广以煤代木，以电、沼气、太阳能代木，可节约一部分薪材，使之转为纤维板、刨花板或制浆造纸的原料。另外，我国有大片的宜林荒山荒地，应鼓励和保护农民营造薪炭林，作为民用能源。此外，凡不能用做工业的木材废料，如锯末、树皮等，可研究制成压缩燃料。

9. 实现木材资源的高效利用

通过增加科技含量，注意渗入和融合高新技术，研制高附值的新型材料，实现低质材的有效利用，大力发展木材工业、林产化学工业，使木材资源利用向高效率、多功能和智能化方向发展。通过木材深加工，提高产品质量及利用水平，使其利用效益相当于大幅度地增加了工业用木材产量。

10. 重视非木质森林资源的多效利用

注重研究和开发利用林地上的全部生物量，比如，研究经济林栽培与加工利用技术，研究开发新的植物资源，研究树木抽提物的深加工技术等。总之，充分开发和利用大自然赋予人类的野生动植物资源，生产多种多样的绿色产品，为人类造福。

11. 促进景观森林资源利用

森林资源的利用，除木材资源和非木材森林资源利用外，景观森林资源利用也是其重要组成部分。目前以森林旅游为主体的景观森林资源利用处于起步阶段，还有很大的发展潜力。

要综合考虑林业诸多方面的效益，不能仅考虑木材生产的需要，必须考虑林业对环境的作用，甚至对民族文化的影响等。森林作为景观成分，其影响力将越来越大。可以这样认为，林业以森林为基础而扩展，开始将森林不仅作为一个木材生产基地，而且作为景观体系中最大的自然生态系统、基因库、生物多样性基地以及物质和能量拦蓄坝等来进行研究和应用开发的时代已经到来。

在景观森林资源利用中，城市森林与森林旅游是其核心内容。城市森林景观，包括旅游景观均属于景观森林资源范围的内容。

城市森林的发展前景是广阔的。一是城市人口逐年增加。二是能源危机。由于发展中国家城市及其周围居民的缺柴量越来越大，其对周围森林的破坏也越来越重，这自然成为城市森林将要解决的问题之一。三是资源短缺。在众多短缺资源中，水和能源是城市资源危机的关键因素，发展城市森林可以在很大程度上缓解这一危机。四是城市环境污染。这主要表现在噪声污染、空气污染和水体污染。

不言而喻，通过发展城市森林解决或控制上述问题，不论是生态效益、经济效益，还是社会效益都将是十分明显的。

从人类生活、生存的高度出发，把森林引入城市，让城市坐落在森林中，建城先造林，城市与森林共存，人类与森林共存，是当今城市建设的方向，也是城市林业的发展方向。要巩固和扩大城市绿地，需继续植树造林，提高城市绿化水平。

上述情况体现了我国发展城市森林的可能性和必要性。而城市森林及城市森林景观是景观的重要组成内容之一，故我国城市森林化的趋势也体现了我国景观森林资源需求的必要性。

森林旅游，特别是广义上的旅游与景观森林资源的利用有着紧密联系。因为景观系统所具有的多种功能主要表现在两个方面：其一是景观作为生态系统的能源和物质循环的载体，它与社会物质文化系统紧密相关，是景观生态学研究的主要方向；其二也是最易被忽视的一个方面，是它作为社会精神文化系统的信源而存在。可以这样说，旅游，包括森林旅游，较好地表现了景观的这两大功能。

12. 实行林业保护政策

为使森林资源高速、优质、高效和可持续发展，要认真贯彻林业保护政策和借鉴国外先进经验，做到：①林业决策者必须懂得林业要持续生存和发展，必须首先保护森林内部的生态关系；②国家必须对工业进行统一治理，把大气污染降至森林能承受的程度，否则森林和林业不能生存；③林业所产为“生态产品”，效益向社会外溢，是一项社会福利事业，因此国家必须给予林业发展优惠政策及落实各种扶持措施；④林业要达到世界先进水平，必须首先保护和恢复天然林，遵循自然规律，合理经营天然林。我国制定的“天然林资源保护工程”计划，对林业建设和发展将具有重大意义和深远的影响。

综上所述，采取这些有效措施，加之国家采取的对策，既可合理利用有限的森林和生物资源，保护生态环境，又可缓解木材供需矛盾，为国民经济持续、稳定、协调发展起到积极促进的作用。

1.2.3 农林业生物质或废弃物资源的高值利用

在国民经济稳健发展和新工业技术革命前行的今天，我国政府十分重视中国经济社会发展方式由高碳经济向低碳经济的转变。低碳经济之所以受到世界各国的普遍关注，与全球环境问题的日益突出有着密切的关系。

为顺应低碳经济发展的需要，须用新的理念、新的技术、新的方法规划、设计和创新我国农林生物质及其废弃资源的科学加工和合理利用途径。

1. 生物质的特征

生物质原本是生态学专业用来表示生物量（即生物现存量）的专业词汇。生物质超越生态学用语范围，变成含有“作为能源的生物资源”意义是在石油危机以后。由于当时大力提倡替代能源，生物质的定义被广泛定义为“蓄有太阳能的各种生物体的总称”，另外一种被广泛接受的定义是“一定累积量的动植物资源和来源于动植物资源的废弃物的总称（不包括化石资源）”。据此，生物质可泛指以二氧化碳通过光合作用产生的可再生资源为原料，生产使用后，能够在自然界中被微生物或光降解为水和二氧化碳或通过堆肥作为肥料再利用的天然聚合物。它们的主要化学组分与木材相同或相似，是由纤维素、半纤维素和木质素组成的天然有机复合体，是具有众多细胞组成的生物结构。其不仅包括木材、竹材、农作物、海藻等本原型农林水产资源，而且包括纸浆废物、各种草本禾本植物的根茎、各种作物秸秆（稻秸、麦秸、麻秆、棉秆、芦苇秆、玉米秆、高粱秆、甘蔗秆）、工业纤维素基废弃物（如蔗渣、废旧棉花、废旧报纸）等。

生物质具有以下特征。

(1) 可再生(renewable)。生物质是在光和水作用下可以再生的唯一有机资源。但是，如果利用量超过其再生量（生长量、固定量），就会造成资源枯竭，因此可再生的前提是通过种植林木或养殖水生动物等措施填补利用掉部分。

(2) 可存储性与替代性(storable and substitutive)。因为生物质是有机资源，所以将生物质材料转化为液体或气体燃料等产品而存储起来作为可持续发展资源是解决当前能源紧缺可能途径之一，其中液体或气体燃料部分替代化石资源是发展方向。

(3) 巨大的存储量(abundant)。由于森林树木的年生长量巨大，相当于全世界一次性能源的7～8倍，实际可以利用的量按该数据的10%推算，可以满足能量供给的要求。因此，生物质除了储备能源以外，更有流通能源的意义。

(4) 碳平衡(carbon neutral)。生物质燃烧释放的 CO_2 可以再生时予以重新吸收和固定，因此不会破坏地球的 CO_2 平衡。近年来，政府间气候变化专门委员会(Intergovernmental Panel on Climate Change，IPCC)、联合国气候变化框架公约缔约国大会(The United Nations Framework Convention on Climate Change，the Conference of States Parties FCCC-COP，通称 COPx，$x=3\sim7$)所提倡的减轻气候变暖的对策为大量利用生物质，其根据就在于此。

根据农林业生物质及废弃物的特点和性质可以确定这些生物质及废弃物的利用适于遵守“4R”守则，即 Reduce、Reuse、Recycle 和 Recovery。

Reduce—减少用量。例如，选择双面影印与打印，并采用电子通信方式，从而减少用纸量。

Reuse—重复使用。例如，将包装物料(如纸箱、胶袋等)重复使用，要求供应商收回包装材料，清洁或修缮后反复使用，不要用一次就丢弃；重复使用某些设备零件与装置，以及修补家具等，以减少制造废物。

Recycle—循环使用或重制再用。其是指收集本来要废弃的材料，分解再制成新产品，或者是收集用过的产品，清洁、处理之后再出售。就是把使用过的物品经过再一次处理后成为新的产品，像再生纸、再生玻璃，就是最好的例子。

Recovery—回收再用。其主要指回收能源或改变其化学性质再利用。可从垃圾中找回可利用的资源，经处理后再用。例如，猪、牛等动物的排泄物可以制成肥料或燃料。

出自于要减少污染的最终目的，也有人认为“3R”和“4R”还不够完全，应该增加 Repair 和 Refuse。Repair(再修复)也就是要重视维修保养，延长物品使用寿命。Refuse(拒绝使用)拒用无环保观念产品。例如，拒用一次性筷子。因为要消耗竹材或木材，而且一次性筷子并不卫生，运送过程加入防腐剂，制程中加入二氧化硫或双氧水漂白，长期使用可能影响身体健康。拒用塑料袋。塑料袋曾经被称为万年垃圾，很难在自然界中分解。

上面所描述的用于环境保护的“4R”守则，其目的是将污染减到最低程度，同时又充分利用废弃物资源。农林业生物质或废弃物的开发利用须遵循上述守则，其收益是提高资源的综合利用率，有利于环境保护和可持续发展。

2. 生物质废弃物资源状况

我国现有森林、草原和耕地面积 41.4 亿 hm^2(2006 年统计)，理论上的生物质资源量每年可在 650 亿 t 以上，生物质资源丰富。其中农作物秸秆、林木采伐和木材加工剩余物约为 9 亿 t，工业利用率不足 20%，而国外科技发达国家已在 90%以上。另外，我国竹类资源丰富，占世界的 3%，现有竹林 484.26 万 hm^2，每年都有大量竹材废弃物产生。我国可年产 300 万 t 以上的虾、蟹类，加工过程中的废弃的虾、蟹壳等约占 30%。我国纸张年消费为 9173 万 t，废纸纸浆利用却不到 3000 万 t，大部分被废弃。废旧木材及其制品(家具、地板、枕木、一次性木筷等)数量巨大，每年在 3000 万 m^3 以上，其总量超越 2004 年我国商品木材产量的一半。如果将这些源于木材的废弃资源加以有效利用，等于在短期内营造出一片“隐形森林”。在这些生物质废弃物中含有大量的纤维素、半纤维素、木质素、粗蛋白等有机物质，科学处理后可以获得许多工业原料或化学品，或者转化成新的生物质能源。废弃物不是不可用的废物，而是宝贵的生物质资源的一部分，我国是个农业大国，如果将全部的生物质废弃物资源充分利用，无疑将创造巨大的财富，在改善民生和生态环境方面将发挥重大作用，具有深远的现实意义。以科技创新驱动未来生物质产业发展，从战略高度审视我国生物质产业发展的现状和问题，前瞻性地开展生物质废弃物的高值利用战略研究，对实现循环经济和建立节约型社会具有重大的推动作用。

在欧美一些国家，政府要求对回收木材实行二次加工处理，作为高质量的二次原料加以利用。作为成熟技术，多年来，废旧木材已用于人造板生产原料，有的刨花板厂甚至100%用废旧木材生产。我国在废旧木材回收利用领域还处在起步阶段。我国的木材综合利用率较低，约为60%，而科技发达国家已高达90%，因此急需采用各种新方法、新技术、新途径，对这些宝贵的资源予以合理加工和高效利用。

废旧木材与废旧木制品的循环利用不仅可以缓解木材供需矛盾，而且更重要的意义在于，将这些资源巨大的废弃物通过科学的加工，形成新的产品或材料，有利于原本储存的碳素进一步重新固定、封存，以保持固碳减排，减少温室效应，保护人们赖以生存的居住环境。

废弃木质材料被国外称为“第四种资源”，是倒在地上的森林。对它的利用符合循环经济的发展趋势，即组成“资源－产品－再生资源”的物质反复和循环流动。各国政府已经开始采取行动，美国有27个州用减免税收的做法鼓励和促进对回收物品的使用。德国政府规定，各木材加工企业都要做到生产的产品在使用期满后能回收，作为原料循环利用。我国政府也开始重视材料的循环利用问题，对资源综合利用企业和废弃物资回收企业给予相应的优惠政策。

3. 生物质或废弃资源的高附加值利用

生物质种类繁多，形态各异，依据其形态、尺寸、性质及用途需要，其开发利用途径也多种多样。着眼于科学研发的前瞻性、综合性和战略性，总结其主要途径如下。

(1) 制造刨花板和纤维板等人造板材。人造板中的刨花板和纤维板的工业化生产已经有60多年，其工艺技术已相当成熟。它的作用之一在于弥补了实体木材体积与性能上的局限性，并使尽可能多的人享受到有限的木材资源。$1m^3$ 人造板可替代 $3m^3$ 原木生产的板材，而生产 $1m^3$ 人造板只需 $1.5m^3$ 左右的木材原料。大力发展人造板工业是解决木材短缺的重要措施之一，而人造板行业同样面临原料短缺的问题。

人造板是将大体积木材分解成碎料或纤维状小单元，然后再使其重新结合形成大幅面板材或特殊形状制品。废弃木质材料虽然形态多变、材质不均，但经适当处理后都可以分解到最小单元，非常适合于制造刨花板或纤维板等多种人造板材。

随着技术水平的不断提高，针对原料特性开发的各种新型人造板将不断涌现，对废弃木质材料的利用率会更好，某些工艺有可能更为简化，如高温、高湿和高压条件下大块木料的再结合，省去原料分解工序；而另一些工艺则更先进，如融入纳米技术制造功能型人造板产品等。

(2) 制备木质系碳素新材料。木质炭化物的高效开发利用对解决废弃物资源化、环保、生态环境等问题将起到十分积极的作用。木质系碳素材料主要包括：木质吸油材料、高导电性材料、保鲜材料、保健材料、土壤改良材料、二氧化钛/炭复合材料和木陶瓷等。

木质炭化物具有吸着性、耐磨性、吸光性、隔热性和较强的反应性等优良特性。随着科技发展，近年来其新用途、新材料的研究开发十分广泛，具有较为广阔的发展前景。这一系列材料具有环境保护功能。

① 木质吸油材料。油船、油罐泄漏事故和工厂含油污废水的排放等，对海水及河水造成严重的污染，不仅浪费资源，还危及海洋生物，严重破坏了生态环境。为此，人们对开发油的回收处理技术越来越迫切。尤其是海湾战争后，研究步伐明显加快。随着环保要求的提高，对工

业排放废油的限制更加严格,因而吸油材料在环保方面的应用将越来越广泛。

以日本北海道林产试验场的研究人员为代表,人们利用间伐材和旧纸板,研究开发出可有效改善海洋环境污染的木质吸油材料。首先将间伐材加工成木片状,再进行解纤,即分离帚化纤维,旧纸板也经处理成纤维状,然后在一定温度下炭化,该炭化物可吸附重油 13.4～25.0 kg/kg。该木质吸油材料的特点是制法简单易行,无需使用水和任何有机溶液,不存在废液污水处理问题。且使用后的吸油材料用普通烧结炉烧掉或再利用均可。炭化物可采用无纺布装成袋或与纸浆一起抄成纸板状,或与热融性纤维混合后,干燥、热压成片状。

② 二氧化钛/炭复合材料。光催化和纳米技术是近 20 年发展起来的新研究领域,玉川等将木粉与二氧化钛混合均匀,压制成型,然后将成型物在炭化炉中于 500～1000℃下炭化制成二氧化钛/炭复合材料,用于吸附污染物及中间产物吸附而使污染物完全净化。

③ 木陶瓷。木陶瓷是基于“利用废弃材料,创生高性能新材料”的思想而开发出的一种新材料,由木质材料浸渍热固性树脂后,在隔绝空气的条件下,经高温烧结而形成的一类木质基多孔炭材料。原料来源广泛,木材、竹材、中密度板等人造板,以及蔗渣、米糠等其他木质纤维类材料均可作为木质陶瓷的原料。

木质陶瓷是一种功能材料,木质陶瓷中包含着由木材炭化得来的软质无定形炭和由树脂炭化得来的硬质玻璃炭,具有多种优异的性能。耐高温、耐摩擦、耐酸碱腐蚀、强重比高,经加工后可替代传统陶瓷,可用作电极、发热体、电机炭刷、刹车衬里、耐腐蚀材料、绝热材料、过滤材料和电磁屏蔽材料等。

(3) 制造各类复合材料。将两种或两种以上性质不同的材料复合在一起,能够获得具有新的优异性能的复合材料。根据复合材料理论,在能够形成良好界面层的前提下,两种材料性能差别越大,其复合所产生的效果越好,也即复合效应越大。利用废弃木材和金属、塑料等性质差异很大的非木质材料能够制备木材/金属复合材料、木材/塑料复合材料等新型复合材料。木材/金属复合材料不仅基本保留了木质材料的优异性能,而且根据需要可以被赋予防静电、防电磁辐射等的功能,在计算机房装饰等应用领域有重要用途。木材/塑料复合材料不仅可以利用废旧木材,而且也是废旧塑料制品或包装材料(俗称“白色污染”物)能够高效再利用的新途径。与实体木材或木质人造材相比,木塑复合材料的突出优点是不易吸湿变形、不易开裂起毛及不易腐朽和遭虫蛀等,发展前景广阔。此外,还可将废旧木质材料与废旧轮胎(橡胶)复合,试制木材/橡胶复合材料或模压成型为其他产品。既减少了“黑色垃圾”的污染,又提高了废弃资源的利用率。

① 木材/金属复合材料。木材/金属复合材料是将木材以某种形态与金属单元复合在一起形成的一种新型复合材料。物理法复合工艺是先对金属材料的表面进行活化处理,然后制成木材纤维与金属纤维(或金属网或金属箔或金属粉)复合的中密度纤维板。其关键技术是解决木材与金属的界面相容性及金属的腐蚀问题。化学法复合工艺是利用定向的氧化-还原反应,在木材表面沉积金属或合金镀层的过程,该法也称为化学镀或不通电镀。木材/金属复合材料具有很高的电磁屏蔽功能和抗静电功能,可广泛用于国家信息安全机构、驻外机构和高级人才住所等保密机构的建设,银行、保险公司、通信公司等需要信息保密的商业机构的机房装修及大型精密仪器的保护等场所。

② 木材/聚合物复合材料。通常称其为木塑复合材(WPC)。20 世纪 60 年代初期,其加工过程是选择具有不饱和双键的单体注入实体木材,然后采用辐射法或触媒加热法或其他方法,使有机单体与木材组分产生接枝共聚或均聚物形成复合材料;从 20 世纪 90 年代开始,其

研发重点是以木材等生物质纤维作为填充或增强材料，以热塑性聚合物（包括废旧塑料）为基体，经熔融挤出复合而制成木塑复合材料。这种新型材料兼有木材和塑料的双重优点，与环境友好，综合性能优越。有意义的是制造 WPC 的原料，可以取之于木材加工剩余物和废弃塑料，以此提高木材综合利用率，且减少“白色垃圾”对环境的污染。

③ 木材/无机纳米复合材。木材与无机纳米材料复合形成木质基无机纳米复合材。木材是一种天然有机高分子聚合物的复合体，将无机物纳米粒子弥散于木材基体中的纳米复合材的制备方法主要有：纳米微粒直接分散法、原位复合法、插层复合法、溶胶-凝胶法和分子自组装技术等。选择具有不同特性的有机质调控的纳米粒子制备形成的木材/无机纳米复合材会产生许多新的、奇特的性能。例如，在木材与纳米碳酸钙复合时经不同的有机质控制可得到具有疏水、疏油、超疏水（油）的系列功能性材料；通过溶胶-凝胶法制成的 SiO_2、TiO_2 的木材/无机纳米复合材料具有良好的力学强度、阻燃性和尺寸稳定性；木材经无机纳米表面修饰后所形成的这类复合材料可将无机物的刚性、尺寸稳定性、热稳定性与木材的韧性、加工性、介电性及独特的环境学特性融为一体，从而产生许多特异的性质。

④ 木质基废旧橡胶复合材料。据记载，我国每年所需的 70%的天然橡胶和 40%以上的合成橡胶均需进口，而我国废旧轮胎等类物质的循环利用率仅为 20%左右。据统计，我国 2010 年废旧轮胎高达 2.56 亿条，数量巨大，这些废而不用的废旧轮胎及胶管、胶带、胶鞋等造成了严重的“黑色污染”。木质基/橡胶复合材料能够以小径木、间伐材和加工剩余物与废旧橡胶为原料，选择适宜的胶黏剂和热压工艺参数而制造出木材刨花（木材纤维）/废旧橡胶复合材料，这种复合材料具有良好的防水、防腐、防静电、隔音、隔热和阻尼减震等多种性能。

(4) 转化形成生物质能源。生物质能是由植物的光合作用固定于地球上的太阳能，最有可能成为 21 世纪主要的新能源之一。据估计，植物每年储存的能量约相当于世界主要燃料消耗的 10 倍；而作为能源的利用量还不到其总量的 1%。这些未加以利用的生物质，其绝大部分由自然腐朽分解和人为燃烧将能量和碳素释放，回到自然界中。至今，世界上仍有 15 亿以上的人口以生物质作为生活能源。生物质燃烧是传统的利用方式，热效率低下，污染严重。通过生物质能转换技术可以高效地利用生物质能源，生产各种清洁燃料，替代煤炭、石油和天然气等燃料，生产电力。而减少对石化能源的依赖，减轻能源消费给环境造成的污染。

生物质能源是最安全、最稳定的能源，而且通过一系列转换技术，可以形成不同品种的能源，如固化和炭化可以生产固体燃料，气化可以生产气体燃料，液化和植物油可以获得液体燃料。专家预测，生物质能源将成为未来持续能源的重要部分，到 2015 年，全球总能耗将有 40%来自生物质能源。目前，世界各国，尤其是发达国家，都在致力于开发高效、无污染的生物质能利用技术，保护本国的矿物能源资源，为实现国家经济的可持续发展提供根本保障。

许多国家都制定了各具特色的生物质能源开发研究计划，并具有各自的技术优势。其主要凝聚在以下几个方面。

① 生物质热裂解气化。早在 20 世纪 70 年代，一些发达国家，如美国、加拿大、欧共体诸国，就开始了生物质热裂解气化技术研究与开发。到 80 年代，美国有 19 家公司和研究机构，加拿大有 12 所大学的实验室在开展生物质热裂解气化技术的研究；菲律宾、马来西亚、印度、印度尼西亚等国家也先后开展了这方面的研究。芬兰坦佩雷电力公司在瑞典建立一座废木材气化发电厂，装机容量为 60MW，产热 65MW。瑞典计划在巴西建一座装机容量为 20～30MW 的发电厂，利用生物质气化、联合循环发电等先进技术处理当地产量丰富的蔗渣资源。

② 生物质液体燃料。以生物质为原料生产液体燃料，包括乙醇、植物油等，可以作为清洁

燃料直接代替汽油等石油燃料。巴西是乙醇燃料开发应用最有特色的国家，到 1991 年，乙醇产量达 130 亿 L，乙醇燃料已占汽车燃料消费量的 50%以上。1996 年，美国可再生资源实验室已研究开发出利用纤维素废料生产乙醇的技术，由美国哈斯科尔工业集团公司建立了一个稻壳发电示范工程：年处理稻壳 1.2 万 t，年产乙醇 2500t，年发电量 800 万 kW · h。

③ 生物质压缩成型固体燃料。采用生物质压缩技术可使固体农林废弃物压缩成型，制成可替代煤炭的压块燃料。例如，美国曾开发了生物质颗粒成型燃料；泰国、菲律宾和马来西亚等第三世界国家发展了棒状成型燃料。

我国政府和主管部门对生物质能源转化非常重视，自"八五"以来，在国家五年计划中连续将生物质能源作为国家重大研究项目。利用农作物秸秆和谷壳等废弃物，研究开发了大型生物质气化发电技术，利用含有纤维素的农林废弃物通过稀酸水解与发酵技术制取乙醇燃料等。在 21 世纪，将全面地充分地利用农林生物质及废弃资源，以优质的生物质固体燃料、液体燃料和可燃气等多品种的能源产品部分取代化石燃料，解决我国的能源短缺和环境污染问题。

（5）生物质纳米纤丝化纤维素与木质气凝胶。

① 生物质纳米纤丝化纤维素的开发与利用。生物质纳米纤丝化纤维素是指由纤维素晶胞所组成的纤维状聚集体，包括纤维素基元原纤丝，直径为 2～50nm。纳米纤丝化纤维素力学性能优异，理论上其杨氏模量可达 150GPa，而且来源广泛，对棉花、木竹、麻、蔗渣、细菌纤维素、被囊动物、秸秆、树皮、椰壳、废纸浆等进行酸解、碱解、酶解或机械处理等，均可得到生物质纳米纤丝化纤维素。其制备方法主要有两种。A. 机械法。采用高强度冲击、振动或高压精磨处理进行纤维素分离而得到径级为纳米尺度的纤维素纤丝；主要包括高压冲击法、高压乳化法、精磨/胶磨法、高速剪切法、冷冻压碎法、超声法和高压均质处理等。B. 化学法与机械法结合处理。先用化学法预处理，脱除细胞壁物质中的半纤维素和木质素，然后再饱水状态下可利用高强度精磨机等机械法进行处理。

迄今，国内外研究者对纳米纤丝化纤维素的制备方法仍然在进行着诸多试验的尝试，旨在寻求一种简便、快捷和无污染、低成本的方法制备出长径比高、结晶度高和网络交联密度高的纳米纤丝化纤维素，以供高附加值的工业化利用。

生物质纳米纤丝化纤维素的本源是生物质材料，具有良好的生物相容性、无毒且具有较大的比表面积，较高的力学强度。自其出现以来，科研工作者们对这种新兴纳米材料的应用做了大量探索工作。Turbak 等将其用于食品和化妆品中，提高食欲和吸附皮肤表面杂质。生物质纳米纤丝化纤维素作为增强相在许多聚合物基体中有着广泛的应用。Chakraborty 等分别将生物质纳米纤丝化纤维素分散到聚乙烯醇(PVA)中制备了 PVA/生物质纳米纤丝化纤维素复合材料并对其进行了分析表征，生物质纳米纤丝化纤维素均匀分布于 PVA 中，其杨氏模量和力学强度有较大提高，但聚合物强度提高并不与生物质纳米纤丝化纤维素的添加量成正比，同时经对其热稳定性检测发现，复合材料的热稳定性也会随着纳米纤丝含量的增加而略有提高。Yano 等将生物质纳米纤丝化纤维素与聚乳酸(PLA)复合，经过模压成型制备了 PLA/生物质纳米纤丝化纤维素复合材料，研究结果发现，生物质纳米纤丝化纤维素在力学性能与热学性能上对 PLA 起到了很好的增强作用，其特殊的网状缠结结构对 PLA 也起到了很好的增韧效果，PLA/生物质纳米纤丝化纤维素复合材料的杨氏模量、储存模量、热延展性、拉伸强度及断裂应变均随纳米纤丝含量的增加而增加。Hendrickson 等对使用生物质纳米纤丝化纤维素胶体与三聚氰胺树脂进行复合制备了生物质纳米纤丝化纤维素增强的三聚氰胺树脂复合材料，并对该复合材的结构及力学性能进行了分析表征，研究认为生物质纳米纤丝化纤维素能均匀分散于三聚氰胺树脂中，主要是由于生物质纳米纤丝化纤维素表面富含羟基与三聚氰胺树脂发生了化学结合，使得二者界面结合非常牢固，从而有效增强了三聚氰胺树脂的力学性能，经检测可知这种半透明的复合材的拉伸弹性模量可达16.6GPa，拉伸强度达142MPa。Lu等在生物质纳米纤丝化纤维素丙酮溶液中加入环氧树脂，经超声分散后在固化剂的作用下浇铸成膜，可得到生物质纳米纤丝化纤维素掺杂的环氧树脂薄膜，所制备的环氧树脂/生物质纳米纤丝化纤维素复合材具有良好的机械性能。Nakagaito等制备了尿醛树脂(PF)/生物质纳米纤丝化纤维素复合材料，经检测其性能和强度可达到商业镁合金的水平，但具有更低的密度，可适用于航空、航天等对材料强度需求较高的领域。López-Rubio等制备了淀粉/生物质纳米纤丝化纤维素复合薄膜材料，该薄膜具有良好的力学性能。Seydibeyoğlu等将生物质纳米纤丝化纤维素添加到聚氨酯中，经研究发现生物质纳米纤丝化纤维素增强的聚氨酯复合材的杨氏模量可提高5倍以上。考虑到纤维素纳米纤丝具有较低的热膨胀系数及尺度优势，Nogi、Fukuzumi等利用生物质纳米纤丝化纤维素制备了高透光性的纳米纤丝化纤维素薄膜，除具有较好的力学强度外，在柔性显示器、光电器件、气体阻隔膜、可生物降解包装材料等领域也有较大的潜在应用。此外，一些科研工作者还将纳米纤丝化纤维素与一些导电聚合物如聚吡咯复合制备可折叠的导电薄膜材料及柔性电极材料，从而拓宽了纳米纤丝化纤维素的用途，提高了生物质纤维素的附加值，也为高值化发展新型纳米纤丝化纤维复合材料提供了新思路。

② 木材全组分制备木质气凝胶。新型的纤维素气凝胶类材料大致可分为三类：纤丝化纤维素形成纳米纤丝后形成的柔性纤维素泡沫材料，溶剂溶解纤维素后，在反溶剂中再生形成高质量高比表的凝胶和细菌纤维素直接生成的凝胶。除去要求较为苛刻的细菌纤维素外，前两种通常使用的已经是制备好的纤维素，虽然制备方法简单，但是前期在纤维的分离净化、纤维素的提纯方面仍需要许多化学加工。尤其是第一种纤维素纤丝的制备更是需要大量的化学药品将生物质资源中的半纤维素和木质素反复净化，操作繁琐、耗能费时。近年来，许多报道研究了一些有利于提取纤维素的预处理方法，如机械处理、生物处理、2,2,6,6-四甲基哌啶氧自由基(TEMPO)表面氧化、超声或其中两种方法相结合。这些预处理方法都需要一些特殊的条件，如高温、高压或特殊设备。因此，若能将木质纤维素在最少的步骤中直接制备成新型的气凝胶材料，且性能与高性能纤维素气凝胶相媲美，将会省去许许多多的化工进程与能耗，更重要的是，能将生物质资源中大量的木质素和半纤维素分子利用在这种新材料中。因此，若能在工作介质中将生物质组分分子直接再生成气凝胶材料，且使其性能能与纤维素气凝胶相媲美，将是生物质气凝胶材料的一大革命。因为不但充分利用了生物质材料中的各种组分，同时开发出的材料将和纤维素气凝胶一样，可以被广泛地用于组织工程、控释系统、血液净化、传感器、农业、水净化、色谱分析、超级高效隔热隔声材料、生物医药，还可在高效可充电电池、超级电容器、催化剂及载体、气体过滤材料、化妆品等有广阔的应用前景。

在研究中，李坚等首次利用1-烯丙基-3-甲基咪唑氯盐离子液体为介质，原位合成超轻木质气凝胶，采用冻融法制备木材全组分气凝胶的工艺流程是：木粉＋离子液体→溶液→冷冻→溶解→再生→溶解置换→超临界干燥→气凝胶。首先，运用冻融(freezing-thawing，FT)技术，使木质凝胶化即将木材/离子液体溶液在－20℃降温，在室温下融化，并重复数次。其次，冻融过程中形成的分子间氢键和微晶区作为交联点，因此整个过程中不需添加任何交联剂，且生物质凝胶可以通过临界点二氧化碳干燥而不会塌陷。生物质材料的气凝胶，是用气体取代高分子凝胶网络中的溶剂制得的。利用木材各组分大分子上的大量羟基，成功制备出由相互交缠的纤维素和其余大分子间形成氢键的物理交联气凝胶。生成的木质凝胶被赋予了足够强度，以保证在溶剂置换过程中凝胶结构不会倒塌，在强度提升的同时也增加了材料的适用性。

采用液氮超低温冷冻木材/离子液体溶液，使木质气凝胶具有了可调整的均一介孔和比表面积（高达 $80m^2/g$）。胶凝的物理方法是将木材/离子液体溶液在低于溶液熔点的温度（−20℃和−196℃）和室温间反复冻融，整个过程不需要添加任何交联剂。FT 作为控制各组分分子相互交联的重要手段，不同的 FT 次数和冷冻温度影响了气凝胶的密度、形貌结构、结晶度和热稳定性。液氮快速冷冻和缓慢解融可以有效增加木质气凝胶的比表面积，因此可以制备出全新的均一介孔气凝胶（比表面积达 $80.7m^2/g$，孔径均一分布在 10.5nm）。

生物质资源是可再生的资源，在合理保护和利用的情况下，可以永续利用。生物质的利用已成为热点领域，也是未来经济社会发展的支柱。未来 20 年是生物质废弃资源高值利用的关键期，战略意义重大，关乎国家能源、化工等行业的命运走势，而高值利用生物质资源将开创一个新的化学化工时代。对于生物质纤维素气凝胶、生物质纳米纤丝化纤维素的研究迄今仍主要集中在美国、加拿大、瑞典、芬兰、丹麦、法国、德国及日本等发达国家，我国对这些新兴材料的开展研究相对较晚，投入的人力、物力、财力也相对较少。关于生物质纤维素气凝胶的层级结构调控，全组分利用生物质组分制备气凝胶及生物质纳米纤丝化纤维素的拆解机制等至今尚处于探索阶段。因此，这为我国迅速跻身该领域研究前列提供了宝贵机会。如何高值化开发利用生物质气凝胶及纤丝化纤维素将是今后一段时间研究的重点，而研制和开发这些新兴的生物质纤维素基材料对于促进我国生物质纳米材料发展及相关学科协同创新具有深远的影响和重要的战略意义。

参考文献

段若兰. 2010. 第七次全国森林资源清查结果（2004～2008）. 国家林业局网站

国家林业局科技司，中国林业科学研究院. 2006. 生物质能源发展概览（论文集）. 北京：中国林业出版社：31～38

国家林业局森林资源管理司. 2010. 第七次全国森林资源清查及森林资源状况. 林业资源管理，1，1～8

国家林业局森林资源管理司. 2010. 中国森林资源第七次清查结果及其分析. 林业经济，2，66～72

黄彪，高尚愚. 2004. 功能性木质炭素新材料的研究与开发. 新型炭材料，19(2)：151～154

贾治邦. 2009. 中国森林资源报告. 北京：中国林业出版社

李坚，邱坚，等. 2010. 气凝胶型木材的形成与分析. 北京：科学出版社

李坚，王清文，等. 2008. 生物质复合材料学. 北京：科学出版社

李坚，吴玉章，马岩，等. 2011. 功能性木材. 北京：科学出版社

Chakraborty A，Sain M，Kortschot M. 2006. Reinforcing potential of wood pulp-derived microfibres in a PVA matrix. Holzforschung，60(1)：53～58

Henriksson M，Berglund L A. 2007. Structure and properties of cellulose nanocomposite films containing melamine formaldehyde. Journal of Applied Polymer Science，106(4)：2817～2824

Iwatake A，Nogi M，Yano H. 2008. Cellulose nanofiber-reinforced polylactic acid. Composites Science and Technology，68(9)：2103～2106

Li J，Lu Y，Yang D，et al. 2011. Lignocellulose aerogel from wood-ionic liquid solution (1-Allyl-3-methylimidazolium Chloride) under freezing and thawing conditions. Biomacromolecules，12(5)：1860～1867

Lu J，Askeland P，Drzal L T. 2008. Surface modification of microfibrillated cellulose for epoxy composite applications. Polymer，49(5)：1285～1296

Lu Y，Sun Q，Yang D，et al. 2012. Fabrication of mesoporous lignocellulose aerogels from wood via cyclic liquid nitrogen freezing-thawing in ionic liquid solution. Journal of Materials Chemistry，22(27)：13548～13557

López-Rubio A，Lagaron J M，Ankerfors M，et al. 2007. Enhanced film forming and film properties of amylopectin using micro-fibrillated cellulose. Carbohydrate Polymers, 68(4): 718~727

Mondragón M, Arroyo K, Romero-García J. 2008. Biocomposites of thermoplastic starch with surfactant. Carbohydrate Polymers, 74(2): 201~208

Nakagaito A N, Yano H. 2004. The effect of morphological changes from pulp fiber towards nano-scale fibrillated cellulose on the mechanical properties of high-strength plant fiber based composites. Applied Physics A: Materials Science & Processing, 78(4): 547~552

Nakagaito A N, Yano H. 2005. Novel high-strength biocomposites based on microfibrillated cellulose having nano-order-unit web-like network structure. Applied Physics A: Materials Science & Processing, 80(1): 155~159

Nakagaito A, Yano H. 2008. The effect of fiber content on the mechanical and thermal expansion properties of biocomposites based on microfibrillated cellulose. Cellulose, 15(4): 555~559

Nakagaito A, Yano H. 2008. Toughness enhancement of cellulose nanocomposites by alkali treatment of the reinforcing cellulose nanofibers. Cellulose, 15(2): 323~331

Nogi M, Iwamoto S, Nakagaito A N, et al. 2009. Optically transparent nanofiber paper. Advanced Materials, 21(16): 1595~1598

Okahisa Y, Yoshida A, Miyaguchi S, et al. 2009. Optically transparent wood-cellulose nanocomposite as a base substrate for flexible organic light-emitting diode displays . Composites Science and Technology, 69(11~12): 1958~1961

Svagan A J, Hedenqvist M S, Berglund L. 2009. Reduced water vapour sorption in cellulose nanocomposites with starch matrix. Composites Science and Technology, 69(3~4): 500~506

Turbak A F, Snyder F W, Sandberg K R. 1983. Microfibrillated cellulose, a new cellulose product: properties, uses, and commercial potential. Applied Polymer Symposium, 37: 815~827

Woehl M A, Canestraro C D, Mikowski A, et al. 2010. Bionanocomposites of thermoplastic starch reinforced with bacterial cellulose nanofibres: Effect of enzymatic treatment on mechanical properties. Carbohydrate Polymers, 80(3): 866~873

Özgür Seydibeyoğlu M, Oksman K. 2008. Novel nanocomposites based on polyurethane and micro fibrillated cellulose. Composites Science and Technology, 68(3~4): 908~914

第 2 章　木材的解剖性质

只有了解木材的解剖性质，才能在广泛的木材生产实践中观察木材构造的显著特征，再根据这些显著特征鉴别木材的种类。确定木材种类之所以重要是因为每种木材都具有自己独特的化学、物理和力学性质，这些性质决定了木材的利用并影响某些加工性能。因此，掌握木材的构造知识，对更好地发挥木材潜在的利用价值，充分合理地利用木材和科学地加工木材具有重要的意义。

2.1　木材的宏观构造与识别

2.1.1　树木的分类和命名

植物界分为四大类：菌藻类、苔藓类、蕨类、种子植物类。其中种子植物是现今地球上种类最多、形态构造最复杂的一群植物，也是和人类经济生活最密切的一类植物。树木属种子植物类，是木本植物的总称。树木包括多年生的高大乔木、低矮丛生的灌木和缠绕他物的藤本植物，而木材则来源于树木的干部。因此，要想了解木材的分类就必须知道树木的分类。树木的分类常采用的方法是恩格勒(Engler)的自然分类法。此分类法是根据树木的花、果、叶的主要形态特征来进行分类的。分类学首先定出树木的"种"，再把若干个"种"归入同一个"属"，以此类推，组成"科"、"目"、"纲"、"门"等分类单位。

以红松为例：

植物界　Plantae
　种子植物门　Spermatophyta
　　球果纲　Coniferopsida
　　　松杉目　Pinales
　　　　松科　Pinoideae
　　　　　松属　*Pinus*
　　　　　　红松　*P. koraiensis*

我国的树木种类大约有 7000 种。其中木材材质优良、经济价值较高的树种 1000 余种，分布全国各地。

树木的种类如此繁多，为了更有效地区分树木、合理地利用木材，就必须对木材进行命名。

木材来源于树木，因此树木的命名与木材是等同的，命名方法是一致的。

树木的名称分俗名和学名两种。俗名是人们用地方语对该树木进行命名。通常一种树木有多个俗名，非常混乱，给木材识别、利用及木材的流通带来许多困难。学名是利用拉丁文对该树木进行命名，为世界上公认的树木名称。在分类学研究中，新发现的树种(木材)必须用学名发表，否则不予承认。学名的组成：属名＋种名＋定名人。属名第一个字母大写，其他字母小写，种名字母均小写，定名人通常用省略词，第一个字母大写。举例如下。

1) 学名：*Pinus koraiensis* Sieb. et Zucc.
俗名：红松、果松、海松、朝鲜松

2) 学名：*Abies holophylla* Maxim.
俗名：辽宁冷杉、杉松、白松

3) 学名：*Quercus mongolica* Fisch.
俗名：蒙古栎、柞木

4) 学名：*Ulmus propinqua* Koidz.
俗名：白皮榆、春榆

5) 学名：*Juglans mandshurica* Max.
俗名：核桃楸、胡桃秋、山核桃、楸子

当一种树种已知其属名，而种名不确定时，可记作：属名＋sp.。例如，松木当不知是什么松时，可记作：*Pinus* sp.；落叶松可记作：*Larix* sp.；冷杉可记作：*Abies* sp.。

2.1.2 树木的生长

1. 树木的双重生长

树木的生长是高生长和直径生长的共同结果。高生长是根和茎主轴生长点的分生活动，即顶端分生组织或原分生组织的分生活动的结果。原分生组织是由许多体积小、直径相等的多面体薄壁细胞所组成的。原分生组织没有细胞间隙，新陈代谢旺盛，有强烈的分生能力，从而增加了细胞的数量，而其细胞的体积并不加大。原分生组织首先分生的是表皮原、皮层原和中柱原，而这些组织仍具有再分生能力，但其分生能力不如原分生组织那样旺盛，通常被称为初生分生组织。初生分生组织再经发育后，表皮原发育成表皮，位于茎的外部；皮层原发育成皮层，位于表皮和中柱之间；中柱原发育成中柱。中柱的内部是髓，外部是初生维管束。初生维管束向内分生初生木质部，向外分生初生韧皮部。初生维管束除内外分生外，还左右分生，最后连成一体，形成维管形成层。

直径生长主要是因为初生维管束形成的维管形成层（即侧向分生组织）的细胞分裂。形成层原始细胞向内分生次生木质部，向外分生次生韧皮部（图 2-1），于是树木的直径便不断增大。

生长点和形成层形成一个完整的生长套套在树皮和木质部之间。高生长和直径生长共同的作用使一粒种子或一棵小树发育成一棵参天大树，因此说树木是一个具有生命的生活体。

2. 树木的组成

一棵生长的树木，从上到下主要由树冠、树干和树根三部分组成（图 2-2）。这三部分在树木的生长过程中构成一个有机的、不可分割的统一体，而各个部分又执行着不同的生理功能，也给树木利用提供不同的原材料。

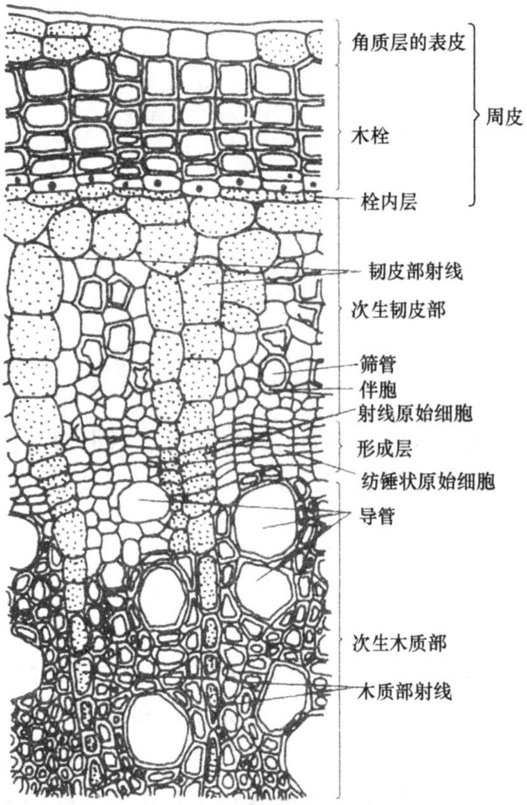

图 2-1　桃属木材的次生构造

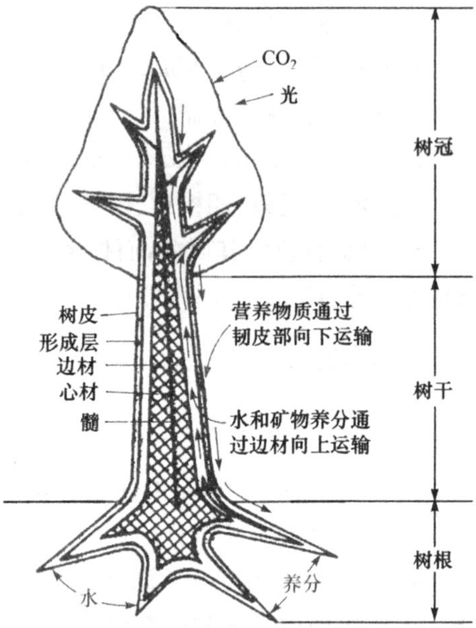

图 2-2　树木的组成

(1) 树根。它是树木的地下部分，在树木的生长和发育中起着很重要的作用。树根起着对树木的机械固定、保持树木直立的作用，而且能从土壤中吸取水分和无机盐，供树木生长；同时有输送水分和储藏养分的功能。树根木材占立木总材积量的 5%～25%。

(2) 树干。树干是树木的主体部分，木材的主要来源，其木材量占立木总材积量的 50%～90%。树干把从土壤中吸取的水分及其中的无机养料，由树根自下而上地输送到树叶，并将树叶中制造出的溶于水的有机养料，由树叶自上而下地输送到树根。树干除了进行输送水分和营养物质外，还储藏营养物质和支持树冠。

(3) 树冠。树冠是树木的最上面的部分，是被树叶所覆盖的树干、树枝部分的总称。树叶的功能是吸收空气中的二氧化碳，与树根吸收来的无机养料和水分，通过光合作用制造有机物质。由树枝把这些养料从上到下输送到树木的各个部分，以作生活细胞的能源和养料。同时树冠的生长产生激素影响形成层分裂活动，是木材形成的调节中心。一般树枝的材积量占立木总材积量的 5%～25%。

3. 树干的组成

从树干的断面上看，由外向内，树干主要由树皮、形成层、木质部和髓组成。

(1) 树皮。由维管形成层向外分生的组织称树皮。树皮是包裹在树干、树枝、树根次生木质部圆柱体外侧的全部组织。树皮组织随树龄而异。幼茎的树皮是由表皮、皮层、初生韧皮部所组成的。随着树龄的增加，树木直径加大，起保护作用的表皮产生破裂，而皮层最外层的薄壁细胞发生弦向分裂，产生木栓形成层。由于木栓形成层的活动，向外分生木栓层，向内分生栓内层，统称为周皮，如图 2-1 所示。随着树龄的不断增加，树木直径的进一步加大，皮层内部形成新的木栓形成层，产生新的周皮，也就是不断产生新的树皮。每当新的周皮产生后，木栓组织外侧的树皮组织便因水分被隔绝而死亡，并产生剥落。以最外层的周皮为界，其外侧已死亡的组织称为外树皮或死皮，内侧生活的组织称为内树皮或活皮。外树皮起对树木的保护作用；内树皮具有输送营养物质的功能。

树皮外部形态及其裂隙可作为原木识别的依据之一，可分成如下几种类型。

平滑：树皮表面光滑，如天目紫茎、梧桐、柠檬桉。

针刺：树皮具有针刺状突起，如刺楸、皂荚、刺槐。

纵裂：又分深裂和浅裂，深裂如柳、樟；浅裂如野鸭椿。

横裂：如光皮桦、山樱桃。

纵横裂：如柿树、泡桐。

树皮的主要组成分子有：筛胞、筛管分子、伴胞、韧皮纤维、石细胞、韧皮轴向薄壁细胞和韧皮射线等(图 2-3)。

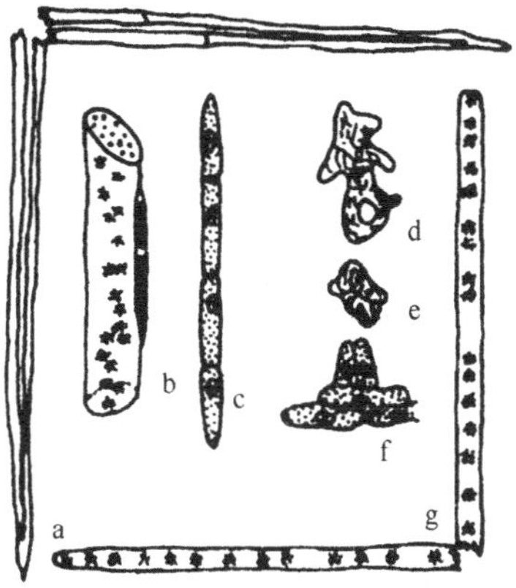

图 2-3　树皮主要组成分子

a. 韧皮纤维；b. 筛管分子；c. 薄壁细胞；d、e. 石细胞；f. 射线薄壁细胞；g. 筛胞

筛胞和筛管分子：筛胞存在于针叶树材的树皮中，筛管分子存在于阔叶树材的树皮中，两者的相同形态特征是细胞壁上有筛域，在成熟细胞的原生质体中无细胞核，但保持着原生质，并以原生质为媒介进行物质的回流。两种细胞的不同之处是：筛胞两端较钝，不具筛板，而筛管分子则具筛板，筛管分子在纵向上相互连成管状，称为筛管。

伴胞：阔叶树材的筛管分子伴随着小型的特殊薄壁细胞，这种薄壁细胞称为伴胞。

韧皮纤维：是一种极长的厚壁细胞。它存在于针叶树材和阔叶树材的韧皮部。韧皮纤维在不同树种中呈星散状、切线状或团块状分布。某些树种的韧皮纤维很发达，其拉伸强度很大，可用于造纸、绳索。在韧皮纤维发达的树种中，有的韧皮纤维性脆，易于折断；有的则很柔韧，难以折断。性脆的有桉树、蓝果树、南桦木等；性柔的有暗罗、野桐、构树、黄杞及梧桐科的树种等。

石细胞：是针叶树材和阔叶树材韧皮部里的机械组织。石细胞不是由形成层直接形成的，而是在薄壁细胞壁增厚时，细胞出现不规则的分裂而形成。石细胞的排列分为星散状、环状和径列状。石细胞的形状有下列几种。

砂粒状：如冬青、猴欢喜、朴树、鸭脚木等。

短列状：如五列木、刨花楠等。

长条状：如拟赤杨、琼楠。

片状或片状斜叠：整齐片状排列，如阿丁枫；交错斜叠，如枫杨、紫树。

韧皮轴向薄壁细胞：是由形成层分生出来以后，再经过横向分裂而成。韧皮轴向薄壁细胞有的形成薄壁组织束，有的是单个的纺锤状薄壁细胞。

韧皮射线：由韧皮射线薄壁细胞组成。韧皮射线有单列与多列之分，并且在同一树种内可能有两种类型的韧皮射线存在。

各树种的树皮外部形态、厚度、颜色、花纹、质地、气味、滋味和剥落情况等不尽相同，因而可以作为原木识别的主要依据。但是，树皮的特征随着生长条件、树龄、树干部位的不同而变异。同时，原木在储存、运输过程中，树皮很容易磨损、剥落，因而还需要依靠其他特征来识别原木。

树皮是一种工业原料，不同树种的树皮有不同的用途。例如，栓皮栎的栓皮，用于制造瓶塞、软木脂等；构树（*Broussonetia papyrifera*）、楹树（*Albizzia chinensis*）的树皮可提取纤维用于造纸；杨梅（*Myrica rubra*）、落叶松（*Larix gmelini*）、铁杉（*Tsuga chinensis*）的树皮中可提取栲胶；桦树（*Betula* sp.）树皮可提炼焦油；厚朴（*Magnolia officinalis*）、苦木（*Picrasma quassioides*）、杜仲（*Eucommia ulmoidfs*）的树皮又是贵重药材。

（2）形成层。形成层是树皮和木质部之间的一层很薄的分生组织。形成层由活的细胞组成，肉眼看不见，只有在显微镜下可见。形成层是树木生长的源泉，它向外分生次生韧皮部，向内分生次生木质部，年复一年产生了巨量的木材。

构成形成层的每个细胞，称为形成层原始细胞，它与一般的分生细胞一样有浓稠的细胞质和大的细胞核。形成层原始细胞可分纺锤形原始细胞和射线原始细胞。纺锤形原始细胞沿树轴方向排列，在弦切面上呈尖纺锤形。纺锤形原始细胞是木质部和韧皮部轴向细胞的来源。射线原始细胞向内产生木质部射线，向外产生韧皮射线。

形成层原始细胞在形成木质部细胞或韧皮部细胞时，要进行一分为二的弦向分裂，成为内侧或外侧两个母细胞，如图 2-4 所示。其中一个大的母细胞仍保持为原始细胞；另一个若在内侧，就成为木质部母细胞。原始细胞不断地进行这样的弦向分裂。这些新生的木质部母细胞或韧皮部母细胞，再进行一次以上的弦向分裂，便依次失去分生的能力，成为永久性细胞而逐渐达到其成熟阶段。形成层原始细胞、木质部细胞及韧皮部细胞合起来统称为形成层带。

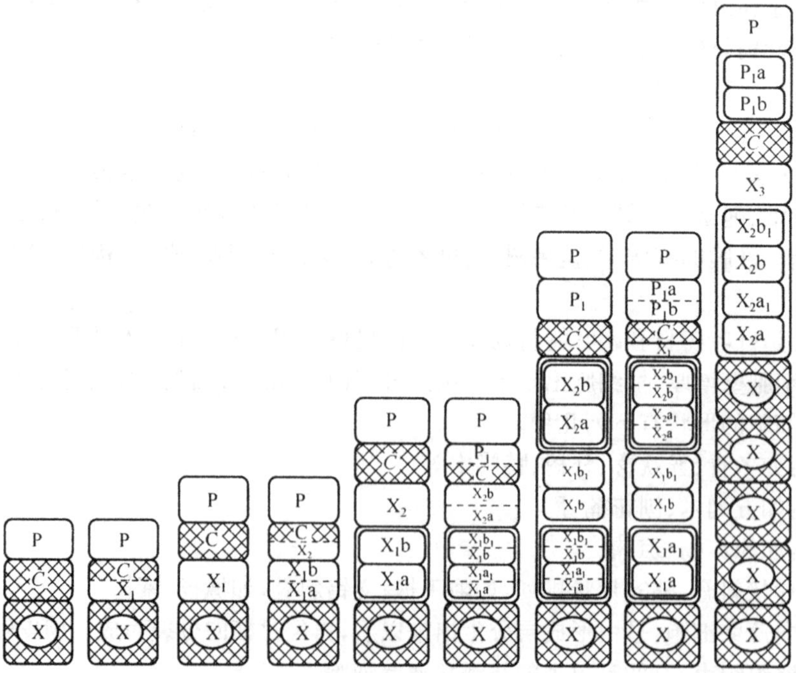

图 2-4　形成层细胞的分裂形成木质部(X)及韧皮部(P)细胞简图

自左至右的每一栏代表：1. 木质部母细胞(X_1a，X_1b)及韧皮部母细胞(P_1)产生的各连续阶段；

2. 母细胞分裂形成子细胞(X_1a_1，X_1a_2，X_1a_3，X_1a_4 或 P_1a，P_1b)；

3. 木质部子细胞(X_1a_1，X_1a_2 等)的成熟（右侧一栏），从母细胞变为成熟的木质部构造分子新生木质部细胞成熟过程基本上分为两个阶段。第一阶段是细胞，首先是直径增大，针叶树材的早材管胞径向直径增加，而弦向直径几乎不增加；阔叶树材导管分子径向和弦向直径均有增加；针叶树材晚材管胞和阔叶树材的木纤维及轴向薄壁细胞的径向直径稍有增加，而弦向直径几乎不增加。其次是细胞的轴向伸长。第二阶段是细胞壁加厚和木质化，当细胞长到一定大小之后，细胞壁便开始增厚(产生次生壁)并进行木质化。

次生木质部增多，形成层便逐渐被外推，于是形成层原始细胞进行径向分裂(图 2-5)而增加数量，细胞的弦向直径也增大。构成形成层圆周的纺锤形原始细胞的数目，从 270 个增加到 23 000 个；而射线原始细胞的数目从 70 个增加到 8000 个。

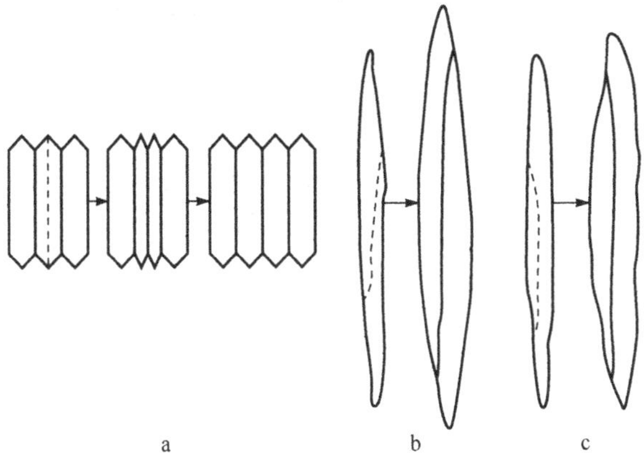

图 2-5　纺锤形原始细胞
a. 径向分裂；b. 伪横分裂；c. 侧面分裂

(3) 木质部。木质部位于形成层和髓之间，是树干的主要部分，即最有使用价值的部分。根据细胞组织的来源，木质部可分为初生木质部和次生木质部。初生木质部占很小一部分，在髓的周围。次生木质部占绝大部分，是木材的主体，在以后所介绍的木材构造和性质均指次生木质部的构造和性质，就不再另行指出。

(4) 髓。它位于树干的中心，被木质部所包围，是一种柔软的薄壁细胞组织。髓呈褐色或浅褐色。髓的形状和大小随不同的树种而异。在横切面上，大多数树种的髓呈圆形或椭圆形，但也有特殊的，如青冈栎(*Cyclobalanopsis glauca*)为近似星形；桤木(*Alnus cremastogyne*)为三角形；女贞(*Ligustrum lucidum*)为四角形；白杨(*Populus alba*)为五角形；石梓(*Gmelina arborea*)为矩形；大叶黄杨(*Buxus henryi*)为菱形。在纵切面上，髓呈深色的细条状。各种针叶树材的髓大小相差不大，直径 3～5mm。阔叶树材的髓有大有小，通常比针叶树材的髓大。例如，泡桐的髓大而中空，直径达数厘米。

髓的组织松软，易开裂，易腐朽，使木材质量下降，因而对木材要求较严格。如航空用材，不允许有髓存在，但一般用途的木材，可带有髓。

2.1.3　木材的宏观构造

木材是由无数不同形态、不同大小、不同排列方式的细胞所构成的。由于树木受遗传因子、地理环境和气候条件等影响，致使各种树种的木材构造具有其多样性，而且物理性质也互异。但木材的构造和性质也有一定的规律，除了共性的特征外，还有异性的特征。这些特征有的在肉眼或放大镜下能看到，有的需在光学显微镜下，甚至在电子显微镜下观察，也有些可以用颜色、气味和轻重等来区分。

1. 木材的三切面

木材的构造从不同角度观察表现出不同的特征，但其中在木材中最有价值的只有三个切面，即横切面、径切面、弦切面(图 2-6)。

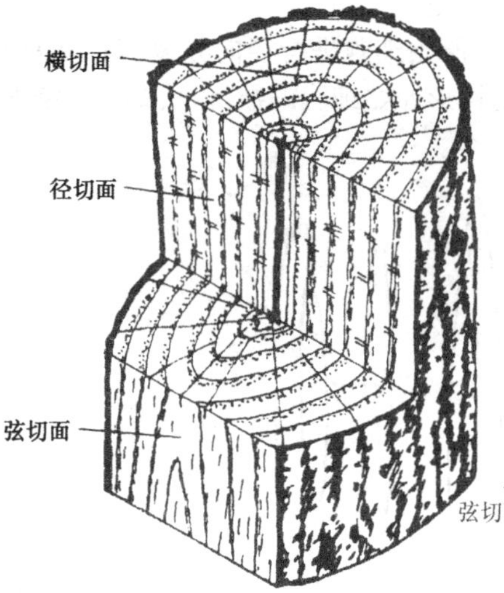

(a)

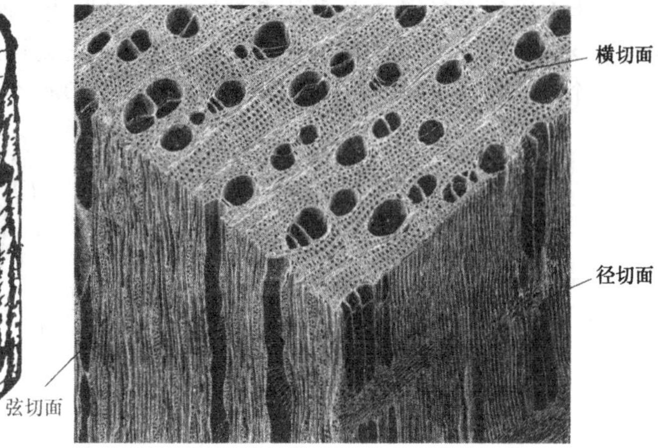

(b)

图 2-6 木材的三个切面

a. 宏观三切面(栎木)；b. 微观三切面(桦木)

横切面：垂直于木纹或树轴方向截取的切面。

径切面：平行于木纹或树轴方向与木射线平行或与年轮垂直截取的切面。

弦切面：平行于木纹或树轴方向与木射线垂直或与年轮相切截取的切面。

在不同的切面上，木材细胞组织的形状、大小和排列方式也不同，通过上述三个切面，基本上可以把木材的构造特征表现出来。除此之外，木材的物理、机械性能在三个切面上也有差别。

2. 木材的宏观构造

在肉眼或放大镜下所观察到的木材特征，称为宏观构造或粗视构造。宏观构造包括心材和边材、生长轮或年轮、早材和晚材、木射线、树脂道、管孔及轴向薄壁细胞等。材色、纹理、气味等也可作为识别和利用木材的辅助依据。

(1) 心材和边材。一般说来，木材都有颜色，有些树种的木材，其通体颜色的深浅是均一的，而有些树种的木材，在其横切面或径切面上却呈现深浅不同的颜色。靠近树皮材色较浅的部分，称边材；靠近髓心材色较深的部分，称心材。边材、心材材色区别明显的树种，称显心材树种或心材树种，如栎属(*Qucrcus*)、木樨属(*Fraxinus*)、落叶松属(*Larix*)、紫杉属(*Taxus*)、柏木属(*Cunninghamia*)等的树种。而心材、边材材色没有区别的树种，称隐心材树种或边材树种，如冷杉属(*Abies*)、云杉属(*Picea*)、椴木属(*Tillia*)、桦木属(*Betula*)等的树种。

对于显心材树种，靠近树皮部分的木材颜色较浅，靠近髓心周围部分的木材颜色较深，这样依据其颜色变化，可以确定出边材和心材。一般地说，颜色变化有生理学意义，但是仅以颜色来确定边材和心材并不十分准确。

对于隐心材树种，树干中心与外围部分的木材颜色没有区别，但含水率不同，在中心处木材的含水率较低，而外围处木材的含水率较高。这样，可以根据不同年轮层次的含水率差异确定边材和心材。但要测定多层次的木材含水率会耗费较长的时间，比较繁琐。

一般针叶树材生材的边材含水率大于心材，根据边材和心材的含水率差异，加拿大东部林产研究所曾研究一种热枪，枪口正对新伐木材圆盘的端部，吹出温度约为 150℃ 的热风，过一会，发现心材表面迅速变干，而边材表面仍呈湿润状态，以此可区别边材和心材。

对于边材树种，如椴木、桦木、杨木等，其边材和心材既无明显的颜色差异又无明显的含水率变化，因而难以区别边材和心材。

在隐心材树种或边材树种中，树干的中心部分常因真菌的侵蚀而使木材的颜色发生变化，类似于心材，此部分称为假心材或伪心材，俗称红心、水心。但假心材的颜色不均匀，边缘不清晰，因此容易识别是否是真正的心材。

各树种的木材在幼龄时全是由边材构成的，随着树龄的增加，边材逐渐转化为心材。由边材转化成心材的过程是一个复杂的生物化学变化过程。在这个转化过程中，边材的生活细胞逐渐缺氧而死亡，水分输导系统阻塞，细胞腔内出现树胶、碳酸钙、色素、单宁和树脂等沉积物，由此使心材形成各种颜色(但隐心材树种或边材树种的心材不发生颜色变化)，材质变硬，容积重增大，渗透能力下降，耐久性能提高。因此，这给木材加工利用带来了有利和不利的两方面。例如，落叶松的耐久性增强，但不易进行改性处理。由于心材的渗透能力降低，某些树种的心材是制作盛装溶液木桶的好材料。在细木工生产中，常利用心材的原有材色，或者利用心材和边材的差异，来镶嵌美丽的图案。但有时因为心材和边材的材色不同，而影响产品的质量。例如，虽然水曲柳(*Fraxinus mandshurica*)的木材花纹美丽，是制造胶合板的上等原料，但在表板上材色不一致，也会影响外观。

(2) 生长轮、早材和晚材。在每个生长季所形成的木材，在横切面上围绕髓心呈同心圆的，称为生长轮。在寒带或温带地区，树木一年仅有一个生长季，即在横切面上一年只增加一轮木材，故生长轮又称为年轮。在热带地区，气候在一年内变化不大，树木生长几乎四季不间断，一年可生长几轮，它们与雨季和旱季相符，故生长轮不能称为长轮。

生长轮在不同的切面上呈现不同的形状。在横切面上围绕髓心呈同心圆，;在径切面上为明显的平行条状;在弦切面上为抛物线或“V”字形(图 2-6)。

生长轮在不同的年龄阶段，表现不同的宽度。一般来说，幼龄期树木生长迅速，生长轮较宽;壮龄期生长速度减慢，生长量减少;到老龄期生长量更少，生长轮变得狭窄。在每一个生长轮内，靠近髓心部分，即生长季节早期所形成的木材，其细胞分裂速度快，相比体积大，细胞壁薄，材质较松软，材色较浅，此部分称为早材;而靠近树皮部分，即在生长季节后期，营养物质流动能力减弱，形成层原始细胞活动能力逐渐降低，细胞分裂也因而衰弱，于是形成了腔小壁厚的细胞，致使材质致密，材色较深，此部分称为晚材。由于早材至晚材的构造不同，在两个生长轮之间材质交界的地方组织结构有显著差异，明显地衬托出一条界线来，称轮界线。早材至晚材的转变，有缓有急，不同树种差异较大。例如，针叶树材的落叶松(*Larixgmelini*)、油松(*Pinus tabulaeformis*)等和阔叶树材的环孔材早材至晚材的变化界限明显的为急变材;针叶树材的红松(*Pinus kouaiensis*)、云杉(*Picea jezoensis*)、冷杉(*Abies nephrolepis*)等和阔叶树材的散环孔材和半散环孔材早材至晚材的变化界限不明显的为缓变材。

生长轮的宽窄随树种、树龄和生长条件的不同而异。例如，泡桐(*Paulownia fortunei*)、臭椿(*Ailanthus altissima*)的生长轮很宽，而黄杨木(*Buxus* sp.)、紫杉(*Taxus chinensis*)在良好的生长条件下，形成的生长轮比较窄。幼龄树的生长轮比成熟材的生长轮宽。在同一株树木中，生长轮宽度的垂直变化表现为越接近树基部，生长轮越窄;越接近树梢，生长轮越宽。生长轮宽度的水平变化表现为越靠近髓，生长轮越宽;越靠近树皮，生长轮越窄。

生长轮的宽度与木材机械强度存在一定的关系。一般认为，针叶树材生长轮较宽，其木材机械强度相对较低；生长轮较窄，则木材机械强度相对较高。通常利用木材的晚材率来衡量木材的机械强度（晚材率是指晚材宽度占生长轮宽度的百分比）。这是因为生长轮中晚材率是变化的，生长轮宽的，所形成的晚材率相对小；生长轮窄的，所形成的晚材率相对大。

（3）木射线。在横切面上，可以看到许多颜色较浅的呈辐射状的线条，称为射线。起源于初生分生组织向外延伸的射线，称为初生射线。初生射线可以从髓心直达树皮。起源于形成层的射线，称为次生射线。在木质部的射线部分称木射线；在韧皮部的射线部分称韧皮射线。

由于木射线的光泽与其他组织不同，在三个切面上表现出不同的花纹。木射线在横切面上呈辐射状；在径切面上呈垂直于年轮的平行短线；在弦切面上呈平行于木材纹理的短线。

针叶树材的木射线不发达，用肉眼或放大镜观察在横切面和弦切面上表现得不明显；阔叶树材的木射线很发达，但不同树种的射线宽度和高度是不同的。木射线宽度和高度在弦切面上可以显示出来，垂直木材纹理方向的为宽度；顺着木材纹理方向的为高度。

木射线根据其宽度分为宽木射线：肉眼下甚明显，如青冈栎属、栎木属等木材；细木射线：肉眼下可见或明显，如色木、鸭脚木；极细木射线：肉眼下看不见或不明显，如枫杨、杨木。

各树种的木射线高度变化很大。例如，桤木（*Alnus cremastogyne*）的木射线高度可达160mm，栎木（*Quercus* sp.）中的木射线高度为50mm，而黄杨木（*Buxus sinica*）的木射线高度不足1mm。一般木射线的高度都在1mm以上。

（4）管孔。管孔是绝大多数阔叶树材所具有的输导组织。导管在横切面上呈孔穴状，称管孔。在纵切面上呈细沟状，称导管线。除昆兰树科、水青树科的树种外，导管是所有阔叶树材的特征。由于管孔较大，在肉眼或放大镜下容易见到，故称阔叶树材为有孔材；针叶树材除麻黄科的树种外，均不具导管，由于组成针叶树材的所有细胞的细胞腔很小，肉眼或放大镜下均看不见，故称针叶树材为无孔材。

管孔的有无是区别针叶树材和阔叶树材的重要特征。管孔的分布、组合和排列等对阔叶树材的识别很重要。

① 管孔的分布。在横切面上，管孔在一个生长轮内，从内到外，其分布和大小因树种而异，按照国际木材解剖学会（IAWA）可分为3个类型（图2-7）。

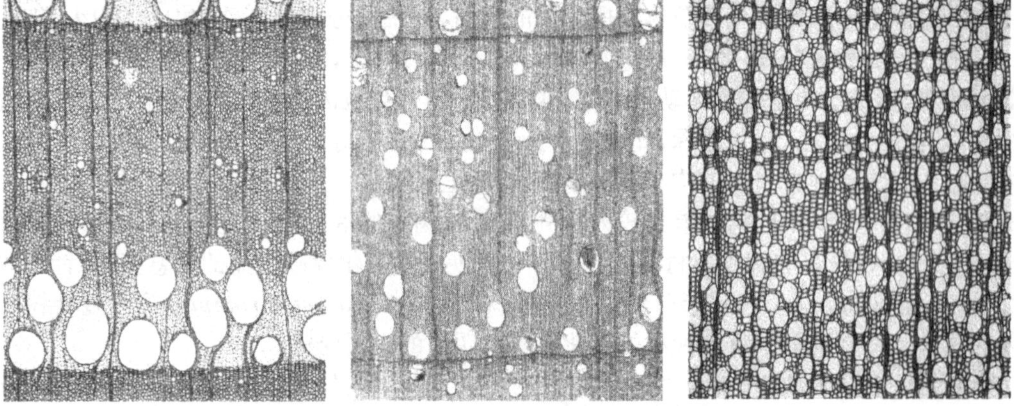

a　b　c

图2-7　管孔分布类型

a. 环孔材（水曲柳）；b. 半环孔材或半散孔材（黑核桃）；c. 散孔材（银木荷）

散孔材：指一个生长轮内早晚材管孔的大小没有显著区别，分布均匀，如桦属（*Betula*）、椴属（*Tillia*）、柳属（*Salis*）、木兰属（*Magnolia*）等。

环孔材：指一个生长轮内早材管胞明显地比晚材管孔大，沿生长轮呈环状排列，有一至数列。例如，刺楸通常为一列，蒙古栎、榆木、水曲柳、刺槐等为数列。

半散孔材或半环孔材：指一个生长轮内，管孔的排列介于散孔材和环孔材之间，早材管孔较大，略呈环状排列，早材管孔到晚材管孔的大小为渐变，如核桃（*Juglans regia*）、核桃楸（*J. mandshurica*）、枫杨（*Pterocarya stenoptera*）、乌桕（*Sapium sebiferum*）等。

② 管孔的排列。其主要指散孔材或环孔材的晚材带管孔的排列。其主要的排列类型如图 2-8 所示。

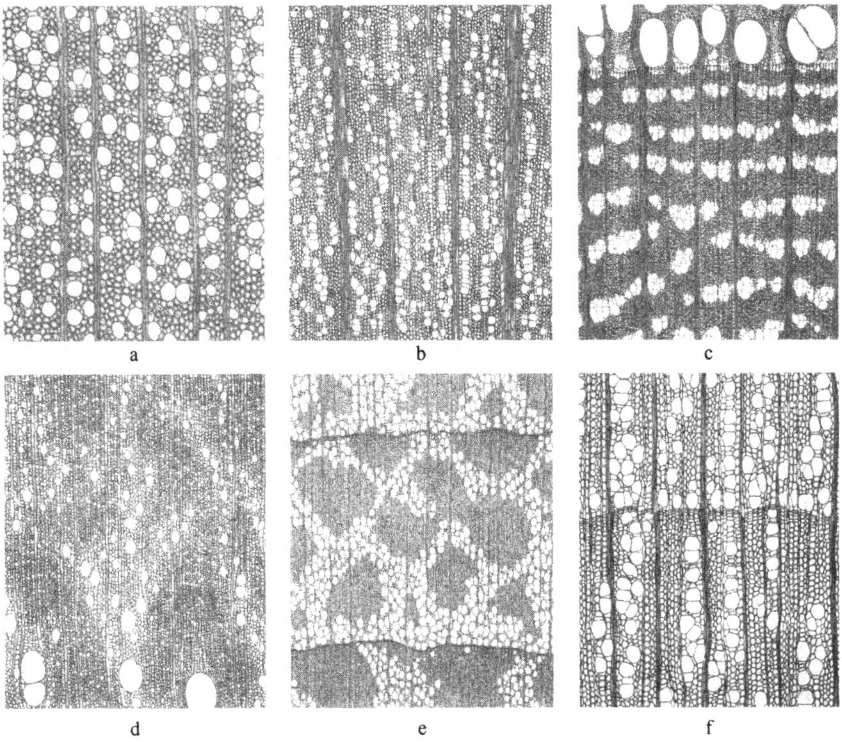

图 2-8　管孔的排列

a. 星散型（杜仲）；b. 径列型（冬青）；c. 波浪型（白榆）；d. 火焰型（板栗）；
e. "Z"字型（鼠李）；f. 溪流型（拟赤杨）

星散型：管孔大多数是单个的，分布均匀或比较均匀，无明显的排列方式，如水曲柳的晚材、荷木及杜仲等。

径列型或斜列型：管孔排列呈径向或斜向的长行列或短行列，与木射线的方向一致或呈一定的角度，如柞木（*Quercus mongolica*）的晚材、子京（*Mandhuca hainanensis*）。

波浪型：管孔几个一团，略与年轮平行，弦向排列，呈切线型或波浪型，如榆科树种的晚材和切线孔材的树种。

火焰型：早材管孔较大，好像火焰的基部，晚材管孔较小，形似火舌，如麻栎（*Quercus acutissima*）、板栗（*Q. mollissima*）等。

溪流型：管孔排列成溪流状，径向伸展，穿过几个生长轮，如辐射孔材的树种。

"Z"字型：管孔斜列，有规则地中途改变方向，呈"Z"字型，如桉属（*Eucalyptus*）的树种。

③ 管孔的内含物。管孔的内含物是指在管孔内的侵填体或无定形沉积物。侵填体是导管腔内的一种瘤状物，在阳光或灯光下，用肉眼或放大镜观察，侵填体呈碎玻璃状，具有很强的光泽。侵填体的有无和数量的多少，有助于木材的识别和木材的特殊利用。如刺槐、檫木等含较丰富的侵填体；具有侵填体的木材，因管孔被堵塞，降低了气候和液体对木材的渗透性，但增加了木材的天然耐久性。无定形沉积物是指树胶或其他有机沉积物。树胶以不规则的暗褐色点状或块状沉积在导管腔内，不具光泽。例如，楝科、豆科木材的导管内常有红褐色的树胶存在。有机沉积物往往是某些种树种所具有的特性，例如，桃花心木、柚木的导管腔内常含有白垩质的沉积物，大叶合欢的导管腔内常含有白色矽质固体，荔枝的导管腔内常含有黄白色的沉积物。

管孔有大有小，在纵切面呈沟槽状。管孔大的沟槽深，管孔小的沟槽浅，形成木材花纹，水曲柳（*Fraxinus mandshurica*）的单板极为美观。但水曲柳早、晚材的管孔大小相差悬殊，因此不能旋切成很薄的单板。桦木为散孔材，管孔大小均匀一致，能旋切成很薄的单板，为航空用材或层积塑料的好材料。管孔较大的水曲柳、苦楝等，在涂刷透明油漆时，要想得到透明、平滑的表面，就要填补管孔，比较费工时，油漆材料消耗也多。

（5）树脂道。某些针叶树材中，由分泌细胞围绕而成的细胞间隙，称树脂道。

正常树脂道分轴向树脂道和横向树脂道两种。用肉眼或放大镜观察，在横切面上，轴向树脂道呈乳白色或褐色点状，大多单独分布，间或也有断续的切线状分布。放置久了的木材，树脂道常呈油滴状；在纵切面上，轴向树脂道沿木纹方向呈褐色短条状。横向树脂道存在于木射线中，与木射线细胞一起形成纺锤形木射线。横向树脂道在肉眼下很难看见。

具有正常树脂道的树种只有松科的松属（*Pinus*）、云杉属（*Picea*）、落叶松属（*Larix*）、油杉属（*Keteleeria*）、黄杉属（*Pseudotsuga*）、银杉属（*Cathaya*）等树种。

创伤树脂道是因树木受伤而产生的树脂道。创伤树脂道在横切面上连续排列呈弦向短线，常分布在早材带内。创伤树脂道可能发生在具有正常树脂道的树种中，也可能发生在没有正常树脂道的树种中，如冷杉（*Abies*）、铁杉（*Tsuga*）、雪松（*Cedrus*）、水杉（*Metasequoia*）、红杉（*Sequoia*）等属的树种。

创伤树脂道同样分为轴向和横向两种。轴向创伤树脂道和正常轴向树脂道的区别在于，前者在横切面上常常几个连在一起呈弦列分布，多位于早材部分；横向创伤树脂道与正常横向树脂道一样，只存在于木射线之中，但横向创伤树脂道的形体较大。

具有树脂道的木材在材面上常具有深色油性线条，它影响木材的胶合和油漆。当在炎热的夏季，树脂外溢，会污染衣服，因此，家具用材很少使用具有树脂道的木材。树脂道含量大的树种，其木材的透水性和吸湿性较小，而容积重、发热量和耐久性增大。因此，树脂道对木材的物理、机械性质和木材的利用都有一定的影响。

（6）轴向薄壁组织。在木材横切面上，用肉眼或放大镜可以观察到部分颜色较浅的组织，这部分是由轴向薄壁细胞组成，统称为轴向薄壁组织。

针叶树材的轴向薄壁组织不发达或根本没有，仅在杉木、陆均松、柏木等少数树种中存在，在肉眼或放大镜下不易见；但轴向薄壁细胞内有时含有树脂，故能看到褐色小斑点。阔叶树材的轴向薄壁组织通常比较发达，在横切面上呈现各种类型的分布，其颜色常比周围的基本组织颜色浅。因此，只要有一定数量的轴向薄壁细胞存在就不难分别，特别在木材水湿后更容易看到，这是识别阔叶树材的重要识别特征之一。现重点介绍阔叶树材轴向薄壁组织的分布。

根据轴向薄壁组织与导管的连生关系，轴向薄壁组织可分为傍管和离管薄壁组织。

① 傍管薄壁组织。它是指轴向薄壁组织与导管相连生，它又分以下几种。

环管束状：轴向薄壁围绕在导管四周呈不同宽度的鞘状，如水曲柳、楹树、红楠等。

翼状：轴向薄壁组织围绕在导管四周并向两侧弦向伸展，形似鸟翼，如泡桐、洋槐、榆木、桑树、香樟、苦木、鼠李及紫树等。

聚翼状：翼状薄壁组织相互连接在一起，如洋槐、刺槐、花榈木、刺桐和豆科的木材等。

傍管带状：轴向薄壁组织在横切面上形成同心线或同心带，而导管包藏于此宽度的薄壁组织中，如铁刀木、黄檀、榕树等。

② 离管薄壁组织。它是指轴向薄壁组织不依附于导管周围，分别有以下几种。

星散-聚合状：轴向薄壁组织在木射线间聚集成短弦线，如壳斗科的大多数树种。

网状：轴向薄壁组织在木射线间聚集成短弦线，其弦线间的距离与木射线间的距离略等，互相交织成网状；当其距离明显比木射线间距离狭窄时，便形成梯状薄壁组织，如鸡爪树、青冈栎属、胭脂木属和核桃科的多数树种，以及山榄科、柿树科、木棉科的树种。

轮界状：在生长轮交界处，轴向薄壁组织沿生长轮分布，单独或形成不同宽度的浅色细线。轮界状轴向薄壁组织可分为两种情况，一种为轮始轴向薄壁组织，它存在于生长轮起点，如黄杞(*Engelhardtia chrysolepis*)、槭属(*Acea*)、金钱槭属(*Dipteron*)、朝鲜柳属(*Chosenia*)、柚木属(*Tectona*)、五加属(*Acanthopanax*)及胡桃科各属；另一种为轮末轴向薄壁组织，它存在于生长轮终点，如鹅掌楸属(*Liriodendron*)、青檀属(*Pterocetis*)及木兰科的树种等。

离管带状：轴向薄壁组织的同心线或同心带不依附于导管，如榕树(*Ficus altissima*)、化香树(*Platycarya strobilacea*)、水青冈(*Fagus longipetiolata*)等。

轴向薄壁组织是树木的储藏组织，专门储藏养料。对木材来说，轴向薄壁组织除了供识别木材以外，它的存在会导致木材的强度下降和干燥时容易开裂等。

2.1.4　木材的其他特征

1. 木材的颜色和光泽

木材的颜色是多种多样的。例如，云杉(*Picea jezoensis*)几乎是洁白如霜；乌木(*Diospyros ebenum*)、铁刀木(*Mesua fertea*)漆黑如墨；黄杨木(*Buxus microphylla*)呈浅黄色；黄檀(*Dalbergia hupeana*)呈浅黄褐色；白桦(*Betula platyphylla*)呈黄白色；木兰(*Magnolia* sp.)呈黄绿色；红桦(*Betula albosinensis*)呈浅红褐色；黑桦(*B. dahurica*)呈暗红褐色。

木材为什么会有各种不同的颜色呢？在树木生长过程中，木材细胞发生一系列的生物化学反应，产生各种色素、树脂、树胶、单宁，以及其他氧化物质沉积在细胞腔壁或渗入木材的细胞壁中，而使木材呈各种颜色。

木材的颜色变化很大，就是同一树种的木材，因木材的干湿、在空气中暴露的时间长短、有无腐朽，以及树龄、部位、断面、立地条件等因素的不同而异。同时，人们对于颜色的反应也不尽相同，如干材的颜色比湿材浅。当木材长期接触空气时，木材表面就会逐渐被氧化而改变原有的颜色。例如花榈木的心材，初锯开时呈鲜红褐色，时间久了变为暗红褐色；毛赤杨刚伐倒时是肉色，经过 0.5h 后，转变为黄红色。

木材的颜色因树种而异，就是同一株树木，也会因不同的部位而有差别，如心材和边材的颜色就不一样，在不同木材切面(横切面、径切面和弦切面)木材颜色也有变化。木材的表面与金属不同，它是由各种细胞以不同方式排列组合而成。因此，即使在木材同一表面上，不同的细胞间隙和组分的差异也会引起木材颜色的微细差异。

有时因为木材感染真菌或变色菌，使木材变色。例如，马尾松(*Pinus massomiana*)边材常有青变，色木(*Acer mono*)和桦木(*Betula* sp.)常有杂斑。有些木材边材色浅，心材色深；有时一些颜色较浅的木材，颜色虽然比较均匀，但显得不够素净，带些霉暗色调。在这种情况下需要漂白，将色斑和不均匀的色调消除。

木材的颜色不仅对鉴别木材有一定的帮助，而且对细木工制品也有很大价值，如室内装饰、火车车厢、雕刻等，根据不同的需要选择不同颜色的木材。例如，家具选用水曲柳、楠木、色木、柚木、胡桃楸和柳桉类等材色悦目、纹理美丽的木材；室内装饰用色木、桦木、桃花心木和柳桉类等；车厢内部一般用水曲柳、栎木。

木材的光泽是指木材对光线反射与吸收的能力。反射性强的便光亮醒目，反射性弱的便暗淡无光。木材的光泽与木材的反射特性有直接联系，当入射光与木纤维方向平行时，正反一样。家具表面粘贴不同纹理方向的薄木后，呈现不同光泽，就是这个道理。当用木纹纸贴面后，木材表面就不存在这种方向性，但当表面有压纹时，也会呈现真实木材的光泽特性。这种情况下单凭眼睛就很难判别真假木材。尽管如此，仿制品仍然代替不了真实木材的表面效果，木材的表面是由无数个微小的细胞构成的，细胞切断面就是无数个微小的小凹镜，凹镜内反射的光泽有丝绸表面的视觉效果，这一点是仿制品很难模拟的。在日常生活中，人们可以靠光泽的高低判别物体的光滑、软硬、冷暖。光泽高且光滑的材料，硬、冷的感觉较强，光泽低，温暖感较强。人们不是用两只眼立体视觉来判断表面粗糙度的，很大程度上是靠光泽度来判断的。光泽不同于材色，也不能代表木材是否容易磨光的性质。木材未经打磨以前，若光泽不显著，经打磨以后，还不显光泽，这表明木材已经初期腐朽。

2. 木材的气味和滋味

在木材厂，可以闻到木材的气味，特别是刚锯开的木材，有的清香，有的辛辣刺鼻。木材为什么会有这种奇香异味呢?

木材细胞壁物质本身是无味的，这是因为木材细胞腔内含有树脂、芳香油及其他各种挥发性物质，使木材散发出各种不同的气味。各种木材因其所含的化学物质不同，它们的气味不同。例如，松木含有清香的松脂气味；柏木、侧柏、圆柏、福建柏有柏木香气；雪松有辛辣气味；杨木具有青草味；椴木有腻子气味；愈创木有香兰草味；肾形果似杏仁味；番荔枝科的暗罗属的部分木材具有皮蛋气味；豆腐木有难闻的气味；我国海南岛的降香木和印度的黄檀具有名贵香气，这是因为该种木材中含有香气的黄檀素，宗教人士常用此种木材制成小木条作为佛香。檀香木具有馥郁的香味，因为木材中含有白檀精，可用来气熏物品或制成散发香气的工艺美术品，如檀香扇。此外，樟科的一些木材具有特殊的樟脑气味，因为该种木材中含有樟脑油，用这种木材制作的衣箱，耐菌腐、抗虫蛀，可长期保存衣物。还有些木材具有臭味，如爪哇木棉树木材在潮湿的条件下发出臭味，原因是这种木材中含有挥发性脂肪酸，如丁酸或戊酸等具有臭味；再加上在湿热环境中，一些危害木材的生物所生成的代谢物质及木材的降解产物具有微臭气味。此外，隆兰、八宝树等木材也具有酸臭味。新伐的冬青木材有马铃薯气味。

木材的气味不仅可帮助识别木材，而且还有很多的重要用途。例如，香樟可以提取樟脑油，用樟木制造的衣箱、书柜能够防虫；檀香木用来做折扇、雕刻和玩具，还能蒸馏得白檀油，是制造檀香皂的原料；香椿、红椿具有清香气味宜做烟盒。但木材的气味也给其利用带来了局限性，如香樟就不宜做米箱、茶叶箱等，而且有些木材的气味对人身体有害。例如，锯解个别进口木材——红木、紫檀时工人皮肤有严重过敏的现象。据报道，中美洲的红木含有致痒物质，在锯解时释放出来，遇碱溶解，遇酸沉淀。工人出汗若带碱性，皮肤则容易过敏；若带酸性，皮肤则不受害。

木材的滋味是指一些木材具有特殊的滋味，如板栗具有涩味；肉桂具有辛辣及甘甜味；黄连木、苦木具有苦味；糖槭具有甜味等。这是由于木材中含有能溶解的抽提物，不同的抽提物具有不同的滋味，如单宁具涩味，苦木素具有苦味。

3. 木材结构、纹理、花纹

识别木材特征除上述情况以外，还有木材结构、纹理和花纹等其他特征。

（1）木材结构。木材结构是指组成木材各种细胞大小和差异的程度。木材若由较多的大细胞组成，则结构粗糙，称粗结构，如泡桐；木材若由较多的小细胞组成，材质致密，称细结构，如椴木、色木、桦木、黄杨木等属的木材。组成木材的大小细胞变化不大的，称均匀结构，如散孔材的树种；相反地，变化大的，称不均匀结构，如环孔材的树种。

木材结构粗或不均匀，在加工时容易起毛或板面粗糙，油漆后无光泽；结构致密和材质均匀的容易加工，材面光滑，适合作细木工、雕刻等用材。结构不均匀的环孔材，花纹美丽；结构均匀的散孔材，花纹较差，但容易旋切和刨切，而且表面光滑。

（2）木材纹理。木材纹理是指组成木材各种细胞的排列情况。根据年轮的宽窄和早、晚材变化缓急，木材纹理分为粗纹理和细纹理。前者如落叶松、马尾松等针叶树材和年轮较宽的环孔材；后者如红松、云杉等针叶树材和年轮较均匀的散孔材。另外，还可根据木材纹理的方向，木材纹理分为直纹理、斜纹理和乱纹理，如杉木纹理直，强度大，易加工；斜纹理和乱纹理的木材强度较低，不易加工，刨削面不光滑，容易起毛刺。但这些纹理不规则的木材能刨切出美丽的花纹，主要用在木制品装饰工艺上，用它做细木工制品或贴面、镶边，涂上清漆，可保持本来的花纹和材色，颇为美丽。

（3）木材花纹。在木材的表面和家具的板面上常常可以看到颜色深浅不同、明暗相间的图案，习惯称为木材花纹。它是生长轮、木射线、轴向薄壁组织等解剖分子相互交织、木节、树瘤、斜纹理及变色等天然缺陷的影响及不同的锯切方向等多种因素综合形成的。

在木材的弦切面上可以看到呈抛物线状的花纹，这是由于每一个生长轮中的早、晚材的密度、颜色和构造上的差异所形成的图案；在径切面上早、晚材带平行排列构成条带状花纹；具有宽木射线的木材在径切面上呈现出银光花纹，这是由于木材中的细胞交错排列，在板面上常显示一条色浅、一条色深形如带状的花纹；根基、树瘤（树木因病、伤而形成的瘤子）经锯切后材面形成美丽的根基花纹和树瘤花纹。具有扭曲纹理的木材如木枝丫、木节、鸟眼等均可在弦切面上出现各种特殊的花纹，如枝丫薄木中可呈现鱼骨花纹。由于早、晚材颜色的差异及因菌虫危害产生的变色，在材色上呈现材色深浅不同的条带，而形成不规则的花纹。例如，色木在初期腐朽时，产生变色所构成的波浪形图案类似于大理石花纹。

由于不同的下锯方法可形成径切花纹、弦切花纹，还可以通过改变旋切角度使材面形成各种花纹，或者应用不同纹理的木材拼接成各种图案。

4. 材表

原木剥去树皮后的木材表面，称为材表。各树种的木材特征在材表上有所反映，并具有一定规律，容易掌握，材表可分为下列几种形态。

(1) 槽棱形。指射线在木质部和韧皮部内折断的情形，如果射线在木质部内折断，则射线在原木表面呈槽状或沟状，皮底上有相应的突棱；反之，射线在原木表面呈突棱，皮底上有相应的槽状或沟状。壳斗科的木材具有宽木射线，木射线在材表上呈特别明显的槽状。根据材表上槽棱的不同形状，容易将桐木属和青冈属的原木区分开。例如，椆木属的原木，其材表上的槽棱比较平滑；青冈属的原木，其材表上的槽棱比较尖锐。

(2) 波痕状。在某些阔叶树材原木的材表上，木射线和轴向分子有规则地排列成层状，用肉眼或放大镜观察，呈水平细线，如柿树、椴木、黄檀、砚木等。

(3) 凸凹或波状起伏。有些树种的材身呈凸凹不平，原木端面的外缘呈波浪形，如鹅耳枥、岭南槭；有的树种的材身呈波浪起伏，如拟赤杨、黄桤等。

2.2 细胞壁的结构

细胞壁是植物细胞所特有的一种结构。木材是由许许多多的空腔细胞所构成，即木材的实体是细胞壁。木材细胞壁的结构，往往决定了木材及其制品的性质和品质。因此，对木材在细胞水平上的研究，也可以说主要是对细胞壁的研究。

木材的细胞壁主要是由纤维素、半纤维素和木质素三种成分构成。纤维素分子链聚集成束以排列有序的微纤丝状态存在于细胞壁中，赋予木材抗拉强度，起着骨架作用，故称此种结构物质为骨架物质；半纤维素以无定形状态渗透在骨架物质之中，起着基体作用，借以增加细胞壁的刚性，故称其为基体物质；细胞壁中具有木质素，这是木材细胞壁的一种显著特征，木质素是在细胞分化的最后阶段才形成的，它渗透在细胞壁的骨架物质之中，可使细胞壁坚硬，因此称其为结壳物质或硬固物质。

2.2.1 细胞壁的超微构造

目前，由于应用了各种物理的和化学的新方法，特别是电子显微镜的大量应用，对于木材细胞壁的超微结构已有了很大的了解。不过，木材超微构造的研究，仍然需要有光学显微镜的观察基础，才能很好地定位。

1. 微团、微纤丝和纤丝

木材细胞壁的组织结构，是以纤维素作为“骨架”的。它的基本组成单位是一些长短不等的链状纤维素分子。这些纤维素分子链平行排列，有规则地聚集在一起称为微团(又称基本纤丝)。

由微团组成一种丝状的微团系统称为微纤丝。由微纤丝组成纤丝；纤丝再聚集形成粗纤丝；粗纤丝相互接合形成薄层；许多薄层再聚集形成细胞壁。

在电子显微镜下观察，认为组成细胞壁的最小单位是微团，其宽度为 3.5～5.0nm，断面包括 40(或 37～42)根纤维素分子链。微团的长度变异较大。

2. 结晶区和非结晶区

微团是由许多纤维素大分子链聚集而成的连续结构，但沿微团的长度方向，纤维素大分子链的排列状态不甚相同。在大分子链排列最致密的地方，分子链平行排列，定向良好，形成纤维素的结晶区。分子链与分子链间的结合力随着分子链间距离的缩小而增大。当纤维素分子链排列的致密程度减小时，在分子链间形成较大的间隙，彼此之间的结合力下降，纤维素分子链间排列的平行度下降，此部分成为纤维素的非结晶区（即无定形区）。结晶区与非结晶区之间无明显的绝对界限。在纤维素分子链长度方向上具有连续结构，一个纤维素分子链，其一部分可能位于纤维素的结晶区，而另一部分可能位于非结晶区，并延伸进入另一结晶区。也就是说，在一个微团的长度方向上包括几个结晶区和非结晶区。

2.2.2 细胞壁层的结构

木材细胞壁的各部分常常由于化学组成的不同和微纤丝排列方向的不同，在结构上分出层次。在光学显微镜下，通常可将细胞壁分为胞间层（ML）、初生壁（P）和次生壁（S），如图 2-9 所示。

1. 胞间层

胞间层是细胞分裂以后，最早形成的分隔部分，随即再在此层的两侧沉积形成初生壁。

胞间层主要由一种无定形、胶体状的果胶物质所组成，在偏光显微镜下呈各向同性。不过，在成熟的细胞中已很难区别出胞间层，因为通常在胞间层出现不久，很快在其两侧沉积了纤维素，形成初生壁。这种沉积过程是逐渐进行的。当细胞长大到最终形体时，胞间层常常很薄，很难将胞间层与初生壁区别开。实际上，通常将胞间层和其两侧的初生壁合在一起，称为复合胞间层。

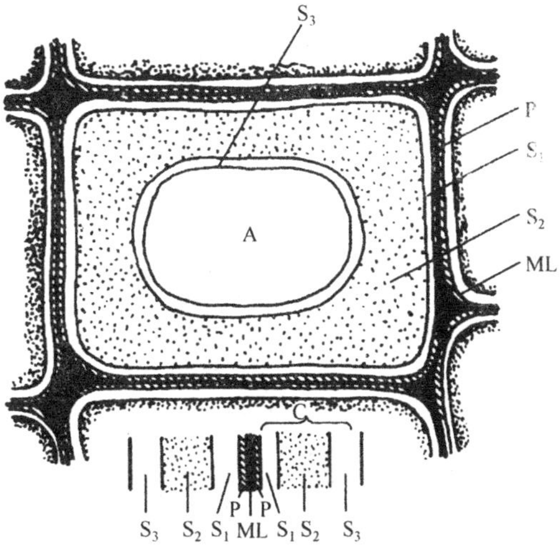

图 2-9　细胞壁的构造
A. 细胞腔；C. 细胞壁；P. 初生壁；
S. 次生壁；ML. 胞间层；S_1. 次生壁外层；
S_2. 次生壁中层；S_3. 次生壁内层

2. 初生壁

初生壁是在胞间层两侧最早沉积的壁层。初生壁一般较薄，为细胞壁厚度的 1%以上。初生壁是在细胞继续增大时所形成的壁层，它可随着细胞的增大而不断增大，因此鉴定初生壁的标准，是看细胞不断增大时，壁层是否继续增大，并不考虑初生壁内是否有木质素。

初生壁在形成的初期，主要由纤维素组成，在偏光显微镜下呈各向异性；随着细胞增大和速度的减慢，逐渐沉积有其他的物质。

初生壁外表面上沉积的微纤丝排列方向与细胞轴略成直角，随后逐渐转变，并出现交织的网状排列，而后又趋向横向排列。但是，初生壁整个壁层上微纤丝排列都很松散，此种结构和微纤丝的排列状态，有利于细胞的长大。

3. 次生壁

次生壁是细胞停止增大以后，在初生壁上继续形成的壁层。次生壁的主要成分是纤维素和半纤维素的混合物。不过，在细胞壁发生木质化阶段时，此壁上还沉积有大量的木质素和其他物质。次生壁在偏光显微镜下呈现强烈的各向异性。

在次生壁上，由于纤维素分子链组成的微纤丝排列方向不同，又可明显地分出三层，即次生壁外层(S_1)、次生壁中层(S_2)和次生壁内层(S_3)。次生壁各层的微纤丝都形成螺旋取向，但斜度不同。S_1 层的微纤丝呈平行排列，与细胞轴呈 50°～70°角，以"S"型或"Z"型缠绕；在 S_2 层，微纤丝排列的平行度最好，微纤丝与细胞轴呈 10°～30°角排列，近乎平行于细胞轴；而 S_3 层的微纤丝与细胞轴呈 60°～90°角，微纤丝排列的平行度不甚好，呈类似不规则的环状排列。在电子显微镜下管胞壁分层结构模式如图 2-10 所示。

从图 2-11 可见，在纹孔周围细胞壁的微纤丝排列方向发生改变，其微纤丝绕过纹孔口而排列。

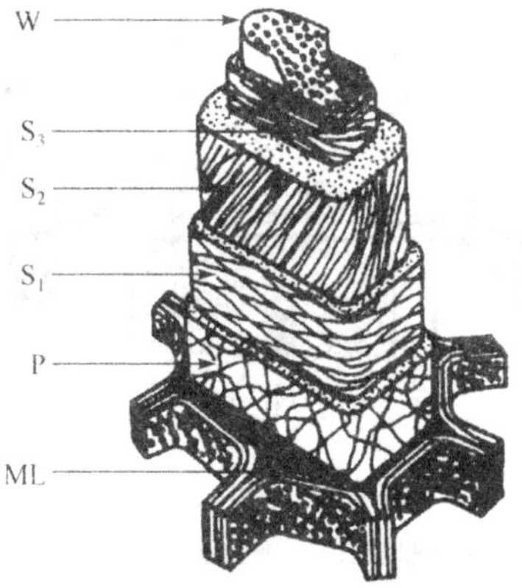

图 2-10 在电子显微镜下管胞壁分层结构模式

ML. 胞间层；P. 初生壁；S_1. 次生壁外层；S_2. 次生壁中层；S_3. 次生壁内层；W. 瘤层

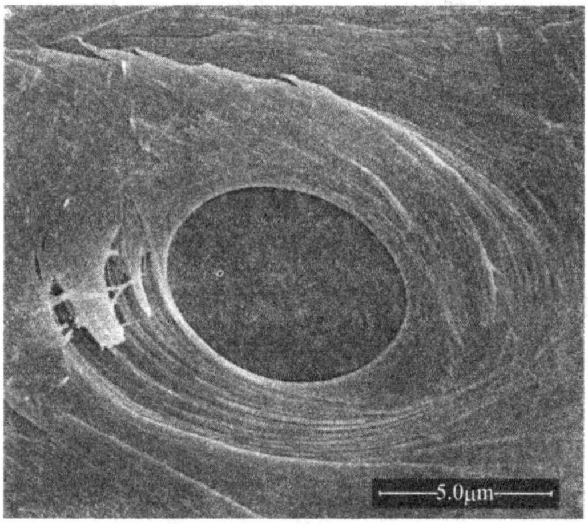

图 2-11 红松早材管胞径面壁上具缘纹孔口周围微纤丝的排列状态

在细胞壁中，次生壁最厚，占细胞壁厚度的 95%以上。而次生壁上各层的厚度分别为：S_1 层和 S_3 层较薄；S_1 层为细胞壁厚度的 9%～21%；S_3 层为细胞壁厚度的 0%～8%；S_2 层最厚，占细胞壁厚度的 70%～90%。

次生壁是在细胞增厚时形成的，当细胞的原生质体停止活动时，次生壁也就停止了沉积。由于次生壁的形成几乎都是在细胞固化时进行的，次生壁与原生质的关系往往是不可逆的。但也有很多例外。例如，木射线薄壁细胞和轴向薄壁细胞都具有次生壁，而这些细胞腔中有时含有生活代谢活跃的原生质体。

次生壁的组成和结构非常复杂，是木材研究的主要对象。木材中的管胞、导管和木纤维等重要组成分子的细胞壁均有明显的次生壁。

2.2.3 细胞壁上的结构特征

细胞是组成植物体的基本结构单位，其细胞壁上的许多特征是为细胞生长需要而形成的。

细胞壁上的某些特征，不仅为木材识别提供依据，而且也直接影响木材的加工和利用。细胞壁上的主要特征为：纹孔、螺纹加厚、锯齿状加厚、瘤层、侵填体等。

1. 纹孔

纹孔是指木材细胞壁加厚产生次生壁时，初生壁未被加厚的部分。在立木中，纹孔是相邻细胞间水分和养料的流通通道。木材干燥和木材防腐、防火药剂的浸注及制浆等加工工艺都与纹孔的渗透性有关。纹孔是木材细胞壁上的重要特征。在木材识别上具有一定的意义。

(1) 纹孔的组成部分。纹孔主要由下列各部分组成(图 2-12)。

纹孔膜：分隔相邻细胞壁上纹孔的隔膜，实际上是两相邻细胞的初生壁与细胞间的胞间层组成的复合胞间层。

纹孔环：在纹孔膜周围的加厚部分。

纹孔缘：在纹孔膜上方，次生壁呈拱状突起的部分。

纹孔腔：由纹孔膜到细胞腔的全部空隙。

纹孔室：为纹孔膜与纹孔缘之间的空隙部分。

纹孔道：由细胞腔通向纹孔室的通道。

纹孔口：纹孔的开口。由纹孔道通向细胞腔的开口为纹孔内口；由纹孔道通向纹孔室的开口为纹孔外口。当纹孔内口直径不超过纹孔环时，称内含纹孔口；超过纹孔环时，称外展纹孔口，如图 2-13 所示。

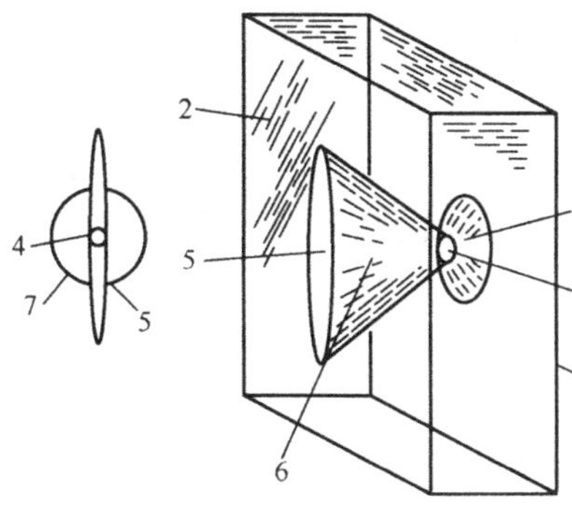

图 2-12　纹孔的各组成部分

1. 胞间层；2. 次生壁；3. 纹孔室；4. 纹孔外口；5. 纹孔内口；6. 纹孔道；7. 纹孔环

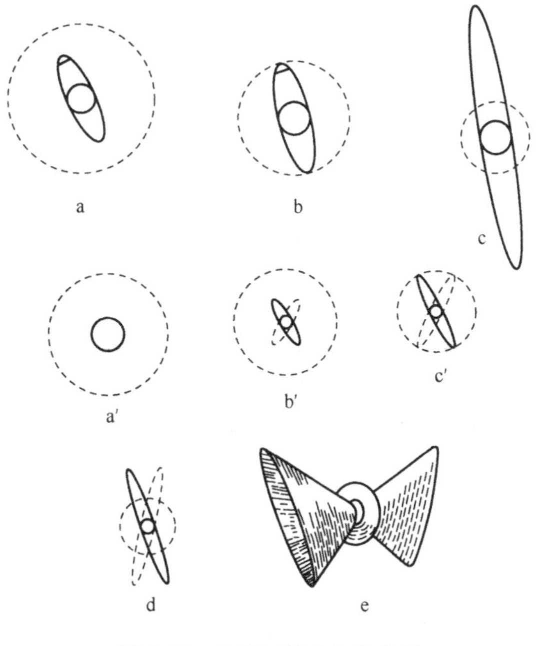

图 2-13　纹孔口的内含和外展

a、a′、b、b′、c′. 内含纹孔口；c. 外展纹孔口；b′、c′. 内含交叉；d. 外展交叉；e. 具缘纹孔侧面图，互补纹孔具有纹孔道与一扁圆的纹孔口

(2) 纹孔的类型。根据纹孔的结构，可以把纹孔分为两大类，即单纹孔和具缘纹孔(图 2-14)。

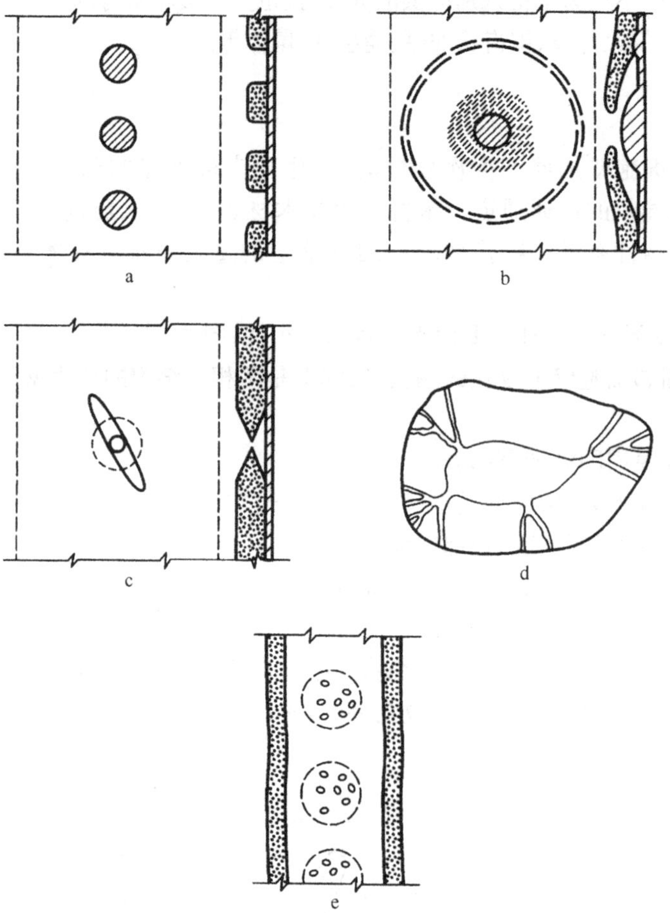

图 2-14　纹孔(Brown)

a. 单纹孔；b. 针叶树材具缘纹孔；c. 阔叶树材具缘纹孔；d. 分歧纹孔；e. 筛状纹孔

单纹孔：当细胞次生壁加厚时，所形成的纹孔腔在朝着细胞腔的一面变宽或保持一定宽度或逐渐变窄。单纹孔多存在于轴向薄壁细胞、射线薄壁细胞、韧性纤维细胞等细胞壁上。单纹孔的纹孔膜一般没有加厚现象，其纹孔只有一个纹孔口，纹孔口多呈圆形。但在极厚的细胞壁上，纹孔腔有时是由许多细长的孔道呈分歧状连接起来通向细胞腔，此种纹孔称为分歧纹孔；有时几个单纹孔聚集在一起，致使该处的细胞壁凹陷，不能达到正常的厚度，形似筛孔，称其为筛状纹孔。

具缘纹孔：是指次生壁在纹孔膜上方形成拱形纹孔缘的纹孔。即次生壁加厚时，其纹孔腔为拱形。

具缘纹孔主要存在于各种具有输导水分能力的细胞的胞壁上。例如，在针叶树材中，主要存在于轴向管胞、索状管胞及射线管胞等细胞壁上；而在阔叶树材中，主要存在于导管、导管状管胞、环管管胞及纤维状管胞等细胞壁上。

具缘纹孔的构造比单纹孔的构造远为复杂。在不同细胞的胞壁上，具缘纹孔的形状和结构有所不同。

在针叶树材中，轴向管胞壁上具缘孔的纹孔膜中间形成初生加厚，其微纤丝排列呈同心圆状，此加厚部分称为纹孔塞。纹孔塞的直径通常大于纹孔口。在纹孔塞周围的微纤丝从纹孔塞向纹孔环呈辐射排列，微纤丝之间有许多孔隙（从图 2-15 可清晰地看到），为两个相邻细胞中液体移动的直接通道，此部分称为塞缘。针叶树材管胞的纹孔塞通常是圆形或椭圆形的轮廓，见图 2-15、图 2-16。但纹孔塞的轮廓并不完全如此，尤其在松科中，如雪松属的纹孔塞轮廓边缘呈贝壳状，故称贝壳状纹孔塞或雪松型纹孔塞。

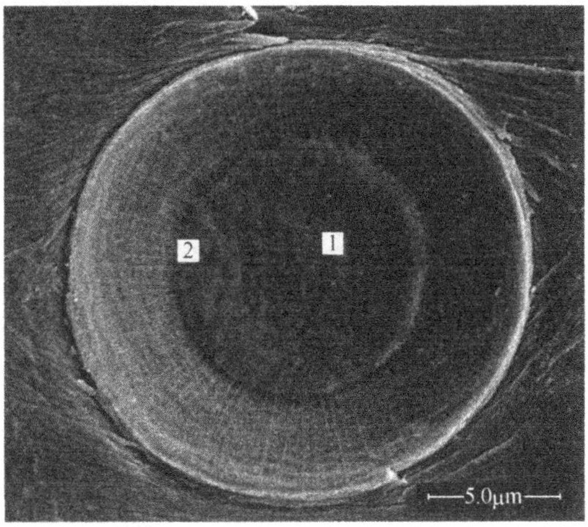

图 2-15　落叶松早材管胞径面壁上的具缘纹孔膜

1. 纹孔塞；2. 塞缘

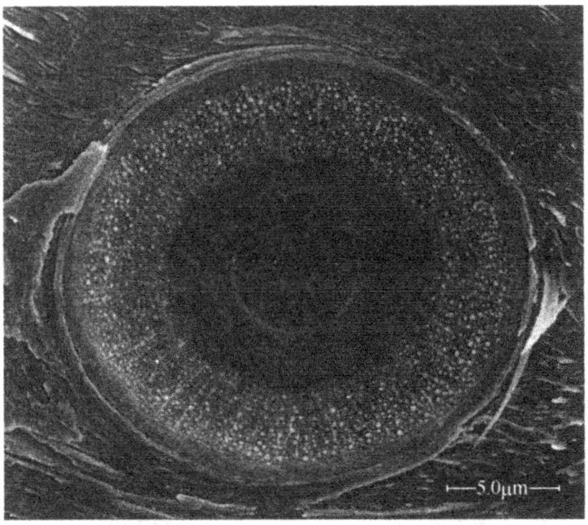

图 2-16　樟子松早材管胞径面壁上的具缘纹孔膜，其纹孔膜上具有瘤状物

在针叶树材的其他种类细胞的胞壁上的具缘纹孔通过不具有纹孔塞。针叶树材细胞的胞壁上的具缘纹孔，一般只具有一个纹孔口。

在针叶树材的澳柏属的木材中和在辐球果柏及金钱松的管胞壁上，常出现澳柏型具缘纹孔（图 2-17）。澳柏型纹孔是一种特殊的具缘纹孔，它具有双重纹孔室；在弦切面上观察有通向管胞腔的开口和通向纹孔室的开口，但后者较大，开口呈椭圆形，与管胞长轴略倾斜。在径切面上，纹孔边缘呈圆形，在纹孔口上下有两条括弧状的横闩。

在阔叶树材细胞壁上，大多数具缘纹孔的纹孔膜不形成加厚状，其纹孔多为一个纹孔口。但在纤维状管胞壁上的具缘纹孔常出现两个纹孔口，其纹孔口的形状和大小变异较大。纹孔外口多呈圆形，其直径小于纹孔环直径；而纹孔内口呈椭圆形、透镜形或裂隙形，其直径有时小于或等于纹孔直径,形成内含纹孔;有时其直径大于纹孔环直径形成外展纹孔。在少数阔叶树材的大导管壁上的具缘纹孔有时也有两个纹孔口,而且许多纹孔内口连在一起,形成沟状,称为合生纹孔口(图 2-18)。

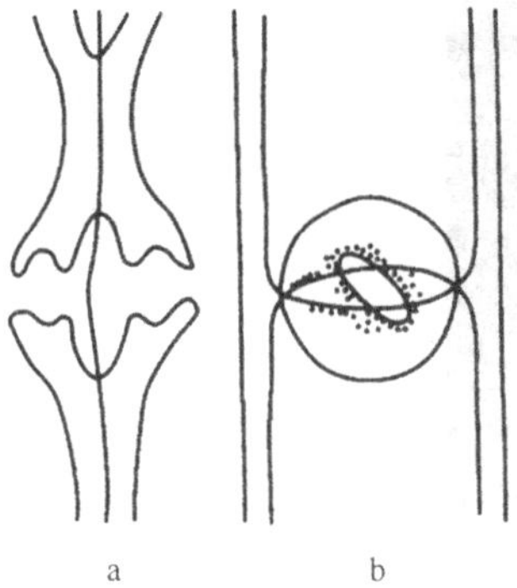

图 2-17 澳柏型具缘纹孔

a. 侧面图; b. 正面图(山村)

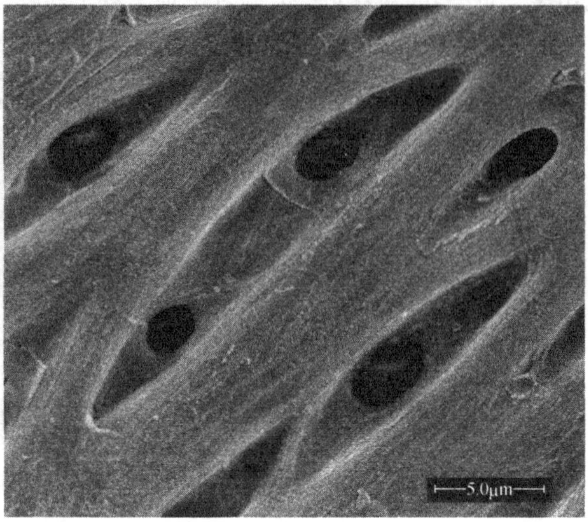

图 2-18 榆木大导管径面壁上的合生纹孔口

在阔叶树材的某些科树种中,存在一种附物纹孔。附物纹孔是阔叶树材的一种具缘纹孔,在纹孔缘及纹孔膜上存在一些突起物,称为附物。附物分布由细胞腔一直到纹孔腔,甚至延及纹孔膜(图 2-19)。附物纹孔一般常见于导管壁上的具缘纹孔,也见于纤维状管胞壁上的具缘纹孔。它可见于某属的树种,或者该属的某一树种,或者完全没有。附物纹孔是鉴别阔叶树材树种所依据的特征之一,尤以豆科(紫荆属除外)最为显著。

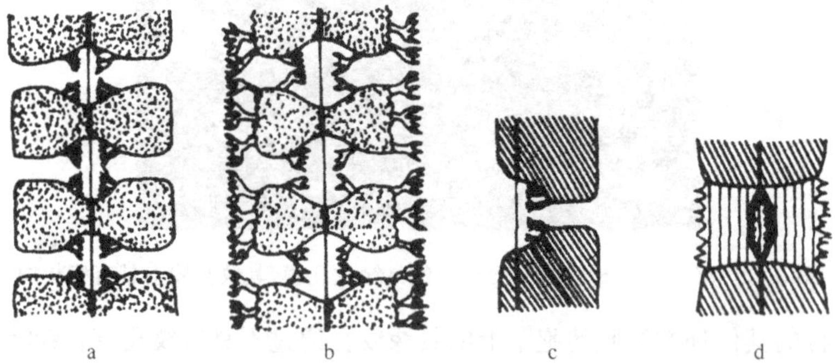

图 2-19 附物纹孔(Brown)

a. 珊瑚状(导管的具缘纹孔); b. 分支和网状(导管间具缘纹孔,着生于纹孔室的拱壁和导管壁的表面);

c. 珊瑚状(半具缘纹孔对); d. 乳头状凸起(相邻接的纤维状管胞)

柯提(Cote)等曾经指出,在具有附物纹孔的导管分子上有瘤层。他们认为附物和瘤层可能属于同一性质的物质。

2. 纹孔对

纹孔多数成对，即细胞上的一个纹孔与其相邻细胞的另一个纹孔构成对，即纹孔对。纹孔有时通向细胞间隙，而不与相邻细胞上的纹孔构成对，这种纹孔称为盲纹孔。

典型的纹孔对有三种(图 2-20)。

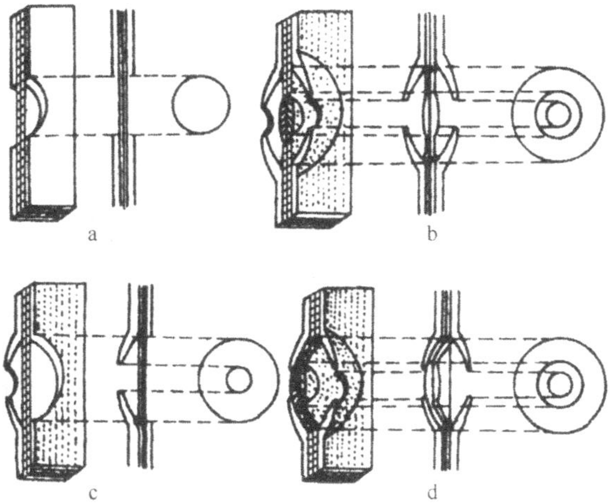

图 2-20　纹孔对

a. 单纹孔对；b. 具缘纹孔对；c. 半具缘纹孔对；d. 闭塞纹孔

(1) 具缘纹孔对。是两个具缘纹孔所构成的纹孔对。存在于管胞、纤维状管胞、导管分子、索状管胞、导管状管胞和射线管胞等含有具缘纹孔的细胞之间。

(2) 半具缘纹孔对。是具缘纹孔与单纹孔相构成的纹孔对。存在于含有具缘纹孔的细胞和含有单纹孔的薄壁细胞之间。

(3) 单纹孔对。是单纹孔与单纹孔构成的纹孔对。存在于轴向薄壁细胞、射线薄壁细胞和韧性纤维等含有单纹孔的细胞之间。

针叶树材管胞的具缘纹孔对在某些情况下如由边材形成心材时，或者在木材干燥过程中，其纹孔膜上的纹孔塞往往会偏于一侧，从而将纹孔口堵住，形成纹孔闭塞状态，此种纹孔称为闭塞纹孔(图 2-21)。纹孔塞移动的方向通常与液体或气体的流动方向相一致。

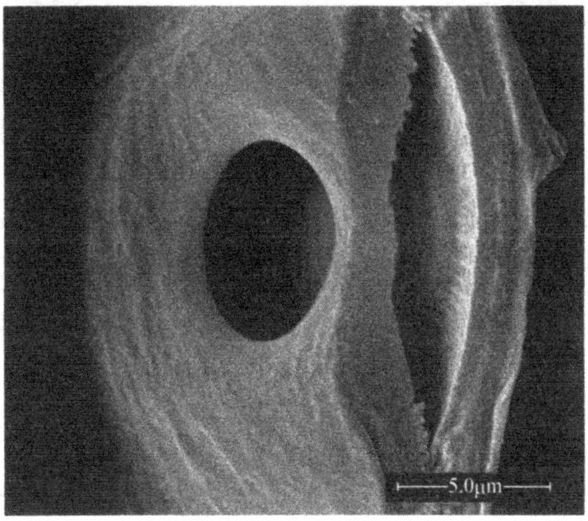

图 2-21　落叶松早材管胞壁上的闭塞纹孔(弦切面观察)

3. 眉条

在针叶树材管胞径面壁上的具缘纹孔上下边缘有弧形加厚的部分，称为眉条(图 2-22)。眉条的功能是加固初生纹孔场的刚性。

4. 螺纹加厚

在细胞次生壁内表面上，由微纤丝局部聚集而形成的屋脊状凸起，呈螺旋状环绕着细胞内壁，这种加厚组织称为螺纹加厚(图 2-23)。螺纹加厚围绕着细胞内壁呈一至数条螺纹，其中一条可在另两条之间中断，还有的脊状突起呈分歧状，如紫椴(图 2-24)。

图 2-22　日本落叶松管胞壁上的眉条

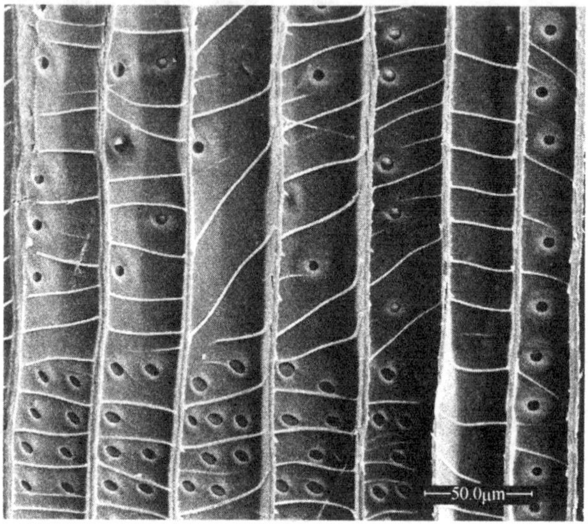

图 2-23　红豆杉晚材管胞内壁上的螺纹加厚(径切面)

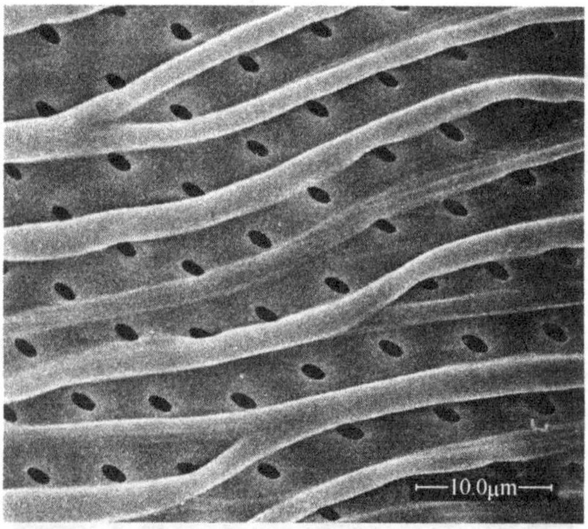

图 2-24　紫椴导管内壁上的分歧状螺纹加厚(弦切面)

通常螺纹加厚呈“S”状螺纹，近似次生壁 S_3 层微纤丝方向排列，螺纹加厚倾斜角度与细胞腔大小成反比，即细胞腔大者，螺纹平缓；反之，细胞腔小者，螺纹则陡峭。

5. 锯齿状加厚

射线管胞内壁的次生加厚为锯齿状突起的，称为锯齿状加厚。锯齿状加厚只存在于针叶树材松科木材中。锯齿状加厚的高度可分为 4 级：①内壁平滑；②内锯为锯齿状，齿纤细至中等，高达 2.5μm；③齿高超过 2.5μm，至细胞腔中部；④网状式舱室，如图 2-25 所示。

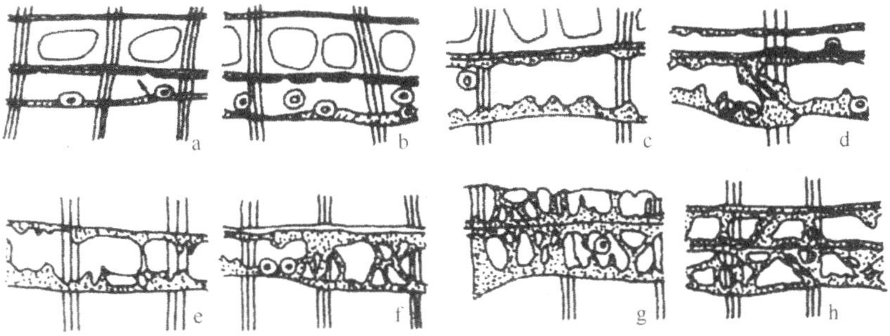

图 2-25　松属木射线管胞内壁锯齿的深度

a、b. 内壁平滑；c、d. 锯齿高达 2.5μm；e、f. 锯齿高超过 2.5μm；g、h. 网状加厚

通常观测射线管胞内壁的锯齿状加厚高度，多以晚材与早材管胞之间的射线最外缘的射线管胞内壁的锯齿状加厚高度为准。锯齿状加厚通常在晚材中最发达。

6. 瘤层

瘤层是细胞壁内表面微细的隆起物，通常存在于细胞腔和纹孔腔内壁。瘤层中的隆起物常为圆锥形，也有其他形状，其变化多样。瘤层的化学组成与次生壁和初生壁不同，这可能是由解体的原生质的残余物形成而覆盖在次生壁 S_3 层内表面上的、有规则突起的一种非纤维素膜，如图 2-26 所示。瘤层已被认为是一种常见的结构。

瘤层隆起物的大小和形状，随树种而异，但在同一树种中较为一致。瘤层存在于针叶树材管胞内壁，认为是识别针叶树材所依据的特征之一。在阔叶树材中虽也有存在，但没有针叶树材中普遍。在电子显微镜下观察，发现阔叶树材的槭、龙脑香、山毛榉、樟、木兰、桃金娘、蝶形花、八角和昆栏树 9 科树种的导管分子，各种管胞及木纤维等细胞内壁有瘤层存在，但尚不能作为识别阔叶树材某些属的特征。

到目前为止，在轴向薄壁细胞和射线薄壁细胞内壁还未发现有瘤层存在。

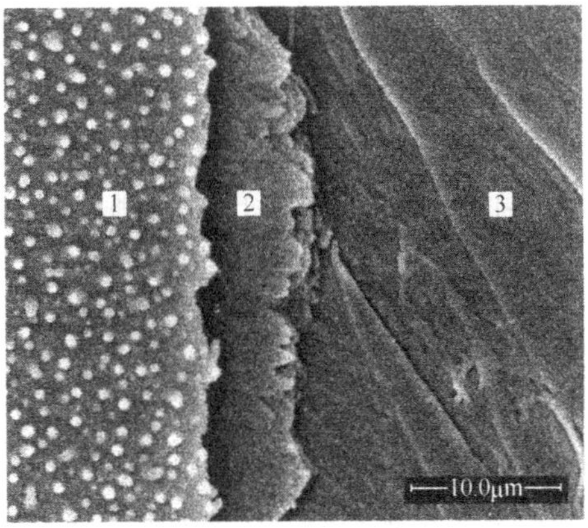

图 2-26　臭冷杉管胞内壁的瘤层(弦切面)

1. 瘤层；2. S_3 层的微纤丝；3. S_2 层的微纤丝

7. 侵填体

侵填体是指导管分子腔内的瘤状物。当导管分子成熟以后，导管分子腔内的压力有时小于周围的压力，这样导管周围的轴向薄壁细胞或射线薄壁细胞通过导管分子壁上的纹孔，被挤

压进入导管分子腔,形成瘤状物(图 2-27),局部或全部地堵塞导管分子腔。在一个导管分子内能形成两个以上的侵填体,当侵填体之间相互连接时,可能有单纹孔对存在。

侵填体的壁层结构是由初生壁和次生壁组成的,类同于薄壁细胞的壁层结构。

8. 径列条

径列条是细胞的弦向壁的一侧横过细胞腔而至另一侧弦向壁的棒状结构。一般在同一高度贯穿数个细胞,形成一直线,与细胞壁接受部分稍膨大一些(图 2-28),有时在径切面上重叠有数条。潘辛等认为径列条起源于形成层,即在形成层处由细胞壁物质形成纤细的细线穿过纺锤形原始细胞,在细胞分裂后,次生壁附着于细线之上,如同细胞壁加厚一样在其上加厚。然而,麦克埃尔汉内(McElhanney)及其同事认为径列条出于形成层上的菌丝最初所形成的纤细的细线,细胞壁物质沉淀于菌丝的细丝之上。

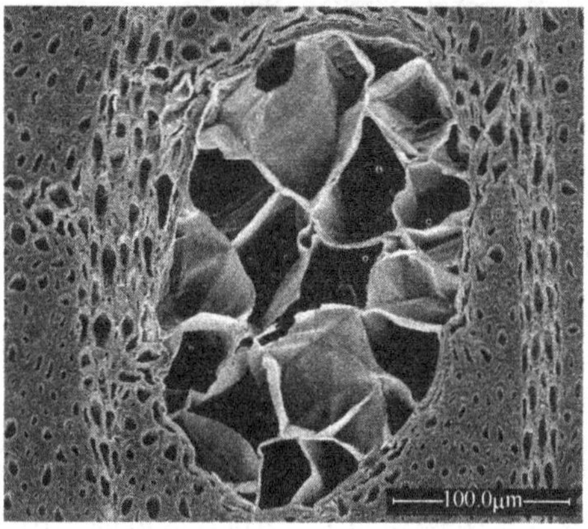

图 2-27　刺槐导管腔内的侵填体

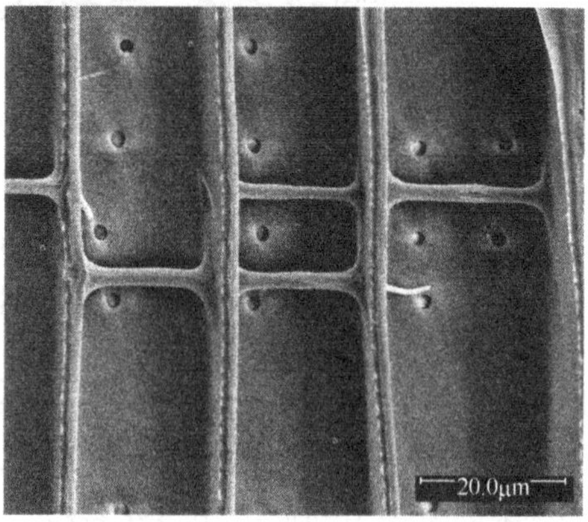

图 2-28　扁柏木材细胞中的径列条

径列条在径切面上较易观察到,其次是在横切面上。径列条通常较规则地成水平方面横串一系列细胞,其直径有时也有变异。径列条常见于针叶树材的管胞,尤以南洋杉属常见,也见于阔叶树材的导管、纤维状管胞和轴向薄壁细胞。

2.3　木材的微观构造

木材构造上的特征一般用肉眼虽可以辨别,但组成木材各种细胞的微细构造及相互之间的联系,用肉眼或放大镜就无法观察到,必须借助于光学显微镜。用光学显微镜观察到的木材构造,称为微观构造。各种木材的微观构造是各式各样的,针叶树材的微观构造比较简单;阔叶树材的微观构造比较复杂。为了对这两类木材的微观构造有个清楚的了解,现分别介绍如下。

2.3.1　针叶树材的微观构造

针叶树材的解剖分子较为简单,排列也较规则,其主要组成分子为轴向管胞、索状管胞、轴向薄壁细胞、木射线和树脂道等。

1. 轴向管胞

轴向管胞为木材中的一种锐端细胞，是组成针叶树材的主要细胞。它的主要功能是输导水分和强固树体。轴向管胞的体积占整个木材体积的 90%以上，因而它是决定针叶树材材性和识别木材的重要特征。

(1) 轴向管胞的排列、形状和大小。在横切面上观察，轴向管胞沿径向排列比较整齐，具有一定的规则，这是针叶树材的固有特征(图 2-29)。

轴向管胞的形状，从横切面上观察，早材管胞不全为矩形，因相邻两列管位置前后多少有些错位，致使管胞相互之间形成胞间隙，管胞的形状呈圆状、多角形，最常见的为六边形；而晚材管胞形状变化较小，多为矩形。从径切面上观察，早材管胞两端为钝楔形；晚材管胞两端为尖楔形，在弦切面上，早材管胞和晚材管胞两端均为尖楔形(图 2-30)。

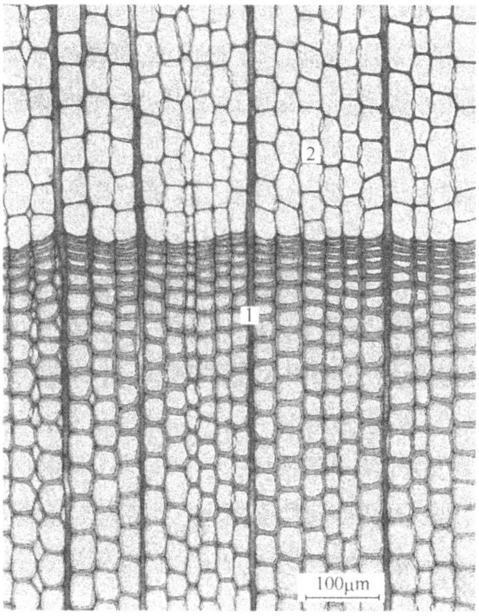

图 2-29　臭松的横切面

1. 晚材；2. 早材

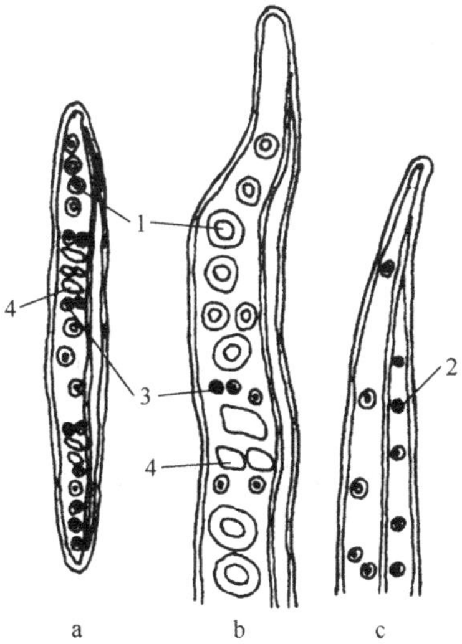

图 2-30　针叶树材(马尾松)管胞

a. 早材管胞；b. 早材管胞的一部分；c. 晚材管胞的一部分

1. 径面壁上的纹孔；2. 弦面壁上的纹孔；

3. 通过射线管胞的纹孔；4. 窗格状纹孔

轴向管胞径向直径的变化与生长季节有关。在每个生长季开始时，即早材部分，其轴向管胞径向直径最大，管胞壁最薄；在生长季后期，径向直径逐渐减小；而在生长季节刚结束以前，生长轮外缘的管胞径向直径最小，管胞壁最厚。在一个生长轮中，早材至晚材轴向管胞的径向直径和管胞壁厚度变化程度急缓不一，如银杏、紫杉、红松、侧柏等为缓变；而落叶松、马尾松、铁杉、杉木等为急变。凡缓变的树种，其木材结构较细致；急变的树种，其木材结构较粗糙。

早材管胞的弦向直径与晚材管胞的弦向直径近乎相等，不随生长季节而变化。有时在横切面上，可观察到某些行列轴向管胞的弦向直径有明显的差异，这主要是沿轴管胞长度方向截取的位置不同而引起的，因管胞端部的弦向直径比中部的弦向直径小。

管胞直径的测定通常以测定弦向直径为准，一般管胞的弦向直径为 15～80μm。针叶树材材质结构的粗细，取决于管胞的弦向直径大小。因此，针叶树材结构的粗细可分为三级：管胞弦向直径小于 30μm 者，木材结构细；管胞弦向直径在 30～45μm 者，木材结构中等；管胞弦向直径大于 45μm 者，木材结构粗。

在各生长轮中，沿径向从早材至晚材，轴向管胞长度的变化有一定的规律，早材的管胞长度较短，其平均长度为 3.247mm；晚材的管胞长度较长，其平均长度为 3.654mm。晚材管胞比早材管胞的长度长 12.53%。多数树种管胞的长度为 3～5mm，最长的管胞可达 11mm，如南洋杉；最短的为 1.21mm，如矮桧。一般管胞的长度为宽度的 75～200 倍(多数为 100 倍左右)。

轴向管胞长度的变异幅度很大，因树种、树龄、生长环境和在树木的部位而异，但这些变异也有一定的规律。由于针叶树材成熟期也有早有晚，树木的成熟期关系到树木的采伐期和材质，轴向管胞达到最大长度的树龄也不同。针叶树材管胞一般在 60 年左右可达到最大长度，在此期间内管胞长度增长较快，以后则保持稳定；在生长轮内，轴向管胞的长度从树根向上逐渐增长，到树冠的下部达到最大长度，再向上到树木顶端，又逐渐变短；在树干横切面上，轴向管胞的最大长度出现于距地面树高 1/3～1/2 处的最外几个生长轮内。

管胞的长度虽不同，但对木材强度影响不大。造纸和纤维工业则要求一定的管胞长度。凡长宽比大的，其制品强度也好；长宽比小于 40 时，制品强度比较低。管胞壁的厚薄对木材材性影响很大。通常晚材管胞的胞壁厚，而细胞腔小，因而容积重大，强度高。因此，晚材率影响着木材的物理力学性质。

(2) 轴向管胞壁上的特征。在针叶树材轴向胞壁上具有具缘纹孔、眉条、螺纹加厚等特征。

① 具缘纹孔。具缘纹孔的分布：早材管胞壁的具缘纹孔以径面壁上为多，主要分布于管胞的两端，中间比较稀少(图 2-31)。而早材管胞弦面壁上具缘纹孔稀少，甚至没有，一般在与晚材相邻的早材管胞壁上才能见到。在晚材管壁的径面壁和弦面壁上均可见到具缘纹孔，但比较稀少。晚材管胞弦面壁上的具缘纹孔存在与否及多少，对于鉴别木材有一定的参考价值。松属的硬松系的晚材管胞壁上具缘纹孔较少，仅存在于最后数列晚材管胞壁上；而杉科木材中，晚材管胞弦面壁上的具缘纹孔比较丰富，整个或几乎整个晚材带的管胞弦面壁上均有具缘纹孔。

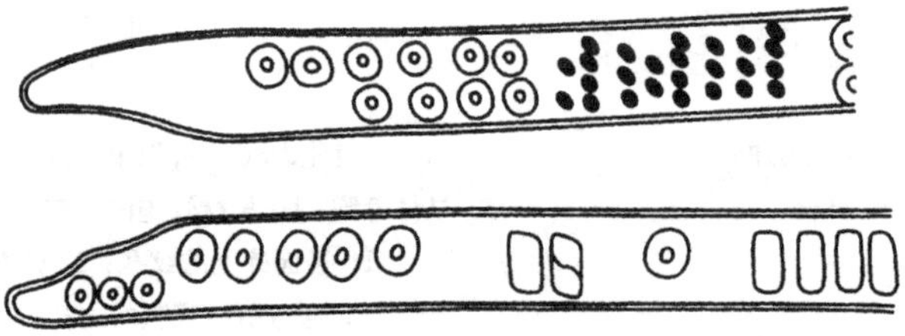

图 2-31 针叶树材管胞壁上的纹孔分布

具缘纹孔的大小和形状：轴向管胞壁上具缘纹孔的大小随树种和管胞大小而异。早材管胞径面壁上的具缘纹孔较大，直径为 10～30μm，通常为 15～20μm；晚材管胞径面壁上的具缘纹孔和早、晚材弦面壁上的具缘纹孔较小，直径为 5～14μm，通常为 5～12μm。绝大多数针叶树材管胞壁上的具缘纹孔的形状或多或少地呈圆形，但在南洋杉科木材中，管胞壁上的具缘纹孔通常为六边形(或略呈四边形)。早材管胞径面壁上的具缘纹孔的纹孔口一般为圆形、卵圆形或椭圆形，晚材管胞壁上的具缘纹孔的纹孔口多呈透镜形或裂隙状。

具缘纹孔的排列：早材管胞径面壁上的具缘纹孔通常为单列，间或在管胞端部为双列，但不互相接触。具缘纹孔在管胞上排列为 3～4 列的树种较少。一般早材管胞径面壁上具缘纹孔为多列的树种，其木材结构较粗糙，如落羽松、金钱松、水杉等。具缘纹孔为互列者，其纹孔排列或多或少密集，其具缘纹孔多呈六边形；具缘纹孔为对列或多列者，一般仅见于宽度较大的早材管胞径面壁上，杉科和松科较多。管胞弦面壁上或晚材管胞径面壁上的具缘纹孔一般为单列，其排列不规则。

② 眉条。针叶树林中，除南洋杉科和红豆杉科以外，眉条极为普遍存在。凡具缘纹孔较小且单行排列者，其纹孔场无眉条存在；具缘纹孔排列为对列的树种，如落叶松、罗汉松、油松等树种早材管胞径面壁上的纹孔场，存在极为显著的眉条。

③ 螺纹加厚。在轴向管胞内壁可能有 1～4 条螺纹加厚以反时针方向盘绕，而盘绕的角度随树种及管胞宽度和管胞壁厚度而异。例如，红豆杉的螺纹加厚盘绕角度为 45°；榧树的螺纹加厚盘绕角度为 62°；而粗榧的螺纹加厚近乎水平。一般管胞腔狭窄，而管胞壁厚者，其螺纹加厚的盘绕角度大；反之，螺纹加厚的盘绕角度小。因此，在同一生长轮中，晚材管胞内壁的螺纹加厚的盘绕角度比早材的大。螺纹加厚的分布随树种而异。例如，紫杉属木材的螺纹加厚是分布于整个生长轮管胞内壁；在黄杉属木材中的螺纹加厚主要分布在早材管胞内壁，而在晚材管胞内壁则很少或没有；在云杉属、落叶松属的一些树种及金钱松的木材中，螺纹加厚大部分分布于晚材管胞内壁。在粗榧属、榧属和穗花杉属等木材的管胞内壁上，螺纹加厚是成对排列的，这些差异在木材鉴别上很有价值。

④ 径列条。径列条常出现在南洋杉属木材中，而在其他针叶树材的树种中很少见。

⑤ 管胞腔内的树脂。在针叶树材由边材转变为心材过程中，有时在与木射线薄壁细胞或轴向薄壁细胞相邻的轴向管胞腔内，常有树脂沉积，这种含有树脂的轴向管胞称为树脂管胞。树脂管胞腔内的树脂多呈层状，在紧靠管胞壁的地方，树脂层较厚，中间的地方较薄或中空，形成树脂隔板或树脂颗粒，如图 2-32 所示。树脂管胞为南洋杉科木材的特征，也出现在雪松和北美红杉等树种的木材中。

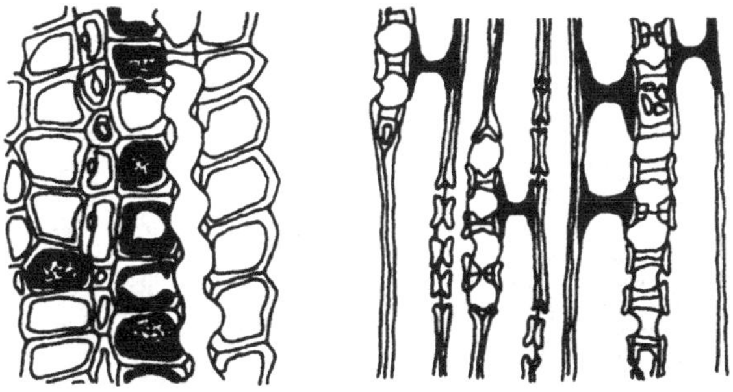

a　　b

图 2-32　树脂管胞(白枝松)

a. 横切面；b. 弦切面

2. 索状管胞

索状管胞是指轴向成串的管胞中的某个细胞(图 2-33)。每串细胞起源于形成层原始细胞。其特征是形体短，长矩形，纵向串连，细胞侧壁及端壁均有具缘纹孔，细胞腔内不含树脂。

索状管胞可视为轴向管胞与轴向薄壁细胞或泌脂细胞的过渡管胞。索状管胞大都存在于生长轮外缘部分或轴向树脂道附近。例如，在落叶松属和北美黄杉属的木材中，索状管胞存在于生长轮的外缘部分，取代轴向薄壁组织，并占据其同样的位置，呈星散状分布；而在云杉属、黄杉属、落叶松属和松属的木材中，索状管胞存在于树脂道附近。由于索状管胞组织不固定，对木材鉴别无重要价值。

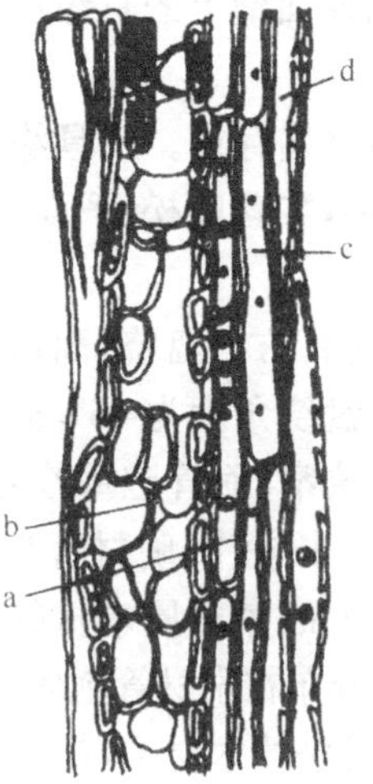

图 2-33　索状管胞(虾夷云杉)
a. 索状管胞；b. 拟侵填体；
c. 轴向薄壁细胞；d. 管胞

3. 轴向薄壁组织

轴向薄壁组织为典型的矩形或等矩形,其细胞壁上具有单纹孔的细胞所组成的组织。其中某个细胞被称为轴向薄壁细胞。轴向薄壁细胞是由纺锤形原始细胞分生而来的。

轴向薄壁组织在针叶树材中含量甚少,占总体积的1.5%左右。但在罗汉松科、杉科和柏科等木材中,轴向薄壁组织较发达,形成显著的特征,为该类木材的重要识别特征。而在松科木材中,除雪松属、铁杉属、冷杉属、黄杉属、金钱松属等木材含有少量轴向薄壁细胞外,其余各属均没有。此外,红豆杉科的榧属及澳洲紫杉属、三尖杉科的粗榧属和穗花杉属也都有轴向薄壁细胞。而在南洋杉科的各属及红豆杉科的紫杉属的木材中均无轴向薄壁细胞。

轴向薄壁细胞的形状,在横切面上为方形或长方形,其细胞壁很薄,细胞腔内常含有深色树脂;在纵切面上为许多连成一串的矩形,可长达几厘米,其两端的细胞比较尖削。在轴向薄壁细胞的侧壁和端壁上均具有单纹孔。由于上下两轴向薄壁细胞端壁上单纹孔形成的单纹孔对,使细胞端壁形成节状加厚或珠瘤状加厚(图 2-34)。节状加厚的数目和显明度对于鉴别木材具有一定价值。轴向薄壁细胞的端壁平滑者,如南洋杉科、柏科和杉科中的某些属木材。

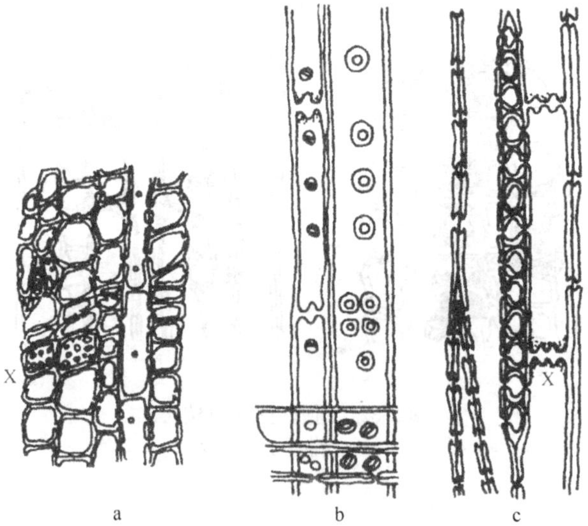

图 2-34　轴向薄壁组织(落羽杉)
a. 横切面；b. 径切面；c. 弦切面
X. 珠瘤状加厚

根据轴向薄壁细胞在针叶树材中的分布状态,可分为三种类型。

星散型:轴向薄壁细胞星散分布在生长轮之中,如杉木。

间位型:轴向薄壁细胞连接成断续的切线状,弦向排列,如柏木。

轮界型:轴向薄壁细胞分布在生长轮外侧,如铁杉、黄杉。

在轴向薄壁细胞腔内常含有树脂或芳香油，如杉木、柏木和圆柏木材可供抽提杉木油和柏木油。由于这类木材含有挥发性油类，故具有特殊的香味，而且木材具有较好的耐久性，可以延长木材的使用年限。另外，轴向薄壁细胞壁薄、腔较大，因而是木材物理、力学性质最薄弱的部位。

4. 木射线

木射线存在于一切针叶树材中，为组成针叶树材的主要分子之一。但对叶树材的木射线含量较少，占木材总体积的 7%左右。木射线是由许多沿径向成串排列的矩形细胞组成的。每个单独的细胞，称为木射线细胞。

(1) 木射线的种类。根据针叶树材木射线在弦切面上的形状，可分为两种类型(图 2-35)。

单列木射线：木射线为仅有一列或偶尔有两列细胞所构成，如冷杉、杉木、柏木等。

纺锤形木射线：在木射线的中央，由于横向树脂道的存在而使木射线呈纺锤形。一般常见于具有横向树脂道的树种，如松属、云杉属、落叶松属、黄杉属、银杉属及油杉属的树种。

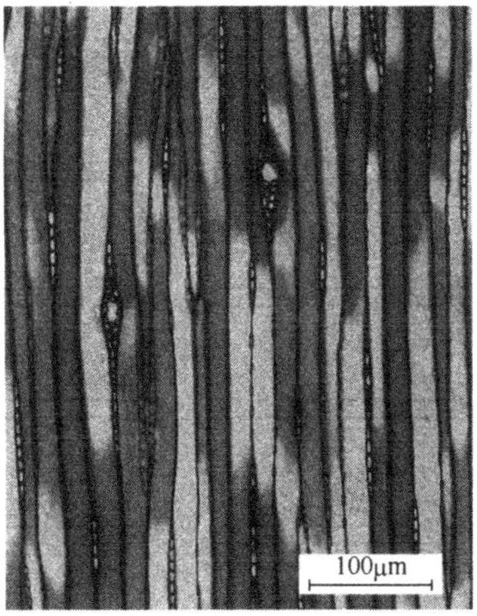

图 2-35　红皮云杉的单列射线和纺锤形射线(弦切面)
横向树脂道存在于纺锤形射线之中

(2) 木射线的组成。针对树材的木射线主要为射线薄壁细胞所组成。但在松科中的松属、云杉属、落叶松属、黄杉属、雪松属、铁杉属等的木材中又有射线管胞存在。射线管胞为木材组织中唯一呈横向排列的锐端细胞。

① 射线管胞。射线管胞是木射线中与木纹方向垂直排列的横向管胞，为针叶树材松科木材的特征。射线管胞的形体与射线薄壁细胞大致类似，但多数不甚规则。射线管胞壁上的纹孔为具缘纹孔，但比轴向管胞壁上的具缘纹孔少而小。射线管胞的平均长度为 0.1～0.2mm，为轴向管长度的 1/30～1/15，长度是宽度的 5～10 倍，射线管胞多数出现于射线薄壁细胞的上下边缘，成 1～2 列，有时也混生于射线薄壁细胞之中。

射线管胞内壁有无锯齿状加厚及锯齿状加厚的大小，为鉴别木材所依据的重要特征之一。另外，射线管胞内壁也可有螺纹加厚，如云杉属及黄杉属的某些树种。

② 射线薄壁细胞。射线薄壁细胞是组成所有木材木射线的主体，是横向生长的薄壁细胞。它的形体较大，呈矩形、长方形或略呈不规则的形状。射线薄壁细胞壁较薄，侧壁及端壁上具有单纹孔，细胞腔内常含有树脂。

射线薄壁细胞水平壁的厚薄为识别木材的依据之一。这一特征应在径切面的早材部分观察。射线薄壁细胞的水平壁若比其相邻的轴向管胞壁薄，就认为该射线薄壁细胞壁薄，否则，认为壁厚，如罗汉松属、松属、金松属及南洋杉属的木材具有较薄的射线薄壁细胞壁，而榧属、粗榧属、云杉属、冷杉属、落叶松属及黄杉属的木材具有较厚的射线薄壁细胞壁。射线薄壁细胞水平壁上有无单纹孔，也为识别木材的依据之一。在松科中，一些树种的木射线薄细胞水平壁上具有显著的单纹孔，在晚材部分更为明显，如云杉属、落叶松属、黄杉属、铁杉属、雪松属、油杉属、金松属等的树种；而杉科、南洋杉科、红豆杉科、罗汉松科、柏科、三尖杉科及松科的松属木材的射线薄壁细胞水平壁上不具有显著纹孔。

射线薄壁细胞的垂直壁(端壁或称弦壁)也有平滑和肥厚之分,如银杏属、粗榧属、松属、紫杉属、侧柏属、刺柏属等的树种均为垂直壁平滑;而落叶松属、云杉属、冷杉属及铁杉属的树种均为垂直壁肥厚。垂直壁的节状厚也是鉴别木材的特征之一,松属中的软松系及刺柏属、翠柏属等的部分树种,其射线薄壁细胞的垂直均具有节状加厚。

射线薄壁细胞的水平壁和垂直壁的交接处具有凹痕,是指径切面上射线壁细胞四偶的凹穴。凹痕对鉴别柏科与杉中的树种最为有用,侧柏属、罗汉柏属、柏属、圆柏属、水松属、柳杉属、落羽杉属、杉属、台湾杉属及水杉属等均具有明显的凹痕。其他各属罕见。此外,在红豆杉科的红豆杉及三尖杉科的粗榧中也可见凹痕。

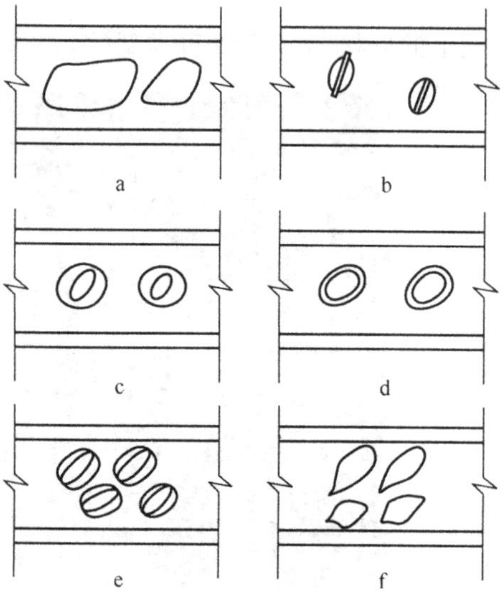

图 2-36　交叉场纹孔的类型

a. 窗格状; b. 云杉型; c. 柏型; d. 杉型; e、f. 松型

(3) 交叉场。在径切面上射线薄壁细胞与早材轴向管胞相交的区域称为交叉场,在这个区域内的纹孔称为交叉场纹孔。交叉场纹孔是各式各样的,其纹孔的形状、数目对木材识别及木材分类研究具有非常重要的意义。交叉场纹孔类型可分为 5 种(图 2-36)。

① 窗格状纹孔。窗格状纹孔为单纹孔或近于单纹孔,形体大,每一交叉场内有 1~3 个,为很多松属树种的特征,如马尾松、云南松、樟子松等。其也存在于罗汉松和杉科的某些属的木材中。

② 云杉型纹孔。云杉型纹孔为具缘纹孔,其纹孔缘狭窄,并具有窄而稍外延或内含的纹孔口,为云杉属、落叶松属、黄杉属和粗榧属木材典型而明显的特征。云杉型纹孔有时与其他交叉场纹孔类型同时存在,见于雪松属、罗汉松属、穗花杉属、南洋杉属、冷杉属和油杉属的少数树种的木材中。

③ 柏型纹孔。柏型纹孔为具缘纹孔,其纹孔缘较窄,纹孔口较宽、内含,纹孔口的长轴方向随位置而变(常不与纹孔环的长轴方向相一致),甚至在同一切片中,纹孔口的长轴方向可从垂直位置到水平位置。柏型纹孔的数目和排列,在各个树种中不尽相同,其纹孔的数目一般为 1~4 个,而在南洋杉科的木材中,通常数目较多。柏型纹孔几乎存在于柏科所有树种中(侧柏属例外);同时也存在台湾杉属、落羽杉属、南洋杉属和贝壳杉属、罗汉松属、紫杉属、榧属等的木材中,并且偶尔也存在于雪松属、铁杉属、油杉属等的木材中。

④ 杉型纹孔。杉型纹孔也为具缘纹孔,杉型纹孔较大,纹孔缘窄,纹孔口宽且内含,纹孔口的长轴方向与纹孔环的长轴方向一致。交叉场内纹孔为 1~6 个。杉型纹孔存在于杉科的大部分树种中,也出现于罗汉松属、冷杉属、雪松属、油杉属、落羽杉属的许多树种中,而在这些树种中,杉型纹孔也往往与其他纹孔类型相聚在一起(多数与柏型纹孔相聚)。

⑤ 松型纹孔。松型纹孔为单纹孔或具缘纹孔,无一定形状。当松型纹孔为具缘纹孔时,其纹孔缘窄,类似于杉型纹孔,但其纹孔口的两端较尖。松型纹孔较窗格纹孔小,其纹孔大小不一。交叉场内有 1~6 个纹孔。松型纹孔常见于松属木材中,如白皮松、长叶松。

(4) 木射线的高度和体积。木射线的高度是以弦切面上的木射线细胞个数计算的。针叶树材的木射线一般不高,平均为 10~15 个细胞高(每个细胞高 15~30μm)。木射线的高度随树种而异,在我国针叶树材木射线较高的有水杉,高达 60 个细胞,落叶松的木射线高达 50 个细胞。一般说来，柏科木材的木射线比松科和杉科木材的木射线低。这在木材鉴别上有一定的参考意义。

针叶树材木射线的体积一般很小，平均占木材体积的 7.08%（3.7%～11.7%）。木射线越发达，则认为该树种越进化。

5. 树脂道

树脂道为具有分泌树脂能力的泌脂细胞及其中的树脂腔的总称。树脂道是分泌树脂的部位，占木材体积的 0.1%～0.7%。根据树脂道相对于树干的排列方向，可分为轴向树脂道和横向树脂道两种。两种树脂道之间相互沟通，因此树脂道是一个完整的体系。

（1）树脂道的形成。树脂道是由生活的薄壁组织的幼小细胞相互分离而成的。最初这些细胞聚集成簇，细胞之间并无间隙，在细胞生长时，由于胞间层消失，各细胞分离，在分离中细胞簇中形成一个管状的细胞间隙。围绕在细胞间隙周围的细胞变为分泌细胞，细胞腔内充满浓厚的原生质体，分泌细胞向细胞间隙中分泌树脂，这种分泌细胞又称为泌脂细胞。储存树脂的细胞间隙称为树脂腔。

（2）树脂道的组成。树脂道包括泌脂细胞、死细胞、伴生薄壁细胞和树脂腔（图 2-37）。在横切面上观察，树脂腔周围为一层具有分泌树脂能力很强并具弹性的泌脂细胞。泌脂细胞是分泌树脂的源泉。当树脂腔被树脂充满时，泌脂细胞便被压成扁平状，树脂腔敞开；当树脂外溢、树脂腔压力下降时，泌脂细胞就向树脂腔内伸展，将树脂腔局部或全部者塞。泌脂细胞壁上具有筛状纹孔，其细胞壁的厚薄，细胞的大小、形状和个数都随树种而异。通常松属的泌脂细胞壁最薄，为 1.5～2.5μm，而云杉属、落叶松属、黄杉属、油杉属较厚，为 2.5～3.0μm。松属的泌脂细胞为 1～3 层，超过三层的罕见。在横切面上，泌脂细胞一般为扁平状、圆形，或者为三角形、四边形、多边形混生在一起；泌脂细胞通常较轴向管胞小，但也有与晚材轴向管胞大小相同的。白皮松在黄杉属的树脂道中常具有 6 个以下的泌脂细胞，云杉属为 7～9 个，落叶松属有 12 个以上。

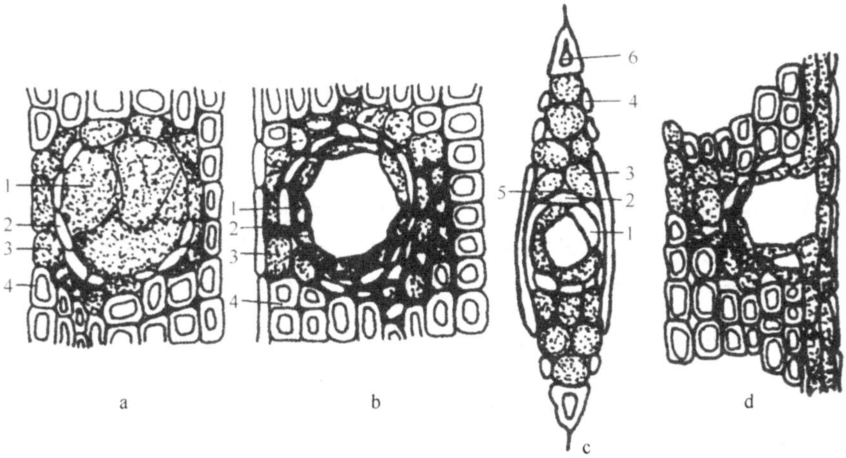

图 2-37　树脂道

a. 树脂道内没有树脂，分泌细胞堵塞树脂腔；b. 树脂腔内充满树脂；c. 横向树脂道；d. 轴向树脂道与横向树脂道相连

1. 泌脂细胞；2. 死细胞；3. 伴生薄壁细胞；4. 管胞；5. 细胞间隙；6. 射线管胞

(3) 树脂道的直径和长度。树脂道的直径随树种而异,甚至在同一株树中也不尽相同,树脂道的直径还随生长轮的宽度和轴向管胞的直径而变化。当生长轮较宽、轴向管胞较大时,树脂道的直径较大。松属的树脂道最多也最大,其直径可为 60～300μm;落叶松属为 40～80μm;云杉属为 40～70μm;银杉属和黄杉属为 40～45μm;油杉属为最小。横向树脂道存大于纺锤形木射线之中,一般平均直径为 40μm,油杉属无横向树脂道。

树脂道的长度一般为 10～80cm,最长的可达 100cm。树脂道的长度随着树干增高而减小。

6. 针叶树材的结晶细胞

某些针叶树材的薄壁细胞的胞腔内有时含有晶体,但一般罕见。晶体是树木生活过程中新陈代谢的产物,它的化学成分主要为草酸钙(CaC_2O_4),常见的晶体为单晶体或簇晶。晶体主要存在于轴向薄壁细胞及射线薄壁细胞中,也有存在于轴向管胞内的。例如,在我国针叶树材中,已发现松科的某些树种,如臭松、日本落叶松、金钱松、雪松和油杉等树种的轴向薄壁细胞和射线薄壁细胞内存在着晶体;而在金钱松、落叶松的管胞内也含有四边形或六边形的晶体;在银杏的轴向和射线薄壁细胞内含有巨形的晶体——簇晶,为阔叶树材中所特有的特征。

2.3.2 阔叶树材的微观构造

阔叶树材的解剖分子比针叶树材复杂,其级成分子主要有导管、木纤维、管胞轴向薄壁细胞及木射线等。由于阔叶树材进化得多,其组成分子的作用分工明确,如导管主要起输导作用,而木纤维主要起增加强度作用。

1. 导管

导管是由一连串的轴向细胞形成的无一定长度的管状组织。构成导管的单个细胞为导管分子。在木材的横切面上导管分子的截面为孔状,称为管孔。

(1) 管孔的类型。在横切面上,管孔完全被别的细胞所围绕,呈单一状的,称单管孔;两个或两个以上的管孔紧密连接在一起,连接处呈扁平状的,称复管孔。

① 单管孔。单管孔的形状:在横切面上,单管孔呈圆形、椭圆形、卵形或不规则的圆形和多边形。其形状因树种而异。即使在同一树种中,虽具有大致一定的形状,但全为单一形状的极少,一般都有两种或两种以上的形状混杂在一起。在同一生轮内,早材管孔和晚材管孔的形状,有时也显然不同,因而对早材管孔和晚材管孔有必要分别观察。

通常早材管孔形状比较固定,如杨属(*Popular*)、杨柳(*Salix*)的早材管孔大致呈圆形或椭圆形:栲属(*Castanopsis*)、栎木属(*Xylosma*)等的早材管孔略呈圆形,有时多呈扁平圆形,尤以生长轮狭窄者显著;木荷属(*Schima*)、蚊母树属(*Distylium*)多呈多边形。晚材管孔以圆形或多边形者为多,其细胞壁厚者,断面多为圆形、椭圆形或卵圆开,其壁薄者呈多边形。一般晚材管孔形状以早材为准,若早材管孔呈多边形,则晚材管孔往往也呈多边形。

管孔的直径:管孔的直径随树种变异很大,甚至在同一树种中往往因树龄、生长环境和取材部位不同而异,即使在同一部位,早材和晚材的管孔直径也不一致,但在一定范围内,其差异不大,因此仍可作为木材识别的重要标志。早材的管孔直径比晚材的大,这是一般规律,但不尽其然,有时早材管孔直径与晚材管孔直径差异很小或相等,甚至早材管孔直径小于晚材管孔直径,如蔷薇科的珍珠梅属(*Sirbaris*)。桤木的管孔在生长轮中部直径大,而向早材或晚材方向其直径逐渐减小。

管孔直径与周围其他细胞相比，一般导管直径较大，然而有时与大直径的大薄壁细胞几乎相同，因而难以区别。通常热带树种，由于当地气温高，水分上升快，大直径的导管较多。测定管孔直径，以最大弦向直径为准。管孔直径标准分级如下：

级　别	平均弦向直径/μm
极　小	25 以下
甚　小	25～50
稍　小	50～100
中　等	100～200
稍　大	200～300
甚　大	300～400
极　大	400 以上

单管孔数目：在横切面上，单位面积的管孔数，在同一树种中，管孔数往往因树龄、立地条件、气候条件和取材部位不同而有所差异。然而各树种，除极不正常者外，其导管数仍有一定变化幅度范围，可作为木材识别的参考依据。

级　别	管孔数/mm^2
极　少	5 以下
甚　少	5～10
稍　少	10～30
稍　多	30～60
甚　多	60～120
极　多	120 以上

一般散孔材的管孔数较多，辐射孔材的管孔数较少，环孔材晚材管孔数比散孔材的管孔少。大多数热带材的管孔数较少。例如，丝棉木的管孔数为 300～420 个/mm^2，黄杨木为 140～170 个/mm^2，香樟为 10～25 个/mm^2，黄檀为 4～8 个/mm^2，白柳桉为 1～4 个/mm^2，紫檀为 1～3 个/mm^2。

单管孔壁的厚度：绝大多数导管壁的厚度在 3μm 左右。一般早材管孔壁的厚度比晚材薄，不过有时完全相反。例如，五加科的刺楸、树参、尤牙楤木的晚材管孔壁比早材的薄。杨柳科树种的早材和晚材管孔壁厚度无多大差异。

② 复管孔。在横切面上，复管孔是指两个或两个以上的管孔成扁平状或集团状挤在一起，犹如单管孔被分割。

复管孔的类型：复管孔的类型大致可分为 4 种(图 2-38)。

径列——管孔呈径向排列，其间隔似扁平状切线胞壁，如图 2-38 中的 a_1～a_{11}。a_1、a_2 是两个管孔的组合，a_3、a_4 是三个管孔的组合，a_5、a_6、a_7 是几个乃至十几个管孔的组合，a_6 是管孔大小不同的组合，a_8～a_{11} 是管孔大小及形状都不同的组合。属于这一类的管孔常见于桦木属(*Betula*)、鹅耳枥属(*Carpinus*)、冬青属(*Ilex*)、槭属(*Acer*)、野茉莉属(*Styrax*)。

切线状——在生长轮中，管孔组合略呈切线状，如图 2-38 中的 b_1～b_5。b_1、b_2 的管孔形状与大小均略同，b_3、b_4 的管孔形状与大小都不同，b_5 为几个管孔呈切线状组合，其形状、大小大致相同。这一类型常见于华山矾、桃叶珊瑚。

斜列——管孔呈不规则的切线状斜列，如图 2-38c 所示。这种类型常见于杨属(*Popular*)、水青冈属(*Fagus*)和李属(*Prunus*)等的木材中。

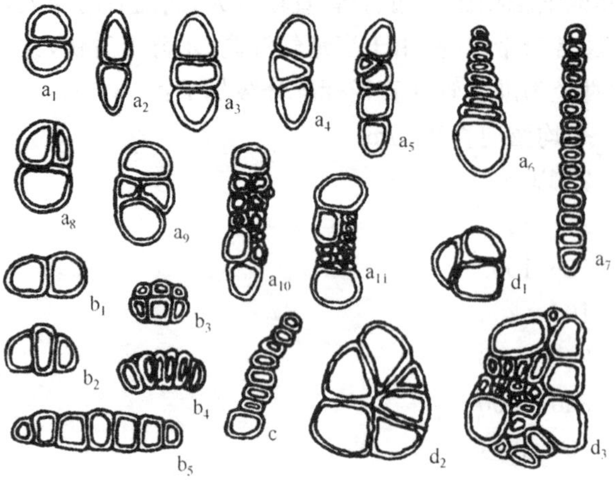

图 2-38 在横切面上复管孔的类型(山林暹)

孔团状——管孔聚集成团状,很不规则,如图 2-38 中的 $d_1 \sim d_3$。这种类型常见于榉属(*Celkova*)、榆属(*Ulμmus*)、桑属(*μmorus*)、合欢属(*Iabizzia*)、槐属(*Saphora*)和刺槐属(*Robinia*)等。

管孔的复合数目:一般树种复管孔的复合数为 2 或 3 个;复合数多时,除方向不规则外,径向多于弦向,特别常见于辐射孔材晚材部分。孔团状复管孔,其复合数极多。

复管孔接合壁的厚度:一般复管孔合壁的厚度大于单管孔壁的厚度,比单管孔壁薄的极少,参见表 2-1。

表 2-1 管孔壁的厚度

树种	复管孔接合壁厚度/μm	单管孔壁厚度/μm
化香树	4~10	2~3
刺槐	3~10	3~5
槐树	4~9	2~7
臭椿	7~10	4~6
香椿	7~8	3~5
无刺枣	5~10	3~7
毛枳椇	10~18	5~10
日本白蜡树	6~11	2~4
大叶桫	7~10	2~6

从表 2-1 可以看出,毛枳椇的复管孔接合壁较厚,其单管孔壁也较厚,而桃叶珊瑚、省沽油茶藨和山茶花的复管孔接合壁较薄,不超过 1μm,其单管孔壁也很薄。

(2) 管孔的排列。管孔的排列方式,在前面宏观构造上已经介绍,这里不再赘述。

(3) 导管分子

① 导管分子的形状和长度。导管分子的形状不一(图 2-39),随树种及所在部位而异。散孔材的早材导管分子与晚材的导管分子形状几乎相同,只是早材导管分子的直径略大,长度略短些。环孔材的早材导管分子与晚材导管分子的形状和长度均相差较大,通常早材导管分子的直径很大,长度很短,形似鼓形,称为鼓形导管分子;而晚材导管分子直径较小,其长度较小。

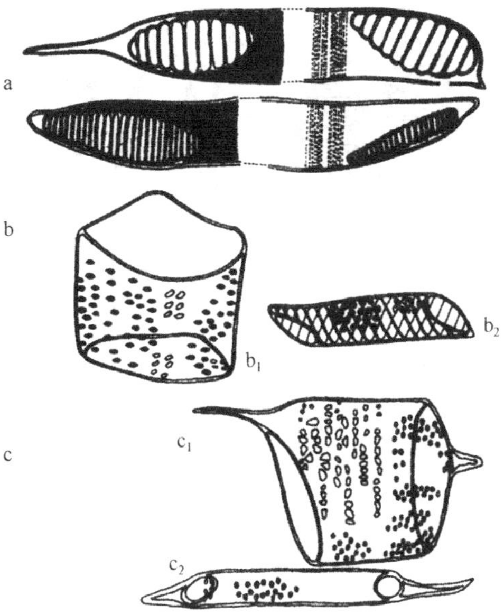

图 2-39 阔叶树材导管分子的形状

a. 黑桦导管分子具梯状穿孔；b. 黄榆导管分子（b_1 早材导管分子；b_2 晚材导管分子）；

c. 柞木导管分子（c_1 早材导管分子；c_2 晚材导管分子）

导管分子的长度在同一树种中，因树龄、所在部位而异，甚至在同一生长轮内，早材的导管分子比晚材的短。树木生长速度快的，其导管分子比生长速度慢的长些。

导管分子的长度与其直径具有一定的相关性。导管分子越长，其直径越小；反之，导管分子越短，其直径越大。导管分子的长度一般为 200～800μm，可分为下列几级：

级　别	长度/μm
极　短	175 以下
很　短	175～250
稍　短	250～350
中　等	350～800
稍　长	800～1100
很　长	1100～1900
极　长	1900 以上

例如，皂荚的导管分子长度为 210μm，春榆为 280μm，青檀为 320μm，槐树为 320μm，石楠为 950μm，棘皮桦为 1000μm，木荷为 1280μm，红桦为 1550μm，连香树为 1880μm，拟赤杨为 2300μm，银木荷为 2800μm，黄瑞木为 2940μm。我国导管分子最长的树种是海南阳桐，其导管分子长度为 2970μm。

② 导管分子的穿孔。在纵切面上，上下两个导管分子之间相连通的孔隙，称为穿孔。穿孔为树干中的水分通过导管上下移动的通道。在上下两个导管分子之间连接部分的细胞端壁，称穿孔板。穿孔板的形状和大小，随树种而异，可分为两大类型，如图 2-40 所示。

单穿孔：在穿孔板上只有一个孔隙的穿孔称单穿孔（图 2-40e）。单穿孔多为圆形或卵圆形。环孔材的绝大部分树种为单穿孔。

复穿孔：穿孔板上具有两个或两个以上孔隙的穿孔称复穿孔（图 2-40a、b、c、d、f、g）。其穿

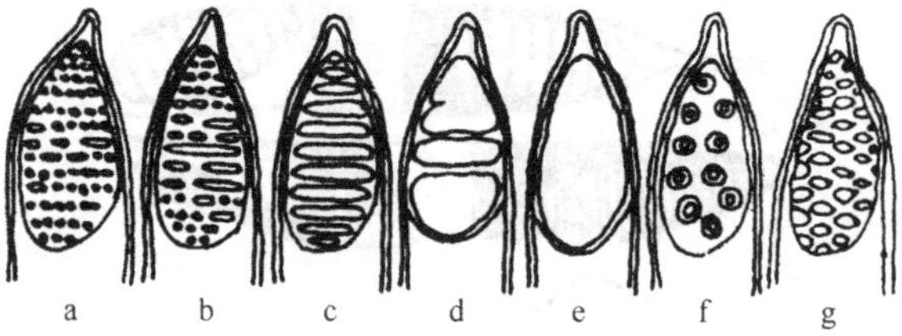

图 2-40　导管分子的穿孔板

a. 几个穿孔；b. 多个穿孔；c. 梯状穿孔；d. 三个愈合穿孔；e. 单穿孔；f. 麻黄式穿孔；g. 网状穿孔

孔板的轮廓为椭圆形、卵圆形或长圆形。在穿孔板顶端部分呈细舌状。

复穿孔又细分为：麻黄式穿孔，其穿孔板上具有一群小圆的小孔隙，此种穿孔常见于麻黄属木材的导管分子；网状穿孔，其穿孔板上呈网状孔隙的复穿孔，此种穿孔见于杨梅属、虎皮楠属等木材的导管分子。另外一种复穿孔是梯状穿孔（图 2-40c、d），即在穿孔板上具有横向平行伸长的两个或两个以上空隙的穿孔似梯形。梯状穿孔是比较重要的一种穿孔。此种穿孔存在阔叶树材的许多树种的导管分子上。

在梯状穿孔的穿孔板上，穿孔之间残留的部分称为横闩。横闩的数目、宽度和间隔等随树种不同而异。横闩数目少者为 1～10 条；多者为 60～100 条。我国树种横闩数目较多者，如连香树科、山茱萸科、冬青科、茶科及八角属、枫香属、虎皮楠属、山矾属、白辛树属等。横闩数目较少者，如樟科、紫树科、杜鹃科及杨梅属、桤木属、桦属、鹅耳枥属、山毛榉属、含笑属和拟赤杨属等。

在同一树种中，可能既有单穿孔，又有梯状穿孔。两者的比例，随树种而异。同时存在两种穿孔的树种，其梯状穿孔的横闩数目较少，主要为梯状穿孔的进化过程的类型，由于横闩的消失，往往变为单穿孔。温带树种，多具有梯状穿孔。

导管分子越长，其穿孔板的倾斜程度越大，并且此导管分子的穿孔为梯状穿孔，颇似管胞，其进化程度比较原始；较短导管分子大都有单穿孔；中等长度的导管分子为梯状穿孔和单穿孔并存。

③ 导管之间的纹孔。导管壁上的纹孔为具缘纹孔，导管与导管之间的纹孔形成具缘纹孔对。导管之间的纹孔的形状随树种不同而异，主要有圆形、椭圆形、多边形等，为木材鉴别重要特征之一。

第一，具缘纹孔式（图 2-41）。

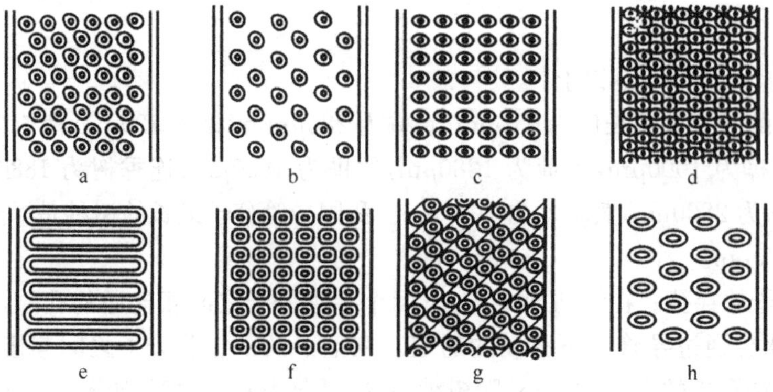

图 2-41　导管之间的纹孔

a、d. 互列纹孔；b. 筛状具缘纹孔星散排列；c、f. 对列纹孔；

e. 梯状纹孔；g. 导管壁上纹孔及螺纹加厚；h. 附物纹孔

梯状纹孔式：长形纹孔与导管长轴垂直方向排列，纹孔长度有时几乎与导管直径相等，此种纹孔式常见于八角属、含笑属、虎皮楠属、山矾属、绣球花属、荚蒾属等。

对列纹孔式：纹孔有规则地纵横水平状对列，其纹孔形状一般为圆形、方形、矩形或短棒状，常见于拟赤杨、鹅掌楸。

互列纹孔式：纹孔交错排列。如果纹孔排列密集，其纹孔形状为六边形，颇似蜂窝状；如纹孔排列较稀疏，其纹孔形状为近似圆形，常见于刺槐、香樟等。

筛状纹孔式：为小形纹孔或筛状集团排列。

除上述 5 种纹孔式外，尚有过渡形式的，即由梯状纹孔式过渡到对列纹孔式，如乌心石。

具缘纹孔的大小，除梯状纹孔式外，其他类型的大小均因树种而异，直径大者 6～12μm，小者不超过 2μm；其纹孔口的形状有圆形、透镜形和裂隙状等。山林暹曾将纹孔直径分为：大于 8μm 者为大型纹孔，小于 3μm 者为小型纹孔，见表 2-2。

表 2-2　导管壁上具缘纹孔的大小分类

直径 3μm 以下	直径 8μm 以上
△桦木属	核桃属
胡枝子属	鹅耳枥属
山胡椒属	榛属
新木姜子属	蚊母树属
华椒属	刺槐属
柚属	△漆树属
△苦木属	鼠李属
黄杨属	△四照花属
卫矛属	△流苏树属
△无患子属	△泡桐属
△泡花树属	楤木属
猫乳属	△刺楸属
△珊瑚属	△树参属
柿树属	接骨木属
杨栌属	山桐子属
	小檗属

注：有"△"号者，其直径特别小，不超过 1.5～2μm，或者直径特别大，大于 10μm

表 2-2 以外的树种，其具缘纹孔直径为 3～8μm。

我国的水青树科和昆栏树科均无管孔，其管胞壁上的具缘纹孔往往为对列，而在早材部分的概为梯形。

第二，附物纹孔。在阔叶树材某树种的导管壁上常有附物纹孔存在（图 2-42）。附物纹孔对木材分类具有一定的意义。附物纹孔常见于龙脑香科、豆科和野牡丹科，而豆科木材的附物纹孔最为显著。

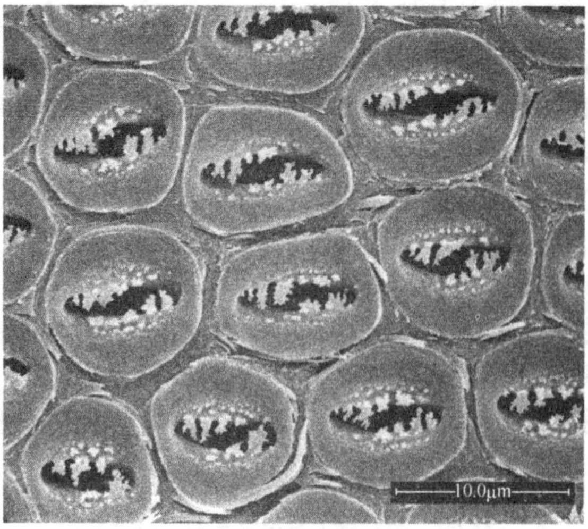

图 2-42　刺槐导管壁上的附物纹孔

④ 导管与射线薄壁细胞间的纹孔。导管与射线薄壁细胞间的纹孔形成半具缘纹孔对，但颇似单纹孔对。其纹孔排列、大小的差异，为识别树种所特有的特征，其形态分为下列几种类型。

类似于导管间的纹孔：常见于桦木属、桤木属及豆科、梧桐科、茜草科等。

梯状纹孔：常见于木兰属、八角属、含笑属和荚蒾属等。

栅状纹孔：纹孔的长轴方向与导管长轴相一致，多见于山毛榉科和栎木属。

大圆形至长圆形纹孔：常见于桑科、海桑科。

⑤ 导管与轴向薄壁细胞间的纹孔。类同于导管与射线薄壁细胞间纹孔。

⑥ 螺纹加厚。导管壁上螺纹加厚的有无、明显程度、倾斜度、存在部位及集合状态等都为木材识别的重要特征，如图 2-43 所示。

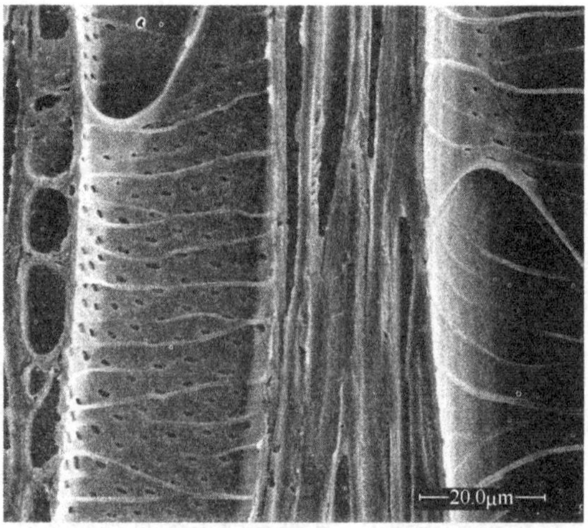

图 2-43　樱桃木导管壁上的螺纹加厚

具有螺纹加厚的树种，在散孔材中，早材与晚材导管壁上的螺纹加厚没有区别；而在环孔材中，螺纹加厚仅存在于晚材小导管壁上，如化香树属、鹅耳枥属、桑属、构树属、皂荚属、香槐属、刺槐属、吴茱萸属、楝属、无患子属、栾树属、梧桐属、厚壳树属、臭椿属、漆树属、梓树属、榆属、朴属、楤木属、小檗属和黄波罗属等。

在具有螺纹加厚的树种中，有些树种的螺纹加厚存在于整个导管壁上，有些树种的螺纹加厚只存在于导管分子的末端，如枫香属、阿丁枫属、红苍木属、杨桐属、木荷属、厚皮香属、南烛属、连香树属和水冬哥属等。

螺纹加厚极为明显的有：槭属、椴属、冬青属、山矾属、柞木属、铁木属、桂花属、黄连木属和花楸属等。比较明显的有糙叶树属、山龙眼属、樱桃属、石楠属、枇杷属、黄波罗属、吴茱萸属、木兰属、含笑属和长蕊木兰属等。

导管壁上螺纹加厚的螺纹数或多或少因树种而异，如槭属、含笑属等较多，而杜英属则较少。

不同的树种，其螺纹加厚的倾斜度不同。例如，海桐花属、花楸属、卫矛属等倾斜度近于水平，而鼠李属的螺纹加厚倾斜度为 60°左右；水榆花楸的倾斜度约为 45°。

有些树种的导管壁上具有近似螺纹加厚的微细线条，与导管轴略成直角。在制成木材显微切片时往往遭到破坏，而常被忽略。此种微细线条常出现于山杨、毛白杨、琼楠、豺皮樟、龙眼、番龙眼、楤木和刺楸等木材中。

(4) 侵填体。侵填体仅发生在与木射线薄壁组织或轴向薄壁组织相邻的导管中。导管中侵填体的有无或丰富与稀少，往往因树种而异，即使在同一树种中，也因取材部位不同而不同。普遍含有侵填体的常见树种有：榆科、山毛榉科、桑科、豆科、大戟科、漆树科、玄参科和紫葳科的树种。含有侵填体最丰富的树种有：刺榆、麻栎、槲栎、槲树、柘树、刺槐、合欢、皂荚、漆树、泡桐、梓树等，如图 2-44 所示。

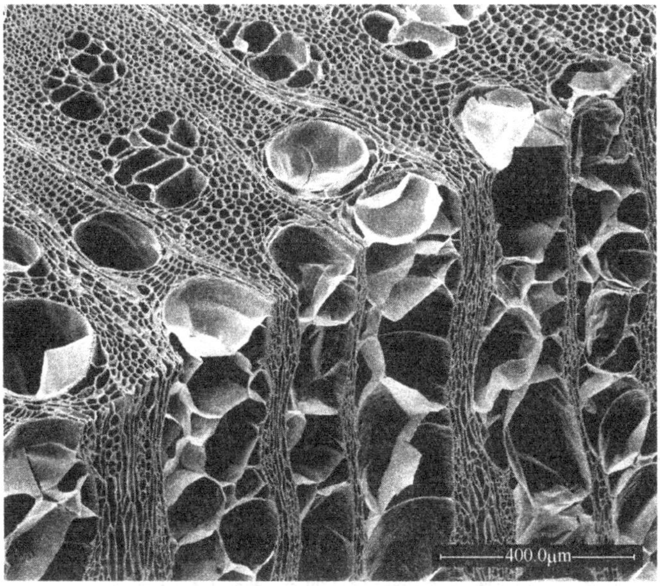

图 2-44　梓树导管中的侵填体(横切、弦切面观察)
其含量较多，堵塞了导管腔

当导管与毗邻的轴向薄壁细胞或射线薄壁细胞之间的纹孔直径大于 10μm 时，则在导管腔内形成侵填体；如纹孔直径小于 10μm，则在导管腔内形成树胶状物质。侵填体多呈泡沫状，在水青冈的纵切面上观察，也有成单列平板状的侵填体。由于树种不同，侵填体壁有厚有薄，纹孔可有可无，侵填体内可能含有淀粉、结晶体或树胶等物质。有时侵填体的壁极厚，形成硬化侵填体，类似石细胞，同时在硬化侵填体壁上有分歧纹孔存在。热带树种中常含有硬化侵填体，最显著的如婆罗洲铁木、美洲热带产的蛇纹木、圭那亚产的绿心木。

(5) 树胶及其他内含物。在阔叶树材导管中，除含有侵填体外，有时含有树胶，导管腔因而被堵塞。树胶颜色常为暗褐色。而在黄波罗心材的导管腔内含有棕色树胶；在乌木的心材导管腔内含有黑色树胶。

导管腔的内含物为无定形有机物质的沉淀物或为结晶状的无机盐类，如碳酸钙、硅酸钙等。例如，柚木属、印茄属的导管中含有黄白色及白色的物质，这些物质为矿物质和有机物的混合物；塔比布木属的导管中含有黄色的拉帕醇($C_{15}H_{14}O_3$)物质，在肉眼下观察为黄色条痕。

非洲红铁木和热带榆科的叶柱属、金翅榆属的导管中含有白垩质沉积物；柚木属和大风子属的导管内含有非结晶类的硅酸盐物质。

(6) 导管分子叠生状排列。在阔叶树材中，具有波痕的木材，其导管分子、管胞、木纤维细胞、轴向薄壁组织或木射线组织等的某一类分子或几类分子共同形成叠生状排列。此一特征有的用肉眼明显可见，有的则需在显微镜下观察。

导管呈叠生状是近生长轮边缘处的晚材小导管与管胞或轴向薄壁组织共同形成的各种类型，在径切面上可观察到。最显著者有榆科、小蘖科和豆科等的木材。

2. 阔叶树材的管胞

阔叶树材的管胞不同于针叶树材的管胞，其所占的比例极少，并且管胞的长度较短，是组成木材的基本组织之一。阔叶树材的管胞可分为：导管状(维管状)管胞、环管管胞和纤维状管胞三种。

(1) 导管状管胞。导管状管胞形状类似于小导管，为导管分子的退化或构造不完全者。导管状管胞两端不具穿孔，而以具缘纹孔沟通。其侧壁具有许多具缘纹孔，类似于两端壁上的具缘纹孔。导管状管胞多存在于环孔材的晚材部分，代替小导管起输导功能的作用，或者与小导管混生在一起，两者不易区别。

有些树种的导管状管胞壁上具螺纹加厚，如榆科的榆属和朴属木材。

(2) 环管管胞。环管管胞的形状不规则，颇似短的木纤维细胞。环管管胞壁上具有明显的具缘纹孔，其位于环孔材早材大导管周围。环管管胞的形状不仅不同于导管状管胞，而且也不同于导管，其形体一般较长。

当环管管胞受到导管的挤压时，多呈扁平状；当压力大时，环管管胞常被侧向挤压而局部相互脱开，这种分离状态的环管管胞称为孪生管胞。

当把含有环管管胞的木材离析后，可以观察到环管管胞比轴向薄壁细胞和导管状管胞、导管分子长，但比木纤维细胞短，其形态变化较大，大部分略呈扭曲状；环管管胞两端多少有些钝秃，有的在一端或两端分叉，有的为水平端壁；有许多环管管胞一端呈凹陷状，另一端逐渐尖削，延伸成线状；也有少数环管管胞的两端呈尖削状，形似木纤维细胞。

环管管胞存在于部分环孔材树种中，如山毛榉科、山龙眼科、芸香科、杜英科、藤黄科、桃金娘科、山榄科、木樨科及紫草科的部分树种的木材中存在环管管胞。

(3) 纤维状管胞。纤维状管胞的形态，初见颇似韧性纤维，为便于比较起见，将其归入木纤维中叙述。

3. 木纤维

木纤维是指除导管分子、薄壁细胞和管胞之外的一切细长、壁厚的细胞组织。木纤维分为韧性纤维(真正木纤维)和纤维状管胞两种。木纤维是阔叶树材的主要组成分子之一,占木材总体积的 50%以上。韧性纤维和纤维状管胞可能单独存在于一种树种中,也可能同时存在于一种树种中。木纤维的主要功能是支持树体,承受机械作用。木材中所含木纤维的种类、排列方式和数量同木材硬度、容积重及强度等物理力学性质有密切关系。

(1) 木纤维的类型

① 韧性纤维。韧性纤维(图 2-45)为细长纺锤形,末端略尖削,偶呈锯齿状或分歧状。其细胞壁很厚,细胞腔较窄,细胞壁上具有明显的单纹孔。

② 纤维状管胞。纤维状管胞(图 2-45)为两端尖削的细长细胞。其细胞壁很厚,细胞腔窄小,细胞壁上具有明显的具缘纹孔,其纹孔较小,纹孔口呈凸透镜状或裂隙状。纤维状管胞除尖削细长外,其他特征类似于导管状管胞和环管管胞。

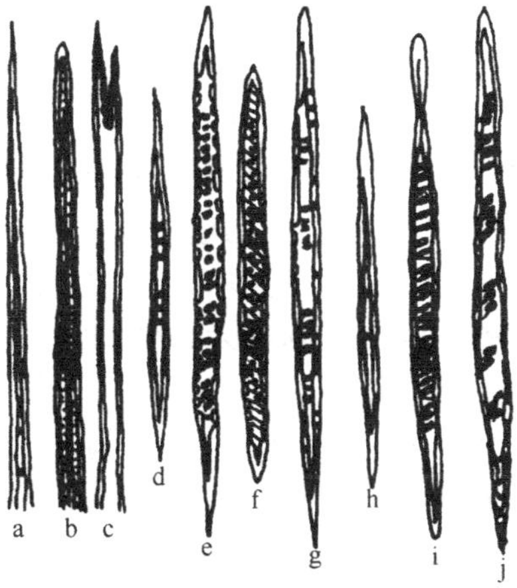

图 2-45　木材的纤维

a. 韧性纤维；b. 胶质纤维；c. 分歧纤维；d. 鳞皮山核桃韧性纤维；
e. 木兰属纤维状管胞；f. 麻黄属纤维；g. 青冈栎属纤维状管胞；
h. 愈创木纤维；i. 柚木隔膜木纤维；j. 阔叶树材标准型纤维

纤维状管胞壁上的具缘纹孔,各侧壁上均有分布,通常以径面壁居多,纹孔内口多呈外展;纹孔口的长轴方向与细胞轴垂直或为陡斜状,而以后者较为普遍。

树种不同,其纤维状管胞的形态有所差异,一般纤维状管胞内壁平滑,但有些树种的纤维状管胞内壁具有螺纹加厚,其螺纹加厚存在于整个纤维状管胞内壁或内壁局部。螺纹加厚常见于下列各属木材的纤维状管胞壁上:肖柃属、冬青属、荚蒾属、卫矛属、沙枣属、女贞属、鼠李属、黄波罗属、溲疏属、山矾属。即使同一属的树种,如冬青属虽具有纤维状管胞,但其内壁上无螺纹加厚。

(2) 木纤维的长度。木纤维的长度随树种不同而异;同一树种的不同株树往往因生长条件的不同,其长度也有变化;甚至同一株树,因树龄、树干部位的不同,其长度也有差异。木纤维的长度一般为 500～2000μm,最长的可达 2600μm。通常纤维状管胞比韧性纤维长。按国际木材学解剖学会规定,木纤维的长度级别标准规定如下:

级别	木纤维长度/μm
极短	500 以下
甚短	500～700
稍短	700～900

中　等	900～1600
稍　长	1600～2200
甚　长	2200～3000
极　长	3000 以上

(3) 木纤维的直径。木纤维为纺锤状，其中部直径最大，因而在横切面上用显微镜观察时，必须测定其最大直径。我国阔叶树木纤维的直径大都在 20μm 左右，40μm 以上的很少。直径分级，一般分为如下 5 级：

级　别	木纤维直径/μm
1	16 以下
2	17～25
3	26～32
4	33～40
5	40 以上

(4) 木纤维的胞壁厚度。木纤维的胞壁厚度因树种.不同而异。即使在同株树、同生长轮内，早材与晚材的木纤维胞壁厚度也不同，早材的壁薄，晚材的壁厚。木纤维胞壁的厚薄和木纤维细胞体积的空隙度，不仅影响木材材质的致密，而且影响木材的容积重。凡木纤维壁厚、腔小的树种，其材质坚硬致密，容积重大，如愈创木，凡壁薄、腔小的树种，其材质松软，容积重小，如轻木。

木纤维胞壁厚度的分类依胞腔直径与胞壁厚度的比例而定，即木纤维内腔直径与两个相对胞壁厚度的比例。当木纤维细胞径向呈扁平状时，胞腔则成卵圆形，同时因径向或弦向测定不同，结果得出不同的比例。一般在横切面上采用径向测定。木纤维的胞壁厚度标准分为 4 级：

级　别	胞腔与胞壁比例
甚　薄	胞腔比胞壁厚度大得多
薄	胞腔比胞壁厚度较大
厚	胞腔小于胞壁厚度
甚　厚	胞腔几乎完全封闭

也有按木纤维的胞壁厚度多少分级的：

级　别	壁厚/μm
1	1～2
2	3
3	4
4	5
5	6～7
6	8

(5) 木纤维的排列。木纤维的排列是指在横切面上木纤维的排列情况。木纤维由于受其他种类细胞的影响沿木射线方向排列不甚规则，故不如针叶树材轴向管胞排列那样规整。但有些树种的木纤维排列比较整齐，如槭属、桤木属、鹅耳枥属、柿属、臭椿属、梧桐属、核桃属、重阳木属、麻楝属、鸭脚木属等树种，而在热带材中更为常见的有非洲的奥堪美榄、非洲梧桐及美洲热带的桃花心木和愈创木等木材。

木纤维排列呈叠生状者，一般木纤维细胞比较短，并常与束状轴向薄壁细胞混在一起，木纤维排列整齐，如非洲梧桐、牙买加樱桃及紫金牛科、紫茉莉科、滨槜科等的树种。

木纤维排列状态不但为识别木材的主要参考依据，而且与木材的强度、劈裂性等有关。

(6) 木纤维细胞的内含物。在某些树种的木纤维细胞腔内，常有内含物存在。例如，槭科树种的木纤维细胞腔内含有淀粉糖；而重阳木、荔枝、龙眼、无患子等含有树胶，尤以热带树种的心材部分含量多；愈创木含有油脂；赤木含有单宁；橄榄含有硅化物晶体；蛇纹木由于其木纤维细胞含物质的浓淡色差，使木材呈现蛇皮纹，其木材为珍贵用材。

(7) 变态木纤维。隔膜木纤维：是指胞腔具有横隔壁的木纤维，其横隔壁是次生壁形成的，横隔壁很薄，不具纹孔。在一个隔膜木纤维细胞内，有多个横隔壁，故将木纤维细胞形成多个室。具有隔膜木纤维的树种有下列各属：楤木属、刺楸属、树参属、鸭脚木属、核桃属、榕树属、石楠属、枇杷属、黄肉楠属、重阳木属、橄榄属、黄檀属、铁力木属、米仔兰属、无患子属、珙桐属、女贞属、石梓属、柚木属、刺柞属等。

胶质木纤维：是指尚未木质化的、胞腔内壁呈胶质状的纤维，即次生壁胶质化的韧性纤维和纤维状管胞。通常韧性纤维具有的胶质膜层比纤维状管胞多。胶质层吸水膨胀，失水收缩，并与初生壁境界有分离现象。胶质木纤维见于许多树种，散生或集中在树干的一侧，与应拉木同时出现，是应拉木的特征之一。

胶质纤维最发达的树种有：刺槐、青冈栎及杨属的树种，也常见于桉属、桑属、朴属木材的应拉木中。胶质木纤维含量多时，对木材物理、力学性质及干燥、加工和产品质量都有一定的影响。

4. 轴向薄壁组织

轴向薄壁组织为典型的矩形或等径形。胞壁上具有单纹孔的细胞所组成的组织，其功用主要是储藏和分配养分。

轴向薄壁细胞是由形成层纺锤形原始细胞所形成的薄壁细胞。由单独一个形成层纺锤形原始细胞所分生出的、而不再分裂的薄壁细胞为纺锤形薄壁组织。其细胞两端尖削，初见颇似韧性纤维，但细胞壁较薄，在边材中的纺锤形薄壁细胞内可以含有原生质。由形成层纺锤形原始细胞衍生两个或两个以上的薄壁细胞，称为轴向薄壁细胞。轴向薄壁细胞在横切面上的排列状态，为识别木材的重要特征。

(1) 轴向薄壁组织的排列状态。轴向薄壁组织在横切面上的排列状态分为傍管薄壁组织和离管薄壁组织两种。

① 傍管薄壁组织。稀疏傍管薄壁组织：少数薄壁组织不完全地包围着导管外围者，如橄榄、黄栌木、珙桐等；另外又分为环管束状、翼状、聚翼状和傍管带状薄壁组织。

② 离管薄壁组织。星散状薄壁组织：单一离管薄壁组织束或薄壁细胞不规则地分散于木纤维之间；此外又分星散一聚合状、网状、轮界状和离管带状薄壁组织。

轴向薄壁组织在某一树种中，仅为单一排列状态的。例如，刺楸为环管束状薄壁组织；小花红苞米仅为离管星散状薄壁组织。也有的树种具有两种或两种以上轴向薄壁组织排列状态。例如，枫香具有离管星散状和星散一聚合状薄壁组织；皂荚具有傍管型环管束状、翼状、聚翼状或傍管带状薄壁组织；木荚红豆具有离管型轮界状和傍管型翼状、聚翼状或傍管带状薄壁组织。

在纵切面上，轴向薄壁组织往往会呈叠状排列，以豆科最为显著，通常每束为一层，由 4～

16 个细胞组成，如黄檀木材。

（2）轴向薄壁组织的变态细胞

① 孪生薄壁细胞。相邻的轴向薄壁细胞在分化过程中部分地分离，而相互接触细胞的胞壁仍连着。这种细胞一般较其他细胞壁厚，也称接合薄壁细胞。

② 异细胞或巨细胞。是指轴向薄壁细胞的形体及内含物与同组织的其他细胞有显著差异。常见于光滑橄仁树、奥蒙柳桉、轻木属的木材等。

③ 油细胞和黏液细胞。是指轴向薄壁组织之中的含油或含黏液的薄壁细胞，其细胞较大，近似圆形，如樟科的木材含有上述两种细胞。

④ 石细胞。在轴向薄壁组织中有一种显然不是锐端细胞，但具有支持功能的细胞，称为石细胞。石细胞具有厚的、强度木质化的次生壁，其形状为多边形，壁上具有分歧纹孔。石细胞常见于婆罗洲铁木、钟花树属。

5. 木射线

木射线存在于一切阔叶树材中，为阔叶树材的重要组成分子之一，与针叶树材相比，阔叶树材的木射线含量较多，约占木材材积的 20%。

（1）木射线的组成。阔叶树材木射线与针叶树材的对比，没有射线管胞，而完全由射线薄壁细胞所组成。根据射线薄壁细胞长轴排列的方向不同分为以下 2 种。

横卧细胞：在径切面上观察，射线薄壁细胞的长轴呈水平方向排列。

直立细胞：射线薄壁细胞的长轴呈纵向排列，此类细胞可以构成单列射线或为多列射线的一部分，特别是在射线上下边缘，常称为边缘细胞。此外，当直立细胞为方形时，称为方形射线细胞。

阔叶树材特殊形状的射线细胞有以下 6 种。

① 瓦状细胞。瓦状细胞是一种不含内含物的直立细胞的特殊类型。其细胞的高度与横卧细胞的长度相等；常介于横卧细胞层之间，呈不规则的水平排列。常见于梧桐科、椴树科、木棉科和八角枫科等的木材中。

② 栅状直立细胞。栅状直立细胞有时与轴向薄壁细胞束不易区别。这种直立细胞全部为狭窄长方形，栅状并列，故称栅状直立细胞，如山竹子科的多花赛吐伏密。在我国中最显著的有八角树、八仙花、蚊母树等。

③ 鞘状细胞。在弦切面上观察，多列木射线的中心部分为横卧细胞，直立细胞完全或局部环绕其周围，而形成鞘状，这些直立细胞称为鞘状细胞。常见于桃叶珊瑚属、梧桐属、冬青属、昆栏属、山梅花属和翼伞花属等。

④ 链状细胞。在弦切面上观察，木射线细胞沿纵向构成链珠状，如杜鹃科的杜鹃属。链状细胞是识别木材的重要特征之一。

⑤ 异细胞。在径切面上观察，射线组织中的直立细胞特别膨大，尤以茶科的某些树种显著，如厚皮香。此外，杨梅科、樟科、金缕梅科、木槿科等树种的木射线也有此类细胞。

⑥ 油细胞。在木射线组织中，含有油的细胞，称油细胞。其细胞形体较其他直立细胞大，近似圆形。樟科各属具有油细胞。其发达的可成为油囊，如美洲檫树。在木兰科、莲叶桐科，也发现有油细胞存在。

（2）射线细胞的胞壁厚度。在径切面上，射线细胞的胞壁厚度随树种而异，差异较大。例如，兰科、扁桃科、黄杨科、茶科、山茱萸科和紫葳科等属的树种，其射线细胞的胞壁较厚，为

3～7μm；而杨柳科、胡桃科、桑科、樟科、苦木科、五加科、山矾科和玄参科等各属的树种，其胞壁很薄，仅为 1～3μm。

(3) 射线薄壁细胞与导管分子之间的纹孔。射线薄壁细胞与导管分子之间的纹孔已在本节的第一部分中介绍，这里不再赘述。

(4) 射线细胞中的内含物。射线细胞中往往含有结晶体。例如，构树属、漆树属、无患子属、山茶属等含有菱形结晶体；茶属含柱状结晶体；山茶花含有斜晶体；泡花树、柿树、山桐子等含有正方形晶体；乌饭树、钝叶水蜡树为不定形晶体；猫乳含有砂晶、针晶和晶束。

树胶存在于射线细胞中，待树胶含量多时，则溢入相邻的轴向薄壁细胞中，甚至有可能渗入木纤维细胞中。例如，乌木呈黑色，并非其细胞壁物质为黑色，而是因为黑色的胶质物渗透到所有的细胞中所致。

在热带树种的木射线组织中，常常含有不定形的物质，这种不定形的物质多为胶质，可能以小珠状或块状存在于射线细胞中，并多位于细胞端部，特别是横卧细胞。由于胶质常存在于射线细胞壁上的纹孔腔中，致使射线细胞端壁上的纹孔较为明显。

(5) 射线的分类。阔叶树材射线的类型较针叶树材复杂，其分类方法也较多样化，而不像针叶树材比较单一。

① 按弦切面上的细胞个数分类。

单列射线：射线宽度仅为一列细胞(图 2-46)，如杨属、柳属、七叶树属、板栗属和锥栗属的某些树种。

多列射线：可再区分为双列射线和多列射线(图 2-46)。双列射线的宽度为 1～2 列或仅为 2 列，如黄杨木、连香树、柿树、山桐子、漆树和桂花寺；2 列或 2 列以上细胞组成的射线称为多列射线。具有多列射线的树种非常多，其宽度在同一树种中变化也很大，颇难确定射线的宽度。

单列射线仅存在于少数树种中，有时与多列射线同时存在于同一树种中，具有两种射线的树种很多。

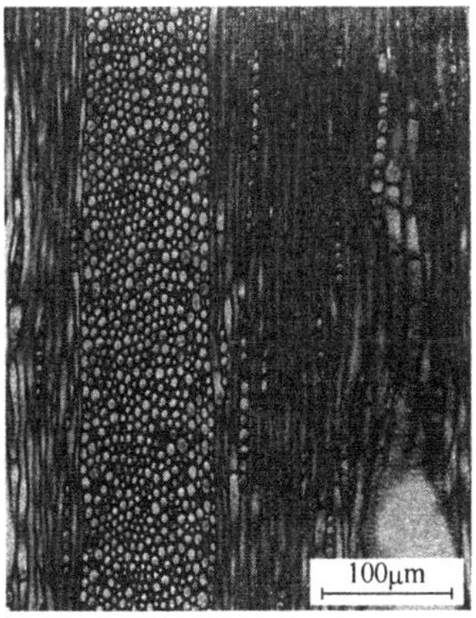

图 2-46　柞木的单列和多列木射线(弦切面观察)

② 按射线分布分类。根据各射线在弦切面上的分布，其类型如下。

散生射线：一般各射线差异不太大，而且分布比较均匀，如柳属、连香树属、李属、卫矛属等。

聚合射线：是一群密集的单列或狭窄的多列射线聚合在一起。聚合射线在肉眼或放大镜下貌似一根极粗的木射线；在光学显微镜下，实为聚集的许多单一射线，其中夹杂着轴向分子(木纤维、薄细胞、管胞，但无导管)。聚合射线又称为伪射线，常见于桤木属、鹅耳枥属、锥栗属、榛属等的树种。

③ 按射线组成细胞分类。现在，国际木材解剖学学会推荐下列名词，其定义如下。

同形射线组织：是射线组织的个体射线全由横卧细胞组成者。

异形射线组织：是射线组织的个体射线全部或部分由方形或直立细胞组成者。

异形射线组织又可分成下列 3 种(图 2-47)。

异形Ⅰ型：由单列射线和多列射线组成。单列射线仅由直立细胞组成。多列射线由单列和多列两部分组成。单列部分由直立细胞组成；多列部分由横卧细胞组成。单列部分的高度比多列部分高些。

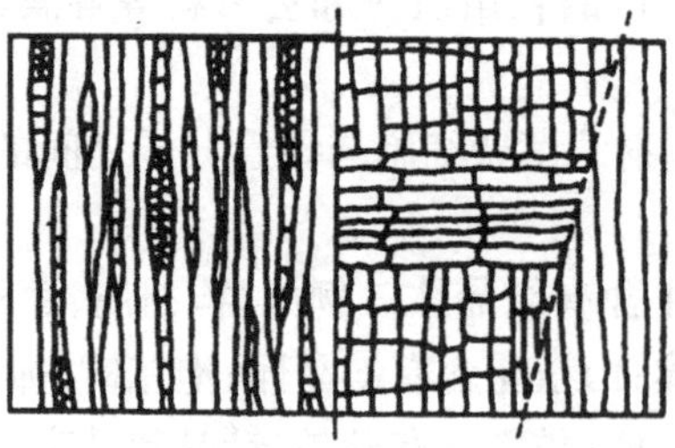

异形Ⅰ型

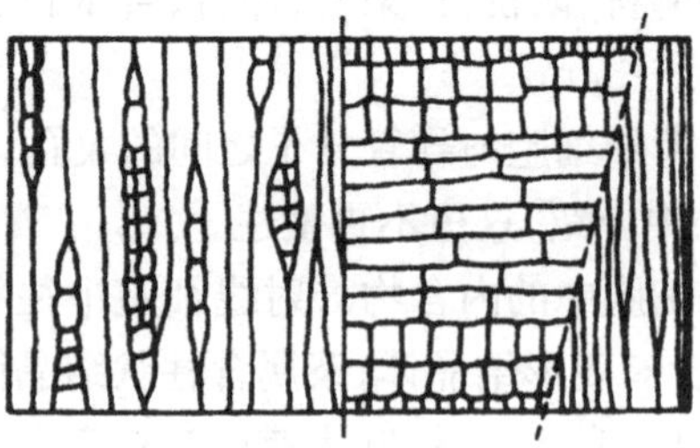

异形Ⅱ型

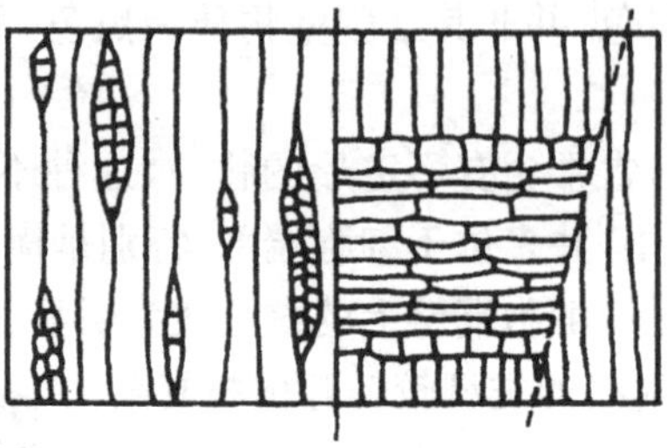

异形Ⅲ型

图 2-47　异形射线组织的类型

异形Ⅱ型:由单列、多列射线组成。与异形工型相比,区别在于多列部分高于单列部分。

异形Ⅲ型:由单列、多列射线组成。单列射线为由直立细胞组成和由直立细胞及横卧细胞混合组成两类。多列射线的多列部分为横卧细胞,边缘部分为方形细胞,一般为一列。如果在单列部分,即使多于一列以上者,细胞也全为方形。

(6) 射线的高度及宽度。射线的高度及宽度可在弦切面上测定,并同时可计算出细胞的个数。

射线的高度为 1 个至数百个细胞。其分级标准如下:

级　别	射线高度
极　低	0.5mm 以下
甚　低	0.5～1mm
低	1～2mm
稍　低	2～5mm
稍　高	0.5～1cm
高	1～2cm
甚　高	2～5cm
极　高	5cm 以上

射线的宽度为一个细胞至几十个细胞,射线宽度的标准分级如下:

级　别	射线宽度/μm
极　细	151 以下
甚　细	15～25
稍　细	25～50
中　等	50～100
稍　宽	100～200

甚　宽	200～400
极　宽	400 以上

(7) 射线的数目。射线的数目不仅因树种而异，并且随树龄、树高和部位的不同而异。但是，一般在生长正常的树木中，射线的数目仍保持一定的范围，因而可供识别木材时参考。射线的数目在弦切面上计算，其分级标准为：

级　别	每毫米射线数目
极　疏	2 以下
一　般	2～4
稍　密	4～7
密	7～10
极　密	10 以上

(8) 射线叠生状排列。在弦切面上，射线呈水平方向整齐排列，有时在肉眼下也可识别。一般具有叠生构造的树种，热带产的多于温带产的。

6. 树胶道

树胶道是指储藏着由泌胶细胞所分泌树胶的不定长度的胞间隙。树胶道为识别阔叶树材的特征之一。

树胶道的形成可以是裂生过程，也可以是溶生过程。前者由于相邻细胞的胞间层分裂，使细胞分离而形成，如龙脑香科、豆科、山茱萸科；后者由于细胞的破坏或分解（溶解）而形成，如柚子、李树及密花树属的木材。另外，还有裂生-溶生过程，即首先相邻细胞间的胞间层分裂，使细胞分离，再由周围组织的溶解而发展，如桉树属。

阔叶树材的树胶道和针叶树材的树脂道一样，也分为轴向和径向两种，但阔叶树材同时具有两种者极少，仅限于龙脑香科、金缕梅科、豆科等所属的少数树种。

轴向树胶道一般少于径向树胶道。轴向树胶道又分为正常和创伤树胶道两种，后者在横切面上多呈切线状连续排列，形成同心圆状。径向树胶道存在于多列射线中，为 1～2 个或 3～4个；树胶道的大小不一（五加科最小），大者借放大镜可见；树胶道周围的薄壁细胞有 1～3 列，其细胞比射线细胞小，细胞壁的厚薄不一。

正常轴向树胶道存在于油楠属及牛栓藤科、山茱萸科的各属；龙脑香科的个别属也有正常树胶道。

轴向树胶道存在于下列各科：葡萄科、木棉科、紫草科、橄榄科、苏木科、使君子科、胡颓子科、杜英科、大戟科、金缕梅科、玉蕊科、锦葵科、楝科、含羞草科、辣木科、桃金娘科、蝶形花科、山龙眼科、蔷薇科、芸香科、无患子科、苦木科、梧桐科、野茉莉科和独蕊科等。

我国阔叶树材，已查定具有树胶道者有如下树种：黄槿、橄榄、枫香、阿丁枫、油楠、多果榄仁树、乌口果、胡颓子、苦楝、红椿、香椿、花楸、白叶野茉莉等具有轴向树胶道；山様子、酸枣、黄连木、刺楸、鸭脚木、黄牙果等具有径向树胶道。

7. 内含韧皮部

通常在树木生长时，形成层向内分生木质部，向外分生韧皮部。但在某些阔叶树材的次生木质部中，常具有韧皮束或韧皮层，称为内含韧皮部。内含韧皮部在木质部中所存在的类型如下。

同心型:形成层寿命短,代之以新的分生组织,在中柱或皮层内发生。幼茎的直径生长由木质部与韧皮部交互层状组成,见于海榄雌属和紫藤属等木材。

多孔型:形成层在整个茎的直径生长中一直活动,而木质部中包藏着韧皮束,见于沉香属、避雪花属、马钱子属等木材。

内含韧皮部主要存在于热带树种中,为识别热带材的特征之一。

2.4 针叶树材和阔叶树材在解剖特征上的差异

针叶树材和阔叶树材的组织解剖有显著不同,组成前者的细胞种类较少,后者的细胞种类则较多,并且阔叶树材的组织和细胞分化比较进化。最显著的是,针叶树材组成的主要分子是轴向管胞,既有输导功能又有对树体的支持机能;而阔叶树材则不然,组成阔叶树材的主要分子导管和木纤维分工明确,导管起输导作用,木纤维则起机械支持作用。

针叶树材与阔叶树材最大的差异是,前者不具有导管,后者具有导管。我国阔叶树水青树和昆栏树则为例外,没有导管存在;而针叶树的买麻藤科和麻黄科的树种却有导管存在。

此外,阔叶树材比针叶树材的木射线宽,列数也多,即组合的细胞数多;轴向薄壁组织发达,组成的类型丰富;草酸钙、碳酸钙和二氧化硅等矿物质存在于阔叶树材的某些树种中,并且含量多。阔叶树材中有韧皮部、乳汁管、乳汁迹等特殊组织。在温带产的树种中,阔叶树材不具有正常的胞间道,而针叶树材却具有,此为一显著特征。在热带产的阔叶树中,某些树种含有显著的正常胞间道,如龙脑香科、豆科等。

阔叶树材与针叶树材解剖特征的主要差异列于表 2-3。

表 2-3 针叶树材和阔叶树材构造的主要差异

组织或分子	针叶树材	阔叶树材
生长轮	早材与晚材的材色差异较大。在肉眼下,轮界线甚明显	早材与晚材的材色差异较小。在肉眼下,除环孔材树种的轮界线较明显外,其他树种均不太明显
导管	除麻黄科和买麻藤科的树种具有导管外,其他针叶树材种均不具有导管。由于针叶树材绝大多数种不具导管,故称针叶树材为无孔材	除昆栏树科、水青树科的树种外,其他阔叶树材的树种均具有导管,并在横切面上,肉眼可看到导管呈管孔状,故又称阔叶树材为有孔材
轴向排列的管胞	轴向管胞为主要组成分子,存在于所有针叶树材中,占木材体积的 90%以上。此外还有索状管胞和树脂状管胞	只存在于部分树种中,主要类型为导管状管胞、环管管胞、纤维状管胞
木纤维	无	存在于所有阔叶树材中,主要阔叶树材的主要组成分子占木材材积的 50%左右。木纤维又分为纤维状管胞和韧性纤维,两种细胞有时存在于同一树种中,有时分别存在于不同树种中
木射线	具有单列射线和纺锤型射线,前者存在于所有针叶树材的树种中。肉眼下不甚明显。木射线主要由射线薄壁细胞组成,但在松树树种中还存在木射线管胞	射线较发达,有单列射线和多列射线,部分树种还具有聚合木射线。多列射线存在于所有阔叶树材树种中,在肉眼下木射线较为明显或甚明显。木射线由射线薄壁细胞组成,分成横卧和直立两种射线薄壁细胞
轴向薄壁组织	含量较少,只存在于部分树种中。在肉眼下不明显。轴向薄壁组织的分布类型较简单	含量较多,存在于大多数树种中,在肉眼下明显可见。其分布类型较为复杂

续表

组织或分子	针叶树材	阔叶树材
胞间道	含有树脂道。树脂道只存在在松科的松属、落叶松属、云杉属、银杉属、黄杉属和油杉属等的木材中	含有树胶道，存在于部分热带树种的木材中
细胞腔内的内含物	仅少数树种细胞腔内含有草酸钙结晶。在细胞腔内含有树脂	在不少树种细胞腔内含有草酸钙结晶，其结晶形状是多样的。在不少热带树种脑细胞腔中含有二氧化矽。在细胞腔内含有树胶、白垩质等。在导管腔内含有侵填体

2.5　树木进化过程中的构造变化

树木木质部构造上的差异有些是遗传因子影响而产生的，但也有些是受环境的影响而造成的。要正确估价木材构造在树种鉴定上的意义，应该了解各类木材结构分子在进化史上的一些基本知识。

为了便于叙述，首先介绍两个概念。

裸子植物：是指无子房构造，胚珠裸露，着生在大孢子叶上，不形成果实的植物。针叶树材的一切树种均属于裸子植物。

被子植物：是指胚珠包被在子房内，不裸露，形成果实的植物。阔叶树材的所有树种都属于被子植物。

在进化过程中，裸子植物不开花，不结果实，而直接产生种子，因而裸子植物比被子植物原始。裸子植物都有形成层和次生构造，维管组织比被子植物简单，在大多数种类中(买麻藤植物例外)，木质部内只有管胞而无导管与纤维；韧皮部中只有筛胞而无筛管和伴胞。水分和无机盐主要是经过管胞壁上的具缘纹孔，由一个管胞进人另一个管胞，依次向上输导。管胞除输导水分外，因其细胞壁增厚，并木质化，上下相邻管胞斜端彼此贴合，结构颇为坚牢，因而兼有支持的效能。裸子植物的木质部主要由管胞组成，并无另外的机械组织。管胞担负了输导与机械支持的双重作用。同样，在韧皮部中，筛胞不仅输导养分，而且兼有机械支持和储存养分的功能。这都表明了裸子植物较被子植物原始。

被子植物是植物界中发展到最高等的类型。它们最显著的特点是在繁殖过程中产生特有的生殖器官——花，因此被子植物又称有花植物。被子植物的胚珠包被在子房果里，不裸露，形成果实。在被子植物体内出现了由多细胞组成的导管束，用来更快、更有效地输导水分；由厚壁的木纤维细胞起机械支持作用，输送养料则由较长的筛管进行。这种输导组织和机械支持组织的加强，保证了被子植物对陆地条件更强的适应性，这进一步说明被子植物比裸子植物更为进化。

裸子植物的原始与被子植物的进化，其之间是交叉的。例如，裸子植物中的买麻藤植物，具有导管，其输导组织与机械支持组织有较明显的分工，这是一类很进化的裸子植物。被子植物中的水青树，在横切面上可见明显的生长轮，无管孔，早材与晚材的管胞径向排列十分规则；早材管胞至晚材管胞径向直径的变化是渐变的，类似于裸子植物木材中管胞的排列状态。水青树的木射线很发达，存在单列射线和多列射线两种。多列射线在生长轮界处变宽，使生长轮外缘沿射线向外突出。轴向薄壁组织多集中在晚材带或早材与晚材的过渡区内，呈星散状排列。在部分早材管胞的径面壁和弦面壁上，具有典型的梯状纹孔，而在另一部分早材带管胞及晚材带管胞的径面壁和弦面壁上具有椭圆形的具缘纹孔；早材为互列，晚材多为单列。此外，水青树中还存在有导管状管胞，形似导管分子，但无穿孔，而且比管胞短，在管状管胞壁上具有互列的圆形具缘纹孔。这些特征又区别于裸子植物，而接近于被子植物。

从系统发育和进化的观点来看，木纤维和导管是同时由管胞演变来的。当由管胞演变为木纤维时细胞长度变小，细胞壁增厚；同时细胞壁上的纹孔变小，纹孔口多变为狭窄形。当管胞变成导管时，细胞腔变大，细胞变薄，细胞端壁上的纹孔转变为穿孔，以便有效地起输导作用。裸子植物的木质部中没有木纤维和导管的分化，管胞既输导水分又起机械支持作用。演化到被子植物，其木质部中的导管主要输导水分，而木纤维主要起机械支持作用，两者分工甚为明确。

在系统发育上，具有叠生组织的树种较为进化，如阔叶树材的榆科、小蘖科、豆科等树种中具有叠生组织，而针叶树材中没有。在阔叶树材中，导管的单穿孔较复杂穿孔进化；梯状穿孔的横闩数越少越进化。

2.6 木材解剖特征对木材加工的影响

树木是一种天然生长的生物体，其组成的最小生物单位是细胞。树木的成熟细胞通常是原生质消失，形成空腔的细胞壁。由于木材细胞壁产生次生加厚及木质化，使其具有一定的强度和刚度。

木材是由各种细胞组成的，各种细胞的形状和特征不同，而且排列状态不同。大多数细胞呈纵向排列，少数细胞呈径向排列。另外，木材细胞的细胞壁由薄的初生壁和厚的次生壁组成，其中次生壁的 S_1、S_2 和 S_3 层的微纤丝排列方向不同，从而引起木材的各向异性。木材的一些解剖特征直接影响着木材的一些加工性能。

2.6.1 对木材表面装饰性的影响

在木材的表面或家具的板面上常常可以看到颜色深浅不同、明暗相间的图案，形成美丽的花纹。木材花纹是由生长轮、木射线、轴向薄壁组织等解剖分子相互交织，木节、树瘤、斜纹理、变色等天然缺陷的影响及不同的锯切方向等多种因素综合形成的。

在木材的弦切面上可以看到呈抛物线状的花纹，这是由于每一个生长轮中的早、晚材的密度、颜色和构造上的差异所形成的图案；在径切面上的早、晚材带平行排列构成条带状花纹；具有宽木射线的木材，在径切面上呈现出银光花纹；由于木材中的细胞交错排列，在材面上常显示一条色浅一条色深，形如带状的花纹。

由于不同的下锯方法，可形成径切花纹、弦切花纹，还可以通过改变旋切角度使材面形成各种花纹，或者应用不同纹理的木材拼接成各种图案。各种树木的木材花纹不同，针叶树材花纹比较简单，而阔叶树材花纹式样多且图案美丽。

2.6.2 对木材声学性能的影响

木材是由许许多多失去生命活力的管状细胞组成的。每个细胞均有细胞腔和细胞壁，细胞腔中空，周围是木质化的纤维物质构成的壁层，使木材结构呈“蜂窝状”。细胞腔中的空气和构成细胞壁的物质都具有较高的声音透过性，易于传播声音。

云杉具有很好的传声性能，其顺纹（沿着树）方向的传声速度为 5000m/s，高于冷杉、柞木、槭木、桦木等许多种木材，与铁的传声速度相当。此外，云杉纹理通直，材质致密，年轮宽度均匀，并且在每一个年轮中，早材至晚材的过渡较为平缓，细胞的大小与形态较为整齐均一，各部木材结构无显著差异，这样有利于均匀地传播高频声音而不变音调。因此，在乐器制造工业中云杉颇受欢迎，是制作钢琴、风琴的音板和小提琴的面板不可缺少的优质材料。

泡桐生长迅速，纹理通直，组成木材的细胞，壁薄、腔大，木材的密度仅为 0.283g/cm^3，是我国大陆上最轻的一种木材。由于泡桐密度小，使木材的音响常数高，共振性能好，且不改变音调。因此，自古以来，我国即以泡桐作为制造琵琶、月琴、扬琴、七弦琴、六弦琴和古筝等弦乐器的材料。

2.6.3　对木材渗透性的影响

木材之所以能吸收水分或液体是由于木材具有许多空隙，如细胞腔、细胞间隙、纹孔、细胞壁内部的微毛细管等。这些空隙为水分或液体的进入提供了通道和场所。

木材的渗透性是指气体或水分(或液体)渗入木材内部的能力。渗透性的大小包括气体或水分渗入的多少和渗入速度两个方面。

在木材加工和改性处理过程中，经常要测量木材的液体渗透性，因为液体渗透性的大小直接影响着木材加工处理的工艺确定。而木材的某些解剖特征对渗透性影响极大。

细胞的排列方向：由于木材中绝大多数细胞呈纵向排列，液体的纵向渗透路径以细胞腔为主，液体移动比较畅通；而横向渗透，特别是弦向渗透必须通过细胞壁或纹孔膜，因此向渗透性比横向渗透性大。

纹孔：纹孔是液体从一个细胞进入另一个细胞的通道。通常纹孔多的木材，其渗透性能好。纹孔膜是节制木材中液体流动的因子，因此当纹孔膜上沉积物较多时，则木材的渗透性较差。在针叶树材中，管胞间的具缘纹孔若对所形成的闭塞纹孔所占比率较小，则木材的渗透性较好。通常心材闭塞纹孔多于边材，因此心材的渗透性较边材差。但是靠近心材的边材部分，有时由于基质、结壳物质等的增多并在纹孔膜上沉积，堵塞了塞缘上的孔隙。尽管这些纹孔没有形成闭塞纹孔，但此部分的渗透性还是较差。在阔叶树材中，导管壁上的纹孔若有附物存在，则对木材的渗透性有影响。

细胞腔中的内含物：在针叶树材中，管胞腔中若有树脂或其他沉积物存在，或者在阔叶树材中，导管腔内若有侵填体或其他沉积物存在，则木材的渗透侄大大减小。

通常，早材的渗透性比晚材的渗透性大；边材的渗透性高于心材的渗透性；密度小的木材比密度大的木材渗透性要好。

2.6.4　对木材干燥的影响

木材在进行干燥时，木材中的水分向外排出。水分若能顺利地向外移动，木材内部就必须有水分移动的通道，即细胞腔、纹孔、细胞间隙及细胞壁内的微毛细管等。这些通道若呈开放状态，则木材容易干燥，反之，木材难干。因此，木材解剖分子的状态及特征对木材干燥时间的长短和干燥工艺的制定起着决定性的作用，而且不同树种的木材，其干燥所需的时间及所要求的工艺不同。此外，由于木材解剖构造的某些特征，往往使木材在干燥过程中易产生一些缺陷。例如，早材与晚材变化为急变的木材，在干燥过程中，在早材与晚材的交界处易产生环裂；在木射线含量多的树种中，特别是具有宽木射线的木材，干燥时易产生径裂；在阔叶树材，特别是小径木木材干燥时，易产生皱缩缺陷。产生皱缩缺陷主要有以下几个因素：①纹孔膜上开孔的直径和数量；②木材细胞壁的厚度；③细胞腔的内含物；④木材内液体的表面张力；⑤水分传导速度。从解剖因子来说，如山杨在常规窑干过程中很容易爱生皱缩，并多发生在边材与心材交界区域。发生皱缩的解剖分子为导管、木射线及木纤维。由于含有侵填体的导管在边材和心材中的含量不同，使心材与边材的导水性存在明显差异。边材中含有侵填体的导管较少，多数导管呈开放状态，故边材的导水性较好；而心材中多数导管内含有侵填体，使导管腔部分或全部被堵塞，故心材导水性较差。因此，在心材和边材产生不均匀的干燥应力，使木材在边材和心材的交界处发生皱缩。杨木易产生皱缩的另外一个因素是由于杨木中含有胶质木纤维。在胶质木纤维细胞壁上有一层较厚的胶质层，胶质层失水后产生的干缩量大于正常木纤维细胞壁，造成材质不稳定。另外，胶质层的存在使木纤维横纹抗压强度降低，致使山杨木材在干燥过程中易产生皱缩。

参 考 文 献

北京林学院. 1983. 木材学. 北京：中国林业出版社

成俊卿. 1985. 木材学. 北京：中国林业出版社

唐燿. 1985. 木材解剖学基础. 云南林学院

北京林学院. 1978. 植物学. 北京：中国林业出版社

李坚. 1993. 新型木材. 哈尔滨：东北林业大学出版社

李坚. 1991. 木材科学新编. 哈尔滨：东北林业大学出版社

李坚，金钟铃. 1989. 中国水青树木材的超微结构与化学元素的研究. 东北林业大学学报，17(4)：55～63

李坚，栾树杰，李耀芬. 1993. 生物木材学. 哈尔滨：东北林业大学出版社

安玉贤，陈柏林，张云庭，等. 1993. 花曲柳木材细胞腔壁上沉积物的研究. 东北林业大学学报，21(3)：102～108

安玉贤，方桂珍，张云庭，等. 1993. 经抽提处理后兴安落叶松木材超微构造变化的研究. 东北林业大学学报，21(5)48～53

彭海源，安玉贤，乔玉娟，等. 1985. 东北针叶树材超微构造观察. 东北林业大学学报，13(4)：8～12

周崟，姜笑梅. 1986. 黄花落叶松木材超微结构及其对渗透性的影响. 林业科学，22(3)：260～269

第 3 章　木材的化学性质

木材是一种天然生长的有机材料，主要由纤维素、半纤维素、木质素（木素）和木材抽提物组成。本章重点叙述纤维素、半纤维素、木质素的化学结构及其与木材材性、加工工艺的关系；讨论木材抽提物、木材的酸碱性质和木材的表面性质对木材加工、利用的影响。通过本意内容的学习，掌握木材的基本化学组成、特性及其与木材加工、利用的关系，进而以所阐述的相关木材科学知识作为科学地进行木材加工的应用基础。

3.1　木材的化学组成

木材由高分子物质和低分子物质组成。构成木材细胞壁的主要物质是三种高聚物——纤维素、半纤维素和木质素，占木材质量的 97%～99%，热带木材中的高聚物含量略低，约占 90%。在高聚物中以多糖居多，占木材质量的 65%～75%。除高分子物质外，木材中还含有少量的低分子物质。木材的化学组成如图 3-1 所示。

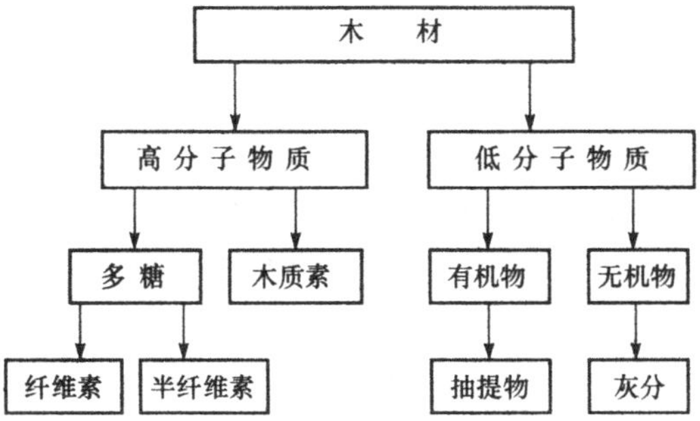

图 3-1　木材的化学组成

3.1.1　高分子物质

纤维素是木材的主要组分，约占木材质量的 50%，可以简章地表述为一种线性的由 *β-D-*葡萄糖组成的高分子聚合物。它在木材细胞壁中起骨架作用，其化学化性质和超分子结构对木材性质和加工性能有重要影响。

半纤维素是细胞壁中与纤维素紧密联结的物质，起黏结作用，主要由己糖、甘露糖、半乳糖、戊糖和阿拉伯糖 5 种中性单糖组成，有的半纤维素中还含有少量的糖醛酸。其分子链远比纤维素的短，并具有一定的分支度。阔叶材中含有的半纤维素比针叶材的多，而且组成半纤维素的单糖种类也有区别。

木质素是木材组成中的第三种高分子物质。其分子构成与多糖的完全不同，是由苯基丙烷单元组成的芳香族化合物，针叶木材中含有的木质素多于阔叶木材，并且针叶木材与阔叶木材的木质素结构也有不同。在细胞形成过程中，木质素是沉积在细胞壁中的最后一种高聚物，它们互相贯穿着纤维，起强化细胞壁的作用。

针、阔叶木材中所含有的三种高分子物质——纤维素、半纤维素和木质素含量见表3-1。

一般，阔叶木材中纤维素和半纤维素含量高于针叶木材，而木质素含量较针叶木材低。此外，在木材中含有少量的低聚合物质，如淀粉和果胶质。

表3-1 针、阔叶木材中的高分子物质含量

高分子物质	针叶木材/%	阔叶木材/%
纤维素	42±2	45±2
半纤维素	27±2	30±5
木质素	28±2	20±5

3.1.2 低分子物质

低分子物质仅占木材质量的一小部分，但它影响着木材的性质和加工质量。所含有的化学组分种类繁多，很难十分准确地划分开来，通常简单地把这些物质分为有机物和无机物。一般称这些有机物为木材抽提物，无机物为灰分。木材的低分子物质主要包括以下一些化合物。

1. 木材中的有机物质

（1）芳族（酚）化合物。芳族化合物中最重要的一类化合物是单宁，分为水解单宁和缩聚单宁。此外，还有芪、立格南、黄酮类及它们的衍生物。

（2）萜烯化合物。这是来源于异戊间二烯的一类范围很广的化合物。由两个或多个异戊间二烯单元可以合成单、倍半、二、三、四和多萜烯等化合物。

（3）酸。木材中饱和的和未饱和的高级脂肪酸大部分是以它们相应的酯和甘油（脂肪和油）或高级醇（蜡）的形式存在。乙酸以酯基的形式联结在半纤维素分子中。二羧酸和羟基羧酸主要以钙盐的形式出现。

（4）醇。木材中的脂肪族醇主要以酯基化合物的形式存在，属于甾族化合物的芳基甾醇主要以甙的形式存在。

2. 木材中的无机物质

木材的主要组分为有机物质，但还有少量的次要组分——无机物质。木材燃烧后无机物成为灰分。木材中的灰分含量，一般占绝干木材质量的0.3%～1.0%。灰分可分为两类，一类能溶于水，为全部灰分的10%～25%，其中主要是钾、钠的碳酸盐类；另一类不溶于水，占全部灰分的75%～90%，其中主要为钙、镁的碳酸盐、硅酸盐和磷酸盐。已知木材的灰分中含有下列一些元素：硫（S）、磷（P）、钾（K）、钙（Ca）、镁（Mg）、铁（Fe）、锰（Mn）、锌（Zn）、硼（B）、铜（Cu）、钼（Mo）等。据文献报道，美国五叶松木材灰分中有27种无机元素，大冷杉（*Abies grandis*）灰分中有28种元素。

寄生于木材的菌类，其生长需要相当数量的磷（P）、钾（K）、硫（S）、镁（Mg）及少量的铁（Fe）、锌（Zn）、铜（Cu）、锰（Mn）和钼（Mo），因此这些无机物的存在，也为木腐菌寄生于木材提供了条件。

树木的灰分含量，因树种、树木生长条件、土壤、采集样木的季节及树龄等不同而异。即使一株树木，在不同的部位，灰分的含量也不相同。例如，云杉和桦木的树枝和树梢的灰分含量比树干木质部为多，见表3-2。

表 3-2　树木不同部位的灰分含量

树种	灰分含量/%		
	树干	树梢	树皮
云杉	0.169	0.26	0.32
桦木	0.160	—	0.64

—:无相关数据,下同

木材的无机物多数呈分散状存在于细胞壁中。

木材中还有一种微量物质——维生素 B_1 或称硫胺素。这种物质是木腐菌赖以生长的必需物质。若把木材中的维生素 B_1 排除,木材便可以免遭木腐菌的危害。

组成木材的三种聚合物,其分子均是由原子通过共价键联结而成的,没有自由电子和可移动的电子,因此,木材在绝干状态可以视为绝缘材料,为不导电体。但实际上是具有微弱的导电性,这是由于木材中含有少量无机物的缘故。

我国一些木材的化学成分见表 3-3。

表 3-3　木材的化学成分含量(以绝干材为准)/%

树种	灰分	冷水抽提物	热水抽提物	1%NaON 抽提物	苯-乙醇抽提物	克-贝纤维素	克-贝纤维素中 α-纤维素	木质素	聚戊糖	木材中的 α-纤维素	试材采集地
臭冷杉	0.50	3.06	3.86	13.34	3.37	59.21	69.82	28.96	10.04	41.34	黑龙江省大海林
杉木	0.26	1.19	2.66	11.09	3.51	55.82	78.90	33.51	8.54	44.04	福建省三明市
落叶松	0.38	9.75	10.84	20.67	2.58	52.63	76.33	26.46	12.18	40.17	黑龙江省带岭
鱼磷云杉	0.29	1.69	2.47	12.37	1.63	59.85	70.98	28.58	10.28	42.28	黑龙江省带岭
红皮云杉	0.24	1.75	2.79	13.44	3.54	58.96	72.18	26.98	9.97	42.56	黑龙江省大海林
红松	0.30	4.64	6.53	19.50	7.54	53.98	69.80	25.56	9.48	37.68	黑龙江省大海林
马尾松	0.42	1.78	2.68	12.67	2.79	58.75	73.36	26.86	12.52	43.10	广州龙眼洞
马尾松	0.27	2.46	4.05	21.57	9.93	56.14	77.48	24.69	9.78	43.47	海南省五指山
鸡毛松	0.42	1.06	2.03	11.76	2.11	56.88	74.66	31.54	5.99	42.47	海南省海南岛
长苞铁杉	0.18	1.65	2.89	14.13	3.47	55.79	80.58	31.13	7.65	44.96	湖南省莽山
槭木	0.51	3.30	4.14	18.33	3.82	59.02	73.75	22.46	25.31	43.53	黑龙江省大海林

续表

树种	灰分	冷水抽提物	热水抽提物	1%NaON抽提物	苯-乙醇抽提物	克-贝纤维素	克-贝纤维素中α-纤维素	木质素	聚戊糖	木材中的α-纤维素	试材采集地
千年桐	0.10	2.11	2.86	21.78	2.02	59.21	72.59	23.22	23.45	42.98	福建省三明市
拟赤杨	0.40	1.51	2.21	18.82	2.41	58.70	78.52	21.55	22.95	46.10	湖南省莽山
光皮桦	0.27	1.34	2.04	15.37	2.23	58.00	73.17	26.24	24.94	42.44	湖南省莽山
白桦	0.33	1.80	2.11	16.48	3.08	60.00	69.70	20.37	30.37	41.82	黑龙江省大海林
苦槠	0.40	3.59	5.46	17.23	2.55	59.43	78.36	23.46	22.31	46.57	福建省南靖县
香樟	0.12	5.12	5.63	18.62	4.92	53.64	80.17	24.52	22.71	43.00	福建省顺昌县
盘壳青冈	0.97	4.76	13.65	22.71	4.01	54.37	80.04	29.61	15.25	43.52	海南省海南岛
蚊母树	0.36	2.60	3.96	17.06	1.78	54.29	78.29	27.59	23.99	42.51	福建省三明市
大叶桉	0.56	4.09	6.13	20.94	3.23	52.05	77.49	30.68	20.65	40.33	福建省尤溪县
水青冈	0.53	1.77	2.51	15.52	1.65	55.79	78.46	27.34	23.33	43.77	湖南省莽山
水曲柳	0.72	2.75	3.52	19.98	2.36	57.81	79.91	21.57	26.81	46.20	黑龙江省大海林
核桃楸	0.50	2.47	4.72	22.35	5.39	59.65	77.22	18.61	22.69	46.06	黑龙江省带岭
大果木姜	0.26	1.85	2.99	13.26	9.76	54.26	78.05	32.30	17.30	42.35	海南省海南岛
木荚红豆	0.27	2.43	4.47	16.48	3.60	56.54	80.62	27.55	15.94	45.58	海南省海南岛
黄波罗	0.49	4.09	5.12	24.47	4.55	55.28	79.00	20.89	23.70	43.67	黑龙江省带岭
椤木石楠	0.63	2.06	3.18	18.28	2.29	53.97	79.91	26.20	22.53	43.08	福建省顺昌县
柞木	0.55	4.39	6.04	20.87	4.04	57.96	77.49	21.72	26.89	44.91	黑龙江省大海林
檫木	0.17	2.66	3.73	20.05	6.12	54.90	78.16	23.57	22.08	42.91	福建省三明市
荷木	0.37	1.62	2.28	16.37	2.07	57.22	81.48	25.69	22.19	46.62	福建省南靖县

各种木材的化学组成常因木材树种、生长地域和生长部位的不同而发生变异，即使同种同株树木也有差别，如树干与树枝、正常木与应力木的化学组成也有差异（表 3-4 和表 3-5）。木材在生长过程中，随着树龄的增长，由幼龄木发育为成熟木时，构成木材细胞壁的主要成分也发生变异。例如，在意杨三个无性系木材的化学成分中，纤维素含量由髓心处的 47.5%增加到树皮附近的 51.74%；木质素和多缩戊糖含量由髓心向外呈递减趋势，二者分别由髓心处 25.27%和 24.42%减少到树皮附近 23.78%和 19.72%。纤维素、木质素和多缩戊糖含量的变化与树木生长年龄有显著的相关性。当生长年龄为 8～10 年时，增加或减少的趋势缓慢，依据上述变化数据，可确定意杨三个无性系木材，作为纸浆用材。其成熟期为 8～10 年，此时进行采伐利用比较经济和合理。

表 3-4　树干与树枝的化学组成比较(%)

化学组成	云杉		松		青杨	
	树干	树枝	树干	树枝	树干	树枝
纤维素(不含聚戊糖)	58.89～59.3	44.8	56.5～57.6	48.2	52.2～52	43.9
木质素	28	34.3	27	27.4	21.2	25.9
聚戊糖	10.5	12.8	10.5	13.1	22.8	35.1
聚甘露糖	7.6	3.7	7	4.8	—	—
聚半乳糖	2.6	3.0	1.4	1.5	0.6	0.5
树脂、脂肪等(乙醚抽提物)	1.0	1.3	4.5	3.3	1.5	2.5
热水抽提物	1.7	6.6	2.5	3.4	2.6	4.9
灰分	0.2	0.35	0.2	0.37	0.26	0.33

表 3-5　正常木与应力木的化学成分比较(%)

树种	材种	纤维素	半纤维素				木质素	抽提物
			葡萄甘露聚糖	葡糖醛酸基-木聚糖	半乳聚糖	计		
欧洲云杉	正常木	41	17	10	2	29	27	3
	应力木	35	8	8	11	27	39	—
辐射松	正常木	—	—	10	—	—	24	—
	应力木	—	—	7	—	—	34	—
疣皮桦	正常木	40	3	30	2	35	约 20	4
	应力木	55	1	15	8	24	约 17	4
颤杨	正常木	46	—	20	—	24	18	4
	应力木	52	—	19	—	22	17	4
桉树	正常木	47	—	20	—	—	25	—
	应力木	57	—	11	—	—	10	—

3.1.3　在细胞壁中木材主要化学成分的分布

纤维素、半纤维素和木质素是构成木材细胞壁的主要物质，纤维素起骨架作用，半纤维素起黏结作用，木质素起硬固作用，在细胞壁中它们纵横交错，排列和组合复杂，其分布是不均匀的。D. Fengel 在前人研究的基础上，计算得出云杉早材和晚材管胞壁中纤维素、半纤维素和木质素的分布(表 3-6)。

表 3-6 云杉早、晚材管胞壁中化学成分的分布(%)

区域	壁层	纤维素		半纤维素		木质素	
		壁层	总纤维素	壁层	总半纤维素	壁层	总木质素
早材	复合胞间层	13.9	4.1	27.1	20.6	59.0	26.8
	次生壁 1	36.4	8.9	36.4	23.2	27.2	10.4
	次生壁 2	58.5	87.0	14.4	56.1	27.1	62.8
晚材	复合胞间层	13.7	2.5	27.4	15.0	58.9	18.4
	次生壁 1	34.6	5.2	34.6	15.6	30.8	7.9
	次生壁 2	58.4	92.3	14.5	69.4	27.1	73.7

注：次生壁 1 相当于 S_1；次生壁 2 相当于 S_2+S_1

从表 3-6 中的数值可见，木质素约占复合胞间层的 60%，纤维素约占 14%，半纤维素约占 27%。在次生壁 2 中，纤维素占壁层的 59%，半纤维素占 14%，木质素占 27%，这三种主要成分主要集中分布在次生壁 2 中。此壁层最厚，其体积百分率在早材中占 73%，在晚材中占 82%。

3.2 木 质 素

从木材中除去纤维素、半纤维素和抽提物后，剩余的细胞壁物质便是木质素。木质素和木材多糖在一起，构成木材细胞壁，在细胞壁中起硬固作用。木材组织中含有木质素则增加了强度，使活立木能够挺立，并使一些树木高达百米以上而依然挺拔茂盛。

木质素在数量上仅次于地球上含量最多的有机物——纤维素。但与纤维素不同，木质素只存在于高等植物之中，菌类、藓类和藻类中是没有木质素的。木质化程度差异很大，不同树种的木材中木质素含量为 20%～40%。同种树木或同株树木内，其木质素含量也有变化。例如，应力木的木质素含量平均比正常材高 9%左右。

3.2.1 木质素的分布

木质素在木材中的分布不均匀，随树干高度和径向位置产生变异。一般，采样部位越高，木质素含量则越低；在同一树干高度上，心材木质素含量多于边材；在同一生长轮中，早、晚材也因取样部位而不同，在树干下部，早材木质素含量多；在树干中部两者近于相同；在树干上部，晚材木质素含量多。生长地域不同，木质素含量也有差异，一般，热带木材比温带木材的木质素含量高。

木质素在细胞壁层中的微观分布，一般认为，细胞中的木质素浓度以胞间层为最高，可高为 60%～90%，随着移向细胞内部而减少，在次生壁内层又有增加。由于胞间层或复合胞间层的壁层宽度窄，所以木质素浓度高。就其木质素含量来说，有 70%以上的木质素分布在次生壁，在细胞角隅处几乎全部是木质素；就组织类型说来，木材的射线细胞比管胞和木纤维的木质素含量多些。此外，在细胞中分布的木质素分子的化学结构具有不均一性，如有人认为导管次生壁的木质素是愈创木基型,木纤维次生壁是紫丁香型木质素。

3.2.2　木质素的分离

木质素的分离方法,按其基本原理,可分为两大类:一是将木材多糖溶解,木质素作为不溶残渣而被分离;二是将木质素溶出而与木材多糖分离。从木材中分离木质素的诸多方法见表 3-7。

表 3-7　木质素的分离方法

<table>
<tr><th colspan="2">分离方法</th><th>木质素的名称</th></tr>
<tr><td colspan="2">木质素作为不溶残渣而分离的方法</td><td>硫酸木质素
盐酸木质素
铜氨木质素
过碘酸盐木质素</td></tr>
<tr><td rowspan="3">木质素被溶解而分离的方法</td><td>使用有机溶剂在酸性条件下溶出的木质素</td><td>乙醇木质素
二氧六环木质素
酚木质素
乙酸木质素
水溶助溶木质素</td></tr>
<tr><td>使用有机溶剂在中性条件下溶出的木质素</td><td>布劳斯(Brauns)的“天然木质素”
丙酮木质素
贝克曼(Bjökman)木质素</td></tr>
<tr><td>使用无机试剂</td><td>碱木质素
硫化木质素
氯化木质素</td></tr>
</table>

为了研究木质素的结构和性质,必须使木质素在分离过程中不发生变化或少发生变化,一般采取温和条件,力求在不加酸条件下进行分离。几乎所有的分离方法所得到的木质素均与天然木质素有差异,因而需注明所得的分离木质素的分离方法,如用硫酸法分离的木质素称硫酸木质素,还有乙醇木质素、二氧六环木质素等。

1. 木质素作为不溶残渣而分离的方法

这类分离方法是将木材中的多糖类物质溶出,从而使木质素以不溶状态残留下来。所得的分离木质素称不溶木质素。这类木质素包括酸木质素、铜氨木质素、过碘酸盐木质素等。

例如,酸木质素则指把木材中的纤维素和半纤维素溶于浓酸(浓硫酸、浓盐酸、浓硫酸和浓盐酸混合物等),溶解后经过酸水解至单糖移出,留下的褐色残渣即酸木质素。然而这种酸木质素的产物与天然木质素相比较已发生很大的变化。因为在酸性条件下水解,伴随着发生了解聚反应和凝聚反应。酸木质素中含有多糖及多糖的降解产物。

2. 木质素被溶出而分离的方法

此类方法可采用多种有机试剂和无机试剂进行,因此方法很多,主要用醇类、冰醋酸、酚、二氧六环等有机溶剂在酸性条件下分离木质素;用氢氧化钠、硫化钠、氯等无机试剂分离木质素;用异丙基甲苯磺酸钠、甲苯磺酸钠、苯磺酸钠等水溶助溶剂分离木质素;用乙醇(不加酸)在室温下分离木质素(天然木质素)等。

为研究木质素在天然状态下的结构,必须采用一种保护性分离方法。近代广泛采用的是磨木木质素(milled wood lignin,简称 M. W. L.)。

磨木木质素是1957年由Björkman最早发现的,因此也称为Björkman木质素。具体制备方法是,通过20目筛的木粉,经有机溶剂抽提后,先在Lampén磨中预磨2～3d,然后悬浮在甲苯等非膨润性溶剂中,用振动球磨机磨碎48h或更长时间。细磨后的木粉,用含水二氧六环抽提,二氧六环与水之比为90∶10或80∶20。将除去溶剂后的粗制的磨木木质素溶解于90%的乙酸中,然后注入水中使磨木木质素沉淀以进行提纯。将此沉淀物再溶解于1,2-二氯乙烷-乙醇(体积比为2∶1)混合溶剂中,在乙醚中沉淀、洗涤、干燥,反复提纯后得到的木质素便是磨木木质素。这种分离方法的缺点是,只能得到部分木质素,最大得率约为木材中存在木质素的20%。但此种方法分离的木质素最接近于天然状态的木质素。迄今,还没有找到更完善的方法从木材中分离出完全没有变化的木质素。

3.2.3 木质素的结构

木质素的结构十分复杂,通常所脱的木质素结构是指木质素基本结构单元的形式、比例及它们之间的连接方式等。

1. 木质素的基本结构单元

1954年Lange将不同波长紫外显微镜直接应用于薄木片,取得了芳香族化合物的典型光谱。由此确认了在1940年就得出的木质素是由苯丙烷单元构成的结论。现在公认,木质素是具有芳香族特性的、非结晶的、三维空间结构的高聚物,其基本结构单元是苯丙烷,彼此以醚键(—C—O—C—)和碳—碳键(—C—C—)连接。其中有2/3以上的苯丙烷单元以醚键连接,其余的为碳—碳键。图3-2表明了木质素的基本连接形式,它们的比例见表3-8和表3-9。

表3-8 云杉磨木木质素中的不同键型

键型	百分比/%
a. 芳基甘油-β-芳醚	48
b. 甘油醛-2-芳醚	2
c. 非环苯甲基芳醚	6～8
d. 苯基香豆满	9～12
e. 2-或6-位置缩合的结构	2.5～3
f. 联苯基	9.5～11
g. 二芳醚	3.5～4
h. 1,2-二芳基丙烷	7
i. β,β-联结的结构	2

注:从a到i字母含义见图3-2

表3-9 桦木磨木木质素中的不同键型

键型	愈创木基/%	紫丁香/%	总计/%
a	22～28	34～39	60

续表

键型	愈创木基/%	紫丁香/%	总计/%
b			2
c			6～8
d			6
e	1～1.5	0.5～1	1.5～2.5
f	4.5		4.5
g	1	0.5	6.5
h			7
i			3

注:从 a 到 i 字母含义见图 3-2

针叶木材与阔叶木材木质素中的基本结构单元有所不同。针叶木材木质素中存在大量的愈创木基丙烷和少量的对羟苯基丙烷;阔叶木材木质素中存在大量的紫丁香基丙烷和愈创木基丙烷,还有少量的对羟苯基丙烷,其含量比针叶木材的少。三种丙烷的结构式如下:

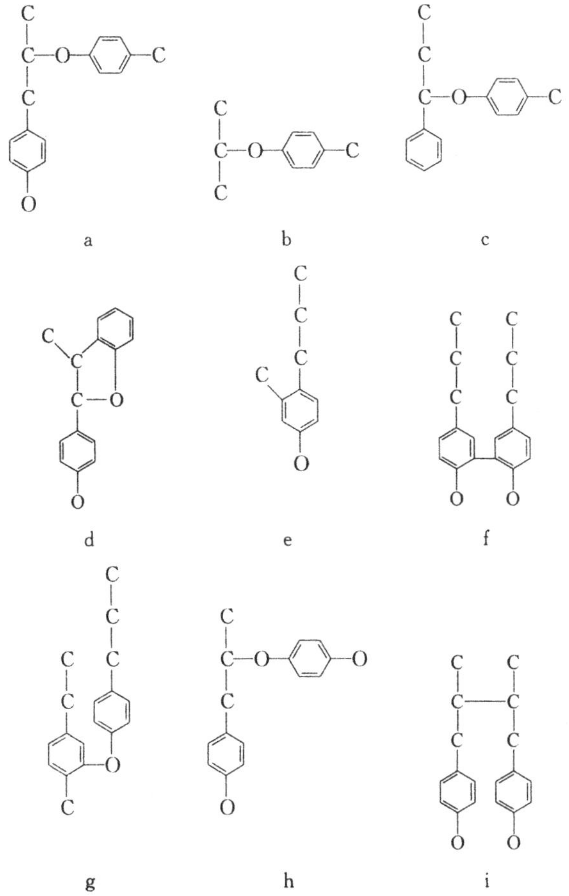

图 3-2　苯丙烷单元间最常见的连接键型

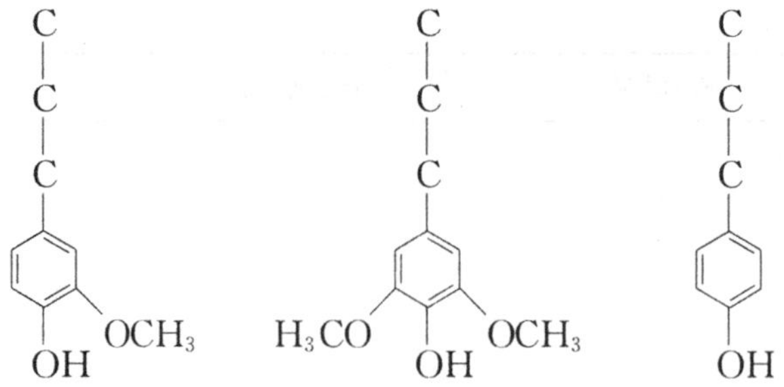

愈创木基丙烷　　紫丁香基丙烷　　对羟苯基丙烷

目前，针叶材的木质素结构大多用云杉木质素结构的研究结果来代表，它的基本结构单元主要是愈创木基丙烷。Freudenberg 提出的云杉木质素结构式示意图如图 3-3 所示，它是以 18 个基本结构单元组成的针叶木材木质素大分子的一个切段。阔叶材木质素除含有愈创木基外，尚存在大量的紫丁香基。Nimz 提出的水青冈木质素结构式示意图如图 3-4 所示，它是由 25 个基本结构单元组成的阔叶材木质素大分子的阶段。

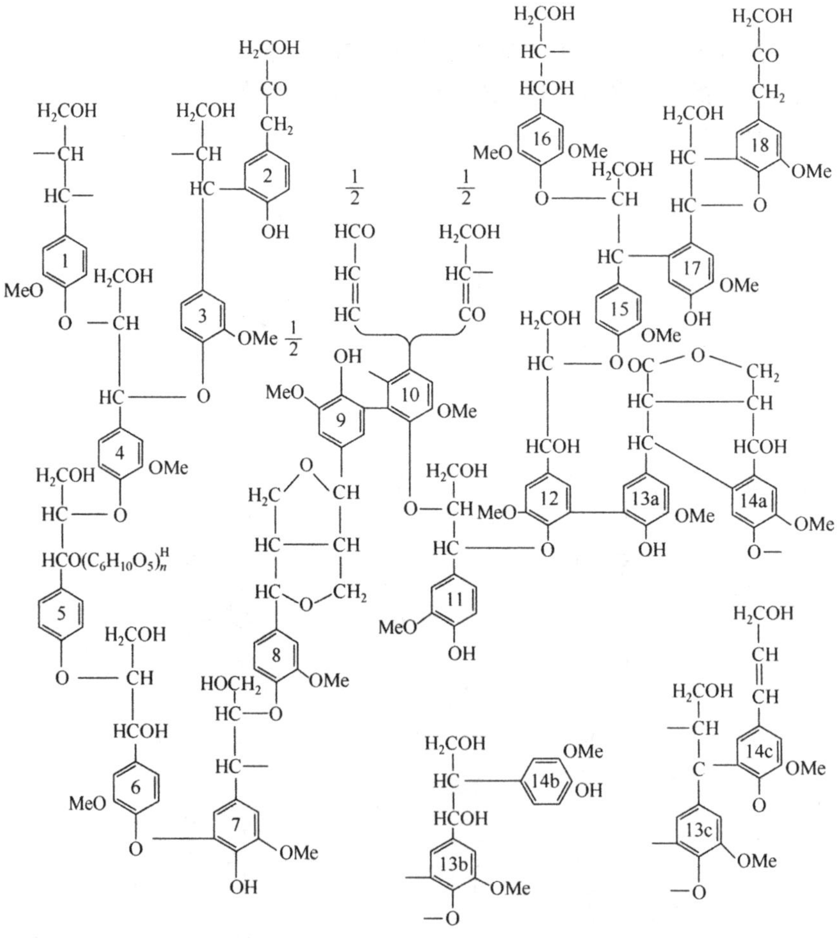

图 3-3　云杉木质素结构示意图

2. 木质素的官能团

木质素中存在多种官能团，主要有甲氧基（—OCH_3）、羟基（—OH）和羰基（—C ═O）等。木质素大分子结构中每 100 个 C_6C_3 单元存在的官能团数量见表 3-10。

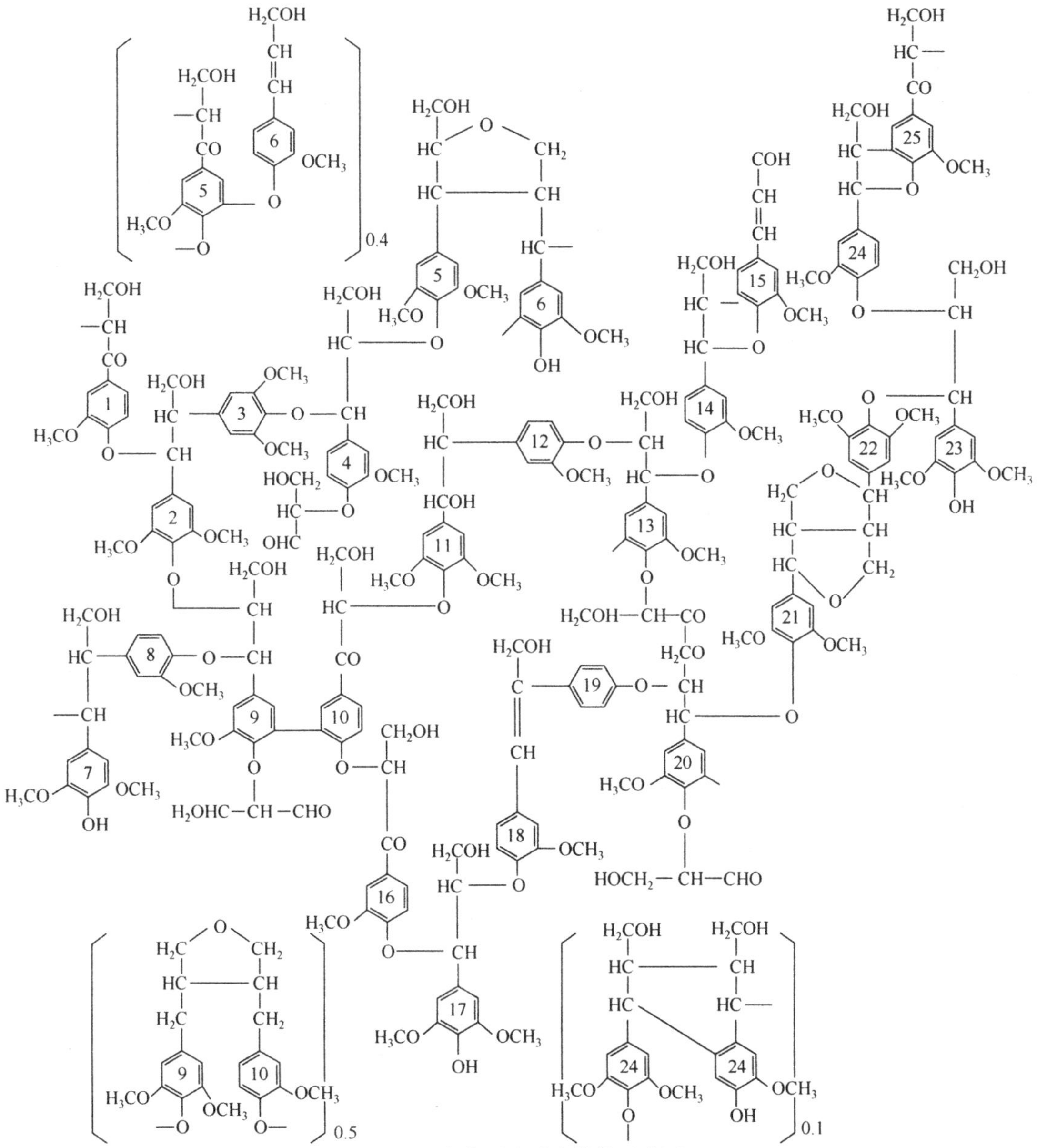

图 3-4　水青冈木质素结构示意图

表 3-10　木质素每 100 个 C_6C_3 单元的官能团

官能团*	云杉木质素/%	桦木木质素/%
甲氧基	92～96	139～156
游离酚羟基	15～30	9～13
苯甲醇	15～20	
非环苯甲基醚	7～9	
羰基	20	

* 含量可随木质素来源而有所变化(如胞间层或次生壁)

(1) 甲氧基。甲氧基含量因木质素的来源而异，一般针叶树材木质素中含 13%～16%，阔叶树材木质素中含 17%～23%。阔叶树材木质素中甲氧基含量高于针叶树材，因为阔叶树材木质素既含有愈创木基结构单元，也含有紫丁香基结构单元。

(2) 羟基。木质素的羟基有两种类型，即存在于木质素结构单元苯环上的酚羟基和存在于木质素结构单元侧链上的脂肪族羟基，或苯甲醇羟基。苯环上的酚羟基，一小部分以游离酚羟基形式存在，大部分与其他木质素结构单元连接，以醚化了的形式存在。木质素结构单元侧链上的脂肪族羟基，有的分布在 α-碳原子上，有的分布在 β-碳原子和 γ-碳原子上，它们既以游离的羟基存在，也有以醚键形式和其他烷基、芳香基连接的。羟基的存在对木质素的化学性质有较大影响。

(3) 羰基。羰基主要存在于结构单元的侧链上，其中一部分为醛基，醛基多数位于结构单元的 γ-碳原子上，木质素中的松柏醛基就是侧链上含羰基的一种结构单元。另一部分为酮基，位于侧链的 β-碳原子上。木质素结构单元侧链上的羰基存在的形式如图 3-5 所示。

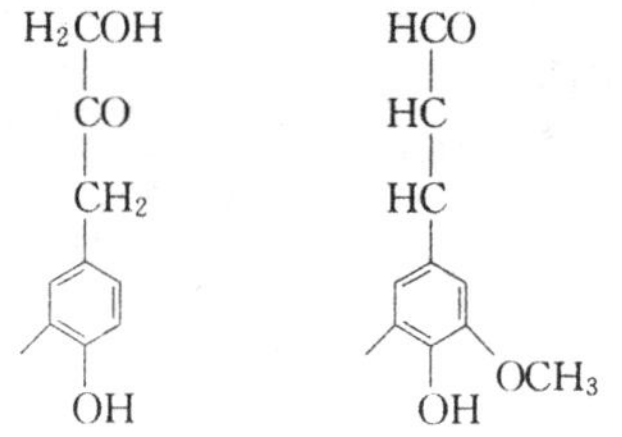

含 β-酮基　　含 γ-醛基

图 3-5　木质素结构单元侧链上的羰基

3. 木质素结构的研究

木质素是具有庞大结构、极其复杂的天然高分子化合物。许多研究者指出，木质素与半纤维素之间有化学连接，半纤维素分子主要通过阿拉伯糖、木糖和半乳糖与木质素分子相连接，形成木质素-糖复合体(Lignin-Carbohydrate complex，缩写为 L. C. C.)。实验中发现，木材中的木质素与半纤维素之间总是难以截然分开的，说明它们之间的连接是比较牢固的。

由于难以分离出不受损伤而又纯净的木质素，对木质素结构的研究产生巨大障碍，因此，目前多数依靠模型方法解决。即把木质素大分子分成一系列的结构单元聚集体或结构单元，然后选定一系列已知结构的低分子化合物与其进行对比研究，最后把这些已知结构的化合物联系在一起，与木质素在同样条件下的属性作比较，来认识和判明木质素分子结构和化学属性。通常把所选用的已知结构的低分子化合物称为模型化合物或模型物。

与木材一样，组成木质素的元素主要有 C、H、O 三种，数量因树种、树龄、制备方法、分析精度等因素的影响而不同。部分针叶树材和阔叶树材磨木木质素的元素组成见表 3-11。

表 3-11　几种树材磨木木质素的元素组成

MWL	元素组成	脱去甲氧基的元素组成
对-香豆醇	$C_9H_{10}O_2$	
云杉*	$C_9H_{7.95}O_{2.4}(OCH_3)_{0.92}$	$C_9H_{8.07}O_2[H_2O]_{0.4}$
云杉	$C_9H_{8.83}O_{3.37}(OCH_3)_{0.96}$	$C_9H_{9.05}O_2[H_2O]_{0.37}$
山毛榉**	$C_9H_{7.49}O_{2.53}(OCH_3)_{1.39}$	$C_9H_{7.82}O_2[H_2O]_{0.53}$
山毛榉	$C_9H_{7.10}O_{2.41}(OCH_3)_{1.36}$	$C_9H_{7.10}O_2[H_2O]_{0.41}$
桦木	$C_9H_{9.03}O_{2.77}(OCH_3)_{1.58}$	$C_9H_{9.07}O_2[H_2O]_{0.77}$

* Sakarnerl 提出的元素组成为 $H_{7.92}$，修正为 $H_{7.95}$；* * 同样的 $H_{7.95}$ 修正为 $H_{7.49}$

木质素分子中最重要的键是 β-O-4 键和 α-O-4 键，约占全部键的一半。第二个常见的键在针叶树材木质素中是 β-5 键，在阔叶树材木质素中是 β-1 键。木质素大分子结构中常见的键型见表 3-12。

表 3-12　木质素中常见的键型(每 100 个 C_6C_3 单位中的数目)

键型	针叶树材	阔叶树材
β-O-4	55	65
α-O-4	55	65
β-5	16	6
β-1	9	15
5～5	9	2
α/γ-O-γ	10	—
α-β	11	2

针叶树材木质素中愈创木基含量高,因而也被称为 G-木质素;阔叶树材木质素愈创木基与紫丁香基含量比较相近,因而称为 GS-木质素;草类(如竹子)木质素中含有的对羟苯基高,故称为 GSH-木质素。几种不同树种木材和竹材木质素中存在的愈创木基(G)、紫丁香基(S)和对羟苯基结构单元(H)的百分含量见表 3-13。

表 3-13　不同木质素中 G、S 和 H 的含量

树种	木质素/%		
	G	S	H
云杉	94	1	5
松	86	2	13
山毛榉	56	40	4
竹材	35	40	25

3.2.4　木质素的重要特性

木质素的一些物理和化学特性与木材性质和木材加工工艺有密切关系。例如,木质素的化学结构与木材树种分类(木材的化学识别)有关,对木材的颜色有重要影响;木质素的化学反应特性与制浆造纸工艺密切相关;木质素的紫外光谱特性对防止木材表面劣化和木材保护有重要作用;木质素的高聚物特性对木材及木质基材料的胶合性能产生影响等。下面重点阐述木质素有关这些方面的特性。

1. 木质素与木材分类

木材解剖学根据木材组织中有无导管,将木材分为无孔材(针叶树材)和有孔材(阔叶树材)两大类,而我国的昆栏树和水青树虽然是阔叶树材,但木材中均不具导管。木材化学根据木质素的化学结构及其产生的显色反应也可以鉴别针叶树材和阔叶树材。依据木材解剖特性和化学识别方法分类木材的结果与根据植物外部形态的分类基本吻合(表 3-14)。

表 3-14　木质素与木材分类

类别	植物外部形态	植物内部形态（木材解剖）	木材化学上的区别	
	胚珠和种子是否外露	有无导管	木质素单元的组成	木质素对摩尔氏反应
裸子植物纲无孔材针叶树材软材	胚珠和种子都不包被于子房中，裸露于外	木材无导管，由管胞组成	主要由愈创木基丙烷组成	反应后为黄色
被子植物纲有孔材阔叶树材	胚珠和种子都包被在子房中，不裸露在外	木材有导管	主要由紫丁香基丙烷和愈创木基丙烷组成	反应后为红色

木质素最重要的显色反应是 Mäule 反应，是将木材试样用 1%高锰酸钾溶液处理 5min，水洗后用 3%盐酸处理，再用水冲洗，然后用浓氨溶液浸透。针叶树材显黄色或黄褐色，阔叶树材则显红色或红紫色。这是因为组成针、阔叶树材木质素的基本结构单元不同：针叶树材的木质素基本结构单元主要是愈创木基丙烷，它与紫丁香基丙烷的比例为 10∶1；阔叶树材的木质素中，其主要的结构单元是紫丁香基丙烷，愈创木基丙烷与紫丁香基丙烷的比例一般为 1∶3。由 Mäule 反应的显色机理，木材试样经高锰酸钾处理与盐酸处理时，紫丁香核(1)生成甲基—O—儿茶酚，用氨水处理后则形成甲基—邻醌结构(2)而显示红紫色。因此，木质素中含有大量紫丁香核的阔叶树材试样显现红色或红紫色。

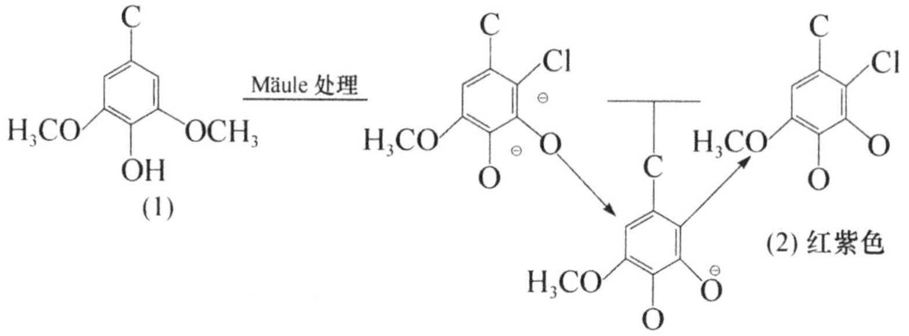

Mäule 显色反应机制

2. 木质素与木材颜色

木材本身有天然色调，染色后还会产生多种多样的颜色。影响木材颜色的产生与变化的因素很复杂，其中木质素是主要成因之一。

在木质素大分子中含有许多发色基团，如苯环（）、羰基（>C=O）、乙烯基（—CH=CH—）和松柏醛基（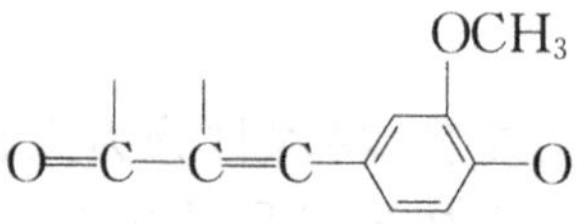）等。其中松柏醛基由苯环、羰基和乙烯基三个基本发色基团组成，是一种含有 C=O 和 C=C 共轭结构的大型发色基团。在共轭结构中含有 π 电子，而 π 电子活性大，跃迁时所需要的激发能量较小，因此吸收光谱的波长较长，可以使吸收由紫外光区移至可见光区，而显现颜色。此外，木质素分子中还含有羟基、羧基及以醚键结合的基团，它们常常与外加的某些化合物发生反应，使这种化合物颜色加深，常称为助色基团。由于这些助色基团与外加的化合物在一定的条件下，形成某种形式的化学结

合，使吸收光谱发生红移；而使木材的颜色变得显明。

木质素能与酚类化合物、芳香族胺类化合物、杂环化合物和无机化合物发生特殊的颜色反应，而使木材显色（表 3-15、表 3-16 和表 3-17）。

表 3-15　木质素与酚类和芳香族胺类化合物的颜色反应

酚酸	显色	芳香族胺类	显色
苯酚	蓝绿	苯胺	黄
邻-、间-甲酚	蓝	邻-硝基苯胺	黄
对-甲酚	橙绿	间-、对-硝基苯胺	橙
邻-、间-硝基苯酚	黄	邻-、间-、对-氯苯胺	橙黄
对-硝基苯酚	橙黄	对-氨基苯磺酸	黄橙
氢醌	橙	邻-、间-苯二胺	橙褐
间苯三酚	紫红	对-苯二胺	橙红
均苯三酚	红紫	联苯胺	橙
α-萘酚	绿蓝	喹啉	黄

表 3-16　木质素与杂环化合物的颜色反应

杂环化合物	反应颜色	杂环化合物	反应颜色
鼠李醛	绿色	N-苯基吡咯	紫罗蓝色
呋喃	绿色	吲哚	樱桃红
甲基呋喃	绿色	N-甲基吲哚	红紫色
吡咯	红色	N-烯丙基吲哚	黑红色
N-乙基吡咯	深红	N-苯基吲哚	蓝紫色
α-甲基吡咯	樱桃红		

表 3-17　木质素与无机化合物的颜色反应

试剂	显色
浓硫酸，浓盐酸	绿
硫酸铁-赤血盐	深蓝
氯-亚硫酸钠	黄褐，红紫
高锰酸钾-盐酸-氨	黄褐，红紫
五氧化二钒-磷酸	黄褐
硫代氰酸钴	深蓝
硫代氢-浓硫酸	红

3. 木质素与木材胶合

木质素为无定形聚合物，而无定形聚合物最重要的性质是具有玻璃化转变特性。聚合物的玻璃化转变是玻璃态和高弹态之间的转变，其转变温度（T_g）为玻璃化温度，而玻璃化温度是表示玻璃化转变的最重要的指标。温度低于 T_g 时为玻璃态，温度在 $T_g \sim T_f$ 时为高弹态，温度高于 T_f 时为黏流态（图 3-6）。当温度低于玻璃化温度时，分子的能量很低，链段运动被冻结，即链段运动的松弛时间远远大于力作用时间，以致测量不出链段运动所表现的形变。因此，在宏观上看，玻璃态高聚物的形变是很小的。随着温度升高，高聚物的分子热运动能量和

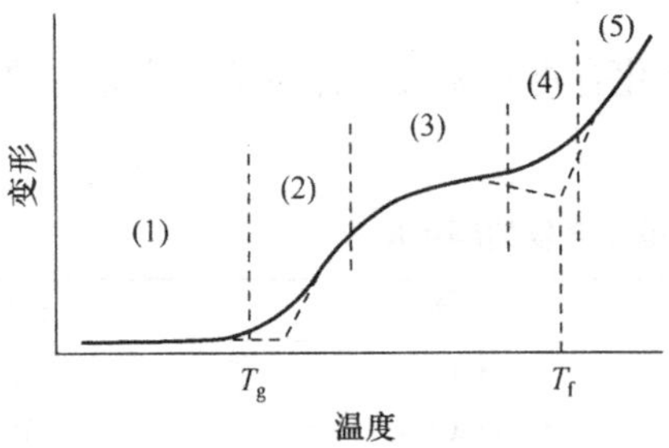

图 3-6 线型无定形聚合物的温度-形变曲线

区域(1):玻璃态,形变很小,类似于刚硬的玻璃体; 区域(3):高弹态,形变值可为原长 5~10 倍,成为柔软弹性固体; 区域(5):黏流态,高聚物类似黏性流体; 区域(2):玻璃态和高弹态的转变区; 区域(4):高弹态和黏流态的转变区

自由体积逐渐增加。当温度达到玻璃化温度时,分子链段运动开始被激发,此时链段运动的松弛时间与观察时间(约 10s)相当,表现出形变或模量的迅速变化,即出现无定形高聚物力学状态的玻璃转变区。温度高于 T_f 时,转变成黏流态,使高聚物像黏性流体一样,产生黏性流动。

许多研究者的研究结果表明,木质素具有一般无定形高聚物的玻璃化转变特性。当加热木质素达到玻璃化转变温度(T_g)时,木质素迅速软化,其软化温度(T_s)与 T_g 相当。木质素的软化温度因木质素的来源和分离方法、相对分子质量和含水率的不同而差异显著(表 3-18)。

表 3-18 不同木质素的软化和胶合温度

试样	干时温度/℃		吸收的水分	湿时温度/℃	
	T_s	T_b	(g/100g)	T_s	T_b
云杉高碘酸木质素	193	190	12.8	116	70
桦木高碘酸木质素	179	180	12.2	128	70
云杉二氧六环木质素(Ⅰ)	129	110	7.7	72	50
云杉二氧六环木质素(Ⅱ)	146	150	7.8	92	90
杨木二氧六环木质素	134	120	7.2	78	—

注:T_b 为试样存在过量水分然后干燥测定值;T_s 为软化温度;T_b 为胶合温度

从表 3-18 可见,低相对分子质量的云杉二氧六环木质素(Ⅰ)的软化温度最低(127℃),云杉高碘酸木质素的软化温度最高(193℃)。云杉二氧六环木质素的软化温度,当相对分子质量 M_r=85 000 时,为 176℃,相对分子质量 M_r=4300 时,为 127℃。含水率低的木质素,其软化温度高,随着含水率增加软化温度降低(表 3-19)。显然,水分是木质素的增塑剂,可使木质素的玻璃化转变发生在低温,即可使木材的软化温度降低,因而木材经水热处理后易于软化,热磨时能促进纤维分离。

表 3-19 木质素含水率与软化温度

木质素	含水率/%	软化点/℃
云杉过碘酸木质素	0	193
云杉过碘酸木质素	3.9	159
云杉过碘酸木质素	12.6	115
云杉过碘酸木质素	27.1	90
云杉过碘酸木质素	0	179
云杉过碘酸木质素	10.7	128
云杉二氧六环木质素(低相对分子质量)	0	127
云杉二氧六环木质素(低相对分子质量)	7.1	72
云杉二氧六环木质素(低相对分子质量)	0	146
云杉二氧六环木质素(低相对分子质量)	7.2	92

聚合物材料软化时，常常变得发黏并自动胶结。这是由于温度达到玻璃化转变温度以上时，分子链段运动加快，自由体积增加，高聚物的膨胀系数急剧增大，表面适应性增强的缘故。木质素的胶合性能是温度的函数，并且干燥的木质素比含水木质素的胶合温度高（表3-18）。木质素干压时，温度达不到一定高度没有胶合现象发生；当达到一定温度后，胶合强度随温度的升高而增大。由表3-18可知，木质素的胶合温度 T_b 和它的软化温度 T_s 极为相近。当加温热度达到木质素软化温度后，有利于木材及木质基材料的界面胶结。

木质素的玻璃化转变特性在木质人造板生产工艺中有重要的实际意义。在热压制板中，当温度加热到玻璃化转变温度时，由于木质素的热塑性作用，能使材料迅速成板而不会引起材料的过分降解。在生产各种纤维板时，木质素的加热软化，能促进木材纤维分离，成板时又在很大程度上依赖于木质素（及半纤维素）的热塑性和胶合性质。由蒸汽预处理木材所得到的木浆制成的人造板强度大并且可以减少用于精磨浆的能量。其原因是，当通入蒸汽时，木质素大分子的连接键被打断，相对分子质量降低，使木材结构松弛，软化温度和胶合温度降低；当加热到玻璃化转变温度以上时，木质素在热压过程中产生塑性流动，所产生的内应力也明显减少，因而有利于提高人造板的胶结强度及尺寸稳定性。在热压温度达到木质素的玻璃化转变温度时，可明显地改变木材或木质基材料的胶合强度和胶合性质。在高温和有水分存在下，木质素易于软化和塑化，发生热软化的温度范围，针叶树材为170～175℃，阔叶树材为160～165℃。木质素处于软化状态时，如受到机械力作用，纤维即可分离。纤维板生产工艺中的热磨法制浆即基于此理。

4. 木质素与木材保护

木材是天然的高聚物的复合体，它的外表面大多是通过机械加工而形成的，并且常常在储存、使用过程中受到光的辐射作用而使木材性状劣化。在光辐射期间，由于木材表面高聚物分子共价键发生断裂而产生自由基，这些自由基又可与大气中的氧气发生反应，导致木材表面产生羰基、羧基等新的官能团。这些新的基团在吸收紫外光后又有新的电子被激发而产生新的自由基。这样循环下去，促使木材表面的高聚物分子不断发生光化降解，导致木材或木质材料表面性状劣化。

木材表面的光化降解反应首先且主要发生于木质素。因为木质素是一种无定形的具有芳香族特性的苯基丙烷衍生物，对波长280nm的紫外光极易吸收，易于发生光化降解产生自由基。研究认为，木材上稳定的自由基多来源于木质素。试验表明，木质素在高压汞灯照射下自由基含量迅速增长（图3-7）。木质素的光化学反应较为复杂，除了能发生直接的光化降解反应外，木质素结构单元中所含的大量酚羟基、羰基和双键等助色基团和生色基团，均能使木质素吸收光的波长范围向可见光区移动。此外，木质素分子的三维网状结构的空间障碍和苯环π电子诱导效应，使木质素分子中的自由基具有较大的稳定性。在高压汞灯照射下，针叶树材自由基的增长大于阔叶树材，这可能是由于针叶树材中木质素含量高于阔叶树材的缘故。通过电子自旋共振波谱仪（ESR）观察和分析光辐射过程中木材表面自由基的形成与变化规律发现，木质素是木材中吸收紫外光的主要组分，是导致木材及木制品表面劣化的主要根源。

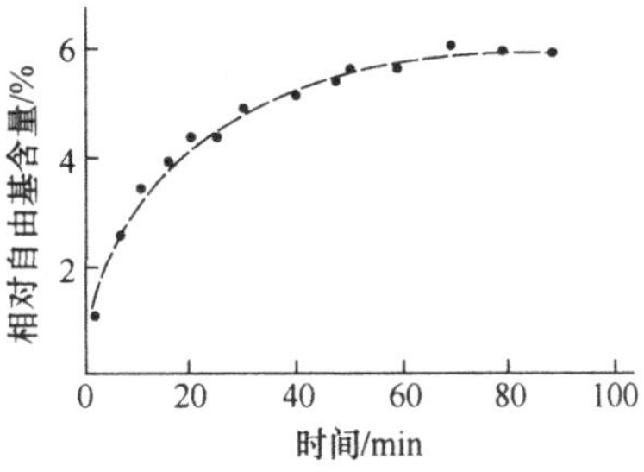

图3-7　木质素在光辐射下自由基含量的增长

近年来，研制一类含有紫外光吸收剂的清漆或涂料，涂饰在木材和木制品的表面上，旨在防止室外用木材表面的光化降解，达到保护木材的目的。

5. 木质素与制浆工业

制浆工艺过程是脱除木质素、保留纤维素和保留部分半纤维素的过程。在脱除木质素的蒸煮过程和降解残余木质素的漂白过程中涉及复杂的蒸煮化学和漂白化学问题，但主要的是木质素的化学反应和木质素大分子结构的变化。木质素在硫酸盐法（和烧碱法）、亚硫酸盐法（和添加助剂的亚硫酸盐法）等蒸煮中的各种化学制浆的反应都是亲核反应，蒸煮液中的亲核试剂主要与木质素的脂肪族侧链发生反应，一般在制浆方法中主要的亲核试剂有 S^{2-}、HS^-、SO_3^{2-}、SO_3H^-、HO^- 和 SO_2 水溶液等；木质素在降解残余木质素的含氯漂白（包括氯化、次氯酸盐漂白和二氧化氯漂白）和含氧漂白（包括氧碱漂白、过氧化氢漂白、臭氧漂白和过氧乙酸漂白等）等漂白过程中，开始发生亲电反应，然后是亲核反应。而保留木质素的漂白过程大多是亲核反应。亲电试剂主要与木质素的苯核发生亲电反应。主要的亲电试剂有 Cl^+、O_2、O_3 和 ClO_2 等。保留木质素的漂白试剂如 HQO^- 等，这类亲核试剂改变木质素结构中的共轭系统从而破坏发色基团。

在蒸煮和漂白过程中，木质素大分子结构发生了两种变化，一是某些键的断裂，大分子碎片化，在制浆过程中，α-芳醚键、α-烷醚键、β-芳醚键等易于发生化学反应而断裂；二是在木质素大分子或降解碎片中引进了亲水性的基团。由于这两种互相联系的变化使木质素大分子逐渐溶解于蒸煮液中，在漂白过程中，进一步处理经过蒸煮后残留在浆中的木质素（残留木质素），不同程度地破坏木质素的有色基团或使木质素大分子降解成易溶的碎片而除去。常用的漂白方法包括一系列的亲电和亲核反应，要比蒸煮反应复杂。科学的蒸煮和漂白方法是制浆工艺的关键，即高效率高质量地脱除木质素，尽可能地减少对多糖的降解作用，从而提高浆的得率和纸的质量。

3.3 纤 维 素

3.3.1 纤维素的存在

纤维素是构成植物细胞壁的结构物质，它是由活着的生物体产生的一种非常重要的天然的有机物，在生物圈中广为分布。据统计，结合在活的有机体中的碳含量在整个生物界中约有 27×10^{10} t，而含在植物中的碳占 99%以上。含在植物中的碳，其中约有 40%是结合在纤维素中(图 3-8)，这意味着在植物界中纤维素的总含量约为 26.5×10^{10} t。在整个植物界，纤维素的分布非常广泛，从高大的乔木到原始生物，如海藻、鞭毛藻和细菌等到处可见。纤维素的含量因不同的植物体而异，如棉花、木棉种子的绒毛中，以及麻、亚麻的韧皮纤维中含有高量纤维素。棉花几乎是纯纤维素，纤维素含量高为95%～99%，麻为 80%～90%；其次是木材和竹材，纤维含量均为 40%～50%。

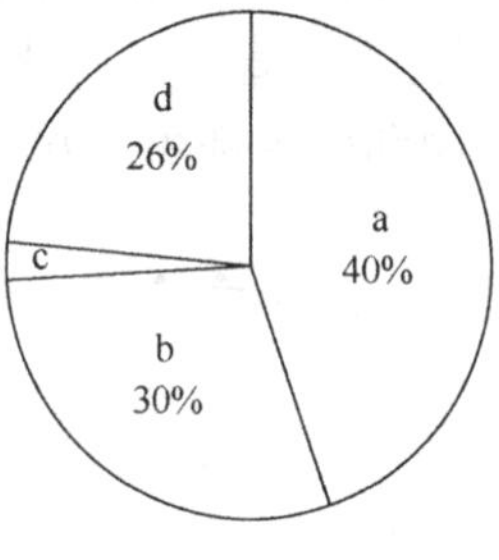

图 3-8 碳在各种有机物中的含量分布
a. 纤维素；b. 木质素；c. 动物、人及其他植物；d. 除纤维素外的其他多糖

纤维素是由脱水吡喃葡萄糖单元相互连接而成的分子链，是一种具有均一链结构的葡萄聚糖，线型的高分子聚合物。严格地说，纤维素是由许多吡喃型 D-葡萄糖基，在 1→4 位置上彼此以 β-苷键连接而成的线型高聚物。

纤维素的元素组成：C=44.44%，H=6.17%，O=49.39%，化学实验式为$(C_6H_{10}O_5)n$（n为聚合度，一般测得高等植物纤维素的聚合度为7000～15000）。

纤维素大分子的化学结构如图 3-9 所示。

a

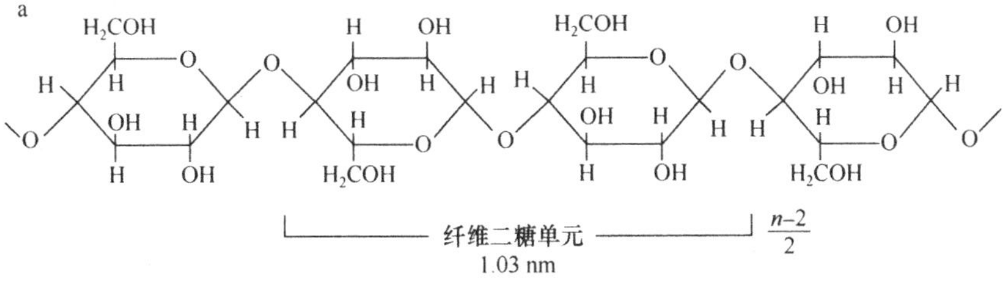

b

图 3-9　纤维素大分子的化学结构

a. 纤维素分子链的中间部分；b. 纤维素分子的还原性和非还原性末端基

纤维素的化学结构具有以下特点。

① 纤维素大分子仅由一种糖基，即葡萄糖组成，糖基之间以 1→4β 苷键连接，即在相邻的两个葡萄糖单元 C_1 和 C_4 位上的羟基(—OH)之间脱去一个水分子而形成新的连接。

② 纤维素链的重复单元是纤维素二糖基，长度为 1.03nm；同时，每一个葡萄糖基与相邻的葡萄糖基依次偏转 180°。

③ 除两端的葡萄糖基外，中间的每个葡萄糖基具有三个游离的羟基，分别位于 C_2、C_3 和 C_6 位置上，所以纤维素的分子式也可以表示为：$[C_6H_7O_2(OH)_3]_n$。其中，第 2、3 碳原子上的羟基为仲醇羟基，第 6 碳原子上的羟基为伯醇羟基，它们的反应能力不同，对纤维素的性质具有重要影响。

④ 纤维素大分子两端的葡萄糖末端基，其结构和性质不同。左端的葡萄糖末端基在第 4 碳原子上多一个仲醇羟基，而右端的第 1 个碳原子上多一个伯醇羟基，此羟基的氢原子在外界条件作用下容易转位，与基环上的氧原子相结合，使氧环式结构转变为开链式结构，从而在第 1 碳原子处形成醛基，显还原性。由于此羟基具有潜在的还原性，故有隐性醛基之称（图 3-10）。左端的葡萄糖末端基是非还原性的，由于纤维素的每一个分子链只有一端具有还原性，所以纤维素分子具有极性和方向性。

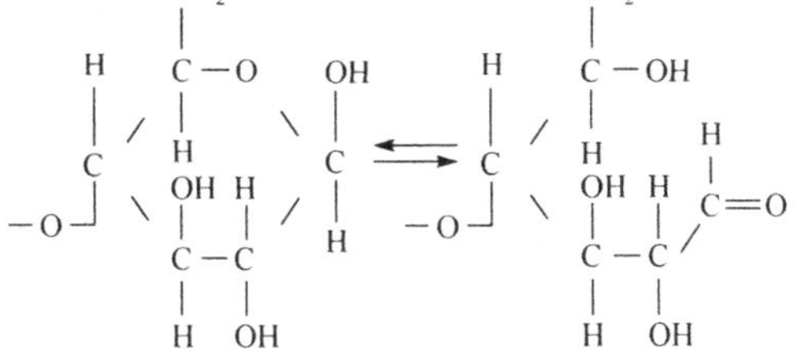

图 3-10　还原性末端基氧环式和开链式结构的互换

⑤ 除了具有还原性的末端基在一定的条件下氧环式和开链式结构能够相互转换外，其余每个葡萄糖基均为氧环式结构，具有较高的稳定性。

从羟基所在位置考虑，纤维素的吡喃葡萄糖基具有两种椅式构象：一种是羟基位于吡喃环的上部和下部，另一种是羟基在吡喃环的平面内；前者称为直立构象，后者称为平伏构象，两种构象的 Newman 投影如图 3-11 所示。实际上，葡萄糖吡喃环同弯曲的六角环(如环己烷)一样，具有不同的构象，如椅式、半椅式、扭曲式和船式构象等。其中，能量最低也最稳定的是椅式构象，半椅式和船式构象能量最高也最不稳定。各种构象与能量关系如图 3-12 所示。在正常的温度下，纤维素呈现稳定状态，因为纤维素的吡喃葡萄糖单元具有椅式构象，所以纤维素的立体化学结构式显示椅式结构(图 3-13)。此外，纤维素溶液表现的固有黏度和负温度系数高等特性，可能是由于纤维素中少量的葡萄糖基(<2%)具有多柔韧性的船式和扭曲式构象的缘故。

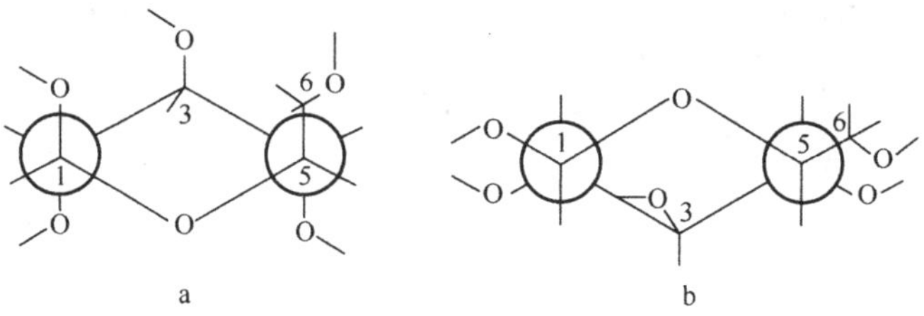

图 3-11 具有直立构象(a)和平伏构象(b)的
葡萄糖环的 Newman 投影图

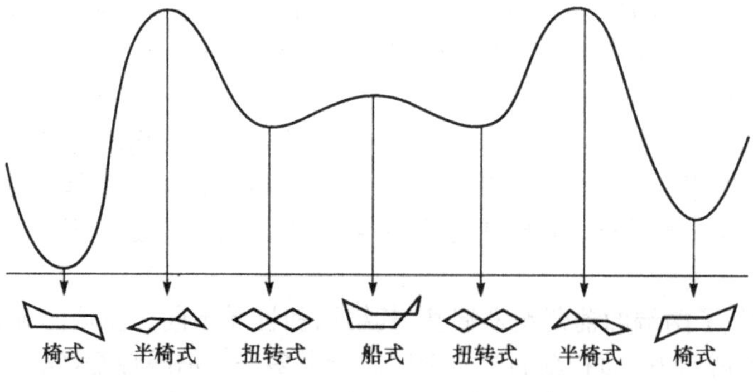

图 3-12 六角环各种构象与相应的能量

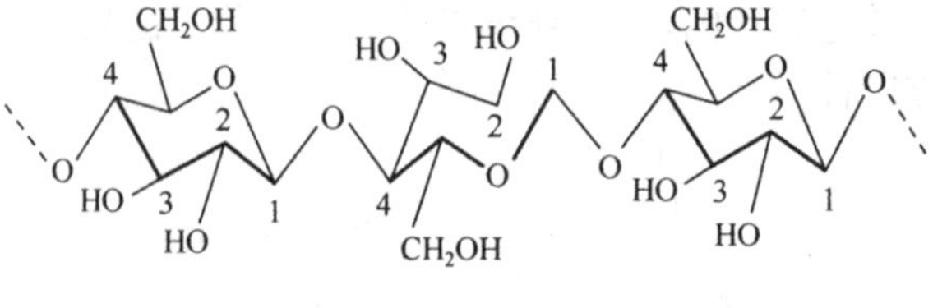

图 3-13 纤维素的立体化学结构式——椅式结构

3.3.2 纤维素的超分子结构

1. 纤维素的氢键

纤维素链上的主要功能基是羟基(—OH)。羟基不仅对纤维素的超分子结构有决定作用,而且也影响其化学和物理性能。其原因之一是—OH 基彼此之间或—OH 基与 O—、N—和S—基团能够形成特殊的连接,这就是氢键。绝大多数天然和合成聚合物的超分子结构取决于氢键的形成与破坏。氢键的能量弱于配价键,但强于范德华力(Van-der-Waals forces)。纤维素中的—OH 基之间的氢键能量相同于或略高于乙醇中的—OH 基之间所形成的氢键。在水分子和纤维素分子之间形成氢键的能量约为 26kJ/mol。

纤维素分子上的羟基可能形成两种类型的氢键,取决于羟基在葡萄糖单元中的位置(图 3-14)。一种可能是在同一个纤维素分子链上相邻的葡萄糖单元—OH 基之间形成的氢键(分子内氢键),这种连接能赋予单一分子链一定的刚度;另一种是在相邻的两个纤维素分子链上—OH 基之间形成的氢键(分子间氢键),这种连接对纤维素超分子结构的形成有重要作用。

氢键不仅存在于纤维素中的—OH 基之间,而且也形成于纤维素中的—OH 基与水中的—OH 基之间,这取决于连接在纤维素表面上的是单层分子水还是多层分子水。不同部位的—OH 基之间存在的氢键直接影响着木质材料的吸湿和解吸过程。

氢键与木材材性、木质材料的加工工艺有着密切的关系。

(1) 木材结构与性能。若在细胞壁上形成氢键,则能导致纹孔闭塞,影响水分或处理药剂的传导;若在纤维素分子之间形成的氢键集中在一定的区域内,则可以构成纤维素的结晶区,这是因为氢键的形成和分布是不均匀的,从而使纤维素形成结晶区和无定形区。因此说,氢键对纤维素的超分子结构的形成有重要作用。此外,氢键对木材的物理力学性质也有影响,大量的氢键可以提高木材和木质材料的强度,减少吸湿性,降低化学反应性等。

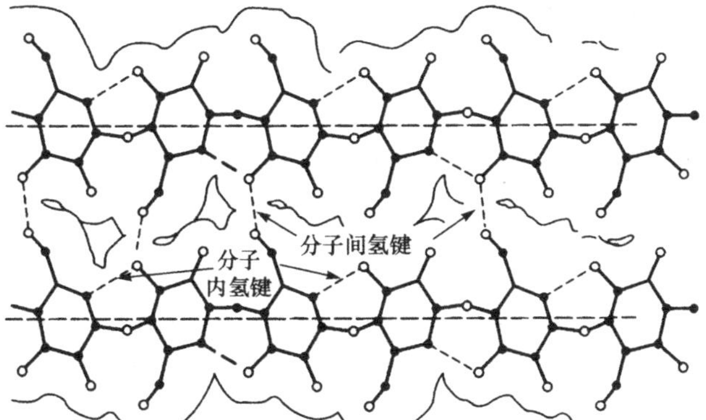

图 3-14 纤维素分子在 002 面上形成的分子内氢键和分子间氢键

(2) 纤维板加工工艺。氢键结合是湿法纤维板的主要成板理论。氢键结合理论认为,松散的纤维之所以能结合成板是由于纤维间形成氢键的缘故。打浆可以促使纤维分离和一定程度的帚化,扩大纤维表面积,增加游离羟基的数量,进而改善形成氢键的条件。板坯热压可以提高板内各组分功能基的活性,使功能基之间的距离缩短。当纤维中的羟基彼此缩小到极小的距离(<0.275nm)时,便可形成氢键,使纤维板结构密实,具有较高的力学强度。

(3) 木质材料的干燥过程。水分子能够进入纤维素的无定形区而使纤维素产生吸湿润胀；相反，脱水和收缩是吸湿和润胀的逆过程。在木质材料的连续干燥过程中伴随着纤维素氢键的变化(图 3-15)。这首先是水分子间的氢键被断裂，因为多层分子水之间的缔合能量最低，当部分水分子被移出后纤维素表面彼此靠近，该过程直至在两个纤维素表面间只剩下一个单层分子水；其次，使水中的—OH 基和纤维素中的—OH 基之间的氢键破裂，而在纤维素表面间形成了新的氢键结合。

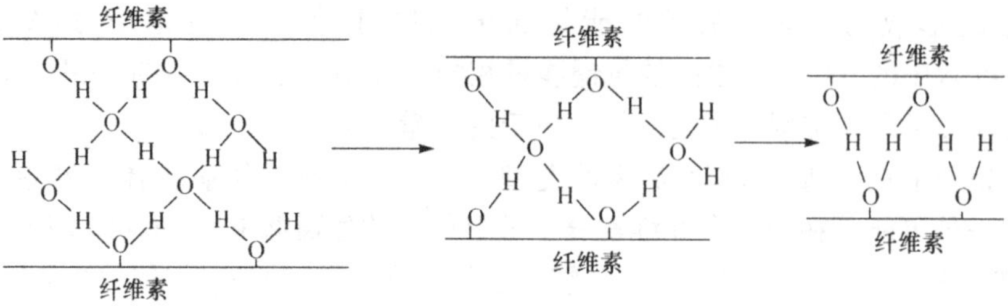

图 3-15 在干燥过程中相邻纤维素表面间氢键的变化

2. 纤维素的结晶结构

(1) 纤维素的结晶区与无定形区。纤维中的纤维素聚集态是十分复杂的。一相结构理论没有得到公认，即纤维素是以无定形相(形成无定形区)存在的。较为普遍承认并沿用至今的是两相结构理论，即纤维素是以结晶相(形成结晶区)和无定形相共存的。但对两相的分布和组成情况的观点还没有一致的意见。纤维素的两相结构示意图如图 3-16 所示。

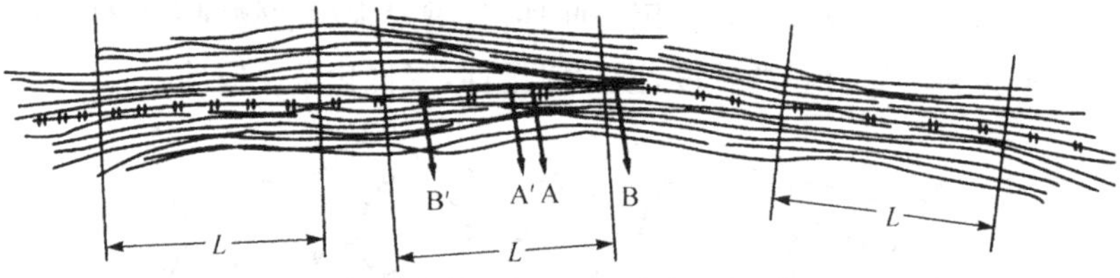

图 3-16 纤维素的两相结构示意图(Mark，1940)

L 是结晶区的长度；A、A′、B′为结晶区内的链端；B 是结晶区外的链端

在结晶区，纤维素分子链的排列定向有序，具有完全的规模性，靠侧面的氢键缔合构成一定的结晶格子，呈清晰的 X 射线衍射图。在无定形区。纤维分子链的排列不呈定向有序，规则性不强，不构成结晶格子，但也不像液体那样完全无序，只是排列不整齐，结合松散而已。结晶区与无定形区之间无严格的界面，是逐渐过渡的。在无定形区和过渡区不显示 X 射线衍射图。由于纤维素分子链很长，所以一个分子链可以连续穿过几个结晶区和无定形区。纤维素除结晶区与无定形区以外，尚包含许多空隙，形成空隙系统。空隙的大小一般为 1～10nm，最大可达 100nm。

(2) 纤维素的结晶结构。生物化学合成的天然纤维素称纤素Ⅰ，其结构属于单斜晶系，单位晶胞在各个方向重复延展形成结晶区。图 3-17 为迈耶和米希提出的天然纤维素单位晶胞的模型。单位晶胞三个轴的长度为：$a=0.835$nm，$b=1.03$nm(纤维轴)，$c=0.79$nm，a 与 c 的夹角 $\beta=84°$。

在 b 轴方向，晶格的四个角，各角的一个纤维素分子链单位(纤维苷糖)为相邻四个角所共有，即每个角只占有 1/4，实际四个角的总和为一个纤维素链分子单位，即一个纤维苷糖。单位晶胞中心的分子链单位为单位晶胞所独有，但其高度与四个角上的分子链单位相差半个葡萄糖基，而方向相反。从整体上看，每个单位晶胞共有 4 个葡萄糖基，即 2 个纤维苷糖，并且方向相反。

将图 3-17 所示的单位晶胞垂直投影于 *ac* 面上，则得图 3-18。由图 3-18 测得，在 *a* 轴方向相邻基环间的距离为 0.25nm，基环中的羟基完全可以形成氢键；在 *c* 轴方向相邻基环间的距离为 0.31nm，基环间只能以范德华力结合；*b* 轴方向基环间以氧桥连接。由于基环间三个轴向上的连接键型不同，因而纤维素的力学强度沿各个轴的方向也不同，此为木材各向异性的根本原因所在。

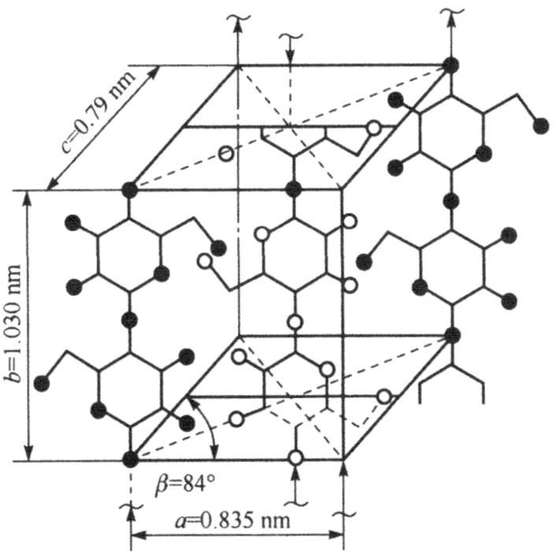

图 3-17　天然纤维素的单位晶胞模型

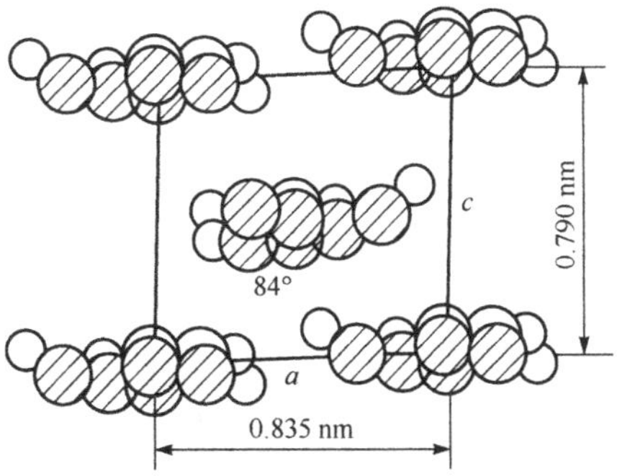

图 3-18　天然纤维素的单位晶胞垂直投影于 *ac* 平面上的投影图

许多研究证明，纤维素晶体属单斜晶系和斜方晶系。因此，纤维素是同质多晶的高分子化合物，其结晶结构的差异，会影响到纤维素性质的变化。

纤维素Ⅰ经过处理可以形成许多变体，目前已知的有纤维素Ⅱ、纤维素Ⅲ、纤维素Ⅳ和纤维素Ⅴ等五种变体。它们是经过某些化学药剂或高温处理而获得的，其结晶结构与纤维素Ⅰ有差异。除海囊藻属外，从各种植物原料，如棉花、木材、禾草类等制取的纤维素均称为天然纤维素，其结晶区均具有纤维素Ⅰ的单位晶胞模型。

3. 纤维素的结晶度

结晶度是指结晶区所占纤维整体的百分率。结晶度增加，纤维的抗拉强度、弹性模量、硬度、密度及尺寸的稳定性均随之增大，而纤维的伸长率、吸湿性、染料的吸着度、润胀度、柔顺性及化学反应性均随之减小。因此，纤维的结晶度对于纤维的性质具有很大的影响。P. H. Hermans 用 X 射线衍射法测得木浆的结晶度为 65%，棉花为 70%；孙成志等测定马尾松木材纤维素的结晶度为 53.8%。

可达度是指只能进入无定形区而不能进入结晶区的化学药剂，所能到达并发生反应的部分占其纤维整体的百分率。

纤维素是木材的主要组分，约占木材组分的 50%。因此，纤维素的结晶度和可达度与木材的物理、力学及化学性质有着不可分割的关系，二者之间必然具有相关性。结晶度大，即结晶区多，则木材的抗拉强度、抗弯强度、尺寸稳定性高。反之，结晶度低，即无定形区多，上述性质必然降低，而且木材的吸湿性、吸着性和化学反应性也随之增强。

林木的生长对结晶度有一定的影响，例如富麦卡(Fomaka，1981)研究日本赤松的应力木，发现应力木集中的部位其聚合度略低于所对应部位的聚合度；应力木纤维素的结晶度为41%～50%，对应部位为50%～60%，正常木材为50%；并发现结晶度随树干高度的上升而降低。

纤维素结晶度的测定，有化学法(或物理-化学法)和物理法两大类。化学法有水解法、重水交换法、甲酰化法、吸湿法、吸碘法和吸溴法等；物理法主要有X射线衍射法、红外光谱法、密度法、核磁共振法、差热分析法和反相色谱法等。现在应用最多的是X射线衍射法和红外光谱法。其测定方法不同，结晶度值差异较大。

3.3.3 纤维素的主要性质

纤维素在细胞壁中起着骨架物质的作用，对木材的物理、力学和化学性质有着重要影响。下面仅就与木材材性、木材加工关系密切的一些性质进行阐述。

1. 纤维素的吸湿性

纤维素具有吸湿性质。当吸收水蒸气时称为吸湿；当蒸发水蒸气时称为解吸；当直接吸收水分时称为吸水。纤维素的吸湿性直接影响到纤维的尺寸稳定性及强度。

(1) 吸湿机理。纤维素无定形区分子链上的羟基，部分形成氢键，部分处于游离状态。游离的羟基为极性基团，易于吸附极性的水分子，与其形成氢键结合，这就是纤维素具有吸湿性的内在原因。吸湿性的大小取决于无定形区的大小及未相互结合的游离羟基的数量，吸湿性随无定形区的增加即结晶度的降低而增大。而纤维素分子上的羟基被置换后，纤维的吸湿性则发生明显的变化。

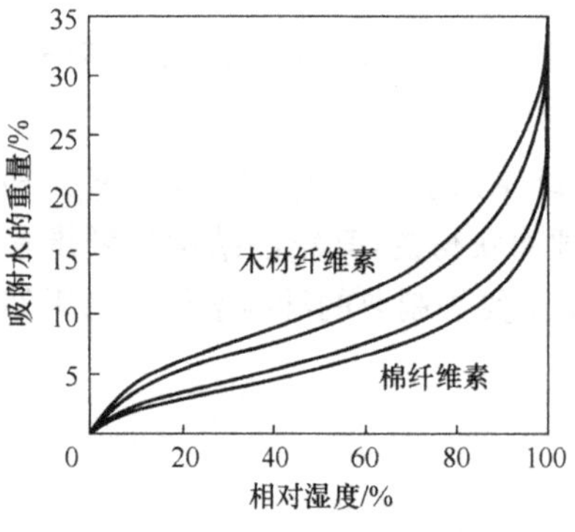

图 3-19　木材和棉纤维素在20℃时的吸湿与解吸等温曲线

(Christensen，Kelsey 1959，Jeffries 1960)

图3-19为纤维素的吸湿等温曲线。在相对湿度较低时，吸湿或解吸所吸附的水分，初始均随相对湿度的增大而迅速增加，直至相对湿度达到60%～70%时，吸附水的增加才相对减少。当接近纤维饱和点时，吸附水的增加比相对湿度的增加快得多，等温曲线几乎与纵坐标平行。这种现象发生的原因是，当相对湿度较低时，只有无定形区原有的游离羟基吸附水分，并使纤维润胀。当相对湿度增加时，无定形区的部分氢键破裂形成新的游离羟基(吸附中心)，继续吸附水分子。相对湿度在70%以下时，水分子被吸附在原有的和新游离出来的羟基上。当相对湿度增至70%以上时，由于纤维的进一步润胀，形成更多的吸附中心(游离羟基)，吸附更多的水分。当达到较高的相对湿度时，吸附水的迅速增加则是由于形成多层吸附水的缘故。

纤维素纤维吸附水分前后的X射线图证明，结晶区的氢键未破裂，分子链的排列未改变。可见吸附水分的现象仅发生于无定形区。

(2) 滞后现象。在同一相对湿度下，吸湿时吸附水的量低于解吸时吸附水的量，这种现象称为滞后现象。滞后现象发生的原因是，吸湿过程中发生的润胀破坏了氢键，但由于内部应力的抵制作用，使得部分氢键受到保护，因而游离的羟基（吸附中心）相对较少，即结合点相对较多，吸附的水相应的也较少。在解吸过程中，部分羟基重新形成氢键，但受到纤维凝胶结构的内部阻力的抵抗，使已被吸着的水分不易蒸发，形成的氢键相对较少，而吸附中心相对较多，吸附水的量相应也较多。此即产生滞后现象的原因，如图 3-19 所示。

(3) 热效应。纤维素吸附的水分只能进入无定形区，进入无定形区的水分以次价力与纤维素的羟基结合，使水分子的排列具有一定的方向性，因而密度高于一般的游离水，并使纤维素纤维发生润胀。干纤维吸湿的过程具有放热现象，即产生热效应，放出的热称为吸附热或润湿热。纤维素纤维的吸附热以绝干时为最大，随着吸附水的增加而减少，直至吸水达到纤维饱和点时则放热降为零。测定吸着热时，通常应用积分吸着热或微分吸着热的概念。所谓积分吸着热，即 1g 干纤维完全湿润时所放出的热量；所谓微分吸着热，即 1g 水与大量干的或湿的纤维结合，或 1g 水自大量干的或湿的纤维放出所产生的热量。纤维素纤维的微分吸着热为 1.2～1.26 kJ/g 水（280～300cal/g 水）或 21～23kJ/mol 水（5.0～5.4kcal/mol 水），此数值恰与氢键的键能相当。由此表明，绝干纤维最初所吸附的水是以氢键结合的，随着吸着水的增多，吸附热逐渐减少，以后吸附的水不是以氢键结合而是多层吸附水，直至纤维饱和点吸着热降到零为止。达到纤维饱和点前所吸着的水分称为结合水，在纤维饱和点以后所吸收的水分称为自由水或游离水。自由水存在于细胞腔或大毛细管中，不存在于无定形区之内，不使纤维发生润胀，也无热效应。纤维饱和点处所含的水分为 25%～30%。

由于纤维素是木材的主要组分，所以纤维素所具有的吸湿性，木材也同样具有。木材吸湿与解吸、木材吸湿滞后效应、木材的热效应及木材的软化与压缩现象均与纤维素的吸湿性有密切的关系。

2. 纤维素的电化学性质

纤维素具有巨大的比表面，1g 纤维素含有 $5.0\times10^4 \sim 5.2\times10^6 cm^2$ 的自由表面积。

已经证明，纤维素的大分子中包含一定量的糖醛酸基，可使纤维素表面在水溶液中带负电。还有人认为纤维素分子中极性羟基具有吸附负离子的正价剩余力，在水溶液中吸附了负离子因而带负电。

当纤维与水溶液接触时，在分界的界面处，纤维与水溶液发生特殊的电荷分配，即双电层。双电层的结构如图 3-20 所示。纵坐标轴表示电位，横坐标轴表示纤维表面至溶液深处的距离。双电层的理论认为，双电层由内层(a)和外层(b)组成。内层即纤维表面上的负电荷。外层是溶液靠近纤维表面的部分，此处正离子的浓度较大，是与内层密切接触的离子层。因此，当纤维移动时，移动面不是在纤维的表面，而是在距纤维表面 b 的溶液内的流动层，即吸附层的界面上。b 的厚度一般只有 1～2 个分子厚。在吸附层内既有纤维表面 a 带有的负电荷，又包含液体中部分过剩的正离子。另一部分是从吸附层界面到距离纤维表面(d)处的扩散层。在扩散层中过剩的正离子随着距纤维表面距离的增大而逐渐减少，直至等于零。扩散层是可以流动的。

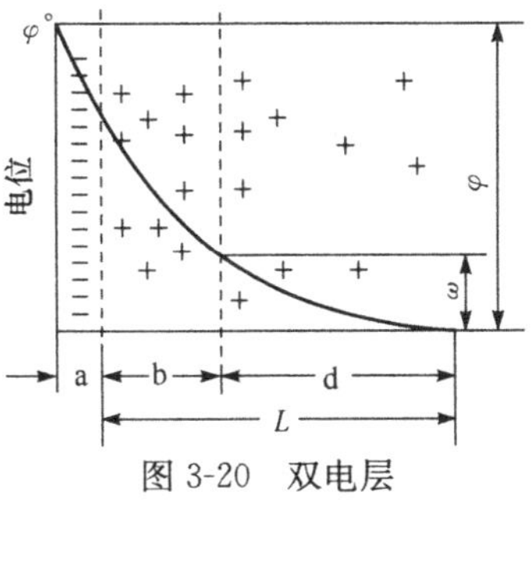

图 3-20 双电层

由吸附层 b 和扩散层 d 组成的双电层称为扩散双电层。扩散双电层的总电荷等于纤维表面内层 a 的电荷，但其符号与内层 a 的相反。

在扩散双电层中，距纤维表面不同距离处，其过剩的正离子浓度也不同，因而具有不同的电位。在距离纤维表面 L 处的液层中，过剩的正离子浓度为零，故其电位也为零。纤维表面相对于该处的电位称为电极电位，纤维塞面包括吸附层 b 在内的液层相对于该处的电位差称为动电电位或 ξ 电位。

改变溶液中电解质的浓度，对电极电位无影响，而对动电电位影响很大。随着电解质浓度的增大，更多的正离子分布于吸附层内，过剩的正离子减少，于是扩散层的厚度变薄，引起动电电位（ξ 电位）的降低。当溶液中加入足够的电解质时，可使动电电位降至零，甚至可使动电电位改变符号。在动电电位为零时，扩散层的厚度也变为零，此时纤维处于等电状态。

用于造纸的浆料，实际上就是以水为载体的纤维素。其表面液层所具有的动电电势直接影响造纸生产过程中的施胶工艺。施胶的目的在于使纸张具有不渗漫墨水的性能（纸面不洇），保证书写流畅，字迹清晰，施胶时，生产上一般采取在浆料中加入松香胶乳液；然而，松香胶粒带有负电荷，难以吸附锚固在与其带有同种电荷（负电荷）的纤维素表面上，因而，继加入松香之后，需添加足够量的硫酸铝（制浆造纸工业常称其为巩土）。硫酸铝是一种电解质，在浆料中，遇水能够水解和电离，形成大量带有正电荷的离子，以此减少带有负电荷的松香胶粒和纤维表面的电荷，使纤维表面液层的动电电势为零。此时，体系内正、负电荷达到等电状态，而使松香胶粒牢固地附着于纤维表面。这样，完成了浆料的施胶过程，将赋予纸张以耐水性能。

在湿法纤维板制造工艺中，为了减少纤维板的吸湿性和吸水性，避免在潮湿条件下发生板面翘曲变形、强度降低等弊病，一般在纤维板的浆料中施加石蜡乳液进行拒水处理。但是，石蜡微粒带有负电荷，也需依上述机制于浆料中加入硫酸铝作沉淀剂，方能使石蜡留存在纤维表面上，经这样处理的浆料所制成的纤维板，其防水性能和体积稳定性均有所改善。

据资料介绍，纤维表面的动电电势与溶液的 pH 有关，当浆料中的酸性增加，即 pH 下降时，其动电电势也随之下降。因此，可根据这一特性，在制浆造纸和纤维板生产中，注意调整浆料的 pH，控制适宜的硫酸铝用量。当纤维表面的动电电势下降至等电状态时，可获得最佳的施胶（或拒水处理）效果，借以提高产品质量。

在以植物纤维（如棉花）为原料的纺织工业中，纤维的漂白、染色等工艺也与纤维素表面液层的动电电势密切相关。如染色时，酸性染料的胶粒也带有负电荷，必须加入适宜的媒染剂改变纤维表面液层的动电电势，才能使染料固定在纤维上。

3. 纤维素的化学性质

由于纤维结构的特殊性，决定了其化学性质的复杂性。其特征之一是化学反应和降解作用能使纤维素的聚合度和聚合物结构发生变化；二是化学反应及其反应产物的不均一性；三是在某种程度上纤维素具有多元醇的反应性能。因为在纤维素 C_2、C_3 和 C_6 原子上的羟基均为醇羟基。

（1）纤维素的降解。纤维素在受各种化学、物理、机械和光等作用时，大分子中的苷键和碳原子间的碳-碳键，都可能受到破坏，结果使纤维素纤维的化学、物理和机械性质发生某些变化，并且一般都导致聚合度降低，所以称之为降解。

① 纤维素的水解。纤维素大分子在酸性水溶液中受热，会引起甙键断裂，聚合度降低，这种反应称为酸性水解。水解初期可得到水解纤维素，水解终产物是葡萄糖。

$$(C_6H_{10}O_5)_n \xrightarrow[H^+]{H_2O} nC_6H_{12}O_6$$

葡萄糖经酶的作用，发酵可以制得酒精。木材水解制取酒精便是基于这一机制。

② 纤维素的碱性降解。纤维在热碱溶液中能够发生剥皮反应、终止反应和碱性水解。剥皮反应开始于纤维素链分子的还原性末端基，在 150℃以下，剥皮反应是引起纤维素降解的主要原因，超过 150℃就会发生碱性水解。在 170℃左右，碱性水解反应激烈，引起甙键的任意断裂，生成碱化纤维素。

$$[C_6H_7O_2(OH)_3]_n + nNaOH \longrightarrow [C_6H_7O_2(OH)_2ONa]_n + nH_2O$$

纤维素在稀碱液中的反应与碱法制浆工艺关系密切。

③ 纤维素的氧化降解。纤维素经氧化剂作用后，羟基氧化成醛基、酮基或羧基，形成氧化纤维素。一般来说，随着官能团的变化，纤维素的聚合度也同时下降，这种现象称为氧化降解。发生氧化降解后，纤维素的机械强度降低。在纸浆漂白过程中，经常会发生纤维素的氧化反应，因而需要选择适宜的漂白剂和反应环境，控制纤维素的氧化作用，以提高浆的得率和机械强度。

④ 纤维素的热解。在加热作用下，纤维素会发生一定程度的降解，其程度大小取决于加热温度、时间及加热介质的组成等多种因素。纤维素热解不仅引起分子链断裂，而且还有脱水、氧化等反应发生，在 240℃，松木纤维素的结晶结构明显地受到破坏，聚合度也明显下降。温度在 325～375℃时，纤维素热解迅速，生成大量的挥发性产物；400℃以上时，纤维素结构的残余部分进行芳环化；800℃以上时，逐步形成石墨化结构。研究纤维素的热解过程与木材干馏、碎料板、纤维板及防火纤维和耐高温碳纤维的制造工艺有关系。

⑤ 纤维素的光化学裂解。许多纤维材料在使用过程中常暴露于日光下，而纤维素在光的长期辐射下可发生降解作用，光波长度越短，光作用的强度越大，则纤维素的降解也越剧烈。紫外光对纤维素的降解和破坏严重。光对纤维素的破坏作用有两种类型：一是光照对于化学键的直接破坏，它与氧的存在无关，称为光解作用；二是由于某种光敏物质的存在，而且必须在氧及水分同时存在时，才能使纤维素发生破坏，这种光化作用称为光敏作用。实际上，纤维素的破坏多数是由于光敏作用的结果。了解纤维素的光化学裂解机制有助于寻求防止室外用纤维材料的劣化及提高其耐候性的方法。

此外，还有纤维素的机械降解和纤维素的微生物降解等。

(2) 纤维素的酯化和醚化。纤维素大分子的每个葡萄糖单元中含有三个醇羟基。羟基的存在使纤维素有可能发生各种酯化和醚化反应，由此可以在很大程度上改变纤维素的性质，并且能够制造出许多新的有价值的纤维素衍生物。例如，用以制造清漆、电影胶片、塑料等的纤维素醋酸酯，用以制造喷漆、无烟火药的纤维素硝酸酯，用以制造黏胶纤维和玻璃纸的纤维素磺酸酯，用以制造纺织浆料、塑料的纤维素醚等，都已大规模生产。在纤维素的酯化、醚化反应中，乙醚化、交联反应和接枝共聚对木材及纤维材料的性质改良、提高材料的使用价值有着重要作用。

① 纤维素的乙酰化。醋酸酐与纤维素的—OH 基作用生成的酯为纤维素醋酸酯，或乙酰纤维素。该反应为纤维素的乙酰化。乙酰纤维素的性质有许多优点，如强度、透明度、耐光性、染色性等均较原本纤维素好，而且具有阻燃性和耐久性。若对木材进行乙酰化处理，可使木材低酯化，改善木材的尺寸稳定性。

② 纤维素的交联反应。纤维素的交联反应一般是指形成二醚或酯的反应。

一是环氧基（$-\overset{\diagup O \diagdown}{CH-CH_2}$）化合物与纤维素交联。包含有环氧基的化合物，在一定的催化剂条件下与纤维素的羟基反应形成交联。

二是醛与纤维素交联。用具有多官能团并能与纤维素羟基起反应使纤维素形成亚甲基键的化合物为交联剂，可将纤维素的游离羟基封闭或网状化，以改变纤维素的亲水性和胀缩性。最简单的交联剂为甲醛，其反应式如下：

$$C_6H_7O_2(OH)_2OH+CH_2O+C_6H_7O_2(OH)_2OH \longrightarrow C_6H_7O_2(OH)_2OCH_2O(OH)_2O_2C_6H_7+H_2O$$

③ 纤维素的接枝共聚。接枝共聚是合成高分子化合物的方式之一，也是纤维素改性的一种途径。纸浆和纸中纤维素接枝共聚后，由于纤维素大分子结构发生了改变，羟基减少了，合成高分子的支链增加了，因此其物理和化学性质有了很大改善。接枝共聚可以概括如下形式：

```
          B
          B
          B
          |
···AAAAAAAAAAAAAAAA···
                |
                B
                B
                B
```

式中：A——主链单体，即纤维素大分子的葡萄糖单元；

B——接枝单体，即加入在反应体系内的某些有机化合物单体。

纤维素的接枝共聚方法有多种，根据聚合反应机制可归纳为两种：即游离基引发接枝共聚和高能辐射接枝共聚。其中游离基引发共聚法由于不需要昂贵的辐射源等而比较适用。接枝共聚时所选用的单体多为乙烯基化合物。

接枝共聚和交联反应对应用于木材及木质材料的改性处理具有重要意义。例如，将乙烯基单体接枝在木材的纤维素分子结构上，可以制得一种新型而优良的材料——塑合木（WPC）。这种材料兼有木材和单体聚合物的双重优良特性。

（3）纤维素与木材改性的关系。纤维素的化学性质不仅影响木材的物理、化学性质，而且还影响木材改性处理时所使用的药剂、处理工艺和产品的质量。

① 与木材防腐处理的关系。通常所用的水溶性防腐剂只能进入纤维素的无定形区，而且对木材来说，注入深度较浅，尤其是某些树种的心材，因渗透性低更难注入。国外有人用氢氧化铵代替水作为溶剂，这种溶液易于注入木材，注入深度也大，而且药液可注入结晶区。X 射线分析证明，氢氧化铵溶液最先进入无定形区，而后进入半纤维素和木质素，最后进入结晶区，药液可完全注入木材。

有人分别以烃油和水作为溶剂进行比较，烃油防腐剂的注入量为水溶性防腐剂的 2 倍。其原因在于这两种防腐剂与纤维素分子间形成氢键的能力不同。水为极性液体，可与纤维素的羟基形成很强的氢键，当液体通过木材的微孔时，氢键变成了摩擦阻力，而且氢键使水分子结构化，从而增大了摩擦阻力。非极性液体的烃油不能与纤维素的羟基形成氢键，阻力小，则易注入。

② 与木材塑化处理的关系。木材的塑化通常是先采用蒸煮的方法软化木材，然后进行塑化。但由于水只能进入无定形区，使这种方法的效果不显著。国外有人利用液态氨软化木材，然后进行塑化，由于液态氨可以进入结晶区，其效果比蒸煮法好得多。氨液进入纤维素可破坏

无定形区和结晶区的氢键，使分子链相互分离，使微纤丝分离为基本纤丝，形成氨纤维素。在塑化过程中，当氨蒸发时，分子链之间重新形成氢键，使纤维和木材恢复原有的刚度和硬度。

③ 与木材强化处理的关系。当用热固性树脂强化木材时，树脂的初期缩合物为微小的粒子，该粒子可以扩散到纤维的无定形区，然后进一步缩合沉积在纤维素大分子之间与大分子形成氢键，限制分子链的相对移动。为增强木材的体积稳定性，向木材中注入未缩聚或初缩聚的极性分子与纤维素的游离羟基结合，形成合成树脂，以降低木材的吸湿性，从而提高其体积稳定性。

3.3.4　纤维素的功能化

纤维素是一种天然的高分子化合物，和合成高分子一样，对应引入新的官能团使纤维素功能化的研究引起人们的关注。例如，通过化学反应得到离子交换性、选择的吸着性、生物活性（如接上酶）、医用活性、感光性和分离线纤维素衍生物。还有试图设计具有特殊的物性，如引进导电性、发色性、发光性的功能基团。

生物活性纤维素和离子交换纤维等材料，已经在生物化学和医学上获得了广泛的应用。此外，在酶的固定、金属吸着、微量金属离子的捕集和交换、生物高分子的分离及各种污染物的净化功能等方面的研究，随着合成高分子功能化的发展而不断获得新的启发和新进展。以下介绍纤维素的两种功能化材料——抗菌纤维素材料和纤维素基染料废水净化材料。

1. 抗菌纤维素材料

研发具有生物活性的纤维材料，是近年来纤维素化学改性的重要动向之一。例如，抗菌纤维，在医学上很有用途，制成抗菌布不仅可以用来包裹无菌的外科器械，而且可作无菌空气、水消毒的过滤材料，还可以作为生物敷料。生物敷料在治疗烧伤方面具有重要的应用，可为烧伤病人减轻疼痛、加速再上皮化、清洁创面、为新皮肤的生长提供良好环境。

目前抗菌纤维素功能材料的研究主要集中在三个方面：接枝季铵盐基团、与壳聚糖共混及复合纳米银粒子。

(1) 接枝季铵盐基团。有研究证明了表面接枝季铵盐型聚合物的纤维素纤维抗菌材料的抗菌过程分为两个过程：吸附和灭活。吸附过程是一个快速过程，其主要依靠材料表面同大肠杆菌表面的静电力相互作用；而灭活过程相对而言是一个慢过程，其主要是接枝纤维表面单体的疏水基团发挥作用造成菌体的死亡，因此吸附到材料表面的菌体需要经过一段时间才能完全丧失活性。

纤维素接枝季铵盐的方法比较简单，一般是先将纤维素进行碱处理，获得碱纤维素，然后与醚化剂如 2 氯-2-羟丙基-三甲基氯化铵（ETA）等反应，从而获得具有抗菌功能的纤维素季铵盐。近年来，新型的季铵盐改性纤维素的研究日趋活跃。东华大学的研究人员利用含有活性组分 1,3,5-三嗪衍生物改性纤维素纤维，制得抗菌材料。具体将 2,4-二[(3-苯甲基-3-二甲基胺)丙胺]-6-氯-1,3,5-三嗪氯（BBCTC）溶解在蒸馏水中得到 8wt%的溶液，在此溶液中加入 1.5wt%的 NaOH 催化剂。5g 的纤维素样品加入 100ml 上述溶液 40℃处理 8h，将处理后样品用自来水洗至中性，用洗涤剂水溶液 60℃除去未固定的化合物，室温干燥。反应式和产品结构式如图 3-21 和图 3-22 所示。该抗菌纤维素材料的物理强度与处理前的纤维素材料比较，稍有下降（表 3-20）。对金黄色葡萄球菌的抗菌率很高，且重复性很好（表 3-21）。

表 3-20 新型抗菌纤维素材料的物理性质

样品	抗拉强度/N	断裂伸长度/mm	抗裂强度/N
未改性的	385.1	25.531	16.02
改性的	378.3	21.845	15.68

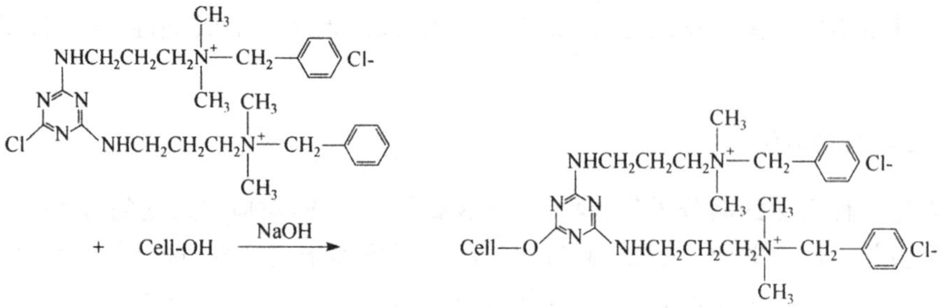

图 3-21 BBCTC 与纤维素的反应

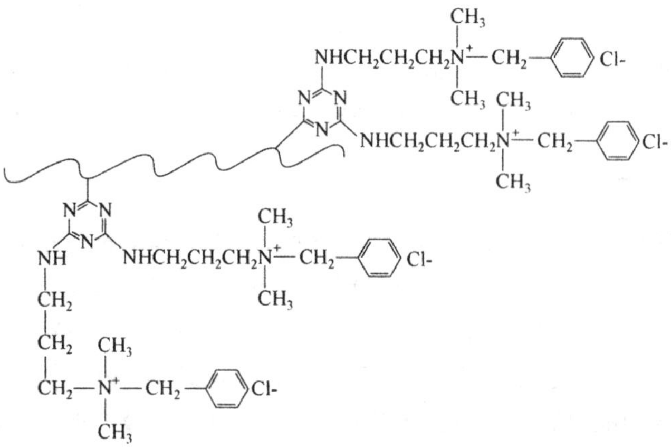

图 3-22 BBCTC 改性纤维素的结构

表 3-21 新型纤维素材料的抗菌性能

样品(清洗次数)	抗菌率(%,金黄色葡萄球菌)
0	99.68
1	98.43
5	96.83
10	91.14
20	84.07

(2) 壳聚糖与纤维素共混的抗菌材料。壳聚糖(Chitosan),学名为(1-4)-2-氨基-2-脱氧-β-D-葡聚糖,是由甲壳素脱乙酰后而得到的产品,结构如图 3-23 所示。其自然资源极其丰富,据估

计年产量为 $10^9 \sim 10^{11}$ t，是仅次于纤维素的第二大生物资源。壳聚糖在许多方面都显示出独特的功能特性，在纺织、印染、造纸、食品、化工、环保、农业及生物医学工程等领域都有很高的实用价值。而最引人注目的是壳聚糖具有广谱的抗菌性，对几十种细菌和真菌的生长都有明显的抑制作用(表 3-22)。

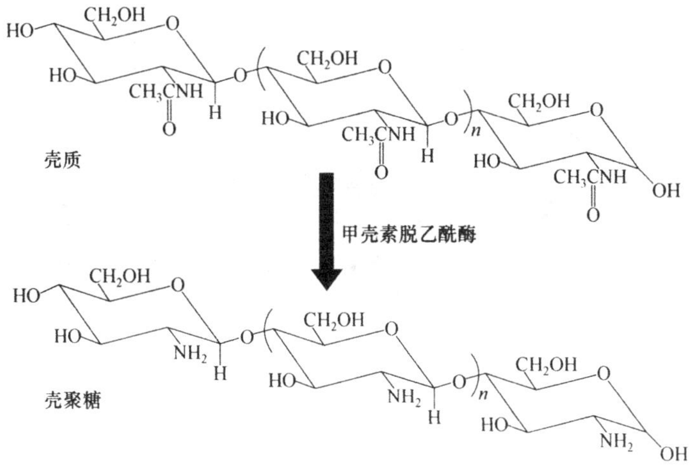

图 3-23　甲壳素与壳聚糖的结构式

表 3-22　壳聚糖的抑菌性能

微生物	最小抑菌浓度/ppm	微生物	最小抑菌浓度/ppm
细菌		金黄色葡萄球菌	20
根癌农杆菌	100	黑腐病菌	500
蜡状芽孢杆菌	1000	真菌	
棒状杆菌	10	灰色葡萄孢菌	10
欧文氏菌亚种	500	尖镰胞菌	10
欧文氏软腐菌亚种	200	雪腐病菌	10
大肠杆菌	20	稻瘟病菌	5000
克雷氏肺炎杆菌	700	立枯丝核菌	1000
黄色微球菌	20	白藓菌	2500
荧光假单胞菌	500		

台湾的研究者利用细菌纤维素(BC)与壳聚糖复合制得抗菌纤维素材料。具体做法是在灭菌的基质上接种醋杆菌(5%～10%V/V)培养 3～7 天，得到的细菌纤维素用去离子水冲洗几次除去细菌及营养物。湿的细菌纤维素膜 3～7mm 厚、400 mm 长、250 mm 宽，用高压灭菌器灭菌，并压缩处理除去多余的水，最后，冷冻干燥留用。干燥的细菌纤维素在室温下储存，0.1～0.15mm厚。湿的细菌纤维素膜浸渍在 0.6%壳聚糖溶液中 12h，最后的产品冷冻干燥，得到纤维素壳聚糖复合膜，简称 BC-Ch，实物如图 3-24 所示。

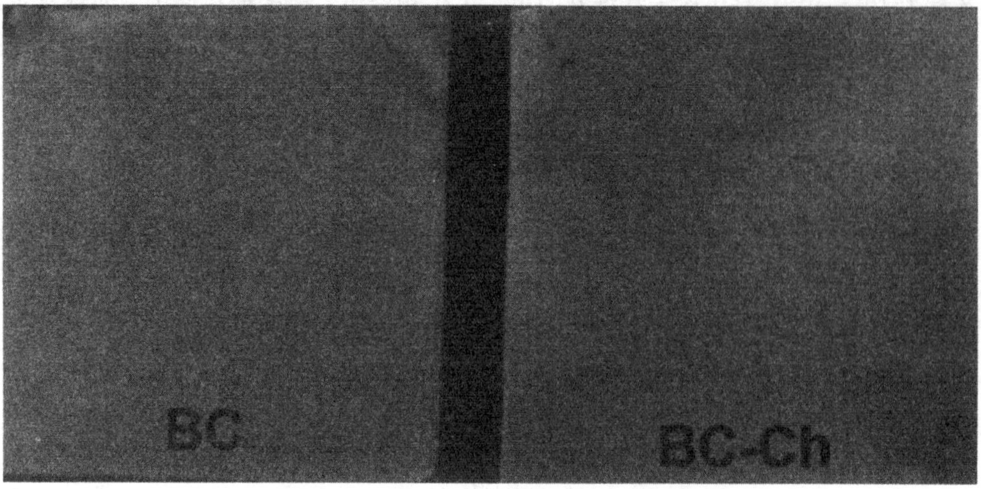

图 3-24 BC 和 BC-Ch 膜的实物照片

表 3-23 BC 和 BC-Ch 膜的拉伸性能

材料种类	弹性模量/MPa	拉伸强度/MPa	断裂伸长率/%
BC	33.57±4.13	14.77±2.05	32.17±2.85
BC-Ch	132.19±45.87	10.26±1.52	28.54±7.76

经与壳聚糖复合后，纤维素膜的力学强度从 14.77MPa 下降至 10.26MPa，弹性模量从 33.57MPa 增加至 132.19MPa，表明刚性增加，断裂伸长率从 32.17%下降到 28.54%，说明弹性下降(表 3-23)。这与壳聚糖的脆性和强度低有关。

细菌感染对伤口愈合有严重的破坏。由于壳聚糖具有抗菌性，它的加入有望减少细菌纤维素膜上微生物的生长。用大肠杆菌和金黄色葡萄球菌 24h 的生长情况对比了 BC 和 BC-Ch 的抗菌性。如图 3-25 所示，对于大肠杆菌，BC 和 BC-Ch 的抗菌率分别为 49.2%和 99.9%；对于金黄色葡萄球菌，抑菌率分别为 30.4%和 99.9%。说明该抗菌材料适合用于伤口包扎等医用领域，具有广阔的前景。

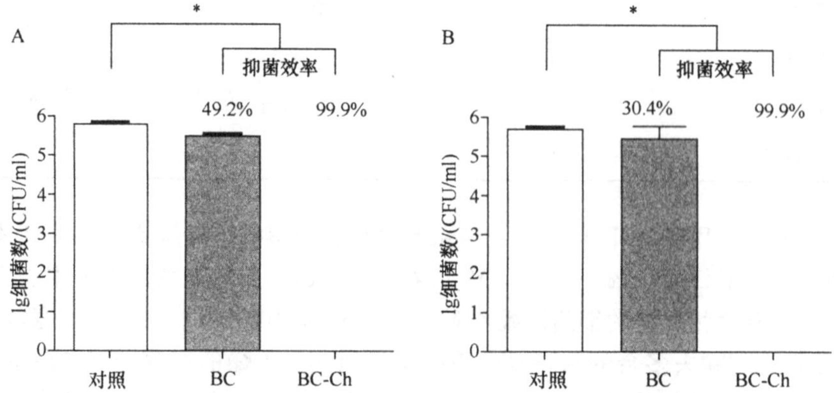

图 3-25 改性前后的抑菌效果(A)大肠杆菌，(B)金黄色葡萄球菌

(3) 纳米银粒子复合纤维素基抗菌材料。纳米抗菌技术近年来发展迅速，显示出广阔

的应用前景，纳米银是重要的一种纳米抗菌剂，其高效、广谱、不产生耐药性的抗菌性能，获得了科研人员的极大关注，一些工业发达的国家已率先开始利用纳米银制备具有抗菌功能的制品。

银的杀菌作用主要依靠静电吸附杀菌、金属溶出杀菌、光催化杀菌等几个作用复合的结果。银在接触水的作用下形成 Ag^+，其本身的抗菌作用主要与 Ag^+ 相关。纳米银颗粒直径为 1～100nm，这么小的颗粒可以整个穿过病原菌的细胞壁和细胞膜进入菌体内部，与含有巯基(—SH)的蛋白质相互反应，使其失去部分或者全部的活力，导致病原菌代谢等功能的紊乱，进而产生抗菌、杀菌的作用。也有人认为纳米银中的银粒子同时也可以与细菌中的—NH、—COOH等反应，从而达到杀灭细菌或霉菌的作用。纳米银能够快速诱导微生物菌体磷脂双层膜破坏，包括形成孔洞、膜变薄或者膜的溶解等一系列相行为的变化，实验发现，无束缚的纳米颗粒能够沉积在菌体表面上的磷脂膜形成 1.2～22nm 的孔洞。

近年来，纳米银粒子与纤维素材料复合的研究逐渐活跃起来。银系材料的制备方法主要有化学还原法、微生物合成法及光还原和高能射线还原法等方法。其中以化学还原法的研究最为深入，应用最为广泛。

印度的研究者研究了采用天然树胶处理纤维素纤维，然后复合纳米银粒子来制备纤维素基抗菌材料。具体做法：分别配制 100ml 浓度为 0.3%、0.5%、0.7%的胍尔豆胶(GA)和金合欢树胶(GC)溶液。然后，向上述各溶液中加入 5ml 浓度为 0.588mmol/L 的 $AgNO_3$ 溶液，常温 300r/min 搅拌 80h，获得 GA 和 GC 分别形成的 poly-AgNPs。将预先洗过称重的纤维素纤维 5g 浸渍于 poly-AgNPs 溶液中，300r/min 下室温振荡 24h 得到纤维素银纳米复合纤维(CSNCF)。不同的 GA 和 GC 浓度(0.3%、0.5%、0.7%)得到不同的聚合物纳米银改性的棉纤维(CSNCF)。

研究对比了两个阶段改性处理后纤维的力学性能，见表 3-24。抗拉强度和杨氏模量稍有提高，断裂伸长率变化不大，说明这种纤维素基抗菌材料在长期使用过程中，不会有明显的破裂。

表 3-24　改性后样品的力学性能

样品	抗拉强度/MPa		杨氏模量/MPa		断裂伸长率/%	
	胶改性	胶和银改性	胶改性	胶和银改性	胶改性	胶和银改性
0.3GA	2114	25.12	176.30	215.12	21.52	21.65
0.7GA	37.35	39.86	305.45	311.15	22.20	23.15
0.3GG	14.83	17.30	128.17	154.19	21.15	21.69
0.7GG	33.64	38.70	274.45	310.27	22.72	22.75

研究者利用电镜观察了 0.7% 纳米银的 GA 溶液和 0.7%纳米银的 GG 溶液处理后得到抗菌纤维的表面形貌，如图 3-26 所示，纤维素纤维表面均匀分布着纳米银粒子，没有聚集，银粒子大小均匀，形状规则。另外，通过比较抑菌圈的大小，发现复合纳米银的纤维素纤维具有抗菌作用，且效果随着处理液中银的浓度提高而提高(图 3-27)。

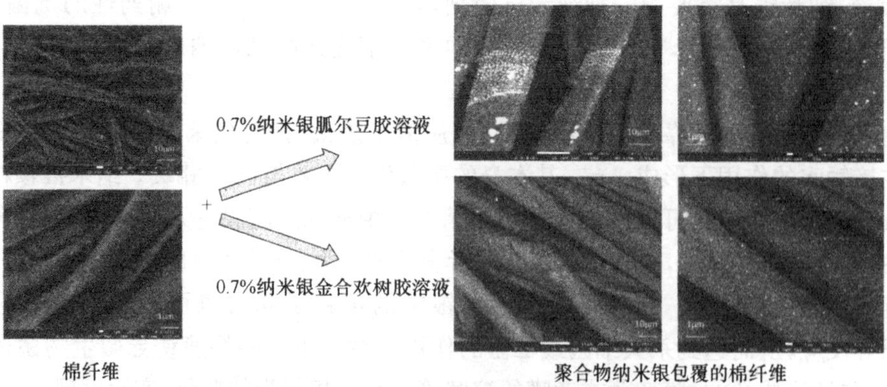

图 3-26　纯棉纤维和聚合物纳米银改性的棉纤维的扫描电镜图

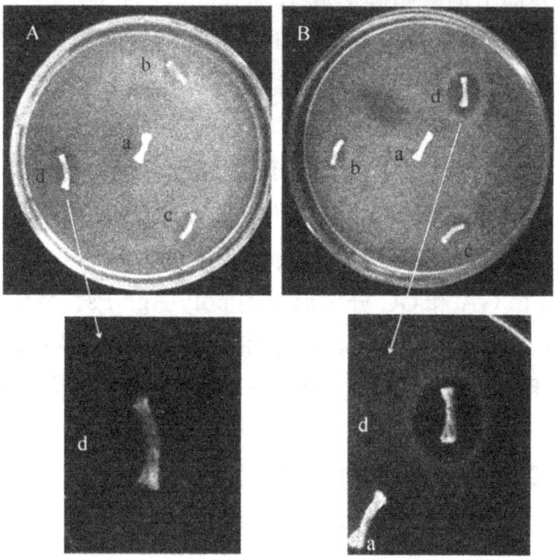

图 3-27　对大肠杆菌的抑菌活性

(A)a. GA 改性的纤维素纤维；b. 0.3%GA CSNCF；c. 0.5% GA CSNCF；d. 0.7%GA CSNCF；(B) a. GG 改性的纤维素纤维；b. 0.3%GG CSNCF；c. 0.5%GG CSNCF；d. 0.7%GG CSNCF

纤维素基抗菌材料不但可在医用领域得到应用，在纺织、特种包装方面也可以有很好的应用前景，因此，纤维素基抗菌材料发展潜力巨大，发展空间广阔。

除纤维素基抗菌材料外，纤维素与生物活性蛋白(酶、抗原)接枝共聚的不溶性也具有很大的科学和实际意义，已在生物化学及医药上得到重用应用。例如，纤维素接上酶，可用作特殊的催化剂，它可由反应区域随时分离开来；纤维素接上抗原，称为“免疫吸着剂”，应用于吸附抗体，以做定量分析和分离纯化抗体。

2. 纤维素基染料废水材料

染料是印染、纺织、皮革和造纸等工业废水中的主要污染物之一。目前世界染料年产量为 $800\times10^3\sim900\times10^3$ t，我国年产量已达 150×10^3 t。在染料生产和使用过程中，有 10%～20% 的染料随废水排放到环境中。合成染料往往具有一定生物毒性和稳定性，抗酸碱、耐光、难于自然分解，在自然环境中有较长的滞留期。此外，含染料废水排放量大，污染面广，不经处理会给整个水生生态系统带来毁灭性的破坏。染料废水的脱色处理一直是困扰印染、纺织和染料工业的重大问题。目前，染料废水脱色处理多采用物理化学方法，但成本极高限制了其广泛应用。纤维素资源丰富，以纤维素材料为基质，经化学改性制得染料废水净化材料是生物质材料领域的一个重要研究方向。载上染料的纤维材料可进一步应用，因此纤维素基染料废水材料吸附是高效而无二次污染的脱色技术。

东北林业大学的研究者采用亚麻屑或废报纸分离获得纤维素纤维，然后进行阳离子改性，获得针对阴离子染料具有良好吸附性能的染料废水净化材料。纤维素经碱处理得到纤维素钠，然后和环氧氯丙烷发生醚化反应，再与三乙胺发生季铵化反应，最后得到阳离子化的纤维素纤维，合成过程如图 3-28 所示。

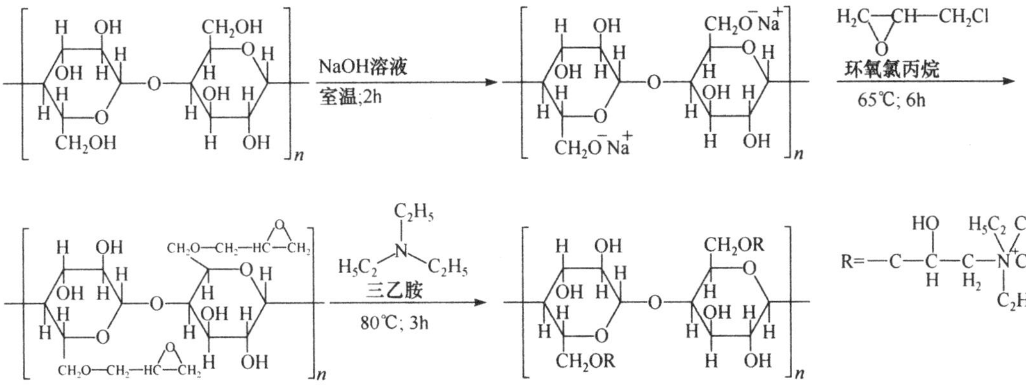

图 3-28　阳离子化的纤维素纤维的合成反应式

为了验证纤维素材料是否成功接枝季铵盐基团，研究者利用红外光谱和 X 射线光电子能谱等手段进行了分析（图 3-29）。红外光谱分析对比纤维素改性前后的谱图，发现波数在 $1457cm^{-1}$ 处出现了新的吸收峰，对应于 $N^+(C_2H_5)_3Cl^-$ 基团中 C-N 伸缩振动，初步证实了季铵盐的存在。另外，XPS 谱图中，在 401.7eV 和 399.2eV 处的两个峰分别对应季铵盐和叔胺中的 N，进一步证明合成了纤维素季铵盐阳离子纤维。

通过扫描电镜（图 3-30）观察发现，改性前后纤维素纤维表面发生了很明显的变化。亚麻屑纤维素纤维具有类似竹节状结构，表面存在一些杂质和细小毛羽，而接枝季铵盐后，表面形成了规则的褶皱结构，纹理清晰，深浅均一。

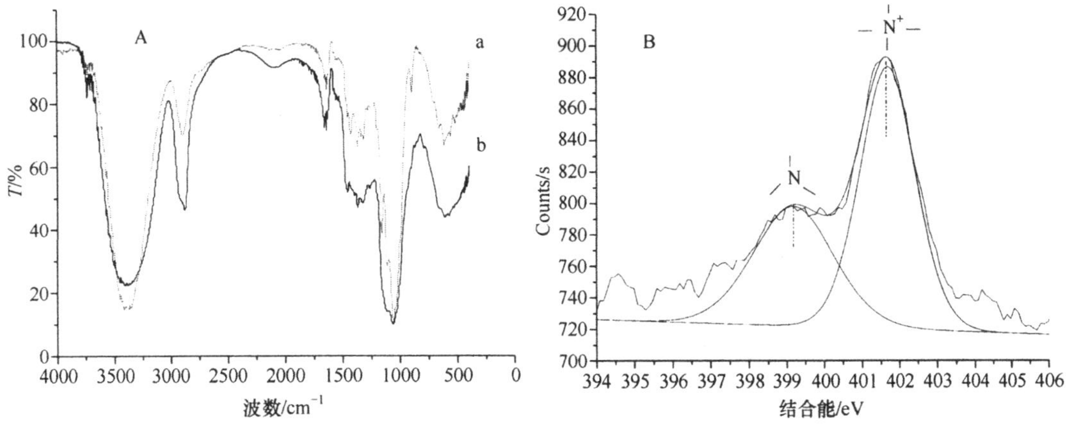

图 3-29　阳离子化的纤维素纤维的红外和 XPS 谱图

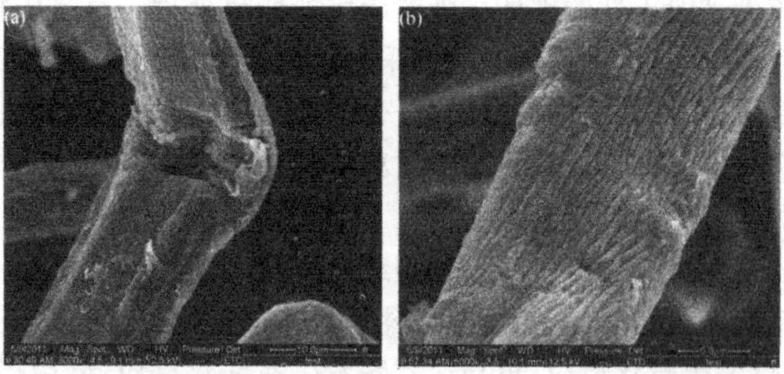

图 3-30　亚麻屑纤维素纤维(a)和阳离子化的纤维素纤维(b)的表面形貌

以雷马素活性翠蓝 G 染料为模型物，研究了所合成的阳离子纤维素纤维的吸附性能。活性翠蓝 G 是铜酞菁染料，染料索引号为 C. I. V. Blue21。其分子母体由四只异吲哚啉缩合后与铜离子络合而成，在所有染料中，酞菁结构的染料体积最大。活性翠蓝 G 有较高的日晒牢度，在 1/1 标准深度时，可达到 6 级(ISO)，即使在 1/6 标准深度时，仍可达到 4～5 级(ISO)。它具有艳亮的翠蓝颜色(λ_{max}=660nm)，这是其他任何结构的染料无法达到的，所以经常被用作染亮绿及艳蓝色的主要染料，结构式如图 3-31。

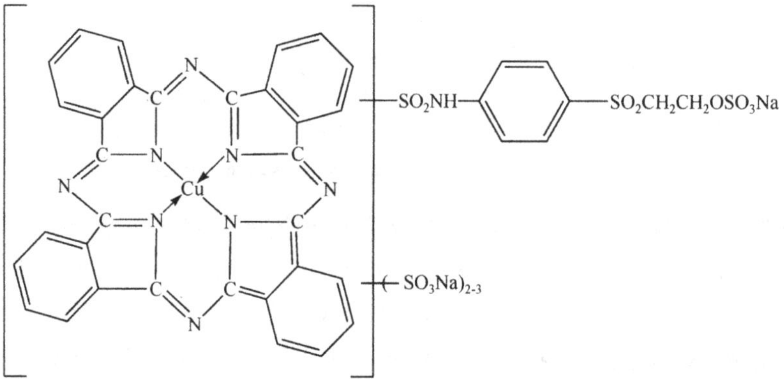

图 3-31　雷马素活性翠蓝 G 染料的结构式

吸附时间和温度对所合成的吸附材料吸附活性翠蓝染料的影响如图 3-32 所示，在初始阶段吸附容量迅速增加，然后逐渐趋缓，在 180min 左右达到平衡。另外，温度提高，有利于吸附，说明该吸附是吸热吸附过程。

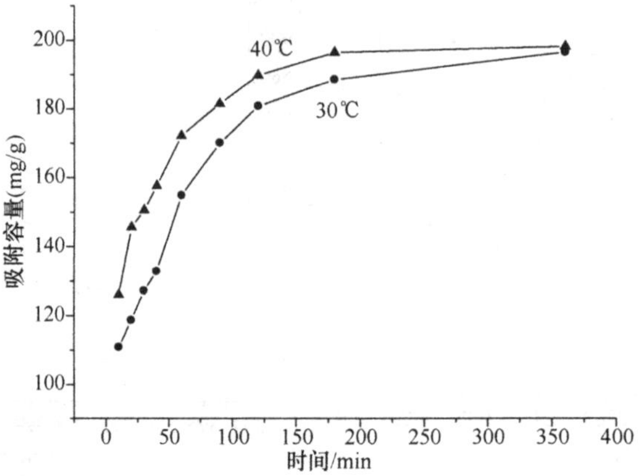

图 3-32　吸附时间对吸附容量的影响(吸附剂用量=40mg；染料浓度=80mg/L；体积=100mL).

除了阴离子染料之外，还有很多阳离子染料。为了提高对阳离子染料的吸附，一般通过化学反应在纤维素上获得阴离子基团，如羧基等，从而提高与阳离子染料分子的静电作用，达到良好的吸附效果。

3.4 半纤维素

除纤维素外，存在于木材和其他植物组织的另一种多糖称为半纤维素。其组成与纤维素不同，含有多种糖基，分子链很短，具有分支度。构成半纤维素的最基本的糖基主要有：戊糖、己糖、己糖醛酸和脱氧己糖，如图 3-33 所示。半纤维素的主链可以由一种糖基组成（如木聚糖）形成均聚物，也可以由两种或两种以上糖基组成（如葡甘露聚糖）形成杂聚物。在主链上时而或常常带有侧链，如 4-O-甲基葡糖醛酸、半乳糖等。大多数半纤维素具有多而短的支链，但主要还是线型的 。在半纤维素的主链上一般不超过 200 个糖基，因而与纤维素相比，半纤维素是相对分子质量颇小的高分子化合物。

半纤维素具有吸湿性强、耐热性差、容易水解等特点，在外界条件的作用下易发生变化，对木材的某些性质和加工工艺产生影响。

3.4.1 半纤维素命名法与分支度

半纤维素是不均一聚糖，多是由两种或两种以上糖基组成的，因而需要将每一种糖基给出确切的名称。常用的表示方法是把支链上的糖基名列于前，而将主链上的糖基排列其后，并于所列各糖基之前冠以“聚”字。例如，聚 4-氧-甲基葡萄糖醛酸木糖，这意味着木糖是主链糖基，

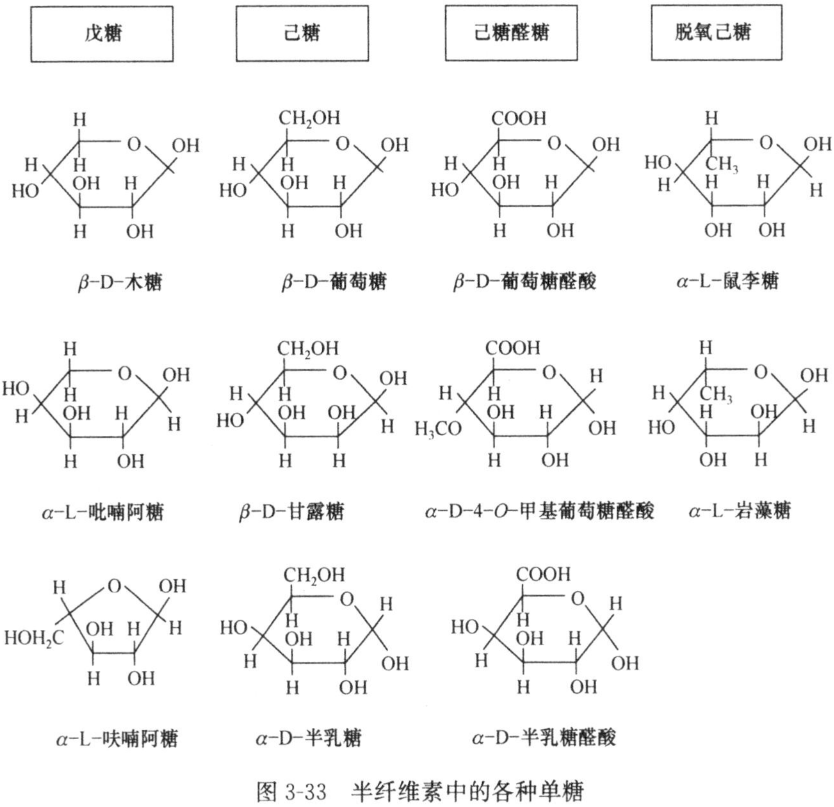

图 3-33　半纤维素中的各种单糖

而4-氧-甲基葡萄糖醛酸则是支链糖基。如半纤维素具有下列结构：

```
              C 支链
              |
—A—A—B—B—B—主链
```

A、B、C皆为糖基，则此半纤维素按以上命名法可称为聚C糖-A糖-B糖。此法可以将不均一聚糖中的各种糖基的糖皆在名称中表示出来，该命名法比较全面，目前应用较普遍。此外，以前也常出现将"聚"字放在主链多糖的"糖"字之前，如聚-4-氧-甲基葡萄糖醛酸木糖，也可称其为4-氧-甲基葡萄糖醛酸木聚糖。

在半纤维素的结构中，虽然主要还是线状的，但常带有各种短支链，如工、Ⅱ、Ⅲ三种不均聚糖，其结构示意图如下：

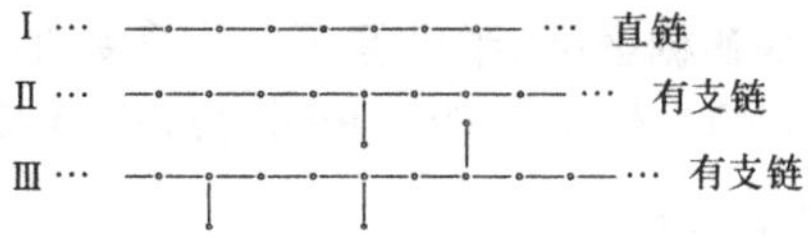

Ⅰ为直链，Ⅱ、Ⅲ都有支链，而Ⅲ的分支度高于Ⅱ，所以分支度表示半纤维素结构中支链的多少。分支度对半纤维素的物理性质有很大影响，例如，用相同溶剂在相同条件下，同一聚糖，分支度高的聚糖溶解度较大。

3.4.2　针叶木材中的半纤维素

组成针叶木材半纤维素的主要多糖是半乳葡甘露糖，含量占木材的15%～20%，这种多糖的主链由β-D-吡喃葡萄糖基与β-D-吡喃甘露糖基以1→4连接而成，含有一个单一的α-D-吡喃半乳糖基侧链连接在主链的C-6位置上，还有乙酰基连接在C—2(3)位置上，其结构如图3-34所示。葡萄糖与甘露糖的比例约为1∶3，半乳糖与葡萄糖的比例1∶1～1∶10。

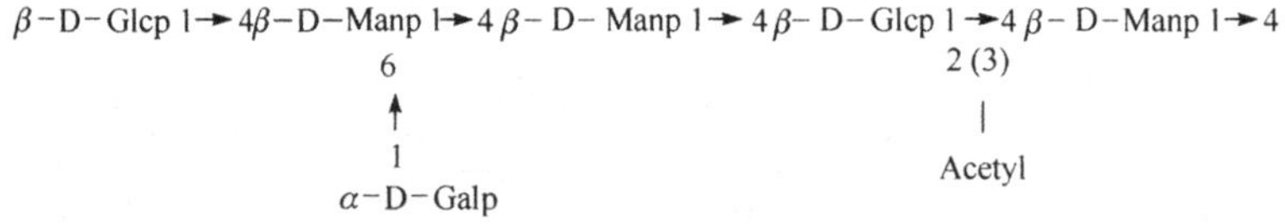

图3-34　针叶木材半乳葡甘露聚糖的结构略图

Manp. 甘露糖基；Glcp. 吡喃葡萄糖基；Galp. 吡喃半乳糖基；Acetyl. 乙酰基

组成针叶木材半纤维素的另一种主要的多糖是木聚糖，含量约为10%，其主链由β-D-吡喃木糖基1→4连接形成，带有两种侧链；一个是4-O-甲基-α-D-葡萄糖醛酸，连接在主链的C—2位置上；另一个是α-L-呋喃阿拉伯糖，连接在主链的C—3位置上。每5个木糖基含有1个酸基侧链，每7个木糖基含有1个阿拉伯糖基侧链，其结构如图3-35所示。

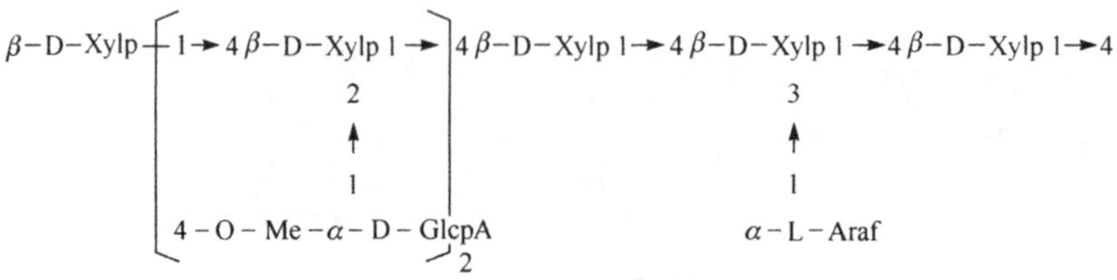

图3-35　针叶木材阿葡糖醛酸木聚糖的结构略图

Xylp. 吡喃木糖基；GlcpA. 吡喃葡糖醛酸；Araf. 呋喃阿糖基

此外,在落叶松属木材半纤维素中独有一种多糖——阿拉伯半乳聚糖,含量为 5%～30%。与所有其他种木材的半纤维素不同,落叶松属木材中的阿拉伯半乳聚糖是一种具有高分支度的聚合物,这种聚合物的主要组成是:以 1→3 连接的 β-D-吡喃半乳糖基为主链,并带有几种不同长度的侧链,主要有 1→6 连接的 β-D-吡喃半乳糖基、β-D-葡萄糖醛酸及吡喃型和呋喃型的阿拉伯糖基。其结构式如图 3-36 所示。

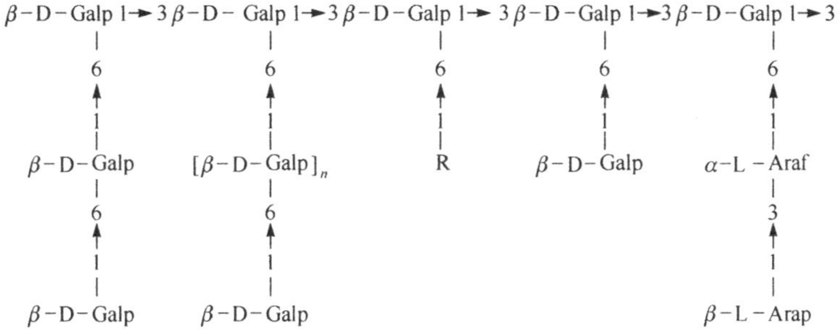

R=α-L-Araf 或 β-D-GlcpA

图 3-36　落叶松属木材阿拉伯半乳聚糖的结构略图

Galp. 吡喃半乳糖基;Araf. 呋喃阿糖基;

GlcpA. 吡喃葡萄糖醛酸;Arap. 吡喃阿糖基

与其他种半纤维素不同,落叶松属木材中的阿拉伯半乳聚糖是细胞壁外之物,仅存在于心材中的管胞和射线细胞腔内,其组成独特,即由两种结构相似但分子大小不同的聚合物组成。其中相对分子质量为 70 000 的占大多数,相对分子质量为 12 000 的占少数。在活立木中,这两种聚合物均易产生流动和酸性水解。

3.4.3　阔叶木材中的半纤维素

阔叶木材半纤维素中的一种生要多糖是酸性木聚糖,含量为除去抽提物木材重量的 25%±5%。在少数树种,如桦木中其含量最高可达 35%。阔叶木材中的木聚糖是线型的,主链由 1→4 连接的 β-D-吡喃木糖基组成,带有两种不同单元的侧链,一种是 4-O-甲基-α-D-葡萄糖醛酸基以 1→2 连接,沿着木聚糖主链随机分布,通常每 10 个木糖基平均有一个侧链;另一种是乙酰基,与木聚糖主链的羟基相连接,一般每 10 个木糖基含有 7 个乙酰基。这种多糖的结构如图 3-37 所示。阔叶木材中酸性木聚糖的聚合度(DP)较低,约为 200。它们是无定形物质,但是移出一些侧链后可由无定形结构转化为结晶结构。

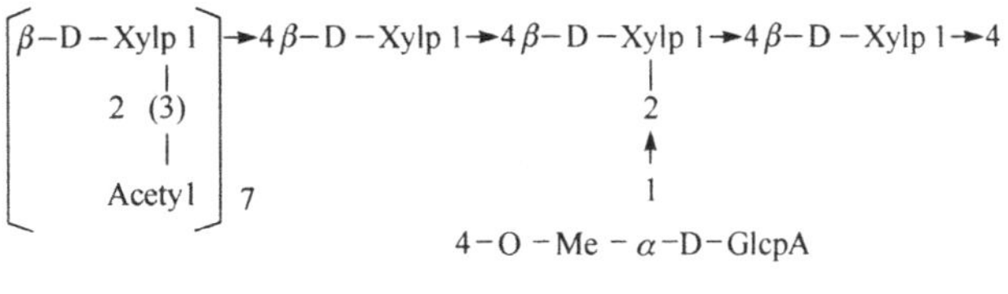

图 3-37　阔叶木材葡糖醛酸木聚糖的结构略图

Xylp. 吡喃木糖基;GlcpA. 吡喃葡萄糖醛酸;Acetyl. 乙酰基

阔叶木材中半纤维素的另一种多糖是葡甘露聚糖,由 β-D-吡喃葡萄糖基与 β-D-吡喃甘露糖基 1→4 连接形成的。这两种糖基的比例多数为 1∶2。葡甘露聚糖含量约占除去抽提物木材重量的 5%。

比较起来，针叶木材与阔叶木材中的半纤维素不仅总的含量不同，而且半纤维素的组成和各种糖基的比例也有明显的区别。就非葡萄糖单元而论，针叶木材中含有的甘露糖和半乳糖单元的比例比阔叶木材高，而阔叶木材中含有的木糖单元和乙酰基比针叶木材高(表 3-25)。

表 3-25 针、阔叶木材半纤维素中非葡萄糖单元的组成与含量

树种	甘露糖/%	木糖/%	半乳糖/%	阿拉伯糖/%	糖醛酸/%	鼠李糖/%	乙酰基/%
香脂冷杉	10.0	5.2	1.0	1.1	4.8		1.4
欧洲落叶松	11.5	5.1	6.1	2.0	2.2	0.0	
美国落叶松	12.3	6.0	2.4	1.3	2.8		1.6
挪威云杉	13.6	5.6	2.8	1.2	1.8*	0.3	
白云杉	12.0	7.0	1.9	1.1	4.4		1.2
黑云杉	9.4	6.0	2.0	1.5	5.1		1.3
美国五叶松	8.1	7.0	3.8	1.7	5.2		1.2
欧洲赤松	12.4	7.6	1.9	1.5	5.0		1.6
加拿大铁杉	10.6	3.3	1.8	1.0	4.7		1.4
金钟柏	7.4	3.8	1.5	1.7	5.8		0.9
湿地槭	3.3	18.1	1.0	1.0	4.9		3.6
加拿大黄桦	1.8	18.5	0.9	0.3	6.3		3.7
纸皮桦	2.0	23.9	1.3	0.5	5.7		3.9
疣皮桦	3.2	24.9	0.7	0.4	3.6*	0.6	
美洲山毛榉	1.8	21.7	0.8	0.9	5.9		4.3
欧洲山毛榉	0.9	19.0	1.4	0.7	4.8*	0.5	
欧洲桦	3.8	18.3	0.9	0.6	6.0*	0.5	
颤杨	3.5	21.2	1.1	0.9	3.7		3.9
刺槐	2.2	16.7	0.8	0.4	4.7		2.7
美国榆	3.4	15.1	0.9	0.4	4.7		3.0

注：* 4-O-甲基葡糖醛酸

3.4.4 半纤维素对木材材性和加工利用的影响

半纤维素是木材聚合物中对外界条件最敏感、最易发生变化和反应的一种多糖。它的存在和损失、性质和特点对木材材性及加工利用有重要影响。

1. 对木材强度的影响

木材经热处理后多糖的损失主要是半纤维素，因为半纤维素对高温的敏感性高于纤维素，但耐热性差。半纤维素的变化和损失不但削弱木材的韧性，而且也使抗弯强度、硬度和耐磨性降低(表 3-26)。因为半纤维素在细胞壁中起黏结作用，受热分解后能削弱木材的内部强度。高温处理后阔叶木材的韧性降低远较针叶木材来得剧烈，因为阔叶木材中含有的半纤维素戊聚糖较针叶木材多 2～3 倍。

表 3-26 不同温度下针叶树材经加热 10 min 后力学性质和体积稳定性的变化

温度/℃	重量损失/%	抗弯强度损失/%	硬度损失/%	韧性损失/%	耐磨性损失/%	减少膨胀与收缩/%
210	0.5	2.0	5.0	4.6	40	10
245	3.0	5.0	12.5	20.0	80	25
280	8.0	17.0	21.0	40.0	92	40

2. 对木材吸湿性的影响

半纤维素是无定形的物质,其结构具有分支度,并由两种或多种糖基组成,主链和侧链上含有亲水性基团,因而它是木材中吸湿性最大的组分,是使木材产生吸湿膨胀、变形开裂的因素之一。另外,在木材热处理过程中,半纤维素中的某些多糖容易裂解为糖醛和某些糖类的裂解产物。在热量的作用下,这些物质又能发生聚合作用生成不溶于水的聚合物,因而可降低木材的吸湿性,减少木材的膨胀与收缩。

3. 对木材酸度的影响

在潮湿和温度高的环境中,半纤维素分子上的乙酰基容易发生水解而生成醋酸,因而使木材的酸性增加,当用酸性较高的木材制作盛装金属零件的包装箱时可导致对金属的腐蚀。木材的窑干过程中,由于喷蒸和升温,能加速木材中的半纤维素水解生成游离酸,因而时常发现干燥室的墙壁和干燥设备出现腐蚀现象。

4. 对制浆造纸质量的影响

半纤维素含量适当的纸料,打浆时容易吸水润胀,易于细纤维化,增加纤维比表面积,有利于纤维间形成氢键结合,因而可提高纸张强度。在一般情况下,用一般原料生产文化用纸,为了节约原料,提高制浆得率,在蒸煮和漂白过程中应尽量保留半纤维素。

5. 对湿法纤维板生产工艺的影响

半纤维素的存在与变化对湿法纤维板生产工艺有一定影响。

(1) 软化。在纤维分离之前,原料需要进行软化处理,而软化过程与半纤维素的水解作用有关,在半纤维素水解时生成的酸又成为水解过程的催化剂。半纤维素和木质素一样,也具有热塑性,其软化温度与木材含水率有关。当水分含量升高时,软化温度降低,这一特性对用热磨法分离纤维有利。

(2) 磨浆。半纤维素的润胀能力比纤维素强。半纤维素含量多的原料,其塑性大,容易分离成单体纤维或纤维束,缩短磨浆时间,提高设备利用率;同时由富于塑性的原料制得的浆料,横向切断少,纵向分裂多,有利于提高纤维板的强度。

(3) 热压。木材中的纤维素和半纤维素都含有大量的游离羟基,热压时这些组分中的羟基相互作用形成氢键和范德华力的结合,因而湿法纤维板不施胶而能热压成板。此外,也有人认为木质素和其降解产物(含多酚类物质)与半纤维素的热解产物(糠醛等)发生反应形成的所谓“木素胶”也有黏结作用,因而热压后纤维板具有较高的力学强度。

(4) 废水。水是湿法纤维板生产过程浆料的载体,生产厂家每天都要排放大量的废水。废水中含有大量的溶解糖类,大部分是由于木材中的半纤维素在热磨热压过程中发生水解和降解作用的结果。废水中的溶解物质,一方面,加重了对江河湖泊及周围环境的污染,另一方面,废水中的糖类物质,可通过酶的作用转化成为饲料酵母,从而变废为宝,转害为利。

6. 阿拉伯半乳聚糖的作用

阿拉伯半乳聚糖唯独在落叶松属木材中含量丰富,为5%～30%,因此对落叶松木材性质、加工和利用有明显不良影响,主要表现在以下方面:

(1) 对落叶松木材渗透性的影响。据研究，兴安落叶松心材含有阿拉伯半乳聚糖 8.73%，边材含有 5.75%，大量分布在管胞的胞腔中，严重阻碍木材内部水分以液态方式向外扩散和防腐等改性药液由木材表面向内部渗透，因而导致落叶松木材难干易裂和由于难以浸注而改性处理效果不佳。

(2) 对制浆工艺的影响。落叶松木材是制浆造纸的主要原料，在蒸煮期间木材中含有的阿拉伯半乳聚糖消耗了大量的蒸煮药剂，影响浆料质量；同时由于本身的水解作用，增加了制浆黑液中单糖和有机酸的含量，加剧了环境污染。

(3) 对水泥固化作用的影响。在水泥刨花板制造工艺中，水泥是刨花成板的黏合剂。然而水泥本身并无黏合作用，只有发生水化形成结晶后才具有黏结力和整体强度，因而结晶的好坏直接关系到水泥刨花板的质量和使用性能。实验结果证明，落叶松阿拉伯半乳聚糖对水泥的水化结晶过程有严重的不良影响，能延迟水泥的凝结并降低水泥固化的强度。

3.5 木材抽提物

木材是天然生长形成的一种有机物，除了含有数量较多的纤维素、半纤维素和木质素等主要成分外，还含有多种次要成分。其中比较重要的是木材的抽提物，木材中有它们存在，对材性、加工及其利用均产生一定的影响。

3.5.1 木材中的抽提物

木材抽提物是用乙醇、苯、乙醚、丙酮或二氯甲烷等有机溶剂及水抽提出来的物质的总称。例如，用有机溶剂可以从木材中抽提出来树脂酸、脂肪和萜类化合物，用水可以抽提出糖、单宁和无机盐类。

木材抽提物包含许多种物质，主要有单宁、树脂、树胶、精油、色素、生物碱、脂肪、腊、甾醇、糖、淀粉和硅化物等。在这些抽提物中主要有三类化合物：脂肪族化合物、萜和萜类化合物、酚类化合物。

木材抽提物比较大量地存在于树脂道、树胶道、薄壁细胞中，它们的成因十分复杂，有的是树木生长正常的生理活动和新陈代谢的产物；有的是突然受到外界条件的刺激引起的。在树木生长过程中，由于薄壁细胞的死亡而逐渐形成心材，在由边材转变为心材的过程中木材发生了复杂的生理生化反应，同时产生了大量的抽提物沉积在木材的细胞组织中，因而心材中所聚积的较丰富的酚类化合物已成为心材的特征。

木材抽提物的含量及其化学组成，因树种、部位、产地、采伐季节、存放时间及抽提方法而异，例如，含量高者超过 30%，低者小于 1%；针、阔叶材中树脂的化学成分不同，针叶材树脂的主要成分是树脂酸、脂肪和萜类化合物，阔叶材树脂成分主要是脂肪、蜡和甾醇；而单宁主要存在于针、阔叶树材的树皮中，如落叶松树皮中含有 30%以上的单宁。木材中的树脂含量的变化与生长地域和树干部位有关。据记载，生长在斯堪的纳维亚半岛北部的挪威云杉树木中树脂的含量要比生长在南部的高得多。同一树干树脂含量的变化很不规则，总的说来，心材比边材含有更多的树脂。欧洲赤松木材抽提物沿树干半径的变化如图 3-38 所示。在针叶材中树种不同其树脂含量差异很大，如红松木材中含有苯醇抽提物 7.54%，马尾松木材中含有 3.20%，鱼鳞云杉木材中仅含有 1.63%。

3.5.2　木材抽提物对材性、加工及其利用的影响

木材抽提物是化工、医药及许多工业部门的重要原料，具有一定的经济价值。在木材加工工业中，抽提物不仅影响木材的某些性质，而且也影响木材的加工工艺，有的还关系到操作者的身体健康。

1. 抽提物对木材颜色的影响

木材具有的不同颜色与细胞腔、细胞壁内填充或沉积的多种抽提物有关。材色的变化因树种和部位不同而异，如云杉洁白如雪，乌木漆黑如墨，心材的颜色往往比边材深得多，后者在于分布在心材中的抽提物明显高于边材的缘故。

有些树种的木材含有天然色素，如黄酮类和酮类物质等。再如苏木含有苏木素，在空气中易氧化成苏木色素，使木材泛红色；驰名珍贵的紫檀心材中含有紫檀香色素，其心材显红色；红木中含有洋红色的苏木精色素，使红木呈红色。

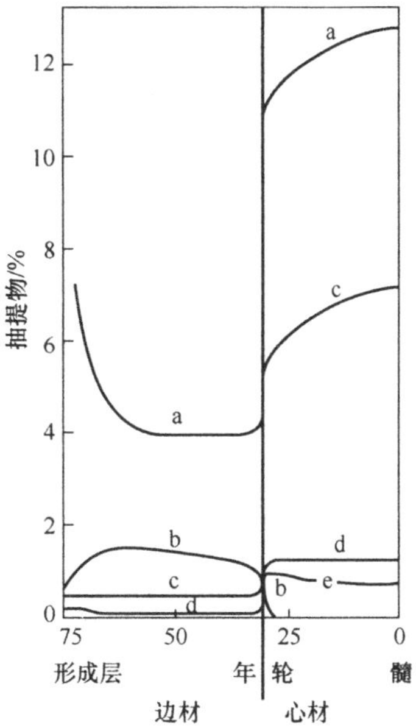

图 3-38　欧洲赤松木材抽提物含量和组成沿树干半径的变化

a. 总抽提物；b. 甘油三酸酯；c. 树脂酸；d. 脂肪酸；e. 欧洲赤松素十一甲基醚

2. 抽提物对木材气味、滋味的影响

树种不同，其木材中所含抽提物的化学成分有差异，因而从某些木材中逸出的挥发物质不同所具有的气味也不同，未挥发的成分具有不同的滋味。

具有香味的木材有降香木、檀香木、印度黄檀、白木香、香椿、侧柏、龙脑香、福建柏和肖楠等。其中檀香木具有馥郁香气，可用来气熏物品或制成工艺美术品，如檀香扇等，其香气来源于抽提物中的主要化学成分白檀精。

少数热带木材，如爪哇木棉树，在潮湿的条件下会间或发出臭气；八宝树木材微具酸臭气味；冬青木材微有马铃薯气味；新伐杨木有香草味；椴木有腻子味等。日本研究者对具有臭味木材进行过分析鉴别证明，在这类木材中均含有粪臭素、丁酸、异戊酸、己酸、辛酸及二氢肉桂酸等。一般认为，木材气味的来源，一是木材自身所含有的某种抽提物化学成分所挥发出的气味，二是木材中的淀粉、糖类物质被寄生于木材中的微生物进行代谢或分解而生成的产物具有某种气味。

少数木材还具有特殊的滋味，如板栗、栎木具有涩味，因为它们都含有单宁；苦木的滋味甚苦，因其木材中含有苦木素；檫木具辛辣滋味；八角树木材咸略带辣味；糖槭有甜味等。木材的滋味是由于木材细胞里含有某种可溶性抽提物，如将这些木材用水抽提，木材的滋味便可清淡或消失。一般新伐材味道较干材显著，边材较心材显著。这是因为新伐材和边材的含水率较高，可溶性抽提物较多的缘故。

3. 抽提物对木材强度的影响

含树脂和树胶较多的热带木材其耐磨性较高。据记载，抽提物对木材强度的影响随作用力的方向不同而有异。顺纹抗压强度受木材抽提物含量的影响最大，冲击韧性受之影响最小，而抗弯强度则介于二者之间。有人研究美国红杉、北美香柏和刺槐木材的结果表明，木材的抗弯、顺压和冲击强度随着木材抽提物含量的增加而增加。另有人研究表明，北美红杉木材的抗

弯强度与抽提物的含量无关，而弹性模量随抽提物含量的增加而减少。

4. 抽提物对木材渗透性的影响

据记载，假榄木材的心材含有较丰富的木材抽提物，因而木材的纵向渗透性较低。但分别经热水、甲醇-丙酮、乙醇-苯和乙醚等溶剂抽提后，其渗透性可增加 3～13 倍。一般说来，心材的渗透性小于边材，这是因为心材所具有的抽提物高于边材的缘故。

5. 抽提物对胶合性能的影响

(1) 抽提物使木材表面污染。抽提物是污染木材表面有碍木材胶合的最主要最普遍的根源之一，常以下列方式降低木材的胶合质量：①大量抽提物沉积于木材表面，增加了木材表面的污染程度，从而降低界面间的胶合强度；②憎水性抽提物降低木材表面润湿性，破坏木材表面反应场所，不利于木材-胶黏剂的界面胶结；③抽提物的氧化有增加木材表面酸性的趋势，促进木材表面的降解，降低表面强度。

(2) 抽提物使胶黏剂固化不良。抽提物移向木材表面或接近表面时，可干扰胶-木界面的形成，在界面处形成障碍，从而可能阻止材面润湿或导致胶合强度变低；同时，还可以改变胶黏剂的特性、胶液的正常流动及其在木材表面的铺展，妨碍和延长界面间胶层的固化。有人研究了木材热处理对花旗松单板表面胶合的影响，认为单板在过分干燥时，于单板表面产生了憎水层，钝化了木材表面，从而阻止胶液润湿和渗入木材，使胶层固化不良。其原因在于在加热过程中木材抽提物向表面迁移使单板表面钝化而改变了木材表面的润湿性。

一般认为，抽提物对碱性胶黏剂固化及胶合强度的影响不十分敏感，而对酸性胶黏剂，抽提物可能会抑制或加速胶黏剂的固化速度，这取决于缓冲容量和树脂反应的 pH，如柚木和红栎的水溶性抽提物会延迟脲醛树脂和脲醛-三聚氰胺树脂的胶凝时间。

6. 抽提物对涂饰性能的影响

许多实例证明，当油漆木材时，会发生漆膜变色，这是由于当木材含水率增高时，木材内部的抽提物向表面迁移在表面析出的结果。含有树脂较多的木材，特别是硬松类木材，涂刷含铅及锌的油漆时，木材中的树脂酸能与氧化锌作用，从而促使漆膜早期变坏。木材表面的油分和单宁含量高时，会妨碍亚麻仁油的油漆固化。美国红杉等木材中常含有一种水溶性抽提物，这种抽提物常常自然析溢到木材表面，从而使乳胶漆或水基底漆产生由红到褐的轻微变色。在日本紫杉心材抽提物中，有一些化学成分对不饱和聚酯漆具有较强的阻止固化作用。

7. 抽提物对木材接枝聚合作用的影响

为改善木材的性质，常采用乙烯基单体与木材分子产生接枝共聚反应制造木塑复合材。在共聚反应过程中，发现某些酚类抽提物具有阻聚作用。如桦木抽提物中含有酚类化合物，水青冈木材抽提物中含有木素类化合物，龙脑香木材抽提物中含有棓酸和单宁类化合物，它们对聚合反应均起抑制或阻碍作用。

8. 抽提物对木材表面耐候性的影响

木材表面的抽提物能促进木材对紫外光的吸收，从而加速木材表面的光化降解作用。采用电子自旋共振波谱仪考察抽提物对木材表面光化学反应的影响结果如图 3-39 所示。结果表明，经过抽提的红松木片在紫外光下辐射 120min 后，自由基浓度增加到初始浓度的 3 倍，而未经抽提的木材却增加到 5 倍。这表明，抽提物对木材表面的光化学反应起着促进作用，增加了木材表面光化降解的程度。这种促进作用可能是通过光敏作用，即抽提物吸收紫外光能量后，再将能量传递给不易吸收紫外光的纤维素分子，使纤维素分子受激活化而参与化学降解反应，从而加速木材表面的劣化。

9. 抽提物对木材加工工具的影响

木材中多酚类抽提物含量高者在木材加工过程中易使切削刀具磨损。当锯剖未经干燥的美国西部侧柏木材时，发现刀具的碳化物齿尖的钝化率特别高；切削柚木时易使刀具变钝，并有夹锯现象，锯剖面起毛，但刨后板面光滑，触之有油腻感；越南龙脑香木材因含树脂较多，在锯剖或旋切单板时，容易黏结刀锯，若此时向锯条或刀片上喷洒热水与动物油，可消除此现象。

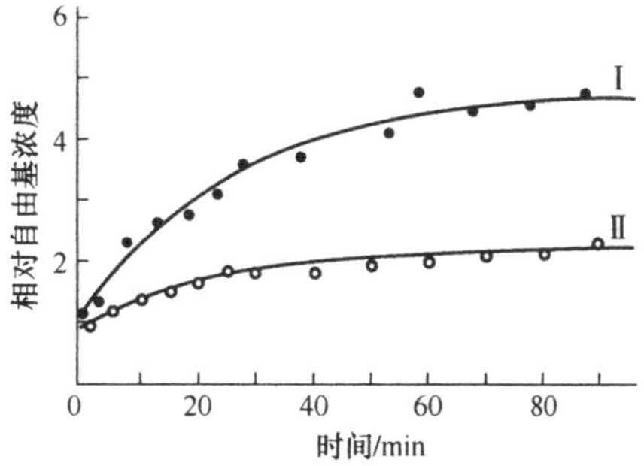

图 3-39　抽提与未抽提的红松木材在紫外光辐射下自由基浓度增长的比较

Ⅰ. 未抽提木材试样；Ⅱ. 抽提后的木材试样

A. Krilov 研究了澳大利亚 15 种阔叶木材对锯片的磨蚀机制指出，当木材的 pH＝4.0～4.3 时，对钢锯片的腐蚀是有限的，低于这一范围，其腐蚀性迅速增加。而木材中含有的多酚类化合物对锯片的磨蚀作用远远超过木材酸度的作用。这是因为多酚分子含有两个或多个相邻的羟基，这些羟基能与铁离子反应形成络合物。在反应过程中能使铁离子从酸-金属平衡体系中不断移出，要维持这个平衡就需要不断地产生新的更多的铁离子，因而导致锯片的磨蚀加剧。酸性木材对锯片磨蚀的反应程序分为以下三个阶段：①酸侵蚀铁：$Fe+2H^+ \rightarrow Fe^{2+}+H_2$；②铁离子的氧化：$2Fe^{2+}+(1/2)O_2+2H^+ \rightarrow 2Fe^{3+}$ H_2O；③多酚与铁离子形成络合物。

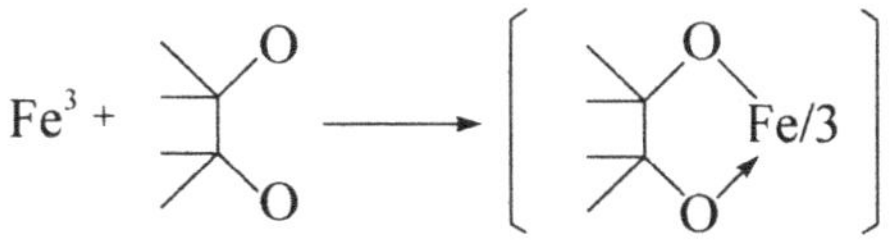

由上述反应可见，钢锯片磨蚀的初始阶段是酸对铁的侵蚀作用，其结果产生了一定数量的亚铁离子（Fe^{2+}）；然后这些铁离子在空气中被氧化生成三价铁离子（Fe^{3+}）；最后这些三价铁离子与木材中的多酚类化合物生成络合物。试验证实，木材中芳香族多酚类化合物因树种不同而异，并且磨蚀反应还受着许多因子的影响，木材的含水率低，空气相对湿度低时可以减少锯片腐蚀。但在实际生产中，很少会有全干的木材和在没有水分的空气环境中使用锯片。因此，这些因子，尤其是在含有水分的条件下操作，将大大地增加钢锯片的磨蚀。

10. 抽提物对木材声学性能的影响

乐器共鸣板的质量，在很大程度上取决于木材的声共振性。经研究发现，为了制造优质乐器，宜使用存放多年的木材为乐器材原料。因为经长期储存而“陈化”的木材，其中的抽提物部分被分解或去除，有助于改善木材的声学性能。Buhmohul H. C. 研究指出，木材经乙醚溶剂抽提后，木材的密度降低，动态弹性模量升高，其试验结果如表 3-27 所示。由公式 $K=\sqrt{E\rho/\rho^3}$计算得知，木材经抽提后，音响常数增加，表明木材具有较好的声共振性。用抽提处理后的乐器用材制造乐器的共鸣板，其音响质量提高。

表 3-27 乙醚抽提前后木材的声学性能

抽提时间/h	密度 ρ/(kg/m³)	动态弹性模量 E_p/Pa	声辐射常数 K/[M⁴/(LW·℃)]
4	$\frac{440}{445}$	$\frac{11.5}{9.6}$	$\frac{11.6}{10.4}$
4	$\frac{418}{425}$	$\frac{10.0}{8.4}$	$\frac{11.6}{10.5}$
6	$\frac{423}{433}$	$\frac{11.4}{9.2}$	$\frac{12.2}{10.6}$

注：数据中分子是含水率为 8%～9%的乐器材经抽提后的声学性能指标；分母是同一试样未经抽提的声学性能指标

11. 抽提物对制浆造纸的影响

在酸性亚硫酸盐制浆时，木质素可能与活性的酚类抽提物缩合，从而阻碍木质素的脱除。松木心材内的欧洲赤松素及其甲基醚是此类酚型抽提物的例子。欧洲赤松素会产生二缩聚反应形成有碍于蒸煮的交联结构，结果使脱木质素作用延缓，在一定情况下，甚至使脱木质素作用完全停顿下来，因而松木心材用传统的酸性亚硫酸盐法是不能完全脱去木质素的。

纸料中的树脂类抽提物含量高时，容易产生粘网、粘毛毯和粘缸现象，影响正常生产和降低纸张质量。

12. 抽提物对工人健康的影响

有些木材抽提物含有毒性的化学成分，如松木心材抽提物中含有 3,5-二羟基苯乙烯，柏木类木材中含有革酚酮，均具有较强的毒性。含有毒性抽提物的树木或木材具有较高的天然耐久性，对腐菌、白蚁等危害木材的生物具有显著的抗侵蚀能力。由于心材含有的抽提物较多，因而心材的耐腐抗蛀能力优于边材。

含有毒性抽提物的木材可能给木材加工操作人员带来某些疾病，所以在加工这些木材时应考虑采取适当的防护措施。据记载，英国圣约翰皮肤医院在过去 20 年间，曾先后治疗 83 例由于木材或锯屑、粉尘所引起的各种皮肤病。据统计，世界上有 100 种以上的木材(其中大多数产于热带和亚热带)含有可引起人体过敏反应的木材抽提物，在红木、柚木、侧柏及相思木等木材中均可发现这一现象。

13. 抽提物对木材利用的影响

某些抽提物对木材的某些性质有良好的影响，而在另一方面又可能具有不良的作用。例如，美国西部侧柏木材由于含有苧侧素，使木材具有较高的抗腐性能，但在碱法制浆中，这种物质对金属设备有腐蚀。3,5-二羟基苯乙烯虽然使松木的耐久性提高，但是这种物质即使在低含量时，也会明显地抑制酸性亚硫酸盐制浆的脱木质素作用。

在生产水泥刨花板和木丝板时，含糖和单宁多的木材，由于还原糖和多酚类物质的阻聚作用，可使水泥的凝固时间延迟或不易凝固，影响制品质量。例如，兴安落叶松心材中含有高达

8.73%的阿拉伯半乳聚糖，边材含有5.75%，在以这种木材做原料制造水泥刨花板时，能延迟水泥的凝结时间，降低固化强度。用气味浓厚的木材制造的包装箱不宜盛装茶叶和食品，含有毒性成分的木材不宜制造室内家具等。

综上所述，木材抽提物对木材的性质、加工工艺、人体健康和木材的合理利用均有一定影响，因而深入研究各种木材抽提物的组成、含量及特性对科学地确定木材加工工艺和合理地利用木材资源具有实际意义。

3.6 木材的酸碱性质

人们曾发现这样的现象：贮存在仓库的木箱中的金属制品遭受的腐蚀比在大气中还严重得多；木材干燥室的墙壁和一些干燥设备也时常出现受腐蚀的痕迹……是什么物质引起的腐蚀呢？应该说是木材。那么，木材为什么会引起腐蚀呢？因为木材具有天然的酸碱性质，这一性质不但能腐蚀金属，而且还明显地影响着木材的某些加工工艺与合理利用。

3.6.1 木材中的酸性成分

世界上绝大多数木材呈弱酸性，仅有极少数木材呈碱性。这是因为木材中含有天然的酸性成分。木材的主要成分是高分子的多糖，它们是由许许多多失水糖基联结起来的高聚物。每一个糖基都含有羟基，其中的一部分羟基与醋酸根结合形成醋酸酯，醋酸酯水解能放出醋酸，其反应方程式如下：

$$\underset{\text{糖基 醋酸酯}}{R{-}OCOCH_3} + H_2O \rightleftharpoons R{-}OH + \underset{\text{醋酸}}{CH_3COOH}$$

这是一个平衡反应，它使得木材中的水分常带有酸性，而且因为醋酸有挥发性，会从平衡体系中逸出，使水解反应不断向生成醋酸的方向移动。木材中含有1%～6%的醋酸根，阔叶村比针叶材含量高。醋酸根的含量越高，体系内形成的醋酸就越多，木材的酸性就越强。木材水解时释放出醋酸的快慢因木材树种而异，对同一种木材而言，其释放速度取决于周围的温度和木材自身的含水率。此外，也与木材的几何形状有关。除醋酸外，木材中还含有树脂酸及少量的甲酸、丙酸和丁酸。木材含有0.2%～4%的矿物质，其中，硫酸盐占1%～10%，氯化物占0.1%～5%，它们电离、水解后也可使木材的酸性提高。

3.6.2 木材的pH

木材的pH一般泛指木材中水溶性物质的酸性或碱性的程度，通常以木粉的水抽提物的pH表征。经国内外一些研究者测试证明，世界上绝大多数木材的pH为4.0～6.0。日本的往西弘次、后藤辉男，用不同方法测定的世界重要木材(针叶材44种，阔叶材252种)的pH分布状况如图3-40所示。中国林业科学研究院李新时、相亚明在所测定的中国45种木材pH中仅有1种木材的pH为7.5，其余的44种均分布于4.0～6.2(表3-28)。

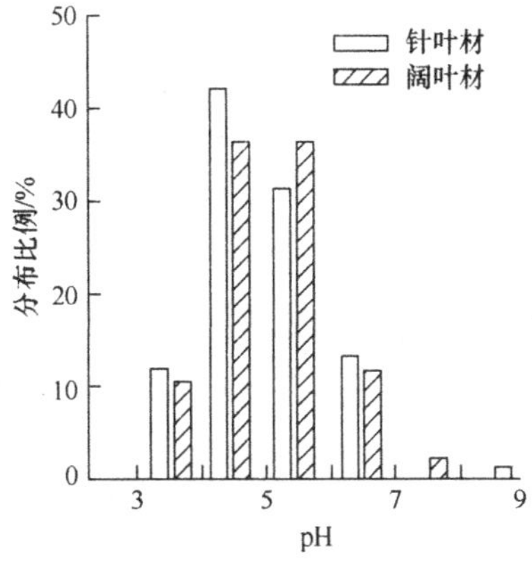

图3-40 世界主要树种木材pH的分布比例

表 3-28 45 种中国木材的 pH

树种	Ⅰ法测得的 pH	Ⅱ法测得的 pH	树种	Ⅰ法测得的 pH	Ⅱ法测得的 pH
针叶树材			马蹄荷	4.8	5.0
臭冷杉	4.6	5.1	水曲柳	5.3	5.6
杉木	4.6	5.0	大果木姜	5.3	5.4
黄花落叶松	4.4	4.7	广东润楠	5.1	5.2
红皮云杉	4.4	4.8	绿兰	5.5	5.8
红松	4.3	4.4	杨梅	4.5	4.6
鸡毛松	5.2	5.7	香果断木姜	4.4	4.5
阔叶树材			木荚红豆	4.0	4.2
槭木	5.7	5.6	桢南	4.3	4.5
臭椿	5.9	5.9	椤木石楠	4.8	5.0
榲树	5.4	5.7	青杨	7.5	8.0
南洋榲	5.3	5.4	大关杨	5.6	5.9
千年桐	6.0	6.5	异叶杨	4.6	4.5
拟赤杨	4.5	4.9	钻天杨	6.2	6.7
糙叶树	5.5	5.6	小叶杨	6.0	6.3
白桦	4.5	4.8	大青杨	4.6	4.8
苦槠	4.2	4.3	豆梨	5.0	5.2
山枣	4.5	4.6	柞栎	4.7	4.8
华南桂	5.2	5.6	檫木	4.3	4.2
香樟	5.8	5.7	鸭脚木	5.0	5.2
盘壳青冈	5.9	6.1	荷木	4.8	4.9
杨梅蚊母树	4.6	4.7	线枝蒲桃	4.5	4.6
大叶桉	4.5	4.7	紫椴	5.1	5.3
吴茱萸	4.9	5.2			

有人建议根据木材的 pH 大小将木材分成两大类：①酸性木材，木材的 pH 小于 6.5 者，绝大多数树种的边材和多数树种的心材均在此列；②碱性木材，木材的 pH 大于 6.5 者，为极少数木材及少数木材的心材所具有。

木材的 pH 随树种、树干部位、生长地域、采伐季节、储存时间、木材含水率及测试条件和测试方法等因素的变化而有所差异。所以，在表示木材的 pH 时，应尽可能地注明测定时的各种条件。例如，同一株树木不同部位的 pH 有变化(表 3-29)，边材与心材的 pH 相差明显(表 3-30)。麦克纳马拉(Mcnamara)研究了从生材到绝干材时的木材 pH 的变化，证明木材的含水率降低其 pH 随之降低，因为随着木材的干燥，木材抽提物及木材组分受到氧化或分解，木材中不挥发的生物质浓度增加而木材的酸度升高。

表 3-29　木材 pH 沿树干高度和径向的变化

树种	部位	边材	心材	树皮
水曲柳	上	6.48	6.44	5.52
	中	6.38	6.08	5.87
	下	6.28	6.18	5.93
核桃楸	上	4.41	4.76	5.87
	中	5.11	4.86	5.46
	下	5.37	6.18	5.47
蒙古栎	上	5.57	4.93	5.12
	中	6.65	4.70	5.20
	下	5.75	4.63	4.98
白桦	上	5.40	5.37	6.05
	中	5.60	5.53	6.05
	下	5.93	5.67	6.10
糠椴	上	5.98	5.37	5.72
	中	5.17	5.40	5.81
	下	5.28	5.38	5.80
小叶杨	上	5.20	5.93	5.08
	中	5.16	5.30	5.12
	下	5.24	5.52	5.43

表 3-30　8 种木材的心、边材 pH 及变异范围

树种	边材		心材		备注
	pH 均值	变异范围	pH 均值	变异范围	
落叶松	5.24	4.97～5.49	4.85	4.27～5.26	各树种所列值均为 4 株标准木，12 个圆盘 pH 和变异范围
春榆	5.96	5.76～6.19	8.40	6.71～9.35	
大叶榆	6.09	5.93～6.33	8.49	6.62～9.66	
水曲柳	5.79	5.64～5.90	6.10	6.00～6.35	
紫椴	5.37	5.16～5.64	5.10	4.82～5.47	
香杨	5.41	5.32～5.51	7.90	6.54～9.09	
山杨	4.99	4.86～5.37	5.16	4.98～5.37	
大青杨	5.76	5.40～6.89	8.67	7.10～9.32	

有关木材 pH 的测定，国际上尚未颁布统一的标准方法，因不同国家不同的研究者而异。我国于 1985 年规定和颁布了《木材 pH 测定方法》的国家标准（GB6043-35）。标准中规定：将试材破碎后置于通风良好、无酸碱气体的室内气干，均匀混合后取约 200g，用植物原料粉碎机全部制成通过 40 目筛的试样，置于广口瓶中备用。称取试样 3g（精确至 0.01g）置于 50ml 烧杯内，加入新煮沸并冷却至室温的蒸馏水 30ml，搅拌 5min，放置 15min 后再搅拌 5min，静置 5min 测定 pH，精确至 0.02。每一试样，平行测定两次，误差不得超过 0.05，取其算术平均值为结果，准确到小数点后第二位。

3.6.3　木材的缓冲容量

绝大多数木材的水抽提液是一种含有弱酸及其盐类且比水复杂得多的缓冲溶液。木材的

缓冲容量就是指木材的水抽提液所具有的对外来的酸或碱的缓冲能力。这种缓冲作用的大小可以表征树木在生长期间及木材和木制品的长期贮存、加工和使用过程中对外界酸或碱的平衡或抵制能力。

目前,对木材缓冲容量的测定方法尚无统一的标准,因不同的研究者而异。作者测定和研究了东北次生林黄波罗等6种木材的缓冲容量,其测定方法是:取气干的40目木粉10g与新煮沸并冷却至室温的蒸馏水(pH=6.9~7.0)以1∶10的比例混合均匀,在磨口瓶中密封存放24h;然后将抽提液过滤,取25ml滤液,用25型酸度计测其pH;接着分别用0.0125mol的硫酸或0.025mol的氢氧化钠溶液滴定,前者滴定到pH=3,后者滴定到pH=7,分别以消耗的0.012mol的硫酸或0.025mol的氢氧化钠溶液的摩尔数计为该种木材水抽提液的碱缓冲容量和酸缓冲容量,并以二者之和代表木材的缓冲容量,实验结果见表3-31。

表3-31 黄波罗等6种木材的缓冲容量

树种	碱缓冲容量/mol		酸缓冲容量/mol		酸碱缓冲容量/mol	
	边材	心材	边材	心材	边材	心材
黄波罗	0.120	0.100	0.010	0.020	0.130	0.120
春榆	0.230	0.260	0.024	0.019	0.254	0.279
紫椴	0.073	0.083	0.015	0.017	0.088	0.100
色木	0.074	0.018	0.013	0.026	0.087	0.144
白桦	0.051	0.066	0.083	0.093	0.134	0.159
枫桦	0.050	0.061	0.012	0.009	0.062	0.070

3.6.4 木材酸碱性质与木材加工的关系

木材的酸碱性质(pH和缓冲容量)对木材的某些性质、加工工艺和木材利用有重要影响。

1. 关于木材的易病性

木材易受菌腐和虫蛀,使材质变劣,表明木材呈现易病性,木材的pH对于木材的易病性有着重要影响。

木材的腐朽是由木腐菌的寄生而引起的。所有危害木材的真菌,无论在其孢子发芽阶段,还是菌丝生长期间,均明显地喜于生活在酸性介质中。据Cartwight等报道,木腐菌生长时所需pH的最佳范围为4.5~5.5;若基质的pH高于7,则许多木腐菌不能赖以寄生和繁殖。而木材的pH多在4.0~6.5,恰恰是木腐菌寄生的优良基质。此外,寄生在木材中的木腐菌在繁殖和生长过程中还可释放出二氧化碳等酸性挥发物,有助于提高木材的酸度,越发加速木材腐朽。

对于火烧木、雷击木和新砍伐的原木比健旺的挺立生活着的树木和正常原木更易遭受昆虫和木腐菌的危害。因为树木在火烧或雷击过程中由于高温和静电的作用,从木材中释放出一些挥发性的化学物质和酸性成分,现已发现的有单萜烯、脂肪酸、安息酸和乙醇等。这些物质能为一些昆虫和木腐菌提供初级引诱。因此,火烧木、雷击木等诸如此类的受伤木材更易招引昆虫和木腐菌而使木材受到危害,增加木材的易病性。

为了改变木材的易病性,常常使用防腐剂对木材进行防腐处理。其中常用的水溶性防腐剂为含骨重铬酸钠、重铬酸钾、三氧化铬(铬酸)等六价铬类复方防腐剂。这类防腐剂注入木材后,木材内的还原糖可以把六价铬化合物还原为三价铬类化合物。三价铬类化合物不溶于水,容易在木材中固定,因而提高了防腐剂的保留量,增强了木材的抗腐性能。但由六价铬转化为三价铬的反应严格地受着体系内 pH 的控制。而木材本身所具有的 pH 和缓冲容量又与注入溶液的 pH 相关,据奥伯利(Oberly)报告,对铜铬砷(CCA)木材防腐剂溶液的 pH 保持在 1.7～2.0,该溶液的稳定性得到改善,容易渗注并且不易被水沥出。要准确维持该溶液的 pH,首先必须了解被处理木材本身所具有的酸碱性质。

通过改变木材 pH 的途径,如木材经过氨水处理或碱性溶液处理提高木材的 pH,可以排除或破坏木腐菌寄生所需要的酸性环境,从而减少木材的易病性,使木材得以保存。

2. 关于木材胶合

我国人造板和其他木材加工工业中常用的合成树脂胶黏剂有两种——酚醛树脂胶和脲醛树脂胶。木材的 pH 和缓冲容量对这两种胶胶合质量的影响差异很大。酚醛树脂胶对所有树种的边、心材胶合质量均好,均能达到国家标准要求,这说明木材的酸碱性质对酚醛胶无不良影响;脲醛树脂胶则不然,这种胶为酸固化胶种,对酸性木材的胶合质量均能达到要求,而对春榆、大叶榆、香杨和大青杨等树种的心材胶合质量不佳,这是由于这些树种的心材 pH 较高显弱碱性的缘故。脲醛树脂胶的固化取决于胶液的 pH 和固化时的温度。降低胶液 pH 和提高固化时的温度,则胶层固化加快。有人认为胶液 pH 为 3～5 时可以获得适宜的固化速度,即热压时间最短而胶合质量高。朴载允、李良试验和研究了长白落叶松等 8 种木材 pH 对胶合质量的影响,其结果列于表 3-32。

表 3-32　木材 pH 对胶合质量的影响

树种	木材部位	单板 pH	脲醛树脂胶			酚醛胶
			U/F=1∶1.80	U/F=1∶1.85	U/F=1∶1.45	NQF-1
			胶合强度/(0.1MPa)			
长白落叶松	边材	5.52	17.8	—	19.0	—
	心材	5.34	18.1	17.9	18.6	15.6
春榆	边材	5.96	—	—	—	—
	心材	8.60	热压后开胶	热压后开胶	热压后开胶	21.6
大叶榆	边材	6.09	—	—	12.6	—
	心材	7.06	试片在 63℃水中浸 3h 后全开胶	试片在 63℃水中浸 3h 后全开胶	试片在 63℃水中浸 3h 后全开胶	—
水曲柳	边材	6.00	22.4	—	15.3	—
	心材	5.54	18.1	25.2	13.7	21.7
紫椴	边材	5.24	17.4	—	10.1	14.3
	心材	5.15	16.7	—	12.7	12.1
香杨	边材	5.67	15.8	17.0	15.7	17.7
	心材	8.48	8.9	7.2	6.6	14.4
山杨	边材	4.99	—	19.6	12.6	17.1
	心材	5.16	—	12.2	10.9	16.7
大青杨	边材	5.94	21.5	—	15.0	19.5
	心材	8.79	热压后开胶	—	试片于 63℃水中浸泡 3h 全开胶	17.4

—未测出数据

从表 3-32 可见，由于春榆、大青杨心材的 pH 高达 8.60 和 8.79，因而在使用脲醛胶种进行胶合试验时，发现热压后心材板坯开胶，并且还发现春榆心材的涂胶芯板 pH 在热压过程中有降低趋势。这说明，单板中的碱性物质在涂胶和热压过程中与脲醛胶用的酸性催化剂起反应，降低了胶液的酸度，从而使胶液的固化速度减慢或部分阻止固化，不能形成网状交联结构，胶结强度降低，产生板坯开胶现象。在生产中为了提高脲醛胶的酸性，常常加入氯化铵等酸性固化剂，尤其对碱性较高、碱缓冲容量较高的木材进行胶合时，应适当地增加酸性固化剂的用量，以保证碱性木材的胶合质量。酸固化剂的加入量不仅要考虑木材本身 pH 的大小，还要考虑木材的缓冲容量。

Chen 等人研究指出，木材 pH 直接影响刨花板的力学性质，其主要原因是胶黏剂的黏结性能受木材 pH 的影响。在研究 pH 与刨花板剥离强度之间的关系时得出如下回归方程式：

$$Y=4.21-0.528X$$

式中：Y——刨花板的剥离强度(0.1MPa)；

X——各树种木材的 pH。

公式表明，随着木材 pH 降低，即木材的酸性增大，其刨花板的剥离强度线性增加。

作者测定和研究了东北林区的红松、水曲柳、胡桃楸、糠椴等 21 种经济用材的 pH、缓冲容量及对脲醛树脂胶凝时间的影响。研究结果表明，东北 21 种经济用材的 pH 为4.40～9.20，缓冲容量为 0.107～0.277mol，其中酸缓冲容量(对碱溶液的缓冲能力)为 0.013～0.143mol，碱缓冲容量(对酸溶液的缓冲能力)为 0.077～0.256mol。脲醛树脂的胶凝时间随着木材的 pH 和碱缓冲容量的增加而增长。酸缓冲容量较大的木材其脲醛树脂胶凝时间较短，酸缓冲容量较小的木材其脲醛树脂胶凝时间较长。对于酸敏感性胶黏剂，春榆、色木不易胶合，大青杨胶合困难；而胡桃楸、柞木、黄波罗、落叶松、白桦、黄桦等木材均易于胶合，可作为胶合板用材。

3. 关于纤维表面的 ζ 电位

ζ 电位(动电电位)表征着木材纤维表面的电化学性质。在湿法纤维板的浆料中，纤维表面的 ζ 电位与浆料悬浮液的 pH 有关。当浆料中的酸性增加，即 pH 下降时，其 ζ 电位也随之下降。因此，可根据这一特性，在制浆造纸和湿法纤维板生产中，注意调整浆料的 pH，控制适宜的硫酸铝(矾土)用量。当纤维表面的 ζ 电位下降至体系内正、负电荷达到等电状态时，可使松香或石蜡牢固地附着于纤维表面上，从而得最佳的浆料施胶或防水处理的效果，借以提高纸和纤维板的质量。

4. 关于木材对金属的腐蚀

人们常常用木材加工成包装箱，以盛金属仪器和铁钉、螺栓等金属零件。当它们在潮湿、温度高、通风不良的仓库中长期贮存时，对于酸性较高的木材而言会引起对金属的腐蚀。因为在这样的环境下，木材中的化学组分——半纤维素发生水解，产生乙酸等物质使木材的游离酸含量增加，其挥发蒸汽能促进木材对金属的腐蚀；并且，一般说来，阔叶材较针叶材明显，因为阔叶材中的半纤维素含量高于针叶材。

木材的酸度和挥发出的醋酸蒸汽是导致金属腐蚀的主要原因。一般说来，木材的 pH(以 pH 表示木材在温带气温与湿度下贮存时的木材酸度)越低，即酸度越高，其蒸汽腐蚀的危险性越大(表 3-33)。S. G. Clar-ke 等较为系统地研究和分析了在不同相对湿度下醋酸蒸汽对镉、锌、钢、铜四种金属的腐蚀，测定了在 30℃和浓度为 1%醋酸溶液在各种相对湿度下的腐蚀率，其结果如表 3-34 所示。表中可见，相对湿度对醋酸蒸汽腐蚀有显著影响。因此，在潮湿的环境中，木材可使金属器件的腐蚀现象加重。醋酸蒸汽对金属的腐蚀性必须当醋酸浓度达到某一限度才会明显地发生和增强(表 3-35)。

表 3-33　木材的酸度与蒸汽腐蚀的危险性

木材	pH	蒸汽腐蚀的危险性
栎	3.35～3.90	高
栗	3.40～3.65	高
山毛榉	3.85～4.20	颇高
桦	4.85～6.35	颇高
冷杉	3.45～4.20	颇高
加蓬榄	4.20～5.20	颇高
麻栗	4.65～5.45	颇高
雪松	3.45	颇高
松	5.20～8.80	中
云杉	4.00～4.45	中
榆	6.45～7.15	中
红木	5.10～6.65	中
胡桃	4.40～5.20	中
东非洲绿柄杉	5.40～7.25	中
东南亚棱柱木	5.25～5.35	中
非洲梧桐	4.75～6.75	中

表 3-34　不同相对湿度下醋酸蒸汽对金属的腐蚀率

金属	对金属的腐蚀率/[g/(dm² · d)]			
	相对湿度 72%	相对湿度 85%	相对湿度 96%	相对湿度 100%
镉	0.003	0.035	0.04	很大
锌	0.003	0.0188	0.0263	大
钢	微	0.0225	很大	很大
铜	微	微	0.0163	0.025

表 3-35　产生蒸汽腐蚀的醋酸浓度

金属	醋酸溶液的浓度/%(体积)	
	产生可观的腐蚀[a]	产生迅速的腐蚀[b]
镉	0.01	0.05
锌	0.001	0.01
钢	0.001	0.01
铜	0.1	1.0

注：a. 可观的腐蚀指腐蚀率达 0.005g/(dm² · d)；b. 迅速的腐蚀指腐蚀率达 0.05g/(dm² · d)

为了减少木材对包装物的腐蚀，首先要注意选择酸性较小的木材作为包装箱用材，如栎木、栗木、桦木、胡桃楸等酸性较强的木材不宜使用。此外，还应保持存放场所干燥、通风良好，可减少或避免木材对金属的腐蚀。

在建筑部门，常用钉子、螺栓和其他紧固件连接木材或制成房屋桁架，如果这些木材已经过干燥处理，并且在干燥的环境中使用，则木材和木制品不致引起对金属的腐蚀。否则，由于木材具有较强的吸湿性，在高湿高温下会使木材的游离酸含量增加，导致木材对金属紧固件的接触腐蚀。当用螺栓连接不同树种木材时，由于各部分木材的酸性和含水率的差异，均能引起类似于“浓差电池”的电化学腐蚀。

酸性木材能够腐蚀金属，反之，金属腐蚀后的生成物也会促使木材变色、腐朽、强度降低，使材质劣化。

3.7 木材的表面性质

在加工和利用木材的过程中，人们很重视木材的总体性质，诸如压缩强度、冲击韧性和黏弹性等，然而对于木材的局部性质——表面特性的了解和研究还不够多，往往被人们所忽视。实际上，在加工时，只要将木材的表面性质加以改变就可以满足某些特定用途的要求，就能够提高其使用价值和扩大应用范围。例如，对于难以胶合或涂饰的抽提物含量高的木材及竹皮、藤皮等纤维材料，只需将其表面的润湿性予以改良即可改善其胶合性和涂饰性。不同树种的木材或不同种类的材料，由于它们所具有的表面性质不同，其胶合性和涂饰性也不同，这就是为什么迄今为止，尚未找到这样一种胶黏剂或胶合方法，可用于胶结所有树种的木材或不同种类的材料且具有相同的胶合质量的原因之一。再如，置于室外的木材或再生木材产品，由于气候因子的作用，使其表面性状发生变化。如褪色、粗糙和产生裂纹等，其中最重要的因素是阳光辐射。如果将含有紫外光吸收剂的涂料涂刷在材料的表面即可抑制或减少其表面的光化降解，增强其耐候性。此外，还有木材的防腐、防虫、防变形、滞火和表面强化等各种木材改性处理效果，在很大程度上均受其材料本身间的界面物理、化学性质的影响。

木材的表面性质十分复杂。因为木材是一种天然的高聚物，它既有生物学特征，也具有化学和物理特征，同时又是一种不均匀的各向异性的材料。树种不同，其材性变异很大；即使是同一树种的木材，由于切面不同，所裸露的解剖分子的形态、比率及其纤维素、半纤维素、木质素和抽提物的含量均有变化。这些变化对木材的表面性状、表面物理和表面化学性质均有影响。此外，木材还有早材与晚材、边材与心材、成熟材与未成熟材之分等等，这些解剖构造的变异也对木材的表面性质产生影响。

下面介绍木材的两种重要表面特性——润湿性和耐候性。这两种特性分别关系到木材或木制品的胶合质量和使用寿命，与木材加工工艺、木材保护与改性有着紧密的联系。

3.7.1 木材的润湿性

木材的润湿性，表征某些液体(水、胶黏剂、氧化剂、交联剂、拒水剂、染色剂、油漆涂料及各种改性木材的处理溶液等)与木材接触时，在表面上润湿、铺展及黏附的难易程度和效果。这一性质对界面胶结、表面涂饰和各种改性处理工艺极为重要。

1. 木材是一种可润湿的固体材料

(1) 木材表面有极性。组成木材的主要化学组分是纤维素、半纤维素和木质素，它们均是有机化合物，含有极性官能团。在木材内部，由于分子间的作用力，这些极性基团相互吸引而达到平衡状态。但位于木材表面的分子尚有极性，具有一定的表面自由能，当与极性胶黏剂、涂料或其他处理溶液相接触时，就能够彼此吸引相互结合。

(2) 木材具有巨大的比表面积。木材属于多孔性-毛细管-胶体。其细胞壁由微晶、微纤丝和纤丝组成，这些微晶与微晶、微纤丝与微纤丝、纤丝与纤丝之间都有间隙，相互沟通，构成了木材的微毛细管系统，平均直径为 1～10nm，其内表面极为巨大。据 Brown 记载，$1cm^3$ 密度为 $0.4g/cm^3$ 的木材，其微晶、微纤丝和纤丝表面积为 $123.482m^2$；据 Kollmann F. F. P. 记载，密度为 $0.1～1.4g/cm^3$ 的 $1cm^3$ 的木材其表面积为 $200～280m^2$。如此庞大的表面积和数目众多的毛细管，便于多种液体的吸着与传导。

通常，润湿性的高低以液滴在木材表面上形成的接触角(θ)或接触角的余弦($\cos\theta$)的大小表征。当 $\theta<90°$时，液体在木材表面上形成扁平状，表示这种液体能部分润湿木材；当 $\theta=0°$时，表示液体能全部润湿木材；当 $\theta>90°$时，液滴在木材表面上形成滚珠状，表示液体不能润湿木材。

除采用测定接触角的方法来表示木材润湿性外，也有的研究者用浸润高度法表征，即将一定尺寸的木材试样浸入某种液体中，测定在限定时间内该液体浸润试样的高度(mm)。对具有不同表面张力的各种液体而言，其浸润高度大者表示对木材的润湿性好。对不同树种的木材而言，通过对照比较也可确定它们的相对润湿性。

2. 润湿性与胶结质量

有关木材的润湿性对胶合质量的影响曾有许多研究者作了大量的试验和研究工作。Chung Y. H. 曾用多种酚醛树脂胶黏剂制造胶合板，并测定了胶液对美国长叶松木材单板的接触角。通过对板子的湿态剪切强度、木破率和分层百分率测定证实(表 3-36)，接触角与胶合质量呈正相关，即接触角大，单板的润湿性低，导致胶合板的胶合质量差。由表 3-36 可见，接触角大的单板试样，一般的趋势是板子的剪强度低，木破率低，而分层百分率高。反之，亦然。

表 3-36　接触角与胶合质量(酚醛树脂胶中：0.4 mol NaON/1 mol 苯酚)

固形物含量/%	甲醛对苯酚的物质的量比	接触角/(°)			剪切强度/Pa	木破率/%	分层/%		
		早材	晚材	平均			早材	晚材	平均
37	1.6	85	93	89	266	76	0.1	78.4	39.3
37	1.9	88	90	89	290	75	0.7	27.4	14.1
37	2.2	96	98	97	259	79	0.3	67.7	34.0
37	2.5	99	103	101	286	71	5.0	87.0	46.0
40	1.6	87	89	88	306	60	0.1	57.2	28.7
40	1.9	86	92	89	290	82	1.0	54.0	27.5
40	2.2	91	95	93	279	75	0.1	34.2	17.2
40	2.5	93	95	94	267	78	1.0	55.0	28.0
43	1.6	92	94	93	303	69	0.6	20.8	10.7
43	1.9	90	92	91	289	75	0.0	29.9	15.0
43	2.2	96	102	99	268	76	0.2	83.0	41.6
43	2.5	100	104	102	273	64	0.8	88.5	44.7

在木材加工和利用中,有时会遇到这样的实际问题,即对新引进的树种或进口木材的胶合性能缺乏了解,因此必须采用一种简便而快速的方法在投入生产或加工之前来预测木材的胶合性能。而这种方法通常就是通过测定接触角或浸润高度来表征木材的润湿性和胶合质量。

3. 影响润湿性的因素

木材表面的润湿性除受材料自身性质的影响外,还受所接触的液体及外界环境的影响,其因素错综复杂,归纳起来,主要有以下几个方面。

(1) 固体的表面自由能与液体的表面张力。从能量的概念出发,润湿性是固体的表面张力与固-液界面张力之差。定义时对于固体材料常用表面自由能表示,而液体常用表面张力表示。润湿性的大小因固体的表面自由能和液体表面张力的变化而异。

表面自由能是一种能量,即产生 $1cm^2$ 无应力表面时固体所需要的能量,以 J/cm^2 表示。由于木材是多孔性的极性固体,其表面具有自由能。Marian 曾计算得出花旗松、加州铁杉和欧洲栎木的表面自由能分别为 $57.8\times10^{-7}J/cm^2$、$56.5\times10^{-7}J/cm^2$、$40.8\times10^{-7}J/cm^2$。树种不同其木材的表面自由能有差异,同一树种不同部位的木材其自由能也不同,如花旗松早材与晚材的表面自由能分别为 $61.0\times10^{-7}J/cm^2$、$58.2\times10^{-7}J/cm^2$。可见木材的表面自由能是可以变化的。若使木材表面自由能升高,则有利于改善木材的润湿性。

液体的表面张力对木材润湿性影响较大。各种表面处理剂、胶黏剂表面张力的大小对保证木材的胶结质量有着重要作用。例如,一种胶黏剂的表面张力等于或低于木材表面自由能时将出现胶液在木材表面上完全铺展的现象,接触角等于零。当一种胶黏剂的表面张力高于木材的表面自由能时,接触角大于零,即这种胶黏剂在木材表面上可以部分润湿或不能润湿木材。润湿性好,其固-液界面间的结合力强,则黏附力大,胶合强度高。

(2) 用材树种与纹理方向。用材树种不同,即使对同一种胶黏剂,其润湿性不同;同一种树的木材,其润湿性也因不同的切面和纹理方向的不同有所变异。Gray 用水(表面张力为 $72.8\times10^{-5}N/cm$)润湿新砂光的生材心材时发现各切面和方向的接触角是,弦切面:纵向平均 $\cos\theta$ 为 0.500 ± 0.006,弦向平均 $\cos\theta$ 为 0.549 ± 0.006;径切面:纵向平均 $\cos\theta$ 为 0.549 ± 0.009,径向平均 $\cos\theta$ 为 0.553 ± 0.004;横切面:弦向平均 $\cos\theta$ 为 0.552 ± 0.005,径向平均 $\cos\theta$ 为 $0.5\ 50\pm0.006$。这是因为不同的切面和纹理方向,其表面性状不同,粗糙度有差异。粗糙的单板表面润湿性差,木破率低,这可能是由于胶液中的泡沫易聚积在粗糙表面的空隙中,也可能在粗糙的表面处残留的胶液多,不能像光滑表面那样,使胶液均匀铺展而形成一层薄膜。不同的木材切面可以暴露出各种不同的细胞和组织,以及不同的细胞壁层次结构,导致木材的解剖构造和化学组分有差异,因而对液体的亲和力不同,显示出不同的润湿性。

(3) 周围环境与木材老化。长期暴露在不同环境中的木材表面由于氧化作用、吸附作用、水合作用和污染作用,使木材表面老化,导致木材润湿性降低。Jozsef 指出,暴露于空气中的木材,其表面在短时间内将覆盖一层多脂物质,约有一个分子厚,足以使木材的润湿性降低。如设法除去其表层,那么可以暴露出一层新鲜的表面,将表现出有利于胶合的表面性质。

Marian 认为,在室温环境下老化是由于灰尘或空气中的悬浮物对木材表面污染的结果。当排除这些污染时便可使木材表面的活性得到恢复或提高。许多研究者都公认木材表面的老化是影响润湿和胶合质量的一个重要因素,提出了五种可能的原因:①木材抽提物向表面的迁移;②木材表面的主要化学组分及抽提物的化学变化;③空气中悬浮物或粉尘在木材表面沉积或产生化学变化,降低了木材的表面自由能;④木材表面的纤维强度受到损伤;⑤在锯截或切削时所产生的热量对木材切面的作用，以及来自加工机械的微量金属物质在木材切面上的存积，也能降低表面自由能。

（4）木材抽提物。木材抽提物的存在与迁移可使木材的润湿性和胶合性发生明显的变化。曾有许多研究者记载了抽提物对木材胶合质量的影响。Wellons 在研究东南亚阔叶材单板胶合的耐久性时发现，用冰片树木材作单板胶合不良，室外耐久性差。其原因之一是这种木材含有高达 9.9%±1.1%的抽提物，这些抽提物覆于单板表面，阻碍着胶液与真实的木材表面接触，使单板表面不能良好地润湿。经抽提处理后，从木材中移出大量的水和醇抽提物，单板的润湿性得到改善，因而提高了胶层的耐久性。抽提前后冰片树木材单板的胶合质量试验结果见表 3-37 所示。

表 3-37　抽提和未抽提的冰片树木材单板的胶合质量

处理	木破率/%		
	真空-压力实验	4 次沸水循环实验	6 次沸水循环实验
未抽提	27	4	3
甲醇抽提	90	60	32
沸水抽提	89	94	73
Detergent 溶液抽提	98	63	37
1%NaCH 抽提	100	97	95

4. 改善木材湿润性的方法

（1）砂磨处理。砂磨能提高木材表面的润湿性。Boding 研究菲律宾 5 种木材的润湿性与胶合性的关系时发现，砂磨过的木材表面显示出良好的润胀性，其平均 $\cos\theta$ 为 0.8051，而未砂磨的木材其润湿性次之，平均 $\cos\theta$ 为 0.3384。这表明砂磨后其接触角变小，润湿性提高，有利于胶结。

（2）化学处理。选择一些适宜的化学药剂对木材表面进行处理，以排除老化表面的污染物、抽提物等来提高木材的润湿性或使木材表面发生氧化、酸化、碱化或引起表面自由基等作用来提高木材的表面自由能，从而改善胶合性能。Chene 用氢氧化钠-丙酮溶液或苯-醇溶液擦抹木材表面能改善数十种热带木材的润湿性；Zomol 等利用氢氧化钾、碳酸钠、氯化铵等处理含抽提物多的木材，提高了界面胶合强度；作者用 0.1mol 氢氧化钠溶液处理椴木单板表面，提高了木材表面润湿性和无胶胶合板的剪切强度。

（3）电晕处理。采用电晕放电方法使木材表面瞬间产生一些物理和化学变化能改善木材的润湿性与胶合质量。研究结果表明，木材在氧气中电晕放电所产生的胶合作用比在其他气体中进行的迅速、质量高。因为木材的润湿性与木材表面的氧化作用有关，经电晕放电，由于氧化作用使木材表面产生了一些新的羟基、羰基和胺基等极性官能团和表面自由基，这些基团有利于表面润湿和界面结合，从而提高胶合质量。

3.7.2　木材的耐候性

木材暴露于室外的天然环境中，经受着紫外光的光化降解作用、雨水的淋溶作用、水解作用、湿胀与干缩作用和微生物的腐蚀作用等，日久天长，木材的表面性状就会发生一些变化。木材抵抗这些因子的作用，以及由这些作用所引起木材变化的性质称为木材的耐候性。影响木材耐候性的因素有以下几点。

1. 气候因子的作用

未经过油漆涂饰或改性处理的木材表面，在室外放置数月后，其表面就会产生自然老化现象。导致木材表面老化有许多复杂的原因，其中主要是化学和物理因素所产生的影响，通常是由阳光辐射、雨水淋溶、湿度变化、冷暖交替和露、雪、冰、霜、风等气候因子的反复交替作用所引起的。此外，还有大气条件，如大气中氧气、臭氧和大气污染物的影响或者上述因子的共同作用。

自然老化作用的外部表征主要是木材的颜色变化，一般是原来材色较深的木材其颜色变浅些，而原来颜色较浅的则变深些，经过长期在室外暴露，几乎所有木材表面的颜色呈灰色。此外，还可使木材表面变得粗糙、暗淡或者产生微细的裂纹。

自然老化作用首先是由于阳光辐照而使木材分子产生光化降解，主要是波长为 380～780nm 的可见光和 300nm 以下的紫外光，对木材的贯透深度约为 75μm，反应在木材表面进行。近年来，通过扫描电镜和电子自旋共振技术的研究表明，经 500h 紫外光辐照后，暴露的木材横切面大部分胞壁在胞间质部分分离；经 1000h 辐照后，木材表面纤维受到严重的光化降解，并且发现，紫外线能严重损坏木材径切面的半具缘纹孔和具缘纹孔。由于紫外光的照射，使木材中的高聚物分子——木质素、半纤维素和纤维素分子共价键断裂产生许多自由基，这些自由基又可与空气中的氧气发生反应，导致木材表面产生羰基或羧基等新的官能团。这些新的基团在吸收紫外光后有新的电子被激发又产生新的自由基。这样循环下去，促使木材表面的聚合物分子不断进行光化降解，导致木材变劣，使颜色发生变化。

木材的光化降解主要发生于木质素分子中。因为木质素是一种非结晶的具有芳香族特性的苯基丙烷衍生物，对波长为 300nm 附近的紫外光极易吸收。木质素容易发生光化降解，产生自由基，波长越短，自由基浓度越大，即木质素的破坏越显著。Miniutii V. P. 曾试验用紫外光辐射木材，在电镜下发现细胞壁的胞间层破坏明显，这是由于胞间层中木质素浓度最大而木质素在紫外光作用下发生光化降解的缘故。

在波长为 300～500nm 的光辐射下，纤维素和半纤维素也发生光化降解，产生自由基。这是因为该波长的紫外辐射能使这两种组分中的 C—O 键和 C—C 键断裂，但光使纤维素和半纤维素所产生的光化降解形成自由基的能力在同一条件下弱于木质素，因此说，木材中的自由基主要来源于木质素。

木材表面的颜色变化主要是由木质素的光化降解产物所引起的。木质素的降解产物使木材表面的颜色加深，可深入木材表面 0.5～2.5nm。后来，随着时间的推移，由于长期遭受雨水淋溶，又使加深了的木材表面逐渐变浅，形成了一层厚度为 0.075～0.25mm 的“灰色层”(或灰色纤维层)，这一层结构疏松，颜色暗淡，表面粗糙。这一层主要是由抗雨水淋溶的多糖组成。木聚糖和阿拉伯聚糖已被大量沥出，半乳聚糖和甘露聚糖沥出较少，葡聚糖最抗沥出。木材表面的木质素降解产物和一些易于沥出的糖类物质离开木材表面后，自然老化作用开始向木材的内部进展。

木材是由纤维素、半纤维素和木质素三种聚合物构成的有机复合体，其结构和性质十分复杂，且有动态特性。因此，在气候因子的作用下，木材表面发生光化降解产生自由基时还受着木材树种、早材和晚材、含水率及其木材抽提物等多种因素的影响。一般说来，在紫外光辐射下，针叶材自由基多于阔叶材；早材中产生的自由基多于晚材。适量的水分有助于光穿透木材的可达区域，使这些区域产生更多的自由基，而过量的水分能减少自由基的浓度，这可能是由于自由基与过量的水分子之间形成物理吸引的缘故。

2. 微生物的作用

由于褐色孢子菌和真菌菌丝体的影响，促使自然老化后的木材颜色和外部性状将进一步发生明显的变化。

木材变色菌常常使木材发生天然变色。变色菌常见于边材，因而也称为边材变色菌。边材变色菌有两类，一类生长在木材表面，属于发霉的真菌，也称霉菌，使木材表面发霉变色；另一类是深入木材内部，由于菌丝蔓延和孢子繁殖，使木材变色。

变色菌寄生于边材中的射线细胞和轴向薄壁组织内，以细胞腔内的物质为养料，不破坏细胞壁，而使木材发生各种颜色变化，如可以使木材呈现出蓝、红、绿、黄和褐色等，其中以蓝变色（青变）为普遍。蓝变色也有深有浅，从浅灰色到深蓝色以至浅黑色。如南方的马尾松、东北的红松，在储木和保存期间，由于管理不当，常常由变色菌的寄生而引起的边材蓝变色，在边材部分沿木射线呈放射状蔓延，初期颜色不深，以后逐渐加深。

3. 湿胀干缩的作用

木材含水率随着周围环境温度和相对湿度的变化而不断发生改变，易使木材产生湿胀与干缩。木材膨胀和收缩时所产生的应力变化导致木材表面粗糙、纹理隆起、微细裂纹以至明显的开裂。而开裂又为气候因子对木材的自然老化作用由外部向内部移动创造了有利条件，使木材组分在气候因子作用下发生化学变化，进一步使木材表面变得粗糙，加速开裂和变形，同时还可以使木材表面变软，握钉力降低。

4. 木材抽提物的作用

木材中含有的抽提物种类繁多，主要有单宁、树脂、树胶、精油、色素、生物碱、脂肪、蜡、甾醇、糖和淀粉等，其含量及成分因树种而异，高者可达 40%。不同树种的木材常呈现出不同的颜色与它们所含的抽提物密切相关。材色的变化因树种和部位的不同而异。一般说来，心材的颜色较深，这正是由于分布在心材中的抽提物较多的缘故。

木材中抽提物的变化常常引起木材的化学变色。如栎属木材中含有单宁类物质，经氧化后使木材表面的颜色加深。苏木中含有苏木素，在空气中氧化后生成苏木色素，使木材泛红色。有一些色素能吸收太阳光中的紫外线，因而可增加木材表面的抗光化降解作用。

化学变色常见于单宁较多的树种，如泡桐木材在干燥过程中变色相当严重，这是因为泡桐中含有较多的酚类物质的缘故。

木材表面上的抽提物（包括在木材加热过程中或室外暴露过程中从木材内部移至表面的部分）能促进木材对紫外光的吸收，加速木材表面的光化降解，增加产生自由基。Ranby 等认为，木质素吸收紫外光后，可将能量传递给不易吸收紫外光的与其邻近的纤维素分子。使其被活化，也参与光化降解反应，导致木材表面性状加速劣化。

上述几种作用，对置于室外的未经油漆涂饰和防护处理的木材表面均有不良影响。可见，试验研究采取有效措施，对木材进行防护处理，提高木材的耐候性，对延长木材的使用寿命具有实际意义。

3.7.3 改善木材耐候性的方法

1. 使木材表面预先变色

将偶氮染料或金属络合物染料掺加到以铜-铬盐或硼化合物为基础的水溶性防腐剂中，然后用该溶液在真空下浸渍木材，使处理后的木材具有耐光、耐自然老化及防腐性能。

采用单宁溶液处理木材表面或家具部件，然后再用氢氧化钠稀溶液进行涂刷，可使木材表面具有与贵重木材的天然铜绿色相似的色调，这样，使木材表面预先变色，提高了木材的耐候性能。

美国林产研究所试验研究一种新的性能良好的木材保护剂，其配方是油漆 200ml，石蜡 15g，然后加入矿质酒精醇至 1L。用此溶液浸注木材或涂刷在木材表面上，经室外长期露天放置试验表明，处理后的木材具有良好的耐候性。

2. 添加紫外线吸收剂

已开始研究一种含有紫外线吸收剂的清漆，涂饰在木材或木制品的表面上，旨在防止室外木材的表面光化降解。

采用铜铬砷等重金属盐类防腐剂与抗紫外线清漆混合处理木材，使木材具有耐候和防腐性能。

3. 无机化合物处理

近年来，美国林产品实验室研究发现，采用无机化学药剂的稀释水溶液处理木材，能够提供木材如下性能：①能够阻止或抵抗由紫外线辐射所引起的木材表面降解；②改善透明聚合物涂料对紫外线作用的耐久性；③提高油漆和染色剂的耐久性；④赋予木材体积稳定性；⑤提高木材表面和表面涂料的防腐性能；⑥勿需再行处理，兼作木材表面的天然涂料；⑦固定木材中的水溶性抽提物，使乳化漆的变色减少到最低限度。

能够实现上述效果的比较成功的处理药剂有三氧化铬、铬酸铜、氨溶铬酸铜及含锌氧化物等。

根据 Feist W. C. 报告，以美国西部侧柏早材为试材，采用一些化学药剂处理后并进行人工模拟加速耐候性试验，获得的结果见表 3-38。

表 3-38 化学药剂处理后的早材人工模拟加速耐候性试验

化学药剂	经不同暴露时间后木材的磨蚀/μm			
	440h	840h	1240h	1700h
素材	20	80	155	310
铬酸铜	10	15	25	115
氨溶铬酸铜	5	10	15	90
铬酸铵	5	10	40	120
重铬酸钠	5	10	35	130
三氧化铬	0	0	5	20
二氯化锡	25	80	145	250
氨溶氧化锌	20	40	130	260
硫酸铜	—	—	—	250

—无相关数据，下同

铬酸盐类处理剂对新的木材表面及遭受天然或人造气候因子作用后的表面均有良好的耐候效果。这些处理剂，特别是三氧化铬，当用 5%浓度的溶液处理木材时，使木材的耐候性能明显提高，并能够增加表面涂料的耐久性。

试验发现，处理后木材的耐候程度与处理药剂的浓度呈线性相关，表 3-39 显示了美国西部侧柏早材经不同药剂浓度处理后，在人工模拟加速耐候试验室中经 480h 试验后的磨蚀状况。

表 3-39　经 480h 不同药剂浓度处理的早材磨蚀状况

化学药剂	早材磨蚀/μm
重铬酸钠	
1%Cr	336
3%Cr	82
5%Cr	59
三氧化铬	
1%Cr	130
3%Cr	47
5%Cr	18
素材	313

Kubel H. 等研究试验一些金属氧化物对木材的防护作用，证实了用三氧化铬等金属氧化物的水溶液处理南非松和欧洲山毛榉木材时，使木材表面的拒水性能得到明显改善，为此，能够减少木材的湿胀干缩，提高木材的体积稳定性。

此外，木材经过交联处理和聚合处理，不仅可以使木材强化，而且也能够提高木材的耐候性能。

3.7.4　木材耐候性的检验

通常将素材和处理材试件放在人工模拟加速老化试验装置——木材耐候性试验机中进行木材的耐候性检验。

在耐候性试验机中能够造成一定的温度和湿度，并装有功率约为 6.5kW 的氪灯，其光谱基本上与可见的天然光谱和紫外光谱相近，作为木材光化降解的光源。首先使木材切面经氪光辐照，历经一定时间后再行蒸馏水喷淋，这样循环操作，最后取出木材，测定暴露面的磨蚀情况，并用扫描电镜观察素材和处理材经人工加速老化后木材的表面性状。

采用人工模拟加速老化木材耐候性试验机检验木材的耐候性，能够节省长期而大量的室外观测时间，例如，经过氪灯 1800h 的光照，相当于将木材放置室外 3～4 年太阳光对木材表面的作用。

3.8　木材波谱分析

近年来，人们借助近代分析手段来研究木材和木质材料的超分子结构，表面化学性质及反应动力学等取得了新的进展。下面重点阐述以木材或木质材料的固体原料为试样、适用于研究木材结晶结构、化学结构及界面特性的几种波谱分析方法。

3.8.1 X射线衍射图谱

1. 基本原理

X射线与光、热和无线电波一样，都是电磁辐射，只是电的波长较其他辐射更短而已。它的波长在0.001～10nm。初时因为对它的本质还不认识，故名X射线。

前面已经说过，晶体是内部质点(原子、离子或分子)呈规律排列的固体。也可以这样说：晶体是原子(或离子或分子)呈周期性无限排列的三维空间点阵结构，而且点阵的周期与X射线的波长很相近，并且有同一数量级(nm)，因此晶体可以作为X射线的光栅。这些很大数目的原子所产生的相干散射会发生干涉现象，干涉的结果可以使散射的X射线的强度增强或减弱。所谓相干散射，就是X射线与晶体中原子相互作用后迫使原子中带有电荷的电子与原子核跟随着X射线电磁波周期变化的电磁场而振动。由于原子核的质量比电子大得多，原子核的振动可忽略不计，因此主要是原子中的电子跟着一起周期振动。这些原子就成了新的电磁波源，以球面波方向向四面八方散出波长和位相与入射X射线相同的电磁波(即次生射线)，这种现象称X射线的相干散射。

从光学原理知道，干涉现象是由光栅散射的光线之间存在光程差(Δ)而引起的。只有在光程差为波长的整数倍时，光的振幅才能互相叠加，即光的强度增强，否则就会减弱，散射线完全抵消。由于晶体中各原子(或离子或分子)所射出的散射线在不同方向上具有不同的光程差，只有在某些方向，即光程差等于入射X射线波长(λ)的整数倍时，才能得到最大程度的加强。这种由于大量原子(或离子或分子)散射波的叠加，互相干涉而产生最大程度加强的光束称为X射线的衍射线，最大程度加强的方向称为衍射方向。

利用X射线衍射来研究纤维素的结晶结构时，是根据射线的最强点的强度和位置，测出纤维素纤维晶体分子链中的晶胞大小和结晶度等。

图3-41为无定形高聚物和结晶高聚物的X射线衍射示意图。结晶结构呈现清晰的衍射环或弧形，高度取向的结晶结构可以获得以弧形或斑点所组成的不连续的排列规则性越大，圈环的强度越大(弧的张开角度越小)。无定形结构呈现的环是十分扩散而不明晰的。也就是说，如果X射线衍射图呈现大量的明显斑点，表征着结晶良好。如果斑点扩大为弧，弧扩大为环，表征着取向度逐渐降低。纤维的取向度指纤维素微晶体b轴对纤维轴向的平行排列程度。如果呈现晕圈，表征着无定形。纤维素纤维的晶体衍射图基本上与旋转单晶体衍射图一样。

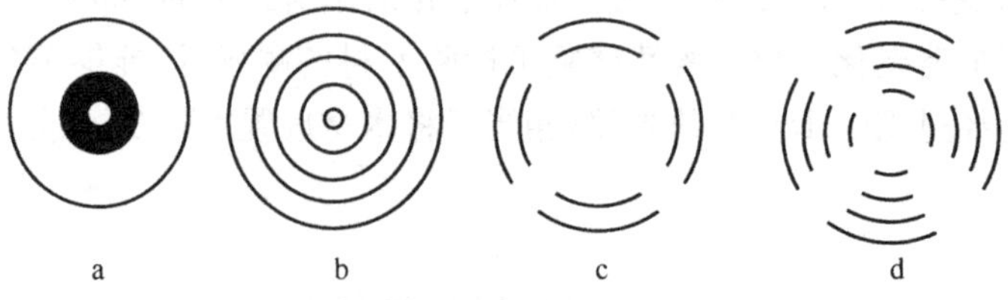

图3-41 无定形高聚物和结晶高聚物的X射线衍射示意图

a. 非取向的无定形高聚物；b. 非取向的结晶高聚物；
c. 取向的无定形高聚物；d. 取向的结晶高聚物

在作 X 射线结构分析时，晶区的确定十分重要，晶面名称可以用晶面指数来表示。例如，纤维素 I 的晶面及晶面指数如图 3-42 所示。其他结晶变体的晶面指数类同。图中的(002)、(040)、(101)和(10$\bar{1}$)面是用 X 射线测定纤维素结晶结构的常用晶面。在(002)面[晶面指数为(0,0,2)]的 X 射线衍射强度较低，这可能是由于构成纤维素分子的葡萄糖基所占有的平面基本与(002)面平行。各种纤维素的 X 射线衍射图谱如图 3-43 所示。

可见，棉短绒纤维在(002)面衍射强度最高，各类纤维在(040)面的衍射强度较低。

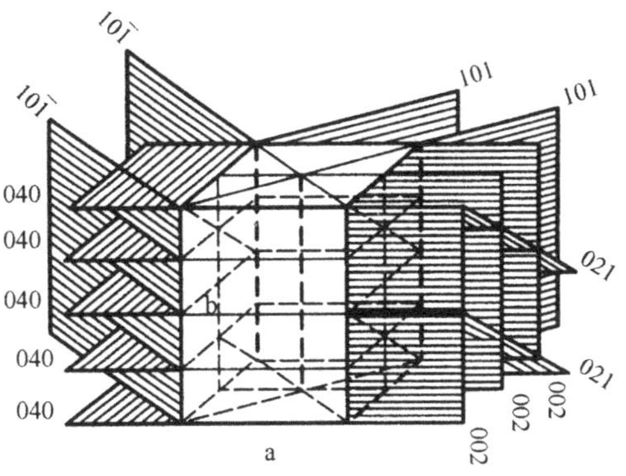

图 3-42　纤维素 I 结晶结构的主要晶面

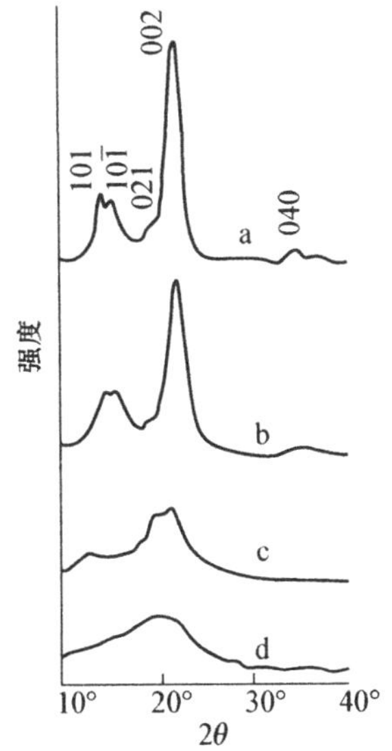

图 3-43　各类纤维素的 X 射线衍射图
(Ant-Wuorinen, Visapää, 1965)
a. 棉绒纤维；b. 亚硫酸盐纸浆；
c. 黏胶纤维；d. 球磨过的棉绒纤维

2. X 射线衍射法测定纤维素结晶度

试机采用日本 GX-3BX 光衍射仪，X 光管方铜靶，用镍片消除 CuK_β 辐射，电压为 40kV，电流为 18mA。检测装置为闪烁计数器，测角(2θ)计转速为 1°/min，针孔孔径 $\phi=1$mm。

将样品木粉在室温下压成薄片，然后做 2θ 的强度曲线，样品扫描范围为 3°～40°(2θ)角，在扫描曲线上 $2\theta=22°$附近有(002)衍射的极大峰值，$2\theta=18°$附近有一极小值。

X 射线衍射图谱是以衍射角(2θ)为横坐标，衍射强度(Z)为纵坐标，以(101)、(10$\bar{1}$)和(002)面的衍射强度峰(简称衍射峰)为计算基准。(101)面衍射峰在 $2\theta=15°$处，(10$\bar{1}$)面衍射峰在 $2\theta=16.5°$处，(002)面衍射峰在$2\theta=22.8°$处，其他位置的衍射峰与结晶度计算关系不大。图 3-44是纤维素纤维 X 射线衍射图谱示意图。图中$2\theta=12.5°$处是(101)面衍射峰开始点，$2\theta=18°$或 19°处是(10$\bar{1}$)面衍射峰与(002)面衍射峰之间的最低点(衍射强度最小)，$2\theta=28°$处是(002)面衍射峰的终点。图中F_A 代表无定形区，它由 12.5°和 28°之间的直线与 12.5°、18°(或 19°)和 28°三点间平滑曲线所围的面积。F_K 为(101)、(10$\bar{1}$)和(002)面衍射峰的总面积，代表结晶区。因此，结晶度C_rI(%)可用下式求得：

$$C_rI(\%)=[F_K/(F_K+F_A)]\times 100\%$$

但曲线 F_A 的获得是比较困难的，因为很难找到一个纯无定形的木材样品，因此常采用 Segal 和 Turley的经验法进行计算(图 3-45)，其计算公式如下：

$$C_rI(\%)=[(I_{002}-I_{am})/I_{002}]\times 100\%$$

C_rI(%)为相对结晶度的百分率；I_{002} 为(002)晶格

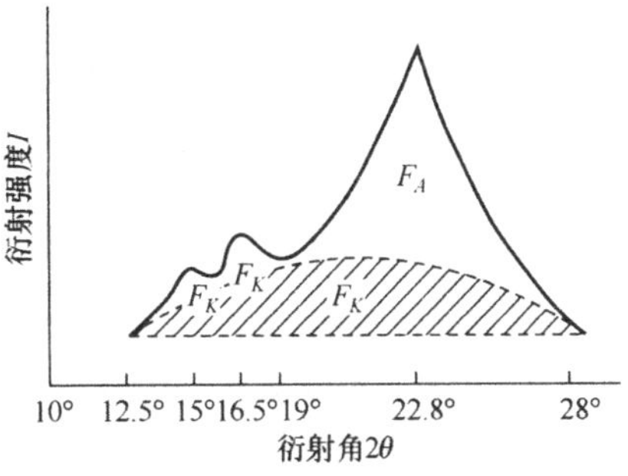

图 3-44　X 射线衍射图谱示意图

衍射角的极大强度(任意单位);I_{am} 与 I_{002} 单位相同,代表 2θ 角近于 18°时非结晶背景衍射的散射强度。

图像是处理则采用 Turley 法(图 3-45b),在 6°和 32°附近画一直线,与衍射强度曲线最低两点相切,以除去背景。

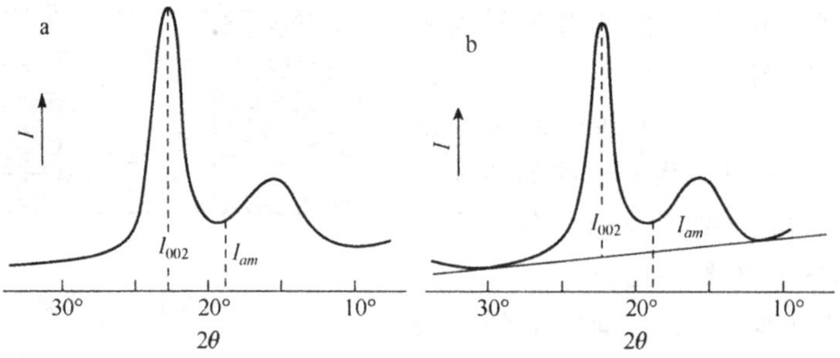

图 3-45　纤维素相当对结晶度衍射图的计算法

a. Segal 法; b. Furley 法

此外,应用 X 射线衍射技术还可以测量木材不同部位的晶区长度、宽度及纤维素大分子链的取向因子和木材纤维平均微纤角等。有人测定了在湿法纤维板生产工艺中,由木片的纤维分离到热压和后期热处理全过程的纤维素结晶度的变化,发现纤维的质量与纤维素的结晶度有关系。这将为人们从纤维加工过程中纤维的微观变化特性入手以监控产品的宏观质量提供了一种新的方法。

应用 X 射线衍射技术还可以测定植物在生长过程中纤维素结晶度的变化,为改善森林培育措施提供科学依据。

植物在生长过程中,纤维素结晶度在不断提高。图 3-46 为不同生长期的新鲜棉纤维在赤道线上 X 射线衍射图谱。

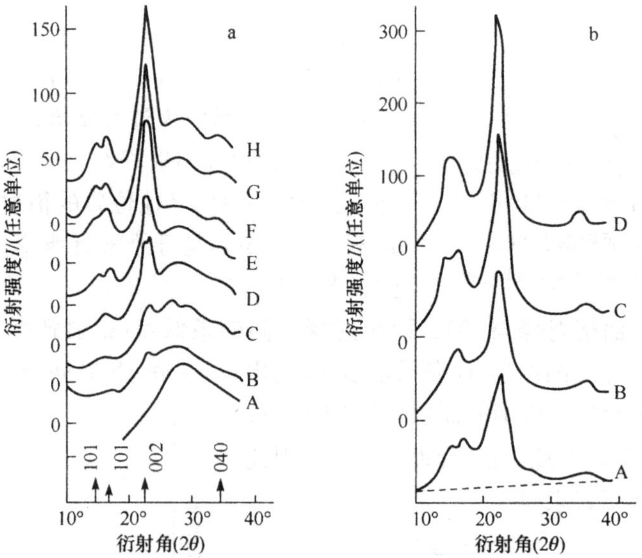

图 3-46　不同生长期棉纤维的赤道线 X 射线衍射图谱

a. 未经干燥的新鲜棉纤维 X 射线衍射图谱

A. 水;B. 生长 35d 试样;C. 生长 40d 的试样;D. 生长 45d 的试样;E. 生长 50d 的试样;

F. 生长 55d 的试样;G. 生长 60d 的试样;H. 生长 65d 的试样

b. 已风干的新鲜棉纤维 X 射线衍射图谱

A. 生长 35d 的试样;B. 生长 40d 的试样;C. 生长 45d 的试样;D. 生长 65d 的试样

从图3-46的数值可以计算出不同生长期棉纤维中纤维素的结晶度和微晶侧面宽度，见表3-40。

从表3-40可以看出：①随着生长期的延长，纤维素的结晶度增加，微晶大小也增加；②相同生长期的棉纤维、干燥过的棉纤维的结晶度要比未干燥过的高。

表3-40 棉纤维中纤维素的结晶度和微晶宽度

试样	结晶度 CrI/%	微晶宽度/D_{002}/nm	试样	结晶度 CrI/%	微晶宽度/D_{002}/nm
35 d未干燥棉纤维	40.4	—	50d干燥过棉纤维	79.3	3.24
35 d干燥过棉纤维	58.5	2.75	55 d未干燥棉纤维	66.0	—
40 d未干燥棉纤维	48.3	—	60 d未干燥棉纤维	72.9	—
40 d干燥过棉纤维	61.8	2.91	65 d未干燥棉纤维	74.4	4.10
45 d未干燥棉纤维	57.4	—	65 d干燥过棉纤维	80.8	4.29
50 d未干燥棉纤维	61.0	—			

注：天数为从开花算起的生长期

3.8.2 化学分析光电子能谱(ESCA)

1. ESCA的基本原理

欲了解ESCA的特性必须先了解它的基本原理。固体样品在高度真空状态下接受X射线光电子照射，当能量被样品吸收后，样品中原子内层的电子受到光电子的碰撞而发射出来，被发射出来的电子在离开原子时负载着定额的能量，此能量称为动能。又欲将原子内层的电子发射出来需要一定的能量方能完成，此一定的能量即为电子结合能，此电子结合能亦可视为电子的解离能。由此得知X射线能量(hv)、电子结合能(E_b)及动能(E_k)的关系可用(3-1)式表示：

$$hv=E_b+E_k \tag{3-1}$$

电子离开原子时所负载的动能(E_k)可以由电子光谱仪(electron spectrometer)测定，而X射线的能量一定，故电子结合能可以由(3-1)式经过简单的减法运算而求得。一般商业化的电子光谱仪均会自动进行此种运算，故ESCA光谱图上显示的能量即为电子结合能(E_b)。周期表中不同元素中的各个电子层的电子结合能均不相同，所以由ESCA光谱图中显示的电子结合能即可直接解释固体样品界面的原子组成。

可是，虽然X射线能穿透进入样品内，但是当电子欲由样品内层发射出来时必须行经一段距离，因而丧失一些能量，故由电子光谱仪测得发射出来电子的动能往往较实际的动能小而无法提供正确的化学组成资料。只有那些位于最表层原子中的电子离开样品时，方才具有正确的动能(E_k)，由电子光谱仪测得而显示在ESCA光谱图上的电子结合能E_b才能提供正确的信息。逸出深度随测试样品的不同而有所不同，金属类样品的逸出深度为0.5～1.5nm，无机类样品的逸出深度为1.5～2.5nm，而有机类样品的逸出深度为5.0～10.0nm。由此可见，ESCA是一种非常灵敏的界面分析方法，可以很正确地探测各种固体界面的组成成分。

ESCA的光谱图中各吸收峰的强度与样品界面各元素的含量有相对的关系，强吸收峰表示该元素的含量较高。虽然在样品界面各元素的绝对含量不易求得，但是其相对含量可以由

ESCA 光谱图中各吸收峰面积的相对比求得。对于任一均质的样品，吸收峰的强度可用(3-2)式求得：

$$I_i = Fk_i\alpha_i\lambda_i N_i \tag{3-2}$$

式中：I——吸收峰强度；

F——X 射线流量；

k——光谱仪常数；

α——横断面；

λ——电子平均自由径；

N——单位面积的原子数。

依(3-2)式可分别计算两个不同元素的吸收峰强度，进而求得此二元素的相对含量。

$$I_1/I_2 = (k_1\alpha_1\lambda_1 N_1)/(k_2\alpha_2\lambda_2 N_2) \tag{3-3}$$

因为 k_1/k_2，α_1/α_2 及 λ_1/λ_2 均为定数，故

$$I_1/I_2 = K \cdot N_1/N_2 \tag{3-4}$$

K 可视为灵敏率，其大小随元素及仪器而异。

不同元素的吸收峰强度可以由光谱图中求得，由(3-4)式即可算出二元素的相对含量。同样可以算出 O 元素与 C 元素的比率，即氧碳比(即 N_o/N_c)。可由下式求得：

$$I_o(1s)/I_c(1s) = 2.85N_o/N_c$$

2. ESCA 光谱分析

(1) 元素分析。不同元素的电子具有不同的电子结合能，由 ESCA 光谱图中吸收峰的位置可以决定样品界面的元素组成，周期表中除了氢元素以外，其他各种元素均可以由 ESCA 探测。图 3-47 为 Tetrapropylammonium difluorodihiophosphate 的 ESCA 光谱图。样品中所含的各个元素均出现在光谱图中不同的位置，其中位于 535eV 的吸收峰是因为样品中含有不纯物——氧而产生的。由图 3-47 可以了解 C、N、O、F 这四元素虽然在周期表中紧紧相连在一起，然而其吸收期峰却出现在 ESCA 光谱图中特定的电子结合能位置，明显地分离且毫无干扰的现象，故很容易予以判别鉴定。由此显示出了 ESCA 在定性分析上的超越能力。

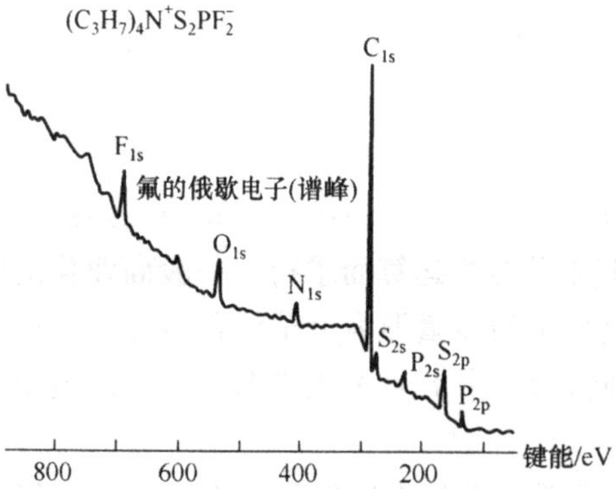

图 3-47　Tetrapropylammonium difluorodihiophosphate 的 ESCA 光谱图

(2) 界面分析。ESCA 光谱除了提供界面的元素组成成分外，还可由化学位移得到更重要的关于化学结构的资料。化学位移是因为特定原子中的电子环境发生变化促使其电子结合能产生微小的变异而造成。E_b 的大小受固体表面状态、原子本身性质的影响。因此，可通过电子结合能的大小对表面化学元素定性，并依据电子结合能的变化所产生的化学位移来了解固体表面的化学性质。

就木材而言，主要是由纤维素、半纤维素、木质素和抽提物组成。它们的化学元素组成主要为 C、H、O；除 H 元素外，C 和 O 元素均要由 ESCA 探测分析，其中 C 元素的分析最值得注意。C 原子的电子组态为 $1s^2 2s^2 2p^2$。其中，2s、2p 形成杂化轨道是构成化学键的价电子，所以

ESCA 探测分析的主要对象是 C 原子内层 1s 电子层的吸收峰变化。C_{1s}层电子结合能随 C 原子结合的原子或原子团的不同而发生变化，因此，根据 C_{1s}峰的强度和化学位移的变化可了解到 C 的含量及其周围的化学环境，从而得到木材表面化学性质的信息。据分析，C 原子依其在木材中与其他原子或原子团结合状态不同分为以下四种情况：

① C 原子仅与 C 原子或 H 原子连接，呈 —C—C— ，主要来自于具有苯基丙烷结构的木质素和脂肪酸，脂肪、蜡和萜类化合物等木材抽提物的结构贡献，其电子结合能较低，约为 285eV。

② C 原子与一个非羰基类的 O 原子连接，呈 —C—C— ，木材中的纤维素和半纤维素分子中均有大量的 C 原子与羟基(—OH)相连。尤其是纤维素，它是由 D 吡喃型葡萄糖基以 1，4β 甙键相互结合而成的一种高聚物，在一个葡萄糖基上有三个羟基(一个伯醇羟基，两个仲醇羟基)，这样聚合度高达上千上万的纤维素分子就拥有数目庞大的与 C 原子相连的羟基。因此，可用这种结合状态代表着纤维素和半纤维素的化学结构特征。羟基具有极性，电负性大，故电子结合能相应增大，为 286.5～287eV。

③ C 原子与两个非羰基类 O 原子或一个羰基类 O 原子连接，呈 —O—C—O 或 >C═O ，系木材表面上的化学组分被氧化的结构特征。由于 C 在 —O—C—O 或 >C═O 结构中的氧化态较高，故表现出较高的电子结合能，约为 288eV，从而将产生明显的化学位移。

④ C 原子与一个羰基类 O 原子及一个非羰基类 O 原子连接，呈 —O—C═O ，这是木材中含有的或产生的有机酸，如树脂酸、脂肪酸、乙酸等物质的结构特征。在这种结合方式中，C 具有很高的氧化态，其原子结合能在 288eV 以上，能够产生较大的化学位移。

与 C 原子邻位的 O 原子数越多，其化学位移越大，即吸收峰便出现在 ESCA 的 C_{1s}谱图中电子结合能高的位置。否则，化学位移出现在电子结合能低的位置。上述 C 原子与邻位原子团的结合状态及 C_{1s}因木材化学组分的结合键改变而产生的化学位移的关系图如图 3-48 所示。

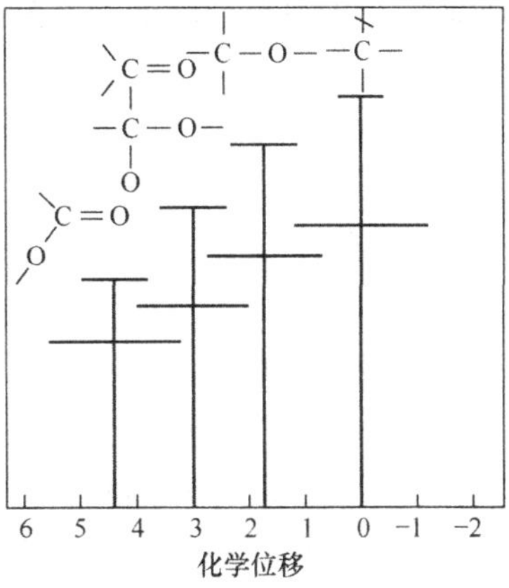

图 3-48　C_{1s}的 C—O 结合状态与化学位移

根据上述原理，采用 ESCA-250 测定和分析用 NaOH 溶液预处理的椴木单板表面化学性质的变化。未经预处理的和经各种浓度 NaOH 溶液处理的单板表面 ESCA 分析结果如表 3-41所示。未经 NaOH 溶液预处理的与经过 NaOH 溶液预处理的椴木音板表面的 ESCA 的 C_{1s}谱图如图 3-49 所示。比较图 3-49a 与图 3-49 中 C_{1s}吸收峰，可以发现经预处理的单板表面，C_1 峰强度最大，C_2 峰强度最小，C_3 峰向高电子结合能方向产生化学位移。C_1 峰表征单板表面脂肪酸类木材抽提物分子的碳氢化合物结构；在未预处理的单

板表面上由于分布着大量的这种醚溶性抽提物，因此 C_1 峰强度大。C_2 峰为单板表面纤维素和半纤维素分子结构，即 $-\overset{|}{\underset{|}{C}}-O$ 类键合状态。预处理前，由于抽提物的覆盖，遮蔽了一些纤维素和半纤维素分子，因而 C_2 峰显得微弱。C_2 峰是脂肪酸类抽提物中的羟基特征，具有高氧化态，因此向电子结合能高的方向产生化学位移。这一观测和分析结果与欧年华、Chow S. Z. 的研究结果相一致。预处理后 C_1 峰强度减弱，C_2 峰增强，C_3 峰向电子结合能力低的方向产生化学位移。这些现象表明，经 NaOH 溶液预处理的椴木单板表面发生了明显的化学变化。即处理后表面处的脂肪酸类抽提物含量降低，其分布发生迁移，使原来被掩盖的纤维素、半纤维素和木质分子裸露出来。单板表面经 NaOH 溶液活化处理后再进行胶结，其结合强度增加，在胶结过程中界面特性发生了变化。

表 3-41　NaOH 溶液预处理对单板表面化学特性的影响

试样	氧碳比 I_{ois}/I_{cis}	吸收峰面积/%			峰高比/%			电子结合能/eV		
		C_1	C_2	C_3	C_1	C_2	C_3	C_1	C_2	C_3
未处理	9.18/88.23	93.60	3.57	2.83	100.00	7.59	5.01	285.30	287.30	288.30
处理										
0.000 01mol	10.82/85.67	92.23	6.19	1.58	100.00	10.99	4.45	285.15	284.25	286.85
0.001mol	12.35/83.96	90.44	7.63	1.93	100.00	5.99	2.78	285.05	286.90	289.45
0.1mol	13.90/82.83	84.52	7.78	3.46	100.00	10.97	7.46	285.05	287.00	288.30
0.1mol	16.10/56.00	86.88	6.15	6.97	100.00	9.00	7.71	285.50	290.80	288.60
胶合板胶结面	19.46/80.51	75.88	13.68	6.66	100.00	24.70	14.13	285.60	287.10	288.15

木质材料的耐久性一向为人们所关切，此种天然的生物性高分子容易受环境因子(如阳光、雨水、大气湿度、温度、腐蚀菌、细菌……)的影响而劣化，因而缩短其使用年限。欲了解木质材料受劣化影响而产生的性质变化，需要长时期的观察，为一种不符合时间经济的研究。而木质材料的劣化初期均产生于其界面，若以 ESCA 来分析劣化初期的界面，不但可以知道其化学变化，且可以预测其耐久性。比较美国鹅掌楸经过耐候性实验的 ESCA 光谱图 $C_{2(1s)}$ 吸收峰(图 3-50)，图 3-50a 是对照组的 ESCA 光谱图，图 3-50b 是美国鹅掌楸暴露于户外 90 天的 ESCA光谱图，图 3-50c 是美国鹅掌楸置于人工耐候室经 100h 紫外灯照射后的 ESCA 光谱图。$C_{1(1s)}$ 的吸收峰强度显著地降低而高氧化态的 $C_{(1s)}$ 吸收峰[即 $C_{2(1s)}$ 及 $C_{3(1s)}$]相对地增强，此外，No/Nc 的比率由三个样品的光谱图中算得分别为 0.27、0.57 及 0.61。这些资料很清楚地显示木材初期裂化后的界面，氧化态显著地增加，木质素首先被氧化而破坏，一旦被氧化的低相对分子质量裂解物自界面被雨水冲蚀流失，木材界面的主要成分即成为多糖(即纤维素及半纤维素)。

为了提高木材及木质材料的耐久性，常对木材进行防腐、防变形、阻燃等改性处理。木材对改性药液的渗透性是决定处理效果的关键因素。以往，在注入溶液中加入染料用以观测处理药剂的浸注深度。现在可以应用 ESCA 分析技术迅速地测量药液中金属元素的 ESCA 光谱图，从而可以十分准确地确定药剂在木材试件不同深度表面上的分布和注入深度。图 3-51 表示用 0.5%浓度的铜钠盐溶液对落叶松和樟子松木材进行防腐处理时，并采用 ESCA 分析铜离子在木材径切面表面及不同深度处的分布。可见铜离子在处理材表面浓度最高，随着距表面深度增加，浓度下降明显。

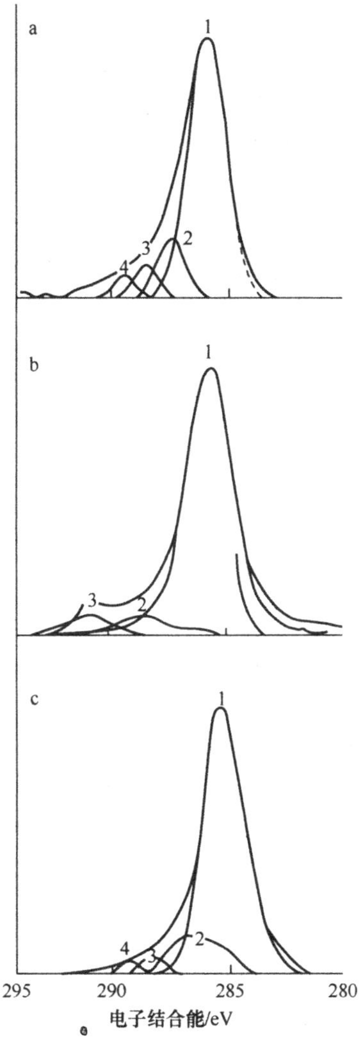

图 3-49　椴木单板的表面 ESCA 谱图

a. 素材椴木单板；b. 经 1.0mol NaOH 溶液预处理的椴木单板；c. 无胶椴木胶合板胶结面

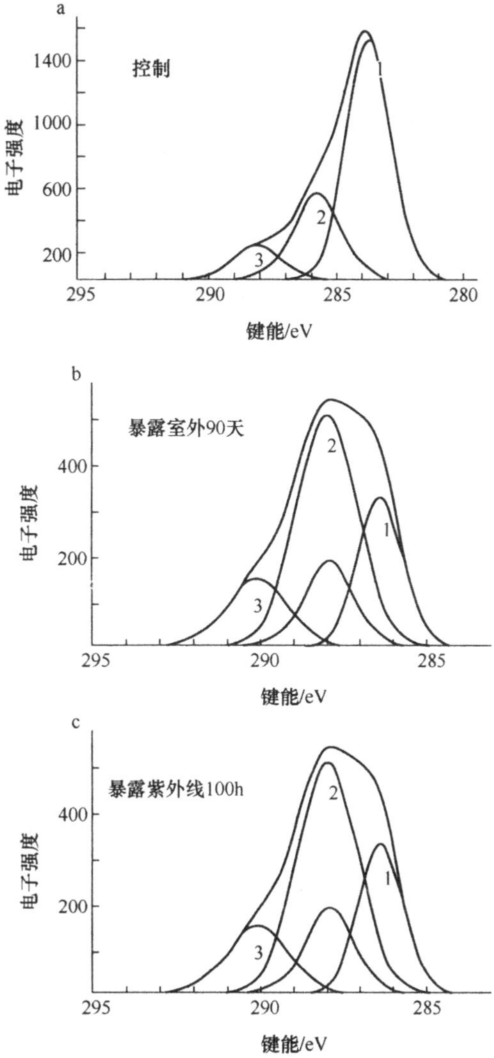

图 3-50　美国鹅掌楸经过人工及户外耐候性暴露后的 ESCA 光谱图

应用 ESCA 分析技术必可增加对木材及木质材料界面的认识，由此得到的界面化学特性对于木材及木质材料的加工利用、产品质量的提高和科学管理均有益处。

3.8.3　电子自旋共振波谱仪(ESR)

电子自旋共振波谱仪(ESR)能够检测固体表面不成对电子的分子或原子的存在与变化，即所产生的 ESR 信号是来自于物体表面上所产生的含有未成对电子的物质(称其为自由基)。它们的电子自旋磁矩不为零，具有顺磁性。和核磁共振相类似，电子磁矩在磁场中方向量子化，磁矩取向不同能量不同，也就产生不同的磁能级。当外来电磁波的频率和这些磁能级的间隔相当时，电磁波被吸收，这就产生电子自旋共振(ESR)，即顺磁共振信号。

木材主要是由纤维素、半纤维素和木质素这三种高聚物组成的有机复合体，它们在机械加工、化学处理或外部环境的作用下，常可产生表面自由基，导致木材表面化学结构和表面化学性质发生极其微细的变化。这些变化能够对加工过程和产品质量产生影响。如经过砂磨后的木材单板表面自由基浓度增加，表面活性增强，胶结强度提高。

经过人工砂磨的椴木单板表面及未砂磨的单板表面的 ESR 信号如图 3-52 所示。经计算得出的单板表面所产生的自由基（顺磁粒子）的浓度值列于表 3-42，计算时采用相对比，即在同样实验条件下测得标准样品的峰面积和未知木材样品的峰面积相比之值。由图 3-52 可见，经不同时间砂磨后单板表面的 ESR 信号均比未经砂磨的 ESR 信号增强。随着砂磨时间延长，自由基浓度增加。在砂磨的前 3min 内增加迅速，3min 后变得迟缓。

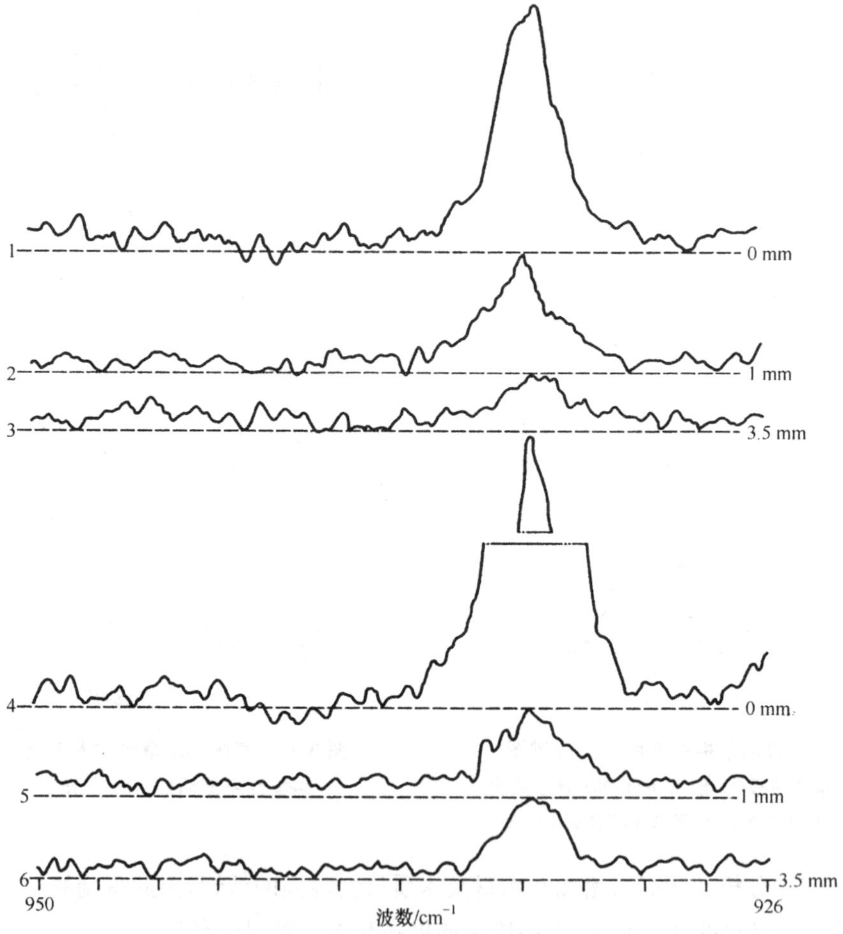

图 3-51　铜离子在木材试件不同深度表面上分布的 ESCA 光谱图

1. 落叶松木材用铜钠盐浸渍后的试件表面铜离子分析图谱（径切面）；
2. 落叶松木材用铜钠盐浸渍后的试件表面 1mm 处的径切面的铜离子分析图谱；
3. 落叶松木材用铜钠盐浸渍后的试件表面 3.5mm 处的径切面的铜离子分析图谱；
4. 樟子松木材用铜钠盐浸渍后的试件表面铜离子分析图谱（径切面）；
5. 樟子松木材用铜钠盐浸渍后的试件表面 1mm 处的径切面的铜离子分析图谱；
6. 樟子松木材用铜钠盐浸渍后的试件表面 3.5mm 处的径切面的铜离子分析图谱

（以上铜钠盐浓度约为 0.5%）

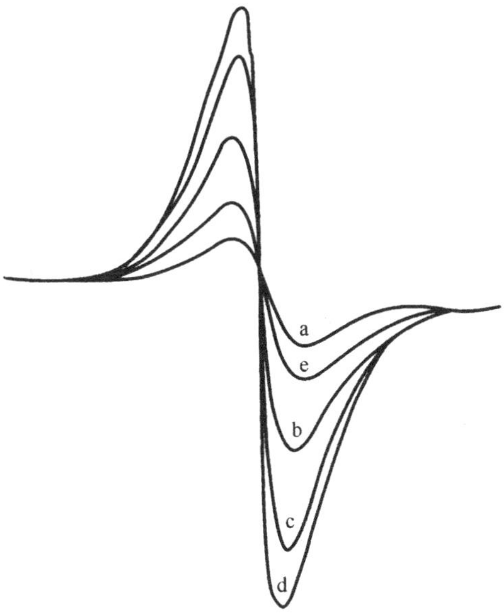

图 3-52　未砂磨和不同砂磨时间的椴木表面自由基 ESR 信号

a. 未经砂磨；b～d. 分别砂磨 1、3、5min；e. 胶合板胶结面

表 3-42　砂磨前后椴木单板表面自由基浓度的变化

试样	自由基浓度/(自旋数/g)	备注
素材单板表面	2.21×10^{12}	标样为 Weak Coal 的
砂磨 1min	7.13×10^{12}	自由基浓度为：
砂磨 3min	10.40×10^{12}	2×10^{10} 自旋数/g
砂磨 5min	12.77×10^{12}	
胶合板胶结面	3.69×10^{12}	

试验证实，经人工砂磨时单板表面产生大量的自由基，由于这些自由基是来源于手工操作时的机械应力，因此称这种自由基为机械自由基。这是因为木材是由纤维素、半纤维素和木质素三种主要的高聚物组成的有机复合体，当受到机械应力作用时，均可能引起木材表面处的聚合物分子链的断裂而产生一些新的官能团。其过程表示为

$$\text{R—R} \xrightarrow{\text{机械应力}} \text{R}\cdot + \cdot\text{R}$$

式中：R 代表木材中的纤维素、半纤维素和木质素分子；

R · 或 · R 表示这些高聚物分子在机械应力作用下键受到破坏时所产生的自由基。

这些自由基有很高的表面活性，能与胶合物质或涂料分子产生一系列化学反应形成新的连接，因此有助于提高胶合强度和涂饰效果。椴木单板经砂磨后比砂磨前的自由基浓度明显增加，经胶结后自由基浓度降低，ESR 信号减弱。这表明新产生的自由基已参加了胶结反应，因此经砂磨后其胶合板的剪切强度较未砂磨的高。

砂磨能使木材或木质材料表面的聚合物分子发生机械降解，产生含有未成对电子的新物质。这些物质有极性，使木材表面自由能增加。反应活性增加。Hon 在研究纸浆纤维经机械研磨后自由基的变化时指出，在削片、热磨和打浆等一系列制浆或纤维分离过程中，由于机械应力的作用，纤维素的聚合度和结晶度降低，而自由基浓度增加。这是由于纤维素分子的主价

键 C—C、C—O 键发生机械断裂而产生自由基的结果。

3.8.4 红外光谱(IR 和 FTIR)

红外光谱已成为进行有机物结构研究的常规手段。近年来由于采用傅立叶红外光谱仪(FTIR),具有记录速度快、光通量大、分辨率高、偏振特性小及可以累积多次扫描后再进行记录等优点,使这一分析工具发挥的作用更大了。

红外吸收光谱最突出的特点是具有高度的特征性,除光学异构体外,每种化合物都有自己的红外吸收光谱。因此,红外光谱法特别适于鉴定有机物、高聚物及其他结构复杂的天然及合成产物。

木材分子和其他高分子化合物一样,可以利用红外光谱来研究其结构中所具有的基团。采用红外光谱分析木材和木质材料及其产品,可以提供由于外部环境的影响或经过某种化学处理或经过某种加工时,其木材官能团变化的结构信息,从而为揭示反应或作用机制或监测木材的某种化学处理和加工过程提供科学依据。

木材的红外光谱分析,所用的波长一般在 2.5～12.5μm,即 4000～800cm^{-1}波数。

一般的红外光谱图,横轴为波长(μm)或波数(cm^{-1}),纵轴为透过率或吸收率。透过率与吸收率的关系如下:

$$透过率=(I/I_0)\times 100\%$$

式中:I_0——辐射的入射强度;

I——辐射的透射强度。

$$吸收率=100-(I/I_0)\times 100\%$$

有时也用光密度 E 来表示吸收强度:

$$E=\log(I_0/I)$$

这种表示方法的好处是光密度直接与浓度呈线性关系(理想的情况)。

图 3-53 为澳大利亚产王桉木材及其主要成分(纤维素、半纤维素和木质素)的红外光谱图。图 3-54 为澳大利亚产辐射松木材的红外光谱图。

图 3-53 和图 3-54 有关吸收峰所表示的基团列于表 3-43。

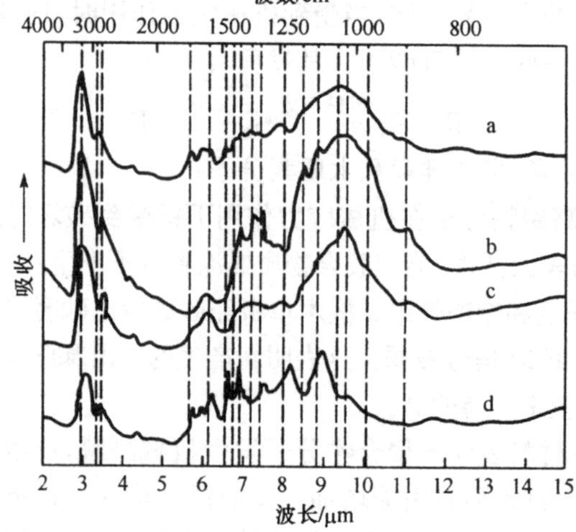

图 3-53　澳大利亚产王桉木材及其主要组分的红外光谱图

a. 木材;b. 纤维素;c. 半纤维素;d. 木质素

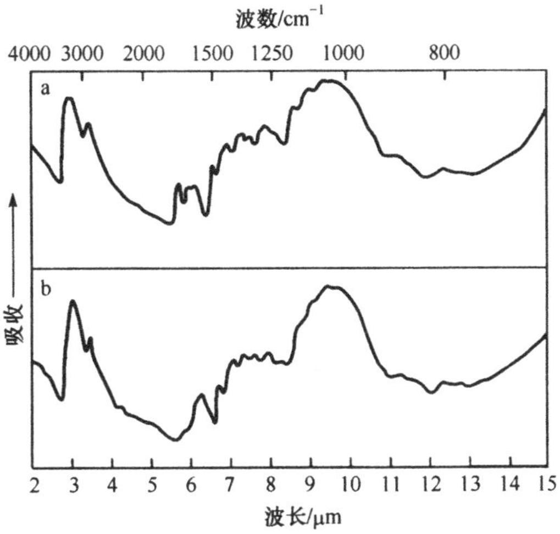

图 3-54　澳大利亚产辐射松木材的红外光谱图

a. 辐射松原木材；b. 除去半纤维素后的辐射松木材

从表 3-43 可以看出，对纤维素来说，波数为 2900、1425、1370cm^{-1}和 895cm^{-1}的吸收峰是其特征峰。这几个特征峰，还可用来测定纤维素的结晶度。

表 3-43　王桉和辐射松红外光谱的解释

王桉		辐射松		基团说明
波长/μm	波数/cm^{-1}	波长/μm	波数/cm^{-1}	
3.03	3330	3.03	3330	O—H 伸展振动
3.45	2900	3.45	2900	O—H 伸展振动
5.77	1730	5.77	1730	C═O 伸展振动(聚木糖)
6.05	1650	6.05	1650	C═O 伸展振动(木质素)
6.28	1595	6.23	1605	 伸展振动(木质素)
6.65	1505	6.62	1510	 伸展振动(木质素)
6.87	1455	6.85	1460	CH_2 形变振动(木质素、聚木糖)
				 振动(木质素)
7.02	1425	7.02	1425	CH_2 剪切振动(纤维素)
				CH_2 弯曲振动(木质素)
7.30	1370	7.30	1370	CH 弯曲振动(纤维素和半纤维素)
7.55	1325	7.50	1335	OH 平面内形变(纤维素)
		7.58	1320	
		7.90	1265	C═O 伸展振动(木质素)
8.10	1235	8.10	1235	乙酰基和羟基振动(聚木糖)
				C═O 伸展振动(木质素)

续表

王桉		辐射松		基团说明
波长/μm	波数/cm^{-1}	波长/μm	波数/cm^{-1}	
8.15	1225			C═O 伸展振动（木质素酚羟基）
8.30	1205	8.30	1205	O—H 平面弯曲振动（纤维素和半纤维素）
8.62	1160	8.62	1160	C—O—C 伸展振动（纤维素和半纤维素）
9.00	1100	900	1100	OH 缔合光带（纤维素和半纤维素）
9.50	1050	9.50	1050	C═O 伸展振动（纤维素和半纤维素）
9.70	1030	9.70	1030	C═O 伸展振动（纤维素、半纤维素和木质素）
10.10	990	10.10	990	C═O 伸展振动（纤维素和半纤维素）
11.15	890	11.15	859	异头碳（C_1）振动频率
		11.50	870	甘露糖（针叶木）
		12.35	810	
11.95	835			类似紫丁香基（1,3,4,5 有取代物的苯环）接触的氢原子的振动（阔叶木）

木材表面经过化学处理或某种外部环境因子作用时，其表面化学结构发生变化，从木材的红外光谱图上可以识别其中的官能团，从而评价木材表面化学组分的变化和解释在木材加工、利用和保存过程中出现的现象或作用原理。现举例说明。

1. 木材表面的化学处理

木材单板表面经 NaOH 溶液处理后，可以使憎水性抽提物迁移，提高表面润湿性，有利于界面胶结和界面反应。

用 1.0mol NaOH 溶液预处理的椴木单板及胶结后的板材试样在 170SX 型傅里叶变换红外光谱仪上采用 ATR 测试技术记录的红外光谱图如图 3-55 所示。图中可见，与未经预处理的椴木单板试样相比，经 1.0mol NaOH 溶液预处理后试样的傅里叶变换红外光谱在 730～750cm^{-1}、1230cm^{-1}、1270cm^{-1}、1717～740cm^{-1}和 2850～2925cm^{-1}吸收带发生了明显变化；这些吸收带所对应的频率及其相应的归属列于表 3-44 中。由图 3-55、表 3-44 资料分析得知，经 1.0mol NaOH 溶液预处理后 1700～1725cm^{-1}和 2850～2925cm^{-1}吸收带强度明显减弱，这是原来覆盖在单板表面的脂肪酸类抽提物被大部分排除或迁移的缘故。脂肪酸是羧基与脂肪烃基连接而成的一元羧酸（通式为 R-COOH，R 是脂肪烃基），这两个吸收带恰是脂肪酸类物质的结构特征。这类抽提物具有憎水性，从单板表面排除后能改善其润湿性，因此有利于界面胶结。

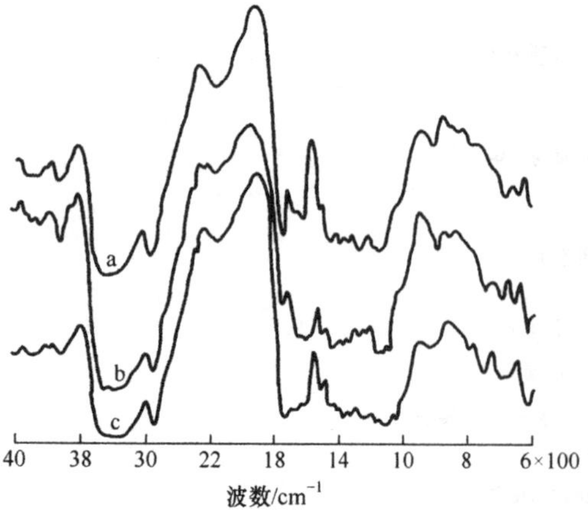

图 3-55 椴木单板的傅里叶变换红外光谱

a. 素材椴木单板；b. 用 pH=14(1.0 mol)NaOH 预处理的椴木单板；c. 椴木胶合板的胶合面

表 3-44　部分吸收带相应的频率与归属

频率/cm^{-1}	归属
730～770	芳香碳环化合物，C—H 面外变形振动与苯环取代
1140～1230	酚类化合物，C—O 伸展振动与 O—H 面内变形振动
1270	芳基及芳脂基醚，C—O 伸展振动
1700～1725	木质素，脂肪酸，C═O 伸展振动
2850～2925	烷烃，木质素，脂肪素，脂肪酸，C—H 伸展振动

2. 木材表面的耐候性

木材表面经室外暴露或在室内经紫外光源照射时，可观察到木材表面变色，失去光泽，质量劣化。这是由于在紫外光辐射下，木材表面产生了严重的氧化作用和降解作用的结果。

用波长大于 220nm 的紫外光辐射美国鹅掌楸木材，所记录的红外光谱图如图 3-56 所示。可见在波数为 1740cm^{-1}、1720cm^{-1}、1600cm^{-1}和 1510cm^{-1}处的吸收带有明显的变化。前两个吸收带特征与酯和羧酸中的羰基(C═O)伸展振动有关；后两个吸收带是由于苯环的 C═C 伸展振动。红外光谱图表明，随着紫外光辐射的增加，在 1740cm^{-1}、1720cm^{-1}处的吸收增加，而在 1600cm^{-1}、1510cm^{-1}处的吸收减弱。经紫外光辐射 40d 之后，在 1600cm^{-1}、1510cm^{-1}处吸收带——木质素的特征吸收带几乎消失。这说明经紫外光辐射后木材表面分布的木质素(包括木材抽提物)已受到严重破坏，并由于产生了新的发色基团而导致木材表面变色。这些发色基团有羧酸、羰基和醌类物质，这一事实已由在 1740cm^{-1}、1720cm^{-1}处吸收带强度的增加而得到证实。

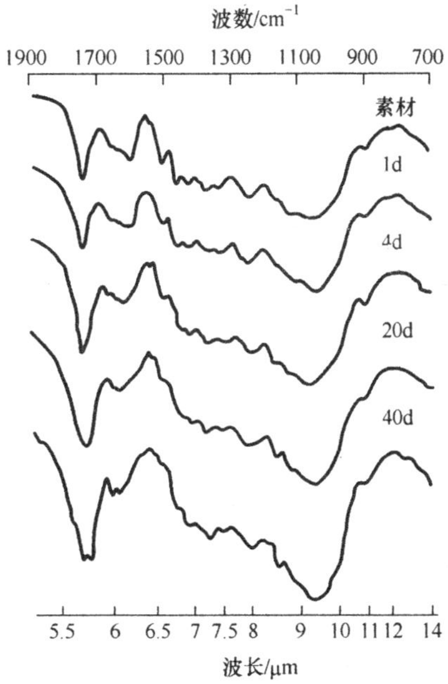

图 3-56　经波长大于 220nm 的紫外光辐射后木材的红外光谱

3.9　树皮化学

树皮是数量最多的林业废料之一。从环境保护和最大限度地利用森林资源的角度出发，深入探讨充分、合理地利用树皮的有效途径是十分必要的。半个多世纪以来，许多学者开展了有关树皮利用的研究工作，随着人类的进步和科学研究的深入，树皮利用的范围已从开始时简单的物理利用渐渐转为全面的化学利用，因此学习和掌握树皮化学方面的知识非常必要。

3.9.1　树皮的化学组成

树皮包括形成层外侧的全部组织。根据解剖和生理特性不同，树皮组织可粗略地分为内皮和外皮两个主要部分。内皮通常由筛管和筛胞、薄壁细胞、伴胞和韧皮纤维等细胞组成；外皮主要由周皮和皮层组成，木栓层、木栓形成层和木栓内层共同组成周皮。树皮的化学组成和化学性质与树皮的解剖结构有密切关系，常因树皮的组织不同而有差异。如白桦内、外皮的化学组成有明显区别，外皮含有较多的浸出物，内皮则较少；外皮含有较多的软木脂，内皮几乎没有。此外，由于没有统一的公认的树皮分析方法，因此树皮各组织（部位）的化学组成或化学性质常因研究者不同而异。表 3-45 列出欧洲松树、云杉、白杨和白桦树皮的化学组成。

表 3-45 部分树种树皮的化学组成

化学组成	松树		云杉		白杨内皮	白桦内皮
	内皮	外皮	内皮	外皮		
纤维素	18.22	16.43	23.20	14.3	8.31	17.40
戊聚糖	12.14	6.76	9.65	7.10	11.80	12.50
己聚糖	16.30	6.00	9.30	7.70	7.00	5.10
糖醛酸	6.40	2.17	5.98	3.95	3.56	7.35
木质素	17.12	43.63	15.57	27.44	27.70	24.70
甲氧基	1.84	3.70	1.90	2.90	3.78	0.70
水浸出物	20.84	14.20	33.80	27.91	31.32	21.40
乙醇浸出物	3.85	3.84	0.70	2.62	7.50	13.10
挥发酸	1.73	1.25	1.11	0.69	1.60	0.77
软木酯	—	2.85	—	2.82	0.91	—
灰分	2.19	1.39	2.33	2.31	2.73	2.42

3.9.2 树皮的元素组成

组成树皮的元素有碳、氢、氧三种元素。平均含 C：50.30%，H：6.20%，O：42.10%，与木材的元素组成相近，但内皮与外皮的元素组成有所差别，外皮含 C：54.7%，H：6.40%，O：38.8%；内皮分别为 53.30%、5.70%和 40.80%。表 3-46 列出了一些针叶树和阔叶树的树皮中重要金属元素含量。

表 3-46 树皮中重要金属元素含量

树种	金属元素含量/%（以炉干树皮为准）								
	Si	Ca	Ba	P	Mn	Al	Fe	Mg	Cu
黑松	0.042	0.018	0.015	0.014	0.091	0.023	0.056	0.036	0.00032
花旗松	0.028	0.028	0.010	0.022	0.0092	0.024	0.0060	0.025	0.00056
香脂杉	0.047	0.098	0.024	0.060	0.026	0.024	0.013	0.060	0.00043
红松	0.014	0.030	0.009	0.023	0.0048	0.034	0.0033	0.050	0.00031
颤杨	0.015	1.9	0.012	0.074	0.0019	0.0028	0.0052	0.096	0.0031
美洲水青冈	0.52	3.4	0.033	0.086	0.029	0.0022	0.022	0.043	0.00087
北方赤栎	0.056	2.2	0.017	—	0.038	0.011	0.010	0.039	0.00053
南方赤栎	0.066	2.6	0.026	0.028	0.084	0.0062	0.0070	0.044	0.00048

3.9.3 树皮的酸度

与木材相同，绝大多数树种的树皮呈弱酸性，因而树皮容易腐朽虫蛀，带皮蒸煮制浆时消耗碱性药剂多且对设备产生腐蚀。此外，在将树皮加工成腐殖质、树皮板或人造板填料及进行各种化学加工时，树皮酸度对加工工艺及产品质量产生影响。

表 3-47 列出松树和云杉树干部位树皮和木材的 pH。可见经水运后的原木，树皮与木材的酸度发生了变化。

表 3-47　树干部位树皮与木材的 pH

树种	树干各部分的 pH			
	木材	内皮	外皮	全树皮
松树				
水运到厂	4.7	5.1	4.7	4.5
新伐木	4.5	4.6	3.8	4.2
云杉				
水运到厂	4.8	4.7	4.6	4.6
新伐木	4.9	4.9	4.0	4.2

3.9.4 树皮的浸出物

树皮浸出物是指用水或中性有机溶剂从树皮中溶解出来的一类物质的总称。浸出物种类繁多，组成复杂，它的存在与树皮的颜色、气味与滋味等多种性质和树皮的加工利用有密切关系。

树皮浸出物包括了多种化学类型的化合物，可以粗略地划分为亲脂和亲水物质两部分。树皮中能用非极性溶剂，如乙醚、二氯甲烷等溶剂浸出的一类物质称为亲脂物质，主要有高级脂肪酸、高级脂肪醇、树脂酸、脂肪、蜡、烃类、萜烯类、甾族化合物等。亲水物质是指单独用水浸出或用极性有机溶剂，如丙酮、甲醇等浸出的部分，主要有黄酮类化合物、单宁、色素等酚类物质、生物碱、蛋白质、维生素和糖等。在这些浸出物质中很多是具有重要生理活性和工业利用价值的珍贵物质。

浸出物总量通常较木材的高，相当于树皮干重的 20%～40%。浸出物的组成和数量受多种因素影响，不同树种的树木树皮，其浸出成分和含量显著不同，即使是同一树种，其分析结果也受着树龄、生长地域和条件、部位、不同组织、取样方法、处理和分析方法等诸多因子的影响。

在诸多的树皮浸出物中，多酚类化合物是十分重要的浸出物质，它是含有一个或一个以上的酚羟取代基的芳香化合物。酚类化合物通常以游离酚酸、酚酸苷、酚酸酯和聚合物的形式存在。低相对分子质量的多酚类化合物可用来生产商业精细化学产品，黄酮类化合物是各种色素的重要组成部分，在治疗毛细血管硬化疾病中，生物类黄酮制品有功效。在紫玉盘(*Uvaria chamae*)树皮中发现的特殊类黄酮化合物在防止人的鼻咽癌细胞衍生中具有活性而能抗癌变。金合欢属树皮浸出物是制取鞣料的有价值资源。从栎属树皮浸出物中可以提取栎精，栎精及其苷对人脑肿瘤的厌气微生物呼吸有一定的抑制作用，栎精五甲基醚对阻断苯并芘间接致癌性非常有效。云杉属树皮中含有大量的芪类化合物对提高木材耐久性有重要作用。

3.9.5 树皮的不溶组分

除去浸出物后剩余的树皮部分一般为原树皮量的60%～80%，这部分物质主要由软木脂、木质素及糖等树皮细胞壁物质所组成。

软木脂：主要由多羟基的一元和二元脂肪酸构成，羟基脂肪酸部分呈甘油酯的形式存在，但多数为酯、醚键连接而成的交联结构。有些树皮的软木脂中还含有大量的酚类物质。在不同种类的树皮中，软木脂含量变化很大，如疣枝桦外皮含38.7%，白桦外皮含41.21%，栓皮栎外皮含有35%～40%的软木脂。

软木脂是一个复杂的混合物，难以充分利用。美国20世纪70年代开始用软木脂单体与氧化乙烯反应制备非离子型表面活性剂，经碱熔或强氧化剂处理后的软木脂单体在组成上可以大大简化，然后进一步精制，开发软木脂的化学加工与利用。

木质素：针叶树树皮木质素一般与同种木材的木质素相似。研究发现，用二噁烷-盐酸或二噁烷-水在高温下处理树皮，得到的酚类物质是典型的木材木质素降解产物。但树皮木质素木材木质素也有差异，两者存在不同的结构单元，3,4-二羟基苯基仅存在于树皮木质素中，而不存在于木材木质素中。此外，针叶树皮中有一种木质素成分，比常用的木材脱木质素药剂有更高的抗溶解性，特别是耐二噁烷-盐酸溶解的木质素是一种比针叶木材木质素更高的缩合物，对于阔叶树树皮木质素，也发现了类似于针叶树树皮木质素与木材木质素之间的许多差异。阔叶树皮木质素与阔叶树木材木质素具有相似的基本结构单元，其差别在于紫丁香基、愈创木基和对-羟基苯基结构单元的比例不同。如疣皮桦和欧洲白蜡树树皮和木材的硫酸盐木质素的氧化产物中，紫丁香基与愈创木基苯基结构单元的比例分别为1∶0.9(树皮)和3.9∶1(木材)。

树皮脱木质素一般较木材的困难，在硫酸盐法和烧碱法制浆时发现，树皮木质素对大量的化学药品具有耐脱木质素作用。

树皮木质素与木材木质素之间差异的原因是：木材木质化过程中大部分木质素沉积在靠近形成层的木质部，次生木质素(包括天然木质素和不溶木质素)沉积于靠近心材的分界层。在外皮组织中发现的大多数木质素，明显是当内皮转化为外皮时由次生木质素沉积形成的。树皮的木质化作用是在远离大部分木材木质素形成的部位出现的生理生化作用。

1. 糖

无抽提物树皮总糖含量比木材的低。树皮分解后产生的总糖也比相应的木材低得多，针叶树和阔叶树的无抽提物树皮，其糖的水解产物的主要组成部分是葡萄糖，占50%～70%。针叶树树皮水解产物中的半乳糖和甘露糖含量比阔叶树树皮的高。这与针、阔叶树木材中的比例相一致。阔叶树树皮中含木糖百分率比针叶树树皮中的高得多，这也与木材中的情况相似。阔叶树树皮与木材相比，其主要差异是树皮水解产物含有的阿拉伯糖相当多。多数针叶树树皮的水解产物含有的阿拉伯糖和木糖一样多，而有一些针叶树树皮中的阿拉伯糖含量比木糖高。

无抽提物树皮的全纤维素含量占35%～75%，因树种不同而差异很大。纤维素含量也因树种而异，含量通常为无抽提物树皮重量的20%～40%(表3-48)。此外树皮中也含有成分复杂的半纤维素。

表 3-48　树皮中含有的全纤维素和 α-纤维素

树种	全纤维素	α-纤维素	树种	全纤维素	α-纤维素
	（占无抽提物树皮%）			（占无抽提物树皮%）	
针叶树：温哥华冷杉	57.9	38.1	阔叶树：花旗松（内皮）	38.2	19.2
银杏	56.5	37.6	欧亚槭（内皮）	70.8	45.0
欧洲云杉	71.3	50.8	欧亚槭（外皮）	50.3	29.0
恩氏云杉	58.2	30.9	纸皮桦	75.0	28.4
云杉	44.3	30.5	白桦	41.5	22.3
白云杉（内皮）		48.8	欧洲水青冈	53.2	33.3
扭叶松	63.8	30.4		52.3	29.6
西黄松	37.4	22.1	白蜡树	58.7	28.5
赤松（内皮）	65.0	16.5	颤杨	66.0	29.0
赤松	40.2	24.9	欧洲白烁	61.7	40.1
花旗松（韧皮）	56.4	36.2			

2. 树皮的利用

树皮可制堆肥，经发酵后成为肥力很高的有机肥料；木栓制品用作工业绝缘、隔热和减振材料；荆树、落叶松、木麻黄等树皮是制取栲胶的原料；单宁可用作胶黏剂，韧皮纤维可制浆造纸；黄柏、厚朴、肉桂、杜仲、金鸡纳霜等树皮均为珍贵药材；树皮粉可作人造板填充剂；有的树皮可以直接做牲畜饲料；利用树皮可以生产树皮纤维板、刨花板及各种树皮板。

参 考 文 献

北原觉一，水野裕夫．1961．木材酸性物质とペーヲイクルボードの剥离抵抗につしこ．木材学会志，7：239～241

陈国符．1980．植物纤维化学．北京：轻工业出版社

陈嘉翔．1990．制浆化学．北京：轻工业出版社

陈江魁．2011．银纳米材料抗菌性能及其安全性研究．济南：山东轻工业学院食品与生物工程学院

陈耀祖．1984．有机分析．北京：高等教育出版社

成俊卿．1985．木材学．北京：中国林业出版社

葛明裕．1985．木材加工化学．哈尔滨：东北林业大学出版社

国家标准局．1985．中华人民共和国国家标准，木材 pH 测定方法

寇庆德，于肇波，李坚．1988．木材的综合利用与节约代用．长沙：湖南科技出版社

李坚，韩士杰，徐子杰，等．1989．木质材料的表面劣化与木材保护的研究．东北林业大学学报，2

李坚，吴玉章．1992．木材的光致变色与防治．中国木材，1992，5

李坚．1984．木材抽提物对材性、加工及其利用的影响．森林工业文摘（综述），6：1～3

李坚．1984．谈谈木材的耐候性．全国木材保护学术会议论文

李坚．1985．浅析木材的酸度与应用，林业工业，6：43～44

李坚．1987．光对纸的老化作用的初步研究．中国造纸，5

李坚．1989．木质材料的界面特性与无胶胶合技术．哈尔滨：东北林业大学出版社

李新时，相亚明．1963．木材酸度的初步研究．林业科学，3：236～266

刘慧. 2004. 壳聚糖及其表面活性剂复合物的抗菌性与抗菌机理的研究. 武汉：武汉大学环境科学系
南京林业大学. 1990. 木材化学. 北京：中国林业出版社
欧年华. 1989. 木材表面化学特征的 ESR 与 ESCA 分析. 北京木材工业，3：175～176
欧年华，等. 1984. 用 ESR 研究木材中的自由基. 林业科学，50～55
彭海源，李坚. 1983. 东北经济用材的 pH、缓冲容量及其对脲醛树脂胶凝时间的影响. 东北林学院学报，11(4)：100～105
朴载允，李良. 1980. 木材 pH 的测定方法. 森林工业技术通讯，7：21～25
朴载允，李良. 1982. 木材 pH 与胶合质量. 林产工业，6：43～44
清华大学. 1983. 现代仪器分析. 北京：清华大学出版社
石声泰. 1982. 木材对金属的腐蚀. 腐蚀与防护，5
谢健健. 2011. 载纳米银细菌纤维素抗菌材料的制备及其评价. 上海：东华大学生物化工系
徐鹿鹿. 1984. 两种落叶松木材中阿拉伯半乳聚糖的含量、分子性质及对水泥固化作用的影响. 20(1)
杨之礼，等. 1985. 纤维素与粘胶纤维. 北京：纺织工业出版社
余德新. 1989. 木材抽提物对木材胶合和涂饰的影响. 北京木材工业，2：39
张光华，解攀，徐晓凤. 2008. 阳离子纤维素抗菌薄膜材料的制备及性能研究. 塑料，37(5)：17～19
张卉，周宇，夏绯. 2012. 开放体系中染料废水真菌脱色影响因素研究. 安全与环境学报，12(5)：38～41
郑志方. 1988. 树皮化学与利用. 北京：中国林业出版社
中野準三编，高洁，等译. 1988. 木质素的化学. 北京：轻工业出版社
中野準三编. 鲍禾，李忠正译. 1989. 木材化学. 北京：中国林业出版社
庄旭品，李治，刘晓非，等. 2002. 壳聚糖/纤维素抗菌纤维的研究与展望. 化工进展，21(5)：310～313
[日]往西弘次，俊藤辉男. 1977. 木材のpHとさの实用意义. 木材工业，32(3)：99～103
Dubey V, Pandey L K, Saxena C. 2005. Pervaporative separation of ethanol/water azeotrope using a novel chitosan-impregnated bacterial cellulose membrane and chitosan-poly (vinyl alcohol) blends. Journal of membrane science, 251: 131～6
Eero Sjöström. 王佩卿译. 1985. 木材化学. 北京：中国林业出版社
Fengel D, et al. 1984. Wood chemistry. Ultrastructure Reactions
Goldstein I S. 1977. Wood Technology. Chemical Aspects, 294～298
KlemenčičD, SimončičB, TomšičB, et al. 2010. Biodegradation of silver functionalised cellulose fibres. Carbohydrate polymers, 80: 426～35
Kollmann F F P, et al. 1968. Principles of Wood Science and Technology. I. Solid Wood
Krilov A. 1987. 木材中多酚化合物对锯片的磨蚀机理. 李坚译. 林业译丛，2：30～33
Mullins E J, et al. 1981. Canadian Woods Their properties and Uses. 3rd edition. Canada
Raghavendra G M, Jayaramudu T, Varaprasad K, et al. 2012. Cellulose-polymer-Ag nanocomposite fibres for antibacterial fabrics/skin scaffolds. Carbohydrate Polymers
Shateri Khalil-Abad M, Yazdanshenas M E. 2010. Superhydrophobic antibacterial cotton textiles. Journal of colloid and interface science, 351:293～8
Siau J F. 1984. Transport processes in Wood. Berlin: Springer-Verlag
Yang G, Xie J, Deng Y, et al. 2012. Hydrothermal synthesis of bacterial cellulose/AgNPs composite: A "green" route for antibacterial application. Carbohydrate Polymers, 87: 2482～7

第4章　木材的物理性质

4.1　木材的重量

4.1.1　木材的密度和比重

木材的单位容积所含的质量称为木材的密度。木材的密度与4℃时水的密度之比称为木材的比重。

木材由主要成分、次要成分、空隙和所含水分组成。细胞壁主要由木材的主要成分构成；木材的次要成分由抽提物组成；木材的空隙包括细胞壁内的微细空隙和细胞腔等粗大空隙；木材所含的水分，一般是水蒸气和水。因此，木材的重量是主要成分、次要成分和所含水分重量之和。对于给定的木材试件，主要成分和次要成分的重量虽然是一定的，但是含有的水分重量却随着周围环境的变化而在较大的范围内变动。木材的密度，也随其所含水分的增减而变化。因此，木材的比重和密度应标明其体积在测定时的木材含水率，即绝干时的体积 V_0，被水饱和时的体积 V_s，或含水率为 m 时的体积 V_m。

为了比较木材的密度，必须使其含水率相等。在基础理论研究时，往往采用绝干材的密度。木材的绝干重量是指把试件置于100～105℃烘箱内进行干燥，当达到恒重后，立即把试件放入装有干燥剂的干燥器中冷却后迅速称出的重量。由于木材与水之间的氢键结合很牢固，因而，在这种状态下的木材仍含有1%左右的水分，但人们仍把它作为绝干重量的标准。

木材的重量虽然能按所需的精度来称量，但是要准确地测定容积是不容易的。测定容积的方法有：①测量试件的尺寸并进行几何计算的方法(尺寸较大和规划的试样)；②把试件浸泡在水中，根据测得的浮力来计算容积的水置换法(形状不规则的试样)；③把试件插入水银中，测定被排除的水银容积的水银排除法等。水银排除法，存在水泡会钻进试件中及吸附在试件上的气泡不易去掉等问题。而水置换法，则除了饱水材以外，必须考虑木材吸水的问题。现在已使用的木材绝干密度，在从轻木的0.1g/cm^3 到愈创木的1.4g/cm^3 范围内。

4.1.2　木材的实质比重和空隙率

1. 木材的实质比重

木材除去内部全部空隙后的细胞壁称为木材的实质。木材的实质比重可以根据测定的绝干材的重量，即木材实质的重量与绝干材木材实质所置换的介质的容积之比来求得。置换的介质有水、苯和氦气等。所用的介质不同，得到的实质比重值也不同。由于水的极性较强，会被细胞壁内的微细空隙的表面强烈吸着，所以用水置换法求出的木材的实质比重比实际值要大。非极性的苯不能完全渗透到细胞壁的微细空隙中去，所测得的木材的实质比重比实际值要小。氦气能很好地浸透到细胞壁的微细空隙中去，而又不被木材实质所吸着，因而，氦气置换法所测定的实质比重值介于上述两种介质测得的数值之间。

由于不同树种的木材实质组成成分差别不大，所以各种树种的木材实质比重是近似的，平均为1.50。木材的实质密度为1.50g/cm^3。

木材的主要成分纤维素、木质素和木材的实质比重见表4-1。

表 4-1 纤维素、木质素、木材的实质比重

物质	处理方法	比重		
		水	氮气	苯
亚硫酸盐法纸浆	漂白	1.595	1.558	1.555
云杉木材	浸提	1.530	1.459	1.446
云杉木质素	硫酸	1.398	1.375	1.369
槭木木质素	硫酸	1.420	1.404	1.386

一般认为木材主要成分纤维素的比重为 1.55，半纤维素平均为 1.50，木质素平均为 1.35。抽提物的比重比纤维素的要小。

2. 木材的空隙率

木材的空隙率用木材内空隙的容积率来表示。如用 $1cm^3$ 的干木材体积减去木材实质所占的体积，再减去木材中水所占的体积。但是细胞壁结合水的比重(1.115)和胞腔中的自由水的比重不同，所以必须分别计算它们的体积。如果木材实质体积为 g/g_0，结合水体积为 $\frac{M_s}{\rho_s}\cdot g$，自由水体积为 $\frac{M_0}{\rho}\cdot g$，则木材的空隙率 V 为

$$V=\left\{1-g\left[\left(\frac{1}{g_0}\right)+\left(\frac{M_s}{\rho_s}\right)+\left(\frac{M_0}{\rho}\right)\right]\right\}\times 100\% \tag{4-1}$$

式中：g——木材的比重；

g_0——木材的实质比重；

M_s——每 g 干木材结合水的水重；

M_0——每 g 干木材自由水的含量；

ρ_s，ρ——结合水、自由水的比重。

如果计算绝干材的空隙率，则

$$V=\left(1-\frac{g}{g_0}\right)\times 100\% \tag{4-2}$$

一些主要树种绝干材的空隙率见表 4-2。

表 4-2 木材的空隙(绝干材)率

树种	空隙率/%	绝干密度/(g/cm^3)	树种	空隙率/%	绝干密度/(g/cm^3)
冷杉	76	0.38	连香木	74	0.40
铁杉	68	0.49	朴木	72	0.43
日本柳杉	74	0.40	泡桐	83	0.26
水青冈	67	0.51	轻木	94	0.10
栎木	56	0.68	愈创木	18	1.23
榉木	62	0.59			

4.1.3 树干内木材密度的差异

木材密度的差异，主要是由木材结构的差异和存在的抽提物引起的。木材结构受树木自

发的和遗传的先天因素和生长环境等后天因素的影响。树干的部位对木材密度也有相当大的影响。木材密度还受生长地带的地理分布的影响。

在树轴方向，树干横切面的平均密度变化是不规则的。树干横切面的平均密度与离地高度之间有从下向上密度逐渐变大的趋势（如人工林的日本柳杉）；也有从下向上密度逐渐变小的（如人工林的松木和落叶松）；还有从下向上密度逐渐变小、中间大致不变、而上部又逐渐变大的趋势（如天然林的鱼鳞松和冷杉）。在潮湿地区生长的根部非常发达的树木，会形成树干基部密度较小的木材。另外，完整的树干基部木材密度比去了树梢的树干的基部木材密度稍大。在给定的某高度处的树干横切面上，由髓心向外，木材的密度是变化的。这种变化受到木材生长速度的影响，而生长速度又受到木材形成时形成层的年龄及环境因素的影响。正常生长的针叶树，形成宽年轮的内心部分的未成熟材比较轻，而越往外周，随着年轮变窄而变重。成熟材部分的年轮宽度相当稳定，其密度变化较小。老龄树的外周过熟材部分，年轮宽度显著变窄，晚材率减少或者晚材的细胞壁变得薄而轻。阔叶材的这种关系是复杂的，一般在髓心附近有形成木材最高密度的倾向。但柳桉类树干心部的密度往往比外周部分的密度低。一般在树干内的木材密度的分布并不一定都是左右对称的。

阔叶树林若非常茂密，则会降低木材的密度；而茂密的针叶树林能形成高密度的木材。

阔叶树的枝丫材密度最大，而根部的木材密度最小，尤其环孔材的树木这方面更为显著。根材比树干材轻约 20%，枝丫材比树干重约 6%。针叶树的枝丫材比树干材平均重 35%。根材的密度随树种的不同而有明显的差异，既有比树干材重的，也有比树干材轻的。

应压木比正常材重 15%～40%。一般心材颜色越深，其密度也越大。热带材的带色心材，其密度也大。含有较多的草酸钙和硅酸盐等无机物质的木材重而坚硬。导管内的侵填体和树脂含量高时，木材的密度增加较大。针叶材的树脂密度一般为 0.985～1.073g/cm^3，愈创木的树脂密度为 1.23～1.25g/cm^3。

4.1.4　早材和晚材密度以及木材密度和生长度的关系

阔叶树环孔材及针叶树的早材和晚材的密度差均比阔叶树散孔材的更为明显。针叶树的早、晚材密度比为 1∶1.3～1∶3.1，平均为 1∶2.5。即使是同一树种，早、晚材的密度也有相当大的差异。针叶材髓心附近木质部的早、晚材密度差较小。树干心部的未成熟材部分的早材密度，从髓心向外逐渐减小，外周的成熟材部分的密度则相当稳定。未成熟材部分的晚材密度从髓心向外逐渐增加；成熟材部分则相当稳定。因此，在髓心附近木质部的早、晚材密度差最小。

含有树脂多的树种，上述倾向不太明显。如果把树脂浸提出来，则这种倾向仍能表现出来。一般针叶材树种内的密度差异，在成熟部分主要取决于晚材的变化率，晚材率越高则密度越大；而未成熟材部分除了晚材率以外，还依存于早材和晚材密度的径向变动。一般在成熟材部分，有以下的理论公式：

$$\gamma_u = \gamma_{eu} + (\gamma_{lu} + \gamma_{eu})s \tag{4-3}$$

式中：γ_u——含水率 u(%)时木材的密度(g/cm^3)；

γ_{eu}——含水率 u(%)时木材早材的密度(g/cm^3)；

γ_{lu}——含水率 u(%)时木材晚材的密度(g/cm^3)；

s——晚材率。

阔叶树材树干内早、晚材密度在径向的变动，不如针叶树材那样有一定的规律。根据环孔材白蜡木和栎木得到早、晚材的密度比：环孔材为 1∶1.55～1∶2.8，散孔材为 1∶1.21～1∶1.76。

针叶树材的成熟材部分，由于生长轮的宽窄对晚材密度变化影响不大，因而一般生长轮宽度越小，则晚材率越大，密度也越大（图 4-1）。但是在过熟材部分经常可以看到：当生长轮非常窄时，晚材宽度也变得很窄，木材的密度反而减小。即使是具有相同生长轮宽度的同种木材，它们的密度也有相当大的差异。一般晚材率增加，密度随之增大。但是当生长条件不同时，即使晚材率相同，密度也会有差异。

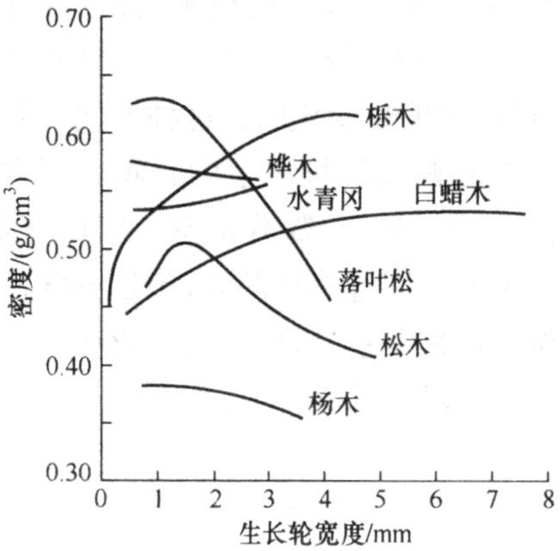

图 4-1 生长轮宽度和密度的关系

阔叶树环孔材的成熟材部分，由于早材部分的导管管孔直径不受生长轮宽度的影响，变化比较小，所以同一树种，一般生长轮宽度越大，密度也越大。但是当生长轮宽度变得特别大时，也有密度反而变小的情况。尽管生长轮宽窄不同，其密度并没有多大的差别，但是靠近髓心的未成熟材部分与其外周的成熟材部分相比，具有特殊的性质。

阔叶树散孔材，木材的密度和生长轮宽度之间无一定确切关系。但是特别狭窄的生长轮，由于导管数量多而使密度变小，这种现象在老龄的过熟材部分是常见的。一般认为，阔叶材导管的比率和木材的密度之间有着相当密切的关系，木材的导管率越大，则其密度越小。

4.1.5 木材的微密度测定

木材的密度，尤其是微密度（木材在窄小范围内的密度）测定是十分重要的，它不仅可以揭示不同生长条件下木材材质变异的规律，为生态木材学、树木年代学等学科提供研究方法，而且也为速生林的人工抚育措施及最佳轮伐周期的确定提供理论依据，为木材加工提供重要的质量参数。现在常采用射线摄影法和直接扫描法来测定微密度。

射线摄影法中用得最多的是 X 射线测量法，即将软 X 射线摄的木材负像软片用微光密度计绘出木材微密度的模拟量和数字化量值，然后进行统计分析，求得木材生长轮密度和轮宽分布的一系列参数。其结果可以用图形和表格形式打印出来，亦可存储于微型计算机的磁盘中。

直接扫描法与射线摄影法的测定精度均较高，但是，直接扫描法更为简便。直接扫描法是以 X 射线透射木材，用射线接收传感器（如光电倍增管）直接测量窄小范围内透过试样前后射线强度的变化，根据射线衰减律及试样的平均吸收系数，推算出木材的微密度。

另外，用于成材和人造板密度的射线检测，应用也比较广泛。用于研究的称量法、水银容积法等无法在生产线上应用。因此，目前许多木材工业发达的国家，应用射线测定木材密度技术已日趋成熟。在射线测定法所用的几种射线中，应用较多的是 γ 射线和 X 射线。木材和人造板工业常用的射线源是镅^{241}。由于 γ 射线检测是非接触式的，性能稳定，寿命长，精度较高，具有电气输出和快速作用的优点，所以近年来应用日益广泛。

4.2　木材和水分

4.2.1　木材的含水量

1. 木材的含水量

立木中的水分既是树木生长所必不可少的物质，又是树木输送各种物质的载体。同样，木材中的水分既影响木材的存储，又影响木材加工和利用。

不同树种木材的水分含量不同。同一株树木在不同的生长季节内其木质部的含水量也是变化的，同时木质部的各个部位，如心材、边材、根部、树干与树梢等部位的含水量也都不等。木材含水量的变化在一定范围内影响木材的强度、刚性、硬度、耐腐性、导热性、渗透性、热值、体积稳定性等。

木材含水率有以下两种表示方法。

绝对含水率：木材所含水分的重量占其绝干材重量的百分率为绝对含水率 u。

$$u=\frac{W-W_0}{W_0}\times 100\% \tag{4-4}$$

式中：W——湿木材的重量(g)；

W_0——绝干木材的重量(g)。

相对含水率：木材所含水分的重量占湿木材重量的百分率为相对含水率 u'。

$$u'=\frac{W-W_0}{W}\times 100\% \tag{4-5}$$

一般用绝对含水率。两种含水率有如下的关系：

$$u'=\frac{u}{100+u}\times 100\%$$

2. 木材含水量的测定

测定木材含水率的方法大致有 5 种：炉干法、蒸馏法、滴定法、湿度计法和电测法。蒸馏法的测定结果不十分精确，滴定法费用较高，所以这两种方法比较少用。实验室中常采用炉干法或烘干法，此方法虽测定时间较长，但是比较准确。工业上常采用电测法和红外线法等测定木材含水率。现将木材工业中目前应用的一些木材含水率测定方法作一简介。

(1) 电学法检测。电学法检测可用于工业上木材密度和水分的检测。目前，适用于生产线上的检测方法主要是：微波法和高频法。

微波法是根据介质对微波的吸收与介质的介电常数成比例的原理，测定木材含水率的变化。采用微波法测定木材的含水率、密度和木纹角虽然计算较为复杂，但用计算机可同时计算出各项参数的结果，而且微波源能量较小，对环境无害，计算速度快。

(2) 高频法检测。高频法测定木材含水率是根据木材的介电常数和损耗角正切随木材含水率不同而变化的原理进行测定的。这种方法是近年来发展的一种方法，目前已在生产线上试用。

除上述的两种方法外，目前，进行研究和试用的木材水分含量测定的方法还有红外线检测法和线称量法。这些方法均具有快速、较精确，并可将大量数据综合分析的特点。

根据不同的含水率，木材可分为以下几种。

绝干材：含水率为 0%的木材为绝干材，亦称炉干材或全干材。将木材置于 100～105℃烘箱内干燥至恒重。

气干材：含水率为 15%的木材为气干材，即长期贮存在大气中，与大气的相对湿度趋于平衡的木材。

窑干材：在干燥窑内，以控制的温度与相对湿度进行适当干燥，使其含水率低于气干材的木材。含水率一般为 4%～12%，根据干燥的要求而定。

饱湿材：含水率为纤维饱和点的木材为饱湿材，也是细胞壁的全部空隙都被水饱和了的木材。

生材：含水率在纤维饱和点以上的木材为生材，即树木刚伐倒时的木材，其含水率在各个季节不同。在冬季和树液流动的春季含水较多，可为全干材重量的 80%～100%。

湿材：长期贮存于水中的木材为湿材，其含水率高于生材。

4.2.2　木材的含水状态

木材中的水分以三种状态存在：细胞腔内的水蒸气、细胞腔内的液态水、细胞壁中的结合水。细胞腔内的水蒸气是处于最大的势能状态，与木材外界大气中水蒸气的势能相同。细胞腔内由毛细管力所保持的液态水虽具有比自由水略低的势能状态，但是其蒸发行为与自由水面的水相同，故称为自由水。细胞壁中的水是靠氢键力束缚在木材物质上的，具有较低的势能，称为结合水。

在木材被水分湿润的过程中，木材与水分是物理的结合，即水分被木材吸着和吸收。尽管木材的吸湿也引起湿胀，但是它的 X 射线图无变化，即吸湿并没有使纤维素的结晶区的晶格常数发生变化，所以水分子仅进入到非结晶区和结晶区表面而没有进入到结晶区，木材的吸湿只是单纯的表面作用。因此，木材的吸湿主要由细胞壁内部表面的大小及内表面与水的亲和力的大小来决定。湿胀材细胞壁的内部表面积为 3.5×10^6～$7.5\times10^6\,cm^2/g$。密度为 $0.4g/cm^3$ 的针叶材，其细胞腔等空隙的表面积大约为 $10^3\,cm^2/g$。

木材内存在的水分分类如下：

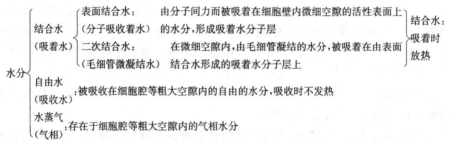

- 水分
  - 结合水（吸着水）——结合水：吸着时放热
    - 表面结合水（分子吸收着水）：由分子间力而被吸着在细胞壁内微细空隙的活性表面上的水分，形成吸着水分子层
    - 二次结合水（毛细管微凝结水）：在微细空隙内，由毛细管凝结的水分，被吸着在由表面结合水形成的吸着水分子层上
  - 自由水（吸收水）：被吸收在细胞腔等粗大空隙内的自由的水分，吸收时不发热
  - 水蒸气（气相）：存在于细胞腔等粗大空隙内的气相水分

吸着是细粉末状的物体、多孔性的材料或溶胀的凝胶物质与气体或液体在界面间发生的一种相互作用。这种吸附通常只形成单分子层，即使是多分子层吸附，也不会超过 10 个分子的厚度。吸附物与被吸附物之间发生了化学反应，形成化学键，称为化学吸着。如果被吸附物依靠氢键或范德华力吸附在固体表面，则称为物理吸附。吸附总是伴随着热的释放。物理吸附的吸附热较低，一般为 12.54～22.57kJ/mol。木材的吸着点是木材成分中的羟基(—OH)和羧基(COOH)等。因为木材的吸水湿胀只发生在非结晶区，所以是具有非结晶结构的半纤维素和木质素中的吸着点均可参与吸着，而纤维素只是非结晶区发生吸着。其中半纤维素游离羟基较多，它对木材的吸湿性起着主要作用。

当水分子与完全干燥的木材细胞壁接触时，位于非结晶区的游离羟基能与水分子形成氢键，从而水分子呈规则的排列，使得结合水的容积缩小，在内部表面形成致密的吸着水分子层，被称为表面结合水或吸附水。这一吸附水分子层，比重比一般的水大，具有虽是液体却更接近固体的特性，故一般称为固溶体。在这一吸着过程中，由于木材实质和水之间形成氢键，因而释放吸着热。氢键的键能为 20.9～29.26kJ/mol，与低含水率时木材吸收水分的吸着热 20.9～22.57kJ/mol 大致相同。木材从绝干到含水率为 5%～6%，细胞壁上的微毛细管（纹孔及瞬间毛细管）的直径较小，水的弯液面没有形成，因而只进行单纯的分子吸着。

理论与实验证明：毛细管中的凝结现象只能出现于直径接近于分子直径大小的毛细管中，水分子的直径为 0.4×10^{-7}cm，即水蒸气只有在直径小（$10^{-7}\sim10^{-6}$cm）的微毛细管中凝结，在大于 10^{-5}cm 的大毛细管中饱和蒸汽压实际上与液态水平面上的饱和蒸汽压几乎相等，不能发生毛细管凝结效应。例如，比重为 0.3 的针叶材，其管胞的胞腔平均半径为 0.0016cm；比重为 0.6 的针叶材管胞，其胞腔的平均半径只有 0.001 25cm。这样大小的毛细管降低的相对蒸汽压不到 0.01%，但是细胞壁上的微毛细管会降低相对蒸汽压 1%。毛细管半径 r 与相对蒸汽压 P/P_0 之间的关系，可用 Kelvin 方程式表示：

$$r=2\sigma M_r/\rho\cdot RT\cdot\ln(P_0/P) \tag{4-6}$$

式中：σ——表面张力；

M_r——相对分子质量；

ρ——液体的密度；

R——气体常数；

T——绝对温度。

随着非结晶区的游离羟基和水分子的结合，以及结晶区间隔的扩大，细胞壁的微毛细管内的水形成弯液面。当外部的水蒸气压比毛细管内的蒸汽压大时，外部的水蒸气凝结在毛细管内，这种凝结水称为毛细管凝结水。凝结的同时放出凝结热。凝结了的水分子，受到表面结合水形成的强静电场的影响，在取向力作用下，呈极性排列，从而进一步由静电吸着外侧的毛细管中凝结的水分子。这一过程产生少量湿润热，这种水也称为二次结合水。随着水分子层的增加，静电场力逐渐减弱。与此同时，木材细胞壁内的微毛细管的直径逐渐增大，管内的蒸汽压也增大，水分的吸着一直要进行到和外部的蒸汽压平衡时为止。

因为毛细管内的蒸汽压按一定的规律与毛细管的直径成正比增加，所以一般当细胞壁内的微毛细管由于结合水和毛细管张力的合成作用而扩大时，毛细管内部的蒸汽压也随之增大。若外部的蒸汽压为饱和蒸汽压时，则内部的蒸汽压在达到饱和蒸汽压后，吸湿作用即告终止，细胞壁被结合水饱和。同时，胶束与胶束之间的引力与胶束对被吸着在胶束之间的水的引力相等，即已达最大湿胀。细胞壁内的微毛细管内尚无自由水存在的状态，称为饱湿状态。这种状态的木材含水率，Tiemann H. D. 把它称为纤维饱和点。

这些主要靠氢键结合而在细胞壁内的微毛细管内吸着的水，称为结合水或吸着水。

吸收现象是指多孔性固体在其粗大的毛细管中，由于表面张力作用对液体进行机械的吸收。如果把达到纤维饱和点的木材再放在水中浸渍，由于毛细管的作用，水被吸收进入细胞腔等粗大空隙内，最终，水分充满了木材的全部空隙，达到饱水状态。在纤维饱和点以上被吸收的水称为自由水或吸收水，这一过程不发热。含水率在纤维饱和点以上的木材在大气中不会产生湿度平衡。

一般木材在水中湿胀时的最大湿胀量比在 100%的相对湿度的空气中的大。这可能是在水中浸渍的木材细胞壁内出现了新的活性内部表面的缘故。若通过减压或加热，使木材急剧干燥，则其吸湿性大为降低。主要原因是急剧干燥使非结晶区内游离羟基相互结合，由于不可逆变化，再吸湿也不能回到初始状态。另外，用 γ 射线、中子等照射木材时，少量的射线虽可使木材的吸湿性稍有降低，但大量的射线会使吸湿性大大增加。这是因为强力的射线能使纤维素的分子链断裂，游离羟基增加的缘故。

4.2.3 木材的平衡含水率、纤维饱和点和最大含水率

1. 木材的平衡含水率

置于一定温度与一定相对湿度环境中的木材，若外部的蒸汽压比饱和蒸汽压低，而当木材表面层的蒸汽压与外部的蒸汽压相等时，湿度达到相对平衡。此平衡状态下的木材含水率称为平衡含水率。和大气的相对湿度平衡时的含水率称为气干含水率，其值为 12%～15%。

空气的相对蒸汽压或相对湿度 φ，可由下式求得：

$$\varphi=\frac{P}{P_o}=\frac{\gamma}{\gamma_o} \tag{4-7}$$

式中：P——空气中的压力；

P_o——相同温度下的饱和蒸汽压力；

γ——单位容积的空气中的水蒸气重量；

γ_o——相同温度下的空气中最多能容纳的水蒸气重量。

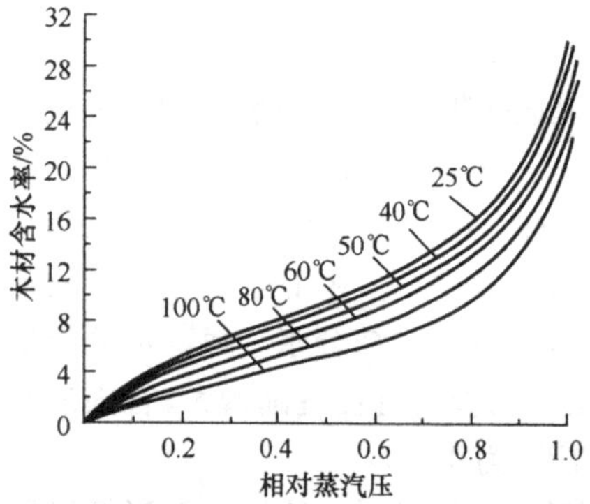

图 4-2 相对蒸汽压和温度及木材含水率的关系(木材的水分吸着等温线)

表示各种温度条件下各种不同的相对空气湿度和木材含水率的关系的曲线，称为木材的水分吸着等温线，一般是 S 形曲线。很多吸湿性的物质都具有这种 S 形曲线(图 4-2)。木材的吸湿性随着温度的上升而降低。空气的相对湿度或木材的含水率可以利用图 4-2 求得。

木材的平衡含水率依存于木材的构造、化学组成、物理性质、周围的空气温度和相对湿度及生长应力等。例如，平衡含水率边材高于心材，正常木材高于应压木，晚材高于早材，以及木材受应力作用，平衡含水率稍有降低.

2. 木材的纤维饱和点和最大含水率

木材中的水分——细胞壁内的结合水与细胞腔等空隙内的自由水对木材的性质的影响有明显的差别。这是因为毛细管的大小分布的不连续性导致与含水率变化相关的木材性质的不连续性，例如，在纤维饱和点时，木材的湿胀干缩、湿润热、电传导、强度等和含水率的关系显示出明显的界限值或不连续性。因此，纤维饱和点的测定一般就是根据某个单向性的性质与生材含水率的递减关系来确定的。

一般认为不同树种木材的水分吸着能力之所以有差别，是因为细胞壁的化学成分、纤维素的结晶度、细胞壁的密度、抽提物的含量等有差异。在化学成分中，半纤维素的吸湿性最大，纤维素次之，木质素最小。抽提物含量高的树种有降低木材吸湿性，特别有降低纤维饱和点的趋势。

根据木材的干缩和含水率的关系，在温度为 20℃时，间接求出纤维饱和点时的含水率 u_f(%)和木材的绝干密度 γ_o(g/cm^3)及最大容积湿胀率 $\alpha_{v\max}$(%)的关系，如图 4-3 所示。根据这个关系，连接纤维饱和点平均值的曲线，是一条具有对应于 $\gamma_o=0$ 的上限值 $u_f=100\%$ 和对应于 $\gamma_o=\gamma_s=1.51$(g/cm^3)的下限值 $u_f=16$(%)的双曲线。

根据图 4-3 的曲线，在温度为 20℃、$\gamma_o=0\sim1.51$g/cm^3 的范围内可得下式：

$$u_f=1-0.84\mathrm{e}^{-0.18}\frac{\gamma_s-\gamma_o}{\gamma_s\cdot\gamma_o} \tag{4-8}$$

实用时，可用下面的近似公式计算：

$$u_f=0.16+0.095\frac{\gamma_s\gamma-\gamma_o}{\gamma_s\cdot\gamma_o} \tag{4-9}$$

因为木材是由纤维素、半纤维素等亲水性成分和木质素、单宁、树脂等疏水性成分组成的，当亲水性和疏水性成分含量异常时，则其纤维饱和点与图 4-3 的曲线相差很多。一般木材的纤维饱和点在 22%～35%的含水率范围内，平均值大约为 28%。

如温度上升，则纤维饱和点的含水率下降。在气压为 101.324kPa 时木材的绝干密度 γ_o(g/cm^3)和纤维饱和点的 u_f(%)及温度(℃)之间的关系如图 4-4 所示。大约温度升高 1℃，纤维饱和点降低 0.1%。

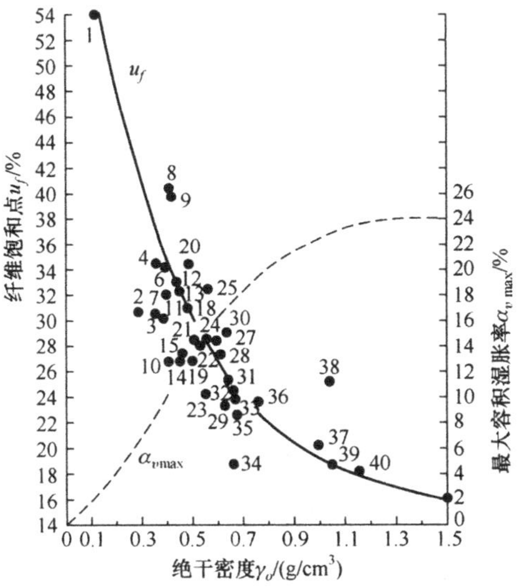

图 4-3　绝干密度对木材的纤维饱和点和最大容积湿胀率的影响

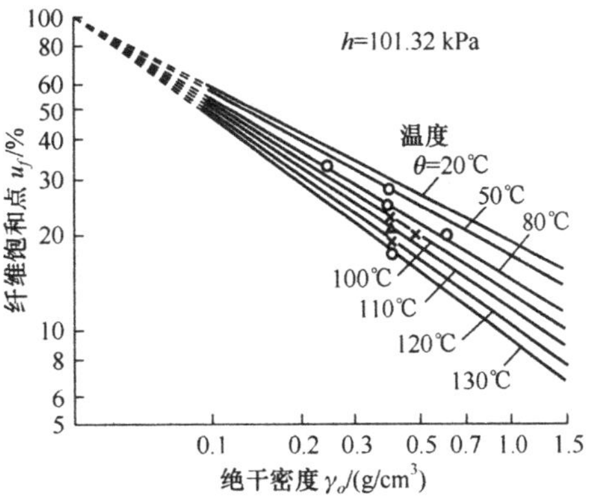

图 4-4　气压为 101.324kPa 时木材的密度、纤维饱和点和温度之间的关系

木材能够吸收自由水的最大数量是有限的。绝干密度为 γ_o(g/cm^3)的木材的最大空隙率 $u_{v\max}$可以用下式表示：

$$u_{v\max}=1-\frac{\gamma_o}{\gamma_s}=1-\frac{\gamma_o}{1.50}=0.667\gamma_o \tag{4-10}$$

若假定在绝干状态下细胞壁内的微细空隙全部关闭，则 $u_{v\max}$就变成了粗大空隙率。因此，绝干容积为 V_o(cm^3)的木材，其粗大空隙的最大容积 $V_{v\max}$(cm^3)可用下式求出：

$$V_{v\max}=V_o\left(1-\frac{\gamma_o}{\gamma_s}\right)$$

这个空隙完全充满时的自由水的含水率 $u_{b\max}$(%)可用下式表示:

$$u_{b\max}=\left(\frac{1}{\gamma_o}-\frac{1}{\gamma_s}\right)\times 100\%$$

设木材的纤维饱和点时的含水率为 u_f(%),这是木材中能够含有结合水的最大量,因而木材的最大含水率 $u_{\max}$(%)可用下式求出:

$$u_{\max}=u_f+u_{b\max}=u_f+\left(\frac{1}{\gamma_o}-\frac{1}{\gamma_s}\right)\times 100\% \tag{4-11}$$

细胞中水的数量与状态见表 4-3。

表 4-3　细胞壁中水的数量与状态

材料	结合水/(mg/g)	纤维饱和点/(ml/g)	自由水/(ml/g)
棉花	0.15	0.50	0.35
木材	0.23	0.45	0.22
亚硫酸盐纸浆	0.30	1.34	1.04
硫酸盐纸浆	0.33	1.66	1.33

4.2.4　木材的水分吸着滞后现象

根据布鲁纳尔(Brunawr S.)的分类,等温吸附有 5 种类型,木材的等温吸附曲线属于 S 形曲线,是多层分子的吸附,形成固体溶液。木材的水分等温吸附曲线是表示在一定温度下,空气的相对湿度和木材的水分吸着量关系变化的曲线。通常指在某些条件下,木材与水蒸气相互作用的过程,称为吸着或吸附。当降低分压而放出水时,称为解吸或退吸。木材的水分吸着滞后现象是指在同一相对湿度时,吸附时的吸着水量低于解吸时的吸着水量,如图 4-5 所示。

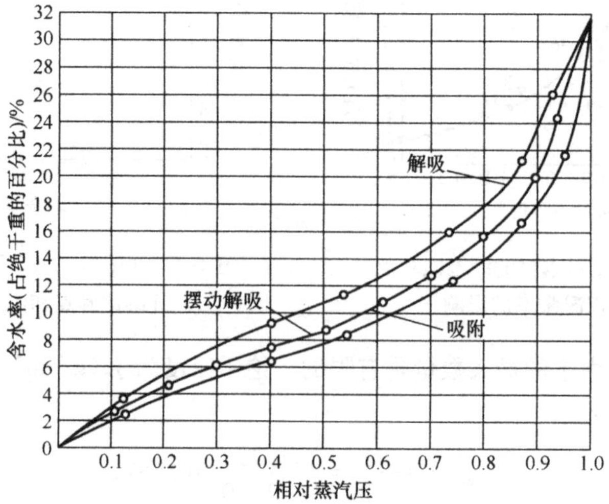

图 4-5　云杉木材在 25℃时对水蒸气的吸附-解吸等温线

吸着机制:如图 4-5 所示,吸附或解吸在相对湿度较低时,吸附水量均随相对湿度的增加而迅速增加,直至相对湿度达 60%左右时,吸附的水量相对增加较少;在接近饱和点时,吸附水量的增加比相对湿度的增加快得多，等温曲线几乎与纵坐标相平行。这一现象可以解释如下：在相对湿度低时，吸着点发生在纤维素、半纤维素等位于非结晶区的游离羟基上，并使细胞壁开始润胀。当相对湿度增加时，使纤维素非结晶区中部分氢键破裂，游离出的羟基形成新的吸着中心，继续吸附水分子。同时，随着游离的羟基被饱和，由于毛细管凝结作用，水分凝结并被吸着在细胞壁内的微毛细管中。一般认为，在相对湿度 60%以下时，水主要被吸附在原有游离的羟基或新游离出的羟基上；相对湿度增至 60%以上时，由于木材的进一步润胀，形成更多的吸着点。在高的相对湿度下，产生多层吸附水，使吸附水量迅速上升。纤维素对水吸着过程的微分热焓（ΔH）和熵（ΔS）的变化也说明了上述过程。在含水率低，即单分子层吸着时，负热焓（ΔH）和负熵（ΔS）值高，表明水分子以两个以上的氢键结合于纤维素表面。当纤维素表面充满水分子之后，水与纤维素之间的键发生变化，曲线上出现拐点。随着更多层水分子的形成，水与纤维素之间的氢键相对数下降，吸着的微分热焓和熵也下降，如图 4-6 所示。

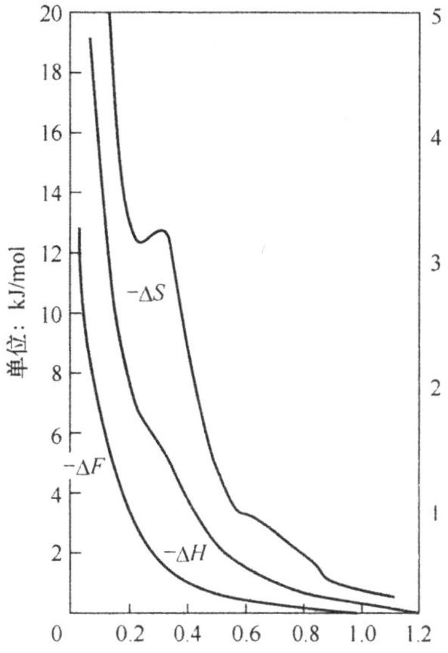

图 4-6 棉花纤维素对水吸着的自由能（ΔF）、微分热焓（ΔH）与熵（ΔS）

关于木材水分吸着的滞后现象可以说明如下：纤维素的吸附是发生在非结晶区的游离羟基或新产生的游离羟基上。解吸是已润湿了的纤维脱水发生收缩。在干燥过程中，首先是水分子间氢键断裂，这是纤维素-水体系中能量最低的结合。水分脱除后，纤维素表面相互靠近，直到两个纤维素表面间仅保留一个单分子水层。最后水—OH 和纤维素—OH 间的氢键开裂形成纤维素表面之间的氢键，如图 4-7 所示。

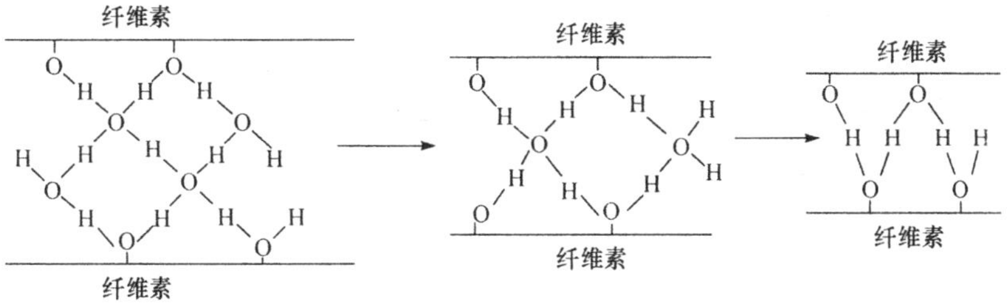

图 4-7 两层相邻纤维素表面在脱水过程中氢键的变化

在这一过程中，由于纤维素的网状组织结构的内部阻力，阻碍了自由的分子运动，被吸着的水不易挥发，非结晶区的部分羟基重新形成纤维分子内或分子间氢键，但是氢键不是可逆的关闭到原来状态，重新形成的氢键少了，即吸着中心多了，因而吸着水量相应较多，产生滞后现象。尺寸大的木材干燥时，所得到的含水率相对湿度的曲线位于吸附与解吸曲线中间，因为尺寸大的木材在干燥时产生了湿度梯度，中心部位解吸的水会重新被靠近表面的部分所吸附。滞后现象只有在相对湿度为 0%时才恢复到原来状态。而趋于饱和蒸汽压时，滞后现象减少，但不完全消失。

4.3 木材的湿胀与干缩

4.3.1 水分引起的木材的湿胀干缩

1. 木材湿胀干缩的过程

木材吸收极性溶剂后，大分子之间的内聚力降低但不消失，纤维变软，重量和体积增大，但仍保持可见的均一性并伴随热效应的现象，称为木材的湿胀。湿胀是高分子化合物的特征之一。

从绝干到纤维饱和点，是由被吸着在微毛细管内的结合水引起的湿胀段。纤维素饱和点以上的水分为自由水，自由水被吸收在大毛细血管内，不会引起湿胀。木材的湿胀一般用表现在外部的长度或容积变化来表示。但是细胞腔内也会发生变化，因此，这种变化仅仅表示了变化量的近似值。湿胀率与干缩率关系如下：

$$\left.\begin{aligned}\alpha&=\frac{100\beta}{100-\beta}\\ \beta&=\frac{100\alpha}{100+\alpha}\end{aligned}\right\} \tag{4-12}$$

式中：α——湿胀率(%)，从绝干材到生材的湿胀量与绝干材尺寸之比；

β——干缩率(%)，从生材到绝干材的干缩量与生材尺寸之比。

内部没有产生含水率梯度的小木片，在外部的湿胀表现出木材含水率的一次函数关系(图 4-8)，而产生含水梯度的大块木材，两者的关系虽然也近似于直线关系，但在含水率低与高的范围内，曲线稍呈凸凹变化(图 4-9)。从绝干到 5%～6%的低含水率区域之所以呈曲线关系，是因为表面结合水的容积缩小，其比重提高。这样的水被解吸时，木材的干缩量比重量的减少要小。含水率在 5%～6%以上时，木材内的结合水的比重接近于普通水的比重，被解吸的水的容积与木材的收缩体积一致。此时，表现在外部的收缩和向内部空隙的内收缩成正比，因而干缩曲线大致呈直线。在含水率 20%～25%以上的高含水率区域内之所以呈曲线关系，是因为木材内存在含水率梯度，有一部分与干缩无关的自由水存在，这部分自由水和结合水同时被排出，其结果使木材的干缩量比重量的减少要小。当木材达到纤维饱和点时，即开始收缩。但是大块的木材从比纤维饱和点高得多的平均含水率 40%～50%时就开始收缩了。这是因为即使木材的平均含水率是 40%～50%，但木材表面的含水率已在纤维饱和点以下，已开始收缩。

对于薄的木材整体均匀受湿进行湿胀，其湿胀速度采用单分子反应式计算：

$$u=u_k\,\frac{e^{kt}-1}{e^{kt}} \tag{4-13}$$

式中：u——t 时间内吸入的含水率；

u_k——给定空气相对湿度的木材平衡含水率；

e——自然对数的底；

k——为常数；

t——吸湿时间。

对于厚的木材，采用下式计算：

$$u^n=k\cdot t \tag{4-14}$$

式中：n 为接近 2 的值，此公式只适用于湿胀过程的前半部分。

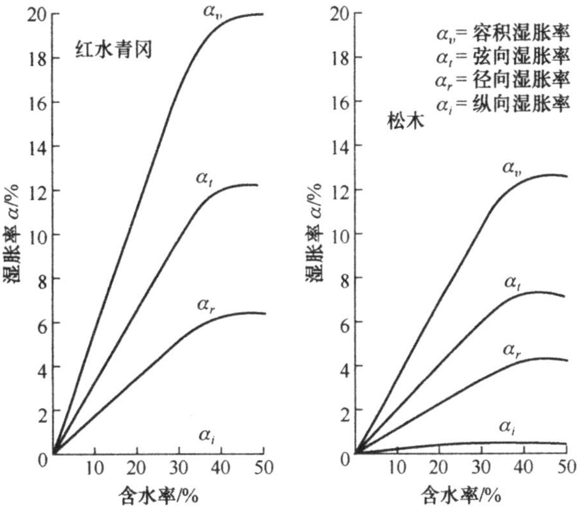

图 4-8　含水率对木材容积湿胀率和线湿胀率的影响

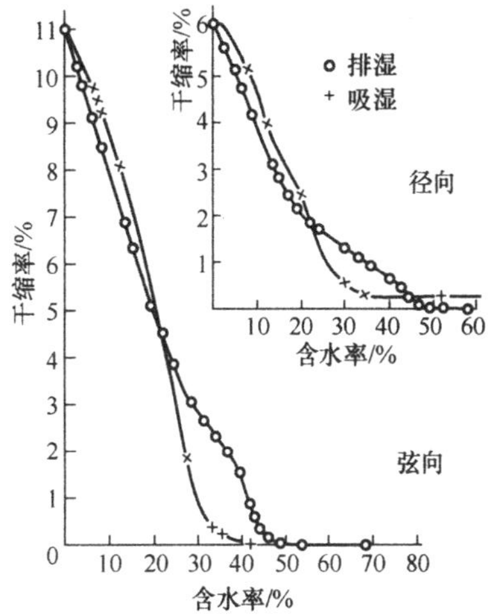

图 4-9　水青冈的湿胀和干缩曲线

2. 木材湿胀干缩的各向异性

木材的湿胀和干缩具有很强的各向异性。通常，正常材的外干缩率范围：容积干缩率(β_v)为 8.9%～26.0%，纤维方向的干缩率(β_l)为 0.1%～0.9%，径向的干缩率(β_r)为 2.4%～11%，弦向的干缩率(β_t)为 3.5%～15.0%。木材干缩的各向异性度，在木材的径切面用($\beta_r+\beta_t$)：$2\beta_l$ 来表示，其值为 10～20。一般可以认为 $\beta_t=23\beta_l$。另外，在横切面上用 $\beta_t:\beta_r$ 来表示，其值为 1.4～3.0。根据统计 $\beta_t=1.65\beta_r$. 因此，$\beta_l:\beta_r:\beta_t$ 大约为(0.5～1)：5：10。

正常的木材，其纵向干缩率 β_l 很小。但是应压木、应拉木及未成熟材比正常的成熟材的纵向干缩率要大，如树干的应压木，纵向干缩率为 5.42%，应拉木为 1.7%。通常，早材纵向干缩率比晚材大，未成熟材的比成熟材的大，应力材的比正常材的大，交错纹理木材的比通直纹理木材的大。

在木材的横切面上，随着温度的上升(16～105℃)，湿胀干缩的各向异性度增大。同时，随着木材密度的增大，湿胀干缩的各向异性度呈曲线性减小，最终趋近于 1，并且，针叶材的各向异性度的减小程度比阔叶材显著。

一般认为，在理论上最大的湿胀值发生在纤维饱和点，但实际上把木材浸渍在水中，在比纤维饱和点更高的含水率时才达到最大的湿胀值。木材任意方向的湿胀率和干缩率可利用简化的 Greenhill 理论式计算，其中 x 轴和 y 轴分别为木材的纤维方向、径向和弦向三个轴中的任意两个轴。

$$\left.\begin{aligned}\alpha_\theta&=\sqrt{(100+\alpha_x)^2\cos^2\theta+(100+\alpha_y)^2\sin^2\theta-100}\\ \beta_\theta&=100-\sqrt{(100-\beta_x)^2\cos^2\theta+(100-\beta_y)^2\sin^2\theta}\end{aligned}\right\}\qquad(4\text{-}15)$$

式中：$\alpha_\theta,\beta_\theta$——分别为与 x 轴偏斜 θ 方向的湿胀率和干缩率(%)；

α_x,α_y——分别为 x 轴和 y 轴方向的湿胀率(%)；

β_x,β_y——分别为 x 轴和 y 轴方向的干缩率(%)。

从上式可得到近似公式：

$$\left.\begin{aligned}\alpha_Q &\approx \alpha_x \cos^2\theta + \alpha_y \sin^2\theta \\ \beta_Q &\approx \beta_x \cos^2\theta + \beta_y \sin^2\theta\end{aligned}\right\} \qquad (4\text{-}16)$$

关于木材湿胀干缩各向异性的原因，主要有以下几种解释。

(1) 微纤丝倾角差的影响。在树干的纵切面上的各向异性依存于木质部纤维壁内厚度最大的次生壁中层微纤丝倾角和纤维的螺旋纹理的倾角。两者的倾角越小，则木材纵向干缩率或湿胀率越小，横向干缩率或湿胀率越大。在横切面上的各向异性，特别是针叶材，是因为次生壁中层的微纤丝倾角在径向壁受到纹孔的影响比在弦向壁上受到的要大。针叶材的纵向和弦向的干缩率与微纤丝角的关系如图 4-10 所示。

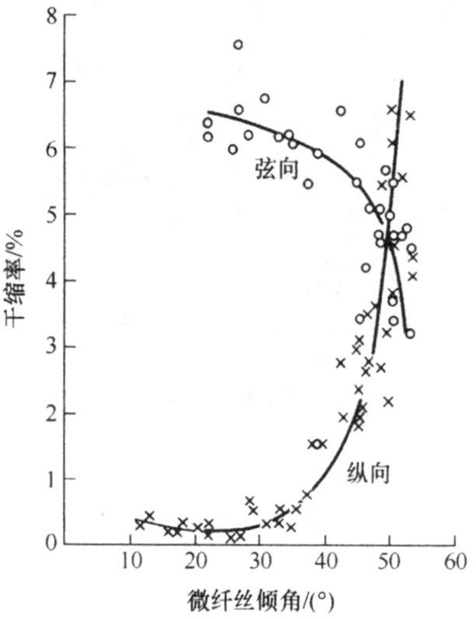

图 4-10　杰佛来松(金牛松)的纵向和弦向的干缩率与微纤丝角的关系

(2) 射线组织的影响。由于木材射线组织的抑制作用，木材径向的干缩率或湿胀率比弦向的小。

(3) 细胞壁的数量，特别是胞间层数量的影响。细胞壁的厚度与数量，尤其是非结晶性的胞间层束缚了纤维的自由移动，影响木材的湿胀率或干缩率。

(4) 早、晚材差异的影响。在横向或弦向晚材的湿胀率比早材大，在径向，是早、晚材湿胀率之差的平均值产生影响的。

(5) 径向壁和弦向壁中的木质素含量差别的影响。由于一般木质部纤维的径向壁比弦向壁的木质素含量高，因而吸湿变形性也小。同时，木材纤维的胞壁是微纤丝排列和化学组成明显不同的多层结构，这两者均是导致木材的横向湿胀干缩各向异性的主要因素。

目前，有关木材湿胀或干缩各向异性的原因，主要有以上几种说法，但是人们普遍认为木材的主要成分——木质部纤维湿胀或干缩的各向异性是最主要的，其次是胞间层的影响。

以上各种因素可以定性地说，木材的纤维方向的湿胀率比垂盲于纤维方向的要小得多，径向的湿胀、干缩率比弦向的小，但是也有木材因吸湿(或解吸)，其纤维方向反而稍有缩短(或伸长)的情况。综上所述，由于木材纤维微纤丝的长度方向与垂直方向湿胀或干缩的不等性，初生壁与次生壁微观构造的差异性，次生壁各层厚度的不同性，纤维的微纤丝倾角和螺旋纹理倾角的不均一性，径向壁与弦向壁木质化程度的差别性，各壁层之间的制约性，胞间层及其他细胞组织的相互影响作用等，导致木材的湿胀或干缩产生很强的各向异性，而且要定量说明木材湿胀或干缩各向异性的问题是困难的。

3. 木材的化学组成、密度、微纤丝角和应力对湿胀干缩的影响

(1) 木材的化学成分和湿胀。木材的化学组成中，一般纤维素占 41%～45%，半纤维素占 20%～30%，木质素占 20%～30%，抽提物占 2%～5%，灰分占 1%。在温度 25℃，木材主要成分的平衡含水率见表 4-4。

表 4-4　在纤维饱和点附近木材主要成分的平衡含水率(%)

相对湿度	光纤维素	全纤维素	木质素
95	47～63	24～30	8～23
100	—	51.7	10～23

半纤维素具有聚合度低、多分支和无定形结构，导致湿吸水性，一般木材的湿胀，随半纤维素含量的增加而增大，有如下关系：

$$\alpha_{v\max}=m\frac{H+0.072}{0.48} \tag{4-17}$$

式中：$\alpha_{v\max}$——最大容积湿胀率；

H——半纤维素的含量；

m——常数，云杉为 0.38，冷杉为 0.34，水青冈为 0.31。

不均一聚糖的湿胀顺序为：果胶＞多聚戊糖＞多聚己糖。

从木材中得到的纤维素的吸湿性虽然很高，但是由于纤维素结晶区的抑制作用，其吸湿量低于半纤维素，在相对湿度 0%～100%的范围内，半纤维素吸湿量几乎为纤维素的 2 倍。

木质素的吸着性较低，大约为纤维素亲水性的 40%。木材主要组分的水分吸着的等温曲线见图 4-11。

树脂性物质和单宁类是疏水性的。灰分无吸着性。

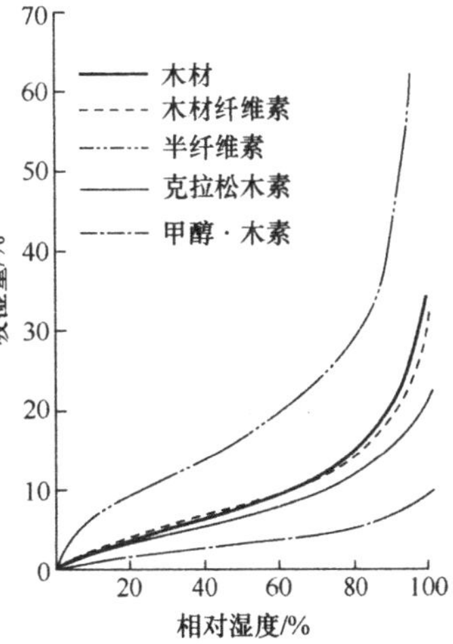

图 4-11　木材的构成成分的水分吸着等温线(25℃)

(2) 木材的密度和湿胀干缩。木材的密度越大其内表面积也越大，因而从绝干至纤维饱和点吸着的水分也越多。一般木材的湿胀、干缩而引起的木材内的粗大空隙容积的变化是极小的，而木材的容积变化在本质上可以认为等于进入细胞壁内结合水的容积。若考虑结合水容积的缩小，则一般木材的容积湿胀率 α_v(%)和绝干密度 γ_o(g/cm^3)及容积干缩率 β_v(%)和容积密度 R_g(g/cm^3)之间有如下关系：

$$\left.\begin{aligned}\alpha_v&=C\cdot u_f\cdot\gamma_o(\%)\\ \beta_v&=C\cdot u_f\cdot R_g(\%)\end{aligned}\right\} \tag{4-18}$$

式中：u_f——纤维饱和点(%)；

C——受结合水、木材成分影响的实际湿胀率或干缩率与无影响的湿胀率或干缩率之比值。

在某一树种内，在细胞壁的化学组成和胶束构造大致相等的情况下，可用如下近似公式：

$$\left.\begin{aligned}\alpha_v&=u_f\cdot\gamma_o(\%)\\ \beta_v&=u_f\cdot R_g(\%)\end{aligned}\right\} \tag{4-19}$$

大多树种有 $R_v=28R_g$ 的直线关系。凡与这一直线不一致的，多为抽提物含量高或内部应力较大。对于热带材得到如下公式：

$$\beta_v=\alpha\cdot\gamma+b\cdot u_f+c \tag{4-20}$$

式中：γ——密度(g/cm^3)；

a,b,c——常数，$a=6.69$，$b=0.294$，$c=-0.15$。

一些木材的容积密度 R_g 和径向的干缩率 β_γ 或弦向的干缩率 β_t 之间也存在直线关系：

$$\left.\begin{aligned}\beta_\gamma&=(9.5\sim10.3)R_g\\ \beta_t&=(16.5\sim17.0)R_g\end{aligned}\right\} \tag{4-21}$$

另有一些木材的密度与木材弦向的湿胀率之间存在如下的关系：

$$\alpha=a\cdot\gamma_o^n \tag{4-22}$$

式中：α——湿胀率；

a, n——常数；

γ_o——绝干密度(g/cm^3)。

正常材，一般密度大的，其容积湿胀率虽然比密度小的大，但是纵向干缩率小，横向干缩率大，径向和弦向的湿胀干缩率之差也小。

(3) 微纤丝倾角应力对木材湿胀干缩的影响。正常材，其木质部纤维的次生壁中层的微纤丝，绕纤维的轴呈斜率较小的螺旋排列。此时的纤维壁的纤维方向的干缩分量比垂直于纤维方向的分量要小得多。纤维壁的干缩，不仅发生在壁内的同心圆状薄膜的面间，即不仅只发生在径向，而且也发生在薄膜的面内。微纤丝的倾角与这个面内发生的干缩有关。因此，一般认为，微纤丝的倾角对木材的纤维方向的纵向干缩和垂直方向的横向干缩是有影响的。

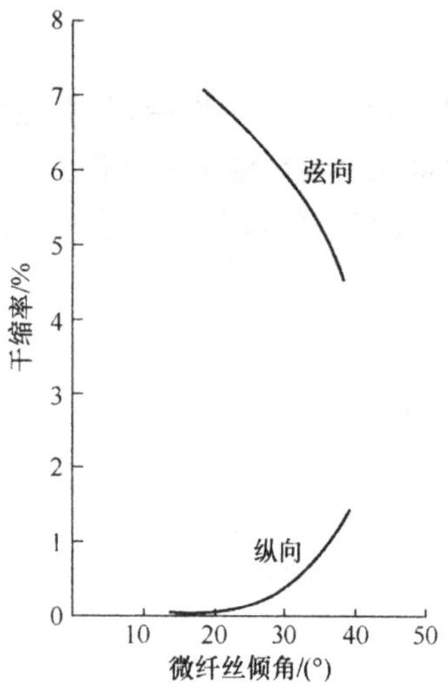

图 4-12　辐射松的纵向和弦向的干缩率与微纤丝倾角的关系

由辐射松求出的木质部纤维的次生壁中层(S_2 层)的微纤丝的倾角和木材的纵向干缩及弦向的横向干缩的关系如图 4-12所示。另外，一般针叶材的两种干缩率的曲线似乎都在45°～50°的倾角处交叉。微纤丝倾角在 25°～30°或 25°以下，纵向干缩率很小，可以忽略不计，但是一超过这个界限，纵向干缩率迅速增大，而弦向干缩率减少。

木材干燥过程中产生的应力是由于木材内部含水率梯度的增大、纤维相互间的粘接而产生的束缚、在纤维壁的厚度方向的干缩率的变化等原因而产生的。

若纤维壁在垂直于微纤丝的轴方向有收缩的趋势，则细胞间层的两侧在相对于纤维的轴向以相同的倾斜度、在相反的倾斜方向上干缩。这个倾斜度在胞间层的面内产生剪切应力。

在干缩过程中，纤维内腔的尺寸几乎是不变的，因而在纤维弦向壁外侧的干缩与内侧是不同的，从而也将导致纤维壁的纵向干缩在径向产生变动，这种变动产生应力，在纤维壁的外侧部分产生拉伸应力，内侧部分产生压缩应力。同时，细胞壁内微纤丝螺旋的圈数随着干燥的进行而变化。因此，纤维在干燥中产生扭转。但是，相邻的纤维抑制这种扭转，导致各层间相互产生剪切应力。少量的圈数变化，使微纤丝在干燥中产生互相滑移。

低含水率的木材微纤丝相互剪切应变显示出比较稳定的值。主要原因是纤维素链分子间的氢键结合增加，限制了相互间的滑移。

胞间层与相邻的纤维连接牢固，因而妨碍了纤维壁的自由运动。在与相邻纤维连接着的纤维壁内，观察不到像自由纤维壁那样的干缩。所以，胞间层对木材湿胀、干缩的影响引起了人们重视。

4. 湿润热(湿胀热)与湿胀压

在木材水分吸着过程中，具有高能态的自由水分子，通过氢键或范德华力，吸附在低能态的木材实质表面，从而释放热量；解吸时，则吸收热量。此热量的大小随吸着点的性质、被吸着点的性质、被吸着水分的数量和状态等的不同而异。

干燥木材从空气中吸着水蒸气而湿胀时产生的热为吸着热。它是湿润热与气化潜热之和。干燥木材吸着液相的水时只放出湿润热。根据精密的测定，湿润热常比湿胀热稍大，因为熵增加消耗部分热量。但是，通常认为湿润热和湿胀热是相等的。

湿润热可用积分湿润热与微分湿润热来表示。积分湿润热为 1g 绝干木材完全润湿所放出的热量；微分湿润热为从木材中解吸 1g 水所需要的热量。表 4-5、表 4-6 分别为木材及主要成分的积分湿润热与微分湿润热。

表 4-5　木材及其成分的积分湿润热

材料	液体	湿润热/(J/g)
克氏南洋杉(60 目)	水	85.69
全纤维素	水	80.674
纤维素	水	68.134
半纤维素	水	147.136
木素	水	66.044～76.076

表 4-6　木材及其成分的起始微分湿润热

试材(王桉)	液体	起始微分湿润热/(J/g)
木材	水	1170.4
全纤维素	水	1337.6
木材纤维	水	1128.6～1463
半纤维素	水	836～1045
木素	水	627～836

从表 4-5 和表 4-6 可知：木材的全积分湿润热和起始微分湿润热因物质不同而异。木材含水率与积分湿润热的关系一般由实验公式计算得出。由于木材的起始微分湿润热定量揭示了水分和木材结合的形式，因而在目前的研究中，利用木材的微分湿润热(ΔH)与湿胀过程自由能(ΔF)、熵(ΔS)的关系，定量计算或解释木材物理性质的报道颇多，如东北林业大学赵广杰等定量计算了木材吸着水引起的热焓(ΔH)、自由能(ΔF)和熵(ΔS)的变化对木材介电松弛的影响。

木材含水率和微分湿润热的关系如下：

$$\Delta H=\frac{R\cdot T_1\cdot T_2}{M\cdot(T_2-T_1)}\ln\left(\frac{P_2}{P_1}-\frac{P_0''}{P_0'}\right) \tag{4-23}$$

式中：M——水的相对分子质量；

R——气体常数；

ΔH——微分湿润热；

T_2，T_1——绝对温度；

P_2，P_1——绝对温度 T_2、T_1 时的蒸汽压；

P_0''，P_0'——绝对温度 T_2、T_1 时的饱和蒸汽压。

木材的微分湿润热的值在绝干状态时最大，随着含水率的增加而急剧下降，在木材纤维饱和点时接近于零，即自由水的湿润热可以忽略不计。绝干木材的起始微分湿润热为 20.482～25.08kJ/mol，与氢键的结合能一致。木材吸湿时放热，$\Delta H>0$，在一定的相对湿度时，木材的吸湿量随温度的上升而减少。在常温下，相对湿度为 50%～80%时，对于同一相对湿度，温度上升 1℃，则含水率减少 0.1%。

木材的湿润热，随着木材的密度增大而减小。木材的密度增加 0.04g/cm^3，湿润热约减少 25.08J/g。

湿胀的同时产生湿胀压。湿胀压是木材的平衡蒸汽压开始变为饱和蒸汽压时，木材要保持原有的体积所需的压力，其计算式如下：

$$P_m=-\frac{R\cdot T}{M\cdot v_0}\ln\frac{P}{P_0} \tag{4-24}$$

在温度为 23℃时

$$P_m=-231.1\log\frac{P}{P_0}(\text{MPa}) \tag{4-25}$$

式中：P_m——湿胀压；

R——气体常数；

T——绝对温度；

M——水的相对分子质量；

v_0——液体的比容；

P/P_0——相对蒸汽压。

利用上式和水分吸着等温线，能够求出相对于任意含水率的木材的湿胀压。

毛细管半径与相对蒸汽压之间的关系如下：

$$r=\frac{2\sigma \cdot M}{\rho \cdot P \cdot T \cdot \ln \frac{P}{P_0}}$$

式中：σ——水的表面张力；

ρ——水的密度；

r——毛细管的半径。

作用在毛细管上的张力和湿胀压相同。相对蒸汽压和毛细管半径及湿胀压的关系见表 4-7。

表 4-7　相对蒸汽压与毛细管半径及湿胀压的关系

相对蒸汽压 $(P/P_0)/\%$	毛细管半径 r/m	湿胀压/kPa	相对蒸汽压 $(P/P_0)/\%$	毛细管半径 r/m	湿胀压/kPa
100		0	80	4.78×10^{-9}	3.05×10^{4}
99.9	1.06×10^{-6}	1.37×10^{2}	70	3.05×10^{-9}	4.87×10^{4}
99.5	2.12×10^{-7}	6.76×10^{2}	60	2.08×10^{-9}	6.98×10^{4}
99.0	1.06×10^{-7}	7.35×10^{2}	50	1.54×10^{-9}	9.79×10^{4}
95.0	2.06×10^{-8}	7.01×10^{3}	40	1.16×10^{-9}	12.52×10^{4}
90	1.01×10^{-8}	1.43×10^{4}	30	8.85×10^{-10}	16.43×10^{4}

木材的平衡含水率因拉伸应力而增加，因压缩应力而减小。在木材细胞壁的各层内，微纤丝的排列对木材的湿胀产生内在的抑制，这种抑制了湿胀的木材比能自由湿胀的木材平衡含水率低，如横向被抑制时，木材的平衡含水率减少 1.5%。在含水率保持一定时，这种抑制作用可增加木材和水系统的蒸汽压力。

4.3.2　在水溶液及非水溶液中的湿胀

1. 选择吸着

把木材放在酸、碱、盐的水溶液中浸渍时，根据溶质种类的不同，木材会产生正吸着和负吸着。在正吸着时，木材表面层的溶质的浓度变得比溶液中的溶质的浓度高，而在负吸着时则相反，木材表面层的溶质的浓度变得比溶液中的低。

木材从有机化合物的溶液中吸着溶质与从无机化合物的溶液中吸着相同，也有正吸着和负吸着，如在蔗糖、甘油的水溶液中，水被正吸着，水的吸着量随溶质浓度的降低而增加。在浓度非常低的溶液中，水的吸着量标志着木材的纤维饱和点。

溶剂和溶质哪一种被选择吸着，取决于它们与木材中不同组分的亲和力的强弱。

2. 在水溶液和非水溶液中的湿胀

(1) 在水溶液中的湿胀。一般来说，从水溶液中吸附溶质的正吸附，会使木材的湿胀比吸附水溶液中的溶剂的负吸附的湿胀程度大。负吸附的湿胀率基本上与吸附水的湿胀率相等。

木材在稀酸、碱或盐的水溶液中的浸渍产生结晶区间湿胀。在 pH 为 2～6 的稀无机盐中，木材的湿胀率与在水中的大致相等。稀碱液中的湿胀率比在水中的湿胀率大 20%。木材的湿胀率在氯化物的饱和水溶液盐内，阳离子对湿胀率影响程度的递减顺序如下：

$$Zn > Li > Ca > Mg > Mn > | Na > NH_4 > K > Ba$$

在阴离子的钾盐溶液中，湿胀率的递减顺序如下：

$$CNS > I > Br > | Cl > NO_3 > SO_4 > ClO_3$$

在上述两个序列中，凡在竖线左方的，都能使木材的湿胀率超过在水中的湿胀率(包括与竖线右方的离子所构成的化合物的水溶液)。木材在苯酚、间苯二酚、连苯三酚、尿素、甲醛、硫脲等浓水溶液中的湿胀率约比在水中的湿胀率大 30%。

木材在某浓度以上的强酸、强碱或盐类溶液中浸渍，会剧烈湿胀，出现新的 X 射线图，即产生结晶区内的润胀。木材在浓的水溶液中的湿胀率不仅超过了在水中的湿胀率，而且会使胞腔变小，即向胞腔内膨胀。

(2) 有机溶剂。木材在无水的有机溶液中的湿胀率一般低于在水中的湿胀率。但是，如有机溶液的极性增加，则湿胀率增加。木材的湿胀率 α 和有机溶液的介由常数 ε 之间的关系可用如下理论公式表示：

$$\alpha = C \cdot \varepsilon^{\frac{1}{2}} - 1$$

式中：ε——常数(表 4-8 中 C=0.025)。

桦木常见有机溶剂中的弦向湿胀率见表 4-8。

表 4-8　桦木在各种液体中弦向湿胀率

液体	α_t/%	液体	α_t/%
水	13.6	松节油	1.8
甘油	13.1	苯	0.7
乙基乙醇	9.4	二硫化碳	0.8
丙醇	9.5	萘烷	0.3
丙酮	9.1	石油	0.3
乙醚	4.4	石油醚	0
三氯甲烷	4.2	清漆	0

4.4　木材中水分的移动

4.4.1　木材中水分移动的途径

木材中水分的移动可以沿着下列 4 种途径进行：①相互连通的细胞腔；②细胞间隙；③纹孔膜；④细胞壁上的微毛细管。阔叶材可通过导管(途径 1)使水蒸气和水流通；若在导管中填以侵填体和树胶等，则会阻碍水分的移动。针叶材无此途径。针阔叶材均可利用细胞间隙(射线组织内较多)进行水分移动。在绝干时，大部分纹孔闭合，仅在湿胀时，水蒸气才在暂时开放的微细空隙内直接凝结成水，因而通过细胞壁和纹孔膜的通道只流通水。

含水率在纤维饱和点以上时，木材内的粗大毛细管内存在着自由水和水蒸气，细胞壁处于饱湿状态，因而细胞壁内没有含水率梯度，不存在扩散引起的水分移动。细胞腔内的自由水也因被水蒸气所饱和而不蒸发，并且腔内的水蒸气也不移动。只有在含有自由水的毛细管的两端存在压力差，即毛细管张力的情况下，自由水才移动。

含水率在纤维饱和点以下时，木材内水分的移动有细胞壁内结合水的移动和细胞腔内水蒸气的移动。此时水分靠含水率梯度的扩散作用而移动。

4.4.2 木材内水分移动的原因

1. 毛细管作用

在木材的毛细管内，形成弯液面的液体水之所以能移动，主要是基于毛细管的弯液面的表面张力之差而进行的。

在不考虑毛细管内空气压力差的条件下，毛细管张力可用下式表示：

$$T=H\cdot\rho=\frac{2\sigma}{R}=\frac{2\sigma\cdot\cos\alpha}{r} \tag{4-26}$$

式中：T——作用于弯液面上的毛细管张力（N/m^2）；

H——毛细管内水的上升高度（m）；

ρ——水的密度（kg/m^3）；

σ——水的表面张力（N/m）；

R——毛细管的弯液面的曲率半径（m）；

r——毛细管的半径（m）；

α——水和毛细管壁的接触角。

在微细的圆形毛细管内，弯液面成半球形时，则

$$T=\frac{2\sigma}{r} \tag{4-27}$$

对于温度为 θ(℃)时的表面张力：

$$\sigma=0.0769(1-0.0025\theta)$$

由上述公式可知：毛细管的张力与弯液面的曲率半径(R)、毛细管的半径(r)及接触角(α)有关。所以，在一根毛细管内，如果毛细管水的两端不平衡或平衡的弯液面的曲率半径有差别或毛细管的半径有差别，则两个弯液面之间便产生张力差，水分便向着曲率半径或毛细管半径小的一方移动。在毛细管系统中，细的毛细管则从粗的毛细管中吸取水分。

2. 水蒸气的扩散移动

靠扩散而进行的水蒸气移动的通量可用下式表示：

$$g_v=-\frac{D_v}{\mu_u}\left(\frac{dP_0}{dx}\right) \tag{4-28}$$

式中：g_v——单位时间内通过单位面积的水蒸气通量的重量[$kg/(m^2\cdot h)$]；

D_v——水蒸气的扩散率（m/h）；

$\frac{dP_0}{dx}$——扩散方向上的木材内的水蒸气压梯度（N/m^2）；

μ_u——含水率为 u 时木材内的扩散阻力系数。

木材内水蒸气的扩散率 D_v，可用下式表示：

$$D_v=\frac{M\cdot D_a}{R\cdot T}\left(\frac{P_0}{P_0-P_D}\right) \tag{4-29}$$

式中：R——气体常致；

T——绝对温度(K)；

D_a——水蒸气在静止空气中的扩散率(m/h)；

P_0——水蒸气和空气的混合压(Pa)；

P_D——水蒸气分压(Pa)。

靠水蒸气扩散而进行的水分移动，只能在木材内充满空气的空隙内进行。在湿水材的空隙内扩散的水蒸气，从润湿的空隙壁的蒸汽压高的一侧蒸发，在空隙内移动，又重新在蒸汽压低的一侧凝结成水。

3. 结合水的表面扩散移动

吸附于木材中的结合水，当得到能量时，则可从吸着表面解吸，而产生移动；但是如得到的能量不足以完全解吸时，则发生结合水沿着吸着面滑移的现象。这种分子由于浓度梯度或温度梯度的作用，向着规定的横向滑移，称为表面扩散。

在木材含水率为 0%～15%，温度为 0～80℃时，木材中水分的扩散程度用扩散率来表示：

$$D=k\frac{C_u}{\gamma_u^{1.45}\dfrac{\mathrm{d}H}{\mathrm{d}u}}(\mathrm{m/h}) \tag{4-30}$$

式中：D——水分移动的散率(m/h)；

C_u——木材的比热容[J/(kg·k)]；

γ_u——木材的密度(kg/m^3)；

$\dfrac{\mathrm{d}H}{\mathrm{d}u}$——木材的微分吸着热(J/kg)

k——木材的构造因子，径向扩散 $k_r=0.32$；弦向扩散 $k_t=0.26$。

根据此公式计算出的径向扩散率与木材密度、木材含水率的关系如图 4-13 和图 4-14 所示。

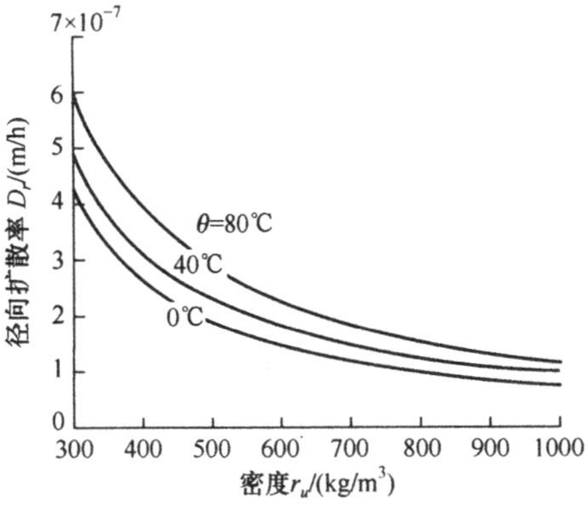

图 4-13　在三种温度下计算出的径向扩散率和密度的关系(u=10%)

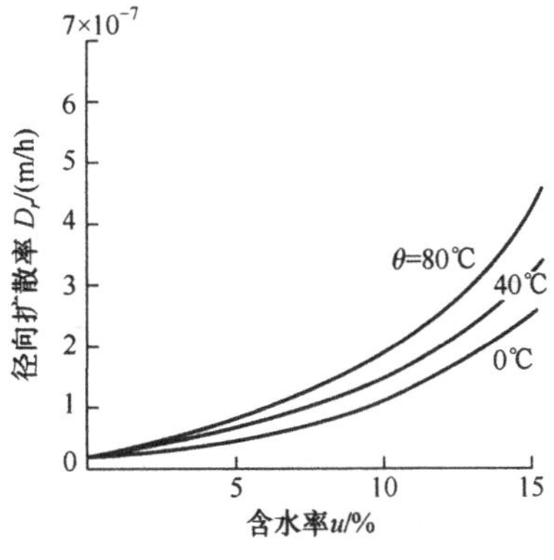

图 4-14　在三种温度下计算出的径向扩散率和含水率的关系(γ=620kg/m^3)

从以上图示可知：随着木材密度的加大，径向水分扩散率降低；随着木材含水率增加，径向水分扩散率加大，同时随着温度升高，木材的径向水分扩散率提高。

根据实验求得的扩散率的对数与绝对温度的倒数呈近似的直线关系，表示化学反应速度和温度关系的阿里尼乌斯（Arrhenius）式也能适用于木材内的扩散，即

$$D=D_0 \cdot e^{-\frac{E}{R \cdot T}} \tag{4-31}$$

式中：D——在绝对温度 T 时的扩散率（m/h）；

D_0——常数，在 $\frac{1}{T}=0$ 时，从 $\log D$ 中求得的扩散率（m/h）；

R——气体常数；

E——活化能。

通过木材内的水分扩散的活化能，是水分子从一个吸着点到另一个吸着点时所需要的能量。扩散的活化能是全部可能的跳跃能的平均值，即木材中结合水的表面扩散，是在水分浓度梯度或温度梯度作用下，被吸着的水分子从一个吸着点到另一个吸着点的不连续移动。这种活化了的表面扩散，对于在纤维饱和点以下木材内水分的移动是一个主要因素。

4.5 木材的热学性质

木材的热学性质即为木材的热物理性质，它是由比热容、导热系数、导温系数等热物理参数来综合表征的。这些热物理参数，在木材加工的热处理（如原木的解冻、木段的蒸煮、木材干燥、人造板板坯的加热预处理等）中，是重要的工艺参数；在建筑部门进行隔热、保温设计时，是不可缺少的数据指标。因此，了解和掌握木材热学性质的规律和特点，具有实用价值和必要性。

4.5.1 木材的比热和热容量

使某物体的温度变化 1℃所吸收或放出的热量称为该物体的热容量。设 θ_0 为初始温度，θ_1 为终了温度，Q 为物体上升 $\Delta\theta$（即 $\theta_1-\theta_0$）所吸收的热量，则热容量用 $Q/\Delta\theta$（kJ/℃）来表示。物体单位重量（1kg）的热容量称为热容量系数。

设质量为 m（kg）的物体的热容量 $Q/\Delta\theta$（kJ/℃），该物体热容量系数 C[kJ/(kg · ℃)]如下：

$$C=\frac{Q/\Delta\theta}{m}=\frac{Q}{m(\theta_1-\theta_0)} \tag{4-32}$$

$$Q=C \cdot m(\theta_1-\theta_0) \tag{4-33}$$

比热容为单位量的某种物质温度变化 1℃所吸收或放出的热量。在工程上对于固体或液体通常采用重量比热容，即 1kg 物体升高 1℃时所吸收的热量，其单位为 kJ/(kg · K)。因此，重量比热容（以下简称比热容）恰为上述定义的热容量系数，在工程应用中，它们是一致的。比热容常用符号 C 来表示。

在物理学中，某物质比热的基本定义为：使该物质的温度提高 1℃所需的热量与将同质量水的温度提高 1℃所需要的热量之比，相当于该物质的热容量系数与水的热容量系数之比。因为水的热容量系数近似为 4.2kJ/(kg · K)[=1kcal/(kg · ℃)]，虽然它随温度改变而稍有变化，但范围很小，在应用上可以忽略，所以此种定义的比热容在数值上与工程应用的重量比

热容也是一致的。现在，人们通常将实际测量得到某物质的热容量系数作为该物质的比热容。因为木材是多孔性有机材料，其比热容远大于金属材料，但明显小于水（表 4-9）。邓洛普(Dunlap F.)1913 年采用热量计法测量了 20 个树种 100 块试件在 0～106℃温度的比热容。结果为木材的比热容与树种、木材密度、木材在树干中的部位等因子无关，但与温度、含水率等因子有较为密切的关系。比热容对于木材热处理工艺所需热量的计算具有十分重要的意义。

表 4-9　各种材料 0～100℃温度下的平均比热容

材料	比热容/ kJ/(kg·K)	材料	比热容/ kJ/(kg·K)
铝	0.924	木材(栎木)	2.394
铅	0.130	木材(云杉)	2.703
钢	0.935	木炭	0.840
钢铁	0.483	水 10℃	4.2084
混凝土	0.882	水 20℃	4.1945
水	2.100	水 30℃	4.1887
玻璃	0.840	水 15℃	4.2000
花岗岩	0.840		

注：表中数据按 1kcal/(kg·℃)=4.2kJ/(kg·K)换算，所以水在 15℃时的比热容为 1kcal/(kg·℃)

1. 绝干材的比热容

绝干材的比热容随温度的升高而增大。邓洛普在试验的基础上提出了 0～100℃木材绝干材比热容与温度关系的经验方程式：

$$C_0=4.2\times(0.266+0.116t)[\mathrm{kJ/(kg\cdot K)}] \tag{4-34}$$

式中：t——木材温度(℃)。

后来，Кириллов 根据试验结果提出了适用于 0～100℃温度条件的另一经验方程式：

$$C=4.2\times\left[0.28\left(1+\frac{t}{100}\right)^{0.2}+0.09\right][\mathrm{kJ/(kg\cdot K)}] \tag{4-35}$$

比较以上二式，由(4-34)式所得到的计算结果明显小于(4-35)式的结果。对此，Emyehko 指出：邓洛普的试验采用热量计法，此法由于试样温度的不均匀和因传向周围介质的热损耗，致使测定值小于实际值。

2. 湿木材(含水木材)的比热

木材的比热容随含水率的增加而增大。其原因在于，水的比热容远大于绝干木材和空气的比热容，所以含有水分的湿木材，其比热容大于绝干材。湿木材的比热容 C_w 可用下式近似计算：

$$C_w=\frac{WC+100C_0}{W+100}\approx\frac{W+100C_0}{W+100}\mathrm{kcal/(kg\cdot ℃)}=4.2\times\frac{W+100C_0}{W+100}[\mathrm{kJ/(kg\cdot K)}] \tag{4-36}$$

式中：W——木材含水量率(%)；

C——水的比热容，通常取 C=kJ/(kg·K)；

C_0——绝干材的比热容[kJ/(kg·K)]。

建立(4-36)式的基本思路是：把湿木材视为由木材细胞壁物质、水分和空气组成的三相系统，它的比热容可以按照叠加原则来计算(即按各组分的重量百分值与其比热容的乘积之和来计算)，而空气的重量很小，可忽略不计，故空气相未参与计算。

但是，严格地说，叠加原则只有在各组分间不发生伴有放热或吸热作用时才是确切成立的。实际上，干木材对水的吸附过程中发生放热反应，这种反应使生成物的比热容大于参与反应各组分的比热容叠加和。因此，(4-36)式的精确度要受到一些影响。特别是在含水率较低的情况下，木材的吸附热力学表现比较明显，因放热反应引起的比热容测量值与计算值之差也要大一些。

Кириллов 同时考虑温度、含水率两者对比热容的影响，提出下列经验方程式：

$$C=1.8\left[W\left(1+\frac{t}{100}\right)\right]^{0.2}[\mathrm{kJ/(kg\cdot K)}] \tag{4-37}$$

(4-37)式的适用范围是：含水率 10%～150%，温度 20～100℃。

中国林业科学研究院木材工业研究所采用热脉冲法测定了 33 种国产木材(6 种针叶树材，27 种阔叶树材)在室温(13.9～26℃)和气干状态下(含水率 10%～16%)的导热系数 λ 和导温系数 α，并按照下式求得各种木材的比热容 C。

$$C=\frac{\lambda}{\alpha\rho}[\mathrm{kJ/(kg\cdot K)}] \tag{4-38}$$

式中：C——木材比热容(kJ/(kg · K)；

ρ——木材密度(kg/m^3)；

λ——木材导热系数[W/(m · K)]；

α——木材导温系数(m^2/s)。

33 种木材的比热容平均值为 1.72kJ/(kg · K)(单位下同)，最低值为 1.64kJ/(kg · K)，最高值为 1.89kJ/(kg · K)(表 4-10)。如果将含水率和温度各取其平均值，按(4-36)式和(4-34)式计算求得的比热容值为 1.55kJ/(kg · K)，按(4-37)式计算则为 2.02kJ/(kg · K)。上述比较，可以认为由(4-36)式和(4-34)式计算的结果偏低，而由(4-37)式求得的结果偏高。

Кантер 整理了对松、栎、桦和落叶松木材热学性质测定的结果，编制了不同温度和不同含水率条件下木材比热容列线图(图 4-15)。在工艺计算时采用这种比热容图是比较方便的。该图还收纳了负温度条件下的结果。从图中看出，在正温度情况下，木材的比热容随含水率和温度的升高而增大，在负温度情况也有相同的趋势，但含水率对比热容的影响不如正温度情况下显著，其原因在于木材与冰的比热容差异比与水的比热容差异小。

4.5.2　木材的导热系数

导热系数表征物体以传导方式传递热量的能力，是极为重要的热物理参数。导热系数的基本定义为：以在物体两个平行的相对面之间的距离为单位，温度差恒定为 1℃时，单位时间内通过单位面积的热量。导热系数通常用符号 λ 表示，单位为 W/(m · K)。

1. 木材的稳态热传导与导热系数

木材是固体材料，按照固体理论，当温度不太高时，组成固体的微粒(分子、原子或离子等)在其平衡位置附近作谐振动，微粒成为谐振子，有一定的能量，所以固体具有热容量。在固体中作热振动的微粒有一定的振幅，可以对邻近的微粒施加周期性的作用，作热振动的微粒彼此

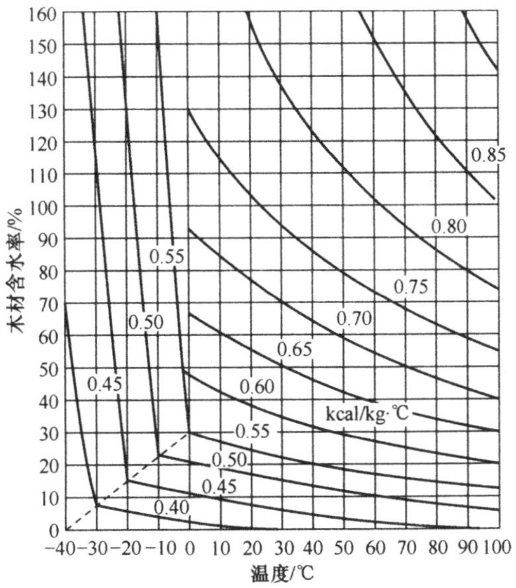

图 4-15　各种含水率、温度条件下的木材比热容列线图(Кантер,1957)

1cal=4.18J

间相互作用,导致微粒间能量的转移,可形成热传导。当木材被局部加热时,被加热部位木材分子的振动能就增加。这些分子撞击相邻的分子,并把新获得的能量的一部分传给它。相邻的分子又把能量传递给下一个分子,以这种方式顺次地传递能量,将外加的热量不断向木材内部传递,如此就形成了木材的热传导。若用恒定的速率继续加热,并且热量不断向外部逸散时,所加的热量和逸散的热量达到相等,系统处于相对稳定的状态。这种状态下的热传导称为稳态热传导。物体稳态热传导能力的大小用导热系数来表示。

为了求得材料在稳定状态下导热的热量,可以将其平板的一面加热到一定的温度,并保持该面与相对面之间的温度差,在此条件下测量热值。保持这样的平衡所必需的热量,即传导的热量 Q 用下式表示:

$$Q=\frac{\lambda \cdot A \cdot t(\theta_2-\theta_1)}{d} \tag{4-39}$$

式中:λ 为导热系数[W/(m·K)];A 为垂直于热流方向的面积(m^2);t 为时间(h);θ_1 和 θ_2 分别为低温面和高温面的温度(℃);d 为两面间的距离。

因此,导热系数 λ 可由下式表示:

$$\lambda=\frac{Q \cdot d}{A \cdot t(\theta_2-\theta_1)} \tag{4-40}$$

(4-40)式恰好表示出了前述导热系数的基本定义。

各种材料的导热系数见表 4-10。由于木材仅含有极少量易于传递能量的自由电子,并且是具有很多空气孔隙的多孔性材料,所以其导热系数很小,属于热的不良导体。这正是木材常在建筑中用作保温、隔热材料,以及在民用用品中用于炊具把柄材的主要原因之一。

木材的导热系数在评价木材热物理性质方面具有重要意义,在木材加工的许多工艺过程(如人造板热压、木材干燥、木材防腐、改性处理等)中,都是必要的工艺参数。

表 4-10 各种材料的导热系数

材料	导热系数/[W/(m/K)]	材料	导热系数/[W/(m/K)]
铝	203	松木 $\lambda_{\perp}$	0.16
铜	348～394	松木 $\lambda_{//}$	0.35
铁	46～58	花岗岩	3.1～4.1
椴木 $\lambda_{\perp}$	0.21	混凝土	0.8～1.4
椴木 $\lambda_{//}$	0.41	玻璃	0.6～0.9

注:“⊥”为横纹方向;“//”为顺纹方向

2. 我国 55 种木材气干材的导热系数

中国林业科学研究院木材工业研究所曾对国产 33 种气干材在室温(16～26℃)条件下的导热系数进行了测定分析;东北林业大学林产工业学院木材学教研室对国产 22 种气干材在室温(20±1℃)条件下的导热系数进行了测定分析。以上 55 种气干材的导热系数等热物理参数均为采用热脉冲法测量获得(表 4-11)。这些气干材的导热系数在不同树种之间有较大的差异,并且明显的有随着密度的增高而增大的趋势。以弦向导热系数为例,其最低值为0.072W/(m·K)(以下单位相同),最高值为 0.239,55 种木材的平均值为 0.1271;7 种泡桐、木棉、沙兰杨、小叶杨、大青杨、糠椴、长白鱼鳞云杉、红松、臭松的导热系数较小(0.072～0.099);鸡毛松、黄花落叶松、长苞铁杉、青榨槭、槭木、水曲柳、西南桦、柞木、西南荷木、母生、拐枣、枫香、麻栎等木材导热系数较大(0.150～0.240);其余树种,如杉木、马尾松、核桃楸、拟赤杨、滇楸、沙榆、白桦、粗皮桦等属于中等(0.107～0.131),其值近于平均值。各树种径向导热系数的测定值太都略高于弦向导热系数。

表 4-11 木材的导热系数、导温系数和比热容

树种名称	热流方向	木材密度/(kg/cm³)	导热系数/[W/(m·K)]	导温系数/($10^{-4}\cdot m^2/s$)	比热容/[kJ/(kg·K)]
1. 长白鱼鳞云杉	弦向	429	0.095 5	0.001 378	1.624
	径向	427	0.099 7	0.001 419	
2. 红松	弦向	456	0.098 9	0.001 344	1.666
	径向	438	0.116 3	0.001 536	
3. 杉木	弦向	459	0.107 0	0.001 308	1.762
	径向	471	0.108 2	0.001 336	
4. 马尾松	弦向	490	0.122 1	0.001 406	1.737
	径向	531	0.125 6	0.001 386	
5. 鸡毛松	弦向	529	0.150 0	0.001 683	1.687
	径向	—	—	—	
6. 黄花落叶松	弦向	702	0.160 5	0.001 306	1.720
	径向	—	—	—	
7. 川泡桐	弦向	253	0.072 1	0.001 717	1.670
	径向	250	0.079 1	0.001 897	
8. 泡桐	弦向	246	0.075 6	0.001 753	1.725
	径向	262	0.088 4	0.001 989	
9. 兰考泡桐	弦向	274	0.082 6	0.001 736	1.754
	径向	259	0.086 1	0.001 869	

续表

树种名称	热流方向	木材密度/(kg/cm^3)	导热系数/[W/(m·K)]	导温系数/(10^{-4}·m^2/s)	比热容/[kJ/(kg·K)]
10. 南方泡桐	弦向	274	0.077 9	0.001 708	1.649
	径向	—	—	—	
11. 台湾泡桐	弦向	—	—	—	
	径向	304	0.090 7	0.001 808	1.649
12. 楸叶泡桐	弦向	312	0.084 9	0.001 558	1.771
	径向	327	0.100 0	0.001 703	
13. 光泡桐	弦向	321	0.089 6	0.001 697	1.695
	径向	306	0.090 7	0.001 711	
14. 毛泡桐	弦向	341	0.093 0	0.001 583	1.712
	径向	335	0.094 2	0.001 661	
15. 沙兰杨	弦向	336	0.084 9	0.001 544	1.633
	径向	339	0.102 3	0.001 842	
16. 木棉	弦向	359	0.094 2	0.001 631	1.628
	径向	352	0.102 3	0.001 767	
17. 拟赤杨	弦向	450	0.121 0	0.001 572	1.725
	径向	418	0.131 4	0.001 817	
18. 糠椴	弦向	470	0.098 9	0.001 306	1.616
	径向	461	0.112 8	0.001 519	
19. 滇楸	弦向	481	0.110 5	0.001 342	1.720
	径向	481	0.127 9	0.001 539	
20. 核桃楸	弦向	482	0.123 3	0.001 272	1.875
	径向	472	0.123 3	0.001 494	
21 小叶杨	弦向	482	0.095 4	0.001 175	1.637
	径向	488	0.119 8	0.001 533	
22. 苦楝	弦向	486	0.131 4	0.001 517	1.720
	径向	520	0.140 7	0.001 625	
23. 绿兰	弦向	491	0.119 8	0.001 135	1.712
	径向	511	0.131 4	0.001 586	
24. 沙榆	弦向	522	0.122 1	0.001 389	1.670
	径向	535	0.146 5	0.001 636	
25. 白桦	弦向	583	0.123 3	0.001 283	1.633
	径向	596	0.143 0	0.001 481	
26. 青榨槭	弦向	616	0.153 5	0.001 472	1.716
	径向	589	0.180 3	0.001 764	
27. 槭木	弦向	659	0.168 6	0.001 469	1.712
	径向	670	0.194 2	0.001 728	

续表

树种名称	热流方向	木材密度/(kg/cm³)	导热系数/[W/(m·K)]	导温系数/(10^{-4}·m²/s)	比热容/[kJ/(kg·K)]
28. 西南桦	弦向	674	0.169 8	0.001 425	1.746
	径向	752	0.195 4	0.001 514	
29. 水曲柳	弦向	702	0.152 4	0.001 247	1.771
	径向	680	0.176 8	0.001 436	
30. 柞木	弦向	721	0.171 0	0.001 342	1.846
	径向	637	0.194 2	0.001 583	
31. 西南荷木	弦向	762	0.193 1	0.001 461	1.725
	径向	722	0.195 4	0.001 583	
32. 母生	弦向	900	0.196 5	0.001 239	1.771
	径向	—	—	—	
33. 麻栎	弦向	963	0.239 6	0.001 328	1.880
	径向	—	—	—	
34. 臭冷杉	弦向	383	0.086 8	0.002 078	1.700
	径向	382	0.108 7	0.001 719	
35. 樟子松	径向	412	0.099 1	0.001 456	1.708
	径向	397	0.103 9	0.001 511	
36. 长苞铁杉	弦向	604	0.152 3	0.001 586	1.607
	径向	821	0.161 6	0.001 867	
37. 兴安落叶松	弦向	573	0.128 9	0.001 431	1.628
	径向	582	0.139 9	0.001 444	
38. 大青杨	弦向	301	0.0712	0.001 392	1.725
	径向	310	0.094 7	0.001 763	
39. 紫椴	弦向	412	0.089 4	0.001 880	1.733
	径向	500	0.110 0	0.001 728	
40. 栲树	弦向	419	0.111 1	0.001 444	1.549
	径向	515	0.134 7	0.001 731	
41. 润楠	弦向	495	0.123 2	0.001 472	1.695
	径向	559	0.153 2	0.001 728	
42. 南岭栲	弦向	527	0.129 1	0.001 543	1.653
	径向	545	0.153 9	0.001 728	
43. 黄杞	弦向	539	0.127 6	0.001 336	1.695
	径向	550	0.137 9	0.001 572	
44. 粗皮桦	弦向	543	0.123 3	0.001 364	1.716
	径向	555	0.138 0	0.001 428	
45. 甜槠	弦向	557	0.130 0	0.001 311	1.775
	径向	563	0.153 5	0.001 556	

续表

树种名称	热流方向	木材密度/(kg/cm^3)	导热系数/[W/(m·K)]	导温系数/($10^{-4}·m^2/s$)	比热容/[kJ/(kg·K)]
46. 乌桕	弦向	570	0.149 6	0.001 528	1.725
	径向	551	0.159 6	0.001 694	
47. 银桦	弦向	575	0.136 4	0.001 589	1.750
	径向	559	0.159 6	0.001 667	
48. 竹柏	弦向	573	0.153 1	0.001 567	1.687
	径向	585	0.158 5	0.001 628	
49. 山杜英	弦向	572	0.135 1	0.001 456	1.628
	径向	576	0.154 7	0.001 658	
50. 山合欢	弦向	607	0.146 9	0.001 386	1.792
	径向	590	0.152 0	0.001 422	
51. 枫香	弦向	675	0.157 6	0.001 433	1.633
	径向	826	0.159 4	0.001 578	
52. 拐枣	弦向	642	0.1 55 4	0.001 356	1.737
	径向	676	0.162 6	0.001 439	
53. 安息香	弦向	646	0.143 3	0.001 289	1.704
	径向	659	0.165 1	0.001 456	
54. 枫桦	弦向	715	0.148 5	0.001 281	1.603
	径向	718	0.163 9	0.001 456	
55. 白蜡木	弦向	755	0.177 6	0.001 356	1.720
	径向	747	0.187 2	0.001 494	

注:表中 1~33 号为中国林业科学研究院木材工业研究所测试的数据;34~55 号为东北林业大学测试的数据

3. 影响导热系数的因子

(1) 木材密度的影响。木材是多孔性材料,热流要通过其实体物质(细胞壁物质)和孔隙(细胞腔、细胞间隙等)两部分传递,但孔隙中空气的导热系数远小于木材实体物质,因而木材的导热系数随着实质率或密度的增加而增大。

在绝干状态或一定含水率的气干状态下,木材导热系数随着木材密度的增加成比例地增加,为正线性相关,可以用 $\lambda = A + B\rho$ 的形式来表示。其中,ρ 为木材的密度;A、B 为经验方程式的系数。

Maclean 曾提出下列经验方程式:

$$\lambda_{\perp} = 1.163 \times [0.025 + 0.000\,172\,4\rho_0][W/(m \cdot K)] \quad (4\text{-}41)$$

式中:ρ_0——绝干木材密度(g/cm^3)。

Kollmann F. F. P. 曾提出用于气干材的经验方程式:

$$\lambda_{\perp} = 1.163 \times [0.022 + 0.000\,168\rho_{12}][W/(m \cdot K)] \quad (4\text{-}42)$$

式中:ρ_{12}——含水率为 12%的气干材密度(kg/m^3)。

该式的适用范围:温度为 27℃,绝干密度为 $\rho_0 = 300 \sim 800 kg/m^3$ 的木材。

对于常温(20℃)下，$\rho_0=300\sim1\ 500\text{kg/m}^3$ 的木材可用下式的关系求得：

$$\lambda_{\perp}=1.163\times[0.02+0.000\ 072\ 4\rho_0+0.000\ 093\ 1\rho_0^2] \tag{4-43}$$

$$\lambda_{//}=1.163\times[0.02+0.000\ 346\rho_0] \tag{4-44}$$

以上各式中，$\lambda_{\perp}$ 和 $\lambda_{//}$ 分别为垂直于纤维方向和平行于纤维方向的导热系数。

当 $\rho_0<300\text{kg/m}^3$ 时，由于细胞腔内存在热量的对流，因而导热系数较上式的值偏大。$\rho_0=100\sim200\text{kg/m}^3$ 的软木和 $\rho_0=60\sim80\text{kg/m}^3$ 的轻木，它们的导热系数的实验值都接近于 0.048W/(m·K)。

东北林业大学木材学教研室在室温(20±1℃)下，对 22 个国产树种气干材(含水率 $u=12\%$)的试验结果为：在 $300\sim800\text{kg/m}^3$ 的密度范围内，横纹方向的导热系数与气干密度呈十分紧密的正线性相关关系，相关系数达 0.88，回归分析得到的比例系数(0.000 174)与 Kollmann F. F. P. 的结果(0.000 168)基本吻合。说明在一定温度、含水率条件下，木材导热系数与密度之间的关系可以用线性相关方程来表达(图 4-16)。

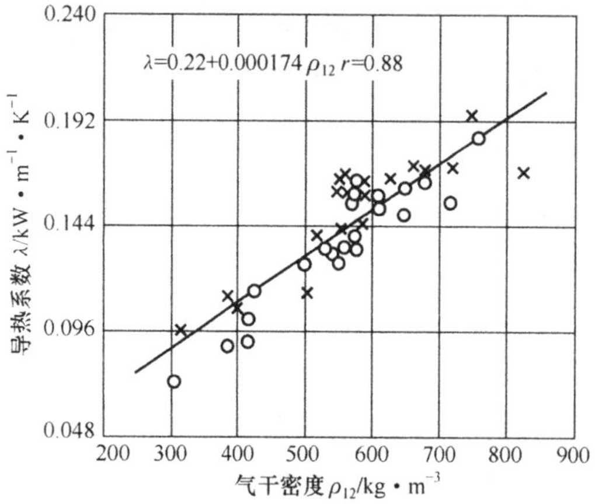

图 4-16　在室温、气干含水率条件下木材密度对导热系数的影响

○为热流方向为弦向；×为热流方向为径向

应当注意的是：虽然木材导热系数在树种间形成差异的主要因子是密度(孔隙率)，但不是唯一因子。木材抽提物的种类和含量亦对导热系数有一定的影响，所以按照经验方程式求得的结果，在某些情况下可能有较大程度的偏差。为此，建议在需要某树种准确的热物理参数、又没有资料和数据的情况下，还是以实测取得的结果为准。但是，对于精度要求不高的工程计算，为了简便，可参考经验方程式的计算结果。

(2) 含水率的影响。水的导热系数比空气的导热系数高 23 倍以上，随着木材含水率的增加，木材中部分空气被水所替代，致使木材的导热系数增大。

Kollmann F. F. P. 根据试验数据的分析，认为同木材试样在相同温度情况下，其导热系数的差异取决于其含水率的差异。当含水率在 5%～35%时，可按下式计算：

$$\lambda_2=\lambda_1\{1-0.0125(u_1-u_2)\}[\text{W/(m·K)}] \tag{4-45}$$

式中：λ_1、λ_2 分别为含水率为 u_1、u_2(%)时木材在横纹方向的导热系数。

Maclean 将含水率分为两段，并引入绝干密度 ρ_0，提出如下方程式：

当含水率<40%时：

$$\lambda=1.163\times[0.0205+\rho_0(0.172+0.003\ 47u)][\text{W/(m·K)}] \tag{4-46}$$

当含水率>40%时：

$$\lambda=1.163\times[0.0205+\rho_0(0.1724+0.004\ 71u)][\text{W/(m·K)}] \tag{4-46$'$}$$

张文庆等曾研究红松、水曲柳木材导热系数与含水率的关系，将含水率分为纤维饱和点以下和纤维饱和点以上两段进行讨论。结果为：两树种的导热系数均随含水率的增高而增大。导热系数随含水率增大的比率，水曲柳在纤维饱和点以上比纤维饱和点以下略大一些，而红松却与水曲柳相反，在纤维饱和点以上，该比率反而略小一些。可见，不同树种的木材构造差异，对其导热系数与含水率的关系是有影响的。

Кириллов 通过试验分析认为，含水率与导热系数的相互关系具有曲线性质（图 4-17）。

（3）温度的影响。对大多数多孔性材料来说，随着温度的升高，其固体分子的热运动会增加，而且孔隙空气导热和孔壁间辐射能也会增强，从而导致该材料的导热系数增大。木材亦属这种情况，其导热系数随温度的升高而增大。

一般，对保温材料来说，导热系数与绝对温度成反比，用公式表示为

$$\lambda_2=\lambda_1\frac{273+\theta_2}{273+\theta_1}[\mathrm{W/(m\cdot K)}] \quad (4\text{-}47)$$

在正温度情况下，木材导热系数随温度的升高大致呈线性递增，可用下式表示：

$$\lambda=\lambda_0(1+\beta_t)[\mathrm{W/(m\cdot K)}] \quad (4\text{-}48)$$

式中：λ_0——0℃时的导热系数[W/(m · K)]；

t——温度（℃）；

β——考虑到树种（即木材密度和构造特征）的比例系数。

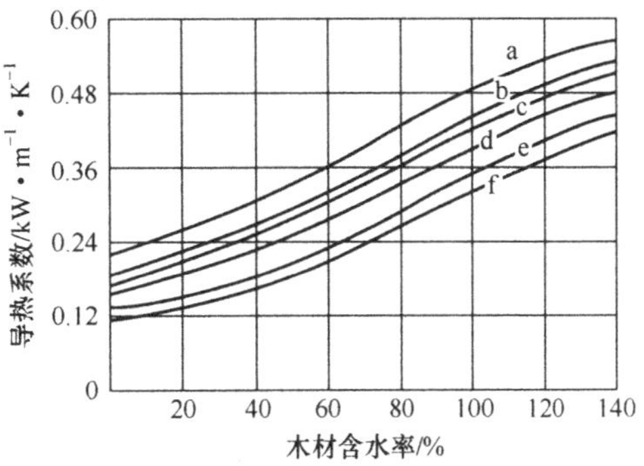

图 4-17　木材含水率对横纹导热系数的影响

a. 栎；b. 桦；c. 水曲柳；d. 水青冈；e. 松；f. 云杉

（Кириллов，1959）

Kollmann F. F. P. 认为，木材的导热系数和温度之间的关系与木材的孔隙率及绝干材密度有关。令单位温度变化（1℃）所引起的导热系数变化为 $\Delta\lambda$（%），则 $\Delta\lambda$ 与木材孔隙率 KC 之间的关系式为

$$\Delta\lambda=1.47KC-0.367=1.1-0.98\rho_0 \quad (4\text{-}49)$$

在温度为 $-50℃<t<100℃$ 的范围，木材导热系数与密度和温度的关系式为

$$\lambda_2=\lambda_1\left[1-(1.1-0.98\rho_0)\frac{t_1-t_2}{100}\right][\mathrm{W/(m\cdot K)}] \quad (4\text{-}50)$$

张文庆等曾研究红松、水曲柳烘干材的热学性质与温度的关系，其结果为：在 0～100℃ 范围，一定密度的红松、水曲柳烘干材的导热系数随温度上升呈线性递增。将导热系数 λ 与温度 t、绝干木材密度 ρ 两个因子进行双因子线性回归，结果见表 4-12。

表 4-12　木材导热系数与温度和密度的关系

树种	热流方向	试验次数	相关回归方程	复相关系数(r)	偏相关系数		相关系数临界值(α=0.05)
					λ 与温度	λ 与密度	
红松	弦向	108	$\lambda=-0.0322+8.906\times10^{-5}t+2.643\times10^{-4}\rho_0$	0.78	0.43	0.65	0.187
水曲柳	弦向	204	$\lambda=-0.0164+1.265\times10^{-4}t+1.512\times10^{-4}\rho_0$	0.82	0.62	0.54	0.137

高瑞堂等研究了红松、水曲柳、兴安落叶松的气干材在 20～85℃ 木材热学性质与温度的关系。在实验结果趋势图观测的基础上，采用多种数学模型对导热系数和温度的关系进行回归分析，结果为：从三种气干材导热系数与温度之间关系回归分析结果来看，以指数函数模型 $\lambda=Ae^{Bt}$（A、B 为回归方程式的系数）的相关系数最大，计算的理论曲线与实测值比较吻合。得出的回归方程式如下：

$$\left.\begin{aligned}&\text{红松：}\quad \lambda=0.08298\exp(0.008631t),r=0.992\\&\text{水曲柳：}\quad \lambda=0.12840\exp(0.006560t),r=0.974\\&\text{兴安落叶松：}\quad \lambda=0.10488\exp(0.008084t),r=0.861\end{aligned}\right\}\tag{4-51}$$

式中：t——温度(℃)；

r——相关系数。

从(4-51)式看出，指数项(系数与温度的乘积)中的系数均很小，根据数学分析可知，指数函数可以展开成幂级数的形式：

$$e^x=1+x+\frac{x^2}{2!}+\frac{x^3}{3!}+\cdots+\frac{x^n}{n!}(-\infty<x<\infty)$$

当 $x\ll1$ 时，$e^x\approx1+x$ 或 $e^x\approx1+x+x^2/2!$。所以，这几种木材导热系数与温度的关系属于很接近线性关系的曲线相关。

(4) 热流方向的影响。由于木材在组织构造上的各向异性，使得其各方向上的导热系数亦有较大差异。同树种木材顺纹方向的导热系数明显大于横纹方向的导热系数。分析其原因为：热的传导是靠分子能量的平衡而进行的。构成木材细胞壁的纤维素大分子的分子链方向对平衡的阻力明显地小于其垂直方向。木材的构造特点决定了：① 木材主要细胞的长径比均很大，而且平行于轴向排列；② 这些细胞主要壁层(S_2 层)微纤丝的排列方向与细胞长轴方向近于平行。因此，木材顺纹方向的热传导具有明显的优势。

Кириллов 实验测得云杉、松木、桦木、水青冈、栎木等 5 种木材顺纹与横纹方向导热系数的比值为 1.8～3.5，并指出，含水率高的木材的该比值略低于含水率低的木材。中国林业科学研究院木材工业研究所实验测定四种国产木材顺纹与横纹方向导热系数[W/(m·K)]的比值：红松为 2.5；川泡桐为 2.9；糖椴为 3.1；柞木为 2.7。测定 4 种木材顺纹与横纹方向导热系数[W/(m·K)]的比值：白蜡木为 1.80；云杉为 1.97；桃花心木为 1.92；核桃楸为 2.33。上述比值的计算中，横纹方向导热系数 $\lambda_\perp$ 采用了径向导热系数 λ_r 和弦向导热系数 λ_t 的平均值。

木材径向与弦向的导热系数亦有一定程度的差异，但没有顺纹方向与横纹方向差异那么明显，通常弦向导热系数比径向略小。从中国林业科学研究院、东北林业大学所测的 55 种国产木材热物理参数的结果(表 4-11)来看，绝大多数树种木材的径向导热系数均不同程度地大于弦向(比值变异范围为 1.05～1.32，平均约相差 12.7%)。Кириллов 曾指出，由于热流沿径向传递时，一部分热流沿木射线通过，所以径向的导热系数大于弦向，平均相差约为 15%。此种差异随含水率增加而减小，但不能达到相等。Чудинов 认为此项差异不仅与木射线的体积百分率有关，并且与早、晚材密度的差异及其晚材率有关。木射线体积百分率大，且早、晚材密度差异小者，径向热传导具有优势，径向导热系数大于弦向；反之，木射线体积百分率小，早、晚材密度差异大且晚材率高者，弦向导热系数大于径向；如果木射线比率和早、晚材密度差异均小，材质比较均匀，则径向、弦向的导热系数可能会趋于相等。

4.5.3 木材的导温系数

导温系数又称热扩散率。它的物理意义是表征材料(如木材)在冷却或加热的非稳定状态过程中，各点温度迅速趋于一致的能力(即各点达到同一温度的速度)。导温系数越大，则各点达到同一温度的速度就越快。导温系数通常用符号 a 来表示，其单位为 m^2/s。

导温系数与材料的导热系数成正比，与材料的体积热容量成反比，即

$$a=\frac{\lambda}{C\cdot\rho}(m^2/s)\tag{4-52}$$

式中：a——导温系数(m^2/s)；

λ——导热系数[$W/(m \cdot K)$]；

C——比热[$kJ/(kg \cdot K)$]；

ρ——密度(kg/m^3)；

$C \cdot \rho$——体积热容量[$kJ/(m^3 \cdot K)$]。

前述的导热系数是稳定传热过程中决定热交换强度的重要指标，而导温系数则是在非稳定传热过程中决定热交换强度和传递热量快慢程度的重要指标。木材在加工过程中所涉及的加热和冷却多属于非稳定传热过程，因而有必要了解木材的导温系数。导温系数可以由导热系数、比热容和密度计算，亦可由试验直接测定。

55 种国产气干材在室温条件下的导温系数见表 4-11。从表中看出，导温系数在各树种间的差异不如导热系数那样显著。以弦向导温系数为例，它的变化范围为 $0.001\ 18\times10^{-4}\sim0.002\ 08\times10^{-4}m^2/s$，55 种木材的平均值为 $0.001\ 40\times10^{-4}m^2/s$。

木材的导温系数在一定程度上也要受到密度、含水率、温度和热流方向等因子的影响。

1. 木材密度的影响

木材的导温系数通常随密度的增加而略有减小。

从导温系数的数学表达式来看，木材密度 ρ 变化，即引起分子导热系数 λ 的同方向变化(即 ρ 增加则 λ 增大)，同时亦引起分母体积热容量 $C \cdot \rho$ 的同方向变化(比热容 C 在木材密度范围内变化很小，热容量的变化取决于密度 ρ 本身的变化)，但密度变化对导热系数的影响小于它对体积热容量的影响，因而通常木材的导温系数随密度的增加略有减小。

从物理的角度来分析，则可认为：因木材系多孔性材料，密度小者孔隙率大，孔隙中充满空气，而静态的空气导温系数非常大，比木材大两个数量级，所以密度低的木材，其导温系数也就相应高一些；反之，密度高、孔隙率低的木材，其导温系数也就相应低一些。这可能是木材的导温系数随密度的增加而略有减小的主要原因。但实际上，由于多孔性材料中的热扩散不仅取决于孔隙率的大小，还受孔隙的形状、分布状态及均匀程度等各因素的影响，而不同树种的木材之间除密度差异之外，构造特点也各不相同，这使得木材的非稳态热扩散参数(导温系数)与密度之间的负相关比较松散，其相关程度远不如稳态热传导参数(导热系数)与密度之间的负相关，也远不如稳态热传导参数(导热系数)与密度之间的正相关程度紧密。

2. 含水率的影响

导温系数为导热系数 λ 与体积热容量 $C \cdot \rho$ 之比。含水率的增加同时引起木材 λ 和 $C \cdot \rho$ 的增量。但 λ 的增量小于 $C \cdot \rho$ 的增量。所以，在正温度下，木材的导温系数通常随含水率的增加而降低。从物理的角度来看，水的导温系数很小，比空气的导温系数小两个数量级，含水率的增加，使得木材中部分空气被水所替代，则导致木材的导温系数降低。

木材中的水分在纤维饱和点以下和以上有着不同的存在形式，因而不同范围的含水率变化使得导温系数降低的程度也不同。Чудинов 的试验结果为：基本密度为 $515kg/m^3$ 的木材，在 0～100℃，其导温系数随含水率的增加而降低，在纤维饱和点含水率处有转折点(图 4-18)。张文庆等对红松、水曲柳木材室温(20℃)下的试验结果为：在纤维饱和点以下，导温系数随含水率降低的速率大于纤维饱和点以上，导温系数与含水率、密度的关系可用双因子线性相关回归方程式来表示。

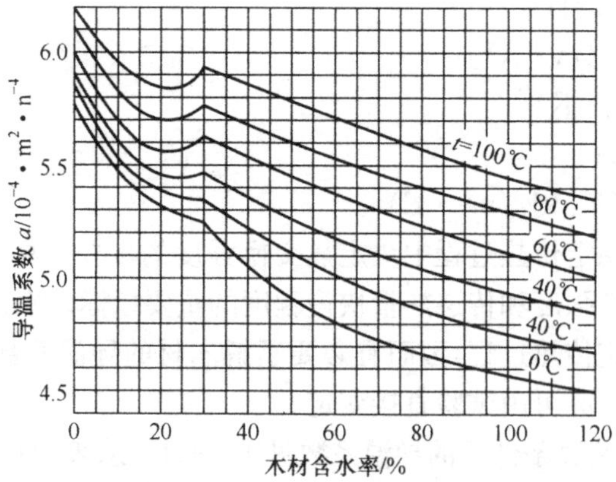

图 4-18　基本密度为 515kg/m³ 的木材横纹导温系数与含水率的关系

(Чудинов, 1968)

3. 温度的影响

在正温度(0～100℃)下，绝干木材的导温系数随温度的上升而略有降低，这是因为温度上升引起比热增大的程度略大于导热系数增大程度所致。但随着木材含水率的增加，这种关系会发生变化，从导温系数与温度基本上不相关过渡到导温系数随温度升高而增大的阶段。材料中的热湿迁移是十分复杂的，在许多试验中发现，含水率和温度的联合变化，很可能引起导温系数在较小的范围内增大或减小，这是因为导温系数取决于导热系数与热容量这两个均受温、湿度影响而变化的因子之比。红松、水曲柳和兴安落叶松的气干材在 20～85℃条件下，导温系数与温度之间没有明显的相关性。由于温度对导温系数的影响幅度较小，一般在工程计算时可不予考虑。

4. 热流方向的影响

热流方向对木材导温系数的影响与它对导热系数的影响方式相同。顺纹方向导温系数远大于横纹方向导温系数，径向导温系数通常略大于弦向导温系数。这种差异来源于木材组织构造的各向异性，在介绍导热系数时已有较详细的讨论。从表 4-11 的结果来看，除未能取得完整数据的个别树种之外，其余 48 个树种木材的径向导温系数均不同程度地大于弦向导温系数(变异范围为 1%～34%，平均相差 13.4%)。

4.5.4　木材的蓄热系数

蓄热系数，是表征在周期性外施热作用下，材料储蓄热量的能力的热物理参数。蓄热系数越大，则材料在周期性热作用下表面温度的波动就越小，材料的热稳定性越好。蓄热系数通常用符号 S 来表示，其单位为 kJ/(m² · h · K)。

材料的蓄热系数取决于其导热系数 λ、比热容 C 和密度 ρ，以及热作用的周期 T(h)，可按下式计算：

$$S=\sqrt{\frac{2\pi}{T}\lambda\cdot C\cdot\rho}=10.53\sqrt{\frac{\lambda\cdot C\cdot\rho}{T}}[\mathrm{kJ(m^2\cdot h\cdot K)}] \qquad (4\text{-}53)$$

当周期 T=24h 时，(4-53)式可写成：

$$S_{24}=2.14\sqrt{\lambda\cdot C\cdot\rho}[\mathrm{kJ/(m^2\cdot h\cdot K)}] \tag{4-54}$$

当周期 $T=12\mathrm{h}$ 时，(4-53)式可写成：

$$S_{12}=3.02\sqrt{\lambda\cdot C\cdot\rho}[\mathrm{kJ/(m^2\cdot h\cdot K)}] \tag{4-55}$$

蓄热系数亦属于非稳态传热条件下的热物理参数，它与导温系数 a 的关系为

$$S=\sqrt{\frac{2\pi}{T}}\cdot\frac{\lambda}{\sqrt{a}}[\mathrm{kJ/(m^2\cdot h\cdot K)}] \tag{4-56}$$

当周期 $T=24\mathrm{h}$ 时，(4-56)式可写成：

$$S_{24}=2.14\frac{\lambda}{\sqrt{a}}[\mathrm{kJ/(m^2\cdot h\cdot K)}] \tag{4-57}$$

在建筑的围护结构中，许多热现象都有一定的周期波动性。如室外空气温度和阳光辐射在 24h 的变化、供暖的间歇性引起的室温变化等，均能引起周期性的热波动。因此，蓄热系数不但是建筑中设计围护结构热稳定性所不可缺少的一个重要的热物理指标，而且在改进人类居住质量的木质环境学研究中，也是不可缺少的重要物理参数。

由于蓄热系数与前述导热系数等热物理参数具有数学相关性，所以木材密度、含水率、温度等因子对蓄热系数也有一定的影响。

在室温(20℃)下，绝干木材的蓄热系数随密度的增加而增大。张文庆等对红松、水曲柳木材的试验结果为：蓄热系数 S_{24} 可用绝干材密度为因子的线性相关方程来表示(表 4-13)。

表 4-13　木材蓄热系数与密度的关系(绝干材，20℃)

树种	热流方向	试验次数	相关回归方程	相关系数 (r)	相关系数临界值 ($a=0.05$)
红松	弦向	18	$S_{24}=-0.516+5.518\times10^{-3}\rho_0$	0.85	0.444
水曲柳	弦向	34	$S_{24}=0.993+1.870\times10^{-3}\rho_0$	0.58	0.330

在室温(20℃)下，木材含水率从绝干至浸水饱和状态，其蓄热系数随含水率的增加而增大。增大的比率，红松木材在纤维饱和点以下略大于纤维饱和点以上，而水曲柳与红松则相反。在木材蓄热系数与含水率、密度两个因子的多元线性回归分析中，密度因子的偏相关系数远小于含水率因子的偏相关系数。所以，在恒常温度下含有水分的木材，影响其蓄热系数的主要因子是含水率。

木材的蓄热系数随温度的升高而增大。对红松、水曲柳绝干材的试验结果：蓄热系数 S_{24} 在 0～100℃随温度的升高而线性递增，可用温度、绝干材密度为因子的多元线性相关方程来表示。对红松、水曲柳、兴安落叶松的气干材在 20～85℃试验分析结果：三种气干材的蓄热系数随温度的升高而增大，两者之间的关系接近于线性关系，但在 40℃以下的温度范围 S_{24} 的变化比较平缓，所以在整个试验温度范围，以小系数的指数函数模型的回归模拟效果最佳，计算的理论曲线与实测值比较吻合。得出的回归方程式如下：

$$\left.\begin{aligned}&\text{红松：}&&S_{24}=2.2737\exp(0.008\,024t),r=0.990\\&\text{水曲柳：}&&S_{24}=3.4408\exp(0.005\,871t),r=0.981\\&\text{兴安落叶松：}&&S_{24}=2.9958\exp(0.008\,143t),r=0.888\end{aligned}\right\} \tag{4-58}$$

式中：t——温度(℃)；

r——相关系数。

4.5.5 木材的热膨胀与热收缩

当木材从外部吸收机械能、光能或热能时，木材的温度就会上升。当温度的上升引起木材内部的能量增加时，由于分子振动的振幅增大，分子间的平均距离加大，其外形尺寸随之增大，因而产生线膨胀、面积膨胀或体积膨胀。

固体的尺寸随温度升高而增大的现象称为热膨胀。在固体的某一直线方向的膨胀为线膨胀。试验证明，固体被加热时，固体的伸长量(ΔL)与原长(L_0)和温度的变化量($\Delta\theta$)成正比，用公式表示为

$$\Delta L=\alpha \cdot L_0 \cdot \Delta\theta \tag{4-59}$$

式中：α 为线膨胀系数，表示温度每升高 1℃时固体的相对伸长量(单位长度上的伸长量)。严格地说，(4-59)式只有在 α 与温度无关、保持定值的前提下才是确切成立的。一般，虽然有 α 随温度升高而增大的现象，但是在 $\Delta\theta$ 的范围不大时，可以近似将 α 看做常数。

固体材料的线膨胀系数很小，为 10^{-6}～10^{-5}的数量级。例如，室温下铸铁的线膨胀系数为 10.4×10^{-6}，铝为 23.8×10^{-6}；玻璃为 9.0×10^{-6}。木材的线膨胀系数也在上述两个数量级范围之内。但是，木材是各向异性材料，其不同纹理方向的线膨胀系数有很大的差异。Weatherwax 和 Stamm 采用石英膨胀计测定了 9 种木材在三个主轴方向的线膨胀系数(表 4-14)。

表 4-14 9 种木材在不同纹理方向的线膨胀系数

树种		密度 ρ/(kg/m³)	$\alpha_t\cdot10^{-6}$		$\alpha_r\cdot10^{-6}$		$\alpha_l\cdot10^{-6}$	
			−50～50℃	0～50℃	−50～50℃	0～50℃	−50～50℃	0～50℃
针叶树材	花旗松	510	42.7	45.0	27.9	27.1	3.16	3.52
	美国西加云杉	420	32.3	34.6	23.8	23.9	3.15	3.50
	红杉	420	35.1	35.8	23.6	23.9	4.28	4.59
	白冷杉	400	32.6	31.6	21.8	21.7	3.34	3.90
阔叶树材	糖槭	680	35.3	37.6	26.8	28.4	3.82	4.16
	轻木	170	—	24.1	—	16.3	—	—
	黄桦	660	38.3	39.4	30.7	32.3	3.36	3.57
	杨木	430	32.6	33.9	23.2	23.3	2.89	3.17
	美国鸭掌楸	430	29.7	31.4	27.8	27.2	3.17	3.55

注：表中 α_t、α_r、α_l 分别为弦向、径向和顺纹方向的热膨胀系数；"—"代表无数据

从表 4-14 可以看出，木材顺纹方向的热膨胀系数 α_l 很小，约为横纹方向(弦向 α_t 和径向 α_r)的 1/10，径向热膨胀系数略小于弦向。木材的热膨胀如前述来自热能引起分子振幅增大所导致的分子间平均距离增大。木材中含有 40%～50%的纤维素，充当细胞壁结构的骨架物质。从它的晶胞结构特点、长链状形态及它在主要壁层(S_2)的排列方向(与细胞长轴方向近于平行)来分析，其大分子的振幅在各个方向上是不同的，在长链的垂直方向应获得最大的振幅。因此，木材横纹方向的热膨胀系数明显大于顺纹方向。而径向、弦向的微小差异则主要与木射线的制约作用、细胞形状导致径、弦向上单位长度内细胞壁累加厚度的差异等因素有关。

木材顺纹方向的热膨胀系数与树种和密度无明显相关，在 3×10^{-6}～5×10^{-6}变化。但横纹方向的热膨胀系数则有随着密度的增加而增大的趋势。

木材在加热过程的各种热膨胀可按以下公式计算：

线膨胀
$$L=L_0[1+\alpha(t_1-t_0)] \tag{4-60}$$
式中：L——加热终止的尺寸；

L_0——加热开始的尺寸；

t_0,t_1——加热终止和开始的温度(℃)。

纵向面积膨胀：
$$A=A_0[1+(\alpha_l+\alpha_t)(t_1-t_0)] \tag{4-61}$$
或
$$A=A_0[1+(\alpha_l+\alpha_r)(t_1-t_0)] \tag{4-62}$$
式中：A,A_0——分别为加热终止和开始的面积；

$\alpha_t,\alpha_r,\alpha_l$——分别为弦向、径向和顺纹方向的热膨胀系数。

体积膨胀：
$$V=V_0[1+(\alpha_l+\alpha_r+\alpha_t)] \tag{4-63}$$
式中：V,V_0——分别为加热终止和开始的体积。

值得注意的是，在水中加热木材时，会产生两种不同的现象。一种是正常的可逆现象，表现为：随加热温度的提高，木材体积反而收缩，温度降低后恢复至原来的体积，这是因为木材在水中被加热时，其纤维饱和点随着温度的上升而下降(温度每上升 1℃，纤维饱和点降低 0.1%)，使细胞壁失去水分而收缩，而且这种影响要大于正常的热膨胀，所以木材在水中加热时反而产生收缩；另一种是非正常的不可逆现象，仅发生于从未被加热过的生材，表现为：在水中加热生材时，一般要产生过度的弦向膨胀和径向收缩，其原因是在长时间树木生长过程中产生的生长应力在高温高湿的条件下得到了释放，当这种内应力释放后，就与正常材的表现相同。

还有，在正温度下，含水率在纤维饱和点以下的木材在大气中受热时经常因蒸发水分而收缩，这种干缩效应的作用方向与热膨胀的作用方向相反，但作用比热膨胀明显，对木材的外形尺寸变化起到主导作用；在负温度下，由于冰晶的形成所引起的膨胀、细胞壁内尚未冻结的水分向细胞腔移动(低温干缩)等原因，含有水分的木材会产生热收缩现象。

从上述情况来看，对于含有水分的木材，在考察温度对其外形尺寸的影响时，并不是由通常固体特性所决定的简单的“热胀冷缩”，必须同时分析温度对木材含水率、细胞壁内水分含量及存在形式的影响，才能得到正常的结果。

4.5.6　木材热物理参数的测量

用于测定木材等建筑材料物理参数的测量方法可分为两类：一是稳定热流法；二是非稳定热流法。

第一种方法的测量条件为：经过材料试件的热流，在数值和方向上都不随时间而变，即温度场是稳定的。这样，可以根据稳定热流强度、温度梯度和导热系数之间的关系来确定导热系数。

$$\lambda=\frac{Q\cdot d}{A\cdot t(\theta_2-\theta_1)}=\frac{q\cdot d}{\theta_2-\theta_1} \tag{4-64}$$

式中：λ——导热系数[W/(m·K)]；

A——垂直于热流方向的面积(m^2)；

t——时间(s)；

$\theta_2-\theta_1$——被加热面和散热面的温度差(℃)；

d——两面间的距离；

Q——加热的热量(kJ)；

q——稳定热流强度(W/m^2)。

基于稳定热流状态的测量方法又可分为三种类型：平板法、圆管法和球体法。对木材的测量一般采用平板法。

稳定热流法的原理比较简单，计算方便，因而较容易使导热系数实现数字显示。然而，该方法为获得稳定的热流，需要有复杂、昂贵的试验装置，而且试验时间较长(4h 左右)，不适于含水材料的测量。此外，对试件表面的平整度要求非常严格，否则就难以保证测试精度。由于稳定热流法存在这些缺点，因而不能很好地满足当前材料热物理参数测定和研究的需要。

随着科学技术的进步，国内外对非稳定热流测定方法的研究进展很快，迄今已提出多种方法，其中以中国建筑科学院研制的"热脉冲法"在国内应用得比较普遍，并在木材热物理性质的测试和木材科学的研究中得以应用。

热脉冲法具有以下特点：①装置简单；②试验时间短，一次试验 10min 左右；③一次试验中可同时测出材料的导热系数、导温系数和比热容；④具有较高的准确度，综合各种误差因素，在最不利情况下的误差亦小于 5%；⑤测量范围广，可测定密度为 30～3000kg/m^3、颗粒尺寸在 20mm 以下的干燥和潮湿的块状或粉状的建筑材料和保温材料。

热脉冲法的基本原理为：以非稳定热流原理为基础，在试验材料中给以短时间的加热，测量试验材料温度发生的(与时间有关的)变化，根据其变化特点，通过联立导热微分方程的解析，快速求出被测材料的导热系数、导温系数和比热等各项热物理参数。

图 4-19 为热脉冲法试验装置的示意图。其试验方法为：将被测试件分作三块，断面尺寸均为 120mm×120mm(或 100mm×100mm)，其中两块厚试件的厚度为 40mm(或 32mm)，另一块薄试件厚度为 12mm(或 10mm)，夹在两块厚试件之间。在薄试件之下放置平板加热器，并在薄试件上、下表面的中央各放置热电耦一支，用于测量温度。当试件处于各部温度均衡的初始状态时，在短的时间间隔 τ_1 之内，接通加热器电路使试件温度升高，记录加热过程中某一时刻 τ'(在试验中，通常取加热停止时刻，此时 τ' 在数值上与 τ_1 相等)薄试件上表面温度升高值和在切断加热器电路后某一时刻 τ_2 薄试件下表面温度升高值。用得到的测量数据，首先计算中间函数 $B(y)$(已由描述上、下表面非稳定热流状态的导热微分方程联立解出)，计算公式为

$$B(y)=\frac{\theta'(x,\tau')(\sqrt{\tau}-\sqrt{\tau_2-\tau_1})}{\theta_2(0,\tau_2)\sqrt{\tau'}} \tag{4-65}$$

式中：τ_1——加热器电路被接通，用于加热的时间(h)；

τ'——由接通加热器电路开始至记录上表面温度所经过的时间(h)；

τ_2——由接通加热器电路开始至记录下表面温度所经过的时间(h)；

$\theta'(x,\tau')$——薄试件上表面温度升高值(℃)；

$\theta_2(0,\tau_2)$——薄试件下表面温度升高值(℃)。

计算得出 $B(y)$值之后，由函数 $B(y)$表查得 y 值，按下式计算导温系数 α：

$$\alpha=\frac{X^2}{4\tau' y^2}\times\frac{1}{3\ 600}(m^2/s)$$

式中：X——薄试件的厚度(m)；

y——函数 $B(y)$的自变量。

然后，按下式计算导热系数 λ：

$$\lambda=\frac{Q\sqrt{\alpha}(\sqrt{\tau_2}-\sqrt{\tau_2-\tau_1})}{\theta_2(0,\tau_2)\sqrt{\pi}}[W/(m\cdot K)] \tag{4-66}$$

式中：Q——热流强度，由测量得到的加热电流和加热器电阻计算：

$$Q=\frac{I^2R}{S}\ (\mathrm{W/m^2})$$

式中：I——电流(A)；

R——电阻(Ω)；

S——加热器面积($\mathrm{m^2}$)。

在得出导温系数 α、导热系数 λ 的结果之后，根据下式计算比热 C：

$$C=\frac{\lambda}{\alpha\rho}[\mathrm{kJ/(kg\cdot K)}] \tag{4-67}$$

式中：ρ——密度($\mathrm{kg/m^3}$)。

上述热脉冲法的计算比较繁杂，尤其是为了求得函数 $B(y)$的自变量需要查表，十分不便。东北林业大学木材学实验室编制了用于热脉冲法的热物理参数计算应用软件，只需输入必要的实验测量数据，即可由计算机迅速完成包括查表工作在内的上述全部计算过程，并可对多个试件的各项热物理参数进行统计分析，提高了工作效率和热脉冲法应用的便利性。

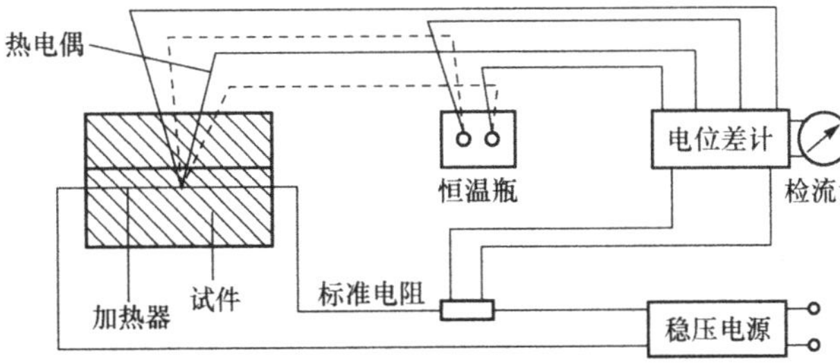

图 4-19　热脉冲法试验装置示意图

4.6　木材的电学性质

木材的电学性质，泛指木材在直流电场和交变电场作用下所呈现的材料特性。它主要包括：木材对直流电、交流电的导电性能和介质特性、电绝缘强度、介电弛豫特性及压电效应等。木材电学性质的研究已有近百年的历史，从初期仅研究木材的直流电、交流电基本特性，发展到探讨木材解剖分子和化学结构等构造因子及含水率、温度、频率等因子对木材电学性质参数的影响机制。近年来已发展到从分子水平上研究木材的介电弛豫现象，开始走上了介电弛豫的分子论的轨道。研究木材的电学性质，不仅对于了解木材的性质、木材的分子运动特征、木材与水分子的吸附机制等问题具有重要的科学理论价值，而且还具有重要的实际意义，可为木材工业中的高频电加热技术、微波干燥、电学法含水率测定仪的开发及生产线的连续性无损检测提供必要的工艺参数和理论依据。

本节主要介绍木材电学性质的基本规律和影响因素，同时简要介绍其研究进展情况及其在木材工业中的应用。

4.6.1　木材的导电性能

木材是具有多孔性、吸湿性的复杂的天然有机高分子材料。绝干状态的木材与大多数有机材料相同，属于电绝缘体。但是，木材的绝缘程度受其含水率的影响会大为降低，在含水率达到纤维饱和点而且温度较高的情况下，木材的电阻率数量级已降至半导体的范畴。所以，木材的导电性能是与含水率等因子密切相关的。

1. 木材的电阻率和电导率

在 $1cm^3$ 的木材立方体中，在相对的两个面之间，与面垂直通过电流时的电阻 $\rho(\Omega \cdot cm)$ 称为这种木材的（体积）电阻率或比电阻。它相当于单位截面积、单位长度下的木材电阻（电压与电流之比），与木材的形状、尺寸无关，其数值是由本身的材料特性所决定的。电阻率是说明材料电阻性质（导电性能的优劣）的物理参数，电阻率越大则导电能力越弱。

电阻率的倒数 $\sigma = 1/\rho[1/(\Omega \cdot cm)]$ 称为电导率。电导率越大，则说明材料的导电能力越强。

设 l 为柱状木材的长度，A 为它的截面积，则该木材的电阻 $R(\Omega)$ 为

$$R=\rho \cdot \frac{l}{A}(\Omega) \tag{4-68}$$

它的电导率 $G(1/\Omega)$ 用下式表示：

$$G=\sigma \frac{A}{l}(1/\Omega) \tag{4-69}$$

2. 木材的电导机理

木材的化学结构决定了它几乎不含有导电性良好的自由电子，但是在电场作用下有电离现象。所以，人们通常认为木材微弱的导电性是离子引起的。离子是与构成木材的聚合物中的离子基缔合在一起的离子，或是由木材的无机成分中含有的杂质产生的离子。在直流电场中，木材所表现出的极化现象正好具有离子现象的典型特征，离子在木材中的定向移动对直流电场下的电导起到了重要的作用，已被证明。

木材内存在的离子可分为两类。一类为被吸附在胶束表面离子基上的束缚离子；一类为处于自由状态，在受到外部电场作用时能够迁移电荷的自由离子。电导率与自由离子的数量成正比，这个数量取决于质量作用定律中的平衡常数。因此，电导率 σ 可用下式表示：

$$\ln\sigma=-\frac{E}{R \cdot T}+A \tag{4-70}$$

式中：E——活化能量，代表每释放 1mol 的束缚离子使其处于自由状态所需的能量；

R——气体常数；

T——绝对温度；

A——常数。

对于含有水分的木材，由于水的介电系数很大（约为 81），使木材介电系数随含水率的增加而明显增大，木材的电导率 σ 当然也随之增大。这种关系可用下式来表示：

$$\log\sigma=B-\frac{0.434U_0}{2RT\varepsilon} \tag{4-71}$$

式中：U_0——在真空中离子的电离能；

ε——物质的介电系数；

B——常数。

从（4-71）式可以看出，木材的电导率 σ 将随含水率的增加以指数的规律增大。

木材的电导率，是由其中部分电离产生的电导与其微量杂质中的离子产生的电导之和来表示的。木材中自由离子即载流子的形成是符合统计规律的。温度一定时，载流子的数目达到相对平衡；温度升高时，束缚离子被解离的概率增加，载流子数目随之增多，导致电导率的增大。开始离子被吸着在与极小的电位能波动区域相应的离子发生点上。这些点是组成木材细胞壁分子的活性基（主要是对阳离子具有引力的纤维素的羟基）。当这种具有一定能量级的离子，吸收了外施作用的离解能量 U 而被离解点（上述离子发生点）所释放时，被离解了的离子变为自由离子，由一个离解点向另一个离解点移动而传导电流。为了克服电势垒 S，必须吸收足够的与 S 相当的附加能量，才能够使离子发生迁移，把这个附加能量称为迁移能。在外施电场作用下，电势垒产生梯度，离子向有引力的或电动势低的电极方向移动。因此，木材的电导率 σ，可用下式表示：

$$\sigma=\sigma_0 e^{\frac{E}{R \cdot T}} \tag{4-72}$$

$$E=S+\frac{U}{2}$$

式中：E——活化能；

σ_0——常数。

电阻率 ρ 为电导率 σ 的倒数，考虑此关系并对(4-72)式两边取对数，则有

$$\log\rho=A+0.434\frac{E}{R \cdot T} \tag{4-73}$$

式中 A 为包括 σ_0 项在内的常数。

木材内部对电导的活化能，通常可以根据电阻率对数 $\log\rho$ 与绝对温度的倒数 $1/T$ 之间关系特性曲线的斜率求解。由此方法求解的活化能称为表观活化能（视在活化能）E^*，其定义如下：

$$E^*=2.303R\frac{d(\log\rho)}{d(1/T)} \tag{4-74}$$

严格地说，E^* 只有在 E 与温度无关时才能与真正的活化能 E 相等，$\log\rho$ 与 $1/T$ 的特性曲线才变为直线。由于 E 随着温度的变化，从 $\log\rho$ 与 $1/T$ 关系曲线不可能得出宽温度范围内真正的 E。但是，在狭小的温度范围内，$\log\rho$ 与 $1/T$ 呈直线关系，根据这个关系，令 $E\approx E^*$，可以推算出活化能。

对于木材，影响其电流通过的因素主要有两个：一是木材中导电离子的数目（或浓度），即载流子的数目；二是离子的迁移率，即载流子在电场作用下的流动能力（迁移速率）。根据这个关系，电导率 σ 可表示为

$$\sigma=C \cdot \mu \cdot d \cdot F \tag{4-75}$$

式中：C——木材中电解质或盐的浓度（mol/cm^3）；

μ——电离子的迁移率[＝速度(cm/s)×单位电场强度(V/cm)]；

d——电解质离解为导电离子的电离度（无量纲）；

F——电荷系数（＝96 490C/mol）；

$C \cdot d$ 的乘积决定木材中导电离子的浓度。

木材中电解质浓度受温度和含水率的影响并不大。F（电荷系数）是个常数。所以，电导率随温度和含水率的变化应该是由于离子迁移率 μ 的变化，或者是电离度 d 的变化，或者是两者共同的变化所引起的。赫里曾经提出同时考虑这两个因素变化的假说，他认为：电离度在

木材含水率的吸湿性的大部分范围内,对其电导率的影响更为重要。由于水分子极性很强,当它靠近缔合的离子对时,会削弱带电粒子之间的磁力线,使阳离子与阴离子之间的静电引力被削弱,易于在外电场作用下产生电离,这可能是含水率增加使得电导率增大的主要原因。黑田尚宏等对木材导电性问题进行了系列的实验研究,并采用模型方式分析了各种含水率情况下离子的传导路径和方式。他们认为:在低含水率下,离子浓度很低,电传导依靠离子在各解离点之间的跃迁来进行,此时离子浓度对电导率起到决定性的作用。随着含水率的增加,木材细胞壁中微纤丝之间距离拉大,薄层之间拉开了一些距离,形成了离子迁移运动的通路;同时由于水分子的增加,离子浓度也增高,多个自由离子的运动会使它们之间产生相互的影响。此时,离子迁移率逐渐上升为决定电导的主要因子。

总之,从目前为止的研究结果来看,木材的电导是靠离子进行的,主要在细胞壁的非结晶区发生。木材含水率在0～20%,影响电导机制的主要因子是木材内的自由离子浓度(载流子的数目)。在更高的含水率范围内,被吸着的束缚离子的解离度很高,离子迁移率上升为决定电导的主要因子。从物理化学的角度来看,对电导的活化能 E 是决定电导的主要因子,E 是由离解能量 U 和迁移能 S 两者来决定的。具有强极性的水分子能够削弱离子与吸着点之间的结合,所以电导活化能受木材含水率的影响。当木材含水率较高时,温度对活化能也有相当程度的影响。由于木材电导的机制依存于其内部离子的存在,所以离子的浓度和分布变化或两者同时变化都将使木材的电导率发生变化。

4.6.2 木材的直流电性质

直流电源是电压方向和大小不随时间变化的电源,其端电压为直流电压。木材的直流电性质,是指木材受直流电源作用所呈现的一些特性,主要是体现各种因子(含水率、温度、纹理方向等)对木材电阻率的影响,以及木材电导性随时间的变化等。

1. 含水率对木材直流电阻率的影响

绝干状态下的木材电阻率极高,是优良的绝缘体。在纤维饱和点以下,木材的电阻率随含水率的增加而急剧减小;在纤维饱和点以上,电阻率仅随含水率的增加略有减小。当含水率从绝干增至纤维饱和点时,电阻率约减至原来的1%,而从纤维饱和点增至饱水状态时,电阻率仅降至原来的1/50。由此可推测,木材电阻率与细胞壁的内表面有着极为密切的关系,其机制在前面已有分析。根据上述电阻率-含水率关系及其变化趋势图观测,Nusser E. 提出,在纤维饱和点以下,木材的电导率 σ 的对数与含水率之间存在直线关系,可由下式表示:

$$\log\sigma=\log\frac{1}{\rho}=a\cdot u-c \tag{4-76}$$

$$\log\rho=-a\cdot u+c \tag{4-77}$$

$$\rho=10^{c-a\cdot u}=D\cdot e^{-b\cdot u} \tag{4-78}$$

式中:σ——电导率[1/(Ω·cm)];

ρ——电阻率(Ω·cm);

u——含水率(%);

a、b、c、D——常数。

该公式在室温下木材含水率为8%～18%内应用,其误差是很小的。

Kollmann F. F. P. 和 Stamm A. J. 等进一步探讨了木材电阻率与含水率之间的关系后提

出：纤维饱和点以下，当含水率增加时电阻率显著地减小，在不同含水率范围内表现有所不同。从绝干状态到 7%，电阻率的对数 $\log\rho$ 与含水率 u 之间存在直线关系。但是，从 7%到纤维饱和点，$\log\rho$ 与 $\log u$ 之间存在直线关系。在纤维饱和点以上电阻率随含水率的变化幅度很小。5%～8%的含水率范围，$\log\rho$-u 曲线开始发生变化，随含水率的增加而逐渐失去线性，其原因可能在于该含水率领域为单分子层吸附水与多水分子层吸附水的分界点(图 4-20)。

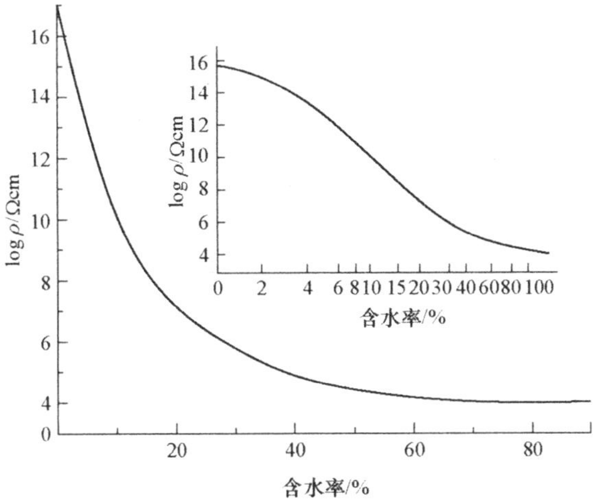

图 4-20 10 个树种的木材电阻率的对数与含水率的关系

曾其蕴等对杉木在室温(20±2℃)条件下，含水率 u 与电阻率 $\log\rho$ 之间的关系进行研究，做出了与 $\log\rho$-u 的相关图(图 4-21)。

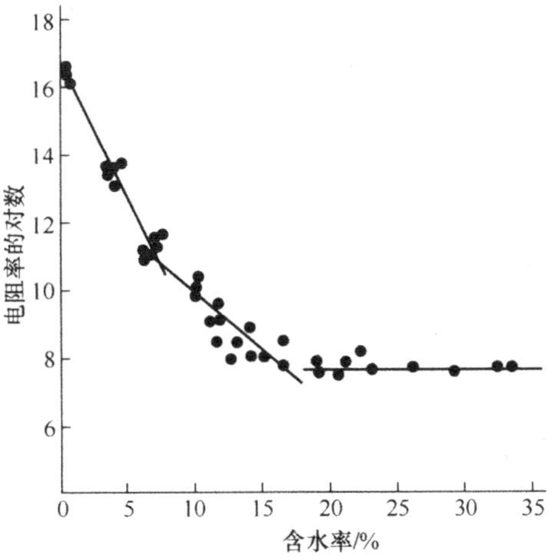

图 4-21 杉木含水率与电阻率先对数的关系

根据图 4-21 的结果，将木材含水率与电阻率对数的关系分为三段，均用直线方程$\log\rho=au+c$ 表示。其中 a、c 为实验方程式的常数。

第一段：含水率 $u\geqslant 18\%$，此时 $a=0$，$c=7.6$，则电阻率的对数为一常数，即

$$\log\rho=7.6 \tag{4-79a}$$

第二段：含水率 $u=7\%\sim18\%$，此时 $a=-0.33$，$c=13.2$，则

$$\log\rho=13.2-0.33u \tag{4-79b}$$

此结果与日本林业试验场1961年的结果相近。

第三段：含水率 $u\leqslant 7\%$，此时 $a=-0.86$，$c=16.6$，则

$$\log\rho=16.6-0.86u \tag{4-79c}$$

2. 温度对木材直流电阻率的影响

木材的直流电阻率随温度的增加而降低。Lin(1965)等对花旗松的研究结果为：温度增加使木材电阻率降低，并且这种影响随着木材含水率不同而发生变化(图4-22)。

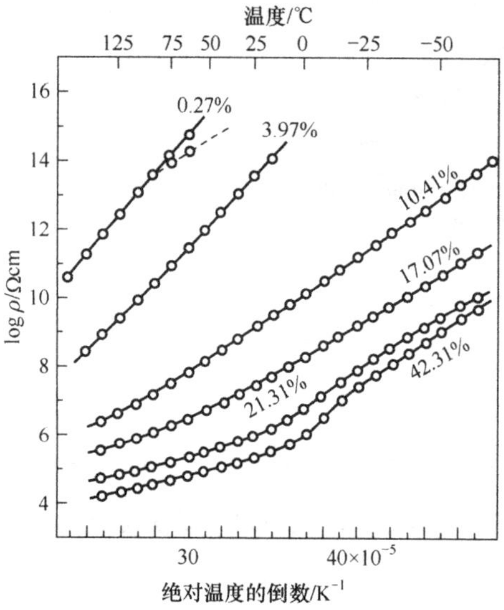

图4-22 各种含水率(%)的花旗松木材的电阻率对数 $\log\rho$ 与绝对温度的倒数 $1/T$ 的关系(Lin)

从图4-22看出，在正温度范围，温度对绝干材电阻率的影响最为显著，从绝干状态直至纤维饱和点左右的范围，其影响随含水率的增加而减小。含水率在10%以下时，电阻率的对数与绝对温度的倒数之间呈线性正相关关系。这表示木材之类的电介质与金属之类的导体不同，当其处于电场中时，其晶格的离子会因温度的升高而产生活化，即极化现象，在某种限定的范围内，产生电位移。

在含水率达到10%以上时，$\log\rho$ 与 $1/T$ 的关系由直线开始略有变弯成为曲线的趋势(其实在20℃以上的温度范围仍近似为直线)，其原因可能在于测定过程中含水率发生变化，或热膨胀使表观活化能发生了变化等原因产生的综合效果。在纤维饱和点以上，温度在0℃附近，曲线表现出非连续性的转折点，这主要是由于在负温度下，离子的活化被抑制，还有低温干缩(结合水因蒸汽压梯度由细胞壁内向细胞腔内表面移动)等原因所致。

总之，木材的电阻率的对数随着温度的下降或绝对温度倒数的增加几乎成直线增大，温度只要下降30℃，则电阻约增大10倍。所以，温度对木材的直流电阻有显著的影响，这是在木材含水率测定仪的研制中必须考虑的因素。

3. 纹理方向对木材电阻率的影响

木材电阻率受纹理方向的影响。垂直于纤维方向(径向和弦向)的电阻率与顺纹方向的电阻率相比，针叶树材要大2.3～4.5倍，阔叶树材要大2.5～8.0倍。弦向的电阻率稍大于径向，中等密度的针叶树材弦向电阻率比径向电阻率大10%～12%，高密度的大得更多。我国6种木材的测度结果与上述情况相近，但顺纹方向与横纹方向电阻率的差异略小一些，在2～3.5倍的范围。木材顺纹方向与横纹方向电阻率的比值基本上与木材含水率无关，它主要是木材构造的各向异性在电学性质中的表现。

4. 密度、树种和试材部位对木材直流电阻率的影响

不同木材密度和树种对木材直流电阻率的影响与含水率的影响相比是很小的。虽然密度

大的木材比密度小者具有较低的电阻率，但 Stamm 的研究表明，木材密度对电阻率的影响与含水率对电阻率的影响相比是没有意义的。从我国测定的 37 种木材的电阻率来看，不同密度的树种之间差异并不明显，仅密度差异较大的树种间才能看出密度大者电阻率稍低的趋势。木材的电导，如前所述，主要原因是离子现象和极化现象，因此，具有绝缘性的木材实质的比率增加，不会对电阻率有很大的影响。树种间的电阻率差异有时不符合密度对电阻率影响的规律，甚至比密度的影响更明显一些。这是因为木材电阻率受水溶性电解质存在的影响，树种间某些水溶性微量成分的差异，导致电阻率产生差异。因此，在直流式含水率电测仪中，通常设有树种因素的修正档，以减少测量误差。

木材中不同部位，主要是心材和边材之间电阻率存在差异。通常心材具有比边材更低的电阻率。这也是因为木材电阻率受水溶性电解质影响，而心材比边材含有更多的抽提物等内含物质。当向木材组织内注入盐离子时，其电导率增大，除去盐离子时，电阻率就增大。

5. 木材直流电导与电压、时间的相关性

木材的表观电阻随着电压梯度的增加而发生变化，这是介质材料在电场作用下的欧费夕特效应。一定几何形状和尺寸的介质，其直流电阻在 0～150V/cm 的电压梯度范围，随外施电压的增加而急剧减小，超过这个电压范围，电阻的变化趋于平缓。但是，当电压梯度继续增加时，电阻会突然下降至几乎为零的程度，即发生了绝缘击穿(电介质击穿)现象。

黑田等对不同含水率条件下，电压对木材电导率的影响进行了研究。在很低的含水率(2.8%)下，电压对木材直流电阻率几乎没有影响，但随着含水率的增加，电压增加使得电导率增大的趋势越来越明显。他们认为，这是由于含水率的增加，使得木材中离子与解离点之间吸着力的分布宽度增大的结果。

木材的直流电导率，在一定的电场作用和一定的温度条件下随时间而发生变化。这种与时间相关的表现，主要来自于下列原因：

(1) 当从外部供给木材直流电压时，得到和电容器充电同样的效果，木材内的极性基有按电场的方向定向的趋势。对于高含水率的木材起初急剧定向，然后随时间成指数曲线减慢。达到最大电导率之后，由于形成反电动势，电导率减小。反电动势的形成，是由极性基的定向和电解生成物的定向引起的。

(2) 高含水率木材的电阻率之所以随时间而增大，其原因之一是在电渗运动的同时，在阳极区域形成了高接触内阻。当电极没有电化学的活性时，此电渗运动使水分作远离电极的运动。

电阻率通常是根据初期的最大传导电流求得的。在实用中，是取外加电压 1min 以后的测量值。终期的电流因反电动势和电极效应比初期电流有相当的减小。在低含水率时，也产生极化。初期的传导电流，与木材试件的尺寸和电阻有关，类似于具有数分钟弛豫时间的电容器的充电电流。在这种情况下，终期电流可用作正常传导的电流。

4.6.3　木材的压电效应、热电效应、驻极体效应和界面动电性质

1. 压电效应

具有晶体结构的电介质在压力或机械振动等作用下的应变所引发的电荷定向集聚(极化)称为压电效应。巴热诺夫、深田荣一等曾对木材的压电效应进行了较为深入的研究，主要结果概括如下。

(1) 木材的压电效应是由结晶的纤维素引起的，即发生于纤维素的结晶区域，压电效应强度取决于纤维素的结晶度的定向排列程度。

(2) 电极化强度与力学作用下的应力之间的关系一般可由下列公式表示：

$$
\begin{aligned}
P_\gamma &= d_{11}\sigma_\gamma + d_{12}\sigma_t + d_{13}\sigma_l + d_{14}\tau_{\gamma t} + d_{15}\tau_{tl} + d_{16}\tau_{l\gamma} \\
P_t &= d_{21}\sigma_\gamma + d_{22}\sigma_t + d_{23}\sigma_l + d_{24}\tau_{\gamma t} + d_{25}\tau_{tl} + d_{26}\tau_{l\gamma} \\
P_\gamma &= d_{31}\sigma_\gamma + d_{32}\sigma_t + d_{33}\sigma_l + d_{34}\tau_{\gamma t} + d_{35}\tau_{tl} + d_{36}\tau_{l\gamma}
\end{aligned}
\tag{4-80}
$$

式中：P_γ、P_t、P_l 分别为 γ 方向（径向）、t 方向（弦向）和 l 方向（轴向）的极化强度；σ_γ、σ_t、σ_l 分别为 γ、t、l 方向的应力；τ_{tl}，$\tau_{l\gamma}$、$\tau_{\gamma t}$ 分别为 tl 面（弦切面）、$l\gamma$ 面（径切面）和 γt 面（横切面）的剪切应力；d_{ij}（$i=1,2,3$；$j=1,2,3,4,5,6$）为压电率（压电张量）；它们与各应力分量对应的各极化分量有关。

用实验来研究所作用的应力与木材内产生的极化之间的几何学关系，可以观察到的木材压电张量有如下两个：

$$
\left.
\begin{matrix}
0 & 0 & 0 & d_{14} & 0 & 0 \\
0 & 0 & 0 & 0 & d_{25} & 0 \\
0 & 0 & 0 & 0 & 0 & 0
\end{matrix}
\right\}
\tag{4-81}
$$

压电率 d_{14} 表示 tl 面（弦切面）上的剪切应力张量引起的 γ 方向（径向）的极化。压电率 d_{25} 表示 $l\gamma$ 面（径切面）上的剪切应力张量引起的 t 方向（弦向）的极化。所观察到的木材的压电率为 10^{-9}（CGSESU），其数值大约为高度结晶物质——水晶的压电率的 1/20。

(3) 对于结晶纤维素，$d_{14}=d_{25}$。对于整体木材，d_{14}/d_{15} 比值平均为 1.45。这是木材解剖构造上的差异（弦向和径向的差异）影响的结果。

(4) 压电效应仅起源于弹性应变，比例极限以上的应变对极化几乎没有影响。木材的压电率与弹性模量成反比。

(5) 由于木材的温度上升使弹性模量减小，所以压电率随温度升高而增加。

(6) 密度大的木材，其压电率也较高。密度对 d_{14} 的影响不如对 d_{25} 的影响显著。

(7) 由于木材含水率增加引起电导率增大，进而导致应变引起的电荷急剧衰减，所以含水率对压电效应的测定有影响。

(8) 木材的压电效应因树种而异。通常，力学性质的各向异性程度越高的木材其压电效应就越显著。

平井信之等在前人研究的基础上，对木材压电效应的各向异性问题进行了细致的研究，又测得了一个压电张量 d_{36}，其主要结果为。

(1) 对木材的压电张量 d_{14}、d_{25} 和 d_{36} 进行测量，d_{36} 在数值上比 d_{14} 和 d_{25} 小，但它是明显存在的。

(2) 使木材试件沿一个坐标轴旋转，进行压电率的测量，并根据 d_{14}、d_{25}、d_{36} 的成分求出它们的结果，实测值与理论值比较吻合。

(3) 对 d_{36} 的影响因子及 d_{14}、d_{25} 之间的差异等问题进行探讨。木材的压电率 d_{36} 起源于结晶纤维素的压电模量 d_{36}^{cell}。木射线组织中结晶纤维素的极化，以及 d_{14}、d_{25} 分量，特别是 d_{14} 和 d_{25} 的差异越大，则 d_{36} 的值也就越大。d_{14} 和 d_{25} 的差异主要取决于弦切面的径切面在偏移变形上的差异，刚度系数 G_{lr}、G_{tl} 的差异恰与 d_{25}、d_{14} 的差异很好地相吻合。

以上结果证明，木材具有压电效应的各向异性，这种各向异性可以用压电张量 d_{14}、d_{25}、d_{35} 为特征来说明。

2. 热电效应

木材的热电效应是指在其内部产生温度梯度时诱发电动势的现象。热电效应又称温差电效应或派罗电效应。把含水率约为 32%的一块美国东部白松木材薄板放置在两个铝电极之间，将一个电极加热到 104.4℃，另一个电极保持在室温下进行试验，其结果高温的电极变成了正极，在薄板的厚度方向形成了 10mV 的初期电动势。电动势随时间而衰减。

3. 驻极体效应

木材有时能够具有一定的电动势，有类似弱电力电池的表现。放置于高压直流电场中高含水率的木材，这种现象最为显著。这是因为移走电极时，试件与各电极相接的面上带有正、负电，因而产生电矩，这个电矩是不容易消失的，这种现象称为驻极体效应。把具有这种永久性介电体积极化的电介质称为驻极体。

4. 木材界面的动电性质

ζ-电位是表征物体界面动电性质的基本参数。在纤维素和木材中，ζ-电位的产生是由于以纤维素为主的高分子内具有活性的羟基，或者是由于羧基失去质子。当木材的微细粉末分散于水中时，因为选择性地吸着羟基离子，所以粒子相对于水带有了负电荷，这种现象称为界面动电性，此时界面上产生的电位就是 ζ-电位。

纤维素的 ζ-电位与纤维素的性质、处理方式和测定方法相关。对于蒸馏水，纤维素的 ζ-电位在－8～－37mV(Stamm，1964)。通常木材与蒸馏水之间的 ζ-电位比纯纤维素测定的 ζ-电位低。木材的测定值为－25～－42.4mV(Stamm，1964；堀冈邦典等，1954)。这表示与纤维素同为木材细胞壁主要构成物质的木质素的湿敏性较差。

4.6.4　木材的交流电性质

方向和强度按某一频率周期性变化的电流称为交流电。交流电按其频率的高低，大致可分为低频(含工频)、射频(又称高频)。交流电，更高频率范围的微波，也是一种具有周期交变特性的电磁波现象。木材的交流电性质，是泛指木材在各种频率的交流电场作用下所呈现的各种特性。主要包括木材在交流电场作用下介电性质参数(介电系数、损耗角正切、介质损耗因数等)和交流电阻率(或电导率)的变化规律及影响因素。了解木材的这些性质，可为木材加工中的含水率无损检测设备，以及各种电加热技术提供工艺参数和理论依据。

1. 低频交流电作用下木材的电热效应

在交流电的低频区域，木材的电学性质在很多方面与直流电情况下有相同的表现。绝干状态下木材电阻极高，随着含水率的增加电阻显著减小，这种变化到纤维饱和点以上时又趋于平缓。在低频交流电作用下，欧姆定律成立，焦耳热的发生和直流电作用下相同。然而，交流电情况下电压的大小是用有效值(最大电压的 0.707 倍)来表示的。

利用木材的电热效应(电流通过木材时产生焦耳热)，可进行低频电加热。加热时的发热量可用下式计算：

$$H=i\cdot E\cdot t=i^2\cdot R\cdot t(J) \tag{4-82}$$

式中：H——发热量；

i——电流强度；

E——电压；

t——时间；

R——电阻。

干燥木材的电阻非常高，导致电流显著减小，要提高发热量，只有提高电压，但是电压过高时有放电的危险。因此，提高干燥木材的发热量是很困难的。为了能够使用一定限度内的电压进行加热，木材应具有纤维饱和点以上的含水率。

利用直流电和交流电的焦耳热进行木材干燥时，容易出现加热不均匀、电流停止后含水率梯度大等缺点，并且效率低，所以它作为木材的干燥方法是不适宜的。但是，低频电加热的设备简单，无高频辐射的危害，在某些特殊的场合（如厚度不大的板材或胶合板的弯曲加热定型），人们还是采用这种方法加热木材。

2. 射频下木材的介电性质

射频是频率很高的电磁波，又称高频，其频率从 0.2MHz 直至几百甚至几千兆赫。在木材工业中，用于高频电加热的频率通常在 1～10MHz；用于微波干燥的频率为 915MHz 或 2.45GHz。

（1）木材介电性质的基本参数。表征木材介电性质的基本参数为介电系数 ε 和损耗角正切 $\mathrm{tg}\delta$，由此可推出的参数还有交流电阻率 ρ（或交流电导率 σ）和介质损耗因数 ε''。

对木材作为介质被置于高频电场中的介电性质参数，可用图 4-23 所示的模型，以电容 C 和电阻 R 并联的等效电路来表示。在外加交流电压 U 的作用下，通过介质的总电流 I 等于对电容 C 充放电电流 I_c 与通过介质电阻分量 R 的热耗电流 J_R 的矢量和。

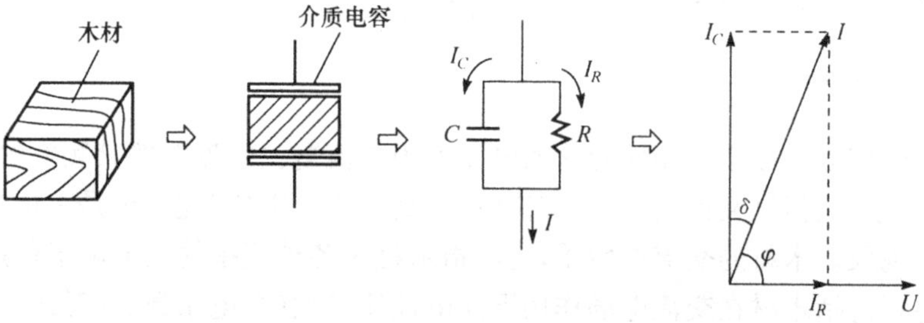

图 4-23 木材介质电容的等效电路模型与电流矢量图

R. 电阻；C. 电容；I_C. 充电电流；I_R. 热耗电流；I. 回路中的总电流；U. 电容两端的电压

设图中所示平板电容在真空介质条件下的电容量为 C_0，置入木材介质之后的电容量为 C，则木材的介电系数 ε 为 C 与 C_0 之比，即

$$\varepsilon=\frac{C}{C_0} \tag{4-83}$$

木材介电系数 ε 的基本定义为：木材介质电容器的电容量与同体积尺寸、同几何形状的真空电容器的电容量之比值（ε 与物理学中相对介电系数的定义相同）。由于空气的介电系数大约等于 1，所以在木材研究中通常取 ε 为介质电容与空气电容之比。木材的介电系数是表征木材的交流电场作用下介质极化强度和存储电荷能力的物理参数。

射频下木材的介质损耗通常以损耗角正切 $\mathrm{tg}\delta$ 或功率因数 $\cos\varphi$ 来表示。木材一类的介质处于交流电场中，其中的偶极子在电场中作取向运动，产生介质极化现象。由于偶极子运动时的内摩擦阻力等相互间的作用，使介质偶极矩取向滞后于外施电场的变化，宏观表现为通过介质的总电流 I 在相位上滞后于极化电流（充放电电流）I_C（图 4-23），这样，每一周期中有一部分电能被介质吸收发热，这种现象称为介质损耗。

损耗角正切 $\mathrm{tg}\delta$ 是工程中常用来表示材料介质损耗的物理参数，其基本定义为：介质在交流电场中每周期内热消耗的能量与充放电所用能量之比，在数值上，等于热耗电流 I_R 与充放电电流 I_C 之比。在图 4-23 中，总电流 I 与 I_R 的夹角 φ 为工程中常用的相位角，其余角 δ，即 I 与 I_C 的夹角为介质损耗角。从图中可以清楚地看出，$\mathrm{tg}\delta=I_R/I_C$ 这种关系。只有在介质损耗非常小的情况下. 可以认为 δ（以弧度表示）在数值上与其正切值大致相等，此时 $\delta\approx\mathrm{tg}\delta$。

$\mathrm{tg}\delta$ 多用于材料介质损耗的定量表征，而在工程上，为计算热功率消耗，有时采用功率因数 $\cos\varphi$ 来表示介质损耗。$\cos\varphi$ 的基本定义为：每周期之内有功功率（热消耗功率）与视在功率（等于外施电压与总电流的乘积）之比，在数值上等于热耗电流与总电流之比。从图 4-23 中可以直观地看出，$\cos\varphi=I_R/I$ 这种关系。由于绝干状态或含水率不高的木材介质的 $\mathrm{tg}\delta$ 很小，可按下式推算 $\cos\varphi$ 与 $\mathrm{tg}\delta$ 的关系：

$$\cos\varphi=\frac{I_R}{I}=\frac{I_R}{\sqrt{I_R^2+I_C^2}}=\frac{I_R}{\sqrt{I_C^2[1+(\mathrm{tg}\delta)^2]}}\approx\frac{I_R}{I_C}=\mathrm{tg}\delta$$

即在 $\mathrm{tg}\delta\ll1$ 的情况下，有

$$\cos\varphi\approx\mathrm{tg}\delta \tag{4-84}$$

射频下的交流电阻率 ρ 为单位截面积的材料，在单位长度上的等效电阻。可以推导，在 $\mathrm{tg}\delta$和 $\cos\varphi$ 很小（<0.1）的情况下，交流电阻率 ρ 可表示为

$$\rho=\frac{1.8\times10^{12}}{f\cdot\varepsilon\cdot\cos\varphi}(\Omega\cdot\mathrm{cm}) \tag{4-85}$$

或

$$\rho=\frac{1.8\times10^{12}}{f\cdot\varepsilon\cdot\mathrm{tg}\varepsilon}(\Omega\cdot\mathrm{cm}) \tag{4-86}$$

式中：f 为外施电场的频率（Hz）。

从上式看出，交流电阻率与频率、介电系数、损耗角正切（或功率因数）成反比。

（2）影响介电系数的主要因子

① 含水率的影响。在一定温度和频率下，木材的介电系数 ε 随含水率 u 的增加而增大。在纤维饱和点以下，ε 随 u 的增加，起初以较小的速率增大，然后其增大的速率不断提高，ε-u 关系曲线可近似由指数函数来描述；在纤维饱和点以上，ε 随 u 的增加大致成直线关系增大（图 4-24）。曹绿菊等曾对 8 种东北经济用材的介电系数进行了研究，结合木材的组织构造和化学结构，分析了含水率对木材介电系数的影响。在纤维饱和点以下，ε 和 u 的关系依附于水分子与木材大分子极性基因（主要是纤维素非结晶区的羟基）之间的吸附力大小。在 0～5% 的含水率范围，只有一次吸附水，水分子被牢固地吸附于极性基并随之在外电场作用下运动，所以，在此含水率范围，u 对木材极化的影响很小，ε 仅随 u 的增加略有升高；随着含水率的继续增加，在二次结合水范围，水分子与木材细胞壁中极性基因之间的吸附力逐渐减弱。这样，本身介电系数很高的水分，对木材的极化就起到了越来越重要的作用，ε 随 u 增加而增大的速率也不断加快。因此，在纤维饱和点以下，介电系数 ε 随含水率 u 的增加大致呈指数规律增大；在纤维饱和点以上，水分子已不受木材分子基团的吸附作用，介质系数的变化主要取决于自由水在木材中的体积百分率。所以，此情况下 ε 和 u 的关系大致呈直线关系。图 4-24 为

1.1MHz 电场频率下，落叶松(a)、水曲柳(b)木材介电系数 ε 与含水率 u 的关系。

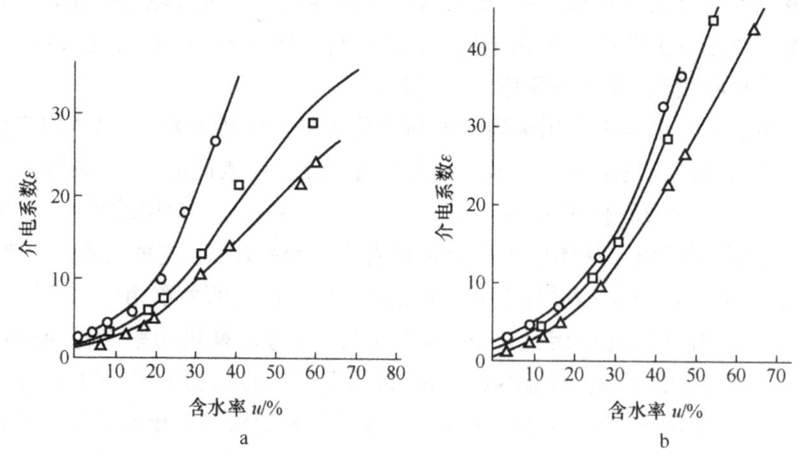

图 4-24 木材介电系数 ε 与含水率 u 的关系(1.1MHz)

a. 落叶松木材 b. 水曲柳木材

○为轴向；□为径向；△为弦向

② 密度的影响。木材的介电系数 ε 随密度的增加而增大，当木材密度增大时，实际上就是细胞壁实质物质的体积百分率增加。由于实质率增大，单位木材体积内偶极子数目增多，增强了木材的极化反应，所以木材的介电系数随之增大。

木材密度与含水率之间的关系大致为线性正相关，且呈略为向下弯的曲线形式。

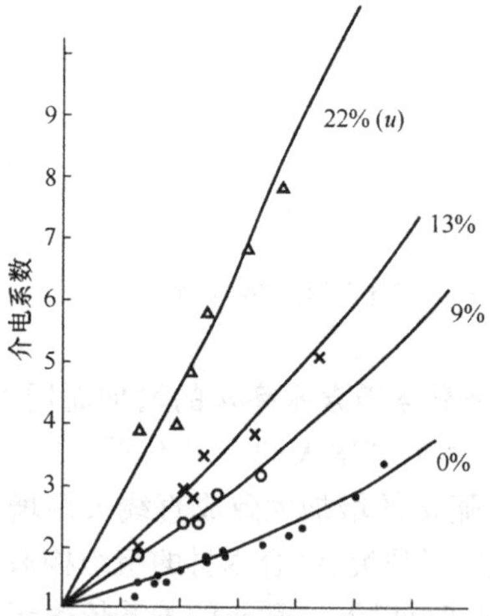

图 4-25 木材密度与介电系数的关系
(f=1.1MHz)

上村武曾利用木材密度、木材实质的密度及含有水分的细胞壁物质的介电系数为因子变量，推导木材介电系数的一般表达式；李先泽采用 Clausius-Mosotti 方程的基本形式，得出了绝干材介电系数与密度之间关系的经验方程式；由我国部分树种介电测量试验结果得出的介电系数-密度相关图如图 4-25 所示。

③ 频率的影响。在相同含水率、温度条件下，木材介电系数随频率的增加而逐渐减小，而且随着含水率的升高，频率对介电系数的影响作用越来越明显(图 4-26)。这种关系取决于木材的极化现象。在射频范围，对介质极化起主要作用的是偶极子取向运动引起的偶极极化。当频率不断升高时，偶极子的取向运动跟不上外施电场的变化，使极化作用降低，介电系数减小。绝干材的低含水率木材，偶极子的弛豫时间分布很宽，随着含水率增加，弛豫时间 τ 的分布越来越陡峭，频率对介电系数的影响也随之显著。

④ 纹理方向的影响。木材介电系数具有各向异性。通常，顺纹方向的介电系数比横纹方向的介电系数大 30%～60%，随着含水率的升高，这种差异对针叶树材来说有越来越大的趋势。这种差异主要取决于木材构造的各向异性。由于大多数的纤维素大分子的排列方向与细胞长轴方向近于平行，而且绝大多数细胞沿顺纹方向排列，纤维素非结晶区的羟基在顺纹方向比在横

纹方向具有更大的自由度，易于在电场作用下取向运动，所以纵向的介电系数大于横纹方向。

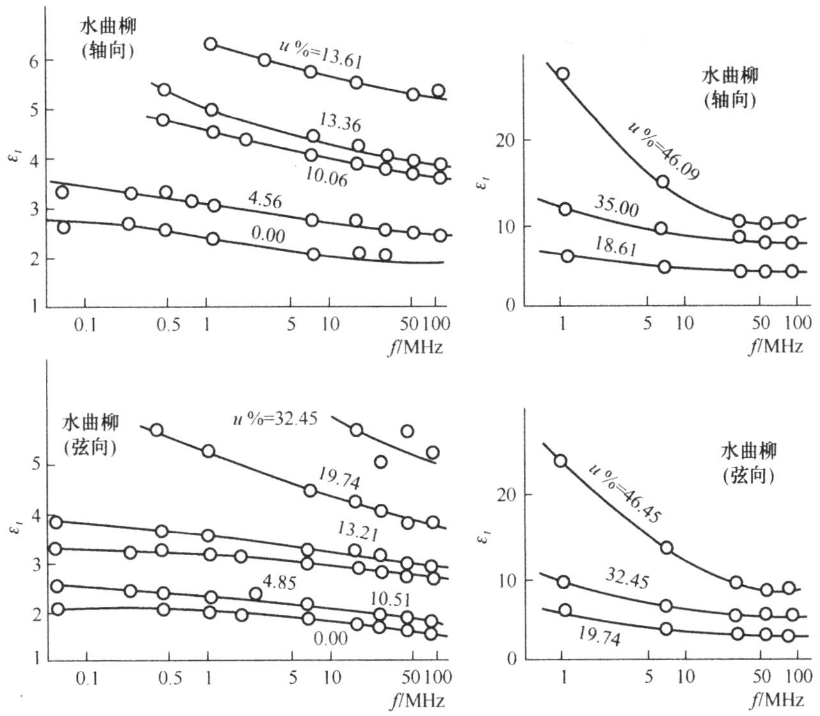

图 4-26　不同含水率下木材介电系数与频率的关系

径向和弦向的介电系数之间差异很小，明显小于纵向与横向的差异。不同树种的这种差异表现也不同，多数为径向的介电系数略大。这与木材早、晚材的密度差异程度、木射线的体积百分率等构造因素的综合影响有关。

(3) 影响介质损耗的主要因子

① 含水率的影响。戴澄月等曾对 1MHz、50MHz 两种频率下木材损耗角正切 $\mathrm{tg}\delta$ 与含水率 u 的关系进行了测定和研究。在纤维饱和点以下，$\mathrm{tg}\delta$ 随 u 的增加而明显增大，但是在纤维饱和点以上，这种变化趋于平缓(图 4-27)。

含水分木材的介质损耗是由偶极子内摩擦损耗和电导损耗两部分叠加而成的。在纤维饱和点以下，含水率的增加，使木材单位体积内偶极子的数目增多，这些偶极子又受细胞壁中极性基因的引力作用，不能自由地随电场变化作取向运动，导致介质损耗增加；同时，含水率增加使得木材中离子浓度的增加也能够导致介质损耗的电导损耗分量增加。这些原因使纤维饱和点以下的 $\mathrm{tg}\delta$ 随含水率的增加有明显增大的表现。在纤维饱和点以上，由于自由水在射频范围的电场作用下，几乎作同步的取向运动，完全跟得上外界电场作用方向的变化，所以在此含水率范围 $\mathrm{tg}\delta$ 的增量甚微，变化幅度减小。

② 频率的影响。木材的介质损耗与频率的关系是十分复杂的，对此关系的研究，实际上是对木材介电吸收现象的测量分析和探讨。木材不同于其他人工合成有机材料那样具有单一的弛豫时间的偶极子，用微膜型就能简单地说明其介电吸收现象。木材中有许多能够在电场作用下取向运动成为偶极子的极性基因，以纤维素非结晶领域的羟基占主导地位。但是这些极性基团因其在分子链上的分布位置不同，受周围分子的作用力大小也不同，使整个偶极子群的偶极矩和弛豫时间分布在很宽的范围。另外，水分子进入木材后，会使这种分布发生各种情

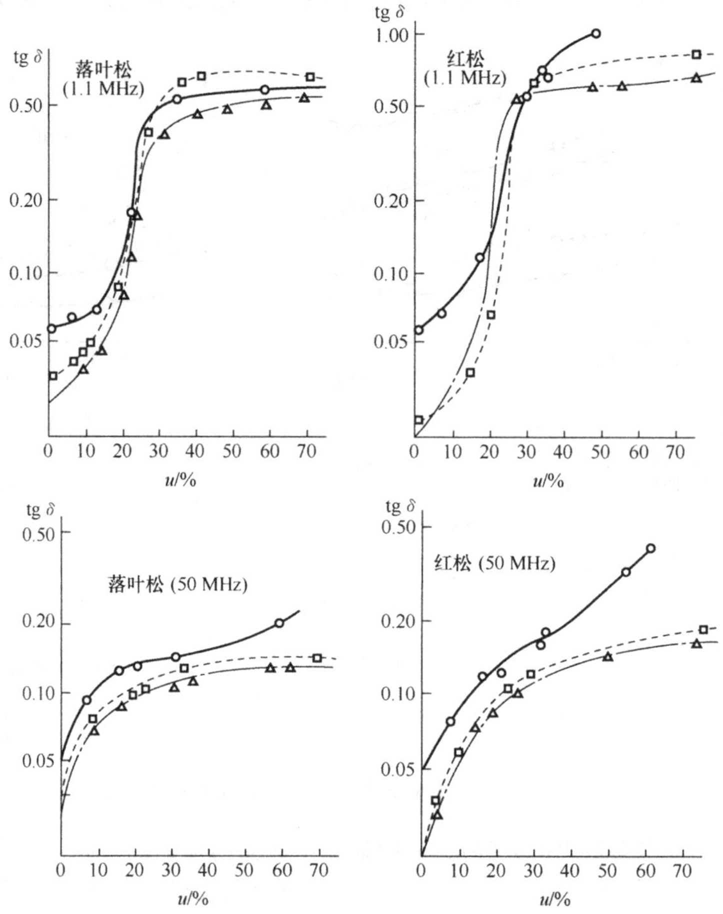

图 4-27　两种频率下木材介质损耗角正切 tgδ 与含水率 u 的关系

○为轴向；□为径向；△为弦向

况的改变。因此，必须在较宽的频率、含水率范围内细致地测定木材的介质损耗参数，才有可能找出它随频率变化的综合规律。图 4-28 为含水率不同的红松木材损耗角正切 tgδ 与频率的关系。绝干木材的 tg$f$ 在 10MHz 左右的频率范围内呈现一个比较平缓的吸收峰，随着含水率的增加，在 $u\leqslant20\%$的范围，可以观察到 tgs-f 曲线高频侧的吸收峰逐渐向更高的频率范围移动；同时，随着含水率的增加，tgδ-f 曲线形式发生了变化，在低频侧 tgδ 随着频率的降低由起始(绝干状态)的减小形式而逐渐变为增大的形式。在高频侧的上述变化，是由于水分子的偶极吸收频率非常高(15MHz 左右)，而且属于德拜型介质吸收，水分子进入木材后，逐渐改变了整体木材中偶极子弛豫时间的分布，使分布中心向高频方向，即水的吸收频率方向移动。在低频侧，由于水在低频范围的介电吸收机制以离子极化现象为主，当木材含水率增加时，可能在更低的频率范围出现因不同介质界面引起载流子集聚的界面极化。图 4-28 的tgδ-f曲线显示或预示了上述这些分析结果。

③ 密度的影响。木材密度 ρ 对损耗角正切 tgδ 有一定程度的影响，ρ 增大有使 tgδ 值增大的趋势，其影响程度不如含水率、频率的影响明显。但是，另一个表示介质损耗的参数——介质损耗因数 ε''，与密度 ρ 有着明显的正相关关系，ε''随 ρ 的增加线性地增大。

tgδ 是表示介质有功功耗与无功功耗之比的物理参数，其数值可用损耗电流 I_R 和充放电

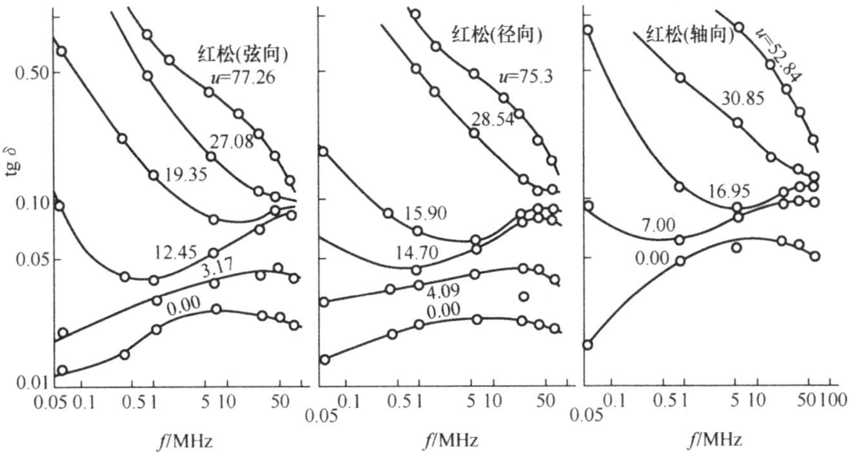

图 4-28　含水率不同的红松木材损耗角正切 tgδ 与频率 f 的关系

电流 I_C 之比表示，木材的密度增加即实质率增大使得偶极子数目增多，极化作用增强，I_R 和 I_C 都随之增大；对 tgδ 来说，相当于其分子和分母同时有增大的趋势，所以其值变化不大。ε″是复介电系数 ε* 的虚部，为介质电容器的损耗功率与相应的真实(空气)电容器的无功率之比。在给定频率下，由于木材密度增大使偶极子数目增加，木材介质的极化作用增强，单位体积内的介质功耗增大。其增大的速率基本上正比于密度的增大率。

(4) 纹理方向的影响。木材的损耗角正切 tgδ 和介质损耗因数 ε″在不同纹理方向存在差异，主要表现在其轴向的测量值大于横纹方向(径向和弦向)，其次为径向和弦向的测量值略有差异，通常径向测量值略高于弦向。这种各向异性表现与介电系数的各向异性表现相类似，与木材细胞分子、纤维素大分子的排列方向、材质的均匀性、木射线组织的体积百分率等因素有关。此类问题在介绍木材介电系数时已作了讨论，不再赘述。

4.6.5　木材的介电弛豫与分子运动

木材介质弛豫的研究是在木材介电性质研究的基础之上发展起来的，也可以说是木材介电性质研究的继续和深入。

木材介电性质的研究已有 90 多年的历史，经历了交流电阻率基本特性研究、介电系数和介质损耗影响因子研究、木材介电吸收现象和含水率对介电吸收影响的研究等各个研究阶段，这些研究仍在不断深入进展。20 世纪 70 年代以来，以则元京为代表的木材科学工作者，从分子水平上研究木材的介电弛豫现象，提出：绝干状态下木材的介电吸收，主要是木材非结晶区域的伯醇基(CH_2OH)的取向运动所引起的，并讨论了 MWL 中吸附水的介电弛豫机构。从此，木材介电特性的研究走上了介电弛豫的分子论的轨道。

研究木材的介电弛豫机构，可以从分子水平上得到木材分子运动的各种信息，并研究木材与水分的吸附机制及化学处理木材的构造变化，具有比较重要的科学理论价值。

1. 木材介电弛豫机构研究的特点

木材介电弛豫机构的研究与木材介电性质的研究之间没有明显的界限，例如，前面介绍的木材介电性质中，结合分子结构对木材介电吸收现象、含水率对木材介电吸收机构的影响等问题的讨论，亦可属于介电弛豫机构的研究范畴。然而，从目前的研究发展动态来看，木材介电弛豫机构的研究已朝着分子论的方向纵深发展，它的主要特点在于：

(1) 以研究木材中分子运动的规律为主要目的，注重揭示介电吸收现象与分子基因的内在联系，而不是单纯研究某种条件范围木材介电性质的规律。为此，需要在较宽的频率、温度范围进行细致的测量，以便观察木材介电吸收现象的全貌，得到用于分析的基本数据。

(2) 与以往木材介电性质研究定性讨论较多的情况相比，更注重于定量分析。

(3) 综合木材物理、木材构造、木材化学、物理化学等方面的知识，使其交叉融合，用于在分子水平上对木材微观物理现象的讨论。

(4) 木材与水分的吸附机构，难以实现直接测量和观察。采用介电方法为基本手段来研究木材-吸附水体系，在目前仍不失为一种较好的方法。它可以以宏观的物理现象去分析微观的分子运动和结合方式。

(5) 在分析化学处理材的构造变化时，能够得到一些有益于评价处理材质量(如体积稳定性)的信息，而且能够对较大尺寸的完整固体试件进行测量。

2. 木材介电弛豫机构研究的进展

(1) 木材及其化学组分介电弛豫和分子运动的探讨。纤维素在绝干状态、室温条件下，介质吸收峰出现在100MHz左右的频率范围，换算的活化能约为41.86kJ/mol。其介质吸收强度随纤维素结晶度的增加而减小。由此推断，介电吸收来源于非结晶区中伯醇羟基(CH_2OH基)的取向极化运动。

半纤维素中的甘露聚糖与纤维素有相同的介电吸收，而多缩木糖不存在这种吸收。因此，推断这种介电弛豫过程来源于伯醇羟基。

木质素的主要偶极子基因有伯醇羟基、酚羟基、CO基、OCH_3基等，其中前两个基因均与羟基(OH基)相关。在测量分析中，可以观察到木质素的两个介电吸收峰均与OH基相关。在高频域的吸收，来源于醇式羟基的取向极化运动；在低频域的吸收，来源于吸附在酚羟基的水分子的取向运动。

室温条件下，绝干木材在10MHz左右的频率范围出现介电吸收。从上述结果综合来看，木材在射频领域的介电弛豫过程，主要取决于非结晶区域伯醇羟基的取向运动。

(2) 木材-吸附水体系介电弛豫机构的研究。赵广杰、则元京等研究了木材与吸附水构成的体系的介电弛豫现象。他们认为，木材-吸附水体系是具有多重弛豫时间的介电体系，在某一吸湿平衡状态下，木材-吸附水体系的介电弛豫时间分布主要取决于水分子和木材实质之间形成氢键结合能的某种分布。介电弛豫参数α与含水率之间呈线性关系。介电弛豫时间随含水率的变化，一方面是由于木材非晶领域伯醇基CH_2OH取向运动环境的变化；另一方面则是由于吸附水分子同木材吸附点之间形成的氢键结合能的变化。木材中吸附水的介电弛豫过程与水分子回转取向时，切断同木材吸附点之间形成的氢键结合数，以及参与回转取向的水分子数密切相关。通过采用纤维素Ⅰ、三苯甲基纤维素和乙酰化纤维素，调制成各种含水率的试件，进行介电性质测试，分析吸附水的介电弛豫机构，证实了上述推论。

(3) 化学处理木材的介电弛豫特性。对WPC的介电弛豫特性进行测试分析的简要结果为：从介电特性来看，经处理得到的WPC与素材相比，介电系数ε'(以下简称ε')增大，介质损耗因数ε''(以下简称ε'')减小，即电绝缘强度明显提高。WPC的介电弛豫特性为：①ε'的频率相关性有所降低；②ε''的吸收峰位与素材基本相同，在10MHz左右；③ε'的对数与充填聚合物的体积百分率呈正相关；④随着聚合物(*MMA*)充填量的增加，在低频侧可见另一介电弛豫现象。

对乙酰化木材进行介电弛豫特性分析的简要结果为：①乙酰化木材与素材相比，ε'无大变化，但ε''明显降低；②－60℃温度条件下的介电弛豫强度 $\Delta\varepsilon=(\varepsilon_0-\varepsilon_\infty)$，随着处理增重百分比 x（以下简称 x）的增大而减小，说明随处理强度的增大，纤维素非结晶领域可参与取向极化运动的伯醇羟基的数目逐渐减少，这是乙酰基的置换效果；③ε''的吸收峰位 f_0 所对应的弛豫时间 τ_0，在 $x \leqslant 14\%$的范围随 x 的增加而略有降低，但是在 $x>14\%$的范围随 x 的增加而比较明显地增大。其原因在于：少量的乙酰基导入（置换伯醇羟基），分子间距离增大，使残存的伯醇羟基便于在电场作用下转动；大量的乙酰基的导入，使得残存的伯醇基受到约束，不易转动，所以 τ_0 增大，f_0 降低；④在 62%湿度环境下调节试件（素材和乙酰化处理材），经测量，乙酰化木材的平衡含水率和介电系数 ε'，均明显低于素材。

4.6.6　木材电学性质在木材工业中的应用

1. 含水率测量

采用电测法测量木材的含水率，其优点在于无需破坏被测木材，并且测量简便、快捷。因此，电测木材含水率的方法，在木材工业生产中得到了广泛应用。

电测木材含水率方法在木材工业中应用得最多的是含水率测定仪，大体上可分为两种基本类型：一种是基于木材直流电性质的电阻式含水率测定仪；一种是基于木材交流电性质的介电式含水率测定仪。含水率测定仪一般都设计为比较小巧，以干电池为电源的便携式，在室内或室外的工作现场均可方便地使用。

电阻式含水率测定仪的基本原理为：木材的直流电阻率随含水率的增加而减小。它实际上是一个高灵敏度的直流阻抗仪，测量得到的是木材直流电阻。设计者根据含水率与木材直流电阻的关系标定电表的刻度盘，使用时能够直接从表针指示的刻度上读出木材对应的含水率。

电阻式含水率测定仪的电极形状有扁平电极和针状（或刀状）电极两种。扁平电极用于薄板含水率测量，使用时将其平贴于被测薄板表面并压紧，以保持良好接触。针状电极用于较厚木材的含水率测量，使用时将其插入木材一定的深度进行测量。根据 Stamm 的经验，探入深度为木材厚度的 1/4 时所测得的电阻，与整块木材的平均电阻值相等。

木材的直流电阻率除了受含水率影响，在纤维饱和点以下显著变化之外，还在一定程度上受温度、树种、纹理方向的影响，此类问题前面已有介绍。在设计和使用电阻式含水率测定仪时，应考虑这些影响因素，对测定值给以必要的修正。一般电阻式含水率仪都设有温度修正挡（波段式开关），测量时根据环境和被测物的温度，将开关拨到对应的温度挡级上，以消除温度误差因素。对于树种间电阻率的波动变异因素，通常由仪器生产厂家根据实验结果，按电阻率相近程度将树种合并归类，分为几挡，并设置树种误差修正挡开关或修正表。对有修正挡开关者，使用时根据被测木材树种的类别，将开关拨至对应挡位；对仅设有修正表（一般用文字表格形式贴在仪器盒盖内）者，将含水率测量读数再加上修正表中对应树种栏的修正值（一般在－3%～＋3%），求得被测木材的含水率。电阻式含水率测定仪的适用范围：含水率为 6%～25%（最大可达 28%或 30%）的木材，在此范围内，能够基本上保证测定精度。当含水率达到纤维饱和点以上时，由于木材电阻率受含水率的影响程度大为降低，测定仪的灵敏度也会大为降低，所以电阻式含水率测定仪不适于测量纤维饱和点以上的高含水率。

介电式（又称高频式）含水率测定仪的基本原理为：在一定的频率的交变电场作用下，木材

的介电系数 ε' 和介质损耗因数 ε'' 随含水率的增加而增大。利用介电系数随含水率的变化规律而设计的水分计，称为电容式含水率测定仪，利用介质损耗因数 ε'' 随含水率的变化规律而设计的水分计，称为功耗式(损耗式)含水率测定仪。损耗因数 ε'' 为介电系数 ε' 和损耗角正切 $tg\sigma$ 的乘积，它与木材功率损耗成正比。介电式含水率测定仪的频率通常设计在射频范围。微波式含水率测定仪，是射频功耗式含水率测定仪的发展，它使用的频率很高(通常用22.235GHz)，利用含水率所引起的木材对微波吸收能力的变化规律进行测量。

在射频的某一给定频率下，在木材含水率的全范围内(自绝干状态至水分饱和状态)，ε' 和 ε'' 均受含水率的影响而变化，在纤维饱和点以上仍有较大的变化率，大致成线性规律。这种关系使得介电方法测试木材高含水率成为可能。值得注意的是，木材的介电性质参数在一定程度上受密度的影响。因此，在研制介电式含水率测定仪时，必须考虑密度的影响因素，设置必要的修正挡开关。20 世纪 80 年代以来，日本等国家的一些公司生产的介电式含水率测定仪，已设置了密度修正挡位。另外，使用介电式含水率测量较厚的高含水率木方材时，在木材含水率梯度大的情况下会引起较大的测量误差。因此，国外已开展了可分层测量木材含水率的介电式含水率测定仪的研究。

介电式含水率测定仪，通常采用接触式测量。为将其应用于生产线上木材含水率的实时检测，不需要进行必要的改装。日本北海道林业试验场有关研究部门曾在原有单板连续水分测定装置的基础上，将高频介电式含水率测定仪的电极改装为辊轮式传感器，以接触式测量生产流水线上木材的含水率。采用微波吸收测量法，可以实现对木材或木质碎料在生产线上的非接触式连续检测，国内有关部门也正在进行此方面的研究工作。

2. 高频电热技术的应用

当木材被置于高频电场或超高频电磁波场(即微波场)时，木材中大量的偶极子(分子中的极性基团及含水木材中的水分子等)会在电场作用下作取向极化运动，这种运动使得分子间产生内摩擦，将电能转换为热能。单位体积、单位时间内的发热量，与被加热介质的大小和形状无关，取决于电场强度、电场方向变化速率(即频率)及介质损耗因数。设此发热量为 P_W，则可由下式表示：

$$P_w = 2\pi f E^2 \varepsilon'' = 2\pi f E^2 \varepsilon tg\delta (W/cm^2) \tag{4-87}$$

式中：f——频率(Hz)；

E——电场强度(V/cm^3)；

ε''——介质损耗因数；

ε——介电系数；

$tg\delta$——损耗角正切。

根据(4-87)式，木材置于高频电场中，其发热量随电场强度、频率及介质损耗因数的增大而增加。

高频电热技术在木材工业中常用于木材干燥。从上述木材在高频电场中发热的机制来看，它是属于利用木材分子运动内摩擦原理的内部加热，能使木材的温度均匀而连续地提高，并且最大的热量集中发生在水分最多的部位，这是因为含水率越高的木材其介质损耗因数也越大。由于热的辐射和导热，在木材表面产生热能损失(向外界扩散)，使木材表面温度低于内部温度，从而形成有利于从木材中迅速排除水分的温度梯度，因而具有干燥速度快、加热均匀等优点。

在相同的电场强度下，提高频率能够使被加热介质发生更高的热能，并且提高用电的效率。在射频波段，一般需要较高的电场强度，才能达到所需的热量。而高压的电热设备价格比较昂贵，并且有放电的危险，应适当地提高频率．在达到相同加热量的情况下可降低电压和设备成本，提高用电效率。但频率过高也有一些其他的技术难题，包括难以消除的驻波。一般高频加热的频率为 2～40MHz，常用的频率为 7MHz 左右和 13.56MHz。高频电加热的缺点在于电能消耗大，成本较高，技术比较复杂，所以仅用于某些特殊要求的木材干燥，在木材工业中多用于其他方面的加热工艺之中。

微波干燥采用了更高的频率，通常为 915MHz 或 2.45GHz，所以在同样电场强度下，微波所施加的能量比高频大得多。微波干燥木材时，木材通过(或往复通过)特别的加热器——谐振腔进行加热。微波加热亦属于利用分子运动的内部加热，而且比高频更接近水分子的介电吸收频率，有利于木材内水分温度的提高和排出。微波干燥具有干燥速度快、木材变形小、干燥质量好、热能利用率高、适于自动化等优点，故受到国内外木材加工部门的重视。虽然目前尚存在耗电大、成本高及设备原件耐久性差等问题，但是，用于价格高又难于干燥的高质量材，仍能很好地发挥其效力。

高频电热技术用于木材胶合，能够提高工作效率和产品质量。由于木材和胶黏剂的介电性质参数不同，胶黏剂的介质损耗因数远大于低含水率的木材，在电场作用线方向与胶层平行(极板与胶层垂直配置或极板按散场配置)时，使得胶黏剂能够获得选择性的加热。当木材含水率为 8%～12%时，采用高频加热胶合，能够获得最佳效果。高频胶合技术在我国木材工业中已经应用，如指形连接、拼板、封边、细木工板成型等工艺中，采用高频电热固化胶层，显著地提高了工效，保证了质量，收到良好的效果。

国内外在刨花板、纤维板等人造板生产中部分地采用高频(或微波)电热技术，此技术越来越引起人们的重视。例如，采用刨花板坯高频预热法，可以达到缩短加压时间，提高产量，改善产品质量，特别是中层质量的效果；采用高频预热和热板加热并用法，可以改变刨花板断面密度分布以提高产品质量；采用高频加热法处理热压后的酚醛刨花板，能够使胶黏剂进一步均匀固化。

高频加热技术还可以在木塑复合材(WPC)的加热聚合、木材解冻、防腐和杀虫处理等方面得以应用。

4.7　木材的声学性质

木材的声学性质，包括木材的振动特性、传声特性、空间声学性质(吸收、反射、透射)等与声波有关的固体材料特性。

声波是指能够在具有弹性的媒质(包括固体、液体和空气)中传播的机械波，起源于发声体的振动。当声波通过空气传入人耳时，引起鼓膜振动，刺激听觉神经而产生声的感觉。但频率高于 20kHz 的声波(称超声波)和频率低于 20kHz 的声波(称次声波)一般不能引起声感，只有频率范围为 0.02～20kHz 的声波才能引起人的听感，故称为可听声波或可闻声波，即通常人们所说的声波。木材和其他具有弹性的材料一样，在冲击性或周期性外力作用下，能够产生声波或进行声波传播振动。振动的木材及其制品所辐射出的声能，按其基本频率的高低，产生不同的音调；按其振幅的大小，产生不同的响度；按其共振频谱特性，即谐音(泛音)的多寡及各谐音的相对强度，产生不同的音色。

声学性能好的木材具有优良的声共振性和振动频谱特性，能够在冲击力作用下，由本身的振动辐射声能，发出优美音色的乐音。更重要的是，能够将弦振动的振幅扩大并美化其音色向空间辐射声能。这种特性是木材能够广泛用于乐器制作的重要依据。例如，我国民族乐器琵琶、扬琴、乐琴、阮、西洋乐器钢琴、提琴、木琴等，均采用木材制作音板（共鸣板）或发音元件（木琴），就是利用了木材的声振动特性。在电声乐器系统中，也常常利用木材的良好音质特性，制成各种类型特殊的音筒，以调整扬声器的声学性质，创造出优美动听的音响效果。

木材及木材制品对空气中的声波能量具有吸收、反射（扩散）和被诱射的作用。在大中型民用建筑（如影院、音乐厅、礼堂）及其他特殊建筑（如广播、电视、电影等技术用房）中，都广泛地运用木材的声学性质，将木材内装材料与其他建筑材料相配合创造出一个良好空间音响学效果的室内环境，以满足人们对艺术欣赏的需要。

木材的声传播特性、声共振特性的物理参数，与木材的力学性质有着内在的联系，因此，可利用木材的振动或机械波传递的测量，对其质量或强度性质进行无损检测。此外，用声共振法得到木材动态黏弹性的参数指标，对化学处理材的品质评价和流变学模型解析起到不可缺少的作用。

因此，了解木材声学性质的基本规律，在理论上和实际应用中都具有重要的意义。

4.7.1 木材的振动特性

在科学技术中振动一词通常指周期性振动，是物体（或物体的一部分）沿直线或曲线，以一定的时间周期经过其平衡位置所作的往复运动。当一定强度的周期机械力或声波作用于木材时，木材会被激荡而振动（受迫振动），其振幅的大小取决于作用力的大小和振动频率。共振是指物质在强度相同而周期变化的外力作用下，能够在特定的频率下振幅急剧增大并得到最大振幅的现象。共振现象对应的频率称为共振频率或固有频率。物体的固有频率由它的几何形状、形体尺寸、材料本身的特性（弹性模量、密度等）和振动的方式等综合决定。但是，在给定振动方式、形体几何形状和尺寸条件的情况下，则固有频率完全决定于材料本身的特性。木材受到瞬间的冲击力（如敲击）之后，也会按照其固有频率发生振动，并能够维持一定时间的振动。由于内部摩擦的能量衰减作用，这种振动的振幅不断地减小，直至振动能量全部衰减消失为止。这种振动为衰减的自由振动或阻尼自由振动。

1. 木材的三种基本振动方式与共振频率

固体材料通常有三种基本的振动方式：纵向振动、横向振动（弯曲振动）和扭转振动。木材同样有这三种基本振动方式，并且能够在同一试件上用不同的振动方式实现（图 4-29）。

（1）纵向振动。纵向振动是振动单元（质点）的位移方向与由此位移产生的介质内应力方向相平行的振动（图 4-29a）。运动中不包含介质的弯曲和扭转的波动成分，为纯纵波。叩击木材的一个端面时在木材内产生的振动和木棒的一个端面受到超声脉冲作用时木材内产生的振动都是纵向振动。纵向振动可以看做在动力学情况下，类似于静力学中压缩荷载作用于短柱的现象。

设木棒长度为 L，密度为 ρ，弹性模量为 E，则长度方向的声速 v 和基本共振频率 f_r 按下式求得：

$$v=\sqrt{\frac{E}{\rho}} \tag{4-88}$$

$$f_r=\frac{v}{2L}=\frac{1}{2L}\sqrt{\frac{E}{\rho}}$$

木材的纵向振动，除了在基本共振频率 f_r（以下简称基频）发生共振之外，在 f_r 的整倍数频率处亦发生共振，称高次谐振动或倍频程谐振动。在基频下的振幅最大，而后，随谐振频率的增高而振幅降低。因此，对于纵向共振频率的一般表示形式为

$$f_r=\frac{n}{2L}\sqrt{\frac{E}{\rho}} \tag{4-89}$$

式中：n 为 1，2，3 等任意整数，是高次谐频对基频的倍数。

（2）横向振动。横向振动是振动元素位移方向和引起的应力方向互相垂直的运动。横向振动包括弯曲运动。通常在木结构和乐器上使用的木材，在工作时主要是横向弯曲振动，如钢琴的音板（振动时以弯曲振动为主，但属于复杂的板振动）与木横梁静态弯曲相对应的动态弯曲等，可以认为是横向振动。

木棒横向振动的共振频率通常比它的纵向共振频率低得多。横向共振频率，不仅取决于木材试样的几何形状、尺寸和声速，且与木材的固定（或支撑）方式，即振动运动受到抑制的方式有关。矩形试件的共振频率 f_r 可由下式表示：

$$f_r=\frac{\beta^2 hv}{4\sqrt{3}\pi^2}L^2=\frac{\beta^2 h}{4\sqrt{3}\pi L^2}\sqrt{\frac{E}{\rho}} \tag{4-90}$$

式中：L——试件长度（m）；

h——试件厚度（m）；

v——试件的传声速度（长度方向）（m/s）；

β——与试件边界条件有关的常数。

在木材试样处于两端悬空而在对应于基频振动节点处支撑（支点距两端点的距离均为试件长度的 0.224 倍位置）的情况下，用上式计算基频时，β 应为 4.73。其 2 次、3 次直至 n 次谐频的 β 值，分别以 β_2、β_3、…、β_n 代表；$\beta_2=7.853$，$\beta_3=10.996$，当 $n>3$ 时，$\beta_n=\left(n+\frac{1}{2}\right)\pi$。应当注意的是，如果要测定基频以上的谐频，支点的距离也要做相应改变，移至各次谐振动节点所对应的位置。

在木材试样一端固定而另一端悬空的振动工作条件下（图 4-29b$_2$）的计算基频 f_r 时：$\beta=1.875$；计算谐频时：$\beta_2=4.694$，$\beta_3=7.855$，当 $n>3$ 时，$\beta_n=\left(n-\frac{1}{2}\right)\pi$。

（3）扭转振动。扭转振动是振动元素的位移方向围绕试件长轴进行回转，如此往复周期性扭转的振动（图 4-29c）。在此情况下，木材试件内抵抗这种扭转力矩的应力参数为刚性模量 G，或称作剪切弹性模量。如果木棒的惯性矩与外加质量的惯性矩相比可以忽略不计的话，则试件基本共振频率 f_r 取决于该外加质量的惯性矩 I、试件的尺寸和刚性模量 G，公式表示如下：

$$f_r=\gamma^2\sqrt{\frac{G}{8\pi\cdot I\cdot L}} \tag{4-91}$$

式中：γ 为圆截面试件的半径；L 为试件的长度。

2. 木材的声辐射性能和内摩擦衰减

前面讨论了木材在几种基本振动方式下的声速与共振特性。根据木材不同用途（如乐器

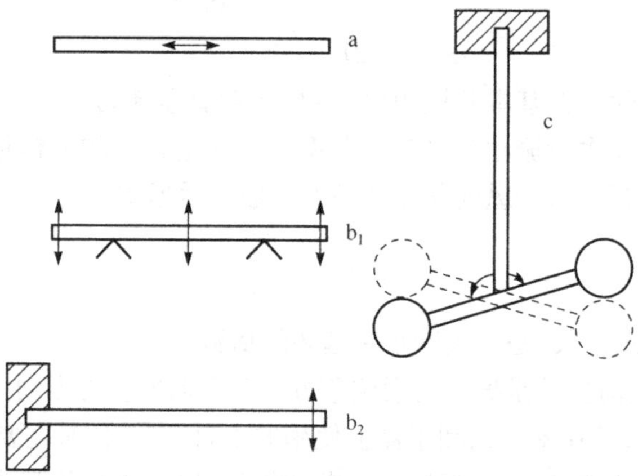

图 4-29　木材振动的三种基本类型

a. 纵向振动．b_1、b_2．横向振动（b_1 为两端自由，在节点处支撑的横向振动；b_2 为一端被夹持固定，另一端自由的横向振动）；c. 扭转振动

材）的要求，还应了解木材振动的声辐射性能及振动能量的分配、消耗方式。与之相关的，有木材所辐射品质常数、木材的（内摩擦）对数衰减率（或损耗角正切）和声阻抗等声学性质参数。

在木材受瞬时冲击力产生横向振动，或者在受迫振动过程中突然中止外部激振力的情况下，观察木材的振动随时间的变化：此时，木材的振动能量逐渐减小，振幅逐渐降低，当能量全部消失时，恢复到静止状态。

产生上述现象的原因是试件所获得的能量在振动过程中被消耗而衰减。木材的振功能量衰减分成两个部分：一部分相当于向空气中辐射能量时为克服空气阻力所消耗的能量，这部分能量以声波的形式辐射到空气中，由此产生的衰减为声辐射衰减；另一部分是由于在木材内部及周围的接触固定界面上的能量吸收，即由内部分子间的摩擦和界面上的摩擦，将动能转变为热能而被消耗，这种能量衰减称为内摩擦衰减或损耗衰减。从上述分析来看，木材振动所消耗的能量是用于声能辐射的能量分量和消耗于内摩擦的能量分量的组合。消耗于内摩擦等热损耗因素的能量越小，用于声辐射的能量越大，则声振动的能量转换效率就越高。

木材及其制品的声辐射能力，即向周围空气辐射声功率的大小，与传声速度成正比，与密度 ρ 成反比，用声辐射阻尼系数 R 来表示：

$$R=\frac{v}{\rho}=\frac{E}{\rho^3} \tag{4-92}$$

声辐射阻尼系数（以下简称声辐射阻尼）又称声辐射品质常数，这是因为人们常常用它来评价木材声辐射品质的好坏。木材用作乐器的共鸣板（音板）时，应尽量选用声辐射阻尼较高的树种。

木材的声辐射阻尼，随树种不同有很大的变化。通常密度高的树种，其弹性模量也高，但声辐射阻尼往往比较低。48 种国产木材（针叶树材 12 种，阔叶树材 36 种）密度与声辐射阻尼的关系见图 4-30。

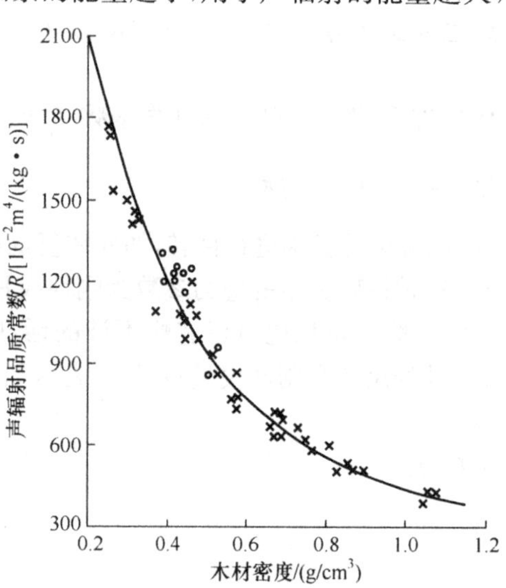

图 4-30　不同树种木材密度与声辐射品质常数的关系

○为针叶树材；×为阔叶树材

木材因为摩擦损耗所引起的能量损耗用对数衰减率 δ 来表示。受外部冲击力或周期力作用而振动的木材，当外力作用停止之后，其振动处于阻尼振动状态，振幅随时间的增大按负指数规律衰减。其中两个连续振动周期振幅值之比的自然对数，为对数衰减率 δ（又称对数缩减量），用公式表示如下：

$$\delta=\ln\frac{A_1}{A_2}=\alpha T_0 \tag{4-93}$$

式中：A_1，A_2——两个连续振动周期的振幅（图 4-31）；

α——内部阻尼系数（衰减系数）；

T_0——自由振动的周期。

对于受迫振动状态下的对数衰减率 δ，按下式计算：

$$\delta=\pi\cdot\frac{\Delta f}{f_r} \tag{4-94}$$

式中：Δf——频率响应曲线上振幅降至最大振幅的 0.707 倍时对应两个边频率之差；

f_r——最大振幅的对应频率。

木材的对数衰减率随树种的不同有一定程度的变异，在 0.020～0.036 变化。针叶树材的对数衰减率通常较低。一般来说，对数衰减率较低的木材，较适于制作乐器的共鸣板。因为 δ 低说明振动衰减速度慢，有利于维持一定的余音，使乐器的声音饱满而余韵；另外 δ 较低，则振动能量损失小，振动效率高，使乐音洪亮饱满。

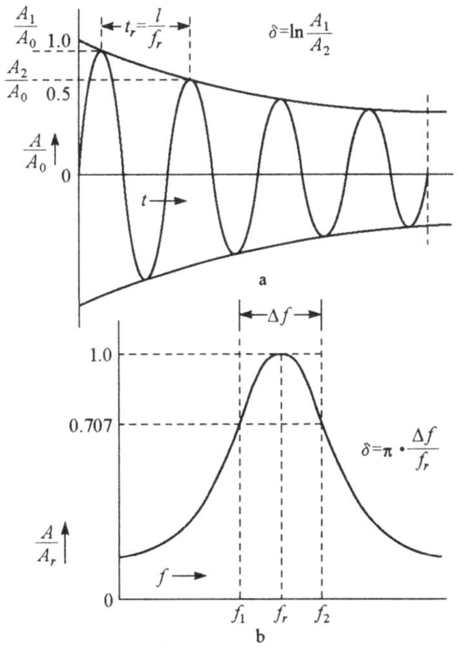

图 4-31　内摩擦引起的阻尼振动现象

a. 自由振动中振幅 A、频率 f 与对数衰减率 δ 的关系；b. 受迫振动中振幅 A、频率 f 与对数衰减率 δ 的关系

3. 木材的声阻抗（特性阻抗）

木材的声阻抗 ω 为木材密度 ρ 与木材声速 v 的乘积，由下式表示：

$$\omega=\rho v=\sqrt{\rho E} \tag{4-95}$$

声阻抗对于声音的传播，特别是两种介质的边界上反射所发生的阻力是有决定意义的。两种介质的声阻抗差别越大，向声阻抗小的介质一方反射就越强烈。从振动特性的角度来看，它主要与振动的时间响应特性有关。木材与其他固体材料相比，具有较小的声阻抗和非常高的声辐射阻尼，它是一种在声辐射方面具有优良特性的材料。

4.7.2　木材的传声特性

木材是具有弹性的固体材料，依靠其弹性介质作用，能够传递声波的能量。木材传声特性的主要指标为声速 v，在前面介绍振动特性时，已讨论了它与共振频率的关系，及其与木材密度、弹性模量的内在联系。

木材是各向异性材料，根据其正交对称性，可以在轴向（顺纹方向）、径向、弦向三个主轴方向上分析木材试件的物理力学性能。由于木材的细胞形状和排列方式、细胞壁的主要壁层（S_2 层）微纤丝的排列方向等构造因素具有明显的方向性和规律性，使得木材在三个主轴方向上的弹性模量和声速均具有差异，最明显的是顺纹方向与横纹方向(相当于径向和弦向的平均效果)的差异(表 4-15)。对于给定的木材试件，其密度 ρ 为一定值，则顺纹传声速度 $v_{/\!/}$ 与横纹传声速 $v_{\perp}$ 之比，根据它们与各对应方向上弹性模量之间的关系可由下式表示：

$$\frac{v_{/\!/}}{v_{\perp}}=\frac{E_{/\!/}}{E_{\perp}} \tag{4-96}$$

式中：$E_{/\!/}$ 和 $E_{\perp}$ 分别代表顺纹方向和横纹方向的弹性模量。

表 4-15　木材顺纹及横纹方向的动弹性模量和传声速度

树种	平均密度/(g/cm³)	平均动弹性模量 Ed/GPa		平均传声速度 c/(m/s)		$\frac{v_{/\!/}}{v_{\perp}}$
		顺纹	横纹	顺纹	横纹	
鱼鳞云杉	0.450	11.55	0.26	5298	783	6.7
红松	0.404	10.09	0.27	4919	818	6.0
槭木	0.637	12.66	1.23	4422	1368	3.2
水曲柳	0.585	12.43	1.61	4638	1642	2.8
椴木	0.414	12.21	0.61	5370	1360	3.9

注：表中数据系中国林业科学研究院木材工业研究所材性研究室的试验结果

除了顺纹方向与横纹方向的差异，木材的声速在径向、弦向间也有一定程度的差异，通常径向的声速比弦向的声速稍大一些。这与木射线组织比率，早、晚材密度差异程度以及晚材率等木材构造因素的影响有关。

木材的声速还受含水率的影响，在纤维饱和点以下，声速随含水率的增加呈急剧下降的直线关系；在纤维饱和点以上这种变化缓和了许多，呈平缓下降的直线关系。从声速 v 与弹性模量 E 和密度 ρ 的关系$\left(v=\sqrt{\frac{E}{\rho}}\right)$来分析这种现象：在纤维饱和点以下，含水率的增加，使得 E 减小而且 ρ 增大，故 v 迅速下降；在纤维饱和点以上，含水率的增加，使得 ρ 继续增大，而 E 基本不变，所以 v 呈平缓下降的趋势。

4.7.3　木材声学性能品质的评价

木材经常被用于乐器的共鸣板，即音板。音板的声学性质，直接影响到乐器的质量。因此，如何根据乐器对音板的要求合理选材，尤其是如何运用木材声学性质的指标参数(可由振动试验求得)对木材声学性能品质进行合理的评价，并以此为依据实施乐器音板的合理选材，是人们一直在关注的问题。

乐器制作行业对音板的声学性能品质有许多具体的要求。综合国内外有关资料和有关研究者的观点，将其归纳为三个大的方面：第一方面是对振动效率的要求。音板应该能把从弦振动所获得的能量，大部分转变为声能辐射到空气中去，而损耗于音板材料内摩擦等因素的能量应尽量小，使发出的声音具有较大的音量和足够的持久性；第二方面是对音色的要求。它包括：从音板辐射中的乐音，应具有优美悦耳的音色，音板在乐音频率范围内频响特性分布的均匀性和连续性，以及较小的惯性阻力较敏锐的时间响应特性等；第三方面是对发音效果稳定性的要求，即要求由音板制作的乐器，能够适应环境空气湿度的变化，一直保持稳定而良好的发音效果。对音板用材(木材)声学性质的研究，应该从上述三个方面入手，探讨采用木材声振动特性的物理学指标及其相关材性指标，对木材声学性能品质提出合理的客观性评价的方法。

1. 对振动效率品质的评价

从提高振动效率的观点来看，应选用声辐射阻尼较高($R\geqslant 1200$)、内摩擦损耗小的木材。这样的木材能够将获得的振动能量最大限度地用于向空气中辐射声能，最低程度地损失于热能，以保持足够的音量和持久性。

从声辐射阻尼 R 的表达式($R=\sqrt{E/\rho^3}$)来看，应选用动弹性模量 E 较大、密度 ρ 较小的木材，这是一种比较简便的方法。E/ρ 代表顺纹方向细胞壁的平均动弹性模量，而且能够以此判别振动加速度的大小；而 R 表示将入射的能量转换为声能的程度，并且能以此判别声压的大小。两者都有使振动效率增加的作用。

对于内摩擦损耗的定量表征，在国内有关资料中通常采用对数缩减量 δ，而在国外资料中现多采用动力学损耗角正切 $\mathrm{tg}\delta$，它表征每周期内热损耗能量与介质存储能量之比，所以更能直接地说明振动效率问题。

从目前的资料来看，用于评价(与振动效率有关的)木材声学性能品质的物理量主要有：声辐射阻尼 $\sqrt{E/\rho^3}$、比动态弹性模量 E/ρ、损耗角正切 $\mathrm{tg}\delta$、声阻抗 $\sqrt{E\cdot\rho}$ 以及 $\mathrm{tg}\delta$ 与 E 之比 $\mathrm{tg}\delta/E$ 等。其中，未介绍过的 $\mathrm{tg}\delta/E$ 可以表示振动每周期内能量损耗的大小，且与加速度有关。从振动效率的角度来看，在 $\sqrt{E/\rho^3}$、E/ρ 为较大数值，而且 $\mathrm{tg}\delta$、$\mathrm{tg}\delta/E$、$\sqrt{E\cdot\rho}$ 为较小数值的情况下，有利于声能量的高效率转换或响应速度的提高。

值得注意的是：$\sqrt{\dfrac{E}{\rho^3}}$、$\dfrac{E}{\rho}$、$\mathrm{tg}\delta$ 等物理参数，在同一树种内不同部位的木材试件之间，即便在相同密度条件下，亦存在很大程度的变异。其中，E/ρ 和 $\mathrm{tg}\delta$ 这一对参数的对数在各种含水率条件下呈紧密的线性正相关关系。经细胞壁结构的流变学模型定量分析，当 E 为顺纹方向动弹性模量时，E/ρ 的树种内变异主要因子为细胞壁 S_2 层的微纤丝倾角 φ、S_2 层的厚度百分比及纤维素的结晶度等，其中主要因子是微纤丝倾角 φ，而且 $\mathrm{tg}\delta$ 也受 φ 的影响。φ 增大时，E/ρ 下降，$\mathrm{tg}\delta$ 增大。所以，用这一对有内在联系的参数或其中之一(E/ρ)能够在一定程度上评价木材的振动性能品质，对于音板选材具有重要的意义。

由于木材的生长轮宽、晚材率与其弹性和声学性质密切相关，国内外制琴师和有关技术人员在选材时常以此作为选择音板用材的基本依据。张辅刚归纳了这些经验，提出了一些对制琴音板用材的具体要求。对生长轮宽度的要求为：在 2cm 间隔内，生长轮宽度偏差不宜超过 0.5mm；在整块面板上，最宽和最窄的生长轮宽度差，不宜超过 1～2mm，具体要求见表 4-16。

表 4-16　制琴音板用材的生长轮宽度要求

名称	生长轮宽度/mm	1cm 内年轮数	允许偏差/mm	
高级小提琴	1.5～2.5	4.0～6.5	0.5*	1.0*
高级大提琴	2.0～3.5	3.0～5.0	0.5*	1.5*
倍大提琴	2.5～4.5	2.5～4.0	0.5*	2.0*

注：* 0.5mm 为相邻 2cm 内，生长轮宽度差；1.0mm、1.5mm、2.0mm 为整块面板，最窄和最宽生长轮宽度差

对晚材率的要求应以 15%～20%为最佳。

另外，应力木的声学性质很差，声辐射阻尼下降，对数缩减量提高，不能做乐器音板。具有斜纹理、节子或纹理弯曲等缺陷的木材，其 E/ρ 降低，$\mathrm{tg}\delta$ 增大，都不宜当作音板材使用。

2. 有关音色的振动性能品质评价

音色的评价比振动效率的评价更具复杂性。从音乐声学的观点，应该分析振动的频谱特性，即分析在频率轴上基频与各高次谐频的幅值分布，以及在工作频率范围内的连续频谱。频谱分析通常采用 FFT(快速傅里叶变换)频谱分析仪进行。有人分析过云杉木材的频谱特性，其基频和 2、3 次谐频位置的谐振峰峰形都比较平缓，在此范围基本呈连续谱特性(而不像金属材料那样谐振峰尖锐的离散谱特性)；而且，云杉木材从基频开始向各高次谐频各峰连线形成的“包络线”，其特性为随频率升高而连续下降的形式，大致符合 $1/f$① 的分布规律。

乐器对音板(和共鸣箱)的要求之一是，来自弦的各种频率的振动应很均匀地增强，并将其辐射出去，而不应有选择性的增强，以保证在整个频域的均匀性。从这点要求来看，上述云杉木材的频谱特性，明显优于金属材料，使用该材料制作的音板能在工作频率范围内比较均匀地放大各种频率的乐音。从人体生理学的观点来看，人耳的等响度曲线特性对低、中频段听觉比较迟钝，对高频段听觉非常敏锐，而云杉的频谱特性的“包络线”特征，正实现了对低、中音区的迟钝补偿和对高音区的抑制，补偿了人耳“等响度曲线”造成的听觉不足，使人感觉到的乐音在各个频率范围都是均匀响度，有亲切、自然的感觉，获得良好的听觉效果。

频谱分析的测量毕竟比较复杂，野崎等曾考虑用动弹性模量 E 与动态刚性模量 G 之比 E/G 这个参数来表达频谱特性曲线的“包络线”特性。因为 E/G 的幅频特性与上述“包络线”特性十分相近，两者测量值呈紧密的正线性相关。这样，只要在基频测量有关动态弹性参数，就能够实现对被测材料高次倍频范围频谱“包络线”特性的预测，使测量工作变得十分简便。另外，他们还提出了一个与音响效果相关的物理量 $E\cdot\rho$，它与余音的长短、发音的敏锐程度等听觉心理量有关，而 E/G 则与乐音的自然程度、旋律的突出性、音色的深厚程度等听觉心理量有关。关于振动音色的定量评价，正在研究之中，对这个高难度的问题，期待着今后不断出现新的研究成果。

3. 对发音效果稳定性的评价与改良

以木材为音板的乐器，其发音效果的稳定性主要取决于木材的抗吸湿能力和尺寸稳定性。这是因为空气湿度的变化会引起木材含水率的变化，引起木材声学性质参数的改变而导致乐器发音效果不稳定。特别是，如果木材含水率过度增高，会因动弹性模量下降、损耗角正切增大及尺寸变化产生的内应力等原因导致乐器音量降低，音色也受到严重影响。为此，应研究木材吸、放湿过程对声学性质的影响规律并采取措施抑制这种不利影响，使音板始终保持良好的发音效果。

则元京对上述课题进行了较为系统的研究。采用弯曲振动法，对吸、放湿过程中，水分平衡和非平衡状态下木材比动态弹性模量 E'/ρ、动力学损耗角正切 $\mathrm{tg}\delta$、声辐射阻尼系数 $5\times10^{-8}\sqrt{E'/\rho^3}$、声特性阻抗 $\sqrt{\rho E'}$ 及每周期能量损耗参数 $\mathrm{tg}\delta/E'$ 进行测量。其结果，在水分非平衡状态下，含水率对上述各个声学参数都有显著的影响，其影响程度，按 $\sqrt{\rho E'}<\sqrt{E'/\rho^3}\approx E'/\rho\approx\mathrm{tg}\delta<\mathrm{tg}\delta/E'$ 的顺序从小到大变化；在吸湿过程的初期，上述影响更为显著，其中亦以 $\mathrm{tg}\delta$ 和 $\mathrm{tg}\delta/E'$ 的程度为大。在水分平衡状态下，含水率为 8%～20% 阶段，$\mathrm{tg}\delta$、$\mathrm{tg}\delta/E'$ 受水分的影响

① $1/f$ 为频率的倒数。

十分显著。由此判定，水分对与能量损耗相关的声学参数影响作用最为显著。要改良乐器音板材的发音效果稳定性，应从这个方面入手。通过采用各种化学处理方法处理木材试件，并进行振动特性分析，了解到甲醛化处理和乙酰化处理的效果最佳，能够在不降低木材原有声学性能品质的情况下，大幅度地提高抗吸湿性，使得相同高湿度环境条件下处理材的声学性能品质明显优于素材，表现为 E'/ρ 增大，$\mathrm{tg}\delta$ 减小。尤其是甲醛化处理的这种作用更为明显，对中密度纤维板亦有同样效果。因此，这两种处理，不但起到了提高发音稳定性的作用，而且提高了声学性能品质。

4.7.4　木材的空间声学特性(吸音、反射、透射)

木材的空间声学特性，是指木材(或木质材料)作为建筑内装材料或特殊用途材料时，对室内空间声学效果(建筑声学、音乐声学)及对房屋之间隔音效果的影响、调整作用。它与木材的吸音、反射、透射特性和声阻抗等物理参数有关。木材的声阻抗居于空气和其他固体材料之间，较空气高而比金属等其他建筑材料低。因此，在对室内声学特性有一定要求的建筑物，如影院、礼堂、广播的技术用房等，木材及其制品作为吸声、反射(扩散)和隔声材料，得到了广泛的应用。

人们对声音的感觉，是空气中声波的声压作用于鼓膜，使其振动并传给脑神经而获得的。人耳可以感觉到的最低声压在 1kHz 时为 2×10^{-5}Pa 左右，此声压称为听阈(闻域)；增大致使人耳感到疼痛声压为 20Pa，称为痛阈，两者数量级之差为 10^6。在习惯上用声压级(其单位为人们熟知的分贝)来区分各种声音强度的大小，按声压与基准声压之比的对数乘以 20 的关系式来计算：

$$L_P = 20\lg\frac{P}{P_0} \tag{4-97}$$

式中：L_P——声压级(dB)；

P——声压(Pa)；

P_0—基准声压，在空气中，取 $P_0 = 2\times10^{-5}$Pa。

1. 木材的声吸收与声反射

在厅堂等室内空间，如果混响过强，就会因余音过长而出现讲话声音混淆不清的情况。因此，在厅堂音质设计中，常考虑用木材或木质材料构成具有吸声作用的内装材料，来抑制混响。在这种情况下，需要了解和研究木材的声吸收特性。

当空气中的声波作用于木材表面时，一部分被反射回来，一部分被木材本身的振动所吸收，还有一部分被透射。木材的声吸收用吸声系数 α 来表示。声波的吸声系数为吸收能量、透射能量之和与入射总能量之比：

$$\alpha = \frac{E_t}{E_0} \tag{4-98}$$

式中：E_0——入射总能量($\mathrm{J/cm^3}$)；

E_t——材料吸收和透射的能量之和($\mathrm{J/cm^3}$)。

(4-98)式中 E_t 与 E_0 之差，即为反射能量。反射能量的大小，取决于反射界面两侧介质声阻抗的差异程度，差异越大，则反射越强。由于木材的声阻抗比空气大 4 个数量级，所以作用在木材表面的声波大部分能量被反射。图 4-32 表示 2cm 厚度的冷杉板材的吸声系数与频率的关系。在整个频率范围，其平均吸声系数为 0.1，这说明有 90% 的能量被反射回声源室。木材的吸声系数除声阻抗之外，还与其表面的平整程度及涂饰有关。经涂漆后的木材吸声系数降至原来的 1/2 左右。这说明表面粗糙未修饰的材面能吸收更多的声能使之转换为热能。

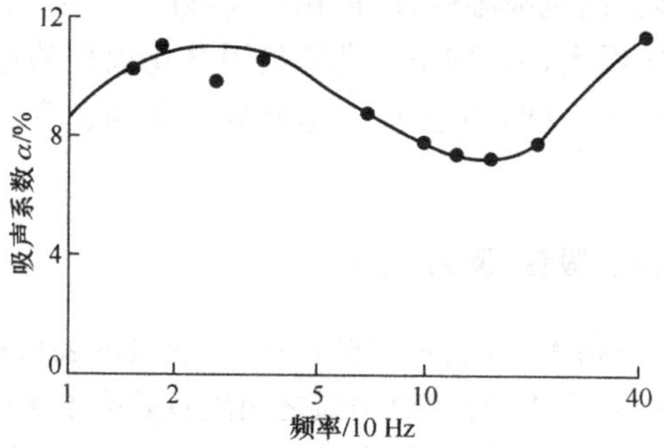

图 4-32　2cm 厚度冷杉板材的吸声系数与频率的关系

(Kollmann，1968)

从上述情况来看，普通的木板吸声系数较小，直接用做吸声材料不太适宜。实际上，木材的吸声系数不仅与上述声阻抗、表面平整程度等因子有关，还与固定方式、后部空气层的深度有关，明显地表现出吸声的频率特性。利用这种关系，可以适当地降低木板的厚度，并加入空气层，以提高吸声系数。例如，在厅堂音质设计中为抑制混响，往往用薄板(如胶合板)与后部空气层，组合成低频吸声系数较高的吸声结构，并且用胶合板穿孔与后部空气间层，组成共振吸声体，形成特殊频率特性的吸声系数，各种木制品的吸声系数见表 4-17 所示。

表 4-17　材料的吸声系数

材料及其安装情况	吸声系数 α					
	125Hz	250Hz	500Hz	1kHz	2kHz	4kHz
木板墙(紧贴实墙)	0.05	0.06	0.06	0.10	0.10	0.10
纤维板厚 1.25(紧贴实墙)	0.05	0.10	0.15	0.25	0.30	0.30
同上，表面油漆	0.05	0.10	0.10	0.10	0.10	0.15
三夹板后空 5cm，龙骨间距 50cm×50cm	0.206	0.737	0.214	0.104	0.082	0.227
同上，空气层中填矿绵(8kg/m^2)	0.367	0.571	0.279	0.118	0.093	0.116
三夹板后空 10cm，龙骨间距 50cm×45cm	0.597	0.382	0.181	0.05	0.041	0.082
五夹板后空 10cm，龙骨间距 50cm×45cm，涂三道油漆	0.199	0.10	0.125	0.057	0.062	0.191
三夹板穿孔(ϕ50mm)孔距 4cm，后空 10cm，板背贴细布一层，后填矿绵	0.673	0.731	0.507	0.287	0.191	0.166
木丝板(厚 3cm)后空 10cm，龙骨间距 45cm×45cm	0.09	0.36	0.62	0.53	0.71	0.87
同上，后空 50cm	0.05	0.30	0.81	0.63	0.71	0.91
木地板(有龙骨架空)	0.15	0.11	0.10	0.07	0.06	0.07
木板硬座椅(每个)	0.07	0.03	0.08	0.10	0.08	0.11

在建筑设计中，有时也需考虑声反射的问题。木材如前述因声阻抗明显高于空气声阻抗，能够将入射到其表面的声能大部分地反射回声源空间。木材还具有密度低、强重比高和便于

加工的优点，安装、悬吊都比较方便。因此，为了美化厅堂的音质，往往用木材制成各种类型的反射板、扩散板，广泛地应用在厅堂的舞台、天棚或墙面上。由于板状木材声吸收与其厚度有关，太薄的木板，其本身的振动（或与空气层的共振）会产生较强的声吸收，不利于反射，所以用作反射的木板（如果不是在紧贴实墙的情况下）必须具有一定的厚度。

2. 木材的声透射现象与隔声

建筑中的隔墙，需要有较好的隔声性。为此，要考虑隔墙材料的声透射性的声透射损失。

透射墙壁的能量大小，取决于初始的声强、隔墙的质量（惯性）、隔墙的刚性（弹性）和隔墙的支承方式。对于单一的隔墙，声波的透射损失数 TL(dB)与隔墙单位面积的重量和声波的频率 f(Hz)之间，有如下关系：

$$TL = 20\log W + 20\log f - 48 \tag{4-99}$$

从(4-99)式中看出，材料的隔声性能，除了与频率有关之外，主要依靠本身的重量。重量越大，其隔声效果就越好。所以，从这点来看，密度低的木材，如单独使用，难以得到好的隔声效果。但是，对建筑物中经常开启的部分，如门窗等，不可能制造得非常笨重，希望利用木材这种密度低、强重比大的材料。因此，常采用木材与其声阻抗差异很大的材料进行组合，例如用胶合板加以蜂窝状松散材料夹层来提高门的隔声性能。

4.7.5　木材的声传播、声共振与材质无损检测

木材是具有弹性的固体材料。声波在木材中的传播及使木材产生的振动，都和木材的弹性应变有关。因此，木材中的纵波传递速度和弯曲振动的共振频率，均与木材的动弹性模量具有明确的函数关系，采用声学方法测量动弹性模量，早已为众人所知。近几十年以来，利用声波（超声波）传递速度测量和声振技术以测定木材的动弹性模量或刚性模量或两者同时测量（FFT 方法），并联系到它们与破坏强度的关系，为实现木材强度在生产中的无损检测而进行的研究，得到了不断地发展。这些研究所采用的方法虽然不尽相同，但其基本依据都是木材的动弹性模量等声学指标，与木材的静力学弹性模量乃至力学强度有着密切的相关关系。换言之，就是利用测定木材声传播、声共振和声共振频谱性质的参数，在保证一定精度的前提下，估测木材的力学强度。

超声波检测是基于纵波在木材中的传递原理进行工作的，通常采用脉冲式超声波，故称超声脉冲法。在纵波情况下，超声传播速度 v 与密度 ρ 及超声弹性模量 E_u 之间的关系为 $v=\sqrt{\frac{E_u}{\rho}}$。根据木材力学强度与弹性模量具有相关性的特点，通过实验测定和数据分析，确定超声弹性模量 E_u 与各种力学强度之间的相关表达式。现有研究结果表明，超声弹性模量与木材的静力学弹性模量、顺纹抗压强度和抗弯强度均为紧密的正相关关系。超声波在通过不连续介质的界面时会强烈反射，在通过松软区域时其声速明显降低（因该区域介质的 E_u 已大幅度降低），波幅大为下降（源于散射和吸收引起能量衰减）。根据这种特性，利用接收到穿过木材的超声波速和幅度的综合检测分析，还可以对木材的内部空洞和内部腐朽等缺陷进行无损检测。

振动法（共振法）检测是基于木材共振频率与弹性模量具有数学关系的原理进行的。利用振动（通常为弯曲振动）测量得到共振频率 f 进而得到动弹性模量，并分析它与木材静力学抗弯弹性模量、抗弯强度的关系。国内外大量研究结果表明，振动测量得到的动弹性模量 E 与

抗弯强度正相关；中国林业科学研究院材性研究室对鱼鳞云杉的测试结果为 E 与抗弯强度的相关系数达 0.98。振动法检测得到的其他声学参数亦有可能成为评定木材力学强度的指标。则元京等分析了内摩擦衰减系数 δ 与抗拉、抗压强度的关系，δ 的倒数 δ^{-1} 与抗压强度之间具有正相关关系。据电子显微镜观察结果，木材在外力作用下而引起的破坏，大多从次生细胞壁外层与中层之间的滑移而继发产生，原因在于两层的微纤丝排列方向明显不同。内摩擦与强度的相关可能是由于胞壁各层间的摩擦引起的能量损失很大的缘故；而树种之间强度与内摩擦关系的差异可能是来自树种间超微构造的差异。由于上述 E 和 δ 与强度的关系，亦可采用 E、δ 两者构成的参数如(E/δ)，估测木材的强度。Pellerin(1965)用振动技术进行结构木材的无损检测，当含水率为 6%～9%的条件下，试件的振动参数 E/δ 与抗弯强度的相关非常密切。

除上述几种方法之外，基于木材声学性质的无损检测还有冲击应力波检测的 FFT 分析无损检测。冲击应力波检测基于纵波(或表面波)振动的原理进行工作。用固定能量的摆锤敲击木材试件一端的端面，因内应力产生的纵波沿试件长度方向传递，通过应波速度 v 的测量及 v 与弹性模量 E 的关系，进一步对木材的强度进行估测。通常情况下，抗弯弹性模量、抗弯强度及内结合力与纵向应力波传播速度有密切的关系。应力波检测的优点在于不受被测物形状和尺寸的影响，而且检测技术简便易行。FFT 分析无损检测运用了 FFT(快速傅里叶变换)分析仪和电子计算机，拾取受敲击后木材试件的振动信号进行瞬态频谱分析，求出共振的基频和各次谐频(取前 5 次)；应用 Timoshonko 理论，用电子计算机算出试件的弹性模量 E 和刚性模量 G。FFT 检测的优点在于：与传统测量方法相比，速度快，操作简单，并且同时检测出动弹性模量 E 和刚性模量 G。这种有效的检测方法在国外已用于生产线上对木材部件的迅速质量检测。

木材振动性能测量技术，不但在上述材质无损检测方面发挥着重要作用，对于近年来发展起来的化学处理材的流变学模型解析的研究，也是不可缺少的重要环节之一。根据木材主要化学组分的流变学性质及其在细胞壁中分布的特点，建立木材(素材)和各种化学(物理)处理材实体物质的流变学基本模型，从分子间力、键结合力推导、确定各模型元件的参数；采用弯曲振动方法测量得到木材动态黏弹性的基本参数，分析这两组参数之间的内在联系，并建立定量的关系。以此为基础，并配合吸湿性、蠕变特性的分析，能够综合评价各种化学(物理)处理对木材功能性品质的影响，从超微观结构和分子结构的水平上揭示各种处理对木材细胞壁物质(或整体木材)的作用机制，从而为木材的功能性改良提供科学依据。

4.8 木材的光学性质

4.8.1 木材的颜色

颜色感觉是外界刺激使人的感觉器官产生色知觉。光经过物体(如木材)表面反射后刺激人眼，人眼产生了对此物体的光亮度和颜色的感觉信息，并将此信息传入大脑神经中枢，在大脑皮层中将感觉信息进行处理，于是形成了色知觉，使人们能够辨认出物体的颜色。

颜色在色度学中分为彩色和非彩色两大类。非彩色指白色、黑色及介于其间各种深浅不同的灰色组成的系列，称白黑系列。非彩色只有亮度(明度)的差异。

彩色系指白黑系列以外的各种颜色，木材的颜色大都在此范畴。彩色具有明度、色调、饱和度这三种基本特性，称为颜色的三属性。明度表示人眼对物体的明暗度感觉；色调(色相)表示区分颜色类别、品种的感觉(如红、橙、黄、绿等)；饱和度表示颜色的纯洁程度。

光是属于一定波长范围内的一种电磁波辐射。能引起人眼视觉的光称为可见光。一般来说，波长为 380～780nm 的电磁波属于可见光的范围。可见光的波长不同，引起人眼的颜色感觉也就不同。单色光的波长由长到短，对应的颜色按红→橙→黄→黄绿→绿→青→蓝→紫的方向连续性地变化。单一波长的光表现为一种颜色，称单色光，通过棱镜的色散分解可以得到单色光，而自然界人们看到的光多为复色光（如太阳光）。在太阳光照射下，不同的物体呈现出不同的颜色，主要取决于物体材料本身的光谱特性。

木材和其他非透明物体的颜色主要由本身的反射光谱特性所决定。理想状态的白色物体，能够将可见光谱中各种波长的光完全、均一地反射；理想黑体能够将各种波长的光完全吸收，当物体对各种波长的光以同样程度反射，但反射率介于 0%和 100%时，则该物体呈不同明亮程度的灰色。但是，如果物体选择性地吸收了一部分波长的光，而反射其余波长的光，或者在对全部可见光进行部分吸收、部分反射时呈现波长选择性，都能够产生非均匀性的反射光谱，使全部的光谱组分中的某些波长的组分被削弱，而相对突出了另一些波长的组分。这种反射光谱因不同材料而呈现不同形式的分布，也就使得不同的材料呈现出各种各样的颜色。不同树种的木材，对光谱进行各不相同的选择性吸收，所以具有各种各样的色调。对上述反射光谱来说，它与木材颜色三个基本特性之间的简要关系为：明亮由全可见光波长范围光谱反射强度的平均值所决定，因而它能够反映木材表面视觉的明暗程度；色调如上述由反射光谱的分布形成所决定，例如，橙黄颜色的木材，对应橙黄光波长范围的反射率较高，而在其他波长范围的反射率较低；饱和度则由反射光谱分布的集中程度所决定，分布得越集中则颜色纯度越高，越接近单一色。木材通常由多种颜色组分形成表面材色，所以饱和度不高，光谱分布呈连续、平缓吸收的形式。

关于颜色的表示方法，原始的颜色名词描述法已不能适应科学和生产发展的需要，随着色度学研究的进展，各种定量表征颜色的方法越来越广泛地得以应用。这些方法一般都是采用三个独立的颜色参数构成三维坐标空间的系统来完整地定量表征颜色的特征，称为表色系或表色空间（简称色空间）。各种表色系都是采用心理物理学方法，通过大量实验得到标准观察者测试数据，经科学的分析和论证之后建立起来的，并通过不断修改、完善，使其坐标间距和综合色差更接近人眼的视觉感觉。颜色的测量、表示方法，由国际照明委员会（简称 CIE）统一规定执行，我国也据此制定了有关颜色表示方法的国家标准。目前，在国内外常用的表色系有 CIE(1964)补充标准色度系统、CIE(1976)匀色空间色度系统和孟塞尔色度系统。

颜色的测定方法有视觉测色法（主观测色法）和物理测色法（客观测色法）。视觉测色法由视觉完全正常的人，在严格的规定条件下（如照明、背景、距离、角度等），将待测物与已知色进行比较，从而确定物体的颜色。此方法中的已知色为已被检量部门检定并已标定色度学参数的标准色卡。物理测色法利用测色仪器（测色色差计、具有反射光谱测量功能的分光光度计算）测定被测物的三刺激值（或反射光谱），通过机内或联机的计算机计算，直接读取 L^*、a^*、b^* 等色度学参数 ΔL^*、Δa^*、Δb^*、ΔE^* 等色差参数。物理测色法的优点是排除了人工目视测量的主观因素和人眼疲劳因素引起的测量误差，并且具有比目视测量更高的分辨力，所以被越来越广泛地得以应用。

木材颜色的定量表征参数的定量测量、表征方法及对其色空间分布规律的研究，可为木材制品和装饰用材表面质量的综合评价，以及提高人类居住质量提供基本数据和理论依据，具有重要意义。日本、美国等发达国家对此开展的研究较多，我国近年来也开展了此方面的工作。东北林业大学木材学教研室在最宽的木材颜色变化范围选择了试材树种（材色范围从近乎白色的浅色树种直至黑色的深暗色树种，并且覆盖了木材的各个具有代表性的材色范围，如浅黄白色、黄白色、橙黄色、黄褐色、红褐色、灰褐色、褐色、黑褐色)，对木材材色问题进行了较为系统的研究，主要结果为：①采用测色色差计对110种具有代表性的我国主要商品材树种的木材表面材色参数进行了测量和统计分析，详细地讨论了这些参数的空间分布特征。其主要分布特征(除去一个黑颜色树种乌木)为：明度指数分布范围较宽($L^* \backsim 30 \sim 90$；$V \backsim 2 \sim 9$)，色品指数和色调值参数分布范围较窄($a^* \backsim 2 \sim 20$；$b^* \backsim 0 \sim 30$；$H \backsim 2.5R \sim 5Y$，大部分分布在YR色调系内)，饱和度分布范围不宽($C^* \backsim 4 \sim 6$；$C \backsim 0.5 \sim 6.4$)。针叶树材与阔叶树材的分布特征不同，主要区别是针叶树材分布范围较窄，且多分布在高明度范围(表4-18、表4-19和图4-33)；②分析了木材表面视觉物理量各参数(各项材色指标和光泽度指标)之间的相关性，并探讨了它们之间的内在联系。某些参数之间的相关性是由木材材色参数的分布特征所决定的。③采用不同变量组合一系列主成分分析和综合比较，确定了一种较为有效的简化木材表面视觉物理量参数的方法。简化出的几个主成分分量均具有相对独立的专业含义，为木材视觉环境学特性等研究提供了方便；④利用大量世界各国树种材色和地理位置的文字描述记载，以宏观明度为主要判据得到材色分级数量化统计数据，探讨了世界性大区域森林地理分布对木材材色的影响。结果为：一是木材树种群材色受地理分布的影响，在其影响因子中，纬度是主要因子，经度对材色无显著影响；二是纬度对树种群材色的影响表现为：低纬度地理区域的树种群深材色树种所占百分比较大，随着纬度的增加，深材色树种逐渐减少，浅材色树种逐渐增加；三是针叶树材和阔叶树材树种群的材色级别分布特征不同，阔叶树材深材色树种的百分比明显高于针叶树材。

表4-18　22种我国针叶树材色度参数测量值

序号	树种	X_{10}、Y_{10}、Z_{10}色空间					L^*、a^*、b^*色空间					孟塞尔色空间		
		X_{10}	Y_{10}	Z_{10}	x_{10}	y_{10}	L^*	a^*	b^*	Ag^*	C^*	H(色调)	V(明度)	C(饱和度)
1	鱼鳞云杉	57.7	58.4	40.1	0.3694	0.3739	81.0	5.78	23.12	75.95	23.83	8.48YR	6.95	3.75
2	红皮云杉	63.0	63.7	50.1	0.3563	0.3603	83.8	6.10	16.94	70.19	18.00	6.75YR	7.24	2.98
3	臭松	52.4	52.6	40.4	0.3604	0.3618	77.6	6.71	17.04	68.49	18.31	6.50YR	6.62	3.06
4	樟子松	56.8	57.9	36.4	0.3759	0.3832	80.7	4.77	27.22	80.07	27.63	9.71YR	6.92	4.20
5	兴安落叶松	37.1	34.4	18.2	0.4136	0.3835	65.3	15.38	29.43	62.42	33.21	4.99YR	5.38	5.68
5′	兴安落叶松	42.2	41.0	24.3	0.3926	0.3814	70.2	10.31	26.68	68.87	28.60	6.80YR	5.87	4.72
6	红松	48.1	46.5	32.8	0.3776	0.3650	73.9	11.41	20.23	60.56	23.23	9.45YR	6.24	4.04
7	黄山松	57.5	58.4	36.4	0.3775	0.3835	81.0	5.29	27.70	79.18	28.20	9.45YR	6.95	4.32
8	广东松	49.4	48.3	30.4	0.3856	0.3770	75.0	10.04	25.57	68.56	27.47	6.54YR	6.36	4.55
9	华山松	55.8	55.7	35.8	0.3788	0.3781	79.4	7.62	25.85	73.57	26.95	7.85YR	6.80	4.31
10	华北落叶松	40.1	37.3	26.4	0.3863	0.3593	67.5	15.40	18.65	50.46	24.19	1.62YR	5.60	4.38
11	长叶柳杉	52.1	50.8	37.1	0.3721	0.3629	76.6	10.59	19.22	61.15	21.94	4.42YR	6.51	3.81
12	短叶柳杉	38.1	38.6	25.8	0.3717	0.3766	68.5	4.92	21.26	76.98	21.82	9.21YR	5.70	3.41
13	杉木	46.7	46.2	34.9	0.3654	0.3615	73.7	8.34	17.08	63.96	19.01	5.37YR	6.22	3.27
14	金钱松	52.3	51.8	35.3	0.3752	0.3716	77.2	8.51	22.56	69.34	24.12	6.71YR	6.57	3.98
15	思茅松	39.6	38.1	21.3	0.4000	0.3848	68.1	11.28	28.33	68.29	30.49	6.69YR	5.66	5.05
16	青海云杉	43.3	41.9	27.9	0.3828	0.3705	70.8	10.90	22.01	63.65	24.56	5.30YR	5.93	4.20
17	巴山冷杉	46.8	46.7	34.0	0.3671	0.3663	74.0	7.23	18.83	68.98	20.17	6.75YR	6.25	3.35
18	银杏	47.5	46.5	36.4	0.3643	0.3566	73.9	9.75	15.47	57.78	18.29	3.65YR	6.24	3.24

续表

序号	树种	X_{10}、Y_{10}、Z_{10}色空间					L^*、a^*、b^*色空间					孟塞尔色空间		
		X_{10}	Y_{10}	Z_{10}	x_{10}	y_{10}	L^*	a^*	b^*	Ag^*	C^*	H（色调）	V（明度）	C（饱和度）
19	圆柏	36.0	34.2	21.3	0.3934	0.3738	65.1	12.41	23.20	61.87	26.31	4.96YR	5.37	4.53
20	雪松	44.8	42.6	30.8	0.3790	0.3604	71.3	13.23	18.56	54.53	22.79	2.70YR	5.98	4.08
21	长苞铁杉	36.5	35.0	21.9	0.3908	0.3747	65.7	11.37	23.20	63.89	25.83	5.53YR	5.43	4.40
22	红豆杉	16.4	15.8	6.9	0.4194	0.4041	46.7	8.28	28.00	73.52	29.20	9.02YR	3.52	4.67

注：X_{10}，Y_{10}，Z_{10}为三刺激值；x，y为色度坐标值

L^*为米制明度；a^*为米制（红绿轴）色度指数；b^*为米制（黄蓝轴）色度指数；Ag^*为色调角；C^*为色饱和度

表 4-19　我国 88 种阔叶树材色度参数测量值

序号	树种	X_{10}、Y_{10}、Z_{10}色空间					L^*、a^*、b^*色空间					孟塞尔色空间		
		X_{10}	Y_{10}	Z_{10}	x_{10}	y_{10}	L^*	a^*	b^*	Ag^*	C^*	H（色调）	V（明度）	C（饱和度）
1	山桃	36.6	36.8	22.1	0.3832	0.3853	67.1	5.76	25.22	77.13	25.87	9.33YR	5.57	4.03
2	山杨	57.4	58.5	47.3	0.3517	0.3585	81.0	4.81	15.07	72.29	15.82	7.44YR	6.96	2.58
3	糠椴	51.3	52.0	37.8	0.3636	0.3685	77.3	5.36	19.59	74.69	20.31	8.24YR	6.58	3.23
4	色木	41.4	40.0	34.7	0.3566	0.3445	69.5	10.93	10.09	42.72	14.87	9.77YR	5.80	2.76
5	大黄柳	41.5	40.0	22.1	0.4006	0.3861	69.5	11.23	29.26	69.00	31.34	6.84YR	5.80	5.16
6	黑桦	45.6	44.4	33.1	0.3704	0.3607	72.5	10.30	17.45	59.44	20.26	4.12YR	6.10	3.56
7	暴马子	51.8	51.5	37.8	0.3671	0.3650	77.0	7.97	19.07	67.31	20.67	6.17YR	6.55	3.47
8	白桦	42.2	41.6	31.5	0.3660	0.3608	70.6	8.51	16.39	62.56	18.46	5.09YR	5.91	3.20
9	紫椴	59.7	60.3	44.8	0.3623	0.3569	82.0	6.14	19.49	72.52	20.44	7.46YR	7.06	3.31
10	粉枝柳	60.2	60.3	47.7	0.3579	0.3585	82.0	7.33	16.34	65.82	17.91	5.60YR	7.06	3.05
11	山丁子	34.2	32.9	24.0	0.3754	0.3611	64.1	10.75	16.67	57.17	19.84	3.97YR	5.26	3.52
12	大青杨	60.2	61.5	47.3	0.3562	0.3639	82.6	4.55	17.88	75.72	18.45	8.33YR	7.12	2.92
13	青楷槭	60.1	61.4	52.1	0.3462	0.3537	82.6	4.54	12.80	70.46	13.58	6.89YR	7.12	2.26
14	扇叶槭	35.9	34.6	29.0	0.3608	0.3477	65.4	10.71	11.11	46.04	15.43	0.80YR	5.40	2.85
15	潺槁树	32.5	32.1	18.9	0.3892	0.3844	63.4	7.58	24.84	73.03	25.97	8.27YR	5.20	4.17
16	水青树	57.6	57.6	45.8	0.3578	0.3578	80.5	7.46	15.83	64.78	17.50	5.37YR	6.91	3.00
17	毛山荆子	27.4	27.2	15.8	0.3892	0.3864	59.2	6.61	23.98	74.58	24.87	8.88YR	4.77	3.95
18	青钱柳	52.5	54.8	45.0	0.3447	0.3598	78.9	1.42	13.97	84.18	14.04	0.75Y	6.75	2.02
19	马褂木	50.1	52.1	38.3	0.3566	0.3708	77.3	1.90	19.07	84.30	19.16	0.93Y	6.59	2.78
20	米心树	34.5	33.1	24.3	0.3754	0.3602	64.2	11.09	16.45	56.00	19.84	3.46YR	5.28	3.54
21	肖韶子	34.5	3168	30.4	0.3568	0.3289	63.2	15.68	5.16	18.22	16.51	3.17YR	5.17	2.95
22	罗浮泡花树	50.0	51.1	38.0	0.3595	0.3674	76.7	4.22	18.40	77.07	18.88	9.85YR	6.55	2.89
23	亮叶围延树	54.0	57.6	42.5	0.3504	0.3738	80.5	−1.56	19.54	94.60	19.60	3.70YR	6.91	2.49
24	少脉椴	43.8	43.2	27.3	0.3832	0.3780	71.7	8.55	24.47	70.74	25.92	7.31YR	6.02	4.23
25	齿叶枇杷	18.3	17.9	9.7	0.3987	0.3900	49.4	7.17	2.96	72.65	24.05	8.68YR	3.79	3.88
26	光叶桑	20.0	17.9	12.1	0.4000	0.3580	49.4	15.86	16.10	45.43	22.59	0.90YR	3.79	3.74

续表

序号	树种	X_{10}、Y_{10}、Z_{10}色空间					L^*、a^*、b^*色空间					孟塞尔色空间		
		X_{10}	Y_{10}	Z_{10}	x_{10}	y_{10}	L^*	a^*	b^*	Ag^*	C^*	H（色调）	V（明度）	C（饱和度）
27	白克木	27.9	27.6	17.0	0.3848	0.3807	59.5	7.03	22600	72.28	2.10	8.20YR	4.80	4.28
28	香桦	30.5	29.8	17.3	0.3930	0.3840	61.5	8.63	24.74	70.78	26.20	7.69YR	5.00	4.28
29	西楠桦	20.1	18.6	10.8	0.4061	0.3758	50.2	12.72	21.14	58.95	24.67	4.69YR	3.87	4.32
30	亮叶桦	47.2	46.6	37.7	0.3589	0.3544	73.9	8.63	13.94	58.22	16.40	3.81YR	6.25	2.91
31	青榨槭	44.4	45.5	31.7	0.3651	0.3742	73.2	3.71	20.63	79.80	20.96	9.84YR	6.18	3.19
32	厚皮香	21.4	19.7	15.1	0.3808	0.3500	51.5	13.50	12.35	42.45	18.30	0.19YR	4.00	3.39
33	山玉兰	56.8	58.2	45.2	0.3546	0.3633	80.8	4.05	17.07	76.66	17.54	8.65YR	6.94	2.75
34	重阳木	19.7	19.7	18.2	0.3420	0.3420	51.5	5.21	5.67	47.39	7.70	2.00YR	4.00	1.44
35	旱冬瓜	24.6	24.7	18.2	0.3644	0.3659	56.8	5.19	14.78	70.65	15.67	7.87YR	4.543	2.59
36	假桂皮	41.1	41.6	30.4	0.3634	0.3678	70.6	5.16	17.95	73.96	18.68	8.28YR	5.91	3.00
37	连香树	26.1	24.7	24.0	0.3489	0.3302	56.8	11.55	4.09	19.50	12.25	4.12R	4.53	2.09
38	鹅耳枥	43.9	44.9	36.4	0.3506	0.3586	72.8	3.95	13.67	73.89	14.23	8.17YR	6.14	2.29
39	火纯树	23.4	20.8	15.2	0.3939	0.3502	52.7	17.38	14.25	39.34	22.48	9.05R	4.12	4.19
40	山桂子	37.5	35.2	24.3	0.3866	0.3629	65.9	13.99	19.31	54.08	23.85	2.74YR	5.44	4.27
41	水青冈	24.0	23.0	15.2	0.3859	0.3698	55.1	9.95	18.29	61.46	20.82	5.31YR	4.36	3.62
42	香樟	1 5.5	13.7	10.6	0.3894	0.3442	43.8	15.64	10.65	34.26	18.92	8.14R	3.23	3.53
43	枫木	33.9	32.4	19.5	0.3951	0.3776	63.7	11.47	24.09	64.54	26.68	5.78YR	5.22	4.53
44	枫杨	60.0	60.7	47.1	0.3576	0.3617	82.2	5.93	17.35	71.15	18.34	7.07YR	7.08	3.01
45	八宝树	22.6	23.5	15.2	0.3687	0.3834	55.6	1.47	19.17	85.62	19.22	2.09Y	4.41	2.75
46	大叶桉	27.7	25.8	18.2	0.3863	0.3598	57.8	13.47	16.62	50.97	21.39	2.22YR	4.64	3.88
47	大叶杓樟	30.6	29.6	21.3	0.3755	0.3632	61.3	9.75	16.3	59.61	19.27	4.59YR	4.98	3.39
48	粗糖柴	28.8	27.3	21.3	0.3721	0.3527	59.3	11.75	13.08	48.06	17.59	1.50YR	4.78	3.23
49	短序润楠	21.5	21.0	14.2	0.3792	0.3704	52.9	7.71	16.96	65.56	18.63	6.57YR	4.15	3.17
50	驱蚊树	36.3	37.3	36.4	0.3300	0.3391	67.5	3.15	4.49	54.98	5.48	3.47YR	5.60	1.05
51	滇秋	32.5	32.4	27.3	0.3525	0.3514	63.7	6.51	10.64	58.53	12.48	4.36YR	5.22	2.24
52	野核桃	31.5	29.1	21.3	0.3846	0.3553	60.9	14.97	15.87	46.68	21.82	0.88YR	4.94	4.00
53	核桃楸	33.0	32.4	24.3	0.3679	0.3612	63.7	8.30	15.47	61.78	17.55	5.15YR	5.22	3.06
54	黄波罗	32.4	32.9	20.7	0.3767	0.3826	64.1	4.40	22.51	78.95	22.94	9.94YR	5.26	3.52
55	光叶春榆	39.8	39.0	30.4	0.3645	0.3571	68.8	9.07	14.77	58.44	17.34	4.04YR	5.73	3.07
56	柞木	43.5	42.7	27.3	0.3833	0.0762	71.4	9.13	23.88	69.08	25.57	6.84YR	5.99	14.22
57	红椿	25.8	23.0	18.2	0.3851	0.3433	55.1	17.66	11.84	33.82	21.26	7.4R	4.36	3.98
58	香椿	30.3	27.2	19.8	0.3920	0.3519	59.2	17.89	15.73	41.33	23.82	9.31R	4.77	4.42
59	漆树	37.0	38.4	21.3	0.3826	0.3971	68.3	1.96	28.71	86.09	28.77	1.95Y	5.69	4.14
60	檫木	25.3	25.0	17.0	0.3759	0.3715	57.1	6.92	17.78	68.72	19.08	7.30YR	4.56	3.18

续表

序号	树种	X_{10}、Y_{10}、Z_{10}色空间					L^*、a^*、b^*色空间					孟塞尔色空间		
		X_{10}	Y_{10}	Z_{10}	x_{10}	y_{10}	L^*	a^*	b^*	Ag^*	C^*	H（色调）	V（明度）	C（饱和度）
61	合欢	14.1	13.0	9.1	0.3895	0.3591	42.8	11.62	13.45	49.19	17.77	2.40YR	3.12	3.25
62	榔榆	26.3	25.8	17.0	0.3806	0.3734	57.8	7.78	19.11	67.83	20.63	7.01YR	4.64	3.45
63	细叶谷木	41.4	40.3	25.8	0.3851	0.3749	69.7	10.01	23.37	66.81	25.42	6.24YR	5.82	4.26
64	冬青	53.2	54.5	39.5	0.3614	0.3702	78.8	3.99	20.04	78.74	20.43	9.33YR	6.73	3.14
65	沙梨	22.9	20.7	14.9	0.3915	0.3538	52.6	15.61	14.75	43.37	21.48	0.25YR	4.11	3.97
66	大叶海桐	41.3	42.1	33.4	0.3536	0.3604	70.9	4.29	14.36	73.39	14.99	8.10YR	5.95	2.43
67	台湾相思	43.5	44.0	33.9	0.3583	0.3624	72.2	5.34	15.91	71.43	16.78	7.52YR	6.08	2.75
68	粤黔野桐	24.0	23.3	19.9	0.3571	0.3467	55.4	8.62	9.02	46.30	12.48	1.37YR	4.39	2.31
69	荷木	24.5	23.3	18.8	0.3679	0.3498	55.4	10.80	11.16	45.94	15.53	1.14YR	4.39	2.87
70	七叶树	45.4	43.8	28.4	0.3861	0.3724	72.1	11.46	23.48	64.00	26.13	5.33YR	6.06	4.5
71	山黄麻	43.0	42.3	31.2	0.3691	0.3631	71.1	8.82	17.64	63.43	19.73	5.30YR	5.96	3.40
72	月桂山矾	43.1	44.2	28.4	0.3725	0.3820	72.4	3.58	23.95	81.49	24.21	0.39Y	6.09	3.63
73	两广润楠	32.7	33.8	21.8	0.3703	0.3828	64.8	2.35	21.75	83.82	21.88	1.29Y	5.33	3.20
74	岭南山竹子	21.1	20.9	14.2	0.3754	0.3719	52.8	6.28	16.78	69.48	17.91	7.67YR	4.13	2.98
75	栗叶算盘子	20.4	21.1	12.6	0.3771	0.3900	53.1	1.95	21.13	84.74	21.22	1.97YR	4.16	3.07
76	猴耳环	33.4	33.3	28.4	0.3512	0.3502	64.4	6.56	10.22	57.29	12.15	4.01YR	5.29	2.19
77	枝花李榄	39.9	39.9	26.2	0.3764	0.3764	69.4	6.60	22.24	73.48	23.20	8.19YR	5.79	3.72
78	野芒	31.5	30.9	22.4	0.3715	0.3644	62.4	8.27	16.58	63.48	18.52	5.65YR	5.09	3.19
79	铁刀木	32.4	33.5	24.3	0.3592	0.3714	64.6	2.31	17.00	82.26	17.16	0.79Y	5.31	2.54
80	枫香	26.3	27.3	15.5	0.3806	0.3951	59.3	1.73	24.81	86.01	24.87	2.18Y	4.78	3.57
81	余甘子	15.7	14.2	12.1	0.3738	0.3381	14.5	13.71	7.72	29.38	15.74	6.98R	3.30	2.90
82	毛红椿	21.6	20.8	14.6	0.3789	0.3649	52.7	9.13	15.64	59.73	18.11	4.96YR	4.12	3.19
83	珙桐	60.1	61.4	42.5	0.3665	0.3744	82.6	4.54	23.12	78.88	23.56	9.26YR	7.12	3.62
84	黄檀	49.5	49.7	30.4	0.3819	0.3835	75.9	6.56	27.07	76.38	27.86	8.81YR	6.44	4.36
85	紫檀	9.9	9.0	9.1	0.3536	0.3214	36.0	11.38	1.76	8.81	11.51	2.07YR	2.45	1.74
86	水曲柳	43.1	43.3	30.0	0.3700	0.3725	71.8	5.90	20.65	74.07	21.48	8.26YR	6.06	3.43
87	红木	10.5	8.9	6.3	0.4086	0.3463	35.8	16.88	11.57	34.43	20.46	8.39R	2.43	3.82
88	乌木	3.7	3.3	6.1	0.2824	0.2519	21.2	9.22	−12.75	−54.12	15.73	4.33GY	0.96	0.55

注：各符号意义同表 4-18

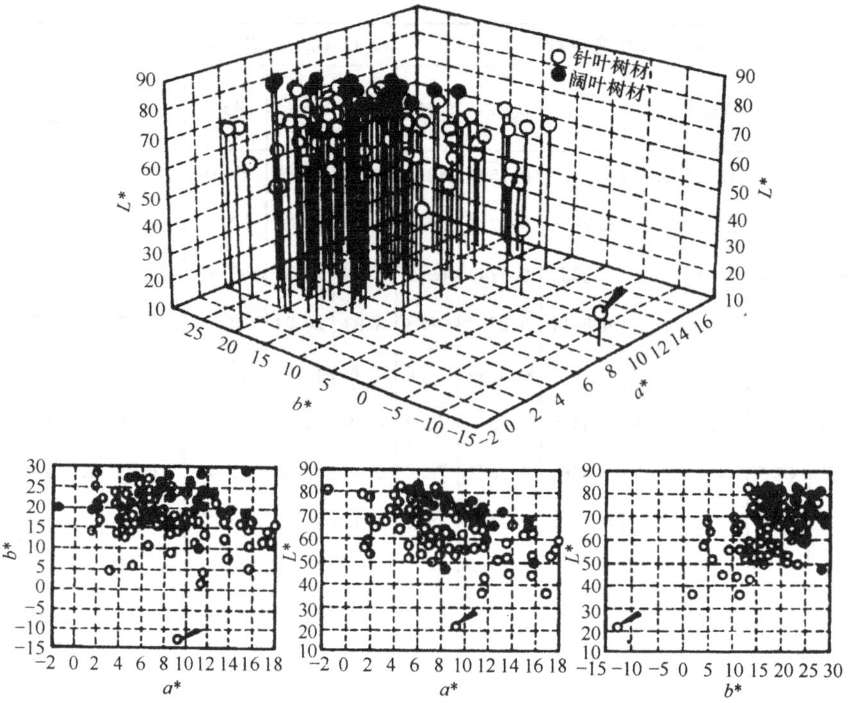

图 4-33　110 树种木材材色测量值在 L^*、a^*、b^* 色空间的分布

（上面为三维立体散布图，下面三个图为平面投影图）

●为针叶树材；○为阔叶树材；箭头所示为乌木的数据

树木要经过一系列加工过程，才形成我们日常生活中观察到的家具或室内装饰的表面。在这些加工过程中，木材表面颜色是否发生改变，这种改变能否破坏木材本身的天然美感，此类问题的基础性研究，对于提高木制品的表面加工质量和视觉效果具有重要的意义。将近年来东北林业大学对木材表面颜色定量表征参数在加工过程中的变化（采用多个材色各具特点的树种加工试件）所进行的实验研究结果，归纳为以下几点：①木材材色在树种内有一定的变异性，其种内变异性小于种间。心边材、早晚材材色差别小的匀材色树种，其弦切面和切面的材色无明显差异。与之相反的树种，在一定条件下弦切面和径切面的材色测量值会有某种程度的差别。②热处理温度、时间条件对木材材色有较大的影响，其中加热温度的作用更为明显。对加热处理条件最敏感的材色参数是明度指数，它随温度升高和时间延长而降低，此种变化趋势各树种相同，但变化程度在树种间差异很大。加热处理后色调饱和度的变化方向和程度因树种原有材色特点而各异。这种现象与加热过程中有色抽提物的迁移和挥发，或木质素等化学成分在高温下的急剧氧化有关。③木材加工过程中表面粗糙度的变化对某些树种的材色有一定程度的影响，一般随着表面粗糙度的降低，亮度和明度指数增加，色调角略有增大，而饱和度因树种材色的色调不同而变化各异。④片状木材试件在热水抽提、苯醇抽提之后，材色均有一定程度的变化，但变化方式和程度因树种不同而差异明显。短时间的冷水抽提对材色影响不显著。处理后抽提液（热水、苯醇）的颜色及色差，与木材表面原有材色及色差呈相关性，说明木材表面材色与其所含抽提物的颜色和种类有着较为密切的关系。⑤材色木材经醇酸清漆和不饱和聚酯清漆两种透明涂饰处理后，均为明度下降，色饱和度增加。色调的少量变化在各树种之间表现不同。不饱和聚酯清漆涂饰对保持木材天然颜色的效果略优于醇酸清漆

涂饰。

木材不经任何处理直接使用，其表面颜色在日光中的紫外线作用下随时间的延长而发生越来越明显的变化，此现象称为木材的光致变色。光致变色对不同的树种其表现形式各异。大致可分为以下几种：①色调变化，木材改变了其原有的颜色特点，在色度图上表现为红绿轴色品指数 a^* 和黄蓝轴色品指数 b^* 其中之一发生明显改变，色调角随之改变；②褪色，逐渐失去了木材原有的鲜艳色泽，在色度图上表现为 a^* 和 b^* 。两者都减小，向坐标原点方向变化，饱和度大为降低；③表面暗化，表面颜色变为暗淡的深色，在色度空间的主要表现为明度指数下降，并伴有色品指数的绝对值降低；④非均匀变色，材表显露出不均匀的色斑。这些颜色变化都不同程度地破坏了木材给人视觉心理上的天然美感，影响了木制品和室内装饰材的质量和耐久性。因此，国内外学者都在积极地致力于根据不同树种材色特点及其变色机制，采取有效措施，防治木材光致变色的研究，并取得了一定程度的进展。

4.8.2　木材的光泽

木材经刨削加工后的平整表面具有光泽，它来自木材表面对光的反射作用。通常用仪器测量得到的表面光泽度(%)，即反射光强度占入射强度的百分率来定量表示材料表面光泽的强弱程度。

木材的横切面几乎没有光泽，弦切面稍现光泽，而径切面上由于富有光泽性的木射线组织的光反射作用，具有较好的光泽。这种特征在某些树种的表现非常明显，使人们作为树种识别的依据之一。通常材质致密的木材较材质疏松的木材更富有光泽，木射线组织发达的木材，其光泽度也高一些。

木材的表面光泽度具有各向异性。平行于纹理方向反射的光泽度(*GZL*)大于垂直于纹理方向反射的光泽度(*GZT*)。东北林业大学木材学教研室测量了 110 种国产商品材树种的木材表面光泽度(*GZL* 和 *GZT*)，并进行了有关统计分析。总体来看，未经涂饰木材的光泽度(60°-60°镜面反射)数值比较低，大都在 10%以下，其变化范围为 2.4%～10.80%。110 树种木材表面光泽度 *GZL*(平行于纹理入射)的统计分布图如图 4-34 所示。*GZI* 数据基本符合正态分布规律，其分布中心在 5.0%左右，阔叶树材 *GZL* 的分布中心在 3.6%～5.0%，而针叶树材 *GZL*

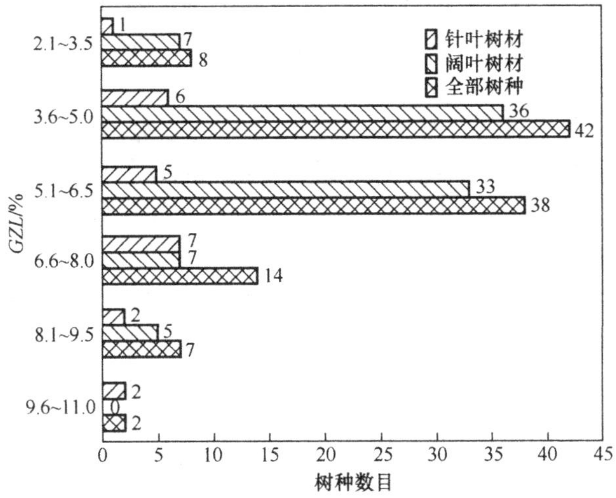

图 4-34　110 树种木材表面光泽度 *GZL* 测量值的统计分布图

的分布比较分散，在3.6%～8.0%分布的树种较多；垂直入射光泽度*GZT*的分布情况（图略）为：全体树种*GZT*的分布中心在4.1%～5.0%，与阔叶树材的*GZT*分布中心相同，针叶树材的分布中心略高于阔叶树材；光泽度比（*GZL*/*GZT*）的分布情况与*GZL*相似（图4-35）。

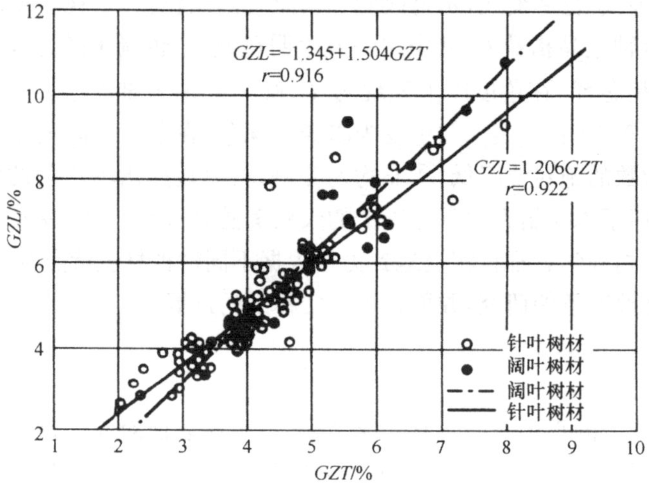

图4-35 木材表面光泽度*GZL*和*GZT*之间的相关性

木材表面光泽度，不仅随着入射、反射角度的改变有所变化，更主要的是因入射、反射的方向不同而呈现不同的数值。从110种木材的光泽度测定值来看，绝大多数树种，平行于纹理入射条件下的光泽度测量值*GZL*均大于垂直于纹理条件下的测量值*GZT*。产生这种结果的主要原因是木材组织构造上的各向异性。如果将木材经刨削平整之后的纵向表面放大来看，上面有无数个狭长的细胞被剖切所形成的凹痕，对光线有相当于凹镜的反射作用。由于细胞的长轴方向与木材纹理方向相平行，当光线顺此方向入射时，一部分光线从被剖切的细胞壁表面直接折射，一部分光线顺着细胞长轴方向从细胞内折射，反射光的散射程度较小；反之，当光线垂直于纹理方向入射时，射入的胞腔内的这部分光线在反射时，往往会受到细胞内壁的阻挡（因为细胞的内径远远小于其长度），所以反射光的散射程度较大，使木材在此方向的镜面反射率降低。而正是这种表面光学性质的各向异性，构成了木材独特的视觉特性和美感。为了探讨木材光泽度参数*GZL*和*GZT*二者之间的关系，进行了回归统计分析，其结果如图4-35所示。

分析结果表明，110种木材的*GZL*和*GZT*两者之间呈显著的线性相关。对阔叶树材两者的关系可简单地用相关比值来表示。针叶树材*GZL*和*GZT*的相关性略低于阔叶树材，用含有常数项的相关方程拟合效果较好。但总体看来，针、阔叶树材的相关形式基本一致。对全体树种，*GZL*和*GZT*两者的关系可用相关比值1.221来表示（相关系数$r=0.921$）。

上一节介绍的有关木材表面颜色的各项指标参数和本节介绍的木材表面光泽度的各项参数，均为与人类视觉相关并可定量测量的物理量，所以木材科学工作者把它们的组合称之为木材表面视觉物理量。木材表面视觉物理量直接与木制品及室内环境的质量评定密切相关。随着经济的发展和人民生活水平的提高，对居住环境的美观性、舒适性提出了更高层次的要求。因此，以提高居住环境质量为目标，以揭示木材视觉物理量与人类视觉心理量关系的规律为主要内容的木材视觉环境学的研究，已成为国内外木材科学工作者所瞩目的课题，现已较充分地论证了木材以其天然的、其他材料无可比拟的美感，对改善人类居住环境质量的重要作用，以及视觉物理量与视觉心理量的内在联系。相信今后在上述研究的基础上，从视觉环境学的观点出发，对木制品和室内装饰材料合理选材，通过科学的涂饰手段提高表面视觉效果，扩大树种范围及新型木材代用材料开发等方面的研究，将具有更为广阔的应用前景。

4.8.3　木材的光致发光现象（冷光现象）

当物质受到外来光线的照射时，并非因温度升高而发射可见光的现象，称为光致发光现象；当外来光线的照射停止后，发光仍能维持一定的时间，称为余晖。

有些树种的木材，其水抽提液或木材表面在紫外光辐射的作用下，能够发出可见光，这种现象称为木材的光致发光现象①。这种发光的颜色和程度虽然因树种而异，但大致可以分为绿色和蓝色。光致发光现象是由于木材中的某种化学物质具有与荧光物质相似的性质，受紫外线的激发作用，发出了低于紫外线波长的光。当这种光的波长进入可见光的范围时，就使人们能够观察到木材的光致发光现象。光致发光现象，有时被木材科技工作者用于树种识别。

4.8.4　木材的双折射

双折射指射入某些晶体的光线被分裂为两束，沿不同方向折射的现象。双折射的发生是由于结晶物质的各向异性所致。木材细胞壁内的纤维素、胶束（纤维素大分子集合体）属于单斜晶系的结晶体，因而是各向异性体。而且，由于胶束在细胞壁内大都接近于细胞长轴的方向并行排列，使得细胞壁也呈现各向异性。当光线入射到细胞壁上时，在不同方向的折射率也不相同，从而产生双折射现象。如果胶束在细胞壁中无规则排列，则各方向上的折射率差异相互抵消，就会在所有方向上表现出同样的折射率，呈现与各向同性体相同的光学现象，这种现象称为统计意义上的各向同性。有时即使在构成元素为各向同性的非结晶体的情况下，也会因排列等原因而发生双折射现象。该双折射由两相组成，其产生的必要条件为两相的折射率不同，而且其大小和相互间距必须小于光的波长。这种双折射称为形态双折射。与此相反，前述构成元素为各向异性结晶体的物质，发生的双折射称为固有双折射。以纤维素、胶束和半纤维素及木质素为主要构成元素的木材细胞壁，由于能够同时出现上述的两种双折射，所以使得其整体的双折射效果显著增大。

对沿树干方向排到的木质部木纤维来说，它在轴向的折射率 n_l、弦向的折射率 n_t 及径向的折射率 n_γ 各不相同。其中 n_l 最大，n_γ 最小，n_t 居中，n_γ 与 n_t 之差较小。表 4-20 为天然纤维素纤维的折射率。根据此表，天然纤维素纤维的双折射率（$n_l - n_\gamma = 0.071$），约为石英或石音双折射率的 8 倍。由于木材细胞壁内存在的木质素等非纤维素物质是非结晶体，它们的存在使得双折射率降低，所以木纤维的双折射低于棉花、苧麻等纯纤维素纤维的双折射。

在偏光显微镜下对木材细胞的观察，就是利用了木材的双折射。如果使偏光显微镜的起偏镜和检偏镜的主平面垂直相交，此时让光线入射，因为通过起偏镜的光线振动方向与检偏镜的主平面垂直，所以入射光线不能通过检偏镜。但是，如果在这两者间放入木材或木纤维之类的各向异性物质，光线就能通过检偏镜而显示颜色。这种现象是由各向异性体双折射所分成的两束光波的干涉引起的，称为色偏振。应用这种现象，能够灵敏地鉴定出木材或木纤维的各向异性，并且能够应用偏光显微镜测定木材的微纤丝倾角。

---

① 过去称“荧光现象”，但这一词目前在物理学中已不常用。

表 4-20　天然纤维素的折射率

种类	n_γ	n_l
大麻(纯化)	1.525	1.596
苧麻	1.528	1.596
苧麻(纯化)	1.525	1.596
荨麻	1.533	1.595
亚麻	1.528	1.595
棉花	1.534	1.596
理想值	1.525	1.596
双折射 $n_l-n_\gamma=0.071$		

参考文献

鲍甫成. 1965. 落叶松木材流体渗透性及其控制途径的研究. 林业科学,10(1):1～17

鲍甫成,胡荣,谭鸥,等. 1984. 木材流体渗透性及影响因子的研究. 林业科学,20(3):277～289

北京林学院. 1984. 木材学. 北京:中国林业出版社

蔡力平,刘一星,尚德库. 1992. 用有限元法分析木材中的温度分布. 林业科学,28(1):90～94

曹绿菊,刘自强,刘一星,等. 1986. 木材介电系数的研究. 东北林业大学学报,14(3):57～66

陈嘉宝,朱立军. 1985. 木材超声弹性模量与抗压、抗弯强度关系的研究. 中国林业科学研究院木材工业研究所研究报告

成俊卿. 1985. 木材学. 北京:中国林业出版社

戴澄月,刘一星,丁汉喜,等. 1987. 木材强度超声检测的研究. 东北林业大学学报,15(2):82～95

戴澄月,刘一星,刘自强,等. 1989. 木材介质损耗参数的研究. 东北林业大学学报,17(3):42～47

戴澄月,刘一星,刘自强,等. 1987. 木材介质损耗参数与木材加工技术. 木材应用技术通讯,3

方桂珍,刘一星. 1994. 抽提处理对木材表面材色的影响. 东北林业大学学报,3

高瑞堂,刘一星,李文深,等. 1985. 木材热学性质与温度关系的研究. 东北林业大学学报,13(4):22～27

李坚,董玉库,刘一星. 1991. 木材、人类与环境(一). 家具,4,5,6

李坚,吴玉章,刘一星. 1993. 木材的光致变色与防治. 中国木材,2

李坚. 1991. 木材科学新篇. 哈尔滨:东北林业大学出版社

李文深,戴澄月,高瑞堂,等. 1987. 木材热传导问题的研究. 东北林业大学学报,15(4):56～65

李先泽. 1964. 射频下木材的介电性质. 林业科学,9(3):233～245

李源哲,李先泽. 汪溪泉,等. 1962. 几种木材声学性质的测定. 林业科学,7(1):59～66

梁景森,管宁. 1990. 不同 X 射线源测定木材微密度的研究. 木材工业

林冲贤,等. 1982. 视觉及测色应用. 北京:科学出版社

刘一星,戴澄月. 1990. 软 X 射线法测定木材生长轮密度的研究. 林业科学,26(6):533-539

刘一星,李坚. 1991. 木材的电晕处理和表面分析. 木材工业,2

刘一星,李坚,王金满,等. 1993. 木材林色与世界森林地理分布的关系. 东北林业大学学报,4

刘一星. 1994. 木材视觉环境学. 哈尔滨:东北林业大学出版社

沈韫元,白玉珍,陈玉梅,等. 1981. 建筑材料热物理性能. 北京:中国建筑出版社

史伯章,尹思慈,阮锡根. 1983. 木材声速的研究——声速与顺纹抗压强度、含水率等物理量的关系. 南京林产工业学院学报,3

汤顺青. 1990. 色度学. 北京:北京理工大学出版社

王金满,戴澄月,刘一星. 1990. 木材渗透性的研究. 东北林业大学学报,18(4):51～57

王金满,戴澄月,刘一星. 1990. 木材纹孔膜微孔尺寸与数目计算．东北林业大学学报,18(6):46～53
王金满,刘一星,戴澄月. 1991. 木材抽提物对渗透性的影响．东北林业大学学报,19(3):41～47
王金满,刘一星,戴澄月. 1991. 吸湿范围内木材含水率对渗透性影响的研究．东北林业大学学报,19(1):15～21
张辅刚. 1990. 木材的声学性质,中国木材,6(7):32～34
张翔,申宗圻. 1990. 木材材色的定量表征. 林业科学,4
张文庆,徐淑霞,陈锦芳．1985. 木材热物理性质测定方法的研究. 中国林业科学研究院木材工业研究所研究报告,木工,(14):5
张文庆,徐淑霞,陈锦芳. 1986. 红松、水曲柳木材的热学性质与密度、含水率、温度的关系．中国林业科学研究院木材工业研究所研究报告,木工,(16):2
赵广杰,戴芳天,王金满. 1993. 木材的介电弛豫和分子运动. 东北林业大学学报,21(6):44～49
赵广杰,则元京,尚德库. 1993. 木材——吸附水系的介电弛豫时间分布,林业科学,29(3):277～281
赵广杰,则元京,张跃年. 1991. 相变过程中木材自由水的介电弛豫,东北林业大学学报,17(5):95～100
赵学增,刘一星,李坚,朱建新,等. 1988. 用 FFT 方法分析木材的打击音响——快速测定木材弹性常数的研究. 东北林业大学学报,增刊
中国林业部林产工业设计研究院. 1979. 国外刨花板生产和高频干燥,林产工业,专刊
Gown D J, Clement B C. 1983. A wood densitometer using direct scannaing with X-Reys. Wood Sci and Tec, 17(2):91～99
Kollmann F F P. 1968. Principles of Wood Science and Technology. I. Solid Wood, New York: Springer-Verlag
北原觉一. 1966. 木材物理. 日本:森北出版社
凑和也,安田理惠,矢野浩之. 1990. 环状オキシメチレンを用いた乐器用材の寸法安定性及び音响特性の改良(第 1、2 报). 日本木材学会志,4,5
渡边治人. 1978. 木材理学总论. 东京:日本农林出版株式会社
伏谷贤美,木方洋二,罔野健,等. 1985. 木材の物理. 东京:文永堂出版社
黑尚尚宏,堤寿一. 1982. 木材の电气传导の举动にかんする异方性. 日本木材学会志,1
黑田尚宏,堤寿一. 1979. 木材の电气传导への电压の影响．日本木材学会志,1
黑田尚宏,堤寿一. 1980. 木材の电气传导への含水率の影响 ——电压效果和时间效果につぃて,日本木材学会志,8
黑田尚宏,堤寿一. 1981. 木の电气传导率の周波数依存性への含水率と温度の影响. 日本木材学会志,9
久田卓兴．1986. 高周波式含水率计の测定精度调查．木材工业,1
林弘也,松本勗,甲斐和男. 1976. 软 X-线にかり木材の密度测定. 九州大学农学部演习林集报,26
刘一星,则元京,凑和也. 1992. ホルマール化处理 MDFの物性(Ⅱ);クリープと振动特性. 第 42 回日本木材学会大会研究报告要旨集,名古屋
刘一星,则元京,师冈淳郎. 1991. 木材の横压缩变形にかりする研究．日本木材学会レオロジ 一研究会发表要旨集
刘一星,则元京,师冈淳郎. 1993. 木材の横压缩大变形(Ⅰ)——应力ひずみ图と比重. 日本木材学会志,10
平井信之,浅野猪久夫,祖父江信夫. 1973. 木材の压电异方性,材料,241
秋津裕志,则元京,师冈淳郎. 1991. 化学处理木材の振动特性. 木材学会志,1991,37(7):590～597
山田正. 1986. 本质环境の科学．京都:日本海青出版社
上冈宏彰,片冈明雄. 1982. 超音波にとゐ木材の弹性率决定に影响すゐ各种测定要因. 日本木材学会志,5
信田聪. 1988. 建筑有制材の水分管理システム一含水率クレーター の开发．木材工业,3
野崎欣也,林田甫,山田俊也. 1990. ピァノ响板材料特性のエジニアアゲ——构造的视点から. 木材工业,10
则元京,角谷和男,山田正. 1966. 木材の内部摩擦と强度の关系について. 木材研究,37
则元京,赵广杰. 1993. 木材に吸着した水の诱电缓和(Ⅱ),日本木材学会志,3

则元京. 1975. 木材の诱导特性と构造(第 1 报～第 2 报). 日本木材学会志, 21
则元京. 1982. 乐器用材の物性(第 1 报)——ピァノ响板材の选别について. 日本木材学会志, 1, 28(7): 407～413
则元京. 1988. 化学修饰にとゐ木材の音响的性质改良. 昭和 62 年度科学研究费补助金研究成果报告书
则元京. 1991. 化学处理木材の构造と物性にかりすゐ研究. 平成 3 年度科学研究费补助金研究成果报告书
增田稔. 1984. 木材おとび各种材料の视觉特性. 日本木材学会研究成果报告书
赵广杰, 则元京, 山田正, 等. 1990. 木材に吸着した水の诱电缓和. 日本木材学会志, 4
赵广杰, 则元京, 田中文男, 等. 1987. アセチル化处理木材の物性(第 1 报)—アセチル处理にとゐ结晶化度と诱导特性の变化. 日本木材学会志, 2
佐道健. 1985. 机器によゐ测定值から视觉值への 换算: L^* a^* b^* 表色系からマンセルへの变换. 木材工业, 12
佐佐木降行, 则元京, 山田正, 等. 1988. 木材の音响性质にぉとぼす水分の影响. 日本木材学会志, 10

第 5 章　木材的环境学特性

自古代以来，木材以它特有的香、色、质、纹等特性受到人们的珍爱，并广泛地应用于建筑、家具等工作和生活环境之中，有木材(或木材制品)存在的空间会使人们的工作、学习和生活感到舒适和温馨，从而提高学习兴趣和工作效率，改善人们的生活质量。本章从木材的木质环境学角度出发，介绍木材与人类和环境有关的应用特性——木材的视觉特性、木材的触觉特性和木材的调湿特性。

5.1　木材的视觉特性

木材是构成室内环境的主要材料，人们习惯于用木材装点室内环境，制作室内用具，这就与木材的视觉特性有着密切的联系。

5.1.1　木材的反射特性

当一束光照射到木材、塑料、漆膜等非金属表面之后，其反射光有一部分是在空气与物体的界面上反射，这部分称为表面反射；还有一部分光会通过界面进入到内层，在内部微细粒子间形成漫反射，最后再经过界面层形成反射光，这部分称为内层反射。

内层反射实际上是极靠近表面层内部微细粒状物质间的扩散反射，与表面反射相比，更加接近于均匀扩散。由于选择吸收的原因，能显示物体的固有色。

表面反射遵循菲涅耳关于透明体边界层的反射理论，其反射率决定于折光指数，反射光的颜色几乎与入射光相同，与物体的固有色无关。纸、塑料、漆膜等的折光指数为 1.5～1.6，随着入射角 θ 的变大，反射率 R 也变大。物体表面越光滑，表面的光泽感越强。

由表 5-1 可知，未涂饰木材表面反射成分的反射率，与木纹垂直方向的 $R_{M\perp}$ 要比通常漆膜大得多；而与木纹平行方向的 $P_{M/\!/}$ 相比则较低。总而言之，未涂饰木材具有独特的光泽感。

综上所述，未涂饰木材表面不同方向的反射特性差别明显，其表面反射的反射率比一般漆膜表面要大得多，由此可以推定木材素材的表面有其独特的光泽感。另外，涂饰木材表面反射成分与木纹方向无关，有很强的方向性：印刷木纹纸的表面，如未经特殊处理，其表面很难出现素材表面的反射特性，但能达到涂饰木材的表面特性。

表 5-1　木质材料的反射率

树种	$R_{M\perp}$	$R_{D\perp}$	$R_{\perp}$	$R_{M/\!/}$	$R_{D/\!/}$	$R_{/\!/}$	R	$R_{M\perp}/R_{\perp}$	$R_{M/\!/}/R_{/\!/}$
扁柏	0.471	0.277	0.748	0.117	0.381	0.498	0.623	0.630	0.235
桐木	0.456	0.204	0.660	0.146	0.312	0.458	0.559	0.691	0.319
柳杉	0.576	0.084	0.660	0.095	0.188	0.283	0.471	0.873	0.336
柚木	0.183	0.083	0.266	0.043	0.057	0.100	0.183	0.688	0.430
柚木(涂饰)	0.237	0.029	0.226	0.099	0.038	0.137	0.201	0.891	0.723
木纹纸	0.169	0.194	0.363	0.151	0.178	0.329	0.326	0.466	0.459

注：$\theta_i=30°$，$R=(R_{\perp}+R_{/\!/})/2$；下标“M”. 表面：“D”. 内层：“⊥”. 垂直木材纹理：“//”. 平行木材纹理

5.1.2 木材的视觉物理量与感觉特性

1. 木材颜色

木材颜色的分布范围如图 5-1 所示。色调主要分布在 2.5Y～9.2R(浅橙黄～灰褐色),以

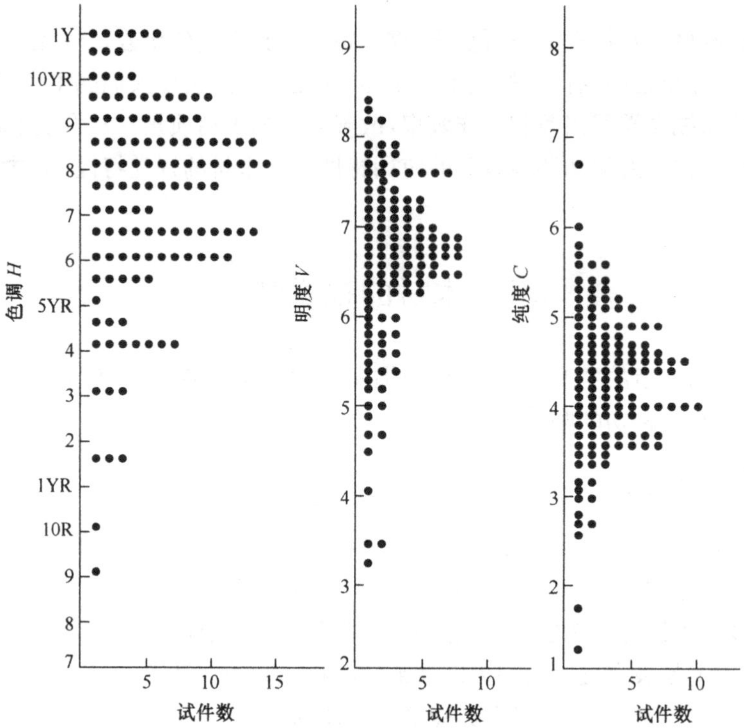

图 5-1 木材的色调、明度及纯度

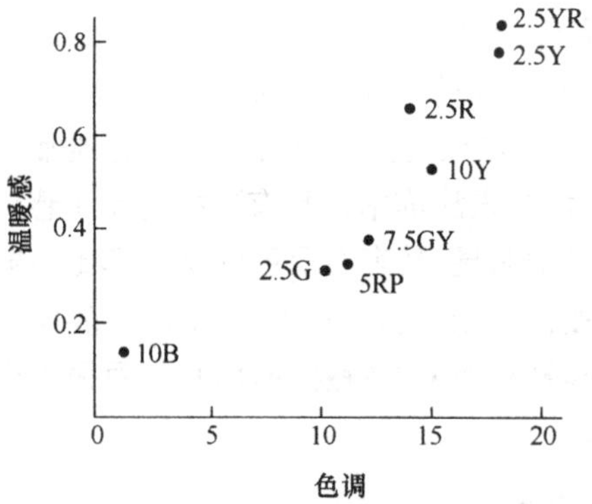

图 5-2 温暖感与色调

5YR～10YR(橙黄色)居多;明度主要集中 5～8;纯度主要位于 3～6。为测定木纹颜色与人感觉的关系,采用红、黄、橙、绿、紫等不同的颜色印制一系列木纹,用民意测验的方法测得木纹颜色与温暖感的关系(图 5-2)。

另外,木材明度及纯度也会产生不同的感觉。明度越高,明快、华丽、整洁、高雅的感觉越强;明度低,则有深沉、重厚、沉静、素雅、豪华的感觉。纯度低的木材有素雅、重厚、沉静的感觉;纯度高的木材则有华丽、刺激、豪华的感觉。木材颜色与感觉的关系见表 5-2。

表 5-2 木材颜色与感觉

感觉	明度	纯度	色调
漂亮	+++		
明快	+++++		++(7.5R)
舒畅	+++		++(5Y)

续表

感觉	明度	纯度	色调
现代	++	+	++(7.5R)
洋气	++		++(5R)
华丽	++	+++	+(5R)
上乘	+		+(5YR)
刺激		++	−(10YR)
挚爱		+−	++(5YR)
舒适		+	++(5YR)
温暖		++	+++++(7.5YR)
稳静	−−−	−−−	++(7.5YR)
素雅	−−−	−−−	−(7.5YR)
深沉	−−−−−	−−−	−(10R)
重厚	−−−−−	−−−	
豪华	−−−−	++	+++(10R)

注：+为正相关；−为负相关；+或−越多相关性越高

2. 木材光泽

物体的颜色决定于反射光的波长，木材的光泽与木材的反射特性有直接联系。图 5-3 为几种材料的光泽特性。当入射光与木纤维方向平行时，正反射量较大，而当相互垂直时，则正

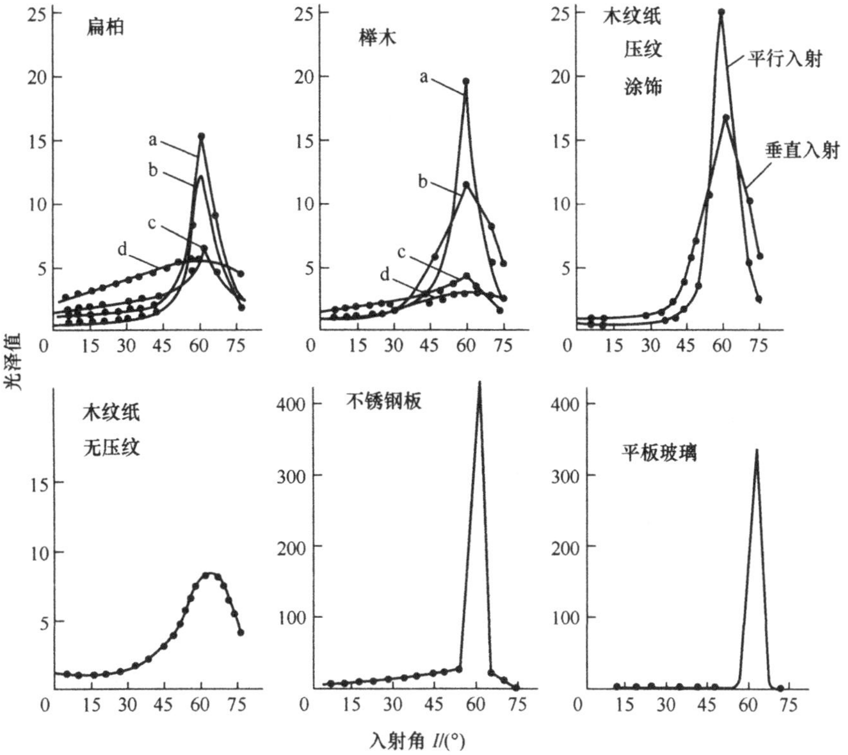

图 5-3　几种材料的光泽特性

a. 平行于纤维方向入射，涂饰；b. 垂直入射，涂饰；c. 平行入射，未涂饰；d. 垂直入射，未涂饰

反射量较小。因此,从不同方向所呈现的木材颜色也不一样。家具表面粘贴不同纹理方向的薄木后呈现不同颜色就是这个道理。当用木纹纸贴面后,表面就不存在这种方向性,但当表面有压纹时,也会呈现真实木材的光泽特性,这种情况下凭肉眼就很难判别木材真假。尽管如此,仿制品仍然代替不了真实木材的表面效果。木材表面是由无数微小的细胞构成的。细胞切断后就是无数个微小的凹面镜,凹面镜内反射的光泽有着丝绸表面的视觉效果,这一点是仿制品很难模拟的。

另外,从图 5-3 的光泽度曲线来看,最大峰值都出现在反射角为 60°时,但不同材料的波峰大小有很大差别。大理石、不锈钢板、玻璃的峰值较大,且分布范围很集中;木材及印刷木纹的表面光泽度的分布范围较广,峰值也较低。

在日常生活中,人们可以靠光泽的高低判别物体的光滑、软硬、冷暖,其相关性如表 5-3 所示。光泽高且光滑的材料,硬、冷的感觉较强,冷暖感的相关性略差一些;当光泽度曲线平坦时,温暖感就强一些。由此可知,温暖感不但与颜色有关,而且也与质地有关。

表 5-3 木材光泽度与感觉

感觉	$G_{//60°}$	$G_{\perp 60°}$	$\log G_{//60°}$	$\log G_{\perp 60°}$
光滑-粗糙	0.53	0.52	0.83	0.81
硬-软	0.49	0.49	0.68	0.67
冷-暖	0.42	0.44	0.26	0.28

注:G 为光泽度;60°为反射角;"//"为平行于纤维方向;"⊥"为垂直于纤维方向

3. 透明涂饰

透明涂饰可提高光泽度,使光滑感增强,但同时也会引起其他方面的变化。由于清漆本身都不同程度地带有颜色,涂在木材表面会使木材颜色变深,阔叶材的变化幅度高于针叶材。另外,涂饰可提高阔叶材颜色的对比度,使木纹有漂浮感。总之,涂饰后会使木材的豪华、华丽、光滑、寒冷、沉静等感觉增强。

4. 木纹图案

木纹是天然生成的图案,人们对某有一种自然的亲切感。

木纹给人以良好的感觉有多方面的原因,其中有两点是非常重要的:第一,木纹是由一些大体平行但又不交叉的图案构成的,给人以流畅、井然、轻松、自如的感觉;第二,木纹图案由于受生长量、年代、气候、立地条件等因素的影响,在不同部位有不同的变化,在这种周期中又有变化的图案,给人以多变、起伏、运动、生命的感觉。可以说木纹图案充分体现造型规律中变化与统一的规律。统一中有变化,变化中求统一。木纹图案用于装饰室内环境,经久不衰,百看不厌,其原因就在于此。

5. 节子

节子是木材表面自然存在的东西。但东西方人对节子有不同的感觉。东方人一般对节子有缺陷、廉价的感觉;西方人则有自然、亲切的感觉。因此,东方人要想尽一切办法清除材面的节子,而西方人则设法寻找有节子的表面。当然,并不是所有节子都能给人以美感,节子的颜色应与木材颜色有一定的对比度。

6. 木材对紫外线的吸收性与对红外线的反射性

图 5-4 是几种室内装修材料的分光反射曲线。虽然紫外线(330nm 以下)和红外线(780nm 以上)是肉眼看不见的,但对人体的影响是不能忽视的。强紫外线刺激人眼会产生雪盲病;人体皮肤对紫外线的敏感程度高于眼睛。从图 5-4 可知,木材可以吸收阳光中的紫外线,减轻紫外线对人体的危害;同时,木材又能反射红外线,这一点与人对木材有温暖感有直接联系。住宅、办公室、商店、旅店、体育馆、饭店等场所室内所用的木材量(简称木材率),对人的心里感觉有直接影响。木材率的高低与人的温暖感、稳静感和舒畅感有着密切的关系。

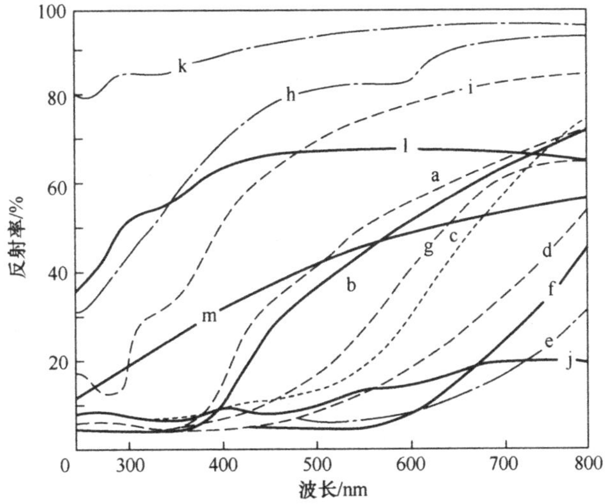

图 5-4　室内装修材料的分光反射曲线

a. 未涂饰扁柏径切面;b. 涂饰扁柏径切面;c. 未涂饰红柳桉;d. 未涂饰柚木;e. 未涂饰花梨木;f. 大漆涂饰;g. 木塑复合材;h. 白纸;i. 丝绸;j. 人造革;k. 石膏;l. 大理石;m. 不锈钢

木材的视觉特性是多方面因素在人眼中的综合反映。关于这方面的研究,目前尚处于起步阶段。特别是模仿木材视觉特性制造人造板表面装饰材料,现又成为一个新兴行业,装饰材料的发展直接制约着人造板行业的发展。由此可见,研究木材的视觉特性有着重要意义。

5.2　木材的触觉特性

以木材作为建筑内装饰材料及由其制造的家具、器具和日常用具等,长期置于人类居住和生活环境之中,人们常用手接触它们的某些部位,给人以某种感觉,包括冷暖感、粗滑感、软硬感、干湿感、轻重感、快与不快感等。这些感觉特性发生在木材表面,反映了木材表面的非常重要的物理性质。木材的触觉特性与木材的组织构造,特别是与表面组织构造的表现方式密切相关,因此,不同树种的木材,其触觉特性也不相同。木材的这些特性使其成为人们非常喜爱的特殊材料。

目前,在四方一些国家非常流行显孔亚光装饰,我国的人造板装饰业也出现了很多压有木材导管孔的装饰材料,这里不但有其视觉作用,也有获得良好触觉的功能。这体现出人们对木材这种具有特殊触感特性材料的珍爱。在世界上久负盛名的明代家具,其表面一般都采用擦蜡而不涂漆，其道理就在于要保持木材的特殊质感。

5.2.1 木材表面的冷暖感

用手触摸材料表面时，界面间温度的变化会刺激人的感觉器官，使人感到温暖或凉冷。

1. 皮肤与木材界面间的热效应与人的冷暖感

人接触材料时获得的冷暖感，是由于皮肤与材料界面间的温度变化及垂直于该界面的热流量对人体感觉器官的刺激结果来决定的。

如果用手掌触摸放置于室温中(20℃)的木材，由于木材的温度低于体温，热量就会通过皮肤和木材界面向木材方向流动。此时，垂直于界面的热流量(Q)随时间(t)变化的关系式为 $Q=qt^k$。其中：q 和 k 是由材料种类所决定的，材料本身所固有的特性常数，热流量将随着时间的延长而减小。在进行感觉试验时，用热电耦测量皮肤-木材界面间温度变化，用热流传感器测定热流速度(图 5-5)。手接触试件后界面温度增加，其温度在手温以下迅速增加，达到手温后温度以不同方式变化着，并因所用的材料不同而异。对于聚苯乙烯泡沫和轻木，其温度极为缓慢的增加，而对于混凝土和密度高的木材，如栎木，其温度在缓慢地降低；对于中等密度的木材，如落叶松，其温度保持相对稳定。

穿过皮肤-木材界面间的热流速度随时间而变化，当手刚一接触材料表面时，热量开始流动。起初，热流速度非常快，以后呈指数规律下降。

铃木正治测定了手指与木材、木质人造板等多种材料接触时的热流量密度(表 5-4)及接触部位手指温度的变化过程(图 5-6)。由图、表可见，金属类的热流量密度为 209.34～293.07W/m^2；混凝土、玻璃、陶瓷等为 167.47W/m^2；塑料、木质材料等为 125.6W/m^2；羊毛、泡沫等为 83.74W/m^2。在 20℃环境下，成人的基本代谢量为 41.868W/m^2；静坐为 58.62W/m^2；步行为 108.48W/m^2 急走为 251.1W/m^2 以上。由此可见，木材及塑料适于人类活动时使用；羊毛等柔软物质适于休息时使用。

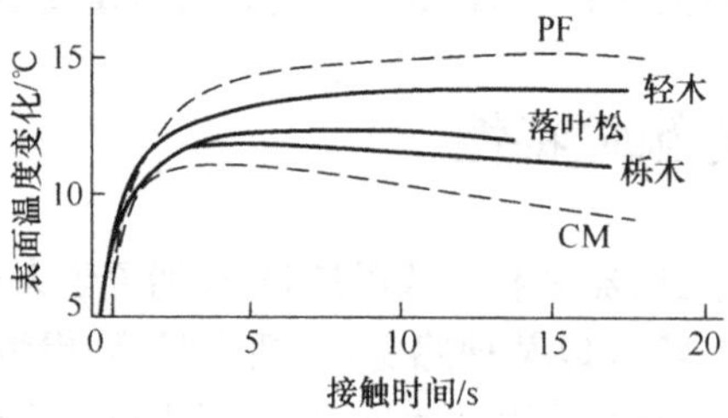

图 5-5 皮肤-木材界面的温度变化
PF 为聚苯乙烯泡沫；CM 为混凝土

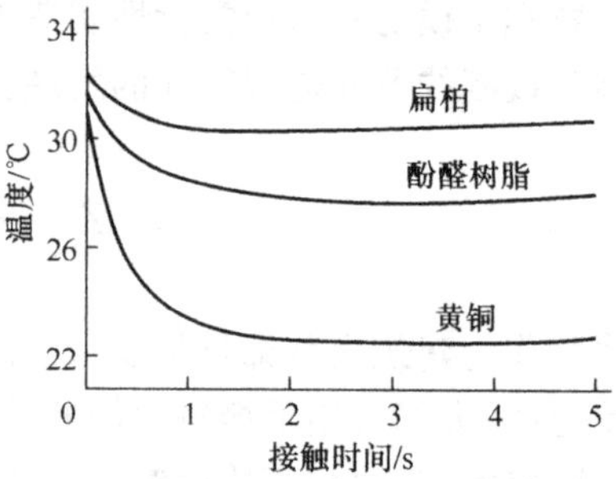

图 5-6 手指和材料接触时指尖温度的变化过程

2. 木材的热学性质与冷暖感

皮肤-木材界面间的热交换效应受木材的表面构造和木材热学性质的支配。图 5-7 表明了材料表面上的冷暖感觉和导热系数的线性关系。试验发现，它们之间在半对数坐标上的相互关系与手指接触 10s 后冷暖感觉和热流速度间的关系相似。以上试验结果可以得出这样的结论：人对木材的冷暖感觉主要受皮肤-木材界面间的温度、温度变化或热流速度的影响，实际上，归根结底受材料的导热系数控制。

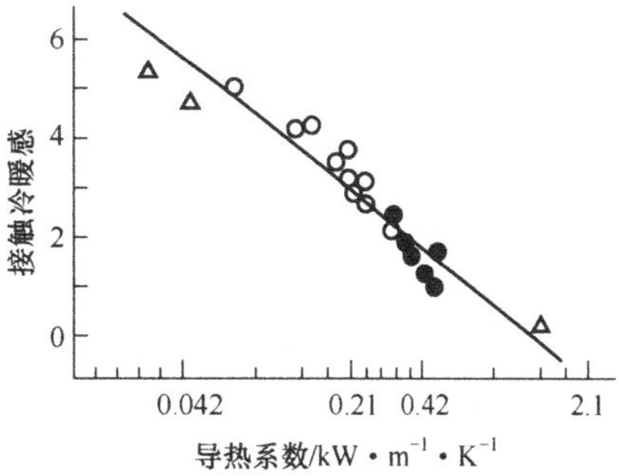

图 5-7　木材冷暖感与导热系数之间的关系
○为木材纵断面；●为木材端面；△为其他材料

木材（包括其他材料）的冷暖感心理量与热流方向的导热系统的对数基本呈直线关系，导热系数小的材料，如聚苯乙烯泡沫和轻木等，其触觉特性呈温暖感，导热系数大的材料，如混凝土构件等则呈凉冷感觉。由于木材顺纹方向的导热系数一般为横纹方向的 2～2.5 倍，所以木材的纵切面比横断面的温暖感略强一些。

表 5-4　手指与材料接触时的热流量密度

材料名称	热流量密度/(W/m^2)	导热系数/[W/(m · k)]
钢板	238.23	38.4
铅板	317.78	216
玻璃	204.32	0.816
陶瓷器	181.71	1.08
混凝土	204.32	1.92
砖	164.54	0.564
硬质氯乙烯	147.8	0.31
脲醛树脂	136.1	0.3
酚醛树脂	170.4	0.3
聚苯乙烯	113.46	0.042
扁柏	124.77	0.084
白桦	141.93	0.168
氨基醇酸漆涂饰的柞木	130.63	0.164
聚酯涂饰的胶合板	158.68	0.11
三聚氰胺贴面板	193.01	0.3
硬质纤维板	141.93	0.126
软质纤维板	124.77	0.06
刨花板	136.07	0.12
纸	147.8	0.18
羊毛	113.46	0.045

5.2.2　木材表面的粗滑感

一般说来，材料的粗滑程度是由其表面上微小的凹凸程度所决定的。刨削、研磨、涂饰等表面加工效果的好坏，在很大程度上将影响木材表面的粗滑感。

1. 木材表面的粗糙度与粗糙感

尽管木材经过刨切或砂磨，但是由于细胞裸露在切面上，使木材表面不是完全光滑的，因为木材细胞组织的构造与排列赋予木材表面以粗糙度。粗糙感是指粗糙度刺激人们的触觉，这是因为木材表面具有各种形态细节及在表面滑移时所产生的摩擦阻力变化的缘故。木材组织的类型也刺激人的视觉，由于对触觉和视觉这两种刺激的综合作用使人感到木材表面具有一定的粗糙度。

木材表面粗糙度一般用触针法测定(针头曲率半径为 2～10μm)，用最大深度 R_{max} 及均方根粗糙度 R_{rms} 来表示。采用触针法测定了 11 种具有不同导管直径和导管排列类型(环孔材、散孔材和交错纹理)阔叶材径切面、半径切面、弦切面的均方根粗糙度(表 5-5)。

表 5-5 木材表面粗糙度

树种	导管直径/μm	均方根粗糙度/μm			备注
		径切面	半径切面	弦切面	
A 木兰	20～100		7.3	8.6	DP
B 连香树	20～100	9.2	10.0	6.6	DP
C 地锦槭	20～100	6.3	6.9	8.1	DP
D 白桦	50～200	9.3	9.8	9.9	DP
E 柞木	100～300[a]	20.3	18.3	20.1	RP
F 栗木	80～400[a]	23.9	19.4	14.2	RP
G 番龙眼	125～390	22.8	21.8	18.6	DP、IL
H 白柳桉	110～280	36.4	24.5	30.4	DP、SIL
I 龙脑香	90～280	29.9	24.5	24.1	DP、SIL
J 红厚壳	115～220	27.4	22.7	18.3	DP、IL
K 朴树	60～220	17.7	22.9	23.4	DP

注：a. 有孔材中的导管；RP. 环孔材；DP. 散孔材；SIL. 少量交错纹理；IL. 交错纹理

表 5-5 表明，粗糙度与导管直径有关，含有大导管的木材显示了较高的粗糙度值。

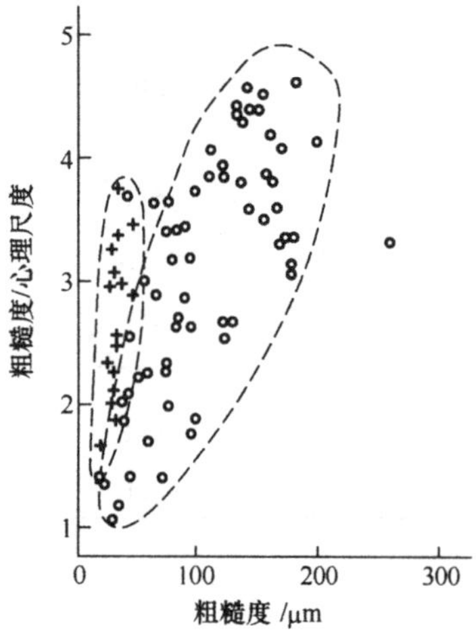

图 5-8 木材表面粗糙度的物理尺度和心理尺度

+. 针叶材；○. 阔叶材

佐道键等对木材表面粗糙度与粗糙感的关系进行了研究，用触针法测定了 18 种针叶木材和 64 种阔叶木材的表面均方根粗糙度(R_{rmx})和最大深度(R_{max})，针叶木材的 R_{rms} 和 R_{max} 分别为 2.3～5.7μm 和 21～50μm；阔叶木材为 1.2～17.8μm 和 31～262μm。这种由仪器测得的 R_{rms}、R_{max} 与视觉、触觉综合得到的粗糙感的关系在针、阔叶木材之间有差异(图 5-8)。针叶木材的 R_{max} 比阔叶木材的分布范围窄。而粗糙感的分布范围，针叶木材比阔叶木材的窄，前者为 1.4～3.8(心理量)，后者为1.1～4.8(心理量)。对于阔叶木材来说，主要是表面粗糙度对粗糙感起作用，木射线及交错纹理有附加作用，而针叶木材的粗糙感主要来源于木材的年轮宽度。

2. 木材表面的光滑性与摩擦阻力

用手触摸材料表面时，摩擦阻力的大小及其变化是影响表面粗糙度的主要因子。铃木正治曾以 9 种木材及钢、玻璃、合成树脂、陶瓷和纸张等材料为对象，研究了触觉光滑性与摩擦系数之间的关系。摩擦系数是用钢球或石蜡制作的手指模型测定的。结果表明，摩擦阻力小的材料其表面感觉光滑。在顺纹方向，针叶木材的早材与晚材的光滑性不同，晚材的光滑性好于早材。木材表面的光滑性与摩擦阻力有关，它们均取决于木材表面的解剖构造，如早、晚材的交错变化、导管大小与分布类型、交错纹理等。

5.2.3 木材表面的软硬感

木材表面具有一定的硬度，其值因树种而异。通常多数针叶材的硬度小于阔叶材，前者国外称为软材，后者称为硬材。国产材的端面硬度平均为 53.5MPa，变化范围为 13.1～165MPa。其中针叶材平均为 34.3MPa，变化为 19.2～63.8MPa；阔叶材平均为 60.8MPa。针叶材端面最高于最低硬度值相差约 3 倍，阔叶材相差 12 倍左右。针、阔叶材均是端面硬度比侧面高，弦面硬度略比侧面高。端面:径面:弦面约为 1∶0.80∶0.83。不同树种。同一树种的不同部位、不同断面的木材硬度差异很大，因而有的触感轻软，有的触感硬重。在漆膜物理性能检测项目中、有漆膜硬度及漆膜抗冲击性试验，这两项指标与木材的硬度有着直接关系。当木材的硬度较高时，漆膜的相对硬度也会提高。例如，桌面经常会出现一些划痕压痕等痕迹，这些痕迹的出现既有漆膜硬度较低的原因，也有木材本身强度低的缘故。因此，人们都喜欢用较硬的阔叶材作桌面。抗冲击性与硬度的关系也有相同的道理。木材的硬度与冲击韧性之间有很高的相关性。

5.2.4 木材触觉特性的综合分析

当人们接触到某一物体时，这种物体就会产生刺激值，使人在感觉上产生某种印象。而这种印象往往是以一个综合的指标反映在人的大脑中，一般常以冷暖感、软硬感、粗滑感这三种感觉特性加以综合评定。如以 W、H、R 分别代表这三种感觉特性的心理量，则可形成一个直角坐标空间(简称为 WHR 空间)。可以认为，在 WHR 空间位置上越接近的材料，其触觉特性越相似。可按各种材料空间距离进行聚类而得出聚类分析谱系图，再按聚类距离可将这些材料分为表 5-6 所示的 7 个类别。木材及木质人造板等划归到第 V 类。

表 5-6 木材及各种材料触觉特性综合分析

类别	材料
Ⅰ	水磨石、大理石(水磨)、不锈钢(0.2mm 厚)、不锈钢(0.05mm 厚)、铝板(0.3mm 厚)、大理石(粗磨)、透明玻璃、铝板(0.5mm 厚)
Ⅱ	环氧树脂板、P 瓷砖、三聚氰胺板、聚丙烯板、聚酯板
Ⅲ	混凝土板、型面玻璃、石膏板、塑料水磨板、瓷砖水泥刨花板、水泥石绵、压花瓷砖、丙烯类喷镀材
Ⅳ	水泥木丝板
Ⅴ	柏木、熟皮、泡桐、被褥、柳桉、软质纤维板、硬质纤维板
Ⅵ	草垫、席子、鹿皮
Ⅶ	绒毯(羊毛)、绒毯(丙烯类)、毛皮

5.3 木材的调湿特性

木材的调湿特性是木材具备的独特性能之一，也是其作为室内装修材料、家具材料的优点所在。所谓材料的调湿特性就是靠材料自身的吸湿及解吸作用，直接缓和室内空间的湿度变化。

人们居住的室内空间，不希望湿度有过大的忽高忽低的变化，应稳定在一定的范围之内。这样对于人身健康及物体的保存都是非常有利的。木材及其他一些室内装修、装饰材料，在某种程度上能起到稳定湿度的作用，这也是人们为什么喜欢用木材来装点室内及用木制品贮存物品的重要原因之一。

5.3.1 温度与居住性

温热环境对人体会产生舒适及不舒适的感觉，虽然最重要的是干球温度，但相对湿度与之也并非没有关系。图 5-9 是由 ASHRAE(美国采暖、制冷和空气调节工程师学会)做成的干湿球温度与有效温度的关系图，从图中可知，相对湿度对人体温热感觉有着相当大的影响。另外，从图中 4 条等感度线可知，当温度较低时，相对湿度的影响很小；当在高温区域时，获得等温热感觉的温度向低温方向变化。

相对湿度与人体的出汗量有一定的联系。正常人每天皮肤及气管所排泄的体内水分为 700～900ml，其具体分泌及排泄量关系到皮肤的表面湿度与环境湿度之差。因此，可以认为相对湿度是影响人体通过皮肤进行新陈代谢的主要原因，由此会导致内脏的气质性病变。

经实际测定表明，夏天人体比较舒适的气候条件(温度、相对湿度)是：20℃，70%；22℃，40%；27.5℃，40%；25.5℃，70%。春秋冬季为：18℃，70%；19℃，40%；26℃，40%；24℃，70%。

湿度同样关系到浮游菌类的生存时间。菌类在相对湿度为 50%左右的条件下，几分钟内会有一大半死亡，但在高湿度及低湿度时，可生存 2h 以上。因此，为了防止细菌感染，手术室的相对湿度应调节在 55%～60%内。

此外，湿度还与霉菌、虫害的发生等有直接关系。由图 5-10 可知，霉菌的发生有上下两个界限，高于或低于这两个值都容易产生湿霉菌或干霉菌。例如，温度为 26.1℃、相对湿度为 80%(湿霉菌发生界限)时，如用空调降低温度 2℃，则湿度变为 90%，更容易生产大量霉菌。

由以上分析表明，居住环境的相对湿度应在 60%左右较为适宜。防止湿霉菌的最佳相对湿度范围为 0%～80%；防止虫害为 0%～70%或 80%～100%；保存书籍为 40%～75%；人体舒适为 40%～60%；防止细菌感染为 55%～60%；死亡率最低为 60%～70%。

5.3.2 温、湿度与人类健康

温度、湿度的变化与人类健康有着直接的关系。

图 5-11 中列举了日本东京关于气象条件与死亡人数关系的例证。从图中可见，月平均温度与相对湿度曲线类似山形。而几种病的死亡率，则均出现与山形相反的曲线，在夏季死亡人数最少，而低温。低湿情况下，死亡人数有增多的趋势。在日本全国普查的结果是，曲线稍有差别，但图形也基本呈山形。在札幌 2—4 月，死亡人数增多，5 月之后减少。

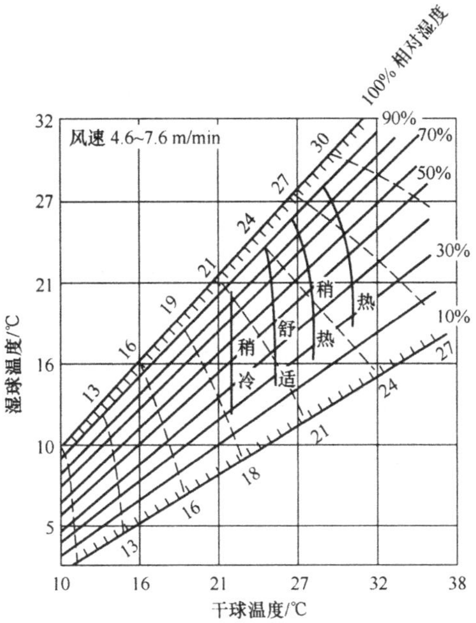

图 5-9　有效温度图

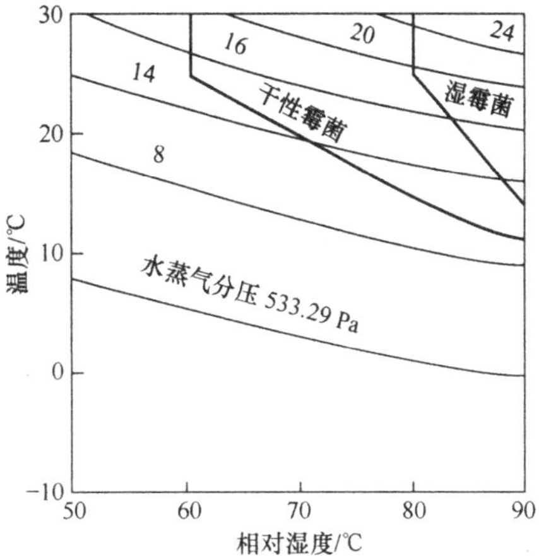

图 5-10　温、湿度条件与霉菌的关系

从流行性感冒病的生存率与湿度的关系来看，温度在 10℃，相对湿度为 25%～35%时，其流行性感冒病毒生存率最高达 60%。如果湿度增高到 50%时，其病毒的生存率则减少到 30%。由此可知，在空气的温、湿度低时，流行性感冒病毒生存率高，则引起流行性感冒盛行。如前苏联调查了伤风感冒情况，结果是在冬季干燥季节流行。而在某些地方，当湿度高时，伤风感冒反而增加。在相对湿度为 50%时，死亡人数迅速下降。此外，天花病毒也出现了与此类似的曲线。综上可知，温度、湿度均影响着人们的健康。

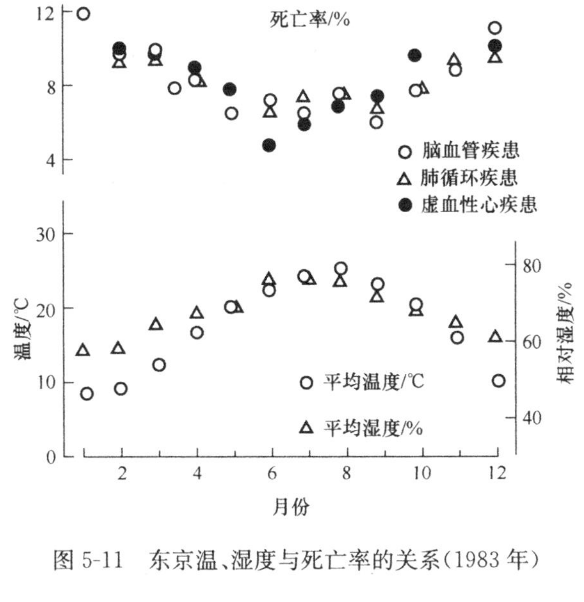

图 5-11　东京温、湿度与死亡率的关系(1983 年)

5.3.3　木材厚度与调湿效果

木材的调湿原理是木材能吸收或放出水分调节室内的温度，最终导致木材含水率产生变化。设木材含水率为 u(%)、室内温度为 θ(℃)，室内相对湿度为 φ(%)，则三者的关系为

$$u=3.05+0.0679\varphi+0.00125\varphi^2-(0.00411+0.000409\varphi)\theta$$

木材表层和心层含水率同样受到室内温、湿度变化的影响，但由于水分传导需要一定的时间，因而心层含水率变化率滞后于表层。同样，由于表层与室内空气直接接触，表层含水率的变化幅度也比心层大，图 5-12 是不同厚度白桦木材在百叶箱内放置时平均含水率的变化情况。

从图 5-12 中可知，木材越厚，平均含水率的变化幅度越小。室内装修木材的厚度具体应用多大厚度，需要由实验来测定。从实验结果来看，3mm 的木材，只能调节 1d 内的湿度变化，5.2mm 可调节 3d，9.5mm 可调节 10d，16.4mm 可调节 1 个月，57.3mm 可调节 1 年。室内的湿度处于动态变化状态，它与外界湿度一样有其周期性的变化。大周期是以年为单位，再小一点是以季为单位，更小一点则是以月或天为单位。要想使室内湿度保持长期稳定，则必须增加装修材料的厚度。

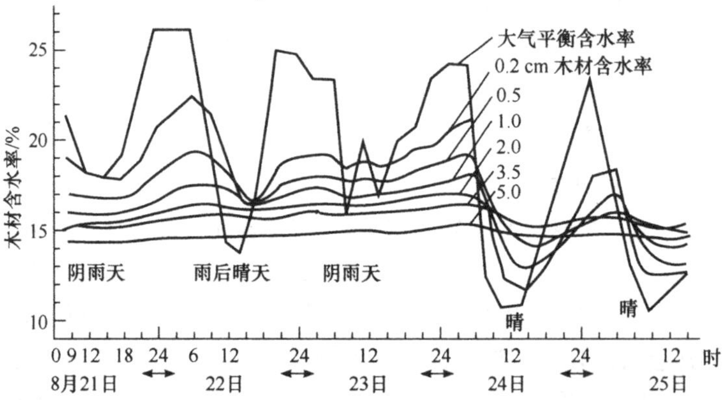

图 5-12　不同厚度木材含水率的变化过程(白桦)

常用的内墙装修材料有木材、各种木质人造板、石膏板和各类壁纸等。它们具有不同的透湿阻抗(表 5-7)，也就是说，具有不同的调湿性能。透湿阻抗越大，表明这种材料的透湿能力越低。

表 5-7　内墙装修材料的透湿阻抗(25℃)

材料种类	厚度/mm	透湿阻抗/(m·h·Pa/g)
铁杉木材(径切面)	7	727.94
铁杉木材(径切面)	4	510.62
铁杉木材(径切面)	2	241.31
胶合板(柳桉，三层)	4	1025.25
石膏板	9	85.33
乙烯塑料壁纸	0.58	2185.15
人造纤维壁纸	1.24	69.33
纸基壁纸	0.30	25.33

由表中数据可见，木材的透湿阻抗与木材厚度有相关性，同种木材，厚度增大，透湿阻抗也相应提高。乙烯塑料壁纸的透湿阻抗最大，约为人造纤维壁纸的 30 倍，为纸基壁纸的 90 倍。这表明，乙烯塑料壁纸的调湿性能最差。适宜厚度的木材具有较小的透湿阻抗，从而具有良好的调湿性能。4mm 厚三层胶合板的透湿阻抗约比同等厚度的薄木板大 1 倍。其调湿性能显

然不如后者好。

此外，还可以用渗透系数表征室内装修材料的调湿性能。表 5-8 列举了常用的几种材料的渗透系数。由表可见，木材的渗透系数均比其他材料大，均为漆膜的 100 倍，是乙烯塑料薄膜的 1000 倍。这表明，各类塑料壁纸的调湿性能远低于木材及其他装修材料。若整个室内大面积采用这类材料进行装修，对室内小气候的调节及人体健康均有不利影响。

表 5-8　几种常用材料的水蒸气渗透系数(20℃)

材料名称	渗透系数/[g/(m·h·Pa)]
软质纤维板	3×10^{-4}
木材	$7.5\times10^{-5}\sim52.5\times10^{-7}$
漆膜	$22.5\times10^{-9}\sim52.5\times10^{-9}$
乙烯塑料薄膜	$37.5\times10^{-10}\sim45\times10^{-10}$

5.3.4　木材量与调湿能力

当室内木材量(指地板、天花板、壁板及木制家具等)少时，如提高室内温度，尽管木材可解湿，但室内湿度也必然降低。相反，当室内的木材量多时，其湿度几乎保持不变。当温度降低时，室内湿度相应升高，此时，木材可以吸收湿气，而仍保持室内的湿度不变；当木材量太少时，则吸湿能量低，起不到调湿作用，室内必有结霜现象。

另外，用四种建筑材料(木材、牛皮纸纸浆板、硝化纤维素涂饰皮膜、聚氯乙烯板)分别作为内装材，重复上述试验。试验结果表明，木材与纸板具有较高的调湿能力，这样的房间，湿度过分下降或上升时，居住的人伤风感冒现象并不严重。而聚氯乙烯板为内装材时，其调湿能力就比木材或纸板低得多。

关于上述四种内装材，由其吸、放湿性的水分变化可以看出，红柳桉的含水率最高，其次是纸浆板，均在 20%左右。而同样湿度为 100%时，硝化纤维素涂饰皮膜就相当低，其含水率仅为 3%，而聚氯乙烯板则更低，仅为 1%。可见，木材显示了相当良好的吸湿性。

5.4　木材的生物调节

木材具有天然形成的绿色品质和自然属性，以家具、地板、内装材料等多种形式应用于人居微环境中，给人类生活、工作、学习和休憩带来了诸多益处，而且这些益处使人们默默地、长久地享用。其本质的原因是木材的环境学品质与人(动物)视感时的心理生理学响应有着密切的联系，有利于生命活动的生物调节，从而有利于生物体健康、生存和发育。

5.4.1　室内木材设置与微环境卫生

随着对提高生活质量的追求，人们越来越关注室内微环境的设计与建设。其中木材设置是家具、日常用品和室内装饰的主要内涵之一，即以木材为原料，制造木质家具、木制用品和装修房间(如木质地板、壁板、天花板等)。其原因是：木材是天然形成的生物质，具有与生俱来的自然属性——“木质环境学品质”，可以改善微环境卫生，从而有益于人体健康。

1. 木材的嗅觉品质

木材的嗅觉品质指木材自然拥有的气味和滋味，是木材独有的自然属性。不同树种的木材，其气味和滋味也不尽相同。海南岛的降香木和印度黄檀具有名贵香气，这是因为该种木材中含有具有香气的黄檀素，宗教人士常用此种木材制成小木条作为佛香。檀香木具有馥郁的香味，是因为木材中含有白檀精，它可用来气熏物品或制成散发香气的工艺美术品，如檀香扇等。此外，侧柏、肖楠、柏木、福建柏等木材也具有香味。樟科一些木材，如香樟木、龙脑香等常具有特殊的樟脑气味，因为该种木材中含有樟脑，用这种木材制作的衣箱，耐菌腐，抗虫蛀，可长期保存衣物。还有些木材具有臭气(如爪哇木棉树)，木材在潮湿条件下间或发出臭味，原因是这种木材中含有挥发性脂肪酸，如丁酸或戊酸等；再加上在湿热环境中，一些木材中的生物所生成的代谢物质及木材的降解产物具有微臭气味。此外，隆兰、八宝树等木材还具有酸臭味；新伐的冬青木材有马铃薯气味；杨木具有青草味；椴木具有腻子味等。

一些木材具有特殊的滋味。例如，板栗、栎木具涩味；肉桂具辛辣及甘甜味；黄连木、苦木具苦味；糖槭具甜味等。这是由于木材中含有带滋味的抽提物，如单宁具涩味、苦木具苦味。

木材的气味、滋味均来源于木材中的各种抽提物，各种木材所含有的抽提物化学成分不同，因此产生不同的气味、滋味。此外，寄生于木材的微生物的作用使木材分解，其产物有气味、滋味也是一个原因。

我国有着悠久、文明的木文化历史，保存百年、千年的古镇、古乡中的木结构建筑及庭院、卧室、厨房、餐厅中的木制品依然拥有优雅的环境学品质；当人们走进寺庙时，有的依然可以嗅到木材的香气。新建造的木结构住宅及用实体木材设置的家具、木制品和室内装饰同样给人以清新、卫生的感觉，因此，在装点人居空间时，要有选择地将拥有香气、具有卫生健康气息的木材进行科学设置。

2. 木材与室内卫生

木材中含有一类抽提物质——精油，在室温下能够挥发，具有杀菌、抑螨作用，也可以淡化室内存在的空气污染物质，如甲醛等有机挥发物，从而净化室内空气，保证空间环境卫生。

(1) 杀菌抗菌。研究发现，杜鹃和冷杉木材对抑制黄色葡萄球菌、坚木和白桦木材对抑制流行性感冒的滤过性病毒均有明显效果。吴金村等对台湾扁柏与红桧木材精油的抗菌活性试验结果表明，红桧和扁柏心材精油具有不同的抑菌效果。红桧心材精油对大肠杆菌、金黄色葡萄球菌、产气性杆菌及奇异变形杆菌的生长均有抑制作用，其中对金黄色葡萄球菌及产气性杆菌的最低生长抑制浓度分别为 0.25mg/ml 和 0.5mg/ml，但对绿脓杆菌及肺炎杆菌没有明显的抑制作用。台湾扁柏心材精油对金黄色葡萄球菌、肺炎杆菌及产气性杆菌的生长的抑制作用强烈，其最低生长抑制浓度分别为 0.1mg/ml、0.25mg/ml 及 0.5mg/ml，但对大肠杆菌、绿脓杆菌、奇异变形杆菌没有明显的抑制作用。谢瑞忠等进行的杉木精油对不同细菌的抗菌活性试验结果表明，杉木精油含量心材为 1.8%～3.3%，边材含精油甚少。杉木精油对葡萄球菌、产气性杆菌、绿脓杆菌、变形杆菌及大肠杆菌的 50%菌株最低生长抑制浓度分别为 0.09mg/ml、0.1mg/ml、0.5mg/ml、0.7mg/ml 及 0.75mg/ml，可见杉木精油对各种细菌均具有良好的抑制效果，对葡萄球菌和产气性杆菌的抑制作用明显。

(2) 抑制螨虫。螨类，在分类学属于节肢动物，其大小从 0.1mm 到数厘米不等，在地球上无处不有。在家居中生活的螨类数量繁多，并与人类共生。家居的温度(25～30℃)和湿度(60%～85%)很适宜螨类繁殖，且螨类晚间的行为较白天活跃。以家螨为代表的螨类常使居住者引发下列病状：①皮肤炎，皮肤痒痛难忍；②气喘，儿童的气喘为螨类引起。

实践证明，抑制螨类增殖，减少对居住者的危害，其最自然、最简便的办法是：在室内铺置木质地板。这对消除螨类最为有效。螨类常常发生在绒毯、毛毯、地毯、沙发、床垫、榻榻米、被褥、布团等中，尤其是在榻榻米上面铺置绒毯时，螨类会急剧增殖。王松永的试验是在混凝土建造的公寓中，原来铺置绒毯、地毯的房间，全部改铺成木质地板后，对铺置前后的螨类数目变化进行了调查，结果表明，其螨类的数目减少至改装木质地板前的50%以下。

相应的木材，对螨类增殖具有明显的抑制力。选择扁柏、柳杉、铁杉、云杉、花旗松、美国西部侧柏和铅笔柏七种木材进行了螨类培养增殖试验，试验结果表明，扁柏与铅笔柏对于螨类增殖有良好的抑制功效，其中扁柏木材的效果最佳，因为扁柏中含有的精油对螨类有较强的抑制作用。

(3) 调节“磁气”。尽人皆知，地球是一块大磁石。人类和地球上的全部生物体生活在地球磁场之中，地球提供给人类在地球表面生活所必需的适度的安全性“磁力”(“磁气”)。动物的感觉器官很敏锐，尤其对于微小磁场的变化也有所感知，这正表明其具有与“磁力作用”不可分离的关系，而磁感觉是人类生活环境所必需的。空间中的钢筋混凝土或铁金属材料和器具会将地球磁力变弱或屏蔽，易引起生物体各种生物机能的紊乱或使生物体出现异常行为。相反，在木质环境中，因木材不能屏蔽地球磁力作用，所以，生物体可以保持正常、安全的生活节奏。一些研究者已通过对小白鼠的试验对这种影响和作用进行证实。木材对于人体不足的磁气又具有自然补充的功能，所以可以促进自律神经活动，适宜的磁气对减少高血压、风湿症、肾病等多种疾病的发生有一定影响。因此，木结构住宅和室内木材设置较多的微环境空间有利于人居健康。

(4) 减少辐射。建筑过程和装修时所用的混凝土和石材，常用在地板和墙壁上。石材中含有辐射性元素——氡。此外，冬季施工的建筑物，为了防止混凝土在低温下结冻，施工人员在混凝土中添加了一些防冻剂，其中主要是富氨类化合物，还有些涂料、油漆、染料等所含有的刺激性物质。

这些辐射性和挥发性有害物质影响室内空气质量且日复一日地、无形地伴随着人的生活、学习和工作，给人以危害，尤其是氡的辐射应引起人们普遍关注。氡辐射源于氡的裂变行为。α射线，对生物体有很强的电离作用，尤其是对人的支气管上皮组织，会使其染色体突变而引起肺癌。降低室内氡浓度最简单、有效的办法就是经常开启门窗，使室内外空气对流，从而稀释室内氡浓度。因为木结构建筑的住宅氡的浓度远远低于砖混结构和钢混结构，混凝土、石材类材料比木质材料的氡放射量高达数十倍。因此，应该相应增加室内木材设置，如地板、天花板、墙壁板等应尽量多的使用木材或木质材料。对于已经形成的混凝土和石材类地面、墙壁可采用木板或木质人造板的方法屏蔽氡的辐射。

综上所述，木材(包括无污染的木质人造板及各类木质基复合材料)用于室内微环境中，显示出其优越的嗅觉品质，并具有杀菌、抑螨、减少辐射、调节“磁气”的作用，净化室内环境，有益人体健康。因此，设计师们要以保护人类健康为宗旨的“绿色设计”为理念，科学合理地在室内空间设置木材(木质材料)，以更好地构建清新、卫生的人居微环境。

5.4.2　1/*f* 涨落与生物节律——自然现象与木材的舒适感

树木是陆地植物中蓄积量巨大的生物体，在它自然生长的生命活动中，其主要的形成物是“木质部”，采伐后称其为木材，从此就成为无生命的生物质而被人们所利用。由于木材仍保留着原生命体的幽雅的生物结构和宜人的环境学属性，所以常常用于制造家具、日常用品和室内装修；有时，人们也仿照木材的颜色、光泽、结构、纹理和花纹设计、制造一些全新复合材料用于室内设置。其内在的奥秘是什么呢？——木材的视感与人的心理生理学反应遵循1/*f* 涨落的潜在规则。其内涵具有十分重要和有趣的科学意义。根据王松永等的试验、研究结果，下面解析了这种自然现象和自然规律。

自然界存在着各种各样的事物和现象，可以说是五彩纷呈。无论是有生命的，还是无生命的，无论是感觉上规则的，还是不规则的，总会有一个普遍的现象，那就是波动、变化，常称其为涨落（或摇晃）。通过测定其能谱（功率谱）发现，自然界存在的事物涨落现象，其能谱密度与频率（f）成比例关系，称其为 $1/f$ 涨落。

“涨落”是可分解出来的一种正弦振动变动波，波的强度可用振动频率的函数表示，称其为能谱（功率谱，power spectrum）。

“涨落”是对正常状态的干扰、“污染”所产生的一种普遍现象。这也是自然界的微妙之处。譬如，单一的正弦波纯音，听起来并不悦耳，而当各种频率的正弦波混合在一起时，才能产生气氛微妙的音乐，这是由于混合后使频率发生涨落的缘故。通过频率涨落，也可以得到类似于鸟、昆虫等的鸣叫声。再如，纯粹的化学药品 NaCl 是不能被用作食盐的，对人体健康没有益处，而天然的食盐是自然界稍加“污染”的产物，这样才有好的味道。

也有许许多多阻止（或抑制）涨落的例子。例如，人们都希望时钟的时刻要非常的准确，但是时钟在长久计时中，也有“快”与“慢”的涨落，这主要是由所在的环境温度或细微机构的变动所引起的，当达到一定极限时，就可能出现时钟计时的涨落，为此人们要设法阻止这种涨落。

根据资料记载，在非洲大蜗牛体内，具有会发出规则的电位脉搏的巨大神经细胞，在该细胞中插入微小玻璃电极时，可将电位的变化保持原本状态而记录下来，肉眼看上去，细胞的活动电位波动呈等间隔之列。但对其间隔的微小涨落进行能谱解析时，也会得到 $1/f$ 涨落分布。

人体的生物节律如何呢？

人在自然打手拍子时，其手拍子之间隔以体内时钟为基准，依此刻出等时间间隔；此时手拍子间隔的微许变化（涨落）可以说是人体内生理时钟的涨落。将此能谱进行解析，非常接近 $1/f$ 涨落，可见，人体内时钟的节奏刻度似乎具有 $1/f$ 波谱特征。

在人的心律测定时，乍看起来，心跳间隔是一定的，但认真探讨时，会发现心跳间隔也有涨落现象，其跳动间隔大约会以 10% 的幅度变长或变短，其能谱图为 $1/f$ 型，说明人的心律变异的涨落呈 $1/f$ 分布。心跳时的脉搏间隔，宏观上可用平行线表示，如图 5-13 所示；在微观上，电脉冲信号从生物体内由一个神经细胞传送到另一个神经细胞，其脉搏的涨落如图 5-14 所示。

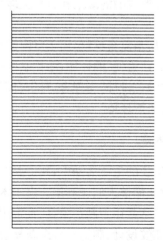

图 5-13　以平行线间隔表示的脉搏间隔

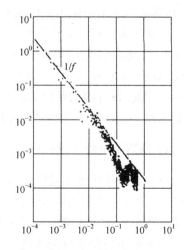

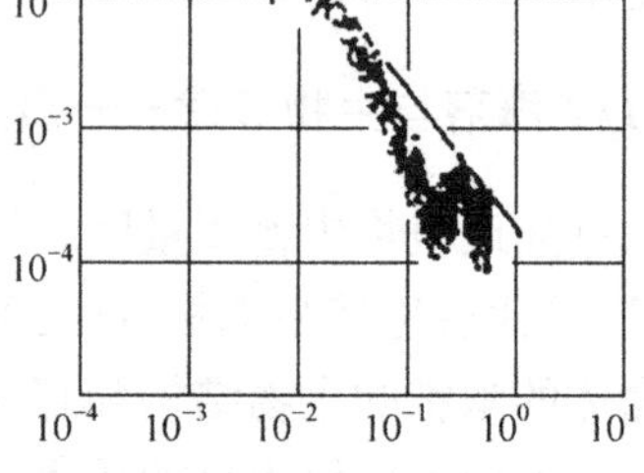

图 5-14　脉搏涨落能谱图

同样，脑波的涨落在一定的频率范围内也有类似的特性。在 8～13Hz 频率下的 α 脑波，其涨落波谱也为 $1/f$ 型。其频率范围因受验者的精神状态而异，当精神平和时，$1/f$ 谱呈现的频率范围较大。

在用肉眼观察木材的结构、纹理和花纹时，可以得到不同木材切面上的纹理形貌；在刨切平滑的切面上，可以清晰地看到木材的生长轮（年轮）呈现几乎平行的条纹并列（与图 5-13 相似）。若将这些并列的条纹做成能谱（功率谱），就会得到具有 $1/f$ 涨落的和原木材年轮雷同形貌的谱图（图 5-15）。这种耦合是十分有趣并具有重要科学意义的。

年轮的间隔是树木生长过程和生命活动中正常的生理生化属性，只是在不同木材切面上所表征的形状不同，在径切面上呈现几乎平行的条纹状，而在横切面上呈现类似同心圆状。其年轮间隔（年轮宽度）的变化是生长环境的变化所引起的：在风调雨顺、气候温暖之年，其年轮宽度大（适于树木生长），即间隔大些；在干旱少雨、气候寒冷之年，其生长速度慢些，而年轮宽度窄些，即间隔较小。气候年复一年的变动，使木材的宏观结构（年轮为表征）发生变化，使年轮间隔的能谱图呈现 $1/f$ 涨落。

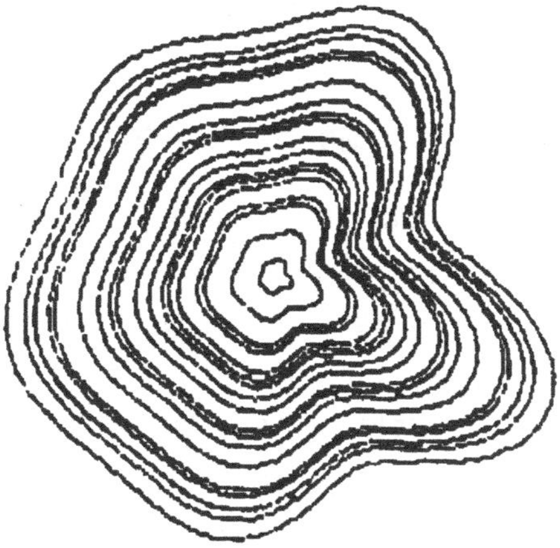

图 5-15　以 $1/f$ 涨落做出的木材年轮形貌

以木材（樟木）的横切面结构为例，说明木材结构的 $1/f$ 涨落特征。图 5-16 为樟木的横切面，其切片在显微镜下观察得到了横切面的显微构造照片。这是比较典型的阔叶木材的宏观构造，清晰可见导管和木纤维等细胞的排列状态和年轮宽度（年轮间隔）。在此照片上采用多数水平线扫描时，将水平线与细胞壁记为“L”，不相交点记为“O”，即可求出此波形的能谱（功率谱），如图 5-17 所示。

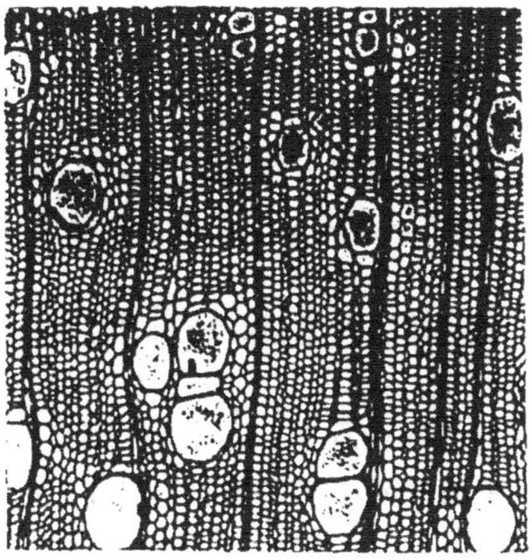

图 5-16　樟木横切面显微镜照片

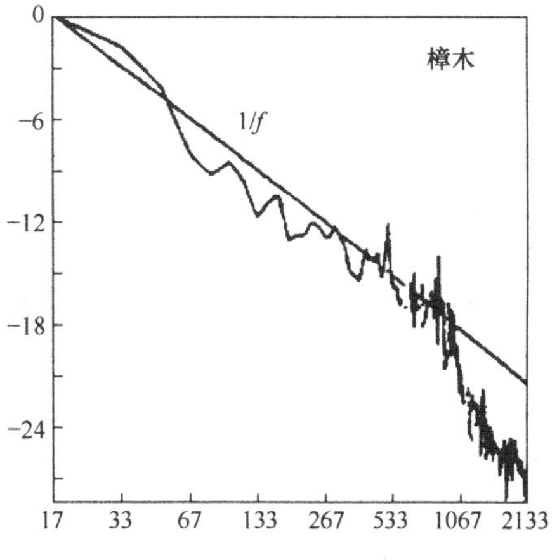

图 5-17　以水平扫描樟木横切面显微照片的能谱图

具有 $1/f$ 波谱涨落特征的物体可视后使人感到舒适。木材具有天然生长形成的生物结构、纹理和花纹，还有独特的光泽和颜色，使人们在视觉上有自然感、亲切感和舒适感。因此，木质结构的房屋、木质家具和木质材料的内装，无一不得到人们的喜爱。其原因是：映入人们眼帘的木材（木质材料），它所具有的 $1/f$ 波谱涨落与人体中所存在的生物节律（节奏）的涨落一致时，人们就产生平静、愉快的心情而有舒适感，就像人们听到一部优美的音乐作品一样心情舒畅。因为音乐作品的频率涨落具有 $1/f$ 型波谱，此时人们体内的生物时钟的涨落与音乐的声音的涨落刺激相吻合，因此用耳听到音乐作品时有舒适感。

随着科学技术的进步，人们模仿木材的结构纹理和花纹制造出多种多样的非木材(木质材料)产品，或者将珍贵木材刨切成薄木(甚至薄到微米级)，将薄木粘贴到人造板或劣质木材表面上，其目的是让人们感到它们像木材一样的美丽和舒服。事实上，由于珍贵木材、花纹美丽的木材蓄积量的减少，这种仿木材制品也常常应用于室内装饰和公共场所之中，单从视觉而言，也具有良好的效果。因为在观察这些产品的表面性状时，人的心理感受也具有 $1/f$ 涨落特性。

5.4.3 木材对动物体生长发育的调节

现在，影响人居环境和身体健康的因素，已不仅限于工业化毒性产物的污染，而居室环境装修亦可对人体健康造成严重威胁。以往人们在家居装修中，都把眼睛盯在豪华、气派上，反而将安全、健康置之度外，其实这是本末倒置。人类之所以需要居室，首先是免除周围环境各种灾害的侵蚀，其次才是讲究身体机能及各种感官的享受。据报道，1998 年青岛市有户居民，第一天迁入装修完的新居，第二天一家三口全都深度中毒，男主人致死。专家们分析得出的结论是，中毒是由装修材料引起的。目前市场上供应的建筑材料特别是装饰材料及黏结剂，如涂料、墙纸等，相当一部分含有有毒物质，如甲醛、二甲苯、苯、氯乙烯、氰化氢等，甚至含有致癌物。这些材料使用后不断散发出有害气体，有的长达 1 年之久，严重威胁着人们的身体健康，甚至危及生命。有关专家呼吁，应大力开发有利于人体健康和环境保护“绿色建材和装饰材料”，以进一步提高人们的居住和工作环境质量。

美国家具行业不久前举行的一次民意测验表明，50%的人主张不要在木器家具上喷涂任何涂料，以减少化学物质对环境造成的污染及对人体健康的危害。

氡的危害必须引起我们的注意。氡是一种放射性物质，某些岩石及土壤里就含有氡，如果使用含有氡的岩石及土壤制成的材料，就会危及人的健康。美国每年因使用材料不当受到氡辐射而导致患肺癌的人数已为 15 000～22 000 人，占整个肺癌发病人数的 12%。氡辐射仅次于吸烟对人的危害，是导致肺癌的第二杀手。纯粹混凝土房屋的氡辐射也较高。这些问题应引起有关领导、科研人员、建筑设计师及装修师的高度重视，使得人们能够居住和生活在健康、舒适、温馨的环境中。

在各种建筑材料的比较中，人们发现木造住宅比其他材料造的住宅更有利于居住者的身心健康。

中尾哲也、中尾宽子对木造住宅与癌症患者死亡率进行了调查研究。从日本西部女性肺癌、乳腺癌、肝癌的死亡率来看，随着木造住宅率的降低，钢筋混凝土住宅等非木造住宅的增多，上述各种癌症的死亡率呈上升趋势。其中 1968 年、1978 年、1988 年这三个年度的肺癌、乳腺癌及肝癌的死亡率与木造住宅率之间呈单一负相关性。另外，对居住在这两种住宅的人们心理压抑情况也做了深入调查，结果表明，钢筋混凝土住宅的人们感觉比较压抑的人数居多。这说明，钢筋混凝土住宅的居民，在“郁闷”这种精神疲劳特别是气力衰退方面，心理压抑呈现较高的状态。橘田做了同样的调查，在木造校舍中劳动时，比在钢筋混凝土校舍中劳动时的肌肉疲劳程度要减轻。究其原因，他认为木材对劳动环境中的步行感起到良好的作用。

信田聪认为木造住宅与人体的心理和生理特性、舒适性等健康指标有密切关系。冈崎泰男等研究发现木造住宅的碳释放量很小，而混凝土住宅碳释放量是木造住宅的 4 倍，钢预制住宅碳释放量约为木造住宅的 3 倍。因此，随着木造住宅增加，大气中 CO_2 的含量将逐渐减少，木造住宅不仅可以净化空气，减弱温室效应，而且其本身就是碳素的储藏库。

台湾大学的王松永和卓志隆研究了木材与木质材料的吸湿与解吸性能及木材对室内温、湿度的调节性能。研究结果表明：①有木质内装材料的房屋比无木质内装的混凝土房屋室内温度日平均值春、冬季高 0.5～1.2℃，但夏、秋季则几乎相同；②住宅内湿度与菌、虫的发生和细菌的感染等紧密相关；③居住在木造住宅中患一些过敏症（如气喘、荨麻疹、鼻炎等）的可能性低，完全木造住宅的患者患病率最低，为 51.7%，而居住在混凝土住宅的患者患病率较高，可达 78.1%。

一些研究者以小鼠为研究对象，探寻木材和木质材料对动物体生长发育的良性调节功效。

由木质形成的环境可以调节动物的生存状态。佐藤就生物体调节与木质环境的影响，通过小鼠的饲养提出了研究报告。小鼠的饲养箱共选择了木材、混凝土、铝三种，铺于地板的材料有木材碎片及塑料膜，共组合了六种饲育条件，涉及小鼠的三代，其中主要是小鼠的日常生活、性周期、妊娠、生产等情况。各种饲育条件都不改变，但是经过一段时间观察，其生产结果却不相同。在生产的 89 例小鼠中，有 20 例生育异常是发生在混凝土和铝制箱中，在木质的铺上木材碎片地板的饲育箱中，没有一例生育异常。可见，经过三代的观察，木质环境的饲育条件对于小鼠的生产、保育是能够起到良好调节作用的。从小鼠的活动轨迹模式来看，在木制饲育箱中育成的小鼠生活安定，在混凝土制的饲育箱中小鼠生活不安定。

马孝礼等采用木材和几种其他材料做成饲养箱对小鼠的生长繁衍进行了试验观察，结果表明，木质饲养箱的小鼠（23 日龄）成活率高，体重明显高于在铝质和混凝土饲养箱的小鼠。其卵巢、子宫和睾丸质量亦明显的好。

赵荣军等以中国北方常用的针阔叶材树种（红松、冷杉、白桦、水曲柳）、两种人造板（三合板与中密度纤维板）、铝皮和混凝土为基本材料，制作相同尺寸的饲养箱，进行小鼠生长、发育和繁殖的对比试验研究工作，侧重分析不同的居室小环境对小鼠生长因子、生理指标及机体免疫力等健康状况的影响，探索不同层次的居室环境与动物体的生理反应特性和健康水平之间的相关关系。研究结果表明，在木质饲养箱内小鼠发育正常，生殖率和存活率高，躯体健康，行为活泼。

因为木材及绿色木质材料具有调湿、调温、隔热、吸收紫外线等多种智能化功能，由此所形成的微环境有利于动物体自身的生理调节，有利于动物体的生长、发育和繁殖。

不同的居室材料对人体的调节和健康影响十分重要。研究测试结果表明，由木材构成的木质生活空间优于其他材料构成的空间。

据报道，人的出生率与居住环境有关。在由 40 岁以下的父母亲所组成的家庭中，18 岁以下的小孩人数，木质住宅为 2.1 人，混凝土造集合住宅为 1.7 人，出生率与住宅的木材占有率有较高的相关性。长期居住在木造住宅中可以延长人的寿命。据调查，木造住宅居住者死亡年龄的平均值较钢筋混凝土造住宅居住者高 9～11 岁。可见木质环境具有一种利于人类健康的神奇力量。

参考文献

李坚. 1987. 木材的表面物理与感觉性质. 木材工业，4
李坚. 1991. 木材科学新篇. 哈尔滨：东北林业大学出版社

李坚,董玉库.1991.木材、人类与环境.家具,4
李坚,董玉库.1992.木材的视觉与环境学特性.中国木材,(2):24～27
李坚,董玉库.1992.内墙装修材料与湿度调节.室内,(1):32～33
刘一星,李坚,董玉库.1993.木材材色与森林地理分布的关系.东北林业大学学报,4:006
王松永.2004.木质环境科学.台北:编译馆
赵荣军,李坚,方桂珍,等.2002.木材抽出物对哺乳动物生长的影响.木材工业,16(3):19～21
赵荣军,李坚,刘一星,等.2000.木材对生物体调节特性的研究(Ⅰ).冬季条件下不同内装环境对小白鼠生长的影响.东北林业大学学报,28(4):72～74
赵荣军,李坚,刘一星,等.2002.木材对生物体调节特性的研究(Ⅱ).春夏季条件下不同内装环境对小鼠生长的影响.东北林业大学学报,30(3):24～28
赵荣军,李坚,刘一星,等.2003.木材对生物体调节特性的研究(Ⅲ).秋季条件下不同内装环境对小鼠生长的影响.东北林业大学学报,31(6):9～12
赵荣军,李坚,刘一星.2004.木质居室环境对哺乳动物一些生理指标的影响.林业科学,40(3):198～203
宫崎发文,本乔豐,小林茂雄.1992.精油の吸入によゐ气分の变化(第2报)血压・脈搏・R-R间隔・作业效率・官能评价—感情プロフィール检查に及ばす影响.木材学会誌,38(10):909～913
宫崎良文,本桥豐,小林茂雄.1992.精油の吸入によゐ气分の变化(第1报)瞳孔光反射・作业效率・官能评价・感情プロフィール检查に及ばす影响.木材学会誌,38(10):903～908
谷田贝九文.1991.树木挥发性微量成分の化学と利用.木材学会誌,37(7):583～589
铃木正治.1984.居住适性材料としての木材.
齐藤幸司,冈部敏弘,稻森善彦.1996.モノテルパソの生物学的特性モノテルパソのラットに对すゐ血压降下作用と植物病原真菌に对すゐ抗真菌效果.木材学会誌,42(7):677
山田 正编.1986.木质环境の科学.海青社
王松永,卓志隆.1994.内装材料の调湿性能の评价につぃて(第1报).木材学会誌,40(2):220
王松永,卓志隆.1994.内装材料の调湿性能の评价につぃて(第2报).木材学会誌,40(6):648

第6章　木材力学性质

木材力学是涉及木材机械性质或力学性质的科学，它讨论外力作用于木材及木材对外力的反作用。木材力学性质是度量木材低抗外力的能力，研究木材应力与变形有关的性质及影响这些性质的因子。

木材力学中有关弹性、塑性及各种强度理论已得到广泛的研究和应用，无疑，这对合理利用木材和工程设计都起到重要作用。但是，木材作为一种非均质的、各向异性的天然高分子材料，还存在某些更复杂的特性，如木材的黏弹性也直接影响木材的各种力学性质。木材的化学加工及各种人造板的性质也涉及木材的黏弹性，而在计算木材强度和容许应力时，必须充分考虑时间和环境条件等因子的影响。

近年来，随着木材科学和一些交叉学科的相互渗透和研究的深入，以及工程设计中一些迫切需要解决的问题的出现，这方面的研究引起人们的高度重视。

一些研究者把材料科学领域的流变学理论应用到木材力学中，以解释木材的黏弹性。从理论上进行深入的探讨，根据木材这种天然高分子材料和高分子化合物在力学上的某些共有的特性，借鉴后者的一些研究成果充实到木材力学中；也有以热力学中分子热运动、能力的转换、微观和宏观扩散理论解释木材内部分子的微观变化所引起的木材宏观上的力学变化，引入微观力学的理论，使所建立的数学模型能更精确、更完善地描述和解释各因子间的单独作用和相互作用。这比已有的弹性、黏性元件所组成的力学模型又向前推进了一步。而后者也在不断地寻求更完善的组合方式以求准确地解释木材的黏弹性，相应地提出了一些可行的求解元件常数的方法。

各种模型理论的建立为这一领域的应用研究奠定了基础，尤其是近十几年来，国外一些研究者对于木材和各种木基质材料的研究非常活跃，主要着眼于：①温度、湿度对蠕变的影响，并侧重于湿度的影响；②不同载荷对蠕变的影响；③黏弹特性对木材干燥的影响；④以工程设计的角度研究木材及其构件的承载寿命及预测破坏时间；⑤近年来，人造板工业发展迅速，用途日趋广泛，对其黏弹性的研究亦逐步深入。

由于木材蠕变实验尚无统一标准，因此研究和实验方法因人而异，这种实验的特点是周期长、涉及的影响因素较多。从已发表的文献可知，虽然研究人员做了大量基础性工作，但资料并未系统化和标准化，所以迄今还难以成功地运用到设计标准和规范中去，这也必将成为今后研究的重点。

6.1　木材力学性质基本概念

6.1.1　木材的应力和应变

当木材受到外力作用，而所处的条件使其不能产生惯性移动时，木材的几何形状和尺寸将发生变化，这种变化称为应变。木材发生宏观变形时，其内部各成分间及成分内各分子之间的相对位置和距离发生变化，产生了成分间及分子之间的附加内力，抵抗着外力，并力图恢复到变化前的状态；当达到平衡时，附加内力与外力大小相等，方向相反。单位面积上的附加内力

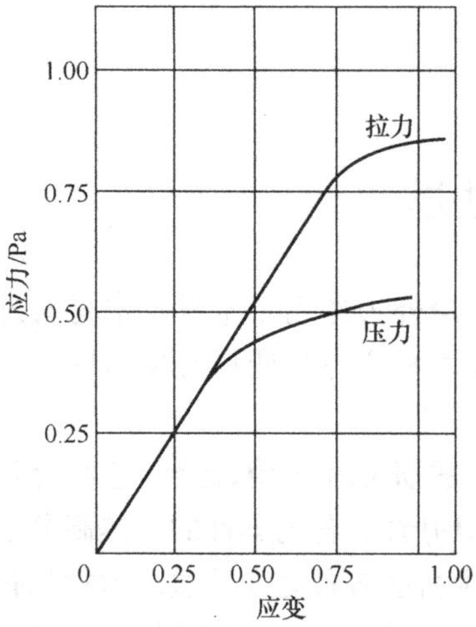

图 6-1　木材顺纹理拉伸与压缩的应力与应变的关系

称为应力，其值与单位面积上所受的外力相等。

木材应力与应变的关系是非常复杂的，因为它的性能既不像真正的弹性材料，又不像真正的塑料材料，而属于既有弹性又有塑料的材料——黏弹性材料。应变的大小受很多因素的影响，包括木材自身的因素，如密度、管胞或纤维细胞壁微纤丝的角度及恒定的或变化的环境因素(如大气的温度、相对湿度)等。此外，还取决于时间的因素，长时间处于应力状态或短暂时间的受力，应变的大小也不同：在较小的应力和较短暂的时间里，木材的性能十分接近于弹性材料，反之，则近似于黏弹性材料。图 6-1 表明木材顺纹理拉伸与压缩的应力与应变的关系。

6.1.2　木材的弹性性能

弹性——固体受到作用力而产生的变形，卸载后变形便消失，可以完全恢复其原有的形状和大小的性能。

弹性模量——在比例极限以下，应力与应变的关系服从虎克定律，即应力与应变成正比，比例常数称为弹性模量。

$$弹性模量(E)=应力(\sigma)/应变(\varepsilon)$$

弹性模量是材料发生单位应变时的应力，它表征材料抵抗变形能力的大小，其值越大，越不容易变形，表现材料刚度越大。木材是各向异性材料，在各个方向上具有不同的力学性质，也就有不同的弹性模量。通常，纵向(L)较大，径向(R)和弦向(T)较小，次序为 $E_L \geqslant E_R \geqslant E_T$。$E_L/E_T$ 的比值介于 12∶1(山毛榉)和 58∶1(轻木)之间，由此说明了木材的高度各同异性。表 6-1列举了数种木材的弹性模量值。

表 6-1　几种木材的弹性常数

树种	密度/kg·m^{-3}	含水率/%	E_L/GPa	E_R/MPa	E_T/MPa	V_{RT}	V_{LR}	V_{LT}	G_{LT}/MPa	G_{LR}/MPa	G_{TR}/MPa
阔叶树材											
轻木	200	9	6.274	296	103	0.66	0.23	0.49	200	310	33
核桃木	590	11	11.239	1172	621	0.72	0.49	0.63	690	896	228
白蜡木	670	9	15.790	1516	827	0.71	0.46	0.51	896	1310	269
山毛榉	750	11	13.700	2240	1140	0.75	0.45	0.51	1060	1610	460
针叶树材											
云杉	390	12	11.583	896	496	0.43	0.37	0.47	690	758	39
松木	550	10	16.272	1103	573	0.68	0.42	0.51	676	1172	66
花旗松	590	9	16.400	1300	900	0.63	0.43	0.37	910	1180	79

注：E_L 为顺纹(L)弹性模量；E_R 为水平径向(R)弹性模量；E_T 为水平弦向(T)弹性模量；V_{RT}径向延展应力的泊松比＝T向压力应变/R向延展应变；V_{RT}顺纹延展应力的泊松比＝R向压力应变/L向延展应变；V_{LT}顺纹延展应力的泊松比＝T向压力应力/L向延展应变；G_{LT}为顺纹-弦面剪切模量；G_{LR}为顺纹-径向剪切模量；G_{TR}为水平面剪切模量

木材的弹性常数随它的密度、含水率和温度、微观构造的变异、纹理的角度、节疤的大小与部位等的变化而异。密度实际上是胞壁厚度与细胞直径比值的函数，无论胞壁厚度或细胞直径的大小都会显著地影响圆柱形细胞的劲度(即物体抵抗变形，特别是抵抗弯曲的能力，用弹性模量来计量)。密度对木材的剪切模量也有影响，但相关关系较低。泊松比与密度没有什么相关关系。木材含水率在纤维饱和点以下时，增加或减少含水率对木材的弹性模量有显著的影响，含水率由 25% 降到 0%时，弹性模量大致可以增加 25%；对剪切模量的影响更显著，含水率由 25%降至 0%时，剪切模量将增大 50%。温度升高时，木材的弹性模量必然会降低，但同时含水率也降低，弹性模量又随之升高，所以温度增加与含水率降低的共同作用，将会使弹性模量的增加与降低相互抵消。木材细胞壁中的木素含量不仅赋予木材纤维素的防吸湿作用，而且给予木材较好的弹性模量。细胞壁 S_2 层的微纤丝角与顺纹理的弹性模量关系密切，角度越小，劲度就越大。换而言之，木材纹理越直，劲度就越高。

6.1.3　木材的塑性与塑性变形

当应力超过比例极限应力时，应变并不随应力成比例增加，而是应变迅速增长，即使压力不再增大，应变也能增加，该点称为屈服点；材料的应力不变而变形继续的性质，称为塑性。

塑性变形是指外力去除后，也不能恢复到原状的永久变形。

木材弹性变形是由于相邻微纤丝之间发生了滑移，细胞的壁层也发生了变形，但在壁层之间并没有出现永久变形。因此，弹性变形实际上是分子内的变形和分子间键距的伸缩。

木材塑性变形是由于微纤丝内应力过大造成破坏，引起共价键断裂，细胞壁壁层的变形使细胞间出现永久性微细开裂。因此，塑性变形实际上是分子间相对位置的错移。

木材产生塑性变形需要的外力(荷载)比产生黏弹性变形要大，这是因为纤维素分子链间相互滑动的缘故。当塑性变形出现后，纤维素的结构开始破坏。因此，荷载超出木材的持久强度，木材终究要破坏，超过越多，破坏也越快。

木材是弹性-塑性材料，其应力与应变的关系与理想弹性体的直线关系不同，在常温恒湿条件下，木材在外力作用下并不呈现明显的屈服点就受到破坏。此外，木材的软化点是在热分解温度之上，因此，木材是一种缺乏塑性的材料。

6.1.4　木材强度、韧性和破坏

强度是指木材在规定的方向上能够抵抗最大荷载的能力。韧性是指骤然荷载下的抵抗力，即木材抵抗冲击的能力。虽然强度和韧性最终都会达到破坏的水平，但达到破坏的量值是完全不同的。韧性在数值上是以需要的能量计的(J/m^2)，而强度的量值是应力(Pa)。

韧性与强度的概念不同，两者之间并无相关关系。

1. 强度

木材是一种低密度、各向异性、多孔性的毛细管胶体，具有不可避免的天然缺陷和相当大的变异性；木材强度不同于一般均匀的、各向同性的材料，其影响因素甚多。即有：

(1) 施加应力的方式及方向。施加应力的方式不同，所得到的木材强度值相差很大。例如，顺纹抗拉强度要比顺纹抗拉强度大 3～4 倍。施加的应力方向不同，所得的木材强度值变化幅度更大，说明木材的各向异性对强度值具有相当大的影响。

(2) 木材的宏观构造。主要指:密度、纹理角度、节疤等。

① 密度。影响木材强度的最主要因素是密度,一般来说,密度增加,除顺纹抗拉强度以外的其他强度便会增加。这是由于顺纹抗拉强度主要取决于具有共价键的纤维素链状分子的强度,与细胞壁物质的多少关系不大。因此,密度对顺纹抗拉强度没有影响。密度体现了单位体积内所包含的木材细胞壁物质的数量,是木材强度的物质基础。

密度与强度的相关关系随施加应力的方式而变化,它与抗压强度和硬度的相关性最大,而与顺纹抗拉强度的相关性最小。

② 纹理角度与节疤。木材的纹理与所施加的应力方向的夹角对强度的影响很大,尤其是对顺纹理抗拉强度,如果它们的夹角仅为15°,顺纹抗拉强度值就能降低40%。

木材中存在的节疤不仅影响材质,降低强度,而且节疤的存在导致附近的纹理扭斜,致使顺纹抗拉强度降低。

(3) 木材的微观构造。木材微观构造中的细胞壁 S_2 层微纤丝角对木材各种强度值的影响十分显著。例如,针叶材应压木细胞壁的微纤丝角比正常材大得多,达到45°左右,其木材顺纹抗拉强度仅是正常材的50%~60%。

(4) 含水率和温度

① 含水率。在木材纤维饱和点以下,含水率降低,则木材强度提高,唯抗拉强度值例外。木材强度与含水率的关系式如下:

$$\log S=\log S_{\mathrm{FSP}}+k(u_{\mathrm{FSP}}-u)$$

式中:S——含水率 u%时的木材强度值(Pa);

S_{FSP}——含水率在纤维饱和点(FSP)时的强度值(Pa);

u_{FSP}——纤维饱和点(FSP)时的木材含水率,一般可视为25%;

k——常数。

研究表明,当木材含水率在6%~12%时,含水率每增减1%,静曲强度值减增5%左右;当木材含水率在12%~20%时,含水率每增减1%,静曲强度值减增3%左右。

木材顺纹抗拉强度对含水率的变化并不敏感,这是由于木材顺纹抗拉强度值主要取决于纤维素链分子的微晶,而水是不能进入微晶内的。

② 温度。木材和其他许多材料一样,强度随温度的降低而增大;但温度的改变又与木材含水率的变化有关。在温度−50~50℃范围内,当木材含水率为4%时,温度每升降1℃,静曲强度值减增0.3%左右;当木材含水率为11%~15%时,温度每升降1℃,静曲强度值减增0.6%左右;当木材含水率在18%~20%时,温度每升降1℃,静曲强度值减增0.9%左右。

(5) 施加应力速率和荷载作用

① 施加应力速率。木材属于黏弹性材料,因而木材的力学强度与时间有依从关系,而施加荷载的速度对木材的极限强度有明显的影响。荷载速率大,表观强度就高。因此,测试木材强度时,对施加荷载的速率都有明确的规定。

② 荷载期。荷载期是指施加荷载所持续的时间。长时间施加荷载,强度将随时间在推移而降低,这种现象称为荷载的时间效应。图6-2展示了随荷载期损失的静曲强度情况,纵坐标为施加的应力值,横坐标为达到破坏的时间对数值。由图可知,使用寿命为100年的木构件,设计应力不能超过短期极限应力的50%。

2. 韧性

影响木材强度的诸多因素,对木材的韧性也产生相应的影响。木材的韧性随密度的增加而成比例增长。阔叶树材的环孔材生长轮宽度大,晚材率高,密度也大,韧性也好,所以常用来做手柄之类的小木制品或运动器材。而针叶树材的生长轮宽度大,其晚材率并不增加,仅早材的比例相对增大,致使密度降低,韧性也随之下降。

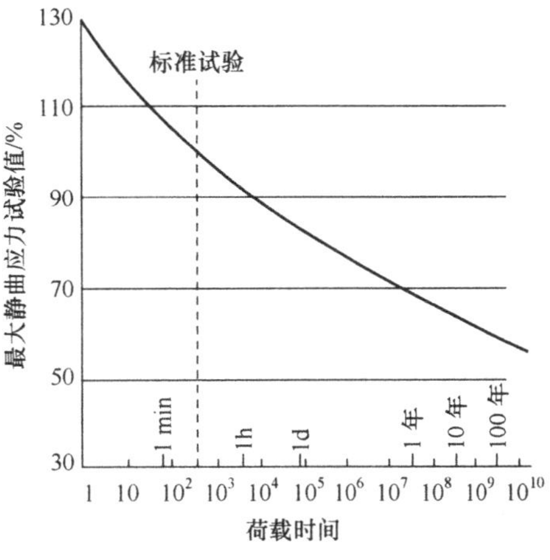

图 6-2 随荷载期损失的静曲强度

纹理角度对木材的韧性很敏感。木材顺纹理很容易劈开,所以木材顺纹理的韧性很低,但许多树种的木材具有交错纹理,如榆木,就不易劈开,木材横纹理的韧性则很高。由于节疤附近的纹理不直,对于要求韧性好的木材,其对节疤的限制亦很严格。

木材一旦发生初腐,其韧性便会显著下降,所以凭借韧性的变化,可以判断木材有无初腐现象发生。

3. 破坏

破坏是木材最重要的力学性质之一。它是木材作为建筑材料,安全设计中必须考虑的一个重要因素;木材的强度达到了极限应力。就会出现破坏。但在木材力学试验中不是总能察觉到极限应力。例如,在木材横纹抗压标准试验中就察觉不到极限应力,破坏的含意是指木材的断裂,或者是超重的变形值。参阅图 6-3,图上的两条曲线就表明了"破坏"的定义。应力是不能直接测定的,必须凭借变形方面的知识才能意识到它的存在。除了灾难性的结构破坏外,还有许多破坏现象,例如,木材干燥时出现的皱缩,伐倒木出现的压裂,防腐加压浸注时胞壁出现的破裂等都关系到木材的强度,大多数材料的极限压应力都比极限拉应力大;但木材却相反,其顺纹极限压应力比顺纹极限拉应力小得多,这个区分常作为各向异性的多孔性、纤维状性质的木材不同于各向同性材料的特征。

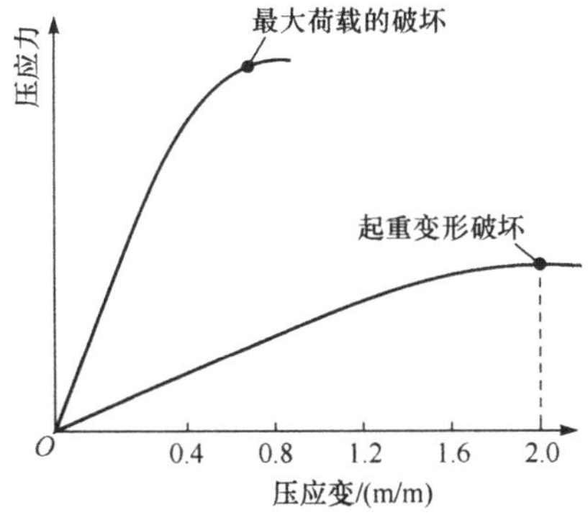

图 6-3 "破坏"定义的示意

断裂或破坏是木材组织(即木纤维)的局部或全部分离,是一种严重或全部的破坏形式。

6.2 木材的流变学特性

木材的长期荷载下的变形将逐渐增加。若荷载很小,经过一段时间后,变形就不再增加;当荷载超过某极限值时,变形不但随时间而增加,甚至使木材破坏。因此,在讨论变形或应变时,必须考虑长期荷载下产生应力的情况。变形随时间而增加的这一性质,犹如液体的性质,在运行时受黏性的影响。在讨论材料的变形时,还需考虑施加荷载后瞬间变形的情况,即弹性和黏性的两个性质在木材承受荷载时，应同时予以考虑，这就是木材的黏弹性或流变学性质。

在施加产生变形的外力下，对物体变形和流动的研究，即探讨材料荷载后的弹性和黏性的科学，称为流变学。木材流变学主要研究应变与时间、增塑剂和温度的关系。例如，水就是木材纤维素的增塑剂。

6.2.1 木材的蠕变

在恒定的应力下，木材应变随时间而增加，称为蠕变。Denton 及 Riesenberger 证明，若梁承受的恒载为最大瞬时恒载的 60%，受蠕变的影响，大约一年就破坏了。木材使用时承受不超过比例极限的荷载，由于蠕变而形成一持续的、速度是递减的变形，直到破坏时所发生的变形约 2 倍于前一种情况的变形；当其他情况相同时，木材因长期恒载而产生应力，试验证明此应力并不影响木材的破坏强度。

现在从木材的微细结构来看，它是既有弹性又有塑性。图 6-4 为木材的蠕变曲线，它是在 t_0 时给予木材以应力，便立即产生相应的弹性变形 OA，在此应力作用下，随时间的推移而产生蠕变 AB。在时间 t_1 时解除应力，便立即产生弹性恢复 BC_1（$=OA$）；至 t_2，又出现部分的蠕变恢复，即从 C_1 回到 D，恢复的变形是 C_1C_2。t_2 以后进一步的恢复不大，可以忽略不计。因此，DE 便是荷载-卸载循环终结时残留的永久变形。在时间 t_2 的残存变形中，包括全部蠕变恢复量（即加荷后，随时间增加而递减的弹性变形）及永久变形，后者从 t_0 到 t_1 止，沿 OC_2 直线增加。一个物体按照图 6-4 的曲线变化的性质，称为“黏弹性”。木材及许多高聚物属于这一类。

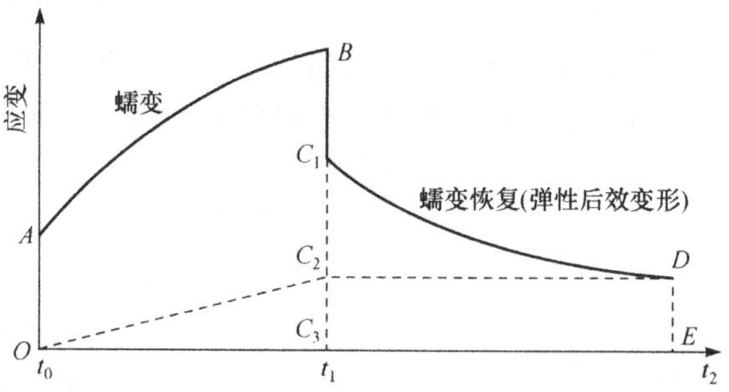

图 6-4 弹性-塑性体的变形与以时间为函数的关系（即蠕变曲线）

温度对蠕变有显著的影响，根据木材的剪切和弯曲试验，当空气的温度和湿度增加时，木材的总变形及变形的速度也增加。实际上，空气相对湿度的波动范围比较小，木构件的尺寸又比较大，因而木材含水率的变化对蠕变的影响不大。但是，木材含水率的变化对于木构件的长期变形是有重要影响的。

King 根据 11 个树种木材的短时期的试验结果，得出在持续荷载期间开始的 30～40min 内，不管施加多大荷载，蠕变与荷载时间的对数值成正比关系。30～40min 后，蠕变的增长便会超过与时间对数值的比例。

根据 Kellagg 的研究，木材顺纹理最大的拉伸应变（包括累积的蠕变），会在反复施加拉伸应力后有所增加。这说明最大拉伸应变的增加是由于循环周期的蠕变所增加的应变的缘故。

从木材强度的观点来说，木材的蠕变之所以重要，主要是木材长期承受较高的荷载，特别是木材在含水率高的情况下，要考虑蠕变的问题。

木材属于高分子结构的材料，它在受外力作用时有三种变形：瞬时弹性变形、弹性后效变形及塑性变形。木材承载时，产生与加荷速度相适应的变形成为瞬时弹性变形，它服从于虎克定律。加荷过程终止，木材立即产生随时间递减的弹性变形，也称黏弹性变形是因纤维素分子链的卷曲或伸展促成，这种变形也是可逆的。纤维素分子链因荷载而彼此滑动所造成的变形，称为塑性变形，不可逆转。

木材温度越高，纤维素分子链的运动也越快，变形也大。夏季的木梁变形大，原因之一在于此。

木材产生塑性变形需要的荷载比产生黏弹性变形要大，这是因为纤维素分子链间相互滑动的缘故。当塑性变形出现后，纤维素的结构被破坏，因此，荷载超出木材的持久强度，木材终究要破坏，超过越多，破坏也越快。

流变学就是应力与应变理论同螺旋弹簧的弹性性质与减震器的塑性性质理论相比拟的学说。这种假想的流变模型或单元可有许多组合方式。细胞壁由不同解剖分子和化学成分构成，好比木材的弹性区和塑性区相结合。

处于隔离状态的纤维素结晶区具有弹簧的性质，无定型的木素起隔离作用，具有减震器的性质。实际上，木材组织中没有被隔离的单元，但确实有少量的弹性单元和塑性单元以部分串联和部分并联的方式起作用。在木材流变学中，常以木材的弹性活动比作弹簧，以其塑性活动比作减震器，并以各种组合构成流变模型，用以解释应力与应变的理论。

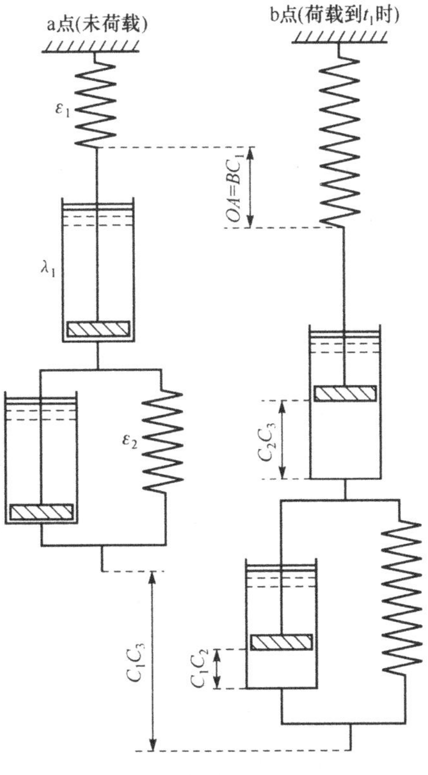

图 6-5　表示串联和并联的弹性及黏性单元的配置

图 6-5 是一个简单的力学模型。它是由弹性及黏性单元串联和并联组成的。它描绘出应力-应变的性质，表示木材承受一定量的荷载后的表现行为。图上半部分的弹簧与减震器串联为 Maxwell 模型。下半部分并联的为 Voigt 模型。这种模型的连续变形仍是由瞬时弹性变形、弹性后效变形和塑性变形组成的。图中 a 表示未荷载；b 表示荷载到 t_1 时；它的总应变为 ε，由下列的各部分构成。

$$\begin{aligned}\varepsilon &= BC_1 + C_1C_2 + C_2C_3 \\ &= \varepsilon_H + \varepsilon_N + \varepsilon_R \end{aligned} \tag{6-1}$$

式中：ε_H——瞬时弹性变形(图 6-6)；

ε_N——弹性后效变形(图 6-6)；

ε_R——塑性变形(图 6-7)。

现在讨论弹性与黏性单元串联与并联交替配置的模型及其恒应力-流动曲线。在恒应力(σ)下，理想弹性体的变形(ε)不随时间变化。设弹性模量为 E，根据虎克定律有 $\varepsilon=\frac{1}{E}\sigma$，或

$d\varepsilon=\frac{1}{E}d\sigma$，可以推导出流动曲线方程：

$$E=f(t)=常数$$

$$\frac{d\sigma}{dt}=E\frac{d\varepsilon}{dt}\ 或\ \frac{d\varepsilon}{dt}=\frac{1}{E}\frac{d\sigma}{dt} \tag{6-2}$$

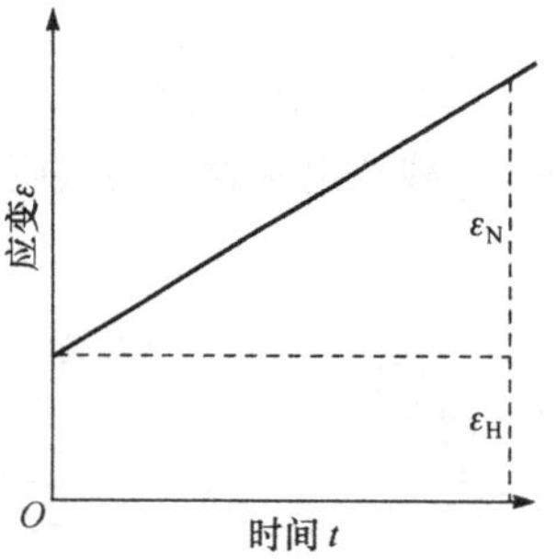

图 6-6　串联的黏弹性单元的恒应力流动曲线

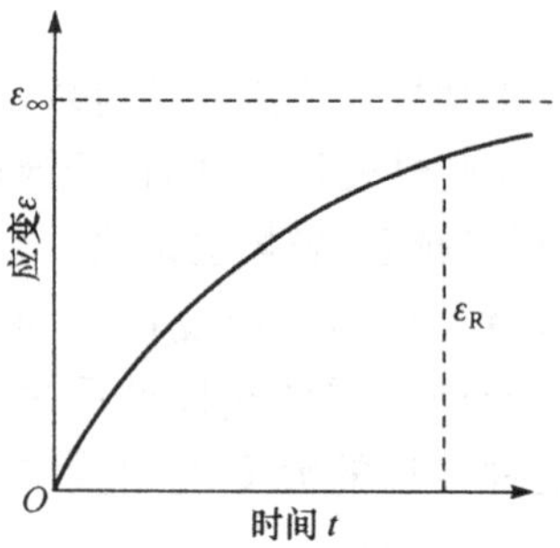

图 6-7　并联的黏弹性单元的恒应力流动曲线

式中：$\frac{d\varepsilon}{dt}$——应变速度；

$\frac{d\sigma}{dt}$——应力变化的速度。

若物体是黏性的，并具有牛顿液体性质，变形与时间成比例，则

$$\varepsilon=\frac{1}{\eta}\sigma t\ 或\ d\varepsilon=\frac{1}{\eta}\sigma dt \tag{6-3}$$

$$\frac{d\varepsilon}{dt}=\frac{1}{\eta}\sigma \tag{6-4}$$

式中：η 为黏度或黏度系数。当材料具有弹性单元与黏性单元串联时，其流动速度可计算如下，即将(6-2)式和(6-4)式合并成正式：

$$\frac{d\varepsilon}{dt}=\frac{1}{E}\frac{d\sigma}{dt}+\frac{1}{\eta}\sigma \tag{6-5}$$

上式称为流变学基本公式，它包含了理想的塑性流动条件。(6-5)式还可以写成下式：

$$\frac{d\sigma}{dt}=E\frac{d\varepsilon}{dt}-\frac{E}{\eta}\sigma=E\frac{d\varepsilon}{dt}-\frac{\sigma}{\lambda} \tag{6-6}$$

式中：$\frac{E}{\eta}$——为常数，因物质不同而有变化，令 $\lambda=\eta/E$；

t——松弛时间(s)。

若为剪应力，则(6-6)式应为

$$\frac{d\tau}{dt}=G\frac{d\varepsilon}{dt}-\frac{\tau}{\lambda} \tag{6-7}$$

式中：τ——剪应力(0.1MPa)；

G——剪切弹性模量(0.1MPa)。

假使弹性及黏性单元并联，减震器开始以$\frac{\sigma}{\eta}$的速度趋近于零时而运动，则有较多的应力渐

渐传送到弹簧。这样,作用于黏性单元的应力等于被施加的外应力减去弹性单元的应力。图 6-7为流动曲线分布,设 ε_R 为塑性变形,则

$$\frac{d\varepsilon_R}{dt}=\frac{\sigma}{\eta}-\frac{\varepsilon_R}{\eta}E=\frac{\sigma-\varepsilon_R E}{\eta}$$

积分得:

$$\varepsilon_R=\frac{\sigma}{E}(1-e^{-\frac{E}{\eta}t})=\varepsilon_\infty(1-e^{-\frac{t}{\eta}}) \tag{6-8}$$

综上所述,求得一个系统的应力-应变性质的数学描述(参阅图 6-5)。因 $\varepsilon_H=\frac{1}{E_1}\sigma$,$\varepsilon_R=\frac{\sigma}{E_2}(1-e^{\frac{E_2}{\eta}t})$,又由(6-3)式得:

$$\varepsilon_N=\frac{\sigma t}{\eta_1}=\frac{\sigma}{E_1}\left(\frac{t}{\lambda_1}\right)$$

所以(6-1)式可以写成:

$$\varepsilon=\varepsilon_H+\varepsilon_N+\varepsilon_R=\frac{1}{E_1}\sigma+\frac{\sigma}{E_2}(1-e^{\frac{E_2}{\eta}t})+\frac{\delta}{E_1}\left(\frac{t}{\lambda_1}\right) \tag{6-9}$$

图 6-5 模型的缺点,在于它表明某些材料,如木材等受外力后产生永久变形;除去外力后,在重新施加外力的条件下,其蠕变曲线和最初受外力时的性质完全相同。实际上,受外力产生永久变形的木材,和它最初的特性不同,这是可以预料的。因此,需要在图中的 Voigt 模型部位安装止滑装置,如图 6-8 所示。这样,由于存在初应力而产生的 C_2C_3 永久变形,因止滑装置的作用,Voigt 模型的变形就不能恢复。以后施加的外力,从这一点开始变形。根据 Voigt 模型的性质,减震器的底部和中部对变形的抵抗也不同,因而木材有永久变形出现。

6.2.2 木材的松弛

木材的应力松弛是木材承受静荷载后,在应变为常数的情况下,应力损失的时间速度。开始的荷载要大,借以产生应变,但是为了保持应变为常数,必须使荷载随时间而递减,如图 6-9 所示。松弛与蠕变的区别,在于它们的可变量不同。就蠕变而言,应力是常数,应变随时间而变化。木材之所以产生这两种现象,是由于具有塑性性质。

木材的松弛是假定木材因荷载而产生应变的速度不变,其内应力随时间而减少,这个应力随时间而减少的曲线如图 6-9 所示,称为应力松弛曲线。

在(6-6)式 $\frac{d\sigma}{dt}=E\frac{d\varepsilon}{dt}-\frac{\sigma}{\lambda}$ 中,令 $\frac{d\varepsilon}{dt}=0$,则

$$\frac{d\sigma}{dt}=-\frac{\sigma}{\lambda}$$

积分得:

$$\lg\sigma=-\frac{t}{\lambda}+C$$

C 为常数。设 σ_0 为最初产生的应力,则 $C=\lg\sigma_0$,代入上式得:

$$\ln\frac{\sigma}{\sigma_0}=-\frac{t}{\lambda}$$

或

$$\frac{\sigma}{\sigma_0}=e^{-\frac{t}{\lambda}}$$

或

$$\sigma=E\varepsilon_0 e^{-\frac{t}{\lambda}}=E\varepsilon_0\exp\left(-\frac{t}{\lambda}\right)$$

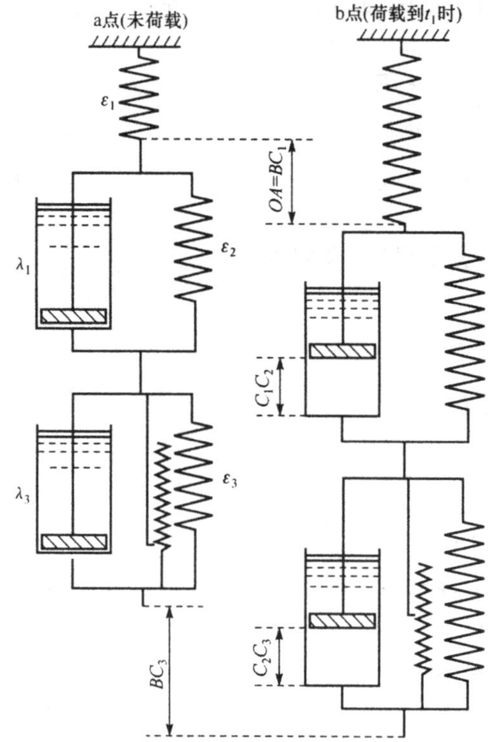

图 6-8　串联和并联的弹性和黏性单元并附止滑装置

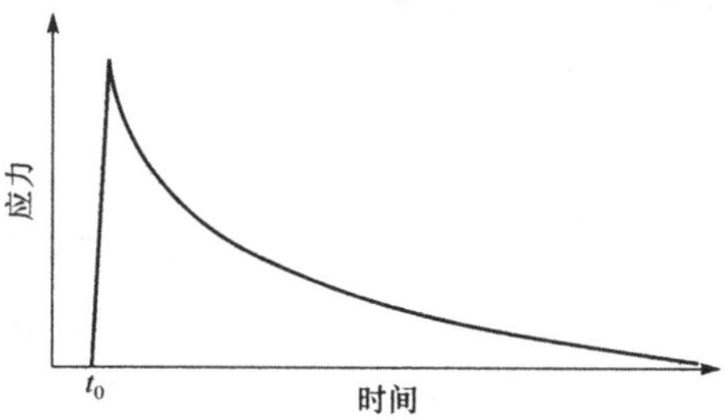

图6-9　黏弹性材料的松弛曲线、应变的速度为常数

木材的结构复杂，它的弹性模量及缓和时间随许多因子而变化，因此有

$$\sigma = \varepsilon_0 \sum_{i=1}^{n} E_i \exp\left(-\frac{t}{\lambda_i}\right)$$

式中：ε_0——已知的应变。

现令 $E(t)=\dfrac{\sigma}{\varepsilon_0}$，$\sigma_t$ 为 t 时的应力，则 $E(t)$为松弛弹性率，用下式表示：

$$E= \frac{\sigma}{\varepsilon_0} = \sum_{i=1}^{n} E_i \exp\left(-\frac{t}{\lambda_i}\right)$$

假使缓和时间 λ 从零到无穷大是连续的，那么松弛曲线应为

$$E(t) = \int_0^{\infty} E(\lambda) \exp\left(-\frac{t}{\lambda}\right) \mathrm{d}\lambda$$

弹性系数 E 为缓和时间 λ 的函数，以 $E(\lambda)$表示，称为缓和时间分布，或称松弛波谱。

Kitazawa 还根据木材的刚性找出测定固体的松弛曲线公式：

$$\sigma_t = t_1(1 - m\log t)$$

式中：t——时间(min)；

σ_t——在 t 分钟的应力(0.1MPa)；

σ_1——1min 或某一时间单位应力(0.1MPa)。

应该注意，最初应力不能用 σ_0，因为时间为零的对数没有意义。m 为松弛系数，它包括时间对数的导数，因而任何树种这一数值及其使用的条件，应该通过试验测定。

Brown 等用 8 个树种的气干材，通过横纹压力计测出系数 m 的近似值，得到松弛系数 m

与密度成反比。如前所述,松弛为一塑性现象,它随所处条件而变化,例如木材含水率增加,m值也增加。

6.2.3　木材黏弹性理论的研究进展

1. 黏弹性理论的发展

经过从多学者的共同努力,黏弹性理论从初始的线性理论发展到通过不变量导出了有限变形理论。其中应力、变形程度和它们的任意阶物质时间导数之间用泛函关系来表示,在总结了以往研究成果的基础上,建立起了本构理论。另一方面,也可以从热力学不可逆理论和内变量热力学方法,得到有关黏弹性材料的结构理论。

目前在工程和材料科学中应用最广的是一维线性黏弹性理论,其本构方程为

$$u(t)=\int_0^t C(t-\tau)\frac{\mathrm{d}F}{\mathrm{d}t}(\tau)\mathrm{d}\tau \tag{6-10}$$

$$F(t)=\int_0^t K(t-\tau)\frac{\mathrm{d}u}{\mathrm{d}t}(\tau)\mathrm{d}\tau \tag{6-11}$$

式中:$u(t)$——杆件在外力作用下产生的变形;

$F(t)$——杆件所受的外力;

τ——时间间隔。

(6-10)式为 Boltzmann 固体积分蠕变型本构方程,(6-11)式 Boltzmann 固体积分松弛型本构方程。$C(t)$和$K(t)$称为蠕变函数和松弛函数,它们随材料不同而异。

利用热力学不可逆方程探求黏弹性介质的本构理论是采用了 Biot 方法,其基础是热力学第一定律和第二定律。主要是从系统内部熵的变化推导出广义的本构关系,即

$$Q_i(t)=\sum_{j=1}^{k}[C_{ij}q_j(t)+C'_{ij}q_j(t)]+\sum_{a=1}^{n-k}C_{ij}^{(a)}\cdot\int_0^t \mathrm{e}^{-\lambda}a^{(t-\tau)}\cdot q_j(\tau)\mathrm{d}\tau$$

式中:$Q(t)$——系统的内力;

$q_j(t)$——对应的位移;

C_{ij},C'_{ij}——经拉氏变换后的矩阵中的子项。

若把一维问题推广到三维可得到:

$$e_{ij}(x,t)=\int_{-\infty}^{t}J_{ijke}(x,t-\tau)\frac{\partial\sigma_{kl}}{\partial\tau}(x,\tau)\mathrm{d}\tau$$

此方程称为积分蠕变型本构方程,四阶张量J_{ijkl}称为张量蠕变函数。

由此可见,虽然黏弹性理论是建立在实验科学的基础上,但却有着数学上的严格性。

在聚合物科学的发展中,黏弹性理论得到了广泛应用,如塑料仅在热压和一些外加条件下便可容易地令其变形,将其制成希望的形状,而这种形状可通过降低温度而稳定长久地保持下来。至于塑料为什么具有这种特性,可以由它的黏弹性得到说明。木材在一般条件下是不具备这种特性的,但在高温下木材中的纤维素、半纤维素和木质素是可以软化的。以木材为原料的各种人造板的热压过程与塑料的成型有着相似之处。

Ward I. M. 指出,高聚物的力学性质依赖于实验的时间尺度和温度,其行为可以是玻璃态、黏弹态、橡胶态和黏流态。在木材的化学加工和人造板的热压过程中,纤维素和半纤维素具有一定的热软化特性,而木质素也存在玻璃态转化问题,这对胶粘及木材的热加工均具有一

定意义。可见，木材加工中也涉及类似于高聚物的黏弹性质。

Billmeyer F. W. 认为，黏弹性和分子结构是紧密联系的，这主要是从应力引起链形变时体系的熵和自由能发生变化考虑的，进而从分子水平和结构的角度对黏弹性作了进一步的阐述。

高聚物在线性黏弹性的处理上主要是以尽量少的数学模型赋予黏弹性更多的物理意义，这样做可以给实验数据的处理带来方便。

2. 木材黏性理论的研究和应用

20 世纪 60 年代，木材黏弹性的研究只是就最基本的黏弹行为进行了试验和比较，在模型理论的应用和实验数据的处理上还是脱节的，但在一定程度上还是能够解释工程中这种复杂的力学现象。

Pentoney 等在评价流变学与木材关系时认为，如同其他科学分支一样，流变学的研究正入各种材料中，当然木材也包括在内。从某种意义上说，流变学概念的应用，大大地丰富了木材科学的知识，尤其是力学特性和分子结构。传统的弹性理论在固体力学的发展中无疑是重要的，但事实上仅是全部理论的一部分，所以是不完善的有限力学理论。木材和其他结构材料在低于弹性极限时称为弹性固体，超过这个极限应变就不成比例。对于大部分情况下这个条件是满足的，但人们发现非线性情况也存在于这种“弹性体”中。

在考虑木材构造的影响时，细胞壁组织既然由高度结晶的定向排列的纤维素所构成，为什么木材还会呈现复杂的流变特性呢？当了解到细胞壁还有无定形的物质对力学变形产生影响时便可清楚。其中，木质素就是无定形的网状高聚物，并集中在具有高剪切应力的部位，可见人们已逐渐认识到了这个理论的重要性。

20 世纪 70 年代以来，由于工艺和设计发展的需要，加之技术手段的改进，促使这一理论在木材工业中得到迅速发展，相继发表了许多研究论文。

(1) 环境条件对木材黏弹性的影响。Hearmon 和 Davidson 很早就对温度、湿度对木材的影响做了研究。在低应力下木材的变形存在线性黏弹性行为。温度的增高会导致恢复曲线斜率的增大。但 20～50℃内影响甚小。50～60℃影响增大。从白松的蠕变曲线看出，20℃和 30℃时蠕变值几乎没有差异，40℃时差异也不大，但超过 50℃时就相当明显了。

进行相对湿度连续变化的实验表明，荷载为 25%时试样在第 38 个周期时破坏，可以认为疲劳和交变含水率有联系，以致试样在大大低于短期破坏荷载的情况下发生破坏。很明显，湿度变化产生明显的变化，这不论在剪切或弯曲时都如此。还建议对实用条件下的梁和板材也应进行同样研究。

Tang 认为，通常湿度对木材及其复合材料的影响要比温度大。这样，在考虑两者的影响时所建立的方程为

$$Q[\varepsilon]=P[\sigma]+A[T]+[B]M$$

式中：Q、P、A 和 B 是作用在应变 ε、应力 σ、温度 T 和湿度 M 上的微分算子(具体表达式略)。这样可把几个变量在同一方程中表示出来，这在理论上是可以证明的，但如何应用复杂的微分方程解决实际问题还需要进一步探讨。但毕竟提出了统一考虑这些问题的可能性。

Gerhards 对环境变化的影响进行了综述，表明湿度周期变化可引起木梁在恒载下过早破坏，当相对湿度按方波循环时，试样在几个月内或甚至更短时间内就发生破坏；而在恒定环境下，同一荷载作用，寿命得到延长。在交变湿度下，发现蠕变量在每一干燥周期均增加。

关于温度的影响,温度越高或温度增加越快,蠕变也越大,但温度的变化在短时间内似乎不影响总变形。

Bazănt Z. P. 指出,在湿度变化的条件下,木材受力时的变形是极为复杂的,至今还未能用真实的数学模型来描述。这种特性类似于那些化学和微观构造完全不同的物质,如波兰特水泥混凝土。如果承认这种相似不是偶然的,那么对这类材料一定存在某种共同适用的基本特征:①这些材料是具有各种毛细管尺寸的多孔性物质,包括大毛细管及具有分子尺寸的微毛细管;②形成毛细管壁的物质具有强烈的亲水性,因而具有很强的吸附性。

基于上述性质,Bazănt Z. P. 建立了一种推测模型,至少是定性描述了变湿下受力或非受力木材所发生的各种基本现象,得出的结论如下:第一,由于改变含水率引起的蠕变加速度可以由毛细管水运动通过细胞壁物质来解释,是微观扩散而不是通过木材内的宏观扩散;第二,仅在最小的微毛细管中的水分子被认为可有效地参与传递外加荷载,并且只有这些水分子的运动才对蠕变有明显的影响;第三,由于含水率变化引起的蠕变加速度可以看作 Maxwell 链的黏性依赖于含水率的大小;第四,上述的蠕变加速度可能等效于附加应力引起的收缩和应力引起的热膨胀。这种热膨胀可认为使蠕变黏性不依赖于含水率;第五,无载时的不可恢复变形可由齿轮模型来描述,阻止变形恢复和以齿轮效应为模型的自锁可能受细胞壁微毛细管水运动的影响。

上面的论述对于解释环境对蠕变的影响又深入了一步。

(2) 不同荷载的影响。Mukudai 对有关线性和非线性黏弹性的计算已进行了比较。

一般来说,在限定的低应力范围内,应力并不改变黏弹性材料的蠕变柔量,但在高应力范围内黏弹性的蠕变柔量随应力增加而增大,因此高应力下显示非线性关系。

他提出了高应力下应用广义 Voigt 模型,使得计算成为可能;找到了高应力下显示非线性关系的叠加定律,并用于计算。

6.3　木材的各种力学强度及测试方法

6.3.1　抗拉强度

木材受力拉伸使其纤维滑移,由此产生的抵抗力称为抗拉强度。

1. 顺纹抗拉强度

(1) 概述。木材沿纵轴方向承受拉伸荷载,因拉伸而在破坏前的瞬间产生的最大抵抗力称为顺纹抗压强度。

顺纹抗拉强度是木材的最大强度,约两倍于顺纹抗压强度,12～40 倍于横纹抗压强度。顺纹剪切强度仅为顺纹抗拉强度的 6%～10%。

木材顺纹抗拉强度取决于木材纤维或管胞的强度、长度和方位。纤维或管胞的长度是左右木材强度的主要因子。纤维长度直接涉及微纤丝与纵轴的夹角(纤丝角),纤维越长、纤丝角越小,纤维强度越大。由此可见,若两个树种的木材密度相同,则长纤维树种的木材比短纤维树种的木材具有较大的顺纹抗拉强度;反之,若两个树种的木材纤维或管胞长度相同,密度大者,顺纹抗拉强度亦大。

尽管木材具有相当高的顺纹抗拉强度,但在建筑结构上考虑不多。原因在于木材的变异性和构造的不均一性,对木材顺纹抗拉强度产生不利影响,如节子、斜纹理及其他构造缺陷都会使木材顺纹抗拉强度大大降低；其次，木材的顺纹抗剪强度很低，作为建筑构件的木材，在尚未充分发挥其高顺纹抗拉强度之前，就会因剪切或挤压而破坏。再者，顺纹抗拉强度试验较难进行，不易获得可靠的抗拉强度数据。

气干木材的顺纹抗拉强度值变化较大，如针叶材中产自安徽的柳杉其值仅为49MPa，而产自云南的云南松则高达156MPa。阔叶材中轻木的顺纹抗拉强度值最低为33.6MPa，海南子京最高为215.4MPa。此外，同一树种不同部位的值亦不相同，晚材顺纹抗拉强度明显高于早材。

（2）计算。作用力与纹理方向的角度对顺纹抗拉强度的影响比对木材的抗静曲和顺纹抗压强度的影响都大，如图6-10所示。因此，测定时应尽可能使试件长轴与纹理方向平行，亦即保证作用的拉力与纹理相平行。当作用力与纹理方向成 θ 角时，可利用汉金逊(Hankinson)公式计算：

$$\sigma_0=\frac{\sigma_{/\!/}\cdot\sigma_{\perp}}{\sigma_{/\!/}\cdot\sin^n\theta+\sigma_{\perp}\cdot\cos^n\theta}$$

式中：$\sigma_{/\!/}$——平行纹理的抗拉强度（当 $\theta=0°$）

$\sigma_{\perp}$——垂直纹理的抗拉强度（当 $\theta=90°$）

n——常数，一般介于1.5～2.0。

（3）试验方法。木材顺纹抗拉强度较难测定，这是因为木材横纹抗拉强度低，而顺纹抗拉强度很高，乃至不可能设计一种试样，在试验时使之固定不伴生剪切、横压和扭曲。同时，抗拉试样的形状对试验结果的影响亦很大。

按照国家标准GB1938-80《木材顺纹抗拉强度试验方法》的规定进行测试，试样形状和尺寸如图6-11所示。试样的纹理必须通直，生长轮应垂直于试样有效部分的宽面，有效部分到夹持部分之间的过渡弧应平滑。针叶材树种的试样，两端固着部分用胶黏剂或螺钉固定90mm×14mm×8mm的硬木夹垫。

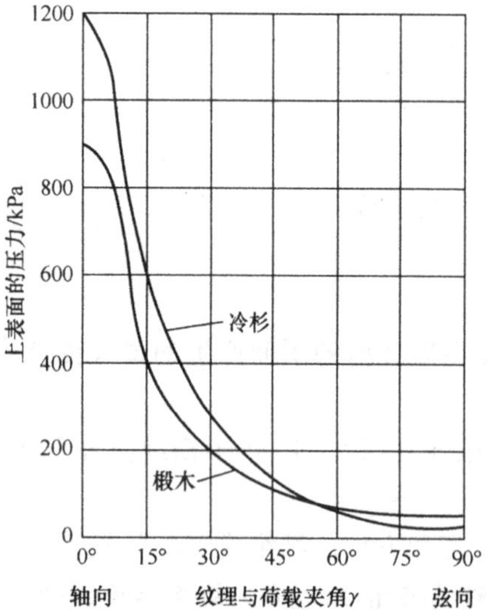

图6-10 顺纹抗拉强度受纹理与荷载的影响

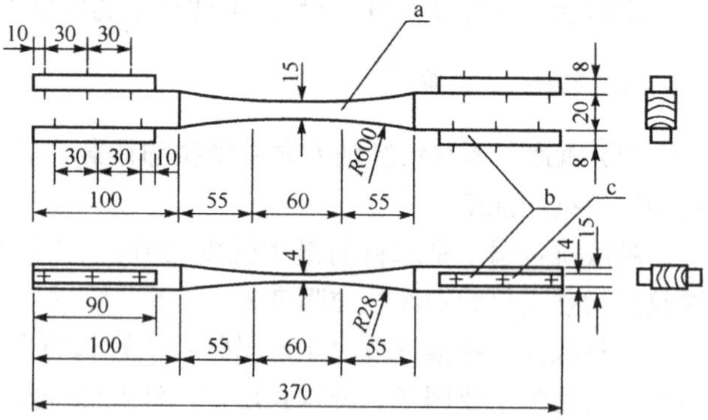

图6-11 顺纹拉伸强度试验的试样

a. 试样；b. 木夹垫；c. 木螺钉

2. 横纹抗拉强度

木材抵抗垂直于纹理拉伸的最大应力称为横纹抗拉强度，其值很低，且在木材干燥过程中往往会发生开裂，导致木材横纹抗拉强度完全丧失。因此，在任何木结构部件中都要尽可能避免产生横纹拉伸应力。木材横纹拉伸应力使用较少，我们没有制定标准的实验方法。

6.3.2 抗压强度

木材为各向异性材料，它的受压方向不同，抗压强度也有变化，通常分为顺纹抗压强度及横纹抗压强度。作为建筑和结构用材而言，木材抗压强度是至关重要的力学性质之一。

1. 顺纹抗压强度

（1）概述。在短时间内沿木材顺纹方向缓缓施加压缩荷载，木材所能承受的最大能力，称为顺纹抗压强度。由于同树种木材顺纹抗压强度稳定，变化少，易于测定；其值为横纹抗压强度的 5～15 倍，约为顺纹抗拉强度的 50%。所以，根据木材的顺纹抗压强度可求得设计应力，用于设计各种受压构件，作为选择坑木、桩木、支柱等受压木材构件的重要依据，并常用于研究各种条件和处理方法对木材强度的影响。评估木材质量的重要指标品质系数 I 为

$$I=\frac{\sigma_{cb}}{100\rho_{15}}$$

式中：I——品质系数；

σ_{cb}——木材顺纹抗压强度；

ρ_{15}——含水率为 15%时的木材密度。

由此可见，木材顺纹抗压强度是最具有代表性的力学特性指标。

（2）计算。木材顺纹抗压强度可按下式计算：

$$\sigma=P/A(\text{kPa})$$

式中：P——荷载(N)；

A——受力面积(m^2)。

（3）试验方法。按照国家标准 GB1935-80《木材顺纹抗压强度试验方法》规定进行测试，试样为 20mm×20mm×30mm，其长度与木材纹理平行。

2. 横纹抗压强度

（1）概述。木材在垂直纹理方向抵抗比例极限时压缩荷载的能力称为木材横纹抗压强度。又因其承受压力的方式不同，分为横纹全部抗压强度及横纹局部抗压强度：前者荷载作用于试样向上一面的全部，后者荷载集中作用于试样向上一面的局部。材面又分弦面(径向)和径面(弦向)，应分别进行测定，通常横纹局部抗压强度高于横纹全部抗压强度；径向抗压强度高于弦向。实际应用时，横纹局部抗压强度较为普遍，如枕木承受铁轨。

木材横纹抗压强度仅为顺纹抗压强度的 15%～20%。横纹抗压强度高的木材适于作枕木、木棍、楔子、垫板及类似的用途，凭借横纹抗压容许应力可以计算梁、托梁等承受构件承受压力的面积。

（2）试验方法。按照国家标准 GB1939-80《木材横纹抗压强度试验方法》的规定进行测试，横纹全部抗压试样的尺寸为 20mm×20mm×30mm，横纹局部抗压试样的尺寸为 20mm×20mm×80mm，依荷载的方向分为径向和弦向两项试验。

（3）横纹与顺纹抗压强度之比。横纹抗压强度 $\sigma_{\perp}$ 与顺纹抗压强度 $\sigma_{/\!/}$ 之间的比值 $\sigma_{/\!/}/\sigma_{/\!/}$，可以用来评估木材的材质。其比值越接近于 1，说明其材质致密、均匀，如栎木 $\sigma_{/\!/}/\sigma_{/\!/}$ 为

0.294，而愈创木的为 0.895。

6.3.3　抗弯强度

木材抗弯强度和抗弯弹性模量是最重要的力学性质。前者常用以推导木材的容许应力，后者常用以计算构件在荷载下的变形，以及长柱的荷载。

1. 木材抗弯强度

(1) 概述。木材抗弯强度亦称静曲极限强度，为木材承受横向荷载的能力。木材弯曲强度为最重要的木材力学性质之一，主要用作建筑物的屋架和地板等易于弯曲的构件及木桥的梁和桁条的设计。静力荷载下木材抗弯的特性，主要决定于顺纹抗拉强度和顺纹抗压强度之间的差异，这是因为木材承受静力弯曲荷载后常常因压缩而破坏，并因拉伸而产生明显的损伤。由此得出结论，顺纹抗压比例极限时的应力，对于梁也和短柱一样控制着木材的比例极限，而不是顺纹抗拉比例极限时的应力。试验分析表明，抗弯比例极限与顺纹抗压比例极限之比值为 1.72。若为最大荷载时的抗弯强度，则其与顺纹抗压强度之比，对大多数树种来说为 2.0 左右。

(2) 计算。木材抗弯强度的计算按一经验公式来进行。假定简单梁在垂直力的作用下，弯曲横梁的凸面产生的是顺纹拉应力，而凹面产生的是顺纹压应力，最大的剪切应力产生在中性面上。

梁在弯曲时上部受到的是顺纹压力，梁的下部受到的是顺纹拉力。由于压应力与拉应力相等，而方向相反，故中性面的应力等于零。参照图 6-12，设想梁的一段 mn，作为力 F 的一部分 dF 作用于面积 dA 上，这个力并非外力（荷载和支撑点），而是相伴随的内力（由于弯曲引发的）。则有

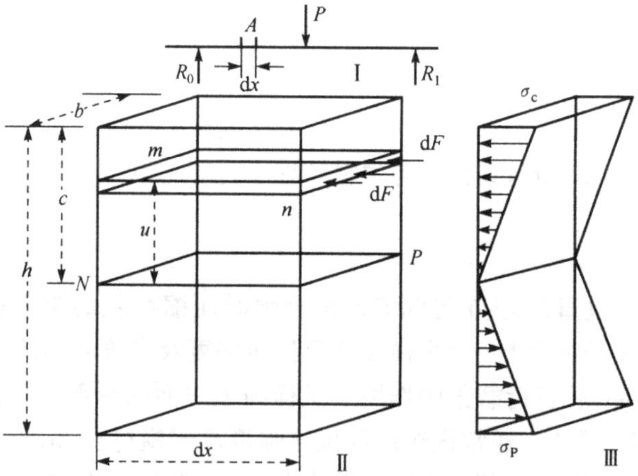

图 6-12　横梁的一段用以推导强度计算的方程式

Ⅰ. 中央荷载的简单梁，并示明所到的 A 段位置；

Ⅱ. A 段的详细情况；Ⅲ. 力的分布情况

$$\sigma=\frac{F}{A}=\frac{\mathrm{d}F}{\mathrm{d}A}$$

或

$$\mathrm{d}F=\sigma\mathrm{d}A \tag{6-12}$$

由于 σ 与 u 是成正比例的（u 为由中性面到该作用力的距离），故

$$\sigma\propto u \quad \text{或} \quad \sigma=c\cdot u \tag{6-13}$$

将(6-13)式代入(6-12)式，于是

$$dF = c \cdot u \cdot dA$$

以中性面为转动轴的力矩：

$$dM = dF \cdot u = c \cdot u^2 \cdot dA \tag{6-14}$$

$$M = c\int u^2 \cdot dA \tag{6-15}$$

由于

$$c = \frac{\sigma}{u}$$

并且已知转动惯量：

$$I = \int u^2 dA$$

现将 c 和 I 代入(6-15)式：

$$M = \frac{\sigma}{u} \cdot I$$

或

$$\sigma = \frac{Mu}{I}$$

最大的应力是在 $u=c$ 时，故

$$\sigma = \frac{Mc}{I} \tag{6-16}$$

式中：σ——最大弯曲应力；

M——跨距中任何一点的外力矩；

c——由中性面到梁表面的距离；

I——梁断面的转动惯量。

I/c 称为断面模量，常以 Z 表示，其数值常见于工程手册。设矩形断面的梁，其高度为 h，宽度为 b，跨距为 l，则

$$I = \frac{bh^3}{12}$$

而 $c = \frac{h}{2}$，故 $Z = I/c = \frac{bh^2}{6}$。

静曲强度的测定方法通常用矩形断面的梁，当荷载在跨距的中央时(图 6-13a)，最大的弯曲应力为

$$M = \frac{Pl}{4}$$

$$c = \frac{h}{2}$$

$$I = \frac{bh^3}{12}$$

$$\sigma = \frac{Mc}{I} = \frac{\frac{Pl}{4} \cdot \frac{h}{2}}{\frac{bh^3}{12}} = \frac{3Pl}{2bh^2}\ (\text{kPa})$$

如为三分点荷载(图 6-13b)，则最大的弯曲应力为

$$M = \frac{Pl}{6}$$

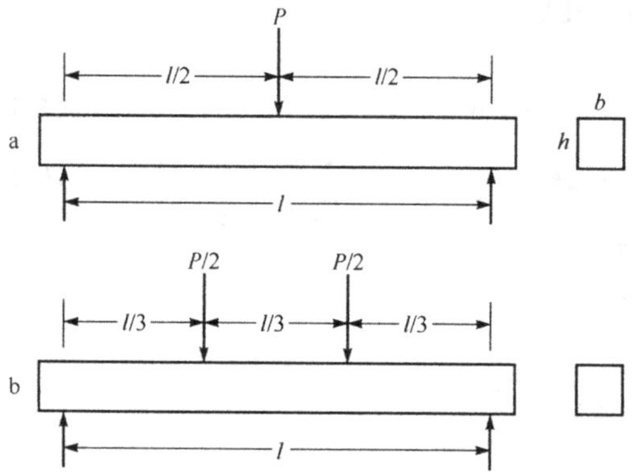

图 6-13　中央荷载与三分点荷载示意图
a. 中央荷载；b. 三分点荷载

$$c=\frac{h}{6}$$

$$I=\frac{bh^3}{12}$$

$$\sigma=\frac{\frac{Pl}{6}\cdot\frac{h}{2}}{\frac{bh^3}{12}}=\frac{Pl}{bh^2}(\text{kPa})$$

横梁弯曲时除了凹面出现压应力，凸面出现拉应力外，在中性面还有纵向（顺纹）的剪切应力。横梁纵向剪切应力与弯曲强度相比较，在实际设计中不是决定的因素，但是梁的长度与高度之比（即梁的跨度 l 与梁的高度 h 之比）l/h 太小，则应对梁的纵向剪切应力加以考虑。梁最大的纵向剪切应力 V 为

$$V=\frac{3V_m}{2bh}$$

式中：V_m——最大的横纹剪切应力，简单梁中央集中荷载时 $V_m=\frac{P}{2}$（P 为荷载）；

b——梁宽度；

h——梁高度。

梁的弯曲应力 σ 为

$$\sigma=\frac{3Pl}{2bh^2}$$

于是

$$\frac{l}{h}=\frac{\sigma}{2V}$$

所以静曲强度的试件 l/h 的比值一般不宜过小，我国的试验标准规定为 12，以保证试验结果真正代表静曲强度，这样破坏要出现于受压面或受拉面上。

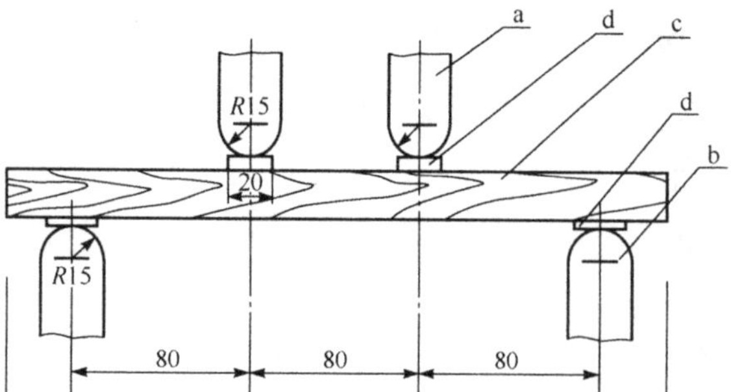

图 6-14　抗弯强度试验装置
a. 试机压头；b. 试机支座；c. 试样；d. 钢垫片

（3）试验方法。按照国家标准 GB1936-80《木材抗弯强度试验方法》的规定进行，试样的尺寸为 20mm×20mm×30mm，跨度为 240mm，试验装置如图 6-14 所示。

2. 木材抗弯弹性模量

（1）概述。木材抗弯弹性模量代表木材的劲度或弹性，是木材产生一个一致的正应变所需要的正应力，亦即梁在比例极限内，抵抗弯曲变形的能力。梁在承受荷载时，其变形与弹性模量成反比，即木材的

弹性模量越大，则越刚硬；反之，则比较柔曲。

木材为各向异性材料，三个方向的抗弯弹性模量值不同，径向及弦向的弹性模量仅为顺纹的$\frac{1}{20}$～$\frac{1}{12}$。就实心木梁而言，只有顺纹弹性模量最重要。木材抗弯弹性模量用以计算托梁、梁及桁条在荷载下的变形。

(2) 计算。简单梁中央集中荷载时的弹性模量可用下式计算：

$$E=\frac{Pl^2}{4ybh^3}(\mathrm{kPa})$$

式中：E——弹性模量；

y——挠度；

b——梁宽；

l——跨距；

h——梁高；

P——产生挠度 y 的荷载。

三分点荷载的梁，其弹性模量 E 为

$$E=\frac{23Pl^3}{108ybh^3}(\mathrm{kPa})$$

(3) 试验方法。按照国家标准 GB1936-80《木材抗弯弹性模量试验方法》的规定进行，试样与抗弯强度的试样相同，试验装置如图 6-15 所示。

3. 木材抗弯强度与抗弯弹性模量之间的相关关系

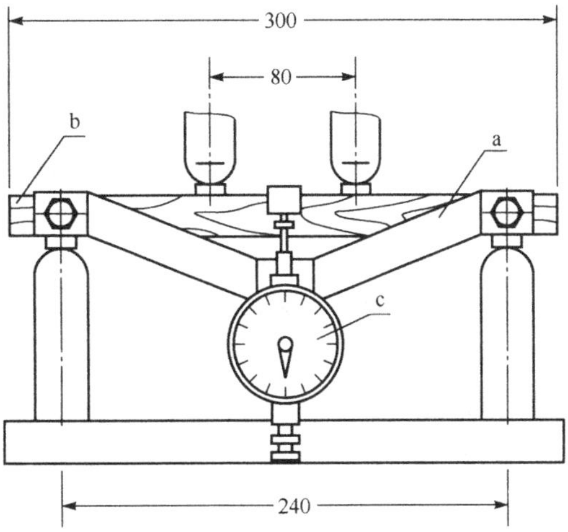

图 6-15　抗弯弹性模量试验装置

a. 百分表架；b. 试样；c. 百分表

我国木材的抗弯强度，针叶树材中最大的为长苞铁杉 122.7MPa，最小的为柳杉 53.2MPa；阔叶树材中最大的为海南子京 183.1MPa，最小的为兰考泡桐 28.9MPa。而木材抗弯弹性模量，针叶树材中最大的为落叶松 14.5GPa，最小的为云杉 6.2GPa；阔叶树材中最大的为蚬木 21.1GPa，最小的为兰考泡桐 4.2GPa。

柯病凡根据 356 个树种在含水率 15% 时的木材抗弯强度及抗弯弹性模量，研究两者之间的关系，发现存在着密切的相关性(图 6-16)，并得出下列关系式：

$$E=0.086\sigma_{tb}+33.7$$

式中：E——抗弯弹性模量(MPa)；

σ_{tb}——抗弯强度(MPa)。

相关系数 $\gamma=0.84$，表明二者密切相关。这种相关对于建筑用材应力的分级十分重要。由于抗弯弹性模量的测定需要比较灵敏的仪表，又费时，为了简便，可用上式由抗弯强度计算抗弯弹性模量，以满足各方面的需要。

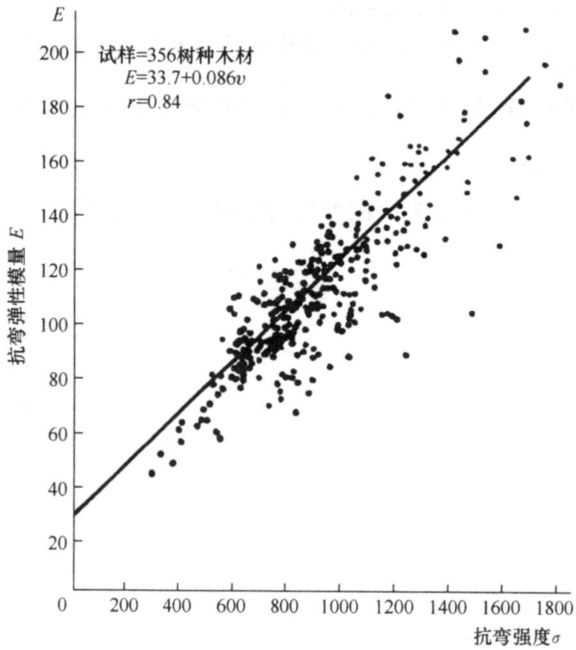

图 6-16 抗弯弹性模量与抗弯强度的相关曲线

6.3.4 冲击韧性

冲击韧性亦称冲击弯曲比能量。冲击功或冲击系数，是木材受冲击荷载而折断时，试样单位面积吸收的能量。冲击韧性试验的目的是为了测定木材在冲击荷载条件下，对破坏的抵抗能力。

1. 概述

木材的冲击韧性，多半是顺纹抗拉强度对破坏的影响，通常木梁、枕木、枪托、坑木、木梭、船桨等部件用材，均需有较好的冲击韧性。冲击荷载作用时间短促，它比在短时间内受静力弯曲的破坏强度大，因此依此可以评价木材的韧性或脆性。

国产木材的冲击韧性值在 1.60～18.22N · m/cm^2。针叶树种中冲击韧性最高的是海南尖峰岭的陆均松，其冲击韧性为 6.75N · m/cm^2；最低的为广西南宁的杉木，为 1.79N · m/cm^2。阔叶树材中最高的是广西龙津的蚬木，为 18.22N · m/cm^2；最低的为河南嵩县的楸叶泡桐，为 1.71N · m/cm^2。

2. 计算及试验方法

(1) 计算。冲击韧性按下式计算：

$$T = A/b \cdot h$$

式中：T——冲击韧性(N · cm/cm^2)；

A——试样吸收能量(J)；

b——试样宽(cm)；

h——试样高(cm)。

(2) 试验方法。国际上常用的冲击韧性试验方法有两种：一种是将试样一次击断的摆锤式冲击试验；另一种是连续敲打的落锤式冲击试验。我国采用的是摆锤式试验机，按照国家标准 GB1940-80《木材冲击韧性试验方法》的规定进行测试，试样尺寸为 20mm×20mm×300mm，跨度为 240mm，在试样中央处施力，一次击断。

6.3.5　顺纹抗剪强度和扭曲强度

1. 顺纹抗剪强度

（1）概述。当木材受大小相等、方向相反的平行力时，在垂直于力接触面的方向上，使物体一部分与另一部分产生滑移所引起的应力，称为剪应力。木材抵抗剪应力的能力称为抗剪强度。

木材组织由于剪应力的作用，随着破坏而发生的相对位移，称为剪切。所谓相对位移，是指一木材表面对另一表面上的顺纹滑移，这种滑移所造成的破坏称为剪切破坏。

木材使用中最常见的剪切为顺纹抗剪切，在木梁中表现为水平剪切。

木材用作结构件时，常常承受剪切，例如，当梁的高度大，跨度短，承受中央荷载时，产生大的水平剪应力；木材接榫处产生平行和垂直于纤维的剪切应力；螺栓联结木材时也产生平行和垂直于纤维的剪应力。又如，胶合板和层材在胶接层也产生剪切应力。

（2）计算及试验方法。按照国家标准 GB1937-80《木材顺纹抗剪强度试验方法》的规定进行测试，试样尺寸如图 6-17 所示，厚度为 20mm，分径面及弦面两种。先测试样剪切面的宽度(b)和长度(l)，准确到 0.1mm，按图 6-17 把试样装在试验装置内，使压块的中心对准试机上压头的中心位置。荷载速度为 15000N/min±20%，记录破坏后的最大荷载，并立即测定含水率。

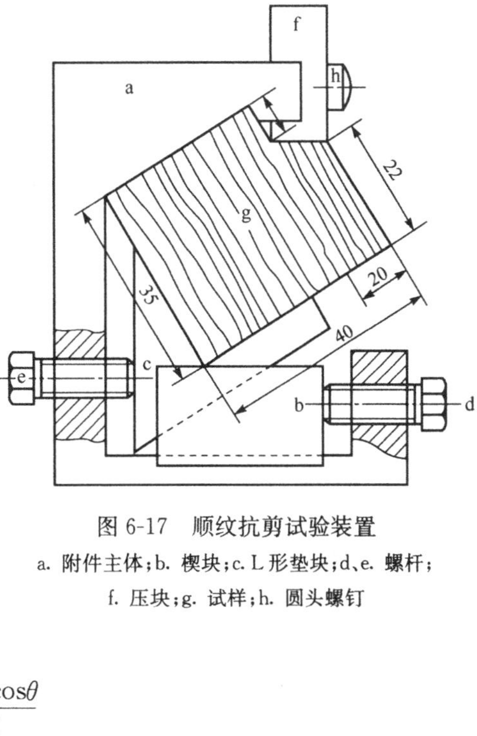

图 6-17　顺纹抗剪试验装置

a. 附件主体；b. 楔块；c. L 形垫块；d、e. 螺杆；f. 压块；g. 试样；h. 圆头螺钉

顺纹抗剪强度 τ_w 按下式计算：

$$\tau_w = \frac{P \cdot \cos\theta}{bl}$$

式中：P——最大荷载(N)；

θ——荷载方向与纹理间的夹角($16°42'$)；

b——试样宽；

l——试样剪切面长度。

然后将试验时的抗剪强度(τ_w)调整为含水率 15%之值(τ_{15})。

2. 扭曲强度

当木杆因外力而扭曲时，杆即环绕其纵轴而旋转，这时产生的内阻力矩称为木材扭曲。木材因外力而扭曲到破坏时所产生的相应应力称扭曲强度，为木材力学性质之一。

木材扭曲强度可作为选择螺旋桨、回转轴、车轴和农机零部件等用材的依据。

由于木材为各向异性材料，扭曲试验时存在各种问题，因此各国（包括我国）木材试验的国家标准，很少规定这种强度的试验方法。

3. 顺纹抗剪强度与扭曲强度的关系

顺纹抗剪强度与扭曲强度之间彼此相关，但是顺纹剪切试验，因为掺有弯曲应力，所以并非纯剪力。此外，试样上压缩应力集中和内部开裂也掩盖剪力的特征，从而使抗剪强度总是明显低于扭曲强度。

木材的扭曲变形与纵向径面（LR）、纵向弦面（LT）及径向弦面（RT）的刚性模量相关，当木构件沿顺纹理的轴扭曲时，没有径向弦面的刚性模量。又因纵向径面与纵向弦面的刚性模量没有大的差别，可用顺纹弹性模量的$\frac{1}{16}$作为"刚性模量均质"，用于计算强度的标准公式及扭曲木构件的刚度。

6.3.6 硬度和耐磨性

木材硬度表示木材抵抗其他刚体压入木材的能力；耐磨性是表征木材表面抵抗摩擦、挤压、冲击和剥蚀，以及这几种因子综合使用时所产生的耐磨能力。两者同属木材的工艺性质，且有一定的内在联系，通常木材硬度高者耐磨性大，即抵抗磨损的能力大；反之，则抵抗磨损的能力小。

1. 硬度

（1）概述。木材硬度与木材加工、利用关系密切，如切削时木材对工具的抵抗力。通常木材硬度高者切削难，硬度低者切削易。硬度可作为选择建筑、车辆、造船、运动器械、雕刻、模型、纺织等用材的依据。

木材硬度因树种而有差异。通常多数针叶树材的硬度小于阔叶树材，国产木材的硬度值在 12.5～165MPa。针叶树材硬度最高的是海南尖峰岭的陆均松 61.8MPa（端面），最低的是福建永泰的柳杉 19.2MPa（端面）；阔叶树材硬度最高的是海南岛坝王岭的荔枝 165MPa，最低的是河南扶沟的兰考泡桐 19.8MPa（端面）。

（2）试验方法。测定硬度有多种试验方法，试验方法不同得到的硬度值不能相互比较。国家标准 GB1941-80《木材硬度试验法》采用的是 Janka 硬度测定法。试样尺寸为 50mm×50mm×70mm，其长轴应与木材纹理相平行。使用的附件端部具有直径 11.28mm 半球钢压头。分别在每一试样两个弦面及任一径面和端面上，各试验一次。由此所得径面、端面的荷载及两个弦面荷载的平均值，即为该试样三个面的硬度。

2. 耐磨性

木材抵抗磨损的能力称为耐磨性。木材与任何物体的摩擦，均产生磨损。例如，人在地板上行走，车辆在木桥上驰行，都可造成磨损，其变化大小以磨损部分损失的重量或体积来计量。耐磨性是许多木制品，如梭子、轴承、地板的一项重要力学性质。导致磨损的原因很多，磨损的现象又十分复杂，所以难以制定统一的耐磨性标准试验方法。各种试验方法都是模拟某种实际磨损情况，连续反复磨损，然后以试件重量或厚度的损失来衡量。因此，耐磨性试验的结果只具有比较意义。常用的磨损机有科尔曼磨损机、泰伯磨损机和斯塔特加磨损机等。

木材的耐磨性假设不以重量或厚度损失作为磨损的平均值，而以倒数作为任意的“耐磨性 A 值”，则得下式：

$$A=\beta\cdot\gamma_0+\alpha$$

式中：β，α——取决于树种、材面等条件的常数；

γ_0——木材密度。

由此可见，耐磨性与其密度呈直线相关。

6.3.7 握钉力

木材的握钉力指木材抵抗钉子拔出的能力，其大小取决于木材与钉子间的摩擦力。当钉子垂直于木材纹理钉入时，一部分纤维被切断，一部分承受横纹挤压而弯曲。由于木材的弹性，在木材侧面形成压力，这种压力就造成抵抗钉子拔出的摩擦力。摩擦力的大小取决于木材的含水率、密度、硬度、弹性、纹理方向、钉子的种类（大小、形状等），以及钉子与木材的接触面积等。采用螺钉、倒刺钉及其他能增加与木材接触面积及摩擦力的各种类型的钉子，都能提高木材的握钉能力。

在国民经济建设和人民生活中，凡木材相互间或与其他材料联结时，如制作包装箱、铁路钢轨与枕木联结等，木材的握钉力都十分重要。

握钉力以平行钉身方向的拉伸力计算，并无一定的理论基础，通常用经验公式表示。因为除了钉本身以外，还有许多影响握钉力的因素，例如，木材的密度、木材的可裂劈性、钉入木材时木材的含水率、钉入和拔出的间隔时间内木材含水率的变化及间隔时间的长短等。钉本身的因素有：钉身与钉尖的形状、钉身的直径、钉身与木材接触的情况及钉入木材的深度等。

握钉力的经验公式为

$$P=1150\gamma_0^{2.5}\cdot D$$

式中：P——垂直纹埋钉入，并在相反方向拔出时钉入木材单位深度的握钉力（式中包括安全系数 6）；

γ_0——钉尖埋入处木材的比重，以炉干重与体积为基准；

D——钉身的直径。

上式往往需要根据不同的树种，修正其结果，使之增加或减少。

钉入湿材，含水率未发生变化时的握钉力，比含水率降低后的握钉力高，因为湿材的柔韧性好，而且不易劈裂。如果钉入时是湿材，干燥后的握钉力便有所降低。

握钉力可以借改进钉身、钉尖的形状等加以提高。在木材上预先钻好直径小于钉身直径的 1/4 左右的孔眼，再钉入木材也可以提高握钉力。垂直纹理钉入软材的握钉力比平行纹理钉入的握钉力高 1/4～1/2。在硬材中它们的区别则不太大。

平行钉长轴的握钉力取决于：①木材的结构；②木材的比重；③螺钉与木材纹理的角度；④螺钉的规格标准。

木材顺纹理的握螺钉力约为横纹理握螺钉力的 75%，但实际试验的结果是不稳定的。螺钉的握钉力即使是同一树种的木材也随不同的试件而不同。因为木材的构造是不均匀的，例如早材与晚材。细而短的螺钉受木材构造的影响比长而粗的螺钉更为显著。木材由生材降到含水率 7%，螺钉的握钉力约可增加 50%。顺纹理的螺钉握钉力约为横纹理的 2/3，这是由平行纹理的剪切强度低于横纹剪切强度而引起的。

螺钉拧入木材再拧出来,然后又拧入,这样反复20次,木材的握螺钉力没有多大损失。

6.3.8 木材的弯曲能力

不同树种的木材,其弯曲性能不同,即使同一树种或同一株树上不同部位的木材弯曲性能也不相同。一般说来,阔叶材的弯曲性能优于针叶材和软阔叶材,幼龄材、边材比老龄材、心材的弯曲性能好。表征任何树种木材弯曲性能的参数为 h/R,计算式如下:

$$\frac{h}{R}=\frac{\varepsilon_p+\varepsilon_c}{1-\varepsilon_c}$$

式中:h——试件厚度;

R——曲率(弯曲用模子)半径;

ε_p——相对拉伸变形的极限值;

ε_c——相对压缩变形的极限值。

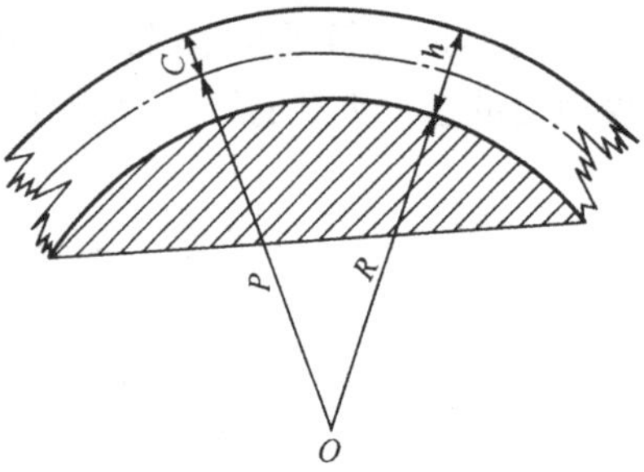

图 6-18 横向弯曲的计算图式

弯曲性能良好的树种有山毛榉($h:R=1:2.5$)、水曲柳($h:R=1:2$),而八果木($h:R=1:14.3$)、红柳桉($h:R=1:15$)弯曲性能不良,不宜作弯曲木。

弯曲时,中性面受拉区的位移程度控制着木材的弯曲能力。如果在弯曲过程中以适当方式将中性面移向受拉区,则可以充分利用木材弯曲时的顺纹压缩变形;在受拉区放置一根薄钢条使之紧贴木材而不致滑动,弯曲时便可以使中性面向受拉区位移,钢条承受着拉伸的应力,如图6-18所示。

6.4 影响木材力学性质的因素

6.4.1 密度

木材的强度和刚性随密度的增大而增高,这是因为单位体积内所包含的木材细胞壁物质的数量是决定木材强度与刚性的物质基础。牛林(*J. A. Newlin*)和威尔逊的研究表明,木材密度与各种力学性质之间的关系在数学上可用 n 次抛物线方程式表示:

$$\sigma=a\gamma^n+b$$

式中:σ——强度值;

a,b——试验常数;

n——曲线斜率;

γ——密度。

设密度 $\gamma=0$,则没有强度,因而 $b=0$,上式为

$$\sigma=a\gamma^n$$

$$\log\sigma=\log a+n\log\gamma$$

设密度 $\gamma=0$,则 $\log\gamma=0$,于是

$$\log\sigma_1=\log a$$

则有

$$\log\sigma=\log\sigma_1+n\log\gamma$$

n 的数值可借助两对 σ 与 γ 值，利用解联立方程式的方法计算得出。按此法计算得出的木材各种强度的方程式列于表 6-2。

表 6-2　木材各种强度方程式

强度	方程式	
	生材	气干材
静曲		
比例极限时的应力	$\sigma=10\ 200\gamma^{1.25}$	$\sigma=16\ 700\gamma^{1.25}$
抗弯强度	$\sigma=17\ 600\gamma^{1.25}$	$\sigma=25\ 700\gamma^{1.25}$
弹性模量×1000	$E=2\ 360\gamma$	$E=2\ 800\gamma$
顺纹抗压强度		
比例极限时的应力	$\sigma_c=5250\gamma$	$\sigma_c=8750\gamma$
抗压强度	$C=6730\gamma$	$C=12200\gamma$
弹性模量	$E=2910\gamma$	$E=3380\gamma$
横纹抗压强度		
比例极限时的应力	$C=3\ 000\gamma^{2.25}$	$C=4\ 630\gamma^{2.25}$
硬度		
端面	$H_c=3\ 740\gamma^{2.25}$	$H_c=4\ 800\gamma^{2.25}$
径面	$H_{SR}=3\ 380\gamma^{2.25}$	$H_{SR}=3\ 720\gamma^{2.25}$
弦面	$H_{ST}=3\ 460\gamma^{2.25}$	$H_{ST}=3\ 820\gamma^{2.25}$

6.4.2　含水率

在纤维饱和点以上，木材含水率的变化对木材力学强度的影响微乎其微；而在纤维饱和点以下，随着含水率下降，木材发生干缩，胶束之间引力增大，内摩擦系数增高且单位体积重量增大，因而木材力学强度呈上升趋势。研究表明，木材在纤维饱和点以下，随着木材含水率的降低，力学强度有所增大；据日本学者北原觉一报道，含水率每降低 1%时，顺纹抗拉强度增加约 1%，横纹抗拉强度增加约 1.5%，抗弯强度增加 4%，顺纹抗剪强度增加约 3%。上述数据是粗略的估算值，在不同国家略有出入，如美国规定含水率每降低 1%，顺纹抗压强度平均增大 6%。含水率对木材各种力学强度的影响见表 6-3。

我国的木材物理力学试验方法规定，木材的强度值都应调整到含水率 15%时的强度值。可利用下式计算：

$$\sigma_w=\frac{\sigma_{15}}{1+\alpha(\omega-15)}$$

式中：σ_{15}——含水率为 15%的强度值；

σ_w——含水率为 ω 时的强度值；

α——调整系数，即含水率每改变 1%，强度值改变的百分率。可查阅国家标准 GB1927～1943-80《木材物理力学试验方法》。

表 6-3　含水率对木材强度的影响

强度性质	阔叶材		针叶材		含水率改变 1%，强度改变的平均百分率
	比值	比值的对数	比值	比值的对数	
静曲					
比例极限的应力	1.80	0.2553	1.81	0.2577	5
抗弯强度	1.59	0.2014	1.61	0.2068	4
弹性模量	1.31	0.1173	1.28	0.1072	2
顺纹抗压强度					
比例极限的应力	1.74	0.2405	1.86	0.2695	5
最大抗压强度	1.95	0.2900	1.97	0.2945	6
横纹抗压强度	1.84	0.2648	1.96	0.2963	5.5
硬度					
端面	1.55	0.1903	1.67	0.2227	4
侧面	1.33	0.1239	1.40	0.1461	2.5
顺纹剪切	1.43	0.1553	1.37	0.1367	3
垂直纹理抗拉强度	1.20	0.0792	1.23	0.0899	1.5

6.4.3　温度

温度对于木材力学性质的影响是显而易见的，温度升高必然会导致木材含水率的降低及木材中含水率分布的变化，还会因之而产生内应力、干燥等缺陷；倘若温度升高达一定温度，会使木材中构成细胞壁基体物质的半纤维素和木质素这两类非结晶型高聚物发生玻璃化转变，从而使木材软化，塑性增大，力学强度大幅度下降。

研究表明，湿材随温度升高强度下降的程度明显大于干材。在温度 20～160℃范围内，木材强度随温度升高而下降的程度较为均匀；若温度超过 160℃，则力学强度降低速率增大。F. F. P. Kollmann 研究了绝干材顺纹抗压强度与温度的关系，得出如下公式：

$$\sigma_0=\sigma_1-n(t_2-t_1)$$

式中：σ_2，σ_1——分别为温度 t_2 与 t_1 时的强度；

n——系数，为温度每改变 1℃时强度的下降值。

当 t_1 为 0℃时，$\sigma_2=\sigma_1-nt$

$$n=4.76\gamma$$

式中：γ_0——木材密度。

说明绝干材的顺纹抗压强度随木材温度升高呈直线下降，而当木材中含有水分时，温度与强度之间并不完全是直线关系。

6.4.4　木材缺陷

木材缺陷包括天然缺陷（如节子、斜纹等）、生物危害缺陷（如虫眼、腐朽等）、木材加工缺陷（如钝棱、翘曲等），不同种类的缺陷对木材力学强度的影响各不相同；相对而言，影响最大的是节子、斜纹和裂纹。

6.4.5 长期荷载

木材的黏弹性理论已表明，在荷载的长期作用下，木材强度会逐渐降低(表 6-4)。所施加的荷载越大，木材能经受的时间越短。如果木材的应力小于一定的极限时，木材也会由于长期受力而发生破坏，这个应力极限称为木材的长期强度，如图 6-19 所示。

表 6-4　松木强度与荷载时间的关系

受力性质	瞬时强度/%	当荷载为下列天数时木材强度的百分率/%				
		1	10	100	1 000	10 000
顺纹受压	100	78.5	72.5	66.7	60.2	54.2
静力弯曲	100	78.6	72.6	66.8	60.9	55.0
顺纹受剪	100	73.2	66.0	58.5	51.2	43.8

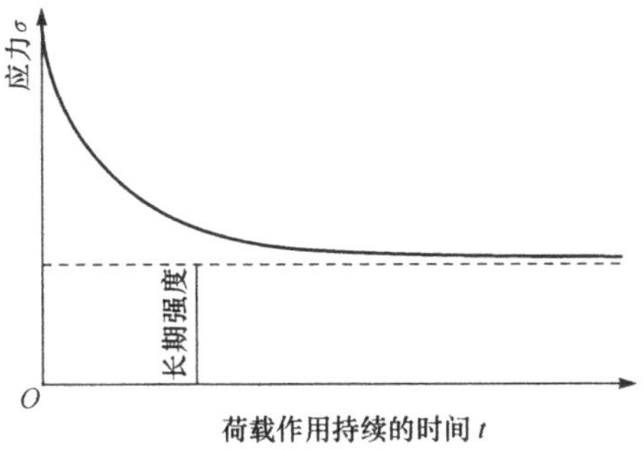

图 6-19　应力与荷载时间的关系

木材的长期强度与瞬时强度的比值，随木材的树种而异，为

顺纹受压：0.5～0.59
顺纹受拉：0.5～0.54
静力弯曲：0.5～0.64
顺纹受剪：0.5～0.55

6.5　木材的容许应力

6.5.1 概述

木材的容许应力是指任一木构件在使用和荷载条件下，能长期安全地承担的最大应力。木材容许应力都是根据木材强度试验值推算得出的，但强度试验值受试样形状、尺寸及试验条件，如加荷速率等的影响。为了便于比较，通常采用纹理通直的无疵的小试样，按照标准方法求得数据。但是，用做木结构构件的木材，尺寸、形状、荷载情况等均与无疵的小试样不同，且不可能没有缺陷。因此，我国木结构设计所采用的容许应力，是将标准试验方法所测得的强度值给予适当的折扣，考虑到木材强度的变异、荷载的持久性、木材缺陷、干燥缺陷等，折扣率称为安全系数或折减系数。

由于木材强度在相当大的范围内变动，为了保证设计安全，在应用时取其可能出现的最低值作为计算的依据。

6.5.2 木材容许应力的确定

木材的容许应力[σ]可用下式计算：

$$[\sigma]=\sigma_{min}k_1\cdot k_2\cdot k_3\cdot k_4\frac{1}{k_5\cdot k_6}$$

式中：σ_{min}——无疵做小试样试验得到的强度最低值；

k_1——荷载长期作用下木材强度的折减系数；

k_2——木材缺陷降低木材强度的折减系数；

k_3——木材干燥降低木材强度的折减系数；

k_4——木材构件缺口处应力集中的折减系数；

k_5——实际荷载可能超过标准荷载的系数；

k_6——设计和施工允许的偏差，可能使内力增加的系数。

各项因素对不同类型构件木材强度的影响列于表 6-5。

表 6-5 各影响因素对不同类型构件的折减系数

构件类型	k_1	k_2	k_3	k_4	k_5	k_6
抗弯	0.67	0.52	0.80	—	1.20	1.10
顺纹抗压	0.67	0.67	1.00	—	1.20	1.10
顺纹抗拉	0.67	0.38	0.85	0.90	1.20	1.10
顺纹抗剪	0.67	0.80	0.75	—	1.20	1.10

注："—"代表无数据

参考文献

成俊卿. 1985. 木材学. 北京：中国林业出版社

申宗圻. 1993. 木材学. 2 版 . 北京：中国林业出版社

Bazănt Z P. 1985. Measurement of compression creep of wood at humidity changes. Wood Sci Tec, (19)：179～182

Billmeyer F W. 1980. 聚合科科学教程. 中国科学院化学研究所七室译. 北京：科学出版社

Kollmann F F P. 1991. 木材学与木材工艺学原理(Ⅰ)实体木材. 江良游，朱政贤等译. 北京：中国林业出版社

Ward I M. 1980. 固体高聚物的力学性能. 中国科学院化学研究所高聚物力学性能组译. 北京：科学出版社

第7章　木材改性

木材改性是在保持木材高强重比、易于加工、吸音隔热、纹理质朴自然等固有优点的前提下，通过一系列的物理、化学处理，克服木材干缩湿胀、尺寸稳定性差、各向异性、易燃、不耐腐、不耐磨和易变色等固有缺陷，同时赋予木材某些特殊功能的一门新兴学科，是木材科学的一个重要分支。

木材改性内容比较广泛，本章重点阐述塑合木、木材强化、木材尺寸稳定处理和木材软化。

木材改性，可以扩大木材的应用范围，延长木材的使用寿命，提高速生人工林木的材质，减少森林资源消耗。近年来随着科学技术的发展，人类文明的进步，木村改性得到了迅猛的发展。

7.1　木材强化

用物理或化学或两者兼用的方法处理木材，使处理剂沉积填充于细胞壁内，或与木材组分发生交联，从而使木材密度增大、强度提高的处理过程，称为木材强化。诸如浸渍木(impreg)、胶压木(compreg)、压缩木(staypak)、强化木(densified)和木塑复合材料(WPC)等，都是木材强化产品。本节对前4种作简单介绍。木塑复合材料(WPC)另有章节论述。

7.1.1　浸渍木

木材在水溶性低相对分子质量树脂的溶液中浸渍时，树脂扩散进入木材细胞壁并使木材增容(bulking)，经干燥除去水分，树脂由于加热而固化，生成不溶化水的聚合物，这样处理的木材称为浸渍木。

1. 浸渍木的制造方法

(1) 浸渍用树脂简介。目前已有许多不同类型的树脂成功地在木材细胞壁内聚合，如酚醛树脂、脲醛树脂、糠醇树脂、间苯二酚树脂等。其中使用最成功的是酚醛树脂，它具有比脲醛树脂的抗缩率和耐老化性能好，比糠醇树脂在干燥过程中化学药剂损失小的优点。用于浸渍木材的酚醛树脂，目前基本为A阶段树脂(既甲阶酚醛树脂)，这种树脂的固体含量为33%～70%，pH为6.9～8.7。

(2) 浸渍木制造工艺。尺寸大的木材试件用树脂处理时，树脂在木材内很难达到均匀分布。目前，大量的浸渍木都是用浸渍单板层压制成的。

① 单板浸渍。根据单板厚度和浸渍要求，可以采用不同的处理方法。制造家具时用厚度为0.8mm的湿单板，或用小于此厚度的单板，在30%～60%的固体含量树脂溶液中浸渍1～2h，由扩散所吸收的树脂为单板干重的25%～30%。对于厚单板，其浸渍时间则需加长，因扩散时间和厚度的平方成正比。湿材的扩散是在化学药剂进入木材时将水分挤出，再用新鲜药剂增加浸泡溶液的浓度。薄而平的单板有较多的横断纹理，毛细管易吸收溶液，故可以使用60%～70%的树脂溶液，通过涂胶机涂胶1～2次即可达到所需的树脂量。

较厚的直纹理单板，通常需要强力处理。厚度为3mm的中、低密度单板，其含水率最好控制在20%～30%，一般可用压辊装置进行压缩处理。处理时使单板从处理液面下的压辊之间通过，单板便可在压辊处被压缩到原来厚度的一半。当单板离开压辊时，有恢复原厚度的趋向，此时就会吸收处理溶液。

对厚1.6mm以上单板的处理，主要采用处理罐加压浸渍。标准处理方法是将单板放在装满30%～35%树脂溶液的槽内，单板两面被浸湿之后，一张一张地紧密堆成一叠，然后在单板堆顶加上压块，并浇淋处理溶液，再用滚筒将装有单板堆的托架送入处理罐内。根据单板渗透性的不同，施加0.15～1.5MPa的气压，保压时间为10min至6h。厚度为1.6mm的椴木或杨木心材单板在0.2～0.3MPa压力下处理15min，其吸收溶液量为其本身重量的30%。桦木心材单板在0.53MPa压力下需处理2～6h。

② 单板干燥。处理过的单板应密实堆垛并覆盖，存放1～2天，使树脂在木材内通过扩散均匀分布，然后干燥。干燥速度不宜过快，以防树脂过多地转移到单板表面。合理的工艺规程应是，在60℃干燥8h或在72℃干燥3h。干燥的目的只是去除水分，而不是使树脂聚合。为了确保树脂聚合固化，室干湿度应上升到95℃，干燥一天，或将单板干燥机升温到150℃，干燥1.5h，以免在后续的层压阶段中，单板在热压机中被压缩。

2. 浸渍木的性质

(1) 浸渍木的尺寸稳定性。对美国西加云杉和糖槭浸渍木试验表明，抗缩率*ASE*随木材细胞壁内树脂含量的增加而增加，当木材中含脂率为35%左右时，*ASE*达最大值70%左右。

(2) 浸渍木的其他性质。酚醛树脂浸渍木的耐腐、耐酸、绝缘性能有很大提高。虽然酚醛树脂处理不能使木材获得真正的耐火性，但它改善了炭的集结度，从而可以隔断火势的蔓延，而且浸渍木的耐热性也有显著提高。

与素材相比，浸渍木的顺纹抗压强度有所提高，顺纹抗拉、顺纹剪切强度略有下降，冲击韧性降低幅度较大，故不能用于对冲击强度有严格要求的场合。

(3) 浸渍木的用途。浸渍木主要用做汽车壳体模压模具。

7.1.2 胶压木

将酚醛树脂的初期缩聚物扩散到单板的木材细胞壁中，对木材可起增塑效应。在不使树脂固化的温度下使单板干燥并层积，在高温(120～150℃)、高压(6.9～19.6MPa)下使树脂固化，制得的产品称为胶压木，又称硬化层积材。处理材被压缩后，其密度可高达1.2～1.3g/cm^3。当加热加压同时进行时，单板的压缩反应快于树脂固化，因此，在压缩过程中树脂不会破坏。它与浸渍木一样被树脂浸渍，所不同的是增加了压缩处理。因此，它是一种高密度、高强度的材料。

1. 胶压木制造方法

(1) 浸渍用树脂。其他热固性树脂作为浸渍树脂，没有酚醛树脂好。生产上可用两种酚醛树脂制造胶压木。一种是水溶性的、聚合度较小的酚醛树脂，能充分浸透木材纤维，制品尺寸稳定性好，但抗冲击强度较低；另一种是聚合度较大的酚醛树脂，使用时将它溶解于乙醇之中，这种树脂膨胀木材纤维不如水溶性树脂那么完全，故尺寸稳定性较差，但抗冲击强度较好。可根据产品的作用及应具备的性能等要求，来选择浸渍用树脂。

(2) 胶压木制造工艺。用实木制造胶压木很困难，不仅浸渍树脂困难，且在后续干燥工序中难以保证树脂在加压前不过早固化。故一般所指的胶压木都是经酚醛树脂处理的单板层压木。单板浸渍的树脂含量高于35%时，平行层压各层单板之间不需再施胶，故各层中渗出的树脂足够胶合之用。当垂直层压时，或树脂含量小于30%时，则需涂胶，涂胶量为$73g/cm^2$，略低于正常值。涂胶后，在配坯前应将各层的浸渍单板干燥至2%～4%的含水率。这项措施特别重要，因为胶压木在使用中的平衡含水率在此范围内。倘若含水率过高，表层失水收缩，外表面受拉伸，应力作用会造成胶合木表面开裂。浸渍单板预干时的干燥温度和时间必须控制在使树脂不固化的前提下，在烘箱内于55℃过夜，在单板干燥机内于85℃干燥45min左右。制造较薄的胶压木时，其压缩燥机内于85℃干燥45min左右。制造较薄的胶压木时，其压缩和热固化只需在150℃加压10～20min即可。对于厚板，温度应降到125℃，以免超过树脂放热反应的温度，否则热量得不到散失，树脂会自然地达到炭化点。为此，胶压木的厚度一般不应超过2cm，当制作较厚的胶压木时，可将几块胶压木胶合在一起。

2. 胶压木的性质

(1) 胶压木的尺寸稳定性。由于胶压木是在厚度方向上被压缩的，而此时的尺寸改变是以压缩后的尺寸为基准，所以它的尺寸稳定性显著地优于未处理的压缩木。它的尺寸稳定性在纵向上与浸渍木相近，在厚度方向的润胀比浸渍木大2～3倍。

(2) 胶压木的其他性质。胶压木的表面具有天然光泽，可用砂光、抛光修饰，并且易于切削和平旋。胶压木彼此之间或和木材均可进行胶合。

胶压木可抗木腐菌、白蚁、海生钻孔动物的侵蚀，它的电绝缘性与浸渍木相同，远比普通木材的大，耐火性有较大程度的提高。

与素材相比，浸渍木只是顺纹抗压强度和硬度增加较大，其他力学性能均有下降。而胶压木的力学强度指标大多高于素材，增大强度与胶压木密度的增加成正比。

3. 胶压木的用途

在第二次世界大战期间，胶压木就被用作飞机木制螺旋桨的根部和船舶螺旋的各种轴承。战后，由于生产成本高，其用途受到限制，一般用做成型模具、夹具、纺织梭子、刀把、门拉手、装饰品和工艺品等。

7.1.3 压缩木

木材是天然的弹塑性材料，在一定条件下可不破坏其结构，而将其塑化压缩密实，以增加其密度，从而提高处理材的力学强度。20世纪30年代初，德国首先生产压缩木，并以Lignostone的商标在市场销售，主要用作纺织木梭、纱管及各种工具的手柄。

压缩木的缺点是尺寸不稳定，在潮湿条件下压缩木会吸水回弹，即恢复其原有的尺寸。为此，对木材塑化压缩过程的机制、回弹的原因及消除压缩木的回弹性等问题进行过多方面的研究，但是回弹这一缺点仍然无法完全克服。

1. 木材压缩密实机制

木材压缩密实的机制可以概括为以下三点。

(1) 为提高各树种木材的力学性质或强度，在不破坏木材细胞壁的前提下，可用压缩密实方法来增加木材单位体积的物质(密度),从而提高其力学强度。

(2) 压缩密实应在木材纹理方向垂直施压。所有针叶树材和阔叶树材都应在径向压缩,唯独阔叶树材散孔材既可在径向压缩,亦可在弦向压缩密实。

(3) 木材压缩密实必须先经水热处理。木材的含水率和加热温度可以看做是木材压缩时的增塑剂,木材的可塑性随着温度的上升而提高;而木材细胞壁中一定数量的水分(不应低于6%),可以减少木材在压缩变形过程中的内摩擦系数。因此,在湿热状态下木材的可塑性增加,软化压缩材质所需的功率不大,大大减少了木材微观破坏的可能性。压缩后经过干燥和冷却,木材才能呈现新形的变定。

2. 压缩木制造方法

(1) 制备压缩木的要点

① 树种选择。制造压缩木的树种,以选用材质均匀、纹理直、非水溶性抽提物含量低的木材,如桦木等为好。通常压力为10.5～17.6MPa。制得压缩木的干容积比重为1.3～1.35,当小于该比重时,产品膨胀快,且回复率也高。

② 素材含水率及预处理。热压时木材细胞壁中应具有不少于6%的水分,水分可减少压缩变形过程中的内摩擦系数。为使木材塑化所需的水分不至于很快逸出,板坯在压缩前应先用常压蒸汽处理1～1.5h。

③ 热压后应保压冷却。制造压缩木另一要点是在热压过程结束后,应在保持压力的情况下冷却,冷却后再解除压力,取出压缩木。这是因为,木质素的热塑性相当大,如果卸压冷却,被压缩的木材会产生反弹。薄单板在制成压缩单板时,可以不经冷却就卸压,不会发生反弹现象。压缩单板可作桌面和拼花。

(2) 制造压缩木的具体步骤。先将含水率为12%～17%的木材,在常压下气蒸1～1.5h,使其含水率增到17%～20%,木材中心温度达85℃左右,立即装入热压机压板,升高压板温度达120～125℃;接着以3～4mm/min的速度加压,压力通常为13.72MPa,热压温度为160℃左右。保温、保压40～60min,以便达到规定的压缩率。然后冷却热压板,使木材中心的温度下降到30～40℃(约需60min),解除压力,取出压缩制品。制品需在室内放置一周以上,以消除木材内可能出现的内应力,避免以后使用时发生变形。

3. 压缩木的性质和用途

(1) 压缩木的性质。木材经压缩密实制得的压缩木,不仅解剖构造发生了很大变化,而且物理、力学性质也完全不同于原来素材。

压缩木的力学强度比天然木材要大得多,其增加值与压缩的程度成正比。

压缩木不用树脂处理经压缩密实后,其韧性为素材的1.5～2倍,是其他化学改性无可比拟的。压缩木抗腐蚀能力并没有增加,但由于密实化,能减缓微生物侵害的速度。

压缩木较难克服的缺点是吸湿后的膨胀和回复,故要进行一定处理或选择合适的应用环境。

(2) 压缩木的用途

① 纺织工业用器具。压缩木可制成纺织用梭子、纱管等制品,表面涂抹防水层后,适用于具有调湿功能的纺织厂。

② 矿井用锚杆。利用压缩木吸湿膨胀恢复过程中释放出的能量可产生强大压力的性能来作为良好的挤紧材料——矿井用压缩木锚杆。

7.1.4 强化木

采用低熔点合金以熔融状态注入木材细胞腔中，冷却后固化和木材共同构成的材料称为强化木。金属注入量决定于细胞腔和细胞间隙的大小，强化木的强度和硬度高于素材，并使软金属的蠕变减少到最小值。

1. 强化木的制造方法

强化木由德国的 H. Schmidt 提出，1930 年作为专利公开。其方法最适用于壳斗科栎木那样的环孔材的边材。密度小于 0.6g/cm³ 的核桃木，处理后密度可达 0.95～3.83g/cm³。

使用合金的配方有：①铋(Bi)50%，铅(Pb)31.2%，锡(Sn)18.8%，这种合金在 97℃熔融；②伍德合金：铋(Bi)50%，铅(Pb)25%，锡(Sn)12.5%，镉(Cd)12.5%，在 65.5℃熔融。

强化木的制备是将试材之中注入熔融合金，并真空和加压联合处理，使合金注入木材中。

处理方法：在一压力处理罐中，下部放有固化的处理合金，合金上放置炉干试材(试材规格为 5cm×5cm×0.3cm)，试材顶部压一不熔融的金属块。试材放好后，将处理罐密封抽真空，加热至 130～150℃，使处理合金熔融。由于试材顶部压有重物，促使试材下沉于熔融的合金表面之下。这时解除真空而加压，压力为 4～16.6MPa。处理时间 20min 到 1h，然后解除压力，打开处理罐，开始冷却；在熔融的合金固化前，将试材取出，刮去试材表面上黏附的合金。处理温度也有高达 200℃，压力有低至 0.35MPa 者。

2. 强化木的性质

由于熔融合金注入木材细胞腔中，与素材相比，强化木的密度增加幅度很大，因而处理材的各项力学强度指标都有相应的提高，特别是硬度指标的增加尤为明显。

强化木材放置火中会炭化，但由于大量金属被熔化，且所含空气的膨胀，在将金属从木材结构中排出之前，强化木材不会燃烧。

3. 强化木的用途

第二次世界大战期间，强化木材(含有约 3%的润滑油)在德国用作船舶螺旋桨，以代替以往所用的愈创木。目前强化木材的使用范围极为有限，但在某些特殊场合，仍然具有相当高的利用价值。

7.1.5 木材强化的发展动向

伴随着世界人口的增加，天然林木资源日益短缺，人工速生林和中、小径级低质林木的深加工和利用，日益受到重视和关注，并开发出以层积木为代表的系列产品。

层积木是由一定形状的板材经涂胶层积、施压胶合而成的具有层状结构和一定规格、形状的结构性材料。如胶合木(glulam)和单板层积材(Liminated Veneer Lumber，简称 LVL)，前者广泛用做结构材和胶合木梁；后者常用做家具、门窗和装饰材。

7.2 木材尺寸稳定处理

木材作为一种建筑和工业原材料，有它的优点和缺点，干缩湿胀是木材最主要的缺点。木材产生干缩和湿胀是由于存在于细胞壁中吸着水增减的缘故。木材的高度各向异性又使干缩湿胀过程中木材各向尺寸变化不一，导致其翘曲、变形甚至开裂。此外，木材是一种吸湿性很强的材料，随着水分的增加，木材强度降低，易于发生腐朽。因此，采用种种物理、化学或物理-化学方法处理木材，以提高它的尺寸稳定性，是木材科学合理利用的重要环节。

7.2.1 木材尺寸稳定化机理

1. 处理原则

木材尺寸稳定化处理的原则是在保持木材原有优良性质的前提下，改变其吸湿和干缩湿胀性能。木材的干缩湿胀是由于木材含水率的变化而引起的，它发生在纤维饱和点以下，其根源是纤维素非结晶区的游离羟基吸附空气中水分子并与水分子形成氢键结合。水分子的进入使木材各成分分子之间的距离增大，木材呈膨胀状态，导致尺寸不稳定。此外，木材中的半纤维素、木质素及其他物质也能吸着水分子。比较而言，半纤维素吸湿性最强，木质素次之，再次为纤维素。因此，尺寸稳定化处理是在不破坏木材细胞壁完整构造的前提下，着眼于改变其不良性质的一种处理手段，它又可分为两种处理方式：①处理仅限于细胞壁内纤维素的非结晶区部分；②细胞壁未经处理，仅仅是细胞腔内充填、沉积某些化学药剂。

2. 模型解析

(1) 构造模型。日本学者则元京提出了一系列关于尺寸稳定化处理木材的构造模型，如图 7-1 所示。

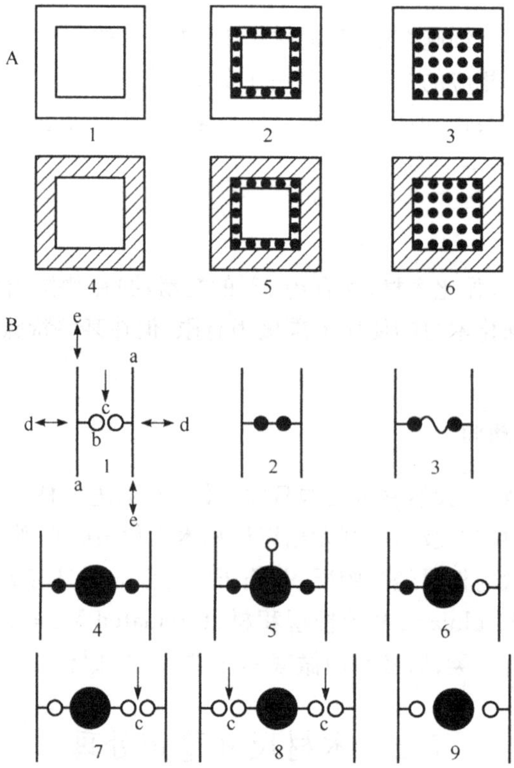

图 7-1 尺寸稳定化处理木材构造模型

A. 尺寸稳定化处理细胞横断面；B. 细胞壁非结晶区的纤维素分子链模型

(2) 模型解析。根据图 7-1,对构造模型解析如下:

A——木材细胞的横断面(后从略);

A-1——未经处理的木材细胞;

A-2——木材细胞壁未经处理,而细胞腔被处理剂所包围;

A-3——木材细胞壁未经处理,而细胞腔被处理剂充填;

A-4——只是细胞壁经受处理;

A-5——不仅细胞壁经受处理,细胞腔亦被处理剂包围;

A-6——不仅细胞壁经受处理,细胞腔亦被处理剂充填;

B——木材细胞壁非结晶区的纤维素分子链模型;

B-1——未经处理情况。a 是相邻的纤维素分子链;b 表示分子链上具有活性的吸附点(羟基);c 表示水分子进入并与吸附点 b 间形成氢键,使原来 b 的羟基间氢键破坏,水分的吸附产生两种结果:①使分子间膨胀,体积增大,分子链 a 向 d 的方向变化;②分子链 a 之间的凝聚力降低。此时,若受外力作用,即对 a 产生剪切应力的话,分子链 a 会向 e 滑动。

其宏观效果是:最初因水分进入而发生膨胀 d 方向,随之引起 e 方向的机械吸附蠕变,这两个基本现象发生于不同方向,相互无关。上述模型是将非结晶区纤维素大分子由于吸着水引起的变形以两维过程加以描述,实际情况要复杂得多,吸附和局部应力之间存在三维的相互关系。

B-2——○表示羟基;●表示置换了羟基的官能团,它表示分子链 a 之间由于羟基被置换后在干燥状态下形成的交联;

B-3——表示分子链 a 之间由于羟基被置换,在膨胀状态下形成交联,随后干燥;

B-4——表示疏水性的大容积官能团(大黑点)置换羟基,分子链 a 之间距离增大,并形成交联;

B-5——表示亲水性的大容积官能团(大黑点带一个羟基 O)置换羟基,分子链 a 之间距离增大,并形成交联;

B-6——表示疏水性大容积官能团(大黑点)置换羟基,分子链 a 之间距离增大;

B-7——表示亲水性大容积官能团(大黑点带一个羟基 O)置换羟基,分子链 a 之间距离增大,水分子易于进入;

B-8——表示亲水性大容积官能团(大黑点带两个羟基 O)导入分子链之间,并不置换羟基,但增大了分子链之间的距离,水分子易于进入;

B-9——表示疏水性大容积官能团(大黑点)导入分子链之间,不置换羟基,但增大了分子链之间的距离。

各种尺寸稳定化处理方法,基本上可以用模型 A 和 B 的组合予以说明。例如:

聚乙二醇(PEG)处理为 A-2、5,B-8;

乙酰化处理为 A-5,B-6;

甲醛处理为 A-4,B-2、3;

马来酸处理为 A-4,B-4、7;

马来酸——甘油(MG)处理为 A-5,B-5、7;

热处理为 A-4,B-2;

WPC 处理为 A-5、6,B-6、9;

酚醛树脂处理为 A-5,B-4、6、9;

异氰酸脂处理为 A-5,B-4;

无机物复事处理(如:阻燃浸渍处理)为 A-5,B-8;

环氧乙烷加成处理为 A-4,B-7。

3. 处理机制

为了改善木材的尺寸稳定性,降低其吸湿性,可以采用减少具有吸附水分能力的吸附点——羟基,或使之失去吸附能力,如用疏水性分子包围吸附点区域,或部分地使分子交联固定,应使细胞形成图 7-1 的 B-2、3、4、5、6、9 的构造才是有效的。代表性的处理例有:B-2、3 的甲醛处理;B-4 的低聚酯处理;B-5 的 MG 处理;B-6 的乙酰化处理和 B-9 的 WPC 处理。

此外,某些使用场合要求处理材具有一定的吸湿性能,应使细胞形成图 7-1 的 B-8 的构造。最典型的实例是 B-8 的 PEG 处理。

7.2.2 尺寸稳定化的分类和评定指标

1. 尺寸稳定化的分类

根据 Palka L. G. 侧重于化学药剂是否与木材细胞壁组分发生化学反应的观点,将尺寸稳定处理方法分为物理法和化学法两大类,详见表 7-1。但是,就其处理的实质而言。物理法中常包含化学因素,而化学法亦不乏物理作用,很难截然分开。

表 7-1 木材尺寸稳定化的各种方法

物理法	1. 选用尺寸稳定性好的木材 2. 根据使用条件进行调湿处理 3. 纤维方向交叉层压均衡组合:a. 垂直相交——胶合板,定向刨花板 b. 无定向组合——刨花板,纤维板 4. 覆盖处理:a. 外表面覆盖——涂饰,贴面 b. 内表面覆盖——浸透性拒水剂处理,木塑复合材 5. 细胞壁的增容:a. 非聚合性药品——聚乙二醇处理 b. 聚合性药品——酚醛树脂处理
化学法	1. 减少亲水基团——加热处理 2. 置换亲水基团——醚化(氰乙基化等) 酯化(乙酰化等) 3. 聚合物的接枝:a. 加成反应——环氧树脂处理 b. 自由基反应——用乙烯基单体制造木塑复合材 4. 交联反应——γ 射线照射,甲醛处理

2. 尺寸稳定化的评定指标

尺寸稳定和与此有关的评定指标如下:

(1) 抗胀(缩)率(ASE)

$$ASE=\frac{V_C-V_T}{V_C}\times 100\%$$

式中:V_C——未处理材的体积膨胀(收缩)率;

V_T——处理材的体积膨胀(收缩)率。

由于纵向的膨胀率和收缩率很小,一般只测定弦向成径向的膨胀率和收缩率。

（2）阻湿率（MEE）

$$MEE=\frac{M_C-M_T}{M_C}\times 100\%$$

式中：M_C——未处理材的吸湿率；

M_T——处理材的吸湿率。

（3）抗吸水率（RWA）

$$RWA=\frac{W_C-W_T}{W_C}\times 100\%$$

式中：W_C——未处理材的吸水率；

W——处理材的吸水率。

（4）增容率（充胀率）（B）

$$B=\frac{V_T-V_C}{V_C}\times 100\%$$

式中：V_C——未处理材的绝干体积；

V_T——处理材的绝干体积。

（5）聚合物留存率（PL）

$$PL=\frac{G_T-G_C}{G_C}\times 100\%$$

式中：G_C——未处理材的绝干重量；

G_T——处理材的绝干重量。

$$PL=\frac{(1+B)D_T-D_C}{D_C}\times 100\%$$

式中：D_C——未处理材的密度；

PL——又称为增重率；

D_T——处理材的密度；

B——增容率。

（6）相对效率（RE）：

$$RE=\frac{ASE}{PL}\times 100\%$$

RE、ASE 作为比较各种效果的指标，用以评价在不同聚合物留存率下各种方法的处理效果，一般在交联处理时 RE 高，而在增容处理时 RE 变低。

（7）最大理论聚合物量（TML）

$$TML=\left(1-\frac{D_C}{D_W}\right)\cdot\frac{D_m}{D_C}\times 100\%$$

式中：D_C——未处理材的密度；

D_m——单体的密度；

D_W——木材实质密度（1.46g/m^3）。

(8) 聚合物填充效率(*EPL*)

$$EPL=\frac{PL}{TML}\times 100\%$$

式中:*PL*——聚合物留存率;

TML——最大理论聚合物量。

(9) 细胞壁(*RW*)和细胞腔(*RL*)中的聚合物含量

$$RW=\frac{B\cdot D_m}{PL\cdot D_C}$$

式中:*B*——增容率;

D_m——单体密度;

D_C——未处理材密度;

PL——聚合物留存率。

$$PL=PL-RW$$

式中:*PL*——聚合物留存率;

RW——细胞壁中聚合物含量。

(10) 聚合物填充的空隙体积比例(*VFP*)及聚合物的重量比率(*WFP*)

$$VFP=\frac{D_W\cdot D_C\cdot PL}{D_m[D_W(1+B-D_C)]}\times 100\%$$

式中:D_m——单体密度;

D_C——未处理材密度;

PL——聚合物留存率;

D_W——木材实质密度($1.46g/cm^3$);

B——增容率。

$$WFP=\frac{PL\cdot D_C}{(1+B)\cdot D_T}\times 100\%$$

式中:*PL*——聚合物留存率;

D_C——未处理材密度;

B——增容率;

D_T——处理材密度。

上述10项评定指标中,最常用的是抗胀(缩)率(*ASE*)、阻湿率(*MEE*)和抗水率(*RWA*)等,具体应用时,因采用的尺寸稳定化的处理方法不同,评定的指标也有所侧重。

7.2.3 物理方法的尺寸稳定处理

1. 防水处理

所谓防水处理包括两个方面:①抗湿润、抗浸透性能的耐水处理;②仅抵抗湿润性能的憎水处理。对于木材而言,迄今把耐水和憎水严格分开的研究者甚少。通常进行的是憎水处理方面的研究。

木材具有可湿性,其亲水性的极性表面能被水润湿,采用既具有亲水性官能团(能与材面紧密接触)又具有憎水性官能团(保护材面不被水润湿)的两性物质作为憎水处理剂,涂覆在处理材的表面;其处理效果的好坏与固体表面的化学性质、吸着分子的多寡、表面光洁度和孔隙率等因子有关。由各种憎水剂处理的木材,经一年室外暴露试验结果表明:含有石蜡成分的憎水剂具有最强的耐久性。

硅油、石蜡等憎水剂处理的木材其防水率高为 75%～90%,抗胀(缩)率(ASE)为70%～85%。

憎水处理的要点是:①混合型憎水剂的处理效果优于单一型;②憎水处理剂中含石蜡浓度愈大,其防水能力愈高;③憎水处理材用于室外时,其含水率受环境变化的影响不大,因而尺寸稳定性好。

2. 防湿处理

防湿处理最常用的方法是在木材表面涂饰涂料或者胶贴贴面材料。木材一经涂饰处理,犹如披上一层保护膜,隔绝了木材与外界空气、水分、阳光、各种液体(化学药剂、饮料)、昆虫、菌类及脏物的直接接触;更为重要的是延缓了湿空气在木材中的扩散程度,抑制了木材对水蒸气的吸着,从而将膨胀或收缩变形造成的损失减少到最低程度,这种方法称为外表面覆盖。常用涂料为酚醛树脂漆、醇酸树脂漆、硝基漆、氨基树脂漆等,涂层厚度与防湿效果呈正相关。该法的局限性在于处理材的可湿性和亲水性并没有本质的改变。因此,一旦涂层老化、脱落,处理材随即失去防湿效能。此外,还有将憎水材料(如松香、蜡、干性油等)溶解于挥发性溶剂(如烷烃、石油醚等)中制成流动性好、黏度低的溶液注入木材内部,待溶剂挥发后憎水材料存留于木材内表面上,称为内表面覆盖。

上述两种方法具有方法简便、价格低廉的低点,但是这种表浅的物理处理,其防湿和憎水功能不高,保持的时间不长。

3. 酚醛树脂处理

将低相对分子质量酚醛树脂注入木材内,加热使其缩聚、固化,生成不溶性树脂,结果处理材尺寸稳定,其他性能亦有所改善(详见第 1 节)。

Goldstein 等的研究得出,处理材的尺寸稳定性与酚醛树脂中羟甲基酚的含量密切相关,而树脂中羟甲基酚含量与树脂的聚合度呈负相关。因此,低相对分子质量的酚醛树脂中羟甲基含量较高,高温固化时可与木材中的羟基彼此间形成氢键结合或者化学结合,而且其增容(膨胀)效果也十分显著,其抗胀(缩)率(*ASE*)也高。处理模式犹如构造模型图 7-1 中的 A-5,B-4、6。

高相对分子质量酚醛树脂大多沉积在细胞腔内,与内表面覆盖作用类似,处理模式犹如构造模型图 7-1 中的 A-2、3,B-9。处理材的尺寸稳定性小于低相对分子质量酚醛树脂处理材。

与未处理材相比,处理材的力学指标中,顺纹抗压强度提高 1 倍左右,抗弯强度及抗弯弹性模量提高 30%左右,硬度和耐磨性亦有提高,但是冲击韧性下降大约 50%,抗拉强度亦略有下降。

酚醛树脂处理材由于其吸湿性小,树脂本身的电绝缘性良好,因而与未处理材相比,在相对湿度(*RH*)为 30%时,固有电阻是素材的 10 倍,而在相对湿度(*RH*)为 90%时,固有电阻是素材的 100～1000 倍。

处理材的耐腐、防虫性能亦较未处理材明显增强。

酚醛树脂也适用于处理单板，可将处理单板制造层积材或强化层积材。日本有数家工厂用低相对分子质量酚醛树脂浸注单板并层积，在高温（135～150℃）、高压（10～20MPa）下固化，制得强化层积材，其尺寸稳定性、耐久和耐候性、电绝缘性及力学性能均有明显的提高。这种材料常用作装饰品、工艺品、家具和门拉手、推杆等。

4. 聚乙二醇(PEG)处理

用聚乙二醇(PEG)浸渍或涂刷木材，有效地减缓了木材的干缩湿胀程度，防止由此而引起的开裂、翘曲、变形。聚乙二醇广泛用于古木保存，如美国威斯康星州被埋于冰河中长达3万多年的古木、瑞典斯德哥尔摩港口沉没的木质战舰瓦萨号、日本奈良唐招提寺的古木建筑群，都是采用PEG处理才使其保存得完好如初的。近年来，我国陕西省文物保护技术中心，也开展了这方面的研究工作。

（1）PEG的性质。PEG是无色、无嗅、透明的水溶性物质，当相对分子质量较大时，常温（20℃）下呈固态；相对分子质量较小时呈液态。对金属无腐蚀，对人、畜无害，火灾危险性小。

PEG是由环氧乙烷与水或乙二醇的反应制得的链状聚合物。其重复单位的总数 n 称为聚合度，通常是各种聚合度的分子混合存在，例如PEG-1000，就意味着PEG的平均相对分子质量为1000。不同相对分子质量的PEG性质见表7-2，吸湿性如图7-2所示。由图可见，随着环境相对湿度的增大，PEG的吸湿量亦随之增加；在同一相对湿度下相对分子质量较小的PEG吸湿性较大。而相对分子质量较大的PEG水溶性变小，且难于进入木材细胞壁，仅能充填于细胞腔。处理的实质是聚乙二醇可以完全置换木材中的水分并使木材保持膨润状态，从而保持木材的尺寸稳定。研究表明，平均相对分子质量为1000～1500的PEG，适宜作处理剂；其处理机制类似于图7-1木材构造模型中的A-5，B-8。若平均相对分子质量大于3500，由于分子体积、尺寸较大，难于进入细胞壁，处理机制类似于图7-1木材构造模型中的A-2、A-3。

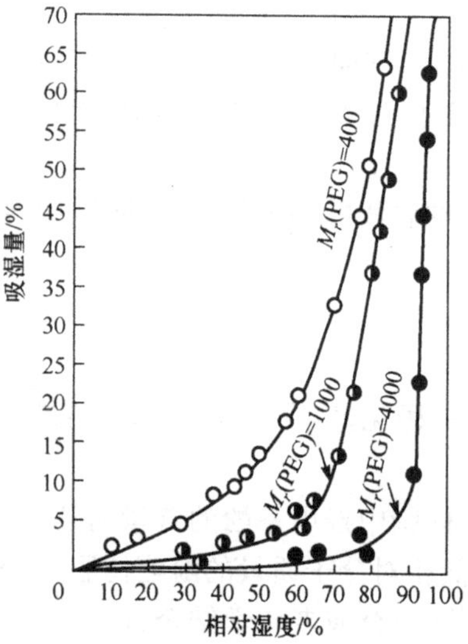

图7-2　相对分子质量不同的PEG的吸湿等温线（20℃）

（2）木材的PEG处理。PEG适于处理生材和湿材，处理条件是PEG的平均相对分子质量为1000～1500，处理溶液浓度为25%～30%（溶剂为水），处理温度为常温至80℃；处理温度和时间视处理材料厚度、树种和浸渍量而定。处理时木材含水率高，PEG的留存率也大，处理材的抗胀（缩）率（*ASE*）也高，因此生材比干燥材的处理效果好。需要指出的是，配制PEG水溶液时，应首先将PEG放入金属容器中加热融化，之后再加适量水配成一定浓度的PEG溶液。不要先加水再加热溶解，否则PEG不易溶解。处理方法有：涂刷、喷雾、扩散、浸渍和加压注入等，其中以浸渍方法较为简单实用。

表 7-2 聚乙二醇的性质

相对分子质量		比重	凝固点/℃	黏度/cst (100℃)	水溶性/ %(20℃)	外观
平均	分布					
200	190～210	1.13(20/4℃)	过冷液	4.2	可溶	无色透明液体
300	285～315	1.13(20/4℃)	－18～－3	5.9	可溶	无色透明液体
400	380～420	1.13(20/4℃)	2～14	7.3	可溶	无色透明液体
600	570～630	1.10(50/4℃)	20～25	10	可溶	无色透明液体
1000	950～1050	1.10(50/4℃)	35～39	17	80	白色固体
1500	1500～1600	1.10(60/60℃)	37～41	13～18	—	白色固体
1540	1300～1600	1.09(70/4℃)	42～46	25～30	70	白色固体
4000	3000～3700	1.09(70/4℃)	58～61	120～160	60	白色薄片
8000	7800～9000	1.10(50/4℃)	61～64	600～900	50	白色薄片
300/1500*	—		39～42	14～18	75	—

注：* PEG300/1500 是各相对分子质量的 PEG 的等量混合物；pH 为 4.5～7.0(5%水溶液)；
"—"代表无数据

(3) PEG 处理材材性

① 尺寸稳定性。PEG 浸入膨润状态的细胞壁内，在低相对湿度时细胞壁中的 PEG 保持膨润状态；在高相对湿度下，细胞壁中的 PEG 变为水溶液，保持膨润状态。由于单位重量的 PEG 比单位重量水对木材的增容效果要大，所以在相当于木材纤维细胞饱和点含水率的 70%～80%的 PEG 含量时，就能赋予处理材高的尺寸稳定性。PEG 处理材的尺寸稳定性表现为以增容效应为主，即一定相对分子质量的聚乙二醇溶于水，由于其蒸汽压低，当聚乙二醇进入细胞壁中置换水分时，它以蜡状物质留在细胞壁内，使细胞处于膨胀状态，维持木材的尺寸稳定性，其材性与未处理的生材相似。

② 力学性质。PEG 处理材的抗压强度、抗弯强度和耐磨性均随 PEG 留存量的增加而增加；若相对湿度升高，则强度和耐磨性略有下降，韧性则稍有上升。由于处理材受 PEG 增容效应的影响，木材细胞壁并未强化，微纤丝的运动比未处理材容易，因而在拉伸、压缩应力下易于发生滑移现象；在横向荷载作用下，细胞壁易于变形，使泊松比提高。

③ 干燥性。PEG 处理材易于吸湿，难于解吸，留存率越高，其膨润压越低。处理材在快速或高温干燥时很少开裂，体积收缩率也小，单板干燥的合格率大为提高。如在 PEG 溶液中干燥生材，由于其热扩散系数比在空气中的大，故含水率的降低亦较快。

④ 胶合性。斯坦姆研究了各种胶黏剂在经不同浓度的 PEG-1000 水溶处理的黄桦单板的胶合情况后得出：酪素胶、冷压脲醛胶、热压酚醛胶的常态胶合强度和木破率与 PEG 的留存率无关；对其他胶黏剂，PEG 留存率愈高，则胶合质量愈差。这是因为 PEG 处理后的木材自身凝聚力变小，材面能吸附更多水分，对界面的胶合有影响。PEG 处理材的涂饰性较未处理材差，尤其是使用挥发性涂料——硝基漆时，PEG 起到了溶剂的作用，而使涂膜的干燥性变坏。

⑤ 耐磨性及耐燃性。用各种浓度的 PEG-1000 水溶液处理的北美云杉，用密黏革裥菌进行 3 个月的标准块培养试验，当 PEG 的留存率达 18%时，由于 PEG 的水分吸着，木腐菌生长所必需的细胞壁中的生理水分变少，处理材没有发生腐朽现象。此外，用磷酸三苯酯交联的 PEG 处理材，具有相当的耐菌、耐虫和耐燃性。

(4) PEG 处理的应用。PEG 处理除了成功地应用于古木保存外，还可以用来防止室外用胶合板的表面开裂，提高漂白材的耐光性及防止木材光变色。

7.2.4 化学方法的尺寸稳定处理

所谓化学方法是指使木材中的成分能发生化学反应的方法。因此，所述的方法都限于通过处理使木材中某种成分消耗，生成另一种生成物，来实现木材尺寸稳定。由于木材中化学反应的发生与否并不十分明确，故前述的物理方法在某种程度上也伴随有化学反应，如低相对分子质量酚醛树脂的浸渍和加热固化、缩聚就是一例。

1. 加热处理

加热赋予纤维素类材料尺寸稳定性，其机制有数种解释，但多数学者的共同看法则是半纤维素，尤其是多糖醛酸发生了化学反应而生成吸湿性差的聚合物；同时加热使吸着水除去，细胞壁纤维素非结晶区的分子链之间距离缩短形成新的氢键结合。

(1) 加热处理的尺寸稳定性。伯梅斯特(Burmester)等发现柚木尺寸稳定性高的主要原因是加热后易水解的半纤维素含量减少。其他树种木材经过加热处理其半纤维素的含量减少，吸湿性和膨润性比柚木更小。

加热处理材的尺寸稳定性，随处理条件的不同而不同；当重量减少率在 20%以上时，其 *ASE* 在大气中降低，在氮气中不变，在密闭容器中反而提高。加热处理环境有利于尺寸稳定化的顺序是：真空＞大气＞蒸煮。在熔融金属中处理木材时与在真空中处理的结果相似。

加热处理的机制类似于图 7-1 木材构造模型中的 A-4，B-2。随着水分的除去，木材细胞壁非结晶区纤维素链分子之间的距离缩小，游离羟基相互之间形成分子间的作用力增大和氢键结合的机会增多，使非结晶区的氢键结合点谱的总数增加，从而使细胞壁非结晶区纤维素链分子的取向性增强，处理材的尺寸稳定性得到改善。

(2) 加热处理材的材性。加热处理的结果是重量减少和材面变暗，与此同时，处理材吸湿性降低，尺寸稳定性提高。

① 力学性质。虽然加热处理提高了木材的尺寸稳定性，但力学性质下降。由于阔叶材的半纤维素含量较高，加热处理后的阔叶材强度的下降幅度大于针叶材。

② 耐腐性。白云杉在 180℃的热板之间加热处理，当 *ASE* 达到 40%时，处理材不发生腐朽。这是由于处理材吸湿性降低，不具有菌类生活所必需的水分。

③ 胶合性。当单板在高温干燥机中干燥时，由于加热材面变为疏水性，尤其是在天然树脂含量较高的木质单板中，这种现象更为明显，致使胶合困难，胶合性能下降。

(3) 加热处理材的应用。除实体木材外,加热处理对人造板的尺寸稳定性亦有利。例如,在湿法和干法硬质纤维板生产工艺中采用加热处理或热湿处理能够提高板材的尺寸稳定性。

2. 乙酰化

(1) 概述。木材乙酰化是采用乙酰剂中疏水性乙酰基(CH_3CO—)置换木材中亲水性羟基(—OH),由于乙酰基的导入,产生酯的增容效应。使处理材尺寸稳定的因素是羟基减少和乙酰基增容,相比之下增容效应是决定性的,处理机制类似于图 7-1 尺寸稳定化处理木材构造模型中的 A-5,B-6。试验结果见表 7-3。

表 7-3　素材与乙酰化材的容积变化比较

性质	素材	乙酰化材
处理前的绝干容积/cm^3	5.71	5.73
乙酰化量/%	0	28.6
乙酰化后的绝干容积/cm^3	5.71	6.23
在水中的容积膨润/cm^3	6.45	6.47
水浸渍的容积变化量/cm^3	0.74	0.24
ASE/%	0	70
总容积变化量/cm^3	0.74	0.24

乙酰基含量与单板抗胀(缩)率(*ASE*)间的关系如图 7-3 所示。

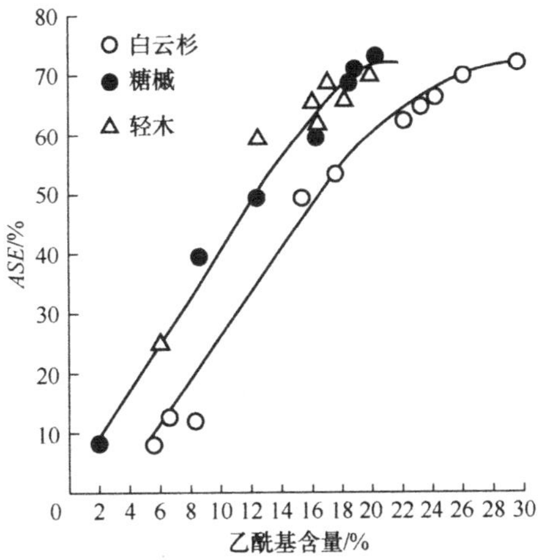

图 7-3　乙酰化单板的乙酰基含量和 *ASE* 的关系

乙酰化处理的研究始于 1946 年,美国学者 Stamm 首先申报了研究专利。1946～1961 年美、日等国致力于乙酰化处理材的工业化研究未获成功。1972 年,美国林产品实验室(FPL)重新着手乙酰化应用于木质材料方面的研究,1980 年,乙酰化处理开始应用于人造板生产;1981 年日本乙酰化处理材的工业生产获得成功,日本木材工业界开发的乙酰化木材能在相对湿度变化剧烈的环境中保持其尺寸稳定,广泛用于浴室的墙壁、门和地板。乙酰化处理较其他化学改性处理方法的优越之处,在于避免了对环境的污染。

(2) 乙酰化处理

① 乙酰化反应。乙酰化处理时采用的是醋酸酐,反应式如下:

$$\text{Wood}-\text{OH}+(\text{CH}_3\text{CO})_2 \longrightarrow \text{Wood}-\text{OCOCH}_3+\text{CH}_3\text{COOH}$$

上述反应可在液相或气相中进行，若加入催化剂，反应能加速进行。为使处理均一，应增加膨胀预处理工艺。木材乙酰化时，若乙酰基量少，反应仅在微纤丝表面进行；如量多，在微纤丝内部也能乙酰化。

② 处理药剂。处理药剂可分乙酰剂和催化剂两大类，前者有醋酸酐、硫代醋酸和乙酰氯等；后者有吡啶、二甲替甲酰胺和无水高氯酸镁等。

(3) 处理方法。处理方法分为液相法、气相法和综合法。

① 液相法。用吡啶作催化剂，将木材浸入醋酸酐和吡啶的混合液中，置于密闭的处理罐中，加热到 90～100℃，保持数小时(时间随处理材厚度而定)，随后排出未反应的处理液，以处理材进行干燥处理。

液相法处理效果与树种有很大关系，对针叶材而言，当增重率 *PL*＝25％时，其抗胀(缩)率 *ASE* 为 70％，而阔叶材达到同样的 *ASE*，增重率 *PL* 仅 18％～20％就已足够。处理材的耐虫性试验表明，处理材不受海洋钻孔动物的侵蚀。耐候性试验证实，处理材的尺寸稳定性优良。

这种方法的缺点是处理材内吸取的过量药液的排除和催化剂吡啶的回收难度较大、工艺复杂。

不同催化剂，用二甲苯或氯化烃等溶剂作稀释剂，将醋酸酐稀释成浓度为 25％的处理液，在温度 100～130℃时，能使木材很好地乙酰化。因芳香烃没有膨胀木材，木材吸收处理液量减少，而且回收二甲苯的过程比分离催化剂要简单，这种方法用于处理尺寸较大的木材。其工艺流程如图 7-4 所示。

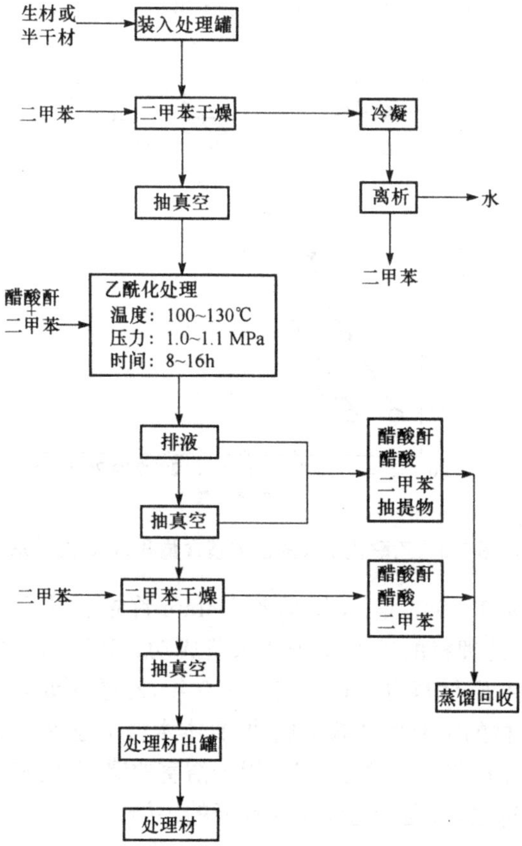

图 7-4　醋酸酐加二甲苯的木材乙酰化流程示意图

② 气相法。气相法适于处理单板及厚度较小(小于 3mm)的材料。乙酰化速度取决于木材样品的大小、形状、渗透性、混合蒸汽的成分和温度等。具体方法有以下三种。

一是吡啶前处理：于 80％醋酸酐和 20％吡淀混合蒸汽(或两者等量混合蒸汽)中，放入 0.16mm 厚的桦木单板于 90℃处理 6h，*PL* 可达 20％，*ASE* 可达 70％；白云杉需处理 10h，*PL* 达 26％，*ASE* 可达 70％。

二是用尿素和硫酸铵的混合液前处理、干燥，再于醋酸酐蒸汽中气相处理。

三是用醋酸钾溶液前处理、干燥，再用等量的二甲替甲酰胺(DMF)和醋酸酐混合蒸汽处理。

③ 综合法。一是在频率 21～25MHz 的高频电场下，进行液相乙酰化，可大大缩短处理时间。

二是乙酰化与热处理联合作用：无论是乙酰化后热处理，还是热处理后乙酰化，处理材的耐水性和尺寸稳定性均有提高。

三是乙酰化后再作交联处理：乙酰化处理材若再置于真空中，在温度 100～120℃下，用环氧乙烷处理 2～4h，则处理材的尺寸稳定性进一步提高。

(4) 乙酰化材的性质

① 物理性质。阻湿率比抗胀(缩)率略低；在不同相对湿度下阻湿率与抗胀(缩)率几乎不变，气体的渗透性降低，水分扩散速度减慢；在有机溶液中的膨胀率减少，热膨胀系数增大，紫外光照射的材色变白，明度几乎不变。干燥引起的纹孔闭塞较少。

② 力学性质。据所用的膨润剂、催化剂及种类、反应条件和树种，处理材的力学性质略有不同。横纹抗压强度、硬度、韧性等稍有增加，抗剪强度降低。

③ 胶合性。由于乙酰化材中的游离羟基大大减少，当用热固性树脂胶合时木材的胶合性能降低，胶层破坏增多。

④ 耐腐性。用 1％的氧化锌溶液作前处理，再用醋酸酐在 120℃下进行气相处理的白云杉材，当其 *ASE*(*PL*＞30％)达 70％时，处理材耐腐朽，且具有防蚁、防虫功能。

3. 其他处理

(1) 异氰酸酯处理

① 异氰酸化反应。异氰酸化是用异氰酸酯与木材中的羟基反应，生成含氮的酯来达到木材尺寸稳定化的目的。反应方程式如下：

$$\text{Wood}-\text{OH}+\text{R}-\text{N}=0 \xrightarrow{\text{催化剂}} \text{Wood}-\text{O}-\text{O}-\text{NHR}$$

反应所用的催化剂是挥发性的有机胺，如二甲基甲酰胺(DMF)。所谓异氰酸酯是各种酯的总称，有一异氰酸酯(R—N＝C＝O)和二异氰酸酯(O＝C＝N—R—N＝C＝O)，通常都是具有难闻气味的液体。

此外，也可使用异氰酸苯酯(TDI)、4,4-二苯甲烷二异氰酸酯(MDI)、异氰酸甲酯、异氰酸丁酯、氨基甲酸酯的预聚物或异氰酸甲酯与甲基丙烯酸甲酯的混合物，进行气相处理或液相处理。该法的机制类似于乙酰化处理，可用图 7-1 尺寸稳定化处理木材构造模型中 A-5，B-6 予以解释。

由于异氰酸酯类化合物对木材的膨胀作用小，为了提高处理效果，往往先用催化剂，如二甲基甲酰胺(DMF)，膨胀木材，然后再用异氰酸酯类溶液浸渍处理。

② 异氰酸化处理材的性质。一方面异氰酸酯处理材增重率 *PL* 为 20%～30%时，除具有良好的尺寸稳定性外，还具有优良的抗生物侵害功能。处理材在海洋环境中十分稳定，耐虫蛀，耐久。试验表明，大部分异氰酸酯都能进入细胞壁与木材成分中的羟基起反应，而不仅仅充填在细胞腔内，从而改变了木材细胞壁的成分，增强了木材抗生物降解的能力。

另一方面，二异氰酸脂处理材的抗压强度和抗弯强度都有所提高，并随聚合物含量的增加而增强，没有发生像用酚醛树脂处理后韧性下降的现象；相反，还略有增加。

(2) 甲醛处理。甲醛处理采用强碱或无机盐催化，用甲醛蒸汽处理纤维素材料。由于甲醛的交联反应，使纤维素链分子间架桥，从而在低的增重率(*PL*＝2%～4%)下，能使处理物料获得的抗胀(缩)率，*ASE* 为 60%～70%，如图 7-5 所示。其处理机制类似于图 7-1 尺寸稳定化处理木材构造模型中的 A-4，B-2、3。尺寸稳定主要是由于细胞壁非结晶区纤维素链分子之间形成关联结合，封闭了游离羟基的缘故。

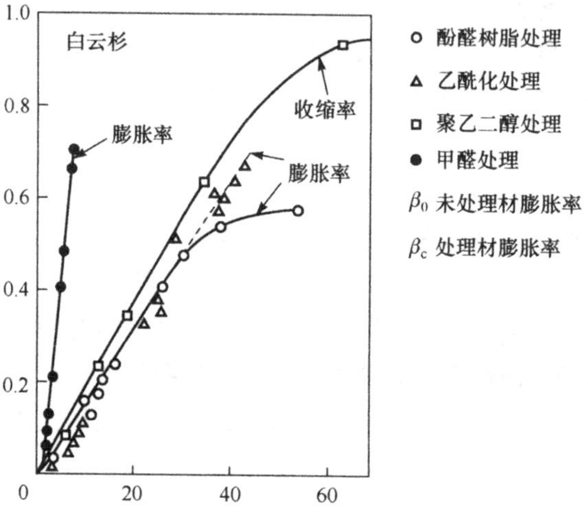

图 7-5 各种处理材中药品量和尺寸稳定性

① 甲醛交联反应。甲醛交联处理时一般使用甲醛水溶液或固体的聚合体——多聚甲醛[$HO(CH_2O)_nH$，n＝10～100]，甲醛通常与具有活泼氢的化合物反应，生成羟甲基(—OCH_3)化合物；在酸催化的条件下，生成亚甲基(—CH_2—)化合物。甲醛在酸催化下与木材的反应式如下：

$$\text{Wood—OH} + \text{HC}(=\text{O})\text{H} + \text{HO—Wood} \xrightarrow{[\text{H}^+]} \text{Wood—O—CH}_2\text{—O—Wood} + \text{H}_2\text{O}$$

在甲醛处理过程中，木材与甲醛之间发生了交联结合，从而大大提高了处理材的尺寸稳定性。在这里充胀作用并不主要，亚甲基醚的交联作用则是决定性因素。

② 甲醛处理。催化：甲醛处理常用的催化剂有氯化氢(气相)和浓度为 1%～2%氯化锌。催化一般为前处理。当使用氯化铝和氯化铵催化并与甲醛作用时，处理材的抗胀(缩)率提高，*ASE* 约为 40%时，木材稍有劣化，处理材的抗胀(缩)率较高。

当使用 1%～2%氯化锌为催化剂时，则反应 t＝120℃，反应时间亦要延长。

处理材的木材含水率：试验表明，处理材含水率为 8%左右时，能得到较理想的处理效果。

木材树种：树种不同，同样的处理条件所得到的结果不尽相同。伯姆斯特用氯化氢进行催化(60℃,15h)甲醛处理(120℃,5h),试样是 8 种阔叶树材的心边材。由于树种不同,处理材的增重率(PL)和处理材的抗胀(缩)率(ASE)亦不一样,柚木的处理效果远不如欧洲水青冈。

甲醛复合处理:为了克服甲醛处理材韧性下降的特点,常用单宁、蔗糖和 PEG 作前处理,以便产生强增容效果,避免韧性降低。

甲醛-γ射线照射复合处理:这种复合处理可分为前照射、后照射和同时照射三种方法。甲醛处理时不用催化剂,采用 Oxim 法将绝干欧洲赤松边材于减压下用多聚甲醛处理 70h,随后经 γ 射线照射,照射剂量达 10^5Gy 才有成效;与未照射的甲醛处理材相比,增重率(PL)增加 1.6 倍,吸湿性减少,韧性下降趋缓。

③ 甲醛处理材的材性。物理性质:甲醛处理材的抗胀(缩)率和阻湿率,在相对湿度变化很大的范围内仍很稳定;相对湿度升高,其 ASE 和 MEE 的值有些提高。其原因;一是结晶区增加;二是由于链状分子间的交联结合,使初期吸着点减少;三是防止了二次吸着点的新生。

即使是在干湿交替的环境中,甲醛处理材依然具有良好的尺寸稳定性。

力学性质:与未处理材相比,甲醛处理材的抗压强度和抗弯强度增加不大。

在饱水状态下,处理材和未处理材相比,强度增加 0.6 倍,弹性模量增加 0.3 倍,硬度增大。

耐腐性:用氯化锌催化的甲醛处理材,当 ASE 达 50%时,能耐密黏革裥菌的侵蚀。

7.2.5 木材尺寸稳定化的发展动向

化学改性在采伐剩余物、造材和加工剩余物的有效利用及间伐材和劣质材用途的开发方面,具有十分重要的作用。随着 WPC 和乙酰化处理的应用,使劣材优用和提高木质材料的耐久性、延长使用年限的设想得以实现;化学改性的研究日益受到重视和关注。

木材尺寸稳定处理作为木材化学改性的重要组成部分,近年来取得了很大进展。

1. 开发新的处理方法

(1) 石蜡注入处理。生产高耐久木材制品的石蜡注入处理法,近年来在日本已工业化。处理工艺为:①药液配制:将石蜡、环烷酸金属盐溶于有机溶剂中,配制成浓度为 5%～6%石蜡和 2%～3%环烷酸金属盐的复合药液。②加压浸注:将处理材置于专用密封耐压设备中,于 15～20MPa 压力下将药液压入处理材中。③溶剂回收:将石蜡和防腐剂浸注到木材深处。

处理材由于抗变形、耐腐朽和尺寸稳定,广泛用于建筑、家具和室外用木制品,如长凳、儿童游戏制品等。

(2) 马来酸-甘油处理(简称 MG 处理)。配制浓度为 30%的马来酸-甘油混合溶液,真空浸注处理木材 30min,随后室温放置 24h(压力为 101.325kPa)以便药液充分浸注,均匀渗入处理材内;然后于室温下,在通风柜中干燥 24h,再于 180℃处理 3h。制备的 MG 处理材抗胀(缩)率为 80%,处理机制为:马来酸的羟基与木材细胞壁非结晶区纤维素链分子葡萄糖基上的羟基发生酯化反应,酯基置换羟基。由于甘油与葡萄糖基均为多羟基化合物,酯化反应亦能在马来酸和甘油之间进行,如图 7-6 所示。因此,MG 处理兼具有酯化增容、封闭游离羟基和链分子间产生化学交联的两种作用,处理机制类似于图 7-1 尺寸稳定化处理木材构造模型中的 A-5,B-5、7。处理材的尺寸稳定性高是必然的。MG 处理也可用于刨花板,使板子耐候性增强。

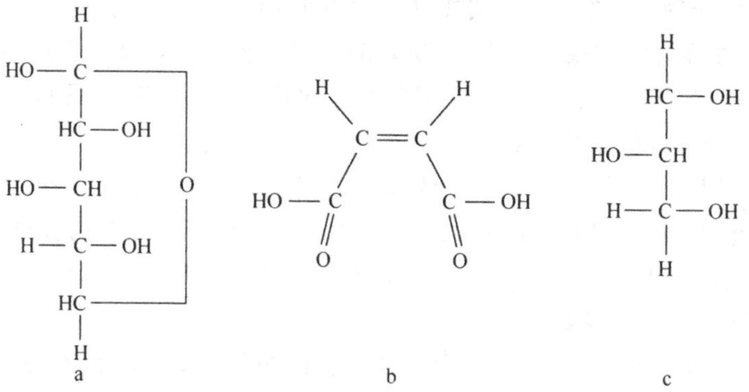

图 7-6 MG 处理中 3 种化合物的分子式

a. 葡萄糖；b. 马来酸；c. 甘油

此外，尚有环氧化物处理和无机复合化处理等方法。

2. 完善现有处理方法

(1) 热处理。热处理时构成木材细胞壁的分子既形成凝聚结构，又发生分子的化学变化和分解；如果凝聚结构的形成趋势大于分子的热分解，则木材强度提高，随着对热敏感性最强的半纤维素的分解，处理材的尺寸稳定性得以改善。因此，将木材隔绝空气于 320℃和 150℃分别处理 1min(短时)和 1 周(较长时间)，处理材的抗胀(缩)率可提高 40%左右。

(2) PEG 处理。PEG 处理能够防止木材因干缩而引起的开裂和变形，处理材用于室外时，受雨雪淋溶作用 PEG 易于从材内溶出，为了保持 PEG 在细胞壁和腔中的增容效果，处理材使用前应该用聚氨酯树脂涂饰。此外，在 PEG(聚合度 7～9)中导入甲基丙烯酸甲酯(MMA)，使其与 PEG 的一端产生酯键结合，从而可有效地抑制 PEG 的溶出，这样既能保持处理材尺寸稳定，防止变形，又能使室外用材保持原有色泽。这种新型的 PEG-MMA 处理剂在日本建筑业应用广泛。

(3) 乙酰化处理。Rowell R. 测定了醋酸酐-二甲苯混合溶液中，乙酰化木材的容积变化、尺寸稳定性和乙酰基的分布后得出：当增重率达 20%时，处理材抗胀(缩)率(*ASE*)为 60%～70%；由测定纤维素中乙酰基的结果得知，即便木质素大分子上的羟基被大量置换，处理材的尺寸稳定性仍无多大变化；而综纤维素的羟基一旦被置换，则对处理材材质的改良影响甚大。Singh 等在气相中用硫代醋酸进行乙酰化，当处理材中乙酰基含量为 12%时，其抗胀(缩)率(*ASE*)可达 48%。Harada 研究了用醋酸酐气相乙酰化法来处理单板，操作条件为：温度为 140℃，不用催化剂，处理时间为 60～120min。用此法处理过的日本扁柏单板的增重率为 14%～17%，日本栎木单板的增重率为 15%～19%。反应后剩余的乙酰化溶液量 5%～15%，若用液相乙酰化处理，相应的剩余溶液量为 80%～120%。倘若用含有催化剂醋酸钾的醋酸和醋酐的混合溶液预先浸渍单板，则处理时间可缩短，增重率达 20%左右。

(4) 异氰酸酯处理。往西等研究了 TDI 与木片、木粉的气相处理，发现生成的氨基甲酸乙酯与木材细胞壁成分反应，此反应会因吡啶的预膨胀处理而加快，随着处理材中含氮量的增加，其吸湿性、尺寸稳定性得到明显改善。Rowell R. 等的研究表明，用甲基、乙基、丙基和丁基的异氰酸酯类处理干燥木材时，能够置换细胞壁木材成分的羟基，从而获得高度的尺寸稳定性。倘若置换量过高，即增容过度，反而会导致细胞壁的破坏，处理材的 *ASE* 下降。因此，反应宜适度进行。

(5) 甲醛化处理。Minato等研究了在无水条件下用甲醛气体处理木材的最佳反应速度，并采用氯化氢(HCl)或二氧化硫(SO_2)作为催化剂(后者对处理材的降解和设备腐蚀明显小于前者)，用三噁烷、四噁烷或多聚甲醛蒸汽作为气体甲醛的来源。处理中密度纤维板(MDF)时，板子的抗影胀率可提高60%；在水膨胀状态下，板子的*MOR*和*MOE*增加。Ynao等用甲醛处理共鸣板木材，其结果明显改善了处理材的音响性能。

7.3 木材软化

由于木材缺乏塑性，加工成型以切削和胶合为主，这与易于弯曲或模压等塑性加工的金属、塑料、陶瓷有本质不同。

软化处理是使木材具有暂时的塑性，以便使弯曲和压缩木材等塑性加工得以进行，再在变形状态下干燥，以恢复木材原有的刚性、强度。

7.3.1 木材软化处理

1. 木材软化机制

(1) 材料可塑化及其特点。采用适当处理，使材料呈现塑性，称可塑化。材料可塑化具有如下特点：

弹性模量(刚性)降低——材料变软；

弹性区域变小或消失——变形后难以恢复；

破坏应变增大——材料变形增大；

破坏能量增大——脆性材料变为黏滞。

(2) 膨胀变形。木材吸着水、氨或低分子醇、酚、胺等极性气体或液体时会产生膨胀。当这些膨胀剂进入构成木材的高分子的分子链之间时，使分子链之间距离增大，分子间结合力减弱；当受外力作用时，分子链产生相互间的错移，变形得以实现。在这种状态下再升高温度，十分容易使木材变形。即木材由于膨胀其弹性模量减小，软化的起始温度降低。变形程度则因膨胀剂的种类、膨胀率的不同而异，如图7-7所示。

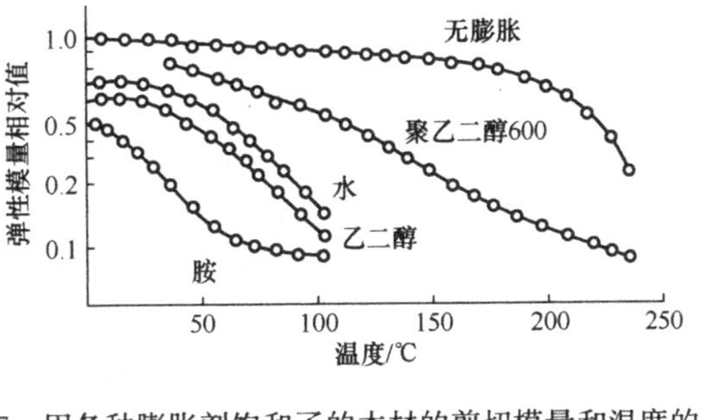

图7-7 用各种膨胀剂饱和了的木材的剪切模量和温度的关系
纵轴：无膨润木材在0℃的剪切模量为1.0相对值

除膨胀作用影响变形性能外，在施加一定外力于湿木材，边干燥边升温时，其变形性能要比木材含水率、温度一定时的变形性能好。其变形量最大为初期变形量的3倍以上，而且这种变形，在外力去除后能成为永久残余变形。

(3) 降低木材细胞壁组合的玻璃化转变温度。绝干木材细胞壁(按重量计)含50%左右纤维素(其中结晶区占55%),20%～30%的半纤维素和20%～30%的木质素。细胞壁是具有复杂多层状结构的纤维增强复合体。每层中纤维素大分子沿轴向组合排列的,称为微纤丝,微纤丝之间由半纤维素和木质素组成的基质充填、分隔。水分和温度对基质和微纤丝能产生不同的作用,水分子不能进入微纤丝的结晶区,结合水存在于基质之间及基质与微丝之间的空隙中,充当膨胀剂和塑化剂。

① 玻璃化转变。玻璃化转变是无定型高聚物的一种普通现象,因为即使是结晶高聚物也难以形成100%的结晶,总有非结晶区存在。在高聚物发生玻璃化转变时,众多物理、化学性能,尤其是力学性能发生了急剧变化,在只有几度范围的转变温度区间内,弹性模量将改变3～4个数量级(图7-8),材料从坚硬的固体突然变成柔软的弹性体,完全改变了材料的原有性能。作为塑料使用的高聚物,当温度升高到发生玻璃化转变时,便失去了塑料的性能而变成了橡胶。因此,玻璃化转变是高聚物的一个非常重要的性质。研究玻璃化转变有着重要的理论和实际意义。

由动态曲线可知,典型聚合物黏弹性的表现可以按不同的温度分为5个区域。非结晶态线型聚合物典型的动态力学性能特征曲线如图7-9所示,在玻璃化温度以下,聚合物的模量大约为1GPa,并且随着温度的升高模量下降得很慢。模量曲线的拐点或内耗曲线的极大值对应的温度作为聚合物的玻璃化转变温度Tg。在玻璃化转变区,模量大约下降到1‰。温度再升高,聚合物处于橡胶态平台区,其模量约为1MPa,并且又相对地不依赖于温度,经过第二个转变区后,最后是液体流动区,聚合物处于黏流态,模量再次下降。

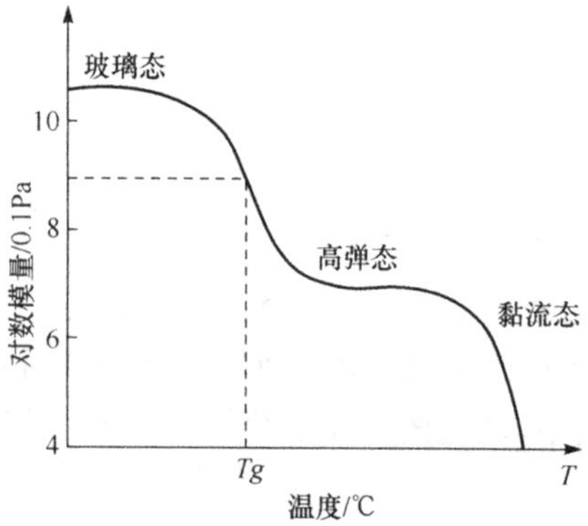

图7-8　非结晶高聚物的模量-温度曲线

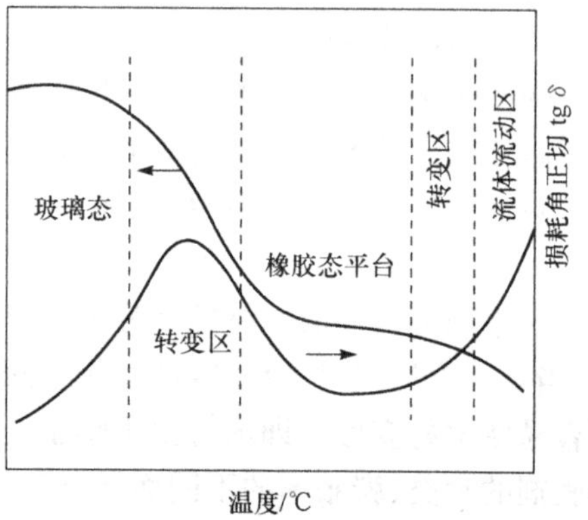

图7-9　非结晶态线型高聚物典型动态力学性能特征曲线

在玻璃态,聚合物几乎只发生普弹变形,可逆的普弹变性不损耗任何能量。在高弹态,分子链可以自由运动,聚合物发生可逆的高弹变形,应力与应变的相位差角 δ 很小,也可以看作不损耗能量。在转变区内耗能量会增大,这是因为转变区内高聚物的某些分子链段能自由运动,有些则不能,在一定的形变下,前者比后者储藏较少的能量。当呈玻璃态的分子链段能够自由运动时,多余的能量以热的形式释放出来。有一个内耗能量极大值出现在玻璃化转变区,这是因为在这样的一个温度区间内,高聚物内许多冻结的分子链段开始解冻,当其发生高弹变形时,将多余的储藏能量转化为热能造成的。

② 细胞壁成分的玻璃化转变。由于木质素和半纤维素为典型的非结晶态高聚物,具有明显的玻璃化转变。Stone等研究发现,二氧陆环木质素在温度达到其玻璃化温度 Tg 时,木质素软化发黏;并且发现当木质素吸收大量水分时(亦处于热湿状态时),其玻璃化转变温度(亦

称软化温度)显著降低,半纤维素也具有这种类似的性能。纤维素因具有结晶性,其软化温度几乎不受水分的影响。

表7-4为实测得的细胞壁主要成分在干燥和湿润状态下的玻璃化温度。

表7-4 木材细胞壁主要成分的玻璃化温度

木材成分	玻璃化温度 Tg/℃	
	干燥状态	湿润状态
木质素	134～235	77～128
半纤维素	167～217	54～142
纤维素	231～253	222～250

由表7-4可见,如给予木材适当的水分和热量,尽管纤维素未发生什么变化,而木质素、半纤维素一旦达到玻璃化转变温度,则其弹性模量迅速下降,基质软化导致木材塑性增加。蒸煮、高频和微波加热等水热处理软化木材的方法都是基于这一机制。

(4)木材成分的可塑化。纤维素的非结晶区和半纤维素对水和其他膨胀剂具有很强的亲和性,对木材有很大的膨胀作用;水分不能进入纤维素的结晶区,而液氨和胺则能进入,从而引起微纤丝的内部膨胀。

木质素是与木材的可塑化相关联的极其重要的成分,而氨对木质素也具有强的亲和力;木质素的溶解性和膨胀性随溶剂的氢键结合能力的增大而增大。

综上所述,用膨胀剂处理木材时,塑性变形是由纤维素、半纤维素和木质素分子间的位移及胞间层细胞之间位置的交错与移动造成的。

2. 木材软化处理方法

木材软化处理可分为物理方法和化学方法两类。

(1)物理方法。物理方法又称水热处理法,以水为软化剂,同时加热达到木材软化的目的。

① 蒸煮法。采用热水煮沸,或者高温蒸汽气蒸,处理时间随树种、材料厚度、处理温度等不同而异。在处理厚材时,为缩短时间,可采用耐压蒸煮锅,提高蒸汽压力。若蒸汽压力过高,往往出现木材表层温度过高,软化过度,而中心层温度低,软化不均。反之,若处理温度过低,则软化不足。通常以80℃以上温度水煮时,需处理60～100min;用80～100℃蒸汽气蒸时,处理20～80min。表7-5为榆木、水曲柳的处理条件。

表7-5 板材气蒸处理条件

树种	毛料厚度/mm	不同温度下所需处理时间/min			
		110℃	120℃	130℃	140℃
榆木	15	40	30	20	15
	25	50	40	30	20
	35	70	60	50	40
	45	80	70	60	50
水曲柳	15		80	60	40
	25		90	70	50
	35		100	80	60
	45		110	90	70

佐藤等研究了木材在水热处理过程中，力学强度指标（弹性模量 E，破坏强度 δ，破坏应变 ε）与木材细胞壁构造因子（纤维素结晶度 C_r，木质素含量 L，无定型区中的分子定向度 F）之间的多重相关性后得出，木材结晶度低，木质素含量低，分子定向度差的木材易于弯曲；阔叶材比针叶材容易弯曲，温带产木材以槭木类、桦木类、山毛榉类、洋槐等木材的弯曲性能最好。

② 高频加热法。将木材置于高频振荡电路工作电容器的两块极板之间，加上高频电压，即在两板极之间产生交变电场，在其作用下，引起电介质（木材）内部分子的反复极化，分子间发生强烈摩擦，这样就将从电磁场中吸收的电能变成热能，从而使木材加热软化。电场变化越快，即频率越高，反复极化越剧烈，木材软化时间越短。

高频软化工艺试验表明，木材加热速度快，软化周期短，加热均匀，而木材越厚，该优点越明显。对枫杨、柘树高频加热软化的试验结果见表 7-6。因木材加热是在内部进行的，在加热过程中，木材会向周围空间蒸发水分，故初含水率比蒸煮法的高。高频发生器的工作频率对木材软化速度和质量有很大影响，就木材软化而言，最佳工作频率应选择在木材实质（细胞壁）具有最大介质损耗因素这个频率上。实验表明，枫杨和柘树在 4MHz 时，木材易热透，且能较好地保持木材的水分，使木材的加热软化质量达到最佳状态。高频加热时，电极板需与木材相接触。在德国、日本、波兰等国也进行过木材高频加热软化与定型的研究，并设计制造了相应的生产设备。

表 7-6 板材高频软化条件

树种	试材厚度/mm	初含水率/%	功率密度/W · cm^{-3}	具有最佳弯曲质量的加热时间/min
枫杨	15	98	1.2	2
柘树	15	45	1.2	3

③ 微波加热法。此法是 20 世纪 80 年代开发的新工艺。微波频率为 300MHz～300GHz、波长为 1～1000mm 的电磁波，它对电介质具有穿透能力，能激发电介质分子产生极化、振动、摩擦生热。当用 2.45GHz 的微波照射饱水木材时，木材内部迅速发热。由于木材内部压力增大，内部的水分便以热水或蒸汽状态向外移动:木材明显软化。以 1～5kW 功率的微波照射，数分钟内木材表面温度就可达 90～110℃；内部温度可达 100～130℃。如将 1cm 厚的刺槐、火炬松饱水木材微波加热 1～2min 后，外钢带弯曲，试件的曲率半径可达 3cm。

日本学者则元京采用如图 7-10 所示的两种方法，微波加热弯曲木材。试验结果见表 7-7。

表 7-7 微波加热木材弯曲结果

树种	D.	B. Q.	树种	D.	B. Q.
日本阔叶材			针叶材		
黑榆	L	≈3.0	日本柳杉 A	L	<5
春榆	L	<1.6	B	L	5～20
光叶榉	L	≈2.5		R	<1.7
	R	<2.3	日本扁柏 A	L	<5
疏花鹅耳枥	L	≈2.9	B	L	5～20
大齿蒙栎 a	L	<3.0		R	≈2.3
b	R	<2.4	黑桦	R	<1.9
	R	<1.8	高大冷杉	R	<1.8

续表

树种	D.	B. Q.	树种	D.	B. Q.
日本三毛榉	L	≈3.0	热带材		
槭尾	L	≈3.0	天料木属	L	≈10.0
洋槐	L	<1.9	八宝树属	L	≈142
野桑	L	<2.0	木姜子属	L	≈9.5
日本樱桦	R	<1.7	榄仁树属	L	≈18.7
胡桃楸	R	<1.5	山道楝属	L	≈9.4
连香树	R	<1.8	棱柱木属 a	L	≈15.0
李属	R	<1.9	b	L	≈9.3
日本属朴	R	<1.8	银叶树属	L	≈14.0
斯班斯白蜡 a	L	≈2.8	胶木属	L	≈14.3
b	L	≈3.8	橄榄属	L	≈9.4
c	L	≈3.8	八果木属	L	≈14.3
	30°	≈3.8	娑罗双属 a	L	≈14.9
	45°	≈2.0	b	L	≈5.0
	60°	≈2.0	c	L	≈9.8
	R	≈2.0	橡胶树属	L	<5.0

注：D. 为方向(L. 纵向；R. 径向；30°～60°. 纹理与纵向成的角度)；B. Q. 为弯曲质量(弯曲材内侧与最外侧曲率半径之比)；a～c. 不同的株；A 和 B 分别为具有最高和最低比弹性模量的试样

与传统的蒸煮软化法相比，微波加热法具有如下优点：一是由于加热来自木材内部，升温速率猛增，软化时间大为缩短。例如，厚度 2cm 的板材，欲使材芯温度达到 80℃，用蒸汽气蒸软化法需 8h，而且微波加热法仅需 1min，尤其是处理尺寸规格较大的木材，经济效益明显优于蒸煮软化法。二是处理过程的温度易于得到控制，木材能在最佳工艺条件下软化。三是在需要强烈应变的场合，应将试材的成型和定型操作置于微波炉内进行，以便利用木材在承载状态下干燥时出现的附加“机械吸附挠曲性”扩大木材变曲的应用范围，即可以使用低等级木材经受较大变形，确保变曲质量。图 7-11 为微波炉内成型、定型装置示意图。

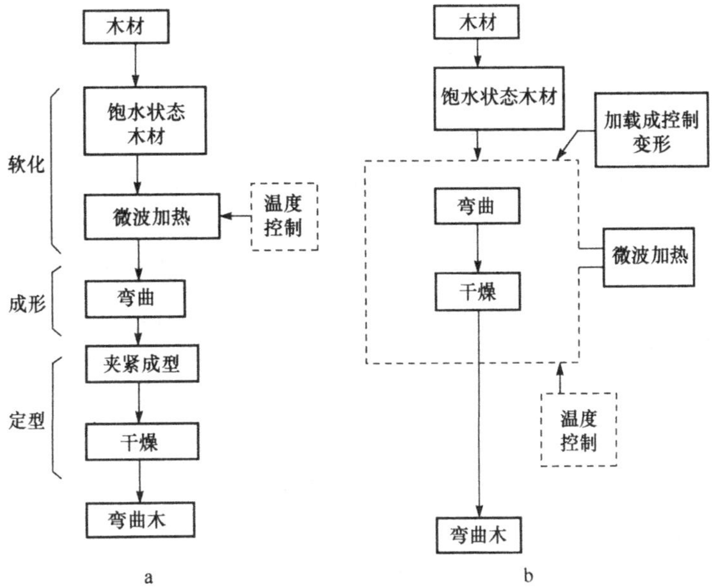

图 7-10 使用微波加热弯曲木材的两种方法

a. 常规方法；b. 采用软化和机械吸附效应联合的方法

用聚氯乙烯薄膜将饱水木材包好，再照射微波，则可防止因水分散失引起木材表面降温，软化性能变差；对山毛榉、桦木、大齿蒙栎等试验表明，试材最大挠曲量均比没有包覆聚氯乙烯薄膜的大。

（2）化学药剂处理法。化学药剂软化木材机制与蒸煮不同，用不同化学药剂处理木材时，其软化机制也各不相同。

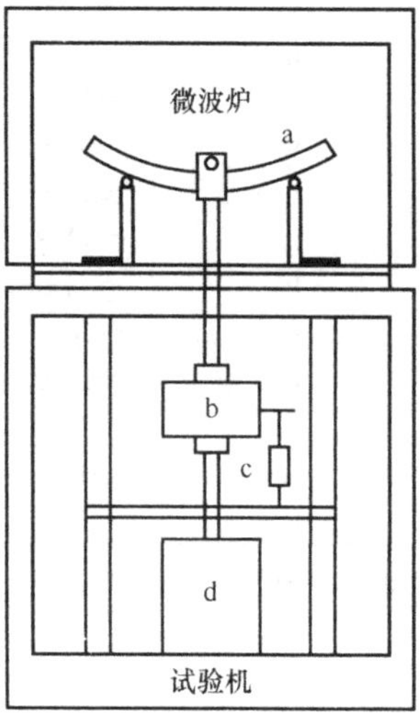

图 7-11　炉内承载系统
a. 木材试样；b. 承载测压器；
c. 传感器；d. 气缸

这种处理方法的特点是木材软化充分，不受树种限制，是实用性、可行性强的木材软化法，但还有待进一步研究和发展。常用的化学药剂处理有碱处理和氨处理，其中氨处理效果甚佳。

① 碱处理法。此法是将木材放在 10%～15%氢氧化钠溶液或 15%～20%氢氧化钾溶液中，达到一定时间后木材即明显软化。取出木材用清水清洗，即可进行自由弯曲。该法软化效果很好，但易产生木材变色和塌陷等缺陷。为了防止这些缺陷的产生，可用 3%～5%的双氧水漂白浸渍过碱液的木材，并用甘油等浸渍。碱处理过的木材虽然能干燥定型，但若浸入水中则仍可以恢复可塑性。

② 氨处理。1955 年，Stamm 首先提出用液氨来使木材软化，此法与使用水和热的软化相比有以下优点：一是几乎所有阔叶材经处理均能得到充分软化；二是成型时所需的辅加外力小，时间短，成品破损率低；三是定型后制品恢复原状的回弹性小。但因刺激性和臭气较强，操作必须在封闭系统中进行。氨对纤维素、半纤维素和木质素均能发生作用。氨使纤维素膨胀，因为氨能够进入结晶区，形成氨化纤维素，因而氨是纤维素的一种有力的膨胀剂。氨能使半纤维素分子在细胞壁上重新定向。氨也是一种很好的木质素塑化剂，在塑化过程中，木质素分子发生扭曲，并呈软化状态。

联氨可以软化 LCC(木质素糖复合体)，联氨对纤维素的作用与氨类同。

氨塑化性能还与木材树种、含水率和木材的结构有关。

液态氨处理：将气干或绝干的木材放入－78～－33℃的液态氨中浸泡 0.5～4h 后取出，当温度升到一定的室内温度时，木材已软化，进行弯曲成型加工后，放置一定时间使氨全部蒸发，即可固定成型，恢复木材刚度。在常温处理上木材易于变形的时间仅为 8～30min。厚 3mm 的单板，在液态氨中浸渍 4h，就能得到足够的可塑性，可以进行任意弯曲。该法与蒸煮法相比，具有如下特点：木材的弯曲半径更小，几乎适用于所有树种的木材。弯曲所需的力矩较小，木材破损率低，弯曲成型件在水分作用下，几乎没有回弹。液态氨的塑化作用表现在对木质素和高聚糖类都是很好的膨胀剂。木质素是具有分支状态交联的球形高聚物，氨塑化时，木质素分子发生扭曲变形，但分子链不溶解或不完全分离，并松弛木质素与高聚糖类的化学联结，使其呈现软化状态。与水分子不同，液态氨能进入到纤维素结晶区之中，使纤维晶格扩大和变得疏松，导致纤维素分子间互相移动变得易于发生，由此呈现良好的塑性。

为了促进液态氨的渗透，也可采用预先将木材细胞腔中的空气用气态氨或 CO_2 气体等置换的方法。

在液态氨处理中，因细胞壁极度软化，在氨挥发时易产生细胞的溃陷。溃陷所引起的处理材收缩可从原尺寸的百分之几，到 30%左右。为了防止这种收缩，可考虑在液态氨中添加不挥发性的膨胀剂，如聚乙二醇(PEG)。

氨水处理：将含水率为80%～90%的木材浸泡在25%氨水溶液中，在常温常压下塑化，处理时间取决于木材的树种和木材的规格，有的可长达十几天。塑化处理后在常温下加压8MPa，然后加热干燥到含水率为3%～5%，可制成容重为1.0～1.3g/cm^3 的压缩木。这种压缩木称为氨塑化压缩木，通常用阔叶材，以散孔材为最好。氨水浸渍木材的压缩成型加工如图7-12所示。

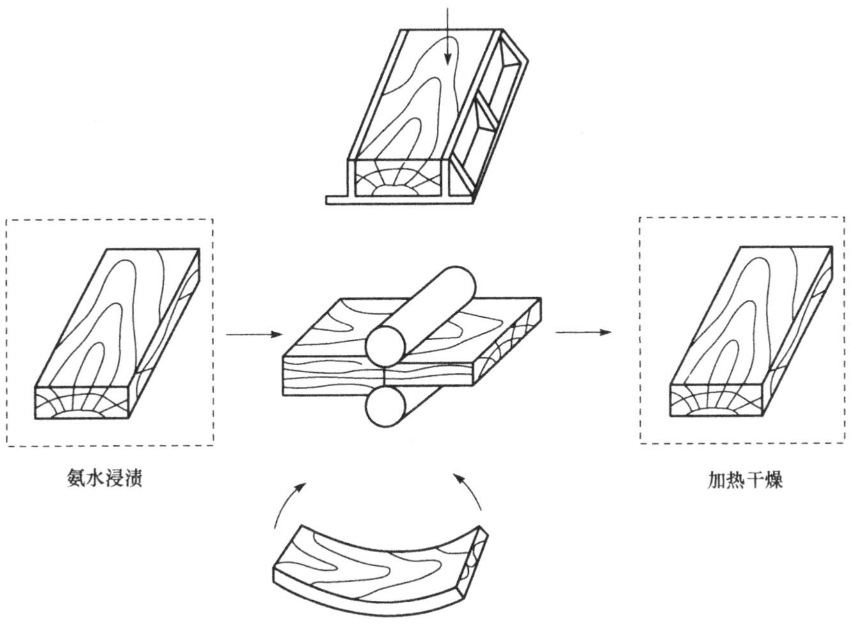

图7-12 用氨水处理的压缩成形加工

气态氨处理：气态氨在木材中扩散、渗透时，气干材比全干材要来得快，故木材含水率为10%～20%时处理效果较好。通常将含水率10%～20%的气干材放入处理罐中，导入饱和气态氨(26℃时约0.1MPa，5℃时约0.05MPa)，处理2～4h，具体时间根据木材厚度决定。用该法软化处理成型的弯曲木，其定型性能不如液态氨处理。

尿素处理：将木材浸泡在50%尿素水溶液中，厚25mm的木材浸泡10d后，在一定温度下干燥到含水率为20%～30%，然后再加热至100℃左右，进行弯曲、干燥定型。如山毛榉、橡树用尿素甲醛液浸泡处理后，木材弯曲性能有所改善。为了获得更好的弯曲效果，在弯曲前宜将木料浸入尿素溶液中煮15～20min。当弯曲较厚的木材时，应保持木材含水率为20%～30%，然后用钢带弯曲木材，并与钢带中干燥到适宜的含水率，待其定型后方可取出。

联氨处理：联氨溶液的浓度以3%～15%为宜，当处理生材时，应采用高浓度的联氨溶液。

联氨浸渍木材可用各种浸注方法，通常采用充细胞法。即在处理罐内放入木材，首先抽真空，然后吸入联氢溶液，加压浸注，在浸渍过程中，木材变软，再于80～100℃加热10～30min，使其塑性继续增加。浸渍后的木材可弯曲或压缩。

7.3.2 木材软化的发展动向

纵观各种木材软化处理方法及其效果可知，水热处理后的木材在弯曲加工中虽无变色和塌陷等缺陷，但水煮和气蒸时间很长，生产效率较低，会损害木材性质。另外，塑化效果受树种限制，即使是同一树种，加工的难易程度也有较大的差异。液态氨法处理比蒸煮法优越之处在于：①弯曲时曲率半径可更小些；②变形力小；③破损率低；④干湿反复作用后几乎没有回弹现象；⑤适用于所有树种。但这种方法必须在低温下进行，需要较复杂的冷冻设备。联氨法的优点在于塑化处理后木材具有许多优良的性质，但药物有毒性。

值得指出的是，近 20 年才发展起来的微波加热法异军突起，在日、美等发达国家已形成工业化生产能力。这是由于此法具有时间短（微波照射仅需数分钟）、效率高（水吸收了大部分的微波能量）、弯曲成型性能优良（曲率半径可达 3cm）的特点，以及全部过程实现了计算机检测遥控和对原料树种的适应性远较其他软化方法为大等优点。此外，许多研究者正致力于软化状态下木材解剖和物理性质的研究，分析因树种不同而产生的物理性质的差异及其原因；确定能够连续进行软化、弯曲、干燥和定型的系列化弯曲加工工艺和希望开发出可以满足各种条件的弯曲加工装置。从节省能耗的角度出发，软化处理时以采用微波加热和蒸汽加热并用的加工方法为宜。

7.4 木材塑料化

本节主要论述通过化学改性使“三剩”、“间伐材”、“小径木”等低价值原料加热软化，并呈熔融状态从而模铸、挤压加工成各种形状的制品——木材塑料化，这是木材化学改性工艺中很有潜力和发展前途的新领域。近年来的分析研究，深刻阐明了木材塑料化的反应机制、影响因素及其可能的应用领域。

木材塑料化研究尽管取得了长足的进展，但离工业化生产这一宏伟目标尚有不小距离，发达国家的木材学界人士，尤其是日本木材学界正致力于该领域的深入研究。

7.4.1 木材的热塑性

1. 木材和塑料

木材是天然黏弹性材料，加工利用的方式较为单一，只能锯、切、刨、钻成所要求的形状，或胶接、榫接、钉接成木质构件。与木材不同，“塑料”是由一些高分子有机材料组成，经加热能够软化、熔融、流动，经模压或挤压加工成各种形状的产品；同时，塑料还能溶解在某些溶剂之中。木材则没有类似于塑料的这些性质，是一种不溶不熔的材料。

2. 木材的化学成分及其热塑性

木材的化学组成可分为主要成分和次要成分，主要成分是纤维素（占 50%～55%）、木质素（占 20%～30%）、半纤维素（占 15%～20%），这些主要成分构成木材的细胞壁和胞间层，占木材总量的 90%以上，木材的物理力学和化学性质，主要取决于这些主要成分。次要成分为抽提物，包括灰分、树脂、单宁、色素、精油和含氮化合物等，除小部分沉积在细胞壁中，大部分存在于细胞腔或特殊组织（如薄壁细胞、树脂道等）中，这些次要成分对木材性质亦有影响。木材的热塑性并不取决于单个主要成分性质的叠加，而是反映了主要成分之间相互作用的结果所体现的整体性质。

木材中的纤维素是部分结晶化的高聚物，而木质素和半纤维素则是热塑性比纤维素大得多的无定型高聚物。Goring 研究了干燥状态 3 种成分的热软化点，木质素为 127～235℃，半纤维素为 167～217℃，纤维素为 217～253℃。上述 3 种成分的热软化点的变化幅度较大，主要取决于从木材中制备这3种成分所采用的分离方法。

当3种成分处于湿润状态下时，木质素和半纤维素的热软化点下降幅度很大，木质素下降72～128℃，半纤维素下降54～142℃，而纤维素则不然，软化温度仅降低6～9℃。上述干、湿状态下热塑性的差别，表明水对半纤维素和木质素的强烈增塑作用，但对纤维素的增塑则很有限，原因在于水不能进入纤维素的结晶区。由此看出，部分结晶化的高聚物——纤维素的热塑性不大。

3. 木材的热塑性

整体木材的热软化与单一成分的热软化完全不同，木材软化只是在纤维素的软化温度下才出现，这要归因于木材主要成分之间的相互作用。Goring发现，木材加热到200℃以上时才缓慢软化。据Chow报道，木材于180℃时开始热软化，380℃时达最大值。Baldwin等采用木材气蒸预处理，其软化温度低于200℃。软化温度的降低是由于气蒸处理使木材主要成分之间的相互作用力削弱，尤其是部分结晶化高聚物纤维素对于无定型高聚物木质素、半纤维素的约束力减弱，木材得以软化。

因此，影响木材热塑性的主要因素是纤维素。尽管木质素和半纤维素热塑性较大，但由于与纤维素大分子之间次价键力的相互作用，它们对整体木材的热塑性影响有限。

水分含量对3种主要成分热软化温度的影响不同，对纤维素的影响最小。由于水只能进入纤维素的非结晶区，可以认为，纤维结晶度在很大程度上限制了木材的热可塑性。

7.4.2　木材塑料化机制

1. 木材热塑性低的原因分析

木材对热不敏感，热塑性低，没有热流动性和难于塑料化的主要原因是纤维素的热塑性低。

纤维素是以D-吡喃型葡萄糖基为重复单元的线型高聚物，每个葡萄糖基有3个羟基，意味着纤维素大分子内和大分子之间形成氢键机会极多。分子间的作用力，加上聚合物的规律性结构，造就了纤维素高聚物的高结晶度；纤维素结晶区的熔点明显高于纤维素的热降解温度，即纤维素尚未熔融，其热分解已发生。因此，纤维素是一种热塑性很低的高聚物。

纤维素的衍生物则与纤维素不同，具有高的热塑性，如硝酸纤维素、醋酸纤维素、苄基纤维素等都是众所周知的纤维素塑料。因此，如果将木材中的纤维素变为衍生物，木材就能变成具有熔融性的热塑性材料。然而，由于木材细胞壁中的3种主要成分纤维素、木质素和半纤维素之间形成了相互交叉渗透的高分子网状结构，所有这些因素使得木材成为对熟不敏感、热塑性低的物质。

2. 机制

上述分析表明，将木材细胞壁的主要成分(纤维素、半纤维素和木质素)衍生物化，尤其是热塑性很低的纤维素的衍生物化是木材塑料化的关键。由此产生了下述两种理论和相应的改性处理方法。

(1) 木材细胞壁非结晶区和基质的改性处理。这种理论的要点是：不破坏使木材细胞壁具有优良力学性质的纤维素微细纤维的结晶构造，而将纤维素的非结晶区和基质成分衍生物化。

众所周知，木材细胞壁构造的基本要素是微纤丝和基质，微纤丝是长而刚直的纤丝状结晶构造单元，由直链状的纤维素大分子相互之间以氢键结合而成。基质是由具有三维空间网状结构的无定形高聚物木质素和支链状的无定型高聚物半纤维素所组成，基质充填在微细纤维的空隙之间。

经化学改性将细胞壁非结晶区纤维素大分子和基质中的羟基，用其他有机取代基置换，形成的代表性化学键为：酯键、醚键和缩醛键等。使用的典型化学改性试剂有：醋酸酐、马来酸酐、异氰酸酯（异氰酸乙酯、异氰酸丁酯、异氰酸苯酯）、环氧化合物（环氧乙烷、环氧丙熔、环氧丁烷、环氧氯丙烷）和甲醛等。相应的改性处理方法为：乙酰化法、异氰酸酯处理、环氧化物或甲醛的交联处理等。由于细胞壁主要成分——纤维素的结晶区部分未发生衍生物化反应，木材纤维素的结晶度较高，因而结晶区纤维素的未衍生物化决定了改性材的热塑性与未处理材相近。由于细胞壁非结晶区纤维素大分子和基质中亲水性的羟基被憎水性基团所取代，处理材的尺寸稳定性大为提高。

(2) 木材细胞壁的改性处理。这一理论的要点是：将木材细胞壁 3 种主要成分全部衍生物化，从而破坏木材细胞壁，赋予素材原来并不具备的特性和性能，使木材变成新的材料。实质上，这是木材热塑化和溶液化研究的理论基础。

白石信夫等认为，为使木材具有流动性，就必须改变微细纤维的结晶构造，破坏基质的网状结构。他将木粉经非水溶性纤维素溶剂（四氧化二氮-二甲基甲酰胺）处理后，引入高级脂肪酸（如月桂酸）酯化，处理后的木粉显示出热流动性。这种处理可使纤维素大分子的羟基被体积大的取代基置换，纤维素大分子之间的氢键破坏、消失，基质的网状结构被切断，从而赋予木材热流动性。目前引入小取代基（乙酰基、烯丙基），即置换了纤维素大分子的羟基，又可使细胞壁内基质的网状结构有所松散和破坏。伴以添加增塑剂、合成高分子或热可塑性分子的接枝共聚或氯水处理使木质素活化、基质网状结构进一步破坏等辅助手段，同样能制得热流动性良好的材料。

7.4.3　木材的塑料化

通过化学改性而产生的木材内部的增塑作用，导致了包括热塑性在内的基本性质的改变。木材向塑料转化程度的高低由引入的取代基分子的大小、取代程度和反应方式决定。

1. 大取代基改性

利用一系列高级脂肪酸在非水溶性纤维素溶剂中与木材发生酰化反应而实现木材塑料化。只要木材中的羟基有 1/3 以上被酰化，就可使改性木材具有热流动性。扫描电镜（SEM）图像表明，未处理的木粉具有清晰可见的木材构造成分；而经酰化的木粉则与此相反，其木材组织和细胞原有状态均已消失并融合在一起。将热压成型的改性木材薄膜压碎，然后用热机械分析仪重新检测，其结果，温度形变曲线与热压成型之前的试样没有区别。由此证实，改性木材的热流动性并不是由于化学改性过程中或热压过程中木材成分的化学降解所引起的。用光学显微镜观察薄膜，发现薄膜透明，无固体物质存在，表明改性木材的所有主要成分都已熔化并融合在一起。

大取代基塑料化木材通常是以三氟醋酸酐-脂肪酸混合物（TFAA）作为取代基，于反应温度 30～50℃、时间 0.5～24h 条件下制得。亦可用脂肪酸氯化-吡啶（氯化法）反应制备，该法以四氧化二氮-二甲基甲酰胺（DMF）为溶剂，反应温度 100℃，时间 2～6h。

2. 小取代基改性

(1) 乙酰化的塑化木材。木材乙酰化是最有效的化学改性方法之一。乙酰化木材的热塑性因所采用的乙酰化方法和乙酰基取代程度而异。通常情况下,乙酰化木材不产生热流动。目前人们已开始研究利用常规方法将遇热不熔融的乙酰化木材转化成塑化材料的新工艺,例如,部分皂化处理、混合酰化处理、TFA 预处理、爆破预处理、增塑辅助处理和接枝共聚辅助处理等。这些方法能够大幅度降低熔融温度,所以在增强改性木材热流动性方面,具有实际应用价值。

(2) 氰乙基化木材的氯化改性。经氰乙基化改性的木材,其热流动温度降低了 100～120℃,并且发生了解晶。研究发现,氰乙基纤维素并不发生降解。氰乙基化改性木材的热流动温度的降低归因于以下几方面:①氯代导致木质素结构松弛;②在改性木材内部,氯代木质素起到了氰乙基纤维素外部增塑剂的作用;③氯代反应产生解晶。因此,氰代可以降低苄基化木材的热流动温度,导致羟乙基化木材具有热流动性,而该处理材在氯化之前并无流动性。

7.4.4 热塑化木材的性能和应用

力学测试表明,未处理木材断裂时的延伸率很小,仅为 1%～2%;而经大取代基热塑化的木材薄片断裂时的延伸率高达 100%。因此,这种材料具有类似弹性体的机械性能。随着温度的增加,大取代基热塑化木材的动弹性模量(E')明显低于未处理材的;呈波浪形曲线的损耗角正切($\mathrm{tg}\delta$)高于未处理材的。

有关研究数据显示,小取代基热塑化木材虽然能够模压成片,但薄片的脆性很大,所以为提高其热流动性和模压性,需要进行添加混合型外部增塑处理,或者采用接枝共聚技术的外部增塑处理。结果表明,处理后材料的机械性能和塑性都有所增强,可与合成聚合物相媲美。

利用热塑化木材可以制备立体成型曲面塑料状木质板,这种板材色泽美观,耐水性高,且物理力学性能优于传统的木质人造板。将热塑化木材与合成高聚物混合共熔,可以制成性能优良的膜类热熔胶。

7.4.5 木材溶液化及其应用

1. 木材溶液化

化学改性木材的溶解方法有三种。

(1) 剧烈条件下的溶解。将经脂肪酸酯化的改性木材置于二苄醚等溶液中,在温度 200～250℃条件下处理 20～150min,改性木材大多能溶解。

(2) 温和条件下的溶解。利用溶剂(苯酚、醇类和双酚 A 等)的分解作用可使化学改性木材在温和条件(温度 80℃左右,处理 30～150min)下溶解。

(3) 氯化条件下的溶解。温和的氯化条件,可使化学改性木材的溶解性大为增强。

2. 木材溶液化的应用

木材溶液化将在许多领域得到广泛应用。

(1) 制备改性木材的主要组分。应用溶解-沉淀技术及适量的非溶剂,可以从低浓度的改性木材溶液中将其主要组分分离出来。

(2) 制备胶黏剂。以化学改性木材和反应性溶剂(苯酚、双酚 A、多元醇等)为基料,可以制备酚醛树脂、聚氨酯树脂和环氧树脂。

(3) 制备模压制品。溶解于多元醇、苯酚和双酚 A 等反应性溶剂中的改性木材，可以制备发泡型或成型模压制品。

(4) 制备纤维状纺丝。乙酰化木材溶于苯酚溶液中，经适度处理可制得纤维状纺丝，经氮气流中高温炭化，制得碳素纤维。

7.5 木材无机纳米表面修饰

7.5.1 木材无机纳米表面修饰的意义

木材表面是决定木材制品的产品质量、使用价值和商品价格的主要因素，也是直接刺激人类感官最敏感的部分，对木材加工工艺和利用等也具有重要的意义。随着森林资源危机的加剧，对木材表面的功能性改良也日益得到重视。然而，无机纳米材料若以传统浸渍或机械刷涂等物理方法涂于木材表面时，则易发生分散不均、与基体界面结合性差等问题，使得纳米材料难以体现小尺寸效应和表面效应，进而使得纳米材料不能真正发挥其特性，对木材功能性的改进也由此而受到很大的限制。因此，寻求新的木材无机纳米表面修饰技术以克服传统方法之不足，是发展高附加值多功能无机纳米/木材复合材料的关键。

木材表面功能性修饰是指通过一定的技术手段改变木材表面的形态、成分、结构或应力状态，从而获得各种特殊的表面性能，使木材表面获得本身没有而又希望具有的性能的系统工程。木材表面功能性修饰具有特殊意义，一方面它可有效地改善和提高材料和产品的性能(防腐、阻燃、尺寸稳定、耐磨、装饰性能)，确保产品使用的可靠性和安全性，延长使用寿命，节约资源和能源，减少环境污染；另一方面还可赋予木材特殊的物理和化学性能(疏水、抗菌、自清洁、自降解有机物等特性)，从而制备新型高附加值的功能性木材，以开阔其使用领域，拓展其应用范围。

随着纳米科学与技术在各个领域取得令人瞩目的成绩，它已深入渗透和影响着各个领域。伴随纳米科学与技术而生的纳米材料也被誉为“21 世纪最有前途的材料”，被世界各国和科学家作为重要探讨和研究的领域之一，具有优异的特性和广阔的应用前景。随着木材功能性改良技术的发展，特别是将木材科学和纳米与技术相交叉融合，用以制备高附加值多功能型无机纳米/木材复合新型材料，是木材科学领域日益受到重视的高新技术之一。将无机纳米材料的优点与木材进行有机结合，改善和提高木材原有性能并赋予其新的特殊性能，使制备的材料同时具有木材特性和纳米材料特性的双重功能，将是木材功能性改良新的重要发展方向。

7.5.2 木材无机纳米表面修饰技术

目前，木材无机纳米表面修饰技术尚是一个较新的发展领域，国际上对其深入研究尚未形成系统，研究技术主要体现为使用溶胶-凝胶法(内部浸注或填充)在木材表面形成无机功能薄膜进而对其功能化进行修饰等。

溶胶-凝胶法主要是指将制成纳米物质的溶胶凝胶或悬浊液，在压力条件下将其注入木材内部并形成一定结合，经干燥形成木材-无机质复合材，改性后木材的原有性能均有不同程度的提高。邱坚、李坚等通过溶胶-凝胶法、加压浸注和超临界干燥法制备了木材-SiO_2气凝胶复合材料；Saka 等用溶胶-凝胶法将纳米尺寸的 SiO_2、TiO_2、SiO_2-P_2O_5-B_2O_3 等无机微粒沉积在木材的细胞壁上，以该方法制成的木材-无机纳米复合材，具有较好的力学强度、尺寸稳定性和阻燃性；王西成等用溶胶-凝胶法及原位复合方法在细胞水平上制成了木基SiO_2复合材料，其力学性能、尺寸稳定性及阻燃耐腐性能等均有不同程度的提高；陈志林等以含硅、铝、硼、磷元素的离子化合物采用双离子扩散法浸渍木材得到无机质复合木材，改善了木材的热分解特性和强度性能；吕宁、赵广杰等采用溶胶凝胶法制备了木材/SiO_2复合材料并对其形成机制及性能改善做了详细分析；江泽慧和余雁等采用溶胶-凝胶法结合浸渍提拉，以及化学液相沉积法在竹材表面合成了 ZnO 和 TiO_2纳米薄膜，并检测了它们使竹材具有的抗光变色、防霉和疏水性能。

总之，纳米技术在木材科学发展占据很重要的地位，是木材科学界所关注的高新技术之一。将纳米技术应用于木材表面功能修饰，对木材功能性改良和保护都具有十分重要的意义，也是发展"一剂多效"的必然趋势，具有巨大的研究和发展空间。

7.5.3 木材无机纳米表面修饰功能化

无机纳米粒子特别是晶态纳米金属氧化物能够产生透光、增强、耐水、隔热、防火、杀菌、自洁等效果，可以运用到木材功能化设计保护中。例如纳米 ZnO 则有很强的紫外线屏蔽作用和红外线吸收作用，能产生抗老化和抗菌的效果；纳米 Al_2O_3、SiO_2主要应用于光学单晶及精细陶瓷，有优良的硬度、抗磨性和增韧作用，可大幅度地提高其强度和韧性；纳米 $CaCO_3$是一种应用广泛的补强剂，可提高硬度和刚度；纳米 TiO_2具有强的光催化活性，能起到分解有机污染物、净化空气和杀菌自洁的作用。同时，纳米 TiO_2、ZnO、SiO_2、Al_2O_3和 Fe_2O_3等也都是优良的抗老化剂。

木材作为一种天然有机高分子材料与无机纳米材料进行有机复合不仅应具有纳米材料的小尺寸效应、量子尺寸效应和表面效应，而且还应将无机物的刚性、尺寸稳定性和耐高温高热性与木材的韧性、宜加工、强重比高及独特的环境学特征有机融合在一起，从而产生很多新的特殊性能，如超疏水、自清洁性、自杀菌性和自降解有机物等性能。

(1) 物理和力学性能。木材使用过程中一个最主要的缺陷是由于木材在吸收水分后会发生膨胀进而导致尺寸不稳定和易遭细菌侵蚀。将纳米 SiO_2或 TiO_2与木材进行复合可大大改善木材的尺寸稳定性和其他物理性能。Hübert 等采用 sol-gel 将 TiO_2溶胶浸入木材中，经检测发现木材的体积收缩率可降至 5%，而尺寸稳定性可提高 60%。邱坚等利用 sol-gel 法在木材内空细胞浸注 SiO_2胶体并对其力学性质进行检测发现木材的表面硬度提高非常明显，而木材的顺纹抗压强度、抗弯强度和抗弯弹性模量较素材产生一定程度的降低，研究结果与刘磊等一致。因此，无机纳米材料在改善木材尺寸稳定性方面有着显著的优势，但同时伴随着力学性能的降低。如果能将一些有机高分子先于无机纳米进行复合后再对木材性能进行改善，由于纳米粒子比表面积大、表面层原子数量大，可以充分地与聚合物吸附键合，可能会对木材力学性能有所改善。

(2) 表面效应。由于纳米材料的小尺寸效应，当纳米材料与木材发生相互融合时，纳米材料小分子会在木材细胞壁中成核、长大、聚集，同时也可能会与木材中的主要组分纤维素上富含的羟基发生键合，从而使得纳米材料成为木材本身的一个组成部分，保持了细胞腔的毛细管系统。利用纳米材料的表面效应可以制备具有特殊性能的木材新型材料。王成毓等将纳米 ZnO 阵列、球形 α-FeOOH 等负载于木材表面制备了超疏水木材，改变了木材亲水性质。其基本原理是利用纳米制备的化学方法，在木材表面上建造微米纳米尺寸共存、几何形状互补的界面结构，在增加表面粗糙度的同时又降低了木材表面能，使得液滴在木材表面由于低凹的表面张力而致使大气中的气体分子只能与纳米材料的表面接触，而不能完全接触到木材表面，这样就在木材表面构建了一层稳定的气体薄膜，使油或水无法与木材的表面直接接触，使木材具有与本身性质完全相反的特性，使得油污或者水在接触到木材表面时不会被其表面张力所吸附，从而达到自清洁效果。由此可见，利用纳米材料的制备技术可以制备具有疏水疏油性质的木材，大大提高和改善木材的疏水拒油的能力，使得木材不再因吸水而导致木材膨胀、不再因吸附一些有机物而致使其表面被玷污，制备的纳米材料层既可做木材表面的无机涂层，同时又可将纳米材料的小尺寸效应发挥出来，实现了将木材本身特性与纳米材料特性有机融合。同时由此衍生的纳米材料对木材视觉特性、触觉特性、调湿特性和空间声学特性的改变又急需做深入进一步探讨，最为关键的是当木材表面负载无机纳米材料涂层后是否会对其使用产生负面作用，所以研究纳米材料在木材功能性改良中的的小尺寸效应来提高木材的性能具有重要意义。

(3) 杀菌和自清洁性能。寻找新的、无毒且与人类和环境友好的高效木材保护剂一直是木材科学所关注的问题。近年来利用纳米 TiO_2、ZnO 等半导体光催化消除和降解污染物成为研究热点，这两种无机纳米材料均具有无毒、稳定性高且具有较高的光催化降解有机物能力。如果能有效地将这些光催化半导体材料与木材有机结合在一起，可以赋予木材防腐、杀菌、自清洁和自降解有机物等能力，这样可以大大拓宽木质材料的使用范围和利用途径。龙玲等将纳米 TiO_2浆料及以纳米 TiO_2浆料为抗菌剂的饰面人造板的制备工艺，进行杀菌性能检测分析发现，饰面人造板具有较好的抑菌效果，它对金黄色葡萄球菌和大肠杆菌均有良好的抑制作用。黄素涌等采用溶胶-凝胶法制备了杉木/TiO_2复合材料小样品。经微生物抗菌检测实验结果证实，所制备的杉木/TiO_2复合材料具有显著而广谱的抗菌性，对大肠埃希氏菌、金黄色葡萄球菌、鼠伤寒沙门氏菌及枯草杆菌的抗菌率基本都在 90%以上且抗菌性具有一定稳定性和持久性。

(4) 耐候性。近年来使用无机纳米材料来改善木材的耐候性是木材科研界研究的一个热点。Tshabalala 等利用各种无机物对木材进行改性后将木材放在强紫外灯下照射发现，木材的耐候能力有了较大提高。应用纳米材料这方面的特性来克服木材表面性状和品质劣化的缺点，对户外木材的使用具有重要的实际意义，可显著地延长木材室外的使用年限。

(5) 阻燃性。木材阻燃一直是木材科学中比较难于克服的技术难题之一，许多科研工作者在此方面做了很多探索性工作并一直在不断寻求新的无毒绿色阻燃剂。随着纳米科学与技术的兴起，将无机纳米材料用于木材阻燃，提高木材耐火能力也受到了很多专家和学者的关注。日本专家 Sun 等将锐钛矿 TiO_2负载于木材表面后使用 CONE 技术测定了改性材料的燃烧行为，研究结果发现改性材料的燃烧时间可以延长 2 倍，同时烟释放量和 CO 及 CO_2的初始产生值大大减少。所以使用无机纳米材料来改善木材的阻燃性能将是未来重要的研究方向之一。

总之，从发展一剂多效、绿色环保、高附加值的木材功能性改良方式和减少对环境污染的角度来看，木材无机纳米表面修饰功能化防护和功能型改良研究将是木材科学未来重要发展方向之一。

7.5.4 低温水热共溶剂法生长无机纳米材料修饰木材表面

木材由于在高温下会发生热解，导致材料性能完全发生变化，为了解决这个问题，李坚等在水热法的基础上提出了低温水热共溶剂法以用来在纤维素基材料表面生长无机纳米材料。低温水热共溶剂法属液相化学法的范畴，是指将反应物按一定比例加入溶剂溶解，以离子、分子团的形式进入溶液，然后放到反应容器中以相对较低的温度反应，利用反应容器内上下部分的温度差而产生的强烈对流将这些离子、分子或离子团输运到放有籽晶的生长区（即低温区）形成过饱和溶液，继而结晶。这种方法的特点是溶剂处在高于其临界点的温度和压力下，可以溶解绝大多数物质，从而使常规条件下不能发生的反应可以进行，或加速进行。制备所得纳米金属氧化物具有粉末细、纯度高、颗粒均匀、形状可控、晶粒发育完整、分散性好等优异特性。溶剂的作用还在于可在反应过程中控制晶体的生长，使用不同的溶剂即可得到不同形貌的产品。另外此方法还具有能耗低、成本低等有利于生产的优点。图 7-13 为采用低温水热共溶剂法对木材表面进行修饰的基本机制图；图 7-14 为无机纳米晶体在水热反应釜中生长示意图。经对木材表面生长无机纳米材料的机制进行分析和阐释可知：木材表面羟基与前驱物中无机自由离子或胶粒生长的纳米材料在水热能量作用发生氢键键合，使得无机纳米材料牢固结合于木材表面，在木材表面形成无机纳米晶层，从而可进一步改善木材的性能并使其衍生新的特殊性能。

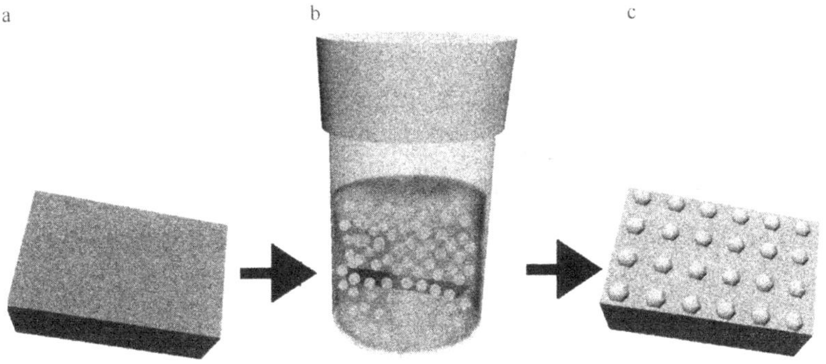

图 7-13　水热法制备外负载型无机纳米材料/木材的机制图

a. 木材试样；b. 将木材放入含有无机纳米粒子的溶液中进行低温水热共溶剂反应；c. 得到无机纳米粒子修饰的木材

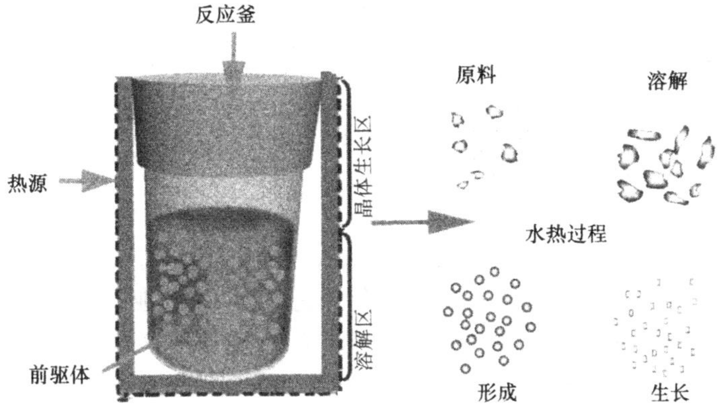

图 7-14　水热法制备纳米材料的机制示意图

7.5.5 木材无机纳米表面修饰未来发展趋势

木材无机纳米表面修饰对木材功能性扩展及低质木材的高效利用方面尚存在巨大空间，未来的木材无机纳米表面修饰应向以下几个方向开展深入探讨。

(1) 扩大合成纳米材料的范围。当前针对木材无机纳米修饰表面所负载无机纳米材料的研究主要集中在 ZnO、TiO_2和 SiO_2，对如 Al_2O_3、$CaCO_3$、Ag_2O、CuO 等纳米材料在木材表面的生长设计研究尚未完全开展，而这些材料在木材表面硬度增强、强度提高、抗菌、耐腐等方面有很大潜力，故如何根据具体性能设计这些纳米材料的生长是值得探究的。

(2) 二元、三元乃至多元共晶体系在木材表面的生长及其协同效应性能。当前木材表面纳米材料的功能修饰主要集中在一元纳米材料，如 TiO_2、ZnO，虽然这些材料已改善和提高了木材的固有性能并衍生新的性能如光催化降解气相或液相有机物、杀菌等，但都是在紫外光下进行的，对实际应用来说还是不够方便，若能实现在可见光下光降解有机物或杀菌将会进一步拓展高附加值功能性木材的实用价值。一元纳米材料很难实现上述功能，但若通过二元复合如对 TiO_2进行掺杂处理既可实现以可见光降解有机物，若在木材表面生长 TiO_2-Ag_2O 复合结构的材料则可实现以可见光降解有机物和杀菌，若在木材表面生长 TiO_2-Ag_2O-SiO_2则既可实现改善木材尺寸稳定性，又可实现以可见光降解有机物和杀菌。

(3) 基于阵列和自组装的思路在木材表面合成更先进的纳米结构。纳米材料的一维阵列结构可明显改善木材性能如超疏水、抗紫外能力等，故此设计纳米材料在木材表面的一维阵列修饰将是未来研究工作发展的重中之重。

(4) 非模板法的木材表面纳米晶阵列与自组装。研究如何通过“自下而上”或“自上而下”的方法按一定规律(层次和周期)在木材表面实现纳米晶的三维有序超结构，开发智能功能型木材等。

参考文献

陈志林，王群，左铁墉，等. 2003. 无机质复合木材的复合工艺与性能. 复合材料学报，20(4)：128～132

崔会旺，杜官本. 2008. 纳米材料在木材工业中的应用. 中国人造板，1：5～8

黄素涌，李凯夫，佘祥威. 2011. 杉木/TiO_2复合材料的抗菌性. 林业科学，47(1)：181～184

江泽慧，孙丰波，余雁，等. 2010. 竹材的纳米 TiO_2改性及防光变色性能. 林业科学，42(2)：116～121

李坚，段新芳，刘一星. 1995. 木材表面的功能性改良. 东北林业大学学报，23(2)：95～101

李坚，邱坚. 2003. 纳米技术及其在木材科学中的应用前景(Ⅱ)——纳米复合材料的结构、性能和应用. 东北林业大学学报，02：1～3

李坚，邱坚. 2005. 生物矿化原理与木材纳米结构复合材料. 林业科学，01：189～193

李坚，邱坚. 2005. 新型木材-无机复合材. 北京：科学出版社

李坚，吴玉章，马岩. 2011. 功能性木材. 北京：科学出版社

李坚. 1991. 木材科学新编. 哈尔滨：东北林业大学出版社

刘磊，朱玮，赵砺，等. 2001. 杨木/无机硅化物复合材处理工艺初探. 木材工业，15(3)：8～11

刘元，胡云楚，袁光明. 2004. 纳米科技与纳米木材学的发展方向. 中南林学院学报，24(5)：143～146

刘元，袁光明，胡云楚，等. 2005. 木材/无机纳米复合材料研究现状与展望. 中南林学院学报，25(3)：111～116

龙玲，万祥龙，王金林. 2006. 抗菌型饰面人造板的研究. 林业科学，42(12)：114～119

陆文达. 1993. 木材改性工艺学. 哈尔滨：东北林业大学出版社

吕宁. 2004. 溶胶-凝胶法制备木材/无机复合材料. 北京：北京林业大学硕士学位论文

邱坚,李坚,刘一星. 2008. SiO_2溶胶空细胞法浸渍处理木材工艺. 林业科学,44(3):124～128

邱坚,李坚,刘迎涛. 2004. 无机质复合木材研究进展. 东北林业大学学报,01:64～67

邱坚,李坚. 2003. 纳米科技及其在木材科学中的应用前景(Ⅰ)——纳米材料的概况、制备和应用前景. 东北林业大学学报,01:1～5

邱坚,李坚. 2003. 纳米科技走进木材科学. 国际木业,1:10～11

邱坚,李坚. 2005. 超临界制备木材-SiO_2气凝胶复合材料及其纳米结构. 东北林业大学学报,33(3):3～4

邱坚. 2004. 木材/SiO_2气凝胶纳米复合材的研究. 哈尔滨:东北林业大学博士论文

时尽书,李建章,周文瑞,等. 2004. 纳米材料:木材改性的希望. 中国林业产业,7:48～50

宋烨,余雁,王戈,等. 2010. 竹材表面 ZnO 纳米薄膜的自组装及其抗光变色性能. 北京林业大学学报,32(1):92～96

孙丰波,余雁,江泽慧,等. 2010. 竹材的纳米 TiO_2 改性及抗菌防霉性能研究. 光谱学与光谱分析,30(4):1056～1060

田根林,余雁,王戈,等. 2010. 竹材表面超疏水改性的初步研究. 北京林业大学学报,32(3):166～169

王成毓,王书良,刘常瑜,等. 2010. 木材表面超疏水性球状 α-FeOOH 膜的合成. 中国科技论文在线

王西成,程之强,莫小洪,等. 1998. 木材-二氧化硅原位复合材料及其界面研究. 材料工程,5:16～18

杨文斌,张文辉. 2004. 纳米科技与 21 世纪的木材工业. 福建林业科技,31(4):100～102

余雁,宋烨,王戈,等. 2009. ZnO 纳米薄膜在竹材表面的生长及防护性能. 深圳大学学报理工版,26(4):360～363

袁光明,刘元,胡云楚,等. 2008. 几种用于木材/无机纳米复合材料的纳米粒子分散与改性研究. 武汉理工大学学报(交通科学与工程版),32(1):142～145

袁光明,吴义强,胡云楚. 2010. 用无机纳米材料复合改性木材的机理研究进展. 中南林业科技大学学报,30(5):163～167

张久荣. 2009. 纳米技术与木材工业. 中国人造板,4:11～15

张平,许福,万辉. 2005. 纳米技术应用于木材改性的实验研究. 湘潭大学自然科学学报,27(2):80～83

赵广杰. 2002. 木材中的纳米尺度、纳米木材及木材-无机纳米复合材料. 北京林业大学学报,24(Z1):204～207

白石信夫,横田德郎. 1985. 化学加工による木材改质の现状ど关连の研究の动向. 材料,34(383):905～914

今村博之,等. 1983. 木材利用の化学. 共立出版株式会社

DavidN-S Hon, Nobuo Shiraishi. 1991. Wood and Cellulosic Chemistry. New York: Narcel Dekker Inc

Doi M, Saka S, Miyafuji H, et al. 2000. Development of carbonized TiO_2-woody composites for environmental cleaning. Mater Sci Res Int, 6(1):15～21

Fujita S, Miyafuji H, Saka S. 2003. Antimicrobial SiO_2 wood-inorganic composites as prepared by the sol-gel process with water-soluble silicon oligomer agents. Mokuzai Gakkaishi, 49(5):365～370

Hübert T, Unger B, Bücker M. 2010. Sol-gel derived TiO_2 wood composites. J Sol-Gel Sci Technol, 53(2):384～389

Kollmann F F P. 1991. 木材学与木材工艺学原理——实体木材. 江良游,朱政贤等译. 北京:中国林业出版社

Miyafuji H, Saka, Yamamoto A. 1998. SiO_2-P_2O_5-B_2O_3 wood-inorganic composites prepared by metal alkoxide oligomers and their fire-resisting properties. Holzforschung, 52(4):410～416

Rowell R. 1988. 实木化学. 刘正添译. 北京:中国林业出版社

Sun Q, Yu H, Liu Y, et al. 2010. Prolonging the combustion duration of wood by TiO_2 coating synthesized using cosolvent-controlled hydrothermal method. J Mater Sci, 45(24):6661～6667

Tshabalala M A, Libert R, Schaller C M. 2011. Photostability and moisture uptake properties of wood veneers coated with a combination of thin sol-gel films and light stabilizers. Holzforschung, 65(2):215～220

Tshabalala M A, Sung L P. 2007. Wood surface modification by in-situ sol-gel deposition of hybrid inorganic-organic thin films. J Coat Technol Res, 4(4):483～490

Wang C, Piao C, Lucas C. 2011. Synthesis and characterization of superhydrophobic wood surfaces. J Appl Polym Sci, 119(3):1667～1672

Yu Y, Jiang Z, Tian G, et al. 2011. Improving photostability and antifungal performance of bamboo with nano-structured zinc oxide. Wood Fiber Sci, 43(3):293～304

Yu Y, Jiang Z, Wang G, et al. 2012. Surface functionalization of bamboo with nanostructured ZnO. Wood Sci Technol, 46(4):781～790

第8章 木材检验

木材是商品。研究森林工业各部门所生产的多种多样的木材商品的专门学科称为木材商品学。木材检验是木材商品学的一个重要组成部分，它主要包括木材树种的识别、数量的计算、质量的鉴定、价格与价值的评定等。在木材的生产和流通中，木材生产、调运及使用部门对木材产品(木材采运工业及木材机械加工半成品)的品种识别、质量鉴定、尺寸检量、材积计算及号印加盖等项工作统称为木材检验。

木材检验是森工企业部门实现木材科学管理必不可少的重要环节，是木材品种、数量和质量的原始依据，它对改进经营管理，提高工艺操作水平和合格率，监督全面完成计划任务，加强财务管理，提高企业利润都起着极为重要的作用。

木材检验工作的具体方法一般都是按照有关国家标准或行业标准来执行的，其检测手段过去大都是依靠检验人员人工检定和目视评定。随着科学技术的发展，国内外木材科学工作者将传感器技术、无损检测技术和电子计算机应用技术不断引用到木材检验的研究和实践之中，一些工业发达国家的制材厂和贮木场已基本实现自动化，在解放了劳动力的同时，提高了生产的效率和质量，也提高了管理水平。本章在介绍常规木材检验技术和有关木材标准的同时，对国内外木材自动检测的新进展也加以概括地介绍。

8.1 木材树种的识别与检索

木材识别是合理利用木材最基础的工作，也是木材检验工作者的基本功。木材识别最原始的方法是凭借经验，根据木材的颜色、光泽、纹理、重量、质感、气味、滋味等进行识别，对于原木，往往辅助以树皮的颜色、裂纹形状等。后来，人们有了木材学的知识，知道用木材的构造特性来进行识别。一般，木材识别是指用肉眼(包括借助放大镜)观察木材或原木，根据其构造特征确定或区别其树种。木材肉眼识别的实践结果表明:这种方法基本上能够达到“方法简便，费时较少，结果明确”的目的。因此，木材识别在生产上受到欢迎和重视。

但是，肉眼识别也有一定的局限性，就是它的准确度有限。为弥补其不足，可采用显微镜观察木材组织(解剖特征)的方法来进一步精确地确定树种，这种方法称为木材鉴定。此法的优点是准确，缺点是需要一定的设备、专门的技术，也比较费时。因此，木材的肉眼识别和显微镜下鉴定应适当配合，相辅相成，可以达到事半功倍的效果。

假定要识别一块未知树种的木材，其来源已知，且该特定地方的各种木材的特征曾被详细描述过，即可将这块待识别标本的特征与这些描述一一比较，直至遇到一种描述与这块标本相符为止。无疑，当树种很多的情况下，这种方法显得既繁琐，又费时，需要研究获得一种能辅助人们更迅速地进行木材识别的工具。为此，木材检索——木材鉴别的一种有力工具出现了，它实际上是一种具有一定规则和程序的识别方法，最初出现的是“对分检索表”，后来又出现了“穿孔卡检索表”。至20世纪70年代，又出现了应用于木材识别的计算机检索系统，使木材鉴别工作依赖于检索系统迅速完成。下面将介绍木材识别的各种检索方法，重点介绍木材微机检索系统，同时介绍木材标本计算机管理系统。

8.1.1 木材识别的各种检索方法

1. 对分式检索表(又称对比式检索表,二歧式检索表)

对分式检索表是广泛使用已久的检索表类型。所谓对分法,就是按木材特征的主次,依次成对排列,每对均由正反、对立双方构成一对矛盾,供检索者选择其一,这些矛盾相辅相成,对立统一。应用时,从木材的主要特征开始,按检索表的顺序,循序渐进,直到将所需要的个体(欲检索的某个树种)从群体(检索表中的所有树种)中鉴别出来为止。

编制某一地区的木材检索表时,第一步总是在一对最容易区分、最带普遍意义或最稳定的特征基础上,将它们分为两组(如"有管孔"和"无管孔"这一对特征,将分出阔叶树材和针叶树材两组),然后在其中的一组中再分出两组(个别情况下亦可分三组,如1-环孔材、2-散孔材、3-半散孔材),如此划分下去,直至最后列出所要编制检索表的全部树种。使用检索表时,从表中第一组特征开始,选择适合这个未知样品的特征,再从下一对特征中选择(一般下一组特征的编号标在这次所选的特征描述之后),这样"顺藤摸瓜",逐步缩小包围圈,直至进行到最后列出的树种,即为未知的木材树种。

现举例说明对分式检索表的编制:

根据木材的宏观构造,编制落叶松、红松、云杉、冷杉、水曲柳、柞木、榆木、桦木、色木、胡桃楸等十个树种的对分式检索表。

1. 木材无管孔 ……………………………………………… 针叶树材 2
1. 木材有管孔 ……………………………………………… 阔叶树材 5
2(1). 木材具有正常树脂道 ……………………………………… 3
2(1). 木材不具有正常树脂道 ……………………… 冷杉 *Abies nephrolepis*
3(2). 心、边材区别明显 ……………………………………………… 4
3(2). 心、边材区别不明显 ……………………………… 云杉 *Picea jezoensis*
4(3). 早材至晚材变化急 ……………………………… 落叶松 *Larix dahurica*
4(3). 早材至晚材变化缓 ……………………………… 红松 *Pinus koraiensis*
5(1). 管孔分布为环孔材 ……………………………………………… 6
5(1). 管孔分布为散孔材 ……………………………………………… 7
5(1). 管孔分布为半散孔材 ……………………… 胡桃楸 *Juglans mandshurica*
6(5). 晚材管孔分布为星散型 ………………… 水曲柳 *Fraxinus mandshurica*
6(5). 晚材管孔分布为波浪型 …………………………… 榆木 *Ulmus pumila*
6(5). 晚材管孔分布为径列型 ……………………… 柞木 *QUercus mongolica*
7(5). 木射线较细,但在肉眼下明显,多为单管孔 ……………… 色木 *Acer mono*
7(6). 木射线较细,在肉眼下不甚明显,多为复管孔 ………… 桦木 *Betula platyphylla*

首先根据木材中是否有管孔这一主要特征将木材分成两大类,即针叶树材冷杉、云杉、落叶松、红松和阔叶树材胡桃楸、水曲柳、榆木、柞木、桦木、色木。然后再分别在针叶树材及阔叶树材中,寻其显著特征,逐级划分,直至找出区别于其他树种的特征。

检索表中数字代表的意义为:第一个数字是指每对特征的序号;括号内的数字是指某一特征归属某一普遍特征的序号;最后一个数字表示将要寻找某一特征的序号。

对分式检索表使木材的识别有章可循,避免了未知数标本与已知树种的逐个比较,大大提高了工作效率。在树种数目有限或地区范围不大的情况下,对分式检索表具有易于编制、方便、实用的特点。但是，对分式检索表也有其不利之处，主要缺点是：①表中所用的特征必须依照一定的顺序，无法首先根据某一树种的显差特征进行检索，显得不够灵活；②检索表一经编制，如再增加树种或有所修改，一般都需要全部重新订正，费时费功；③树种数目多时，编制和使用均较困难。

2. 穿孔卡检索表

穿孔卡检索表是利用一组四周带有圆孔的矩形穿孔卡片所构成的木材检索系统。每张卡片的每个对应圆孔均有相同编号，代表某一项木材特征(图 8-1)。对于某一树种，在该树种所具有的特征位置，均将其圆孔剪成"V"字形缺口，构成了代表这个树种的专用卡片。将一组树种均按上述方法制成卡片，剪去右上角，按同一方向放在卡片盒内，这样不致颠倒，就构成了一个穿孔卡检索表系统。

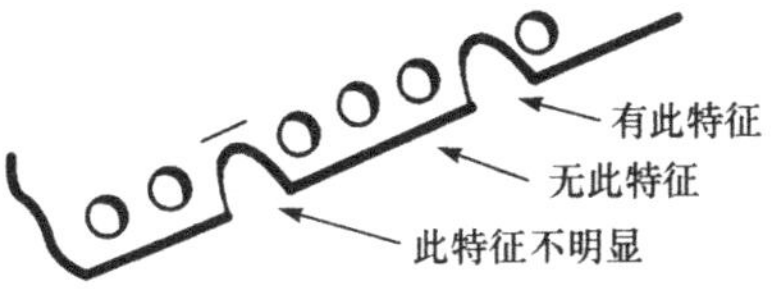

图 8-1　穿孔卡片上的特征表示法

应用穿孔卡检索表明，按照未知标本构造特征，用钢针穿挑卡片上相应特征的圆孔，轻晃几下，把穿起来的卡片放在另一个盒内。具有该项特征的卡片因已剪成"V"字形缺口，就会留在原卡片盒内，再按照木材标本的另一特征，再用钢针穿取卡片，如此继续进行淘汰，直至只剩下 1～3 张卡片为止。最后剩下的卡片树种，就是要识别检索的木材树种。

穿孔卡检索表的优点是：①可以按照标本的任何显著特征进行检索，不必遵循固定的程序，可加快速度；②随时可以增减树种或修改树种特征(增加、减少或更新某卡片)，不影响整体工作；③要找出某一特征有哪些树种，只要按需要的特征，用钢针在穿孔卡片上一穿便可得知。

但是，穿孔卡检索表也有一定的局限性和缺点。例如：①树种数目过多时，显得无能为力；②逐次穿挑卡片工作较为繁琐，且可能出现卡片被相邻卡片夹出"漏检"现象；③修改检索表必须更换卡片。

3. 用微型计算机检索识别木材树种

随着木材识别研究工作的发展，树种越来越多，人工的穿孔卡检索已不能满足需要。为此，欧美一些国家首先开始了应用计算机识别木材的研究，取得了较大进展。我国林业科学研究院木材工业研究所自 1983 年起，利用成俊卿先生等研究的"阔叶树材微观构造穿孔卡检索表"的成果，在微型计算机上开始对阔叶树材进行计算机识别程序的研制，至 1984 年底完成，并通过了成果鉴定。此后，又于 1988 年研制开发出"利用苹果Ⅱ微机识别国产阔叶树材的识别系统"，于 1989 年研制开发出"WIP-89 微机辅助木材识别系统"，均通过了成果鉴定。目前，WIP-89 型识别系统已被国内外有关单位所采用。安徽农学院林产工业研究所与上海计算机研究所共同研究了"进口木材树种计算机检索识别系统"，于 1989 年通过了鉴定。东北林业大学木材学教研室于 1988 年完成了"木材检索表实验教学应用系统"的研制，将实验教学中的各种检索表功能由微机实现，并增设了由树种学名、树种中文名检索构造特征及说明的参比检索法等功能，使木材检索表的实验教学效果大为提高。

用微型计算机检索木材，充分利用了微机处理数据的高速特性，采用数据文件或数据库文件形式组织、管理树种名称及构造特征数据，以能够容纳大量信息的磁盘为存贮介质，在工作效率和功能齐全性方面均优于原有的检索表方式，其主要优点如下：

(1) 速度快。用原有穿孔卡检索，一般一次只能穿取一个特性，逐次筛选，费工费时。应用微机检索，只需在键盘上输入特征，而且一次输入的特征数目不限。利用计算机的高效性快速检索，可一次得出结果。尤其是计算机能自动在特征中挑选“最有用特征”(即对应树种最少的特征)优先检索，使检索的时间缩至最短。用原有对分式检索表检索，则每检索一对特征，做出选样之后，需要在表中搜寻下一对特征号码的所在位置，逐次查找，耗费时间多，眼睛容易疲劳。但是，如将对分式检索表改编成程序由微机实现，则检索时只需在计算机每次揭示的一对特征中选择一种，按一个键(如键入“1”或“2”)，马上在显示器上出现下一对特征说明的解释供选择，如此继续下去，很快便可检索出相应树种，大大提高了检索工作的效率。

(2) 准确可靠。穿孔卡检索是用钢针穿某一特征的圆孔，摇晃一叠卡片，使具有此特征的卡片掉下来。有可能在晃动时，卡片因某种原因(如被相邻卡片夹住)未掉下来，导致“漏检”。对分法检索时，则有时可能在多次寻找下一对特征的编号时找错位置或记错编号，导致错检，而上述问题都不会在计算机检索过程中出现，从而提高了检索的准确度和可靠性。

(3) 灵活、方便。穿孔卡检索表虽然克服对分式检索表不易修改和补充的缺点，将整个系统的数据修改范围缩小至单个或部分卡片的范围，但卡片一经确定制成后，就不便删改，卡片磨损或需修订时只能重新做卡片替换。而计算机采用人机对话形式，通过键盘修改数据极其容易，程序亦便于修改，数据和程序存在软盘上，复制、携带都非常便利。

(4) 综合管理功能强。计算机木材检索系统提供了很强的数据处理管理功能，可以方便地建立树种数据文件、索引文件、修改数据、查阅、打印树种清单等。在检索过程中可随时获得各种提示信息，如“共检索出 5 个树种”，“您曾用过的特征编码为 1、3、15，请继续输入编码”，“显示特征项目说明吗?”等。

(5) 检索方法多。微机木材检索系统提供多种检索方法，如分类检索、特征检索、对分法检索等，供用户根据需要选择。还可以从已知树种学名或中文名查阅该树种所属特征、编码及说明，供用户参比未知木材，即所谓“参比检索”。

8.1.2 应用微机检索识别木材的原理和方法

1. 微型计算机结构和原理简介

微型计算机俗称微电脑，简称微机，是在小型计算机的基础上吸取了中型、大型计算机的某些新技术，借助于大规模集成电路技术发展起来的一种新型电子计算机。它除了具有一般电子计算机速度快、精度高、有记忆能力的特点之外，还具有成本低、体积小、可靠性高、品种多、更新换代快、灵活、适应性广等特点，因此，有利于其应用普及和推广。

在使用中，除了微型计算机本身以外，还需要一些别的设备，如磁盘驱动器、打印机等才能构成一个计算机系统。所谓微型计算机系统，就是一台微型计算机加上成套的外部设备、系统软件、高级语言、应用软件所组成的系统。这一系统称通用微机系统，可将其用于科学计算、信息处理等方面的工作。

(1) 微型计算机系统的硬件结构。所谓硬件(又称硬设备)是计算机系统中由元件构成的有型实体，是对系统中所有机械部件和电子部件的统称，如微处理器、存储器、键盘、电视监视屏幕等都是硬件。下面将简要介绍通用计算机系统的硬件结构。微型计算机的结构如图 8-2 所示。

① 微处理器与总线。微处理器，即中央处理单元，简称 CPU，是微型计算机的核心部件，是实现运算、控制等功能的部件，一般由一块或几块大规模集成电路芯片组成的中央处理单

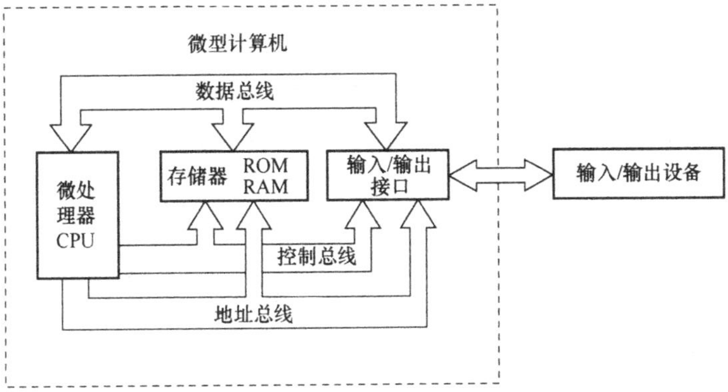

图 8-2　微型计算机结构图

元。总线是若干根传输线总合在一起的名称。微处理器通过总线对外部器件进行监视和控制。

② 存储器。存储器是微型计算机中起"记忆"作用的组成部分。有了它，才能将程序和指令或控制指令存入计算机，使其正常工作。一般来说，存储器容量越大，记忆的信息量就越多，计算机的功能也越强。微型计算机通常采用集成度很高的半导体存储器，并分为两大类：随机存储器（RAM）和只读存储器（ROM）。RAM 和 ROM 合起来称为内存。

③ 输入/输出（I/O）接口。接口是计算机与外部（输入/输出）设备之间进行合理匹配连接的端口。由于外部设备（如键盘、监视器、打印机等）的工作速度比计算机慢得多，要使二者工作衔接又不影响计算机的效率，要设置接口电路。

④ 输入/输出设备。输入/输出设备是向计算机输入信息和由计算机输出信息的设备。常用的输入设备为键盘，是进行人-机对话的输入设备。用户通过按键盘上的字母键（或功能键）将信息输入计算机。常用的输出设备有 CRT 屏幕显示器和打印机，显示器将键盘输入的信息和计算机处理后输出的信息（包括数字、字符或图像）显示在荧光屏上。打印机可将计算机的输出信息打印出来，形成便于保存的档案资料。还有磁盘驱动器，用于将计算机的输出信息或系统程序或用户程序存储在磁盘（软盘或硬盘）上，这些信息可随时被计算机读取使用，亦可修改后重新存储，电源去掉后也不会消失。

(2) 微型计算机的软件配置和程序语言。软件是计算机运转不可缺少的重要组成部分，它是由各种级别的程序所组成的系统的总称。程序系统中最重要的是计算机系统的"管家"程序——磁盘操作系统（DOS）。它是一种管理程序，协调计算机各部分的工作，指挥计算管理硬件和软件，并对外部设备以及各种程序进行统一管理和调度。一个较好的操作系统能支持多种语言程序，用户可以利用程序语言编制各种用途的应用程序，用于科学计算、数据处理、事务管理等。目前，国内许多研究部门已开发了许多种类的中文磁盘操作系统，扩充了汉字处理功能，使用起来更为方便。

程序语言可分为机器语言、汇编语言和高级语言。机器语言是用指令编写程序的，只能用 0 和 1 排列组合而成的代码代表不同的指令，否则计算机无法识别。所以，用机器语言编制程序很麻烦。汇编语言采用助记符代替指令代码，使得编写程序比机器语言方便得多，但仍然是一种面向机器的语言。不懂计算机知识的人想使用汇编语言仍不方便。所谓高级语言，是面向用户的、比较接近人们习惯的"自然语言"和"数学语言"，例如要计算 $78\times5-32\div6$ 只需写成 $78*5-32/6$ 即可。但计算机并不识别这些符号，必须通过"编译"或"解释"方式，变为目标程序，才能使计算机运行。高级语言的出现，大大方便了用户，使得不熟悉计算机内部结构和原理以及指令系统的人也可用高级语言编写出计算机程序。高级语言种类很多，常用的有BASIC、FORTRAN、COBOL、FORTH等。其中，BASIC是最常用的语言，它的特点是结构简单，易学，易懂，使用方便，且有很强的人-机会话功能。缺点是能支持的内存空间较小，运行速度不够快，但对于一般小规模的科学计算的数据处理已能满足要求，还可通过程序编译等方法提高其运行速度。继各种高级语言之后，又出现了"数据库管理系统"，它使得计算机具有强有力的对大量数据进行处理的能力，而这种能力的开发和应用，只需用户花很小的代价就能实现。例如，dBASEⅢ就是一种很受欢迎的基本的数据库管理系统。它具有一套功能很强的人-机会话式的数据库命令及数据语言，操作简单，使用方便，尤其在数据库的查询和检索方面，具有较快的速度和很高的准确性。近年来，比较流行的FOXBASE、FOXBASE++等数据库管理系统软件，就是在dBASEⅢ的基础上发展起来的，它们在运行速度、数据和图形处理能力等方面较dBASEⅢ又有了很大的提高。

2. 用微型计算机检索木材树种的方法

（1）数据结构的安排。木材树种的计算机检索一般是建立在特征项目法的基础之上的，检索系统实为一个数据管理系统，系统的数据来源是各树种的学名（还可加上中文名），以及各项特征代码的集合。特征代码一般采用阿拉伯数字，每一个代码表征一个特征项目，例如，1-无管孔，2-有管孔，11-环孔材等。如同制作穿孔卡片一样，将某一树种的名称及其所具有的特征全部找出来，加以记载。不同之处是，对于穿孔卡片是将所具有特征的圆孔剪成"V"字形加以记载，而对于木材微机检索系统，需要将这些特征的对应代码作为该树种的数据输入计算机，按一定的格式存放在磁盘上。

检索系统一般采用数据文件方式组织数据（如采用BASIC语言编制系统软件，可采用随机文件形式；如采用dBAsEⅢ或其他数据库管理系统，则采用数据库文件形式）。所谓数据文件是由许多数据按一定的（表格）格式构成的集合。文件"表格"中的每一个栏目（相当于表格的一个"列"）作一个"字段"，栏目的名称称为"字段名"。例如，树种的学名可作为一个字段，字段名可取为"学名"或其他便于联想到学名记忆的字符串，字段的数据内容就是各树种的学名（由大、小写英文字母构成的字符串）。文件"表格"的每一行是一个整体，称为一个"记录"，每一个记录都有一个编号（记录号），表示它在表中的位置。每一个记录由一组数据组成。例如，对应一个树种的记录中，可存有该树种的学名、中文名以及该树种的各项特征代码，存放格式如上述，每一个树种对应一个记录，相当于文件"表"中的一"行"；各树种的记录按一定的顺序（如按学名的字母顺序）排列起来，这样许多的"行"构成了"表"，将"表"起一个名字即文件名存在磁盘上，就形成了数据文件，由此方法建立的文件，可以方便地根据需要将数据调出使用。

（2）检索系统的建立和应用。建立了数据文件之后，还必须配上各种有效的检索方式，即编制相应的具有人-机会话功能的程序，才能达到对木材树种迅速、准确的检索（识别）目的。下面介绍几种常用的检索方式及应用方法。

① 分类检索。当树种数据很多时，可按对分法的分类特征将所有树种划分成几大类，分门别类建立数据文件。例如，将针叶树材按有无正常树脂道分为两大类；将阔叶树材按环孔材、半环孔材、散孔材、管孔特征分布分成四大类，分别建立文件。当被检索树种的分类特征明显时，采用此法较好。因为它首先缩小了查找范围，有利于检索速度的提高。应用时，只需按计算机的提示输入一个类别编号，即可进入该类别范围进行树种检索。

② 特征项目法检索。特征项目法检索的设计思想来源于穿孔卡检索表，检索时只需输入要检索树种的各项特征代码（相当于穿孔卡上特征圆孔的编号），计算机就会按代码找出相应树种，就相当于穿孔卡检索中依次穿挑卡片特征圆孔的操作。由于计算机的工作效率高，用此法检索的速度和准确性都大大优于穿孔卡检索表。

③ 索引检索。为了进一步提高检索的速度，可设置一个"最有用特征索引表"。所谓"最有用特征"是指所对应树种数目最少的特征。检索时，先采用"最有用特征"挑出相对较少的树种数据调入内存，再按各项特征的组合特性进行查找。这样，避免了多次在磁盘上查找数据，从一开始就缩小了检索范围，提高了检索速度。

④ 参比检索（特征检索）。此方法相对前述各种（特征→树种）检表方法来说，是一种"反向检索"（树种→特征）。用树种的学名或中文名，检索出该树种对应的各种特征代码及其说明，可将其与要检索的未知树种样品直接进行比较。当对欲检索样品已能大致判断为某树种（或某几个树种）时，采用此法检索更为方便。因此，它表面形式上是树种→特征的"反向检索"，实质上是为了确定手中未知样品的树种。检索方式可采用学名，亦可用中文名，按提示输入树种名称即可检索出对应的特征。为了提高检索速度，可建立相应的索引文件或将数据文件按名称的首字母顺序排序，采用"快速查找法"迅速找出树种的记录号，并显示其特征代码及说明显示，或打印出来用于比照欲检索的未知树种样品。

⑤ 对分式检索。对分式检索表在前面已作过介绍，在树种数目不多、地区范围不大的情况下，是比较方便实用的。但是在检索时需要多次寻找下一对特征的编号及其在表中的位置，影响了检索速度，而且在查找中容易记错或找错下一对编号而导致错检，还有长时间的翻书查表眼睛极易疲劳。为了克服上述缺点，可将对分式检索表改编成计算机程序，将各种特征的说明以汉字形式输入程序之中，用条件转向语句、开关语句等控制检索流程。应用该方法检索时，在程序的控制下计算机依次将各对特征说明列于显示屏上，每次仅列出一对特征，供用户选择。用户只需选按"1"或"2"键，立即自动显示下一对特征说明，同样选按"1"或"2"键，直至检索出某一树种。

实践证明，采用计算机程序的对分检索，无论在检索速度、准确性，还是在方便程度上都明显优于传统的书面式对分检索。其主要优点为：一是速度快，因为节省了多次在特征说明后查找下对特征编号及其下一对特征在表中位置的时间；二是操作简单、准确性高，每次仅显示一对特征供选择，只需选"1"或"2"，不易发生误检；三是增加树种或修改数据，仅需改动部分程序语句，比重新修订、印刷原对分式检索表要方便得多。因此，用微机实现对分检索不失为一种较好的检索方法。

⑥ 特征图像显示辅助检索。在中国林业科学研究院木材工业研究所研制开发的"WIP-89 微机辅助木材识别系统"的数据库中，存有木材解剖特征图像 27 幅，涉及特征 50 个，其中，针叶树材 8 幅，阔叶树材 19 幅。在经检索出最后的树种时，提供检索树种的木材特征图像可作为对比参考之用，以方便使用者。

8.1.3　木材标本微机管理系统简介

木材标本是有关木材专业教学、科研和生产的重要参考资料和工具，在我国各大林业院校及木材科学研究单位，都设置具有相当树种数目的木材标本室。目前一些规模较大、管理水平较高的木材流通、木材加工方面的单位和企业也在逐步建立木材标本室。因此，从发展的眼光来看，木材标本的合理使用和管理也是木材检验工作者必备的知识。

木材标本的树种和编号数目较多时，必须采取科学的方法存放，管理起来才能方便地随时取用，使其发挥作用。其管理通常采用分类卡片盒和账本登记式的管理方法，将标本的编号、学名、中文种名、所属的科名、属名、采集者、采集地、采集日期、标本数目等项目记录在卡片和账本上。在当今计算机高度发展的时代，木材科学工作者开始用微机进行木材标本的管理，使木材标本的查询速度、使用效率和管理水平都有显著提高。下面以东北林业大学木材学教研室研制的“木材标本科学化管理系统”多功能应用软件为例，简要介绍木材标本(室)的微机化管理。

1. 木材标本微机管理系统的特点

(1) 效率高。检索时，只要按中文提示输入项目内容，即可迅速显示或打印相应标本个体或标本群的全部记载数据和存放位置。当对某科、属、采集者、产地或全部标本进行查询和分类统计时，处理速度之高更为明显。

(2) 准确性高。由于系统加入了汉字提示、逻辑判断和自行纠错功能，其检索和分类统计的准确性达 100%。

(3) 检索方式多。系统设置了多种检索方式，共有一级、二级检索近百种。不仅能检索某分类级别下标本群的清单和存放情况，还能在全部标本集合中划分出几十种子集合，便于全面了解标本收藏情况，并对标本室的扩建具有指导意义。

(4) 管理功能齐全。可以方便地建立标本数据库文件和科属、编号等索引文件，以适应各种检索要求。特别是“系统服务程序”能在标本增改变动后，迅速重新分类统计存档，打印卡片和标签，使原有的卡片系统与微机管理系统同步并存，方便管理人员。

(5) 灵活方便。由于数据存储于磁盘上，增删数据、复制备存和携带都非常方便。

2. 系统设计(系统构成及结构特点)

整个系统由硬件部分(主机、显示器、打印机和磁盘驱动器)和软件磁盘组成。为了便于推广，选择当时常用的中档和低档机型各一种(IBM 类和 APPLE 类)开发系统软件，汉字功能均以软汉字方式实现。

系统软件包的各程序模块均由 BASIC 语言编制，在软汉字操作系统下运行，其中某些模块已编译成机器语言文件。

图 8-3 为软件包示意框图。整个系统分检索和系统服务两大部分。其中，检索程序包括 1 号虚线框中的 10 个一级检索功能模块，只需在汉字“菜单”提示下键入一个数字键即可运行任一模块。在每个一级检索模块中，还各有 6～8 个二级检索功能模块，可以利用一级检索的结果继续用各种方式反复进行检索。2 号虚线框中的①～⑩各对应 1～10 号一级检索下设的十级检索功能，均可选择若干个模块继续检索。因此，系统具有划分几十种不同组合定义下标本子集合的功能。各种一、二级检索均可交叉或反复应用，用完后可返回上一级“菜单”选择其他功能。

一般，一级检索需从磁盘文件中调入符合要求的数据，二极检索则在内存文件中高速运行。这样，既合理使用内存，又兼顾了检索速度。

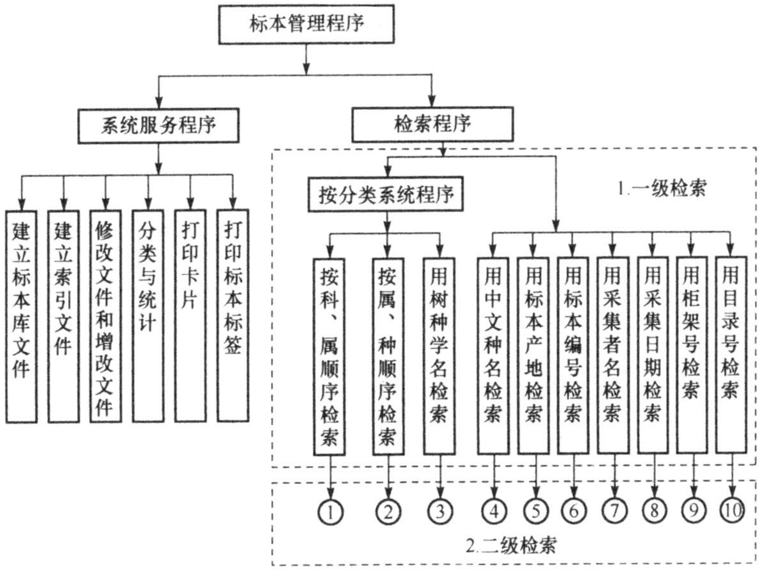

图 8-3　木材标本微机管理系统示意框图

8.2　木材标准和木材缺陷标准概述

8.2.1　标准及标准化基本知识

1. 标准

标准是对经济、技术、科学及管理中需要统一的事物和概念所作的统一技术规定。它是以科学技术和实践为基础，经有关方面的同意，由公认的机构批准，以特定形式发布，大家共同遵守的技术法规。其目的是为了获得最佳的、全面的经济效果，最佳的秩序和社会效益。标准通过一定程序审批颁发后，在规定的范围内具有约束力，必须定期付诸实施，才能收到预期的效果。

2. 标准化

标准化是指在经济、技术、科学及管理等社会实践中，制订并贯彻统一的标准，以求获得最佳秩序和社会效益的活动。标准化与标准的关系是：标准是标准化活动的核心。标准化也就是制订、发布与贯彻实施标准的全过程。标准化工作往往需要诸多学科研究部门的共同努力。就木材标准化而言，所涉及的学科研究内容就有：木材商品学、木材学、植物病理学、昆虫学、森林学、树木学、采伐机械化、木材运输、制材学、人造板生产工艺及其他木材加工、生产组织、森林调查和数理统计等。标准化可以促进产品质量的提高，原料的合理利用，废品和废料的减少，成本的降低，生产过程的合理化，劳动生产率的提高。因此，它是推动生产，厉行节约的强有力的手段。

3. 国际标准

国际标准是指由国际标准化组织通过的标准，或参与国际标准化活动的国际团体通过的标准。

国际标准化组织简称ISO,是非政府性的国际组织。它与联合国许多机构保持密切联系,为联合国甲级咨询机构,也是世界上最重要的科学技术合作组织之一。

4. 区域标准

区域标准是指世界某一区域标准化团体通过的标准,或参与标准化活动的区域团体通过的标准。

5. 国家标准

国家标准是指根据全国统一的需要,由国家标准化主管机构批准、发布的标准。这类标准对全国的经济和技术的发展有着重要的意义,并且对各行各业的生产和使用有重大的影响,所以必须全国统一,由国家标准局批准发布。国家标准简称"国标",代号"GB"。如木材标准中的GB《直接用原木》和GB《针对树锯材-分等》等都属于国家标准。

6. 部标准(又称行业标准)

部标准是指根据部门范围内统一的需要,由部门组织制订,并由主管部门批准和发布的标准。林业部部颁标准简称"林业",代号为"LY"。

7. 企业标准

企业标准是指由部属专业局、地区性业务管理机关和各有关企业(事业)单位制订发布的标准。这类标准运用于本地区和企业(事业)单位。企业标准简称"企业",规定代号一律以"Q"(企)为分子,以免企业标准与国家标准、部标准相混淆,企业标准代号的分母,按中央直属企业和地方主管部门规定。为了区别地区性的企业标准,可以"Q"前加上省、市、区的简称汉字,如湘Q/LY64-80《普通板材》属于湖南省林业方面的企业标准。

8. 基础标准

在生产技术活动中对各专业具有广泛指导意义或作为统一依据的那些最基本的标准,称为基础标准。例如,国家标准GB《木材缺陷》对各种缺陷的名词解释、分类和计算方法等作了统一规定,是评定木材质量好坏的公认依据;又如,国家标准GB《原木检验——尺寸检量》对木材规格尺寸的检量作了统一的规定,是检量原木尺寸、计算原木材积共同遵守的依据。

9. 方法标准

方法标准是指以试验、检查、分析、抽样、统计、作业等各种方法为对象而制订的标准。如国家标准GB1927～1943-91《木材物理力学性质试验方法》属于这一类。

10. 通用化

通用化是指最大限度地扩大同一产品(包括零件、部件、构件)使用范围的一种标准化形式。通常所说的"一件多用"或"一物多用"都属于通用化的范围。

11. 系列化

系列化是指将同一种类或同一形式的产品品种规格按一定的数值规律科学排列的一种标准化形式。系列化的工作可以简单地概括为“同类合并、大小分档”8 个字。如坑木长级规定 2m、2.2m、2.4m…;径级规定 12～24cm,以及全国统一鞋号等,都属于系列化的工作。

12. 品种

品种是指对人工选育的生物或制造的产品,按其本身的特点所划分的类别。例如,植物界中的各种植物,根据其花、果、叶的形态特征和亲缘关系,从门、纲、目、科、属一直划分到种,如红松、冷杉、糠椴等都是树木的品种名称,在树木分类学上称为树种。又如,木材产品,根据外部形状、尺寸和用途划分很多种类,这些种类也称为品种,在木材分类学上称为材料。

13. 规格

规格是指产品的尺寸或重量、功率等主要的技术参数。如加工用原木中的一般用材长级规定自 2m 以上,径级规定南方林区自 14cm 以上等,这些都属于规格的范畴。

14. 质量

质量是指产品或工作满足使用要求的各种特性的总和。如某根木材缺陷的多少和物理力学性能的优劣,都直接反映出产品质量的高低问题。

15. 等级

等级是指同类产品按其规格或质量水平不同而划分的级别。如加工用原木按缺陷允许限度(质量要求)划分三个级别,杉原条划分两个级别等,这些都属于等级的概念。

8.2.2 木材标准的概念和分类

1. 木材标准的概念

凡对森林采伐产品(如原条、原木)和木材加工产品,主要是指机械加工产品(如板枋材、枕木、胶合板等)统一制订的技术规定,都属于木材标准。或者说,木材标准就是对木材的品种、尺寸、质量和检验方法所作的统一技术规定。木材标准是整个标准化工作的组成部分,它是随着国民经济的发展、科学技术的进步和整个标准化工作的改革而不断发展和完善的。

2. 木材标准和木材产品的分类

木材标准分类也同通常标准分类一样,即按审批权限和发布的程序不同分为国家标准、部标准(又称行业标准)和地方标准(省企业标准)三级;按规定内容的性质不同分有基础标准、材种标准(产品标准)和木制品标准三类。木材产品的分类是根据不同的机械加工程度,不同的加工方式，不同的形状和尺寸，以及不同的用途而作的木材品种分类。它是木材商品学上的分类名称，完全不同于木材树种名称。目前我国作为商品生产、流通的木材产品主要有以下几种：

(1) 原条。只经打枝、剥皮(有的未剥皮)，没有经过按一定尺寸横截加工造材的伐倒木，称为原条。这是一种比较原始的产品，使用时还要根据用途不同而截成原木。

(2) 原木。由原条经过按一定尺寸(长级和径级)横截加工造材的圆形木段，统称为原木。按是否进行再次加工不同又可分为直接使用原木和加工原木两个类别。

① 直接使用原木。在使用过程中不需要经过纵锯加工而直接用于现场建设的原木，称为直接使用原木。主要包括坑木、电杆、檩材和脚手杆架四个材种。

② 加工用原木。在使用过程中需要经过进一步机械加工(纵锯加工、旋刨或旋切加工)或化学加工后才能使用的原木，称为加工用原木。按树种不同又分为针叶树和阔叶树加工用原木两个部分。主要包括车辆、船舶制造维修用材、胶合板材、枕资材、纺织用材、火柴材、造纸材、铅笔材、乐器材、体育器具用材和普通锯材(一般用材)原木等数个材种。

(3) 锯材(又称成材、制材)。由原木经纵锯加工后得到的具有一定断面尺寸的材种，称为锯材。根据其用途不同又分为普通锯材和专业锯材两种。

① 普通锯材。普通锯材是指广泛用于工业、农业、建筑及其他用途的锯材。按树种不同又分为针叶树普通锯材和阔叶树普通锯材两种。

② 专用锯材。专用锯材是指专门用于某一项建设或某一种用途的锯材。这种锯材对尺寸、材质和树种均有一定的特殊要求。主要包括枕木、铁路货车锯材、载重汽车锯材、罐道木、机台木等数个树种。

(4) 人造板。将木材经旋切成或锯割成小料或粉碎分解后，再进行拼制胶结、黏合或压制而成的板状半制品木材，统称为人造板。主要包括胶合板、纤维板、刨花板、细木工板和木丝板等五个材种。

8.2.3 木材缺陷标准概述

1. 现行有关木材缺陷的国家标准

GB/T155-1995《原木缺陷》。

2. 木材缺陷的概念

树木在生长过程中因生理、病理的原因或者在生产过程中由于人为的原因，使其造成的各种损伤和非正常组织结构，称为木材缺陷。在木材检验中，凡是(由上述原因造成)呈现在木材上能降低其质量、影响其使用的各种木材缺点，统称为木材缺陷。木材缺陷标准所作的规定是正确鉴别木材质量和评定木材等级的重要依据。

3. 木材缺陷的分类

我国现行的木材标准，将木材缺陷分为八大类，各大类又分成若干分类和细类，详见表 8-1。

在表 8-1 中，阔叶树木材缺陷的分类除表中已注明者之外，其他与针叶树木材缺陷分类相同。

表 8-1　木材缺陷分类表

大类	分类	种类	细类
（一）节子	1. 按连生程度分	(1) 活节	
		(2) 死节	
	2. 按材质分	(1) 健全节	
		(2) 腐朽节	
		(3) 漏节	
	3. 按生长部位分	(1) 散生节	
		(2) 轮生节	
		(3) 岔节	
	4. 按形状分	(1) 圆形节	
		(2) 椭圆形节	
（二）变色	1. 按类型分	(1) 化学变色	① 霉菌变色
			② 变色菌变色
			③ 腐朽菌变色
	2. 按部位分	(1) 真菌变色	① 青变
		(2) 边材变色	② 窒息性褐变
		(3) 心材变色	
（三）腐朽	1. 按类型和材质分	(1) 白腐	
		(2) 褐腐	
		(3) 软腐	
	2. 按树干内、外部位分	(1) 边材腐朽(外部腐朽)	
		(2) 心材腐朽(内部腐朽)	
	3. 按树干上、下部分	(1) 根部腐朽(干基腐朽)	
		(2) 干部腐朽(干部腐朽)	
		(3) 梢腐(梢部腐朽)	
（四）蛀孔	1. 虫眼	(1) 按深度分	① 表面虫眼、虫沟
			② 深虫眼
		(2) 按孔径分	① 针孔虫眼
			② 小虫眼
	2. 蜂窝状孔洞		③ 大虫眼
（五）裂纹	1. 按类型分	(1)径裂(心裂)	①单径裂;②复径裂
		(2) 环裂	①轮裂;②弧裂
		(3) 冻裂	
		(4) 干裂	
		(5) 炸裂	
		(6) 震(劈)裂	
		(7) 贯通裂	
	2. 按部位分	(1) 端面裂	
		(2) 侧面裂	

续表

大类	分类	种类	细类
(六)树干形状缺陷	1. 弯曲	(1) 单向弯曲 (2) 多向弯曲	
	2. 尖削		
	3. 大兜	(1) 圆兜(包括椭圆形兜) (2) 凹兜	
	4. 树瘤		
(七)木材构造缺陷	1. 扭转纹		
	2. 应力木	(1) 应压木 (2) 应拉木	
	3. 髓心材		
	4. 双心		
	5. 脆心		
	6. 伪心材		
	7. 内含边材		
	8. 树脂囊		
	9. 乱纹		
(八) 损伤(伤疤)	1. 机械损伤	(1) 采脂(割胶)伤 (2) 砍伤 (3) 锯伤 (4) 锯口偏斜 (5) 抽心(撕裂) (6) 磨损	
	2. 鸟害和兽害伤		
	3. 烧伤		
	4. 夹皮	(1) 内夹皮 (2) 外夹皮	
	5. 偏枯		
	6. 树包		
	7. 寄生植物伤		
	8. 风折木		
	9. 树脂漏		
	10. 异物侵入伤		

8.3 原木检验

8.3.1 原木标准

现行国家标准中,与原木检验有关的木材标准如下:

(1) GB/T143.1-1995《锯切用原木树种主要用途》;

(2) GB/T143.2-1995《针叶树锯切用原木尺寸、公差、分等》;

(3) GB/T4813-1995《阔叶树锯切用原木尺寸、公差、分等》;

(4) GB/T144-1995《原木检验》;

(5) GB/4814-84《原木材积表》。

原木检验工作，应参照上述国家标准执行。

8.3.2 原木的尺寸检量和材积计算

原木的尺寸（长级、径级）检量和材积计算，均按照 GB/T144-1995《原木检验》和 GB4814-84《原木材积表》的有关规定执行。

1. 长度的检量

原木以它的两横截面间最短的直线距离作为其长度。对于弯曲的原木，应从大头断面至小头断面拉成一直线检量其长度，而不能顺着弯曲检量；对断面偏斜的原木，应从大头断面至小头断面量得的最短尺寸为准；对打水眼的原木，应扣除水眼内侧至端头的长度后量取原木的长度；对大头有斧口砍痕的原木，如断面未经锯齐的，其材长应从斧口上缘开始量取；如断面已经锯齐的，并且该端断面的短径进舍后不小于检尺径的，材长仍从大头端面起量；小于检尺径的，应让去小于检尺径的部分长度后起量。原木长度以米(m)为计量单位，量至厘米(cm)止，不足 1cm 的舍去不计。

原木的实际长度量出来以后，按下述方法决定其检尺长——标准规定的系列尺寸。

原木的长度统按 20cm 进位，即从 2m 开始，以后就是 2.2m、2.4m、2.8m……一系列的标准尺寸（但保留有 2.5m 的一档的长级），长度公差统一规定为 $^{+6}_{-2}$cm。如果量得的实际长度小于原木标准规定的某一个检尺长尺寸，但不超过负公差，仍按标准规定的检尺长计算；如超过负公差，则按下一个检尺长计算。

例如，有一根原木，量得的实际长度为 2.38m，根据上述规定，其检尺长可按 2.4m 计算；如量得的实际长度为 2.37m，其检尺长应按 2.2m 计算。

2. 检尺径（小头直径）的检量

国家标准规定：原木的检尺径通过小头断面来检量，以厘米(cm)为计量单位。原木的检尺径是以 2cm 为一个增进单位，实际尺寸不足 2cm 时，足 1cm 的增进，不足 1cm 的舍去。如断面带有树皮的，应扣除树皮部分检量。

木材是天然材料，其树干形状各式各样，尤其是阔叶树的木材，干形更为复杂。因此，在原木小头检量其检尺径的尺寸时，要根据具体情况按标准规定进行。

(1) 小头断面近似为圆形的，以通过断面中心（不是髓心）量其最短直径，经进舍后的直径作为检尺径。例如，量得的最短直径为 21cm，根据标准规定，直径以 2cm 增进，即检尺径可按 22cm 计算；如量得的最短直径为 20.9cm，其检尺径只按 20cm 计算。

(2) 小头断面为椭圆形的（如短径不足 26cm，其长短径之差值 2cm 以上，或短径值 26cm 以上，其长短径之差值 4cm 以上者），应通过断面中心先量取短径，再通过短径中心垂直量取长径，以其长、短径的平均数（长径加短径用 2 除），经进舍后作为检尺径。

(3) 对小头断面偏斜者，检量其小头直径时，应将尺杆保持与材长成垂直的方位检量，而不能顺着斜面检量。

(4) 对小头断面有外夹皮或边缘有局部凹陷者，检量其小头直径时，应将尺杆模贴原木表面后沿径向量取。

(5) 对小头断面呈双心或三心（即最外圈的生长轮成共同圈，两个断面之间木质相连的双心或三心材),以及中间的两头膨大的原木,检量其直径时,应在树干正常部位(最细处)量取。

(6) 对小头因打水眼而让尺的原木,或者原木的实际长度超过检尺长(即有不足进位的多余长度)者,其检尺径仍在小头断面量取。

(7) 对双丫材(小头呈两个分杈)的原木,如两个分杈在同一检尺长范围内者,应以较大一个分杈的断面直径为准;不在同一检尺长范围者,以较长一个分杈的断面直径为准。另一个分杈按节子处理。

(8) 劈裂材(含撞裂)按下列方法检量:①未脱落的劈裂材,不论壁裂厚度大小,裂缝宽窄均按纵裂计算。量取检尺径时,如需通过裂缝,需减去裂缝的垂直宽度。②小头劈裂部位已脱落者,劈裂厚度不超过小头同方向原有直径10%的不计;超过10%的应予让尺(让径级或让长级)处理,以损失材积较小的一种为准。如让径级,则先量短径,再通过短径垂直量取长径,以其长、短径的平均数经进舍后作为检尺径;如让长级,其检尺径应在让去部分劈裂长度后的检尺长部位检量。③小头断面存在两块以上的劈裂材,让尺方法仍按第②条的规定执行。④大头劈裂部位已脱落者,劈裂后所余部分的大头断面的长、短径平均数(量法与第②条相同,但根节原木需扣除凸兜和肥大尺寸),经进舍后不小于检尺径的不计;小于检尺径的,以大头作为检尺径,或者让去小于检尺径的部分长度,检尺径仍取小头检量结果。⑤大小头同时存在劈裂的,应分别按上述①~④的规定让尺,以严重的一头为准。⑥劈裂材让尺时,让径级或让长级,应以损耗材积较小的一个为准。

(9) 集材、运材(含水运)中,端头或材身磨损,按以下方法检量:①小头磨损厚度不超过同方向原有直径10%的,或者大头磨损后,其断面长短径平均数,经进舍后不小于检尺径的,这种大小头磨损均不计;如小头磨损厚度超过10%,或者大头小于检尺径的均应让尺。让径级或让长级的方法均按劈裂材的让尺方法检量。②材身磨损的原木,按外伤处理。

(10) 两根原木干身连在一起的,应分别检量尺寸和评定等级。

3. 材积的检量

材积是木材体积的简称。在实际工作中,计算材积又分实积和层积两种。实积是指木材的实际体积,即长、宽、高各1m的木材所占的空间,称为一个实际立方米,在一个实际立方米体积内是没有空隙的,完全充满着木材。层积则指木材堆积起来的体积,虽然与实积有同样的长、宽、高,但其中木材之间有许多空隙,所以一个层积立方米木材,实际上小于一个实积立方米的木材。其减小的程度,一般用小于1(如0.5、0.6、0.7)的实积系数来表示。例如,一个层积立方米的木材,木材的实际材积只有$0.7m^3$,其余的$0.3m^3$为堆积各株原木之间的空隙,那么实积系数等于0.7。用公式表示为

$$\text{实积系数}=\frac{\text{层积中的木材体积}}{\text{层积的体积}}$$

实积系数的大小,与木材的长短、粗细、树种和堆积方法有关。一般实积系数随长度的增加而减小,随直径的增加而增大。针叶树材的实积系数比阔叶树材的大,堆积紧密的比堆积疏松的实积系数大。

以上两种材积计算方法中,目前我国应用最多的是实积计算法,特别是规格尺寸符合国家标准规定的规格材均采用实积计算材积,只有那些短小材(即非规格材)和板皮等才采用层积法计算材积。个别地区也有以重量(斤[①]为单位)计算材积的,但此方法应用很少。以下仅介

① 1斤=500g

绍国家标准所规定的原木实积计算方法，并简介原木材积表的用法。

国家标准(GB4814-84)规定，所用树种的原木材积按以下方法计算：

(1) 检尺径自 4～12cm 的小径原木材积由下式确定：

$$V=0.7854L(D+0.45L+0.2)^2\div 10\,000 \tag{8-1}$$

(2) 检尺径自 14cm 以上的原木材积由下式确定：

$$V=0.7854L[D+0.5L+0.005L^2+0.000\,125L(14-L)^2\cdot(D-10)]^2\div 10\,000 \tag{8-2}$$

式中：V——材积(m^2)；

L——检尺长(m)；

D——检尺径(cm)。

(3) 原木的检尺长、检尺径按 GB144. 2-84《原木检验-尺寸检量》的规定检量。

(4) 检尺径 4～6cm 的原木材积数字保留 4 位小数，检尺径自 8cm 以上的原木材积数字，保留 3 位小数。

下面简介材积表的应用方法。材积表的横栏表头为检尺长(m)，纵列表头为检尺径(cm)，表格中的数据即为材积(m^3)。应用时只需按检尺长(列)和检尺径(行)查表找到对应位置的材积即可。

例如，检尺长为 2.4m、检尺径为 6cm 的原木，查表 8-2 第 3 列第 2 行的数据，材积为 0.0100m^3；用同样方法查检尺长 2.6m、检尺径为 18cm 的原木，材积为 0.079m^3。

表 8-2　原木材积表(部分)

检尺径/cm	检尺长/cm					
	2.0	2.2	2.4	2.5	2.6	2.8
	材积/m^3					
4	0.0041	0.0047	0.0053	0.0056	0.0059	0.0066
6	0.0079	0.0089	0.0100	0.0105	0.0111	0.0122
8	0.013	0.015	0.016	0.017	0.018	0.020
10	0.019	0.022	0.024	0.025	0.026	0.029
12	0.027	0.030	0.033	0.035	0.037	0.040
14	0.036	0.040	0.045	0.047	0.049	0.054
16	0.047	0.052	0.058	0.060	0.063	0.069
18	0.059	0.065	0.072	0.076	0.079	0.086
20	0.072	0.082	0.088	0.092	0.097	0.105

原木材积表中的数据都是按照国家标准用(8-1)式或(8-2)式计算的。检尺员在现场作业时，只需查表，不必计算，应用起来十分方便。

8.3.3　原木的等级评定方法

1. 原木分等

原木分等，是根据其材质优劣情况，按照各种材标准规定所允许的缺陷限定，对原木逐根评定等级的。

高级别的原木是特级原木。特级原木适用高级建筑装修、装饰及各种特殊需要。在GB4812-84《特级原木》中，对其树种、尺寸、加工和缺陷限度都有非常严格的要求。国家标准规定，特级原木的树种为红松、杉木、云杉、樟子松、水曲柳、核桃楸、樟木、楠木。但并不是说这些树种的原木都能作为特等原木，因为除树种之外，国家标准对其尺寸（杉木要求径级 30cm 以上，其余树种均要求径级 26cm 以上）和缺陷限度要求十分严格。例如，对弯曲的限度要求为："最大拱高不得超过该弯曲内曲水平长的 1%（针叶树种）或 1.5%（阔叶树种）"。对偏心的限度要求为："小头断面偏心位置不得超过该断面中心 5cm"。其余要求详见 GB4812-84。

特级原木毕竟是木材资源中很小的一部分，大部分的木材分等工作需在加工用原木的检验中进行。现行国家标准对针叶树和阔叶树的加工用原木分等均有详细的规定，将其分为一等、二等、三等三个等级，其分等的依据为缺陷限度（表 8-3、表 8-4）。在评定原木等级时有两种或几种缺陷的，以降等最低的一种缺陷为准。如缺陷超过针、阔叶树原木三等材限度和GB142-1995《直接用原木-坑木》限度规定者，统按等外原木处理。其中针叶树和杨木可用作造纸。

表 8-3　针叶树加工用原木分等缺陷限度表

缺陷名称	检量方法	限度		
		一等	二等	三等
活节、死节	最大尺寸不得超过检尺径的	15%	40%	不限
	任意材长 1m 范围内的个数不得超过	5 个	10 个	不限
漏节	在全材长范围内的个数不得超过	不许有	1 个	2 个
边材腐朽	厚度不得超过检尺径的	不许有	10%	20%
心材腐朽	面积不得超过检尺径断面面积的	大头允许 1% 小头不许有	16%	36%
虫眼	任意材长 1m 范围内的个数不得超过	不许有	20 个	不限
纵裂、外夹皮	长度不得超过检尺长的：杉木	20%	40%	不限
	其他针叶树	10%		
弯曲	最大拱高不得超过该弯曲内曲水平长的	1.5%	3%	6%
扭转纹	小头 1m 长范围内的纹理倾斜高（宽）度不得超过检尺径的	20%	50%	不限
外伤、偏枯	深度不得超过检尺径的	20%	40%	不限
风折木	全材长范围内的个数不得超过	不许有	2 个	不限

注：①上表未列缺陷不计，用作造纸、人造纤维的原料，其裂纹、夹皮、弯曲、扭转纹不计；②作胶合板使用的原木为一、二等；③乐器用料对质量有要求者，经供需双方协商挑选

表 8-4　阔叶树加工用原木分等缺陷限度表

缺陷名称	检量方法	限度		
		一等	二等	三等
死节	最大尺寸不得超过检尺径的	20%	40%	不限
	任意材长 1m 范围内的个数不得超过	2 个	4 个	不限
漏节	在全材长范围内的个数不得超过	不许有	1 个	2 个

续表

缺陷名称	检量方法	限度		
		一等	二等	三等
边材腐朽	厚度不得超过检尺径的	不许有	10%	20%
心材腐朽	面积不得超过检尺径断面面积的	大头允许1% 小头不许有	16%	36%
虫眼	任意材长1m范围内的个数不得超过	不许有	5个	不限
纵裂、外夹皮	长度不得超过检尺长的	20%	40%	不限
弯曲	最大拱高不得超过该弯曲内曲水平长的	1.5%	3%	6%
扭转纹	小头1m长范围内的纹理倾斜高(宽)度不得超过检尺径的	20%	50%	不限
外伤、偏枯	深度不得超过检尺径的	20%	40%	不限

注:①上表未列缺陷不计

2. 原木缺陷检量

木材缺陷的允许限度是原木等级评定的依据,因此,等级评定工作的首要环节和主要内容就是对原木的木材缺陷进行正确的检量。关于原木缺陷名称、定义的解释,按GB/T155-1995的规定执行。

(1) 节子的检量、计算与个数的查定。节子尺寸的检量是与树干纵长方向成垂直量得的最大节子尺寸与检尺径相比,用百分率表示。例如,有一根针叶树原木,节子尺寸为8cm,检尺径为20cm,则有

$$节子大小程度=\frac{8}{20}\times100\%=40\%$$

根据针叶树加工用原木标准规定,一等允许15%,二等允许40%,三等不限,这根原木应评为二等材。

检量节子尺寸时,还要根据节子的具体情况作如下相应的处理:①针叶树的活节,应检量颜色较深、质地较硬部分(似黑眼球)的尺寸。②节子基部呈凸包形的,应检量凸包上部的节子正常部位尺寸。③阔叶树活节断面上的腐朽或空洞,按死节处理。量其腐朽或空洞尺寸(与检量节子尺寸的方法相同),作为死节尺寸。④大头连杈,是指在树干两个分杈下部造材形成的,断面有两个髓心并呈两组年轮系统,这种现象,不论连杈部位有无缺陷均不计算;如构不成两组生长轮系统或因一般节子形成,则按节子计算。

节子个数的查定按以下方法执行:

在材身检尺长范围内,以任意选择1m内节子个数最多的查定节子个数。但跨在该1m长一端交界线上不足1/2的节子均不予计算。统计1m中的节子个数时,针叶树原木的活节、死节、漏节应相加计算;阔叶树原木的死节、漏节应相加计算。对于漏节,不论其尺寸大小,均应查定在全材长范围内的个数,在检尺长范围内的漏节,还应计算其尺寸。

(2) 腐朽的检量

① 边材腐朽(外部腐朽)的检量。断面上的边材腐朽(包括不正形的)检量,是以通过腐朽部位径向量得的最大厚度与检尺径相比,用百分率表示。

材身上的边材腐朽弧长最宽处量得的边材腐朽深度与检尺径相比，如边材腐朽弧长不超过该断面周长的1/2，则以边材腐朽深度的1/2与检尺径相比。检量材身边材腐朽深度的方法为：以尺杆顺材长贴平材身表面，与尺杆成垂直径向量取。

表现在断面的多块边材腐朽，其各块边材腐朽的弧长应相加计算；表现在材身的多块边材腐朽，以弧长最大一块的最宽处量得边材腐朽深度为准。计算弧长时，应将该处同一圆周线上的多块边材腐朽弧长相加。

材身、断面均有边材腐朽(含自材身贯通到断面的)，应以降等最低一处为评等依据。断面上边材腐朽与心材腐朽相连的，按边材腐朽评等；断面边材部的腐朽未露于材身外表的，按心材腐朽评等。

② 心材腐朽(内部腐朽)的检量。心材腐朽的检量，是以腐朽面积与检尺径断面面积(按检尺径计算的面积)相比，以百分率表示。在同一断面内有多块各种形状(弧状、环状、空心等)的分散腐朽，均合并相加，调整成相当于腐朽的实际面积与检尺径断面面积相比。在同一断面同时存在边腐和心腐，如该两种腐朽同属于三等原木限度者，应降为次等加工原木。

已脱落劈裂材劈裂面上的腐朽，如贯通材身表面的按边材腐朽计算，通过腐朽部位径向检量其腐朽厚度；未贯通材身表面的按心材腐朽计算，与材长方向成垂直的以检量腐朽最大宽度作为心材腐朽直径，并视为圆形面积与检尺径断面面积相比；腐朽露于断面的，以断面上腐朽的面积与检尺径断面面积相比。

(3) 虫眼的检量。在材身检尺长范围内，以任意选择1m内虫眼最多的查定个数。应计算的虫眼，是指虫眼最小直径值3mm以上，同时深度值10mm以上，不足以上尺寸的不计。

虫眼直径以量得的最小孔径为准，深度以贴平材身表面径向检量的深度为准。查定虫眼个数时，跨在1m长交界线上和检尺长终止线上的虫眼，以及断面上的虫眼均不计算。

(4) 裂纹的检量。原木中一般只计算纵裂纹。纵裂纹是以其长度与检尺长相比，以百分率表示。裂纹在针叶树原木中，其宽度不足3mm的，阔叶树原木中，其宽度不足5mm的不予计算。

材身有两根或数根纵裂，彼此相隔的木质宽度不足3mm的，应合并为一根计算长度；自3mm以上的，应分别计算其长度；沿材身扭转开裂的裂纹，按纵裂计算，应与材长纵轴平行检量裂纹长度；松木的油线开裂和阔叶树材身的冻裂，其开裂部分的长度，均按纵裂计算；环裂、弧裂，以断面最大一处环裂(指开裂超过半环的)半径或弧裂(指开裂不超过半环)拱高与检尺径相比，计算裂纹的百分率；阔叶树原木断面径向开裂成三块或数块，其中有三条裂口宽度表现在该端材身上均足10mm的，称为"炸裂"，炸裂应按裂纹评等后再降一等，评为三等的，降为次加工原木。

(5) 弯曲的检量。检量弯曲是从大头至小头拉一直线，其直线贴材身两个落线点间的距离为内曲水平长，在与该水平直线成垂直方向量取弯曲拱高，再与该内曲水平长相比，以百分率表示。如有几个弯曲，评等时应以最大拱高的弯曲为准。

量内曲水平长时，遇有节子、瘤包应当让去，取正常部位检量。对于双心、肥兜、凸兜形成的树干外形弯曲，均不按弯曲计算。

(6) 扭转纹的检量。检量小头1m长范围内的纹理扭转起点至终点的倾斜高度(在小头断面上表现为弦长)，再与检尺径相比，以百分率表示。

(7) 外夹皮的检量。外夹皮深度不足3cm的不计。在3cm以上的，则检量其夹皮全长与检尺长相比，以百分率表示。

外夹皮是顺材长呈沟条状，有的沟条底部裸露枯死木质，近似偏枯。为了便于区别检量，凡沟条最宽处的两内侧或底部的宽度不超过检尺径10%的，按外夹皮计算；超过10%的，按偏枯处理。

断面上外夹皮处木质有腐朽，如腐朽位于沟条内侧或底部的，按外皮、心材腐朽降等最低一种缺陷计算；腐朽位于沟条外部的，按外夹皮边材腐朽降等最低一种缺陷计算。

材身外夹皮沟条处木质有腐朽，按外夹皮、漏节降等最低一种缺陷计算。

(8) 偏枯的检量。检量偏枯径向深度，再与检尺径相比，以百分率表示，已腐朽的偏枯，按偏枯、边材腐朽降等最低一种缺陷计算。检量偏枯深度或边材腐朽深度，应以尺杆横贴原木表面径向量取。

(9) 外伤的检量。外伤包括割脂伤、摔伤、烧伤、风折、刀斧伤、材身磨伤和其他机械损伤(打枝伤、刨沟眼不计)。外伤中除风折是查定个数，锯口伤限制深度外，其他各种外伤均量其损伤深度再与检尺径相比，以百分率表示。

针、阔叶树加工用原木和直接用原木中的锯口伤深度均不得超过检尺径的20%，超过20%者，应予让尺处理。

(10) 其他缺陷的检量

① 树瘤。材身树瘤外表完好的，不按缺陷计算。如树瘤上有空洞或腐朽的，按死节计算；已引起内部木质腐朽的，按漏节计算。

② 啄木鸟眼。此眼按虫眼和外伤计算；如引起树干外表木质腐朽的，按边腐计算；引起树干内部木质腐朽的，按漏节计算。

③ 大头抽心。其抽心面积不超过检尺径断面面积16%的不计，超过16%的，应评为二等材。

④ 白蚁蛀蚀。其深度不足10mm的不计；在10mm以上的，在材身上按边材腐朽计算，在断面上按心材腐朽计算。

⑤ 环裂半径、弧裂拱高、扭转纹弦长、抽心直径、偏心位置等以断裂检量。

8.3.4 原木自动检测的进展

1. 原木(原条)形状的自动检测

制材厂、贮木场的主要工作对象是原木，要想生产自动化，首先要自动、快速、准确地测量其长度、直径等几何尺寸，并将测量结果送入微机，按国家标准或原木实际大小，算出其材积，从而控制分选设备，实现自动抛木、分仓归楞或者控制锯机进行合理下锯，以提高生产率和出材率。

(1) 原木长度的检测。原木长度的检测比较简单，一般采用间接的测量方法，设原木的长度为L，则有

$$L=v\cdot t$$

式中：v——原木在测量系统中的移动速度；

t——原木处于测量系统内的时间。

因此，只要测量出原木传送带的运行速度以首端和尾端通过检测线的时间差，即可得到原木的长度。测量方式可采用接触式和非接触式，一般非接触式检测有利于提高效率，对于长度测量，采用简单的光电式测量即可实现。由于通常原木长度都比较大，所以长度测量的相对误差不大，但是必须注意原木轴线方向一定要与其运动方向保持平行，才能保证测量结果的准

确性。

(2) 原木直径的检测。由于原木形状是不规则的(端面非理想的圆形,侧投影非理想的矩形),所以原木直径的测量相对于长度测量来说要复杂得多。一般采用光学测量、激光测量和摄像测量。

图 8-4 为一种简单的光电测量装置示意图,该装置由平行光线光源 EC 与光电管 Pn 组成。没有木材通过时,每个光电管均由光源 EC 的光线所照亮。当原木或原条遮断光线时,木材的直径便被确定,被遮光的光电管数目视原木或原条的直径而定。由每个光电管来的信号进入计算线路 CC 的输入端,计算线路再给出与原木直径相应的信号。原木长度的测量亦可采用类似的方法。一般来说,如果仅采用图 8-4 所示装置,则直径测量的误差较大,特别是木材端面的椭圆度较大时更为严重。改进的方法是再加配一至数套光电传感装置和平行光源,从不同的角度测量原木的侧投影,得出原木直径的综合数据,由电子计算线路或微机算出最接近实际的直径尺寸。

南京林业大学史伯章、阮锡根等研制出了“南林-1 型”原木直径光电测量仪,该仪器的原理如图 8-4 所示。

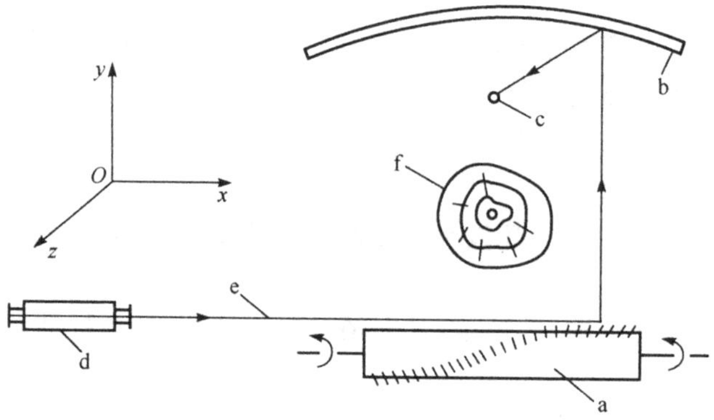

图 8-4 “南林-1 型”原木直径光电测量原理图

a. 螺旋面镜;b. 抛物柱面镜;c. 抛物柱面镜焦线及硅光电池(光电门Ⅲ)位置;d. 氦氖激光器;e. 激光束;f. 原木

这种测量仪的工作原理是:利用原木遮挡不连续的平行扫描光束的方法来测量原木直径。不连续的平行扫描光束由螺旋面镜产生,抛物柱面镜将它们会聚于焦线(在 XZ 平面),在焦线位置安置一个硅光电池,把来自螺旋面镜的一定数目的光脉冲转换为电脉冲。根据原木直径遮住扫描光束的条数(与原木直径相对应),硅光电池相应地减小了发出的电脉冲数目,通过逻辑电路运算,以数字直接显示原木直径。

这种不连续的平行光扫描装置的优点是:①系统误差小,测量准确;②测量的重复性好;③扫描速度高,测量结果受原木前进速度和跳动的影响小;④体积较小,运行平稳,功耗小,维护容易。

这种不连续的平行光扫描装置的缺点是:虽然测量精度高,但有一定的限度,它取决于激光束的光斑直径及相邻两片小镜轴向距离。

摄像测量法也是一种较好的测量原木直径和长度的方法。摄像测量仪的基本结构和原理如图 8-5 所示。

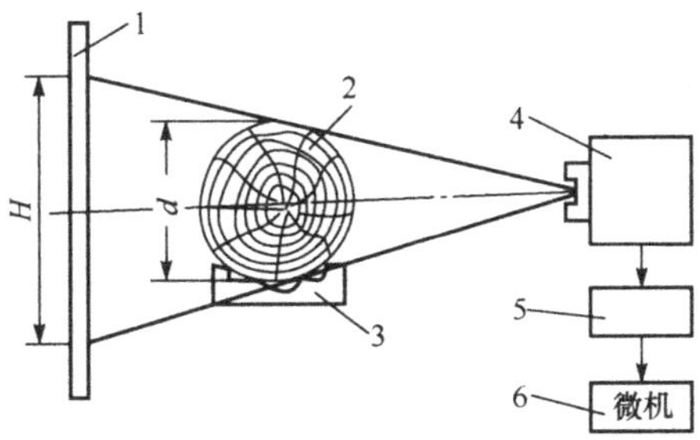

图 8-5 摄像测量法原理简图

1. 发光器；2. 原木；3. 输送机横梁；

4. 工业用摄像机；5. AD转换器；6. 微型电子计算机

整个测量系统由发光器、摄像机(一般工业摄像装置)、交换器(将测量的模拟信号转换成数码)，以及微型电子计算机组成。当测量目标，例如，直径为 d(cm)原木在输送机横梁上移动时，原木位于平面发光器和摄像机之间。因此，光敏元件的目标有两个区域，其中之一与被测对象的阴影相关。在其他条件相同时，平面中图像阴影尺寸 h 与原木直径 d 成正比，即 $h=K_1d$(K_1 为比例数)。在摄像机中把阴影尺寸转变为电信号(脉冲)，其持续时间为 τ。这个信号值决定于公式 $\tau=K_2h=K_1K_2h$(式中 K_2 为比例系数)。在信号变换器中脉冲量 τ 变换成二进制数码，并输入到计算机。计算机按公式 $d=\tau/K_1K_2$ 进行计算，将二进制数码转变成与原木直径相应的数字。

2. 原木材积的自动检测

原木计量以往曾用下列三种方法：即原木根数、木材重量和木材体积。

木材按根数的计量可用于按根计算的原木(如坑木、电杆、某些规格建筑材)。这种计量可实现自动化，即用简单的光电方法实现。然而，此方法并未得到推广，因为它不能计量木材的特性。

按重量计量木材时，称量木材的重量。在采伐实践中这个方法没有获得应用，原因是木材从采者手中到达用户的时间很长，在此期间，木材含水率变化和由此引起的质量变化很大。

原木计量的体积测量法由于没有相应于水运的条件而没有获得广泛的应用。实际上，为了测量体积，必须将每根原木放入分隔的水池中再取出，按照测量水的平面来判断材积。为了必要的精度，池水平面应为平静的，因此，每次投、取木头的间隔时间较长，降低了生产效率。

与上述几种计量方法相比，较为先进的方法是以测量质量的浮力为基础的方法(力测法)或配有形状测量扫描装置的原木自动材积测量系统。

(1) 原木材积的力测法。力测法是基于测量浸入水中木材的浮力及其质量。木材质量按下式确定：

$$G=V\cdot D_1$$

式中：V——原木材积；

D_1——原木密度。

浮力为

$$R=V(D_2-D_1)$$

式中：D_2——水的密度。

将上面两等式相加则为

$$G+R=V\cdot D_2$$

由此木材体积为

$$V=(G+R)/D_2$$

因为自然水的比重变化范围很小，取其数值为 1 是足够精确的，所以用重力与浮力之和的数值即可确定材积。图 8-6 为这种自动材积测量装置的原理图。

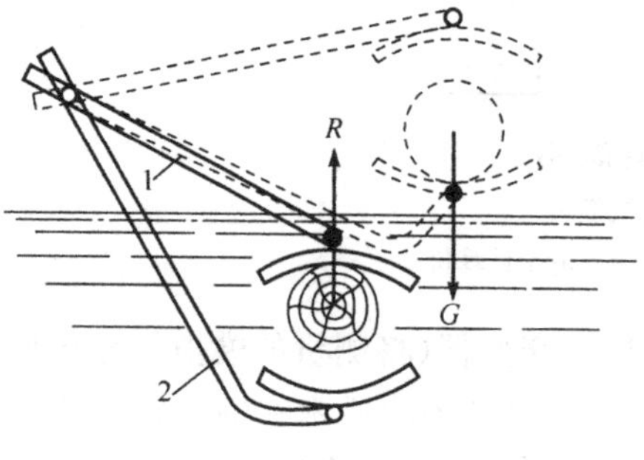

图 8-6　力测法自动材积仪示意图

1. 沉入杆；2. 称量杆；R. 浮力；G. 重力

装置由沉入杆和称量杆组成。这些杠杆上装有传感器，用来确定推力 R 和重力 G 的数值。这些数据可以记录在过渡存贮装置里或直接输入求和器中。

(2) 基于几何尺寸(形状)测量的自动材积测量系统。对于按照几何尺寸决定木材材积的测量系统，所提出的基本要求是：能够测量任何直径与长度的木材；测量不计皮厚的木材直径；测量不计余量的木材长度，为了修正材积而决定木材锥度和树种的可能性及可能记录所得的结果，以便进一步整理和计算。

当原木直径、长度的测量结果自动输入微型计算机或电子逻辑电路时，可根据预置的公式计算出原木的材积。根据需要可以按小端直径、中径，或全部测量分点的直径来计算材积。

为了计算原木截面的椭圆度和提高测量的精度，在测量纵向移动的原木时可用 2～3 个摄像机带一台微型电子计算机。这种测量系统可以得到与原木几何尺寸有关的综合数据，包括原木的曲率(即弯曲度)、椭圆度、锥度及其他不规则的特性。

(3) 积分式和脉冲式自动材积计。有人将这两种材积计统称为"真实体积自动材积计"。它是基于把木材作为无限小的单元圆柱体的总和这一原理来确定原木体积的，具体计算公式为

$$V=\frac{\pi}{4}\int_0^L D_i^2\,\mathrm{d}L$$

$$V=\frac{\pi}{4}\sum_i^n D_i^2\Delta L$$

式中：L——原木的长度(m)；

D_i——单元圆柱体的直径(m)，下标 i 表示单元圆柱体的序号；

n——单元圆柱体的数目，木材为 n 个单元圆柱体在长度方向的叠加；

ΔL——单元圆柱体的长度(m)。

由第一个公式决定原木体积的自动材积计称为积分式的，而按第二个公式决定原木材积的自动材积计称为脉冲式的。

自动材积计由三个主要部件组成：测量部件、计算部件和求和器。测量部件主要由原木直径传感器和原木长度传感器组成。

这种自动材积计的优点是采用微分后再积分求和的方法，使材积测量结果接近于木材的真实体积，基本上消除了原木形状不规则因素对测量结果的影响。

(4) 基于标准材积表的自动材积计。计量原木材积应按国家标准进行。按标准规定，每

根一定直径和长度的原木对应一定的体积值。这种对应关系可查国家标准的原木材积表。因此，有人设计出一种基于材积表的“表格式自动材积计”，这种材积计用单元陈列式只读存储器完成材积计算。其基本原理为，在存储器的各单元中贮存了对应于表中的材积值的信息，而单元的排列是依照原木直径分级分点和长度分级分点构成的二维矩阵，即任意一个原木直径分级分点和长度分级分点都可相交构成一个单元，在这个单元里记录着这组原木直径、长度值所对应的材积值。这样一来，当测量系统将测量得到的原木直径和长度数据给出后，可迅速找到这对数据在材积值存贮矩阵中的对应位置，并将材积结果显示或打印（喷印）在原木上。

3. 原木分类自动化概述

原木是指根据材种标准规定的尺寸和材质要求用原条而截成的木材产品。原木的分类是将原木输送到贮存地并将它们抛至相应的楞堆。原木一般按下列基本特征分类：①原木的用途（加工用原木、枕木、电杆、建筑材等）；②原木的等级；③原木的长度、树种；④原木的径级及下一道工序所定的保存方法。在各个企业中分类的种类数及其粗放程度取决于森林资源的特点和原木规格计划，平均分为15～35种，而且楞堆数一般为分类数的1.5～2倍，其原因是某些楞堆中存放的是与另一楞堆同名称、同尺寸等级的原木。为了将木材输送到贮存地点。采用纵向木材输送机，其牵引装置是链条或钢索。作为这种输送机的承载部件是横梁，原木就放在横梁上。向贮存器或楞堆上抛木是用手工或抛木机。从劳动量、抛木质量和安全技术的观点来看，用手工抛木是人们所不希望的，所以这一工艺过程的机械化与自动化是木材生产组织的最重要任务之一。

为实现原木分类与抛木的自动化，采用各种各样的控制装置，它们应当具有原木抛卸的精确性，保证露天工作的长期性和成本较低的特点。抛木的精确性取决于抛木机结构、分类输送机的结构和木材贮存器的结构。控制装置的可靠性决定于它们的元件、形式和整个系统的作用原理。分类装置的成本取决于其组成元件的成本。

目前已研制的原木分类系统主要有就地识别系统和中央控制系统两种。其中就地识别系统又分为按尺寸特征分类的系统和带原木或负荷体电译码的系统。

所谓就地识别系统是指直接在抛木地点识别有关原木的信号，进而对原木分类的系统。其中按尺寸特征分类的就地识别系统，又可根据测量方法分为直接测量系统和间接测量系统。前者通过尺寸传感器直接测量原木的长度和直径或二者的结合；后者通过间接的物理量（如运动速度和时间的乘积）得到原木的长度。还有一种具有原木电译码的就地识别系统，可按任何特征对原木进行分类。这种系统的工作原理是基于对原木或牵引机构（输送机）上的记号（即译码）的识别。总之，就地识别系统的主要优点是结构比较简单，其缺点主要是应用的局限性和有可能出现假动作。

中央控制系统又可分为同步跟踪系统和计算控制系统。中央控制系统的特点是将原木信息记录在专门的记忆装置中。中央同步跟踪分类系统的功能在于能按任何特征（尺寸、树种、等级等）进行分类，其工作原理是基于按比例“跟踪”运动着的木材。计算控制系统也可以按任意特征对木材进行分类，它的工作原理是基于记忆输送机上供给原木的顺序号码和它的抛木地点地址。在这种系统中，原木的类别间接地通过抛木地点的数字化地址来表示，抛木地点同原木运程的数字轴是离散地相吻合。在逻辑系统中抛卸原木地点的地址记录在记忆装置中，然后依照原木运行的相应顺序在各个抛木地点经过“询问”后将原木放行或抛卸。中央控制系统的优点是：①工作可行性很高；②有按原木任何特征分类的可能性。其缺点是结构比较复杂。

8.4 锯材检验

8.4.1 锯材标准

现行国家标准中，与锯材检验有关的木材标准如下：

① GB/T153-1995《针叶树锯材》；

② GB/T4817-95《阔叶树锯材》；

③ GB154-84《枕木》；

④ GB4818-84《铁路货车锯材》；

⑤ GB4819-84《载重汽车锯材》；

⑥ GB4820-1995《罐道木》；

⑦ GB4821-84《机台木》；

⑧ GB/T4822-1999；

⑨ GB499-84《锯材材积表》；

⑩ GB/T155-1995。

以上第1～2项为普通锯材标准；第3～7项为专用锯材标准；第8～9项为基本的通用锯材标准；第10项为木材缺陷标准(其中均含原木缺陷标准和锯材缺陷标准，是木材等级评定工作的基本依据)。锯材检验工作应参照上述国家标准来执行。

8.4.2 锯材的尺寸检量和材积计算

锯材的尺寸(长度、宽度、厚度)检量和材积计算，均按照GB/T4822-1999和GB499-84《锯材材积表》的有关规定执行。

1. 长度的检量

锯材的长度应沿材长方向检量两端面之间的最短距离。长度以米(m)为单位，量至厘米(cm)，不足1cm舍去。量取结果称实际长度。

普通锯材的检尺长：针叶树1～8m；阔叶树1～6m。标准检尺长：2m以上的按0.2m进级，不足2m的，按0.1m进级，长度公差：不足2.0m的长级公差为$^{+3}_{-1}$cm，自2.0m以上的长级公差为$^{+6}_{-2}$cm。

实际材长小于标准长度，但不应超过负偏差，仍按标准长度计算；如超过负偏差，则按下一级长度计算，其多余部分不计。

例如，某块板材，量得的实际材长为4.38m，虽然小于标准规定的长度(4.4m)，但根据上述长度公差规定，其短少的尺寸并没有超过负公差2cm的限度，所以这块板材的检尺长(标准长度)仍按4.4m计算。但是，假如这块板材的实际材长为4.37m，根据上述规定，已超过上一级负公差限度，应按下一级尺寸计算，检尺长应算为4.2m，其多余的部分不计。又如，某块板材，实际长度为2.58m，其标准长度按2.6m计算(短少的尺寸未超过负公差)。假如其实际长度为2.57m，则检尺长应算为2.5m(取下一级尺寸，且标准规定允许有2.5m的长级)。

2. 宽度和厚度的检量

锯材的宽度、厚度应在材长范围内除去两端各 15cm 的任意无钝棱部位检量。宽度、厚度以毫米(mm)为单位，量至毫米，不足 1mm 的舍去。量取结果称实际宽度(厚度)。

国家标准规定的普通锯材(含针叶树锯材和阔叶树锯材)的宽度、厚度见表 8-5。

表 8-5　普通锯材的宽度、厚度规定

分类	厚度/mm	宽度/mm	
		尺寸范围	进级
薄板	12,15,18,21		
中板	25,30,35	60～300	10
厚板	40,45,50,60		

注：①特等锯材是用于各种特殊需要的优质锯材，其长度自 2m 以上，宽、厚度和树种按需要供应；②普通锯材如指定某种宽度或本表以外的厚度，由供需双方商定

普通锯材宽度、厚度尺寸公差的规定为：宽、厚度自 25mm 以下者，公差为±1mm；宽、厚度在 25～100mm 者，公差为±2mm；宽、厚度在 100mm 以上者，公差为±3mm。

例如，某块板材，量得的实际宽度为 187mm，厚度为 28mm，根据上述公差规定：宽、厚度在 25～100mm 的公差为±2mm(在此用于计算厚度)；宽、厚在 100 以上的公差为±3mm(在此用于计算宽度)。因此，这块板材的标准宽度和厚度应分别按 190mm 和 30mm 计算。如果这块板材的实际宽度为 186mm，厚度为 27mm，则标准宽度和厚度应分别按 180mm 和 25mm 计算。

锯材标准还规定：板材厚度和方材宽、厚度的正、负偏差允许同时存在，并分别计算。

3. 材积的检量

锯材产品的材积计算公式比较简单，按长方体体积公式计算。

国家标准 GB499-84 规定的锯材产品的材积计算方法如下：

(1) 锯材尺寸按 GB4822-1999。

(2) 锯材材积按长方体体积公式计算，即

$$V=L\cdot W\cdot T/1\ 000\ 000$$

式中：V——锯材材积(m^3)；

L——锯材长度(m)；

W——锯材宽度(mm)；

T——锯材厚度(mm)。

(3) 特等锯材、普通锯材材积可通过锯材材积表查定。锯材材积表列出了国家标准规定的尺寸范围之内各个进级级别所对应的材积数据，根据检量得到的锯材长度、宽度和厚度的标准尺寸，在材积表中立即可查到该锯材的材积。

对于专用锯材枕木、铁路货车锯材、罐道木和机台木等，可根据其检量得到的标准尺寸，在 GB499-84《锯材积表》的表 2～表 5 中查定对应该锯材的材积。

8.4.3　锯材的等级评定方法

1. 锯材分等

锯材分等是根据其材质优劣情况，按照各材种标准规定所允许的缺陷限度，对锯材逐块

(根)的评定等级。

在国家标准 GB/T153-1995《针叶树锯材》和 GB/T4817-95《阔叶树锯材》中,对普通锯材和特等锯材的分等、缺陷限度作出了明确的规定。普通锯材被分为一、二、三等。各等级锯材的缺陷允许限度见表 8-6。

表 8-6 特等锯材和普通锯材的缺陷允许限度

缺陷名称	检量与计算方法	允许限度(针叶树)				允许限度(阔叶树)			
		特等锯材	普通锯材			特等锯材	普通锯材		
			一等	二等	三等		一等	二等	三等
活节 死节	最大尺寸不得超过材宽的; 任意材长 1m 范围内的个数不得超过	15% 4	25% 6	40% 10	不限	15% 3	25% 3	40% 6	不限
腐朽	面积不得超过所在材面面积的	不许有	2%	10%	30%	不许有	5%	10%	30%
裂纹、夹皮	长度不得超过材长的	5%	10%	30%	不限	10%	15%	40%	不限
虫害	任意材长 1m 范围内的个数不得超过	1	4	15	不限	1	2	8	不限
钝棱	最严重缺角尺寸,不得超过材宽的	5%	20%	40%	60%	10%	20%	40%	60%
弯曲	横弯不得超过水平长的顺弯不得超过水平长的	0.3% 1%	0.5% 2%	2% 3%	3% 不限	0.5% 1%	1% 2%	2% 3%	4% 不限
斜纹	斜纹倾斜高度不得超过水平长的	5%	1%	20%	不限	5%	10%	20%	不限

注:①阔叶树材仅检量死节,活节不计,长度不足 2m 的不分等级,其缺陷允许限度不低于三等;②南方裂纹在表 8-6 允许限度基础上,各等均放宽 5 个百分点

专用锯材枕木,被规定分一等、二等两个级别。各种枕木的适用等级为:普通枕木、道岔枕木适用一、二等;桥梁枕木适用一等。在枕木标准中,对这两个等级的缺陷限度有明确的规定(表略)。其他专用锯材(铁路货车锯材、载重汽车锯材、罐道木、机台木)虽然没有划分等级,但在其对应的标准中,对缺陷允许限度都有明确的规定,读者可参阅专用锯材标准,在此就不再一一列出了。

在锯材等级评定工作中,还应按照如下规定执行:

(1) 在同一材面上有两种以上缺陷同时存在时,评定锯材等级以降等最低的一种缺陷为准。

(2) 对标准长度范围外的缺陷,除端面腐朽外,其他缺陷均不计;对宽度、厚度上多余部分的缺陷,除钝棱外,其他缺陷均应计算。

(3) 各项锯材标准中未列入的缺陷,均不予计算。

(4) 凡检量纵裂长度、夹皮长度、弯曲高度、内曲面水平长度、斜纹倾斜高度、斜纹水平长度的尺寸时,均应量至厘米止,不足 1cm 的舍去;检查其他缺陷尺寸时,均应量至厘米止,不足 1cm 的舍去;检量其他缺陷尺寸时,均应量至毫米止,不足 1mm 的舍去。

2. 锯材缺陷检量

关于锯材缺陷名称、定义的解释，按照国家标准 GB/T155-1995 的规定执行。

(1) 节子的检量、计算与个数的查定。根据锯材标准，基于节子的等级评定，不但要限制最大一个节子的尺寸大小，还要限制任意材长 1m 范围内节子最多的个数，即两个因子都要检量评等，以降等最低的一个因子为准。

① 节子尺寸的检查，是与锯材纵长方向成垂直量得的最大节子尺寸或节子本身纵长方向垂直检量其最宽处的尺寸，与所在材面标准宽度相比，用百分率表示。

对圆形节(包括椭圆形节)的尺寸，应以板方材纵长方向成垂直检量，不分贯通程度，以量得的实际尺寸计算。

对条形节、掌状节的尺寸，应以节子本身纵长方向垂直检量其最宽处，以量得的实际尺寸计算，一律不折扣。

在与材长方向相垂直的同一直线上的圆形节、椭圆形节，其尺寸应按该垂直线上实际接触尺寸相加计算。但横断面积在 $225cm^2$ 以上时，只检量其中尺寸最大的一个，不相加计算。

② 板材只检量宽材面上的节子，窄材面不计；方材按四个材面检量。

③ 节子个数是在标准长度内任意选择节子最多的 1m 中来查定。板材以节子最多的一个宽材面为准；方材以四个材面中，节子最多的一个材面为准。但跨于该 1m 长一端交界线上不足 1/2 的节子，不计算个数。

④ 腐朽节按死节计算，掌状节应分别检量和计算个数。

⑤ 节子尺寸不足 15mm 者和阔叶树材的活节，均不计算尺寸和个数。

(2) 腐朽的检量

① 锯材中的腐朽，是按其面积与所在材面面积相比，以百分率表示。

② 锯材横断面面积在 $225cm^2$ 以下时，板材上的腐朽，按宽材面计算；方材按四个材面中降等最低的面计算。

③ 锯材的横断面积在 $225cm^2$ 以上时，其腐朽按六个材面(两个端面加四个材面)中的严重材面来评定(端面腐朽面积应与该端面面积相比)。

④ 有数块腐朽在一个材面上表现时，不论其相互间距大小，均应按各块的实际面积相加计算。

(3) 裂纹和夹皮的检量

① 裂纹的基本计量方法为，沿材长方向检量裂纹长度(包括未贯通部分在内的裂纹全长)，再与材长相比，以百分率表示。

② 相邻或相对材面的贯通裂纹，无计算起点的规定，不论宽度大小均予计算。非贯通裂纹的最宽处宽度不足 3mm 的不计，在 3mm 以上的检量裂纹全长。

③ 数根彼此接近的裂纹，相隔的木质不足 3mm 的按整条裂纹计算；自 3mm 以上的，分别检量，以其中降等最低的一条裂纹为准。

④ 对斜向裂纹按斜纹与裂纹两种缺陷中降等最低的一种评定。如斜向裂纹自一个材面延伸到另一材面，检量裂纹长度时，按两个材面的裂纹水平总长计算。

⑤ 夹皮仅在端面存在的不计，在材面上存在的，按裂纹计算。

(4) 虫害的检量

① 对虫眼无深度规定，其最小直径足 3mm 的，均计算个数，但在钝棱上深度不足 10mm 的不计。

② 计算虫眼以宽材面为准，窄材面不计；正方材按虫眼最多的材面评定。

③ 跨于任意 1m 交界线上的虫眼和表现在端面上的虫眼，均不计个数。

(5) 钝棱的检量

① 钝棱是以宽材面上最严重的缺角尺寸与检尺宽度相比，用百分率表示。计算时，用检尺宽减去着锯宽度再与检尺宽相比，用百分率表示。

② 在同一材面的横断面上有两个缺角时，缺角尺寸要相加计算。

③ 窄材面以着锯为限。

④ 对整边锯材钝棱上存在的缺陷，应将缺陷并入宽材面计算。

(6) 弯曲的检量。锯材的弯曲分横弯、顺弯和翘弯三种。标准规定只计算横弯和顺弯两种，翘弯不计。

弯曲的基本检量方法是在检尺长范围内量得的最大弯曲高度与内曲水平长度相比，以百分率表示。

对正方材量其最严重的弯曲面，按顺弯评等。

(7) 斜纹的检量。斜纹的基本检量方法是在任意材长范围内检量其倾斜高度，并与该水平长度相比，用百分率表示。

斜纹按宽材面评定，窄材面不计。

(8) 其他缺陷的检量和处理

① 髓心不作为缺陷计算，但在材面上髓心周围木质部已剥离，使材面呈现出凹陷沟条，其沟条部分按裂纹计算。

② 材质不合格的专用材，可不改锯，按 GB/T153-1995《针叶树锯材》、GB/T4817-95《阔叶树锯材》中的普通锯材的缺陷的允许限度进行评定。

③ 锯材的锯口损伤超过公差限度者，应改锯或让尺。

8.4.4 锯材自动检测的进展

1. 锯材形状的自动检测

关于锯材形状（包括厚度、宽度、长度）尺寸的检测，过去通常采用接触式传感器测量，随着科学技术的发展，近十多年来，国外研究者们多采用 CCD 摄像机（电荷耦合器件摄像机）为检测装置，对锯材形状进行非接触的在线连续检测。因为这种方法具有不接触被测物，检测速度和精度都较高，耐久性强等优点，所以它具有很好的发展前景。

(1) 形状检测对输送机的要求。要使用 CCD 摄像机，首先要考虑为了减少误差，应使得在输送机上进行的锯材与检测器之间的距离（光学物距）为定值。因此，对于连续运行的带式输送机应采用挡块，使锯材保持其基准幅边与运行方向相平行且避免幅度方向的摆动。至于辊式输送机，因其上面运送的锯材容易产生上下波动的现象，对厚度测量结果影响甚大，因而对于 CCD 摄像机检测锯材形状的场合，不宜采用辊式输送机。

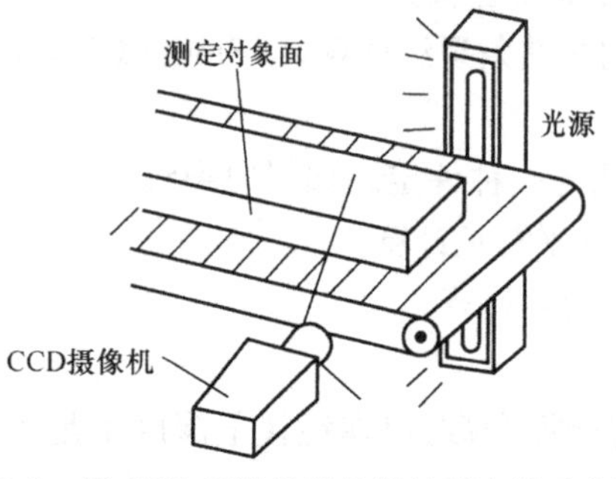

图 8-7　用 CCD 摄像机测量锯材厚度的示意图

(2) 厚度的测量。采用 CCD 摄像机检测时，为了保证生产线正常运行条件下的测量，一般将摄像机安装于传送带的侧面（图 8-7）。为了保证一定的光学物距，首先应将它靠近摄像机（有挡块）的侧面作为基准面，采用光照射方法，通过视频信号输出的明视野部和暗视野部的差来测定锯材的厚度。因为摄像机设置位置的关系，传送带部分在视野内也有一些信号输出。因此，当锯材通过检测位置和没有锯材时，视频信号输出的明视野区的比例不同，根据这个比例的变化可测出传送带在视野中的厚度成分，并用锯材通过时的测量值将其差减后，计算锯材的厚度。

(3) 宽度的测量。采用CCD摄像机测定宽度时，由于它只能安装于传送带的上方，对宽度影响所产生的象长变化不能消除。为了避免厚度变化产生的误差，测定基面采用锯材的底面。当对宽度较大的样品进行测量时，通常设置两台摄像机，用每个摄像机的半视野对被测物幅边进行监视（图8-8）。利用偏离开光轴的视野部分检测出被测基准面的幅边。

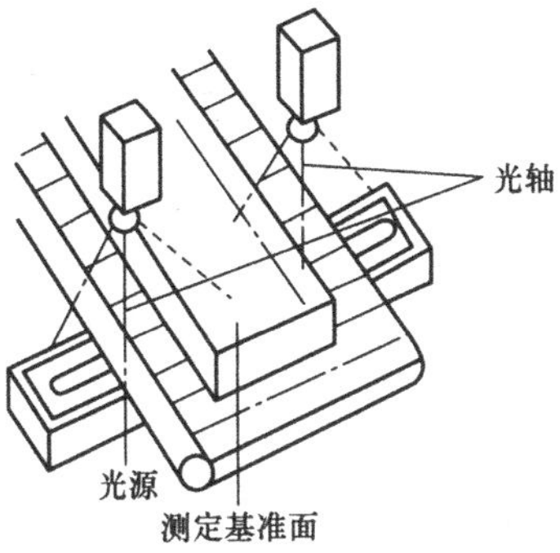

a

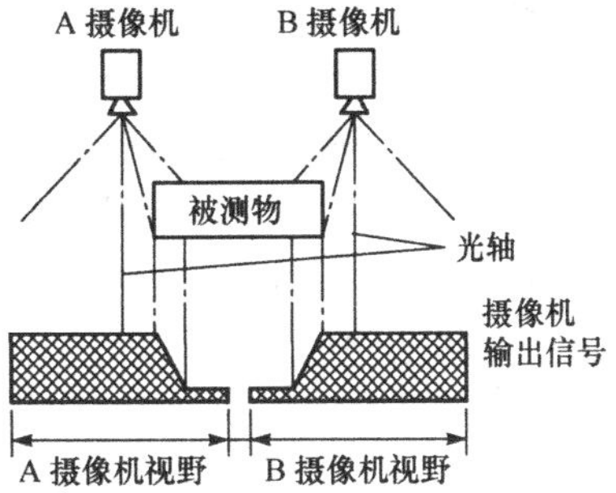

b

图8-8　用CCD摄像机测定锯材宽度的示意图

a. 用两台CCD摄像机测量锯材宽度；b. 被测物与摄像机输出信号的关系

采用这种方法时，被测物的两个幅边必须处于两个摄像机光轴的内侧，而且必须是用两边的摄像机检测各自对应的幅边。因此，检测的一个必要条件就是被测物有足够的幅宽。对于幅宽很小的被测物，将两台摄像机的一台取出组成非对称机构，将其设置于斜射方向，并根据设置角度，对聚焦的偏离进行修正。

(4) 长度的测量。对具有一定长度的锯材进行测量时，由于CCD摄像机的近视野有限，不能监测整个长度范围，因而采用图8-9所示的方法，增设若干个光电开关，与摄像机共同进行测试。即在光电开关从“ON”状态开始到“OFF”状态变化的瞬间，根据摄像机给出的视频信号输出测得锯材的长度。例如，当光电开关2刚刚关闭时，摄像机检测有暗视野信号。此时，锯材的长度L就等于a_1+a_2再加上摄像机输出信号的暗视野宽度ΔL得到的总和。若是开关2关闭时，摄像机仍然输出全部暗视野信号，则说明锯材的长度大于a_1+a_2，当锯材进一步移动至光电开关3被遮断时，用摄像机同时测量其长度。此情况下，长度$L=a_1+a_2+a_3+\Delta L$。

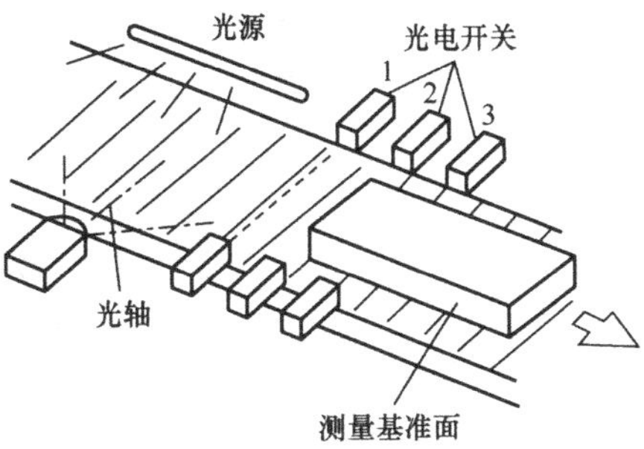

图8-9　用CCD摄像机配合光电开关测定锯材长度的示意图

2. 锯材力学性质的无损检测

无损检测技术又称非破损检测技术或非破坏性检测技术，是指在不破坏被测对象的性质和使用效果的前提下检测各种材料、零件、组件或结构的缺陷和其他物理力学特性，如物理量、化学量和机械量等。它是一种比较先进的检测手段。

无损检测的发展历史并不长，目前所使用的主要检测方法都是近半个世纪才发展起来的，有的则是最近 20 年才发展的。木材及木质材料力学性质的无损检测发展历史则更短，它是建立在多学科的高技术基础之上的，是无损检测技术的巨大发展，标志着无损检测技术已由定性检测缺陷阶段进入定量检测物理力学性质的新阶段。它将促进木材与人造板等木材材料的传统测试方法发生根本的变革，使成材与人造板的质量控制达到一个新的水平，并为其生产过程的工艺控制和自动化提供了必备的条件。

(1) 超声波检测。超声波是指频率高于 20kHz、人耳所不能听到的机械波。超声波在固态、液态和气态的物体中均可传播，在不同介质的界面上能发生反射和折射。由于超声波具有穿透力强、方向性好、敏感反射特性、传播能量大等特点，使其被广泛地应用于各行业的无损检测，从而超声波检测成为一种重要无损检测技术手段。

用超声波方法检测木材力学特性的基本原理是：在被测固体材料的长度方向传播的纵波的声速(v)与材料的密度(ρ)及超声弹性模量(E)的关系为 $E=v^2\rho$。因此，根据测定超声波经过预定距离的传播时间来计算平均速度，然后即可计算材料的弹性模量。由于木材的力学破坏强度与弹性模量之间具有密切的正相关关系，所以超声检测不但能测量木材的声速和超声弹性模量，还可对木材的强度进行有效的预测，这就改变了所要测量的木材力学性质必须破坏试样的传统检测测试。

超声检测的方法种类很多，其中超声脉冲是重要方法之一。该方法具有测试简便、迅速、可现场重复检测的特点。其简要原理为：采用电脉冲激励超声波发射探头，使其向试件发出超声脉冲波(试件与探头间用耦合剂进行耦合)；在试件的另一端由超声波接收探头收到通过试件传播过来的脉冲信号，由数字式计时器测定超声脉冲在试件中的传播时间(以微秒或 0.1μs 计)，由此可根据试件的长度(即传播距离)计算出平均波速。图 8-10 为东北林业大学木材学实验室的木材超声检测系统装置的原理框图。

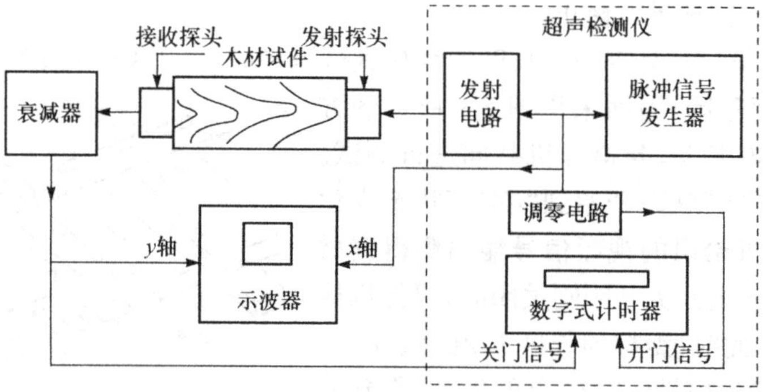

图 8-10　测试系统原理框图

自 20 世纪六七十年代开始，国外木材科学工作者就开始了对木材力学特性超声检测的研究。1965 年，伯梅斯特报道了纵波声速与不同种类木材的物理学、形态学及力学性质之间的相互关系。1978 年，美国林产品研究所在《用非破损检测方法预告木材降等》一文中报道了超声波平均波速的测定与弹性模量的计算。随着无损检测技术的不断进步，超声波检测仪器也朝着小型化、实用化方向发展。如英国西恩斯电子仪器有限公司牛产的 Pundit 便携式超声波非破损数字显示测试仪,交直流两用,仪器重量仅 3kg(包括电池),仪器还可配示波器等附件及各种防水型、指数型、轮型探头。美国林产品研究所使用的 James 电子仪器公司生产的 C-4899型 V-Meter 超声波测试仪,外形尺寸为 180mm×110mm×160mm。

我国木材科学工作者自 20 世纪 80 年代开始针对我国树种进行木材超声检测的研究。中国林业科学研究院陈嘉宝自 1980 年开始,采用 JC-2 型超声仪(北京无线电厂生产),对 11 种木材超声弹性模量与强度性质的关系进行了一系列试验研究,为超声脉冲技术在我国木材与人造板强度无损检测方面展示了应用前景,并在 1984~1985 年按既定试验方法针对 7 种工业用材进行更深入的研究,其研究结果表明:①木材顺纹抗压弹性模具和抗弯弹性模量与超声弹性模量的比值各为 22 : 25 和 21 : 25。②木材纵向超声速度为径向的 2.42~2.61 倍(针叶材)或者为 2.44~2.72 倍,为弦向的 3.52~3.88 倍或为 3.07~3.94 倍;其纵向超声弹性模量为径向的 5.50~6.59 倍或 6.02~7.04 倍,为弦向的 12.5~13.62 倍或 9.52~15.38 倍,体现了木材弹性的各向异性。③木材超声弹性模量与机械法测量的木材弹性模量之间相关紧密,与顺纹抗压强度和抗弯强度之间相关显著或紧密(如针对 4 种木材来说为紧密)。因此,可以应用超声无损检测报告木材的抗压弹性模具和抗弯弹性模量及强度。

南京林业大学史伯章等(1983)采用脉冲声波法测定木材声速(其试验设备是脉冲发生器、超声波探头、宽带放大器和示波器组成的测试系统),并对试样进行力学强度试验,求得两者之间的回归关系。对影响木材声速的因子及声速在弦向、径向和纵向三个主要方向上的差异也作了测定和讨论,并用管状模型作了定性说明。

东北林业大学戴澄月等(1987)利用 JC-2 型超声检测仪、示波器及自制的衰减器组成的木材超声检测系统,采用超声脉冲首波等幅法测试了红松(*Pinus koraiensis*)、兴安落叶松(*Larixgmelinii*)、水曲柳(*Fraxinus mandshurica*)和紫椴(*Thlia amurensis*)四种无疵气干材的顺纹和横纹超声速度及超声弹性模量,并用一元和二元回归分析了这两种超声参数与木材的顺纹抗压强度和抗弯强度的相关性。

结果表明:①轴向的超声弹性模量与木材强度相关紧密,相关方程可用一元线性函数或幂函数表示;②以轴向超声速度和木材密度为变量与顺纹抗压强度或抗弯强度建立的二元线性或幂函数相关方程,其相关程度较一元回归更为紧密,累计误差也有所减小;③采用幂函数与线性函数回归的相关系数大致相等;④横向超声参数与顺纹抗压强度的相关显著,与抗弯强度的相关不显著;⑤采用"首波等幅法"提高了测试精度,可对 2cm×2cm×3cm 标准试样进行有效的检测,解决了小试样不易测试的问题。

(2) 机械应力无损检测(应力分级)。20 世纪 60 年代,一些木材工业发达的国家开始了结构材机械应力分级的研究,并研制出相应的检测设备。美国研制出一种成材连续试验机,它是美国 Potlatch 森林公司 Keller H. A. 发明的,于 1965 年获得专利(US 3196627)。

成材连续试验机是采用机械方法施加恒定变形于被测成材上,测得相应的荷载,由计算机系统算出被测成材的弹性模量和抗弯强度,并能直接对被测成材作出应力分析的一种设备。最高检测速度为 365m/min,因而可以与高速平刨直接组成生产流水线。其检测原理如图 8-11 所示。

该设备的优点是:①完全消除了被测成材的变形(如弯曲、弓曲)所引起的弹性模量测试的偏差;②避免了高速运动的成材在弯曲跨距外未被支承的自由材料拍打作用给弯曲跨距内的正在被测试的成材引入巨大的造成误差的应力,即把测量区和外界的影响隔离开来;③该设备具有自检功能,电子线路由集成电路组成,由数字显示结果,有自动分级打印机构,性能稳定。

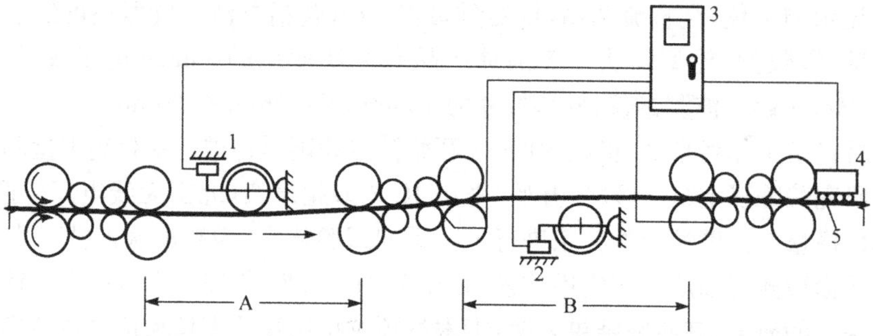

图 8-11　成材连续试验机原理图

1. 负荷传感器；2. 负荷传感器；3. 自探柜；4. 喷色器；5. 成材

A. 第 1 测试区；B. 第 2 测试区

当成材以 304.8m/min 的速度通过该设备时测得弯曲刚度(或弹性模量)与实验室静态测量值相比，偏差在 2%～5%。1977 年美国一些制材厂使用该设备后，每生产 304.8m 的成材，增加收益约 17 美元。该设备的外形尺寸为 62.8m×13.1m×16.9m，重 4890kg，能够测试标定的干、湿成材的横断面尺寸为 50.8mm×76.2mm～50.8mm×254.8mm，成材长度为 2.44～7.92m，弹性模量上限达 34.2MPa。此外，美国和英国的一些公司，还生产了其他应力分级设备和各种规格的成材试验机。

(3) 成材振动无损检测。通过物理学和理论力学的研究，材料的振动特性与其弹性模量之间的关系，很早就为人们所发现。自 20 世纪 50 年代开始，不少国家木材科学工作者分别就无疵木材试验(固有频率、内摩擦衰减等)与其强度性质(弹性模量、抗弯强度等)的相关关系，以及可降低木材强度的因子(如水分、强度、木材的缺陷和载荷时间等对振动性质的影响)，进行了大量研究。美国华盛顿州立大学通过大量研究成功地测定了结构材的对数缩减量这一振动参数，以及它与动弹性模量的比值，求得该比值与抗弯强度的相关关系，从而得到了较高的相关程度，更加可靠地确定了每一木结构的抗弯强度，做到了对结构材强度性质的预测。根据这个原理，研究、设计并制造了木材横向振动弹性模量计算机(Transverse Vibration E-Computer)，简称 E-计算机。它是由 Pellrin R. F. 和 Logan J. D. 于 1967 年发明的，并在 1977 年取得美国专利(No. 3513690)。E-计算机已为美国木材及科研单位广泛采用。其测试原理如图 8-12 所示。

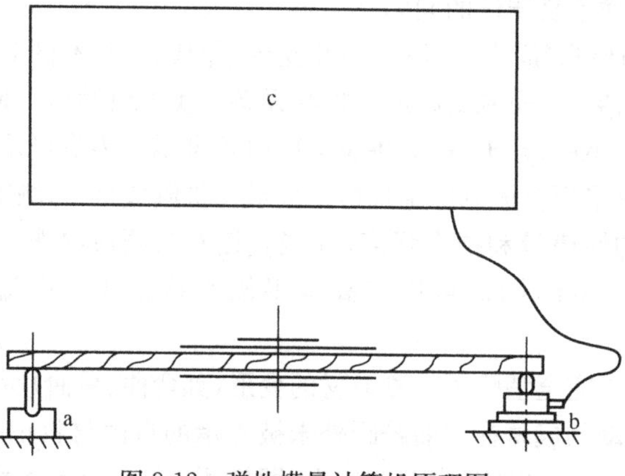

图 8-12　弹性模量计算机原理图

a. 动力支点；b. 负荷传感器；c. 横向振动性弹性模量计算机

在测试开始时，由计算机键盘输入被测材料的断面尺寸和测试支点间的距离。当一个外力使成材产生横向振动之后，E-计算机通过传感器测取被测材料的自由振动频率和自由振动的减幅率、被测材料的重量。计算机进行数据处理，用数字显示被测成材弹性模量。成材的弹性模量值可由下列方程计算：

$$E=\frac{WL^2f^2}{kbh^3}$$

式中：W——被测成材的重量；

L——被测成材的支点之间的距离；

f——被测成材的固有振动频率；

b——被测成材的宽度；

h——被测成材的厚度；

k——常数。

由 E-计算机测定的弹性模量与静态测得的弯曲弹性模量非常接近。据报道，它们的相关系数为 0.96～0.99。美国 Metriguard 公司生产的 3300 型横向振动弹性模量计算机应用较广，功能较全，其特点有以下几方面：

① 能够测量重量在 4.5t 以下、宽度 25.4～2814.6mm、厚度 25.4～2514.6mm，长度 1.83～25.4mm的矩形断面的成材或层积材。适应各种规格的成材检测。

② 测试的速度为 10～15 次/min，可安装于生产流水线上进行测试，由 4 位数字显示被测成材的弹性模量值、被测成材重量和振动周期，这些数据可以打印或存储，依据所测得的弹性模量与标定值进行比较后确定成材等级。

③ 可以测定高含水率的成材，甚至可高达纤维饱和状态以上，并保持其测量的精确性。

④ 具有自检功能，因而操作维修方便，采用集成元件，体积小，重量轻，外形尺寸为 61cm×61cm×183cm。E-计算机常常作为层积制品的最后的力学性质控制检查仪器，并为均布荷载的计算与挠曲的计算提供精确的数据。

(4) 冲击应力波无损检测。应力波是指材料物质受撞击之后，因内应力作用产生的可在物质内传播的机械波。应力波的测试技术是基于纵向应力波通过被测材料的密度、弹性模量的物理关系而建立的。

近年来采用应力波为手段以研究木材及人造板的无损检测试验得到了迅速发展，因为这种方法具有独特的优越性，例如，基本不受被测物形状和尺寸的影响，检测技术较容易掌握等。

对于固体材料，其弹性模量 E 与应力波速度 v 和材料密度 D 之间存在着如下关系：$E=v^2D/g$，其中 g 为重力加速度。在通常情况下，抗弯强度及内结合力与纵向应力波的传播速度有密切的关系。对于刨花板等在应力波传播方向密度均匀的物质，通过实验作出了应力波传播速度和弹性模量的回归直线后，就可以由应力波传播的速度来确定弹性模量。

(5) FFT 分析无损检测。FFT 是快速傅里叶变换(Fast Fourier Transform)的缩写。FFT 分析是一种利用电子计算机技术对信号的频谱进行快速分析的方法。FFT 分析一般采用专门的仪器化设备，如频谱分析仪来进行。

东北林业大学赵学增、刘一星、李坚、朱建新等根据 Timoshonko 挠性振动理论，利用 FFT 分析技术和微机技术，开发了一种关于木材弹性模量 E 和刚性系数（剪切弹性模量）G 的快速测量方法，该测量系统的组成如图 8-13 所示。

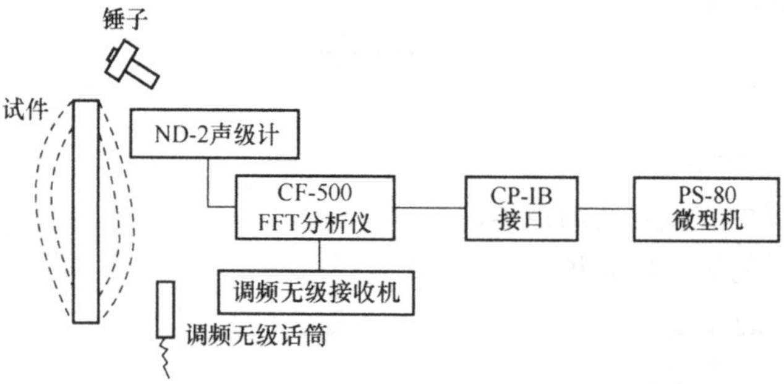

图 8-13　FFT 测试系统的组成

该测试系统的基本工作原理是：①通过敲击木材试件使其产生挠曲振动，并瞬时拾取音响来检测振动；②利用 FFT 进行瞬态频谱分析，求出各次共振频率，取前 5 次共振频率 f_1、f_2、f_3、f_4、f_5；③应用同时测量 E、G 的 Timoshonko 理论，根据测量的共振频率及试样的密度及外形尺寸，由微机计算出被测木材试样的 E 和 G，这样可得出纵向传播声速 v。

用上述测试系统对 4 个树种（红松、落叶松、紫椴、水曲柳）的 59 个试件进行 FFT 分析弹性模量 E' 的检测，并将相同试样用传统的测试方法测得静弯曲弹性模量 E，并对 E' 和 E 进行回归分析和变异性分析。结果为：E' 和 E 之间相关紧密（相关系数 r=0.8891），两者变异系数相近，E' 的均值比 E 略高，两者之间的关系可用线性相关方程或一个比值（$E'/E \approx 1.2$）来近似表示。因此，研究所得的初步结论为：①可利用木材的打击音响，通过 FFT 分析和微机计算来测得木材的 E 和 G；②FFT 分析检测法与传统测量方法相比，具有快速、操作简单等特点；③FFT 分析法测量的动弹性模量 E' 与静抗弯弹性模量 E 之间相关密切，通过相关方程或比值系数可用 E' 表征 E；④在剪切模量 G 测量较困难的情况下，这一系统的剪切模量的测量是值得推荐的一种方法。

3. 锯材物理性质的无损检测

（1）密度的检测。木材密度是研究木材加工特性和树木生长的一个重要物理参数，几乎所有的木材物理力学性质参数均与木材密度具有不同程度的联系，在木材的研究中，密度的测量通常采用称重法、水银容积计法等，这些方法一般都是对小块木材样品进行测量，然后将样品烤至绝干称重，以校正含水率对密度检测量结果的影响。由于测试条件的限制，这些方法无法在生产线上应用，当射线检测法问世之后，使木材和人造板的连续检测成为可能。目前在许多木材工业发达的国家，射线法密度检测技术已广泛应用于木材生产线上，并日趋成熟。

射线（或称电离辐射）具有许多种类，一般可应用于木材和人造板检测的射线种类为：β 射线、X 射线和 γ 射线。其中，β 射线穿透力弱，仅适用于被测物厚度较薄、密度较低的场合。一般检测多采用 γ 射线和 X 射线。射线法检测密度的基本原理是：当射线辐射路程中遇到物质时部分穿过，部分被吸收而发生衰减，其衰减有如下规律：

$$I=I_0e^{-\mu\rho x}$$

式中：I——射线穿过被测物后的辐射通量；

I_0——射线未穿过被测物前的辐射通量；

μ——被测物的质量吸收系数；

ρ——被测物的密度；

x——被测物质的厚度。

在被测物的厚度和吸收系数为定值的情况下，通过测量 I 和 I_0 之比即可测定物质的密度。

木材与人造材工业常用的放射源为镅^{241}。因为镅源的 γ 量子能量比较低(60keV)，大致符合刨花板和纤维板范围内的衰减度，易于防护，有利于安全。此外，镅源的半衰期长达450年。因此，在相对短的时间内可以忽略其强度的衰减，保证仪器的精度与稳定，并简化了线路。另外，镅的辐射能量集中，可以在比较小的面积内达到比较高的强度，这对于核辐射检测技术所需要的单能高强度窄束射线十分重要。

由于 γ 射线检测是非接触式的，性能稳定，精度较高，具有电气输出和快速作用的优点。近年来在检测纤维板与刨花板非常松散的板坯时，更体现出 γ 射线检测法的优越性。芬兰、美国、德国等国家均产生了 γ 射线密度无损检测设备，用于强度检测设备或生产中铺装机的计量皮带上，使板坯容差控制在±3%以内，提高了产品的质量和工效。

另外，射线检验还可用于测量人造板沿厚度方向的密度分布(断面密度分布)，以控制人造板生产线的工艺参数，降低成本，提高质量；而且射线密度检测还常用于木材生长轮微密度在径向的分布(多采用软X射线)，为气象资料的追踪或为人工林树木的合理培育及最佳轮伐周期的选择提供理论依据。这方面的内容可以参阅有关文献，在此就不一一介绍了。

(2) 含水率的在线检测。木材具有干缩、湿涨的特性，木材产品的含水率高于平衡含水率时，其体积稳定性很难得以保证，因此对于木材产品，尤其是建筑用材产品的含水率控制和管理非常重要。

木材含水率最原始也最准确的检测方法是绝干称重法，但此方法耗能多，时间长，不能实际应用于生产。因此，人们研制了各种形式的含水率测定仪，其类型概要归纳如下：

木材含水率测定仪的种类

- 基于电学原理的含水率测定仪
  - 直流电阻式
  - 高频电阻率式
  - 高频介电式(电容率式)
  - 微波式
  - 近红外线式
- 基于加热原理的含水率测定仪——红外线含水率测定仪
- 基于化学方法的含水率测定仪
  - 气压式
  - 卡尔·费西尔法
  - 有机溶液媒介共沸法
- 氢原子检测法
  - NMR(核磁共振法)
  - 中子法测定含水率

射线法——X 射线

这些含水率测定仪器虽然有其优缺点和适用范围，且精度上不如绝干称重法，但它们的开发与应用，使得木材含水率的快速检测成为现实。其中，若考虑应用于木材含水率的非接触式在线测量，近红外线式和微波式含水率测定仪是可选的。

近红外线含水率测定仪，采用试样中的水分的相应吸收波长(1.94μm)的红外线为测试源，根据红外线被木材中水分吸收的程度(吸收率)来测量其含水率。但目前所应用的红外线含水率测定仪多采用反射检测方式。由于红外线穿透深度有限，实际上只能检测木材表面的含水率，只有在被测物表面和内层含水率分布基本一致的前提条件下，才能对具有一定厚度的材料进行较准确的检测，若采用诱射法，因木材具有相当的厚度，必须采用能量相当高的红外光源(如激光光源)才有可能实现。

微波式含水率测定仪的工作原理是：根据木材中的水分对微波的吸收率来测定其水分含量。微波式含水率测定仪在生产中已有一些应用实例，例如，芬兰赫尔辛基理工大学 M. Tiuri 等 1980 年报道的一种微波式含水率测定系统，采用微波源和微波接收器构成含水率测量部件，并采用 γ 射线测量木材密度，采用红外测温装置测量温度，以修正密度和温度对含水率测量结果的影响。据报道，在工厂应用于芬兰松和云杉木材的含水率测量，其测量结果与绝干测量结果之间相关极为密切(相关系数 $r=0.933$，相对标准误差 $s=0.68\%$)，是非常有发展前景的含水率测量。但由于其设备造价高，装置体积大，设备复杂等原因，目前在芬兰还未得以推广应用。

日本北海道林业试验场正在研制一种能够在生产线上对木材成材的含水率进行测量并划分等级的含水率测试管理系统。他们经过调查，提出两种设计方案：一是将高频式含水率测量仪改装成辊轮式水分传感器，以接触方式测量生产流水线上木材的含水率，并进行分级处理，整个系统可在原有单板用连续水分测定装置的基础上改装；二是采用 CCD 摄像机为主要设备，配合光电开关等装置木材的形状尺寸，并配合测力传感器等装置，在线测量木材的体积和重量，计算出含水分木材的密度，利用此密度值和本树种绝干密度值(预先置入计算机系统)计算出含水率。这是一种非接触式的测量方法。对于第一种方案，因其具有短周期开发的可能性，已进行了具体实施方案的研究，并于 1988 年试制了第一种方案的测试系统。对于第二种方案，也进行了全面的考虑和设计。该方案测试共采用三台 CCD 摄像机，并配合有关设备对成材宽度、厚度和长度的测量进行测定。采用 4 只测力传感器设置在传送带单元的基部以承受荷载并称重，然后根据木材体积和重量的测量值计算出密度，进而计算含水率。计算公式为

当含水率低于纤维饱和点时：

$$U=\frac{(\rho_u-\rho_0)}{[\rho_0(1-\rho_u)]\times 100\%}$$

当含水率高于纤维饱和点时：

$$U=\left[\frac{(100+U\text{isp}\cdot\rho_0)\rho_u}{\rho_0}\right]\times 100\%$$

式中：U——含水率(%)；

ρ_u——含水率为 $U\%$ 时的木材密度；

ρ_0——绝干材密度；

$Uisp$——纤维饱和点。

该测量系统的优点是在测量含水率的同时，还可得出被测物材积的测量结果。由于直接以重量、体积的测量计算含水率，避免了电学法含水率测量必须对诸多影响因子物理量（如密度、温度）同时在线测量的缺陷，简化了系统，提高了稳定性和可靠性。但也存在着一些问题有待改进，主要有：对于绝干材密度，如采用以树种为依据的选定值预先置入方式，虽然简单，但可能因成材产品绝干密度的个体离散差异而导致误差，从这点考虑，应采取对被测物绝干密度进行测量的辅助技术措施；另外，应进一步考虑摄像机的防尘、传送带的低振动、轻量化等方面的具体实施措施。

以上简要介绍了可用木材及人造板的多种无损检测方法，随着科学技术的飞速发展，无损检测的方法越来越多，手段也越来越先进。例如，日本有关学者正在研究分析木结构弯曲时的声发射（AE）与抗弯强度和抗弯弹性模量之间的关系，以探求应用 AE 探测预报结构材强度的无损检测方法，这种检测方法对于含木节和髓心的板、方材的强度预报具有重要意义和一定的优越性，目前已取得初步结果。

参考文献

成俊卿. 1985. 木材学. 北京：中国林业出版社

成俊卿，刘鹏，杨家驹，等. 1979. 木材穿孔卡检索表（阔叶林微观构造）. 北京：农业出版社

戴澄月，刘一星，丁汉喜，等. 1987. 木材强度超声检测的研究. 东北林业大学学报，2：82～96

东北林业大学. 1982. 贮木场生产工艺与设备. 北京：中国林业出版社

范忠诚，王忠行. 1984. 木材检验技术手册. 北京：中国林业出版社

国家标准局批准. 1985. 中华人民共和国国家标准——木材. 北京：中国标准出版社

邝立吉，周四通，陈权明. 1987. 木材检验技术. 长沙：湖南科学技术出版社

李坚. 1989. 八十年代的扫描技术——木材缺陷的自动检测. 北京木材工业，1：9

李坚. 1991. 木材科学新篇. 哈尔滨：东北林业大学出版社

刘耀麟，朱森民，张齐春，等. 1986. 微型计算机在木材工业中的应用. 北京：科学出版社

刘一星，戴澄月. 1990. 软 X 射线法测定木材生长轮密度的研究. 林业科学，6：533～539

刘一星. 1990. 木材标本微机管理系统的研究. 东北林业大学学报，2：67～72

牡丹江林校. 1986. 木材学与木材试验. 北京：中国林业出版社

桑德拉·埃默林等. 1986. IBM-PC 微型机数据库及软件包详解. 北京：科学出版社

史伯章，阮锡根，曾石祥，等. 1979. 南林-1 型原木直径光电测量仪. 南京产林产工业学院学报，1，2：102～110

史伯章，尹思慈，阮锡根. 1983. 木材声速的研究——声速与顺纹抗压强度、含水率等物理量的关系. 南京林产工业学院学报，3：6～12

汪秉全. 1985. 木材检索穿孔卡片. 北京：中国林业出版社

王志同. 1988. 木材与人造板非破损检测技术. 森林工业文摘，1：1～12

微机识别木材课题组. 1989. 微机识别国产阔叶树材的研究. 林业科学，3：236～242

巫儒俊. 1988. 贮木场生产工艺. 北京：中国林业出版社

杨家驹，程放. 1990. 微机辅助木材识别系统 WIP-89. 2

张应春，齐程放，连玉梅，等. 1985. 应用微型计算机识别阔叶树材. 林业科学，2：213～217

赵学增，刘一星，李坚，等. 1988. 用 FFT 方法分析木材的打击音响——快速测定木材弹性常数的研究. 东北林业大学学报，增刊

朱国玺,崔福民. 1988. 木材生产过程自动化. 哈尔滨:东北林业大学出版社
祖父江信夫. 1993. 木材の非破坏检查. 木材学会志,9
长谷川益夫. 1984. パソコンによゐ国产阔叶树材识别システム. 木材と技术,59
久田卓兴. 1986. 高周波式含水率计の测定精度调查. 木材工业,1
信田聪. 1988. 建筑用制材の水分管理シス广ム——含水率クレーターの开发. 木材工业,8
斋藤寿义. 1986. 木材高含水率の计器测定. 林试研报,1

第9章　木材科学保存

木材是植物性原料，具有明显的生物特性。如：含水量多而不稳定；体积大而笨重；形状不规则；组织不均匀；材性不一致；容易受虫、菌侵蚀；木材水分蒸发会引起干缩变形、开裂、翘曲等。这些在木材保存中都有可能出现，为了避免和减少由于这些变化而引起木材质量的降低，就应合理地、科学地保管木材。

外界对木材的败坏方式有以下几种：机械或力学破坏，化学-电化学降解，火灾，木材的风化，生物败坏等。其中最主要的是生物败坏，它包括菌类和虫类对木材的危害。

9.1　木材菌害

木材的腐朽大多数是由侵蚀木材的真菌危害木材所造成的。真菌是一种单细胞植物的有机体，它属于真菌植物门。真菌是依靠孢子繁殖，它的特点是细胞中不含有叶绿素。因此，真菌不能像其他绿色植物那样能利用二氧化碳和水，通过光合作用合成自己所需要的养料，而只能从其他生物有机体或有机物中吸取营养，供其生长和发育。真菌是借助于孢子，通过传播、感染、发芽和菌丝蔓延，导致木材败坏的。

9.1.1　危害木材的真菌

真菌的种类很多，有8万种以上。而危害木材的真菌有1000多种，其中主要是霉菌、变色菌和木腐菌三类。

危害木材的霉菌是属于子囊菌纲与不完全菌纲的真菌。木材上最常见的有木霉、青霉、曲霉等。遭到霉菌侵害的木材，可见一片片的黑色或淡绿色等霉斑。显微镜下观察霉菌对木材纤维结构的危害情形，与变色菌相似。

危害木材的变色菌也是属于子囊菌纲与不完全菌纲的真菌。木材变色菌的种类很多，有蓝变色菌、镰刀菌、葡萄孢菌、色串孢菌等。其中以长喙壳属的真菌危害木材较多。变色菌引起的木材变色，因菌种与树种不同，产生的颜色也不同，所变化的颜色有蓝、青、黄、绿、红、灰及黑色等。常常可以用肉眼比较明显地在木材材身上或断面上看到的是蓝变色菌和青变色菌。由霉菌和变色菌引起的木材材色变化主要发生于边材，如红松的青变色、羽叶槭的红变色、烁木的绿变色、由青霉属引起的阔叶材的黄变色和由壳囊孢属引起的松木褐变色等。常见的边材变色及起因列于表9-1。

表9-1　常见的边材变色与起因

变色的颜色	名称和特征	通常发生的边材	一般起因
浅蓝黑色至铁灰色；暗褐色	青变——呈斑点、条纹、覆盖局部或全部边材	几乎所有商品材树种的锯材和原木	主要是长喙壳、色二孢、芽枝霉等属菌种带的黑色菌丝
墨蓝	铁鞣变色——新伐树木与铁接触处呈黑状的条纹或疱状	栎木、栗、美国枫香及其他含单宁较多的树种	木材的单宁与铁发生化学反应

续表

变色的颜色	名称和特征	通常发生的边材	一般起因
淡蓝及褐色	阔叶材的化学反应——最常见的一般内部变色，直到锯材表面刨光才能见到；有时仅在干燥隔条下出现	栎木、桦木、槭木、蓝果树、木兰及其他阔叶树锯材	在气干或窑干时某些木材物质的氧化
浅绿褐至浅绿黑色	矿物变色——出现各种大小双凸镜的条纹，或为一般性的变色；柿树的化学变色——为一般性的变色，可深入侵染	活的阔叶树——主要是硬木槭类柿树(1)	起因未知，可能由于受伤引起；干燥期间，某些木材物质与空气接触而氧化所致
暗褐至灰色	风化变色——木材暴露部分存在表面的一般变色，通常为浅的侵染；霉变色——通常是浅色的侵染	所有商品材树种的锯材(1) 所有商品材树种的锯材(1)	气候因子的作用；靠近木材表面的导管和树脂道内霉菌孢子的繁殖
杂色，绿色为主，一般黑色	霉——有色真菌出现在木材表面，一般易从表面揩掉，或者刷除	所有商品材树种的各种产品	木霉、青霉、曲霉等属菌种在木材表面繁殖孢子
杂色，褐色或暗浅红色为主	干燥变色——通常出现为单纯颜色，如一种颜色变深，实质为化学变色，可深入侵染	主要是阔叶树材的成材	干燥时，某些木材物质的氧化
灰色、深黄色	色泽鲜明的真菌变色——通常以斑点或小条纹出现，可深入侵染	栎木、桦木、山核桃和槭树的锯材与原木(1)；南方松和美国枫香的锯材与原木	散枝青霉的可溶性色素；像裸囊菌属的有色菌和可溶性色素

(1) 也出现在心材

木材腐朽主要是由木腐菌所引起的。木材腐朽菌根据被它所腐朽的木材的颜色、结构特征、被分解的木材成分等，大致可分为褐腐菌、白腐菌及软腐菌。褐腐菌和白腐菌在分类学上属于担子菌，软腐菌(如球毛壳)则属于半知菌。褐腐菌主要分解综纤维素，几乎不分解木质素，白腐菌能分解木质素和少量的综纤维素。两种菌都是在细胞腔内繁殖，不但穿过细胞壁纹孔生长，而且与细胞壁接触分泌分解高聚糖及木质素(白腐菌)的酶，将细胞壁溶解贯穿而繁殖。软腐菌对木材的腐朽能力较弱，但它具有在木纤维的次生壁中开成圆锥形孔进行繁殖的特征。由这三种腐菌所产生的腐朽材的宏观和微观特征如表 9-2 所示。

表 9-2　木材褐腐、白腐和软腐宏观和微观特征

腐朽类型(代表性的微生物)	宏观特征	微观特征
褐腐 密黏褶菌 山柏松卧孔菌 干朽皱孔菌	早期不易看清，但木材迅速地变脆，以后木材变色，最后变成棕色且变软，干燥引起大量的横纹裂缝，得到正方形的图案，菌丝扇可以呈现在表面或裂纹的内部	菌丝深入细胞腔，经过纹孔从一个细胞到另一个细胞，并且常常直接穿过钻孔，随着腐朽加深，细胞壁收缩
白腐 采绒革盖菌 多点侧孢菌	早期变化不明显，后来木材变白或变色，一般有斑点，某些菌种在木材中形成白袋，常能观察到暗色的带线，木材仍保留原尺寸和形状	菌丝深入细胞腔，最初经过纹孔，从一个细胞到另一个细胞，后来直接穿过钻孔，随着细胞变薄，腐朽逐渐明显

续表

腐朽类型(代表性的微生物)	宏观特征	微观特征
软腐球毛壳菌	只有湿材被腐,即使在早期,腐朽也可由木材变软和出现微小的裂痕来表征;暗淡的灰色到褐色,腐朽逐渐地从表向内发展	菌丝在次生壁内纵向生长,具有特征的偶合的纺锤形和菱形的孔腔,孔腔同微纤丝的方向一致

9.1.2 木材腐朽的条件

1. 营养

木腐菌的生长需要木材中的纤维素、半纤维素和木质素。但并不是所有树种的木材都适合于木腐菌作为养料。如有些木材含有较多的树脂、芳香油、生物碱、鞣质等,这些物质对有些木腐菌或昆虫有一定的毒杀或抑制能力,因而这些木材不易腐朽。霉菌和变色菌则需要以木材中的低聚糖、淀粉为养料,这些物质在边材细胞中含量较多。因此,相当多的木材的边材既不耐腐,又不抗蛀。

2. 水分

水不仅是构成木腐菌菌丝体的主要成分,而且是木腐菌分解木材的媒介。多数真菌适宜木材含水率在35%～60%时生长。如果木材含水率低于20%,或者含水率达到100%,均可抑制真菌的发育。

3. 温度

真菌能够在相当大的湿度范围内生存发育,但在温暖潮湿季节发育生长最快。一般适宜的温度为25～40℃,如果气温在45℃以上或低于10℃,就能降低真菌的发育。在木材热处理温度达到50℃经过24h,或在63℃热处理3h后,均可杀灭菌源。

4. 空气

真菌和其他生物一样,需要空气才能生存。木材含水量很高时木材内部就缺乏空气,抑制真菌生长。但是真菌生长发育的最低空气量仅为木材体积的5%,木材细胞结构中的孔隙含有的空气,足以适应真菌生长。

5. 传染

很多孢子是通过空气传播的,菌丝是靠接触传染的,木材的结构和解剖特性适合微生物栖息繁殖。

6. 酸度

木腐菌一般喜于弱酸性(pH=4.5～5.4)介质中繁殖和发育,世界上绝大多数木材的pH在4.0～6.5,恰好适应菌类寄生的需要。

9.1.3 腐朽木材的变化

1. 真菌侵害木材的方式

不同类的真菌侵害木材的方式是不同的。霉菌只是寄生在木材表面,菌丝没有危害木材细胞壁，只是在木材外表生长，所以对木材不起破坏作用。木材变色菌是以细胞腔内含物（如淀粉、糖类等）为养料。它由菌丝侵入木材后，即分布在木材的管胞和导管中，通过细胞壁的纹孔，侵入到具有可溶性养分的细胞中，也就是到髓射线和木材薄壁细胞中，一般不在细胞中穿孔。因此，变色菌并不影响木材的结构，感染变色菌的木材其强度和密度不会显著降低。而木腐菌与霉菌、变色菌不同，它是以木材细胞壁为养料。菌丝进入细胞时，不仅可以通过纹孔，而且利用它所分泌的酶把细胞壁溶解成孔洞，致使木材细胞壁破坏，所以木腐菌破坏木材最为严重。

2. 化学变化

木腐菌危害木材，能分泌多种碳水解酶，不仅使木材细胞内含物分解，更为主要的是使构成细胞壁的纤维素、半纤维素和木质素分解为简单的糖类。所以木材的化学组成发生明显的变化，木材重量产生损失，如图 9-1 所示。

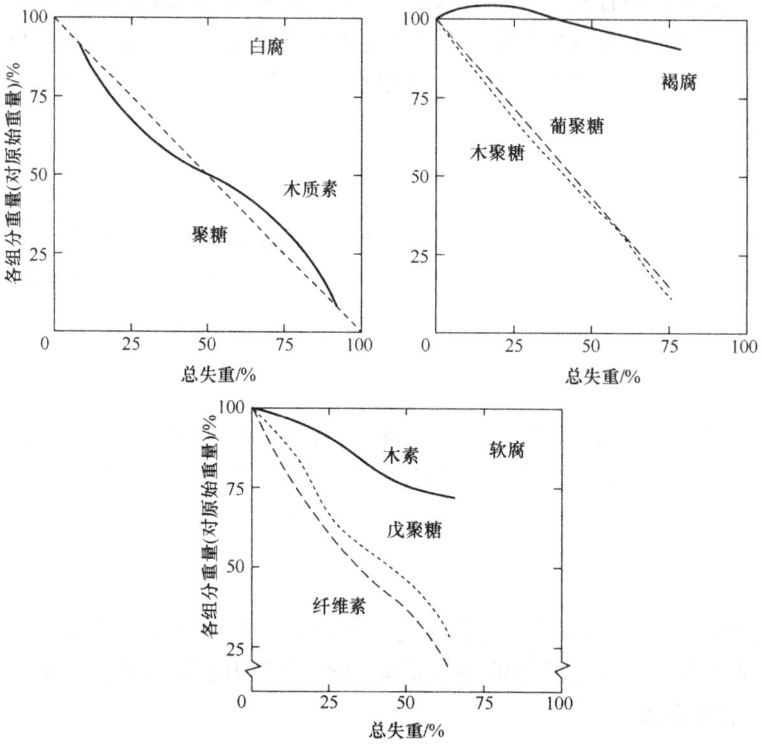

图 9-1　在白腐、褐腐和软腐期间，木材各组分的消耗

白腐为采绒革盖菌（对美国枫香的侵蚀）；褐腐为山松柏卧孔菌（对盖枫香的侵蚀）；软腐为球毛壳菌（对山毛榉的侵蚀）

白腐菌一般都能分泌胞外酶，因而能氧化分解与木质素有关的酚类化合物。在分解木质素的同时，也分解多糖类。不同的白腐菌分解破坏木材中三种成分的相对速度是不同的，即不同白腐菌分泌产生的酶具有不同的活性。褐腐菌主要分解木材中的多糖类，通常对木质素损害很小。针叶材比阔叶材易遭褐腐菌的侵害。软腐菌主要分解细胞壁中的多糖类物质，对木质素的分解速度低于对多糖类物质的分解速度。虽然一般木材的软腐速度比较慢，但由于软腐菌能在高温、高湿、酸碱变化较高或比较低的环境中生长和繁殖，因而软腐过程是木材腐朽的主要形式之一。

Eriksson 等对木材由木腐菌引起的生物降解过程的研究表明：木腐菌分泌复合酶，表现很强的协同作用，使得结晶度高的天然纤维素可水解；褐腐菌虽然很易分解纤维素，但它的分解机制与白腐菌的不同。即褐腐菌虽产生 β-1,4-葡聚糖内切酶,但不产生 β-1,4-葡聚糖外切酶。褐腐菌在分解结晶纤维素时,产生 H_2O_2,并扩散于木材纤维中,在 H_2O_2/Fe^{2+} 的作用下氧化结晶纤维素,然后在 β-1,4-葡聚糖内切酶作用下完全水解。白腐菌对纤维素中高聚糖的水解作用,是在剥离木质素障碍物之后在聚糖外切酶和内切酶作用下进行的。由于木质素没有光学活性,含有较多的生物学稳定键型,不易受微生物分解。一般认为木质素受微生物分解是由木质素高分子的表面,经由侧链及芳香环的氧化开裂,逐渐向内部分解的。

3. 物理变化

木材初期腐朽对木材的力学性质影响较小,木质部除色泽比健康材稍暗外,其他性质变化不大。中期腐朽,能降低木材的强度和密度,使木材变脆,抗压强度减弱。后期腐朽,使木材的物理和化学性质都有很大变化,木材的强度和密度都有显著的降低。有些后期严重腐朽的木材,失去了使用价值。

褐腐、白腐和软腐都会导致木材力学性质和材性的改变。这些变化远远超过了腐朽引起的木材重量的损失。由腐朽导致失重 3%以下的木材,所测定的强度(如韧性)减少 50%以上。褐腐菌主要分解木材细胞壁中的纤维素,使得纤维素聚合度降低。由于细胞壁中骨架物质的分解,所以褐腐对木材强度性质的影响,比白腐显著得多,见表 9-3、表 9-4。

表 9-3　松木层孔菌对马尾松木材的物理性质的影响

物理性质指标	健康材	半腐朽材	全腐朽材
木材体积比/%	100	98	97
密度/g · cm^{-3}	0.37	0.32	0.27
烘干重百分率/%	100	91	75
抗弯强度比/%	100	81	55
抗压强度比/%	100	59	36

表 9-4　美国枫香边材受密黏褶菌腐朽造成的重量损失与韧性降低间的关系

重量损失/%	韧性/m · kg	密度/g · cm^{-3}
0	1.19	0.43
1.7	0.76	0.42
4.0	0.67	0.41
9.4	0.52	0.40
12.9	0.28	0.38
13.5	0.22	0.37
16.6	0.28	0.37
20.6	0.19	0.35

9.2　木材菌害的防治

木材保管是木材生产和使用过程中的一个重要环节,如保管不善,木材会腐朽变质,轻的降低等级,严重的会失去使用价值,造成资源浪费。用于木材保管的方法可分为物理法和化学法。采用何种方法保管木材,应根据木材的树种、材种、天然耐腐性、抗蛀性、浸注性、规格、质量、加工特征、用途、地理环境、气候条件和保管期限等多种因素来确定。

9.2.1 木材的天然耐腐性

木材天然耐腐性及抗蛀性是木材对菌、虫侵害固有的抗性。不同树种木材对菌、虫危害的抗性是不同的。这是和不同木材的组织构造、材性及木材的化学组成不同有关。一般心材比边材耐腐、抗蛀。心材中含有较多的多酚类、生物碱、树脂、脂肪酸等，这些物质对菌、虫均有一定的抑制或毒杀作用。而边材细胞具有生命力，含有较多的营养物质，如糖类、淀粉、含氮化合物等，适宜菌、虫滋生繁殖。我国常见树种的木材耐腐性见表 9-5。

表 9-5 我国常见树种木材的耐腐性能

级别	用材树种名称
强耐腐	柏木、柳杉、落叶松、银杏、黄花落叶松、红杉、广东杉、榧树、侧柏、铁刀木、子京、香樟、福建青冈、大叶青冈、赤桉、母生、白栎、槐树、柚木
中耐腐	油杉、云南铁杉、杉木、华山松、红松、云南松、罗汉松、大叶相思、相思树、黄棉木、山合欢、合欢、黑格、阳桃、秋枫、甜槠、水曲柳、核桃楸、柞木、蓝桉、黄连木、麻栗、黄樟
弱耐腐	雪松、红皮云杉、油松、臭椿、楹树、木麻黄、喜树、黄檀、杜英、白蜡树、银桦、苦楝、木棉、裂叶榆、色木、泡桐、毛泡桐、滇朴、西南桤木
不耐腐	长白鱼鳞云杉、赤杉、水杉、红皮云杉、鱼鳞云杉、辽东冷杉、马尾松(边材)、黑松(边材)、拟赤杨、光皮桦、米槠、红桦、铁冬青、枫香、石栎、硬叶椆、光叶椆、南京椴、南方泡桐、兰考泡桐、山杨、大青杨、紫椴、白桦

9.2.2 木材的物理保管

木材的含水率与木材的菌害、虫害密切相关。因此，控制木材含水量是木材物理保管的关键。采用的物理方法有：干存法、湿存法、水存法。

1. 干存法

木材干存法是在最短时间内，把原木或成材的含水率降低到 25%以下。对于干存法保管的原木要全剥外皮，选择地势高、通风好的场所，按疏隔楞、普通楞等合理结构形式堆放。对易腐朽木材或当空气潮湿时，应用防腐剂处理；如果在材身上和断面上发现有白色菌丝层出现，应进行适当的消毒，以防止真菌的繁殖。

干存法适用于已剥树皮或树皮损伤已超过 1/3 的木材、加工用原木(如车辆材、造船材、胶合板材、枕木材、造纸材和一般用途的一、二、三等材)和直接使用的原木(如坑木、电杆、桩木等)。红松、云杉、冷杉、沙松、云南松、铁杉、落叶松、樟子松和杉木及所有的阔叶材树种都可以采取干存法保管。

2. 湿存法

木材的湿存法是使木材保持较高的含水率，避免菌、虫危害。

采用湿存法保存木材时，应选择地势低、水源充足的场所，原木采伐后，紧密堆积，迅速覆盖，定时消毒。为了防止阔叶木材的断面失掉水分，发生开裂或菌虫感染，可用防腐护湿涂料涂刷在原木两端的断面上，在涂料上面再涂上一层石灰水溶液，以避免日光照射使涂料溶化流失。归楞 10d 内开始喷水，第一次喷浇时间长，每次喷浇时间 10～20 min，每昼夜 3～4 次。

湿存法适用于针叶树种(如红松、落叶松、云杉、冷杉、铁杉、杉木、马尾松、云南松、华山松、柏木和银杏)和阔叶树种(如柞、栎、榆、槐、水曲柳、黄波罗、核桃楸、色木、樟木、槠木、枫香、杨、柳和桉木等)。同时要求木材有完整的树皮或树皮损伤不超过 1/3。对已经气干或受菌、虫危害的木材,不得采用湿法保管。

3. 水存法

木材水存法是指保持木材最高的含水率,防止菌、虫危害和避免木材开裂的一种有效方法。水存法是利用河川、湖泊的深水处作为集材区进行水存的。应选择在流速缓慢、河底平坦的河湾或水池处,把原木扎成排贮存在水中,并用木桩、钢索固定。

水存法保管对针、阔叶材和带皮与不带皮的木材均可以进行。水存法的作用与湿存法相同,但原木露出水面的部分,也可能引起木腐菌的感染。因此,在夏季高湿季节,对露出水面的原木应经常喷水。在海河口咸水处或近海地区,要注意海生钻孔虫对木材的危害。所以,水存原木不适于在海水中贮存。

9.2.3 木材的化学保管

木材化学保管是完全依靠用有毒的化学药品对木材进行处理,从而毒杀危害木材的菌类和虫类。

1. 木材防腐剂的选择

用于木材防腐、防虫的化学药剂,应注意以下几个方面。

(1) 具有毒性。木材防腐剂的防腐效力是通过其对败坏木材的生物的毒性表现出来的。因此,所选药剂要具有足够的毒性,能抵抗和驱杀各种侵害木材的菌、虫,使木材不适于作为菌、虫的栖息寄生和繁殖的场所。防腐剂的毒性程度,一般用制止浓度、致死浓度和致死限量表示。

(2) 具有持久性和稳定性。药剂涂刷、喷洒在木材上或注入木材中,短期内应不挥发或不失去毒性。防腐剂长期暴露于空气中的变化越慢越好。木材经较有效的防腐处理后,使用年限可长达四五十年。

(3) 注入性较强。防腐剂在木材中具有良好的渗透性能,药剂能进入木材中达到相当的深度。

(4) 无腐蚀性。配制和使用药剂时,对容器、工具不应有腐蚀性。经过药剂处理的木材,其强度、颜色应保持原状。

(5) 药源充足,价格低廉。

(6) 使用安全。各种化学药剂,要具有低毒高效的优点,杀菌灭虫力强,对人、畜的毒性小,对木材不增加燃烧性。

(7) 无色无臭,便于油漆,以保持环境与木材的美观。

(8) 无胀缩性。用水溶性药剂处理木材,有时会膨胀,再进行干燥时又会使木材收缩。选择此类药剂时,要选择使木材胀缩性小的药物。

同时,选择防腐剂还必须考虑木材腐朽部位、类型和使用条件,如以下几种:

① 立木腐朽。有些腐朽在活立木时就已发生,如密环菌引起的根腐,可使小树死亡,大树心腐;层孔菌引起的杆腐主要是孢子起作用,多发生在人工林内,最终使心材褐腐。因此,在处

理木材之前，应了解木材发生菌害的情况，根据不同类型真菌的腐朽来选择防腐剂。如活立木腐朽应按森林病虫害防治方法进行处理。

② 边树蓝变(青变)。一些树木砍倒后易于发生蓝变，可选择广谱杀菌剂，杀死多种霉菌，如混合重铬酸钾和氟化钠溶液处理木材表面。

③ 与地面接触的木材。在选择防腐剂处理木材时要考虑到：广谱抗菌，兼有杀虫作用；抗流失，固定性好；木材易干裂，因而防腐剂要处理到足够深度，保持量要高。

2. 木材防腐剂的种类

目前使用的木材防腐剂主要有三类：油质防腐剂、有机溶剂防腐剂和水溶性防腐剂。

(1) 油质防腐剂。油质防腐剂是指具有足够毒性和防腐性能的油类。木材防腐工业上使用的油类防腐剂有煤焦油、煤杂酚油(克里苏油，也称木材防腐油)、煤杂酚油与煤焦油或石油的混合油、低温焦油、蒽油、褐煤焦油和焦化油等。其中低温焦油和褐煤焦油等产量少，毒性低，所以不能单独使用，但可混合使用。目前主要使用的是煤杂酚油及它和煤焦油或石油的混合油。

油质防腐剂的主要优点是：广谱抗菌，对各种木材腐朽菌、昆虫、白蚁及海生钻孔虫均有良好的毒杀和预防作用；耐候性好，抗雨水或海水冲刷能力强，故在木材中持久性好；对金属的腐蚀性低；来源广，价格较便宜。但油质防腐剂有辛辣气味，接触皮肤有刺激性，处理后木材呈黑色，不便油漆；温度升高，产生溢油现象；防腐油成分的含量变化较大。

(2) 有机溶剂防腐剂。有机溶剂防腐剂是指溶解于有机溶剂的灭菌、杀虫毒性药剂的溶液。所用的有机溶剂有石油、液化石油气、乙醇，辅助溶剂有丙酮、甲基异丁基酮等。常用的毒性药剂有五氯苯酚、氯化苯、环烷酸铜、8-羟基喹啉酮和有机锡化合物等。

有机溶剂防腐剂的主要优点是：对危害木材的各种生物的毒性强，易被木材吸收，可以用涂刷、喷雾、浸渍等方法处理，持久性好，处理后木材的变形小，表面干净，可进行油漆、胶合，不腐蚀金属等。但有机溶剂防腐剂成本较高，防火要求高，不宜用于食品工业用材的防腐处理，因为即使在溶剂挥发后，它们仍可污染食品。

(3) 水溶性防腐剂。水溶性防腐剂主要指能溶于水的对败坏木材的生物有毒性的物质。目前世界各国对水溶性防腐剂多使用复合型，既可增强防腐剂的毒性，又能提高抗流失性能。主要复合剂有：铜铬砷(CCA)、铜铬硼(CCB)、氟铬砷酚(FCAP)、氨溶砷酸铜(ACA)、酸性铬酸铜(ACC)、硼化物和氟化物。

水溶性防腐剂的主要优点是：价格低廉，处理后木材表面干净，无刺激气味，不影响木材的油漆和胶合性能，不增加木材的可燃性。但经水溶性防腐剂处理的木材会引起体积膨胀，干燥后又会收缩，所以不宜做成精确尺寸的部件再行处理；同时，抗流失性能较差，不适于处理与地面接触的木材。

3. 常用的木材防腐剂

(1) 煤杂酚油，也称克里苏油、防腐油或煤焦蒸油。煤杂酚油不仅最早用于工业木材防腐，而且是至今世界上用量最多的油溶性木材防腐剂。煤杂酚油是煤焦油在 200～400℃的馏分。它是褐黑色油状液体，比重在 1.03 以上，具有特殊的刺激气味，其化学组成十分复杂。最近报道，在防腐油中已被鉴定的化合物有 200 多种，估计有几千种化合物存在。主要成分可分为四大类:①芳香烃化合物,占煤杂酚油含量的80%～90%,主要有萘、甲基萘、蒽、甲基蒽、芴、菲、苊、芘和䓛等;②焦油酸,占煤杂酚油含量的5%～18%,主要是酚、甲酚、联苯酚和萘酚等;③焦油碱,占煤杂酚油含量的2%～3%,主要是吡啶、喹啉、吖啶等;④含硫化合物,含量很少,有硫茆等。

煤杂酚油对木材腐朽菌、白蚁、家天牛、家具蠹虫等都有良好的毒杀和预防作用,对海生钻孔虫中的船蛆也具有很好地预防作用,但对蛀木水虱、团水虱和海笋没有显著预防效果。防腐油的黏度较低,采用加压方法处理木材,易于渗透;同时耐候性好,具有一定防水性能,可防止木材开裂。这种油广泛用于枕木和桩木的防腐。

(2) 五氯苯酚(PCP)。是有机溶剂防腐剂中用途最广的一种杀菌防霉剂。五氯苯酚为白色晶体,工业品为灰褐色颗粒或粉末。熔点:190～191℃。五氯苯酚具有很好的杀菌灭虫性能,其毒性是木材防腐油毒性的25倍,它对担子菌、细菌、子囊菌和白蚁等均有毒性。同时,五氯苯酚难溶于水,不易挥发,抗流失性能强,处理简便,可用涂刷、喷雾、浸渍或双真空法处理。因此,它不仅广泛地用于枕木、建筑用材和细木工制品等的防腐,而且与林丹等混合后用作建筑物木材的修补处理。

(3) 环烷酸铜。环烷酸铜为深绿色黏稠的蜡状化合物。它在水中溶解度为0.00015g/100g(25℃),具有特殊气味,能溶于苯、甲苯、松节油等有机溶剂中,环烷酸铜也是一种重要的有机溶剂木材防腐剂,对人、畜毒性低,化学性质稳定,还可作为电缆、布匹和皮革等防腐、防霉剂。特别是与煤杂酚油混合使用,对抵抗和预防海生钻孔虫对木船和海港木桩的危害十分有效。

(4) 8-羟基喹啉铜。它是近年来使用的一种有机溶剂防腐剂,已用它取代环烷酸酮。8-羟基喹啉铜为黄棕色固体,无特殊气味,不溶于水和大多溶剂,因而在商业配方中常使用潜溶剂,如2-乙基己酸镍和十二烷基苯磺酸。

8-羟基喹啉铜对木腐菌有较好的毒效(如对彩绒革盖菌的致死量为$9.45kg/m^3$,对黄色卧孔菌的致死量为$0.61kg/m^3$),且有防蓝变性能,但它对防治白蚁效果不明显。8-羟基喹啉铜对人畜毒性很低,可用于粮食仓库、畜棚及食品包装用材的防腐。它也用作绳索、线、皮革和乙烯基塑料的防霉剂。

(5) 三丁基氧化锡(TBTO)。它溶于大多有机溶剂,不溶于水,具有碱性,不能与酸性化学药剂混合使用。

三丁基氧化锡对败坏木材的生物的毒杀能力很强,其毒性比五氯苯酚大20倍,且毒效期长,对褐腐尤为有效。它的杀虫效果也很好,能有效地防治家天牛、家具窃蠹等。实验证明:当存在膨胀溶剂时,特别是水,三丁基氧化锡的杀菌防腐能力会大大提高,如专利产品Permapruf T.(欧洲专利),就是将TBTO溶解于含有季铵化合物的水溶液中形成的,这是一种非常有效的防腐剂。但近年来的研究发现,TBTO会受细菌等影响,使其降解而失效,影响毒效的持久性。此外,由于它的抗软腐效果不佳,不适于处理与地面接触的木材。

在木材防腐的初始阶段,都是采用一种盐类作为防腐剂,以后发现这些盐类不仅对人、畜有毒害作用、腐蚀性强、抗流失性差,而且抗木腐菌、虫的范围比较狭窄。而把两种或两种以上的不同性质盐类按一定的比例混合,不但能够克服单一盐类使用时的不足之处,而且还会产生一些新的特性。目前复合防腐剂已在世界各国得到了最广泛的应用,并取得了很好的效果。用于木材防腐的复合试剂很多,仅将常用的一些配方列于表9-6中。

表 9-6　常用木材防腐剂的配比与性能

名称	性质	化合物	配比/%	性能
氟酚合剂	水溶	氟化钠(NaF) 五氯酚钠(C_6Cl_5ONa) 碳酸钠($Na_2CO_3 \cdot 5H_2O$)	35 60 5	防腐、防虫,用于枕木、电杆的处理
氟硼酚合剂	水溶	氟化钠(NaF) 硼酸(H_3BO_3) 五氯酚钠(C_6Cl_5ONa)	50 25 25	既能防腐,又能防虫、防霉,用于原木保管与建筑木构件
硼氟合剂	水溶	硼砂($Na_2B_4O_7 \cdot 10H_2O$) 硼酸($H_3.BO_3$) 氟化钠(NaF)	15 30 55	防腐效果不如氟硼酚,用于一般木构件与室内地板
硼酚合剂	水溶	硼砂($Ba_2B_4O_7 \cdot 10H_2O$) 硼酸(H_3BO_3) 五氯酚钠(C_6Cl_5ONa)	40 20 40	防腐、防虫,有一定防白蚁效果;遇水流失,用于原木保管和室内建筑材防腐
氟铬砷酚(FCAP)	水溶	氟化钠(NaF) 砷酸氢二钠(Na_2HASO_4) 重铬酸钠($Na_2Cr_2O_7$) 二硝基酚钠 $[C_6H_3(NO_2)_2]ONa$	22 25 37 16	强杀菌剂、杀虫剂,对白蚁也有很强的毒效;常用扩散法处理湿材;可用五氯酚钠代替价格贵的二硝基酚钠
酸性铬酸铜(ACC)	水溶	硫酸铜($CuSO_4 \cdot 5H_2O$) 重铬酸钠($Na_2Cr_2O_7$) 醋酸(CH_3COOH)	45 50 5	除卧孔菌外,对所有的真菌都有良好的防治效果,并防治白蚁等虫类,抗流失,但使木材呈褐色
氨溶砷酸铜(ACA)	水溶	氧化铜(CuO) 五氧化二砷(As_2O_5) 氨(NH_3) 醋酸(CH_3COOH)	48 47～50 1.5～2.0 1.7	对木材的真菌、昆虫(白蚁)及海生钻孔虫均有相当的毒效;抗流失,腐蚀性小,渗透性较强,可用于难浸注木材,但药剂固着较慢
铜铬砷(CCA)	水溶	硫酸铜($CuSO_4 \cdot 5H_2O$) 重铬酸钠($Na_2Cr_2O_7$) 五氧化二砷(As_2O_5)	35 40 25	应用最广泛的水溶性复合防腐剂,不同配比较多。抗流失,药性持久,防虫、防腐、防蚁,略具阻燃性
五氯苯酚	油剂	五氯苯酚(C_6Cl_5OH) 柴油或煤油	5 95	抗流失,防腐、防虫、防蚁效果良好;适用于门窗和室外木构件
混合防腐油	油剂	煤杂酚油 煤焦油	50 50	防腐、防虫、防蚁效果好,毒性持久;适用于室外木构件及与土壤接触木构件

4. 木材与防腐剂的相互作用

木材防腐剂在木材中的分布类型能显著地影响防腐剂的性能。而木材防腐剂配方中使用的许多化学药品,能与木材基质进行物理和化学反应,作用的结果不同,所获得的抗流失能力也不同。

(1) 防腐剂在木材内部的分布。任何木材防腐剂的控制生物降解能力都要受到化学药品在被保护的木材产品内部的分布的影响。有三个基本因素影响防腐剂的分布:木材特性、处理过程及处理液的特性。而防腐剂在木材中的固定则取决于：①防腐剂和木材组分之间的或者防腐剂各组分之间的化学作用；②由于溶剂挥发导致物理沉淀。

研究表明：将木材浸入到防腐剂溶液时，初始的液流主要通过细胞腔，形成防腐剂的宏观分布。近年来，应用扫描电镜-能量色散 X 射线分布（SEM-EDXA）技术跟踪防腐剂在木材结构中的位置，对防腐剂在木材中的微观分布（细胞壁中的分布）有了更确切的了解。如，Butcller 通过研究用 CCA 处理与地面接触的阔叶材的耐腐能力后指出：当木材中的糖类和氮的含量增加时，细菌抗毒物的能力提高，防腐剂中对菌有毒元素在处理期间不易渗透到细胞壁内，即木质素在细胞壁中的含量、种类和位置均影响防腐剂在木材细胞壁中的分布。而且，愈创木基木质素比紫丁香基木质素具有更大的腐朽障碍。这一木质素假说认为具有杀菌力的活性铜通过络合作用而固定于木质素之上。有关腐朽和保护机制的揭示，对于下一代木材防腐剂的发展将具有重要的价值。

(2) 木材与防腐剂的化学反应。木材中某些官能团可能与木材防腐剂发生化学反应。这些反应可能有利，或许有害，与具体条件有关。如有些反应导致水溶性化学药品固定，阻止它们从木材内流失；有些反应能使防腐剂钝化，降低防腐性能。

① 无机盐防腐剂与木材的作用。用于木材防腐剂配方的无机化合物通常为水溶性。如不将它们转化为不溶解的化合物，或者形成化学键固定于木材基体，沉积在木材内部的盐则易于流失。事实上，某些盐与木材之间确实发生了固定反应。固定机制包括了两类反应：单个元素及多组分与木材反应，其中铜和铬的活性最大。

CCA 与木材的反应可概括如下：

CCA
- $CuCrO_4$ ⟶ 稳定的 $CuCrO_4$-木质素络合物
- $CrAsO_4$
  - $CrAsO_4$-木质素络合物
  - $CrAsO_4$ 沉淀于纤维素之上
- $Cr_2(OH)_4CrO_4$ 沉淀于纤维素之上
- Cu^{2+}
  - Cu^{2+}-木质素络合物
  - 物理地吸附于木材组分之上
  - Cu^{2+}-纤维素络合物

在处理材中，铜以 4 种不同形式存在：①$CuCrO_4$ 依靠 Cr^{6+} 与木质素的愈创木基结合（10%～15%），②Cu^{2+} 直接与糖类和木质素的愈创木基结合（10%～22%），③Cu^{2+} 直接与木质素中除愈创木基以外的其他官能团结合（40%～70%），④$CuSO_4$ 被各种木材组分物理地吸附（5%～20%）。铜的主要部分（83%～90%）是与木材中的木质素结合。

铬与木材也可反应，生成络合物。3 价铬和 6 价铬两种状态均可出现。6 价铬能与木质素中的愈创木基形成络合物，并且也易与砷反应，生成 $CrAsO_4$。处理材内约有 85%的砷与铬反应，剩余的砷和木质素、纤维素生成完全溶解的络合物。

CCA 与木材的相互作用使防腐剂固定于木材之中，不仅增强了防腐剂的抗流失性能，而且减少了剧毒物（如砷和铬）对环境的污染。但也产生相反作用，如木材的韧度下降及铜和铬与木材化学键能过强，使防腐剂效能减弱。

其他无机防腐剂的固定机制的研究还不够完善，但主要的固定反应仍为络合反应。

② 有机防腐剂与木材的作用。大部分有机防腐剂化学性质较稳定，反应能力弱于无机防腐剂，其中以氢键、范德华力作用较多。

五氯苯酚和防腐油能与木材发生一些反应，这些反应对它们的性质具有明显的影响，如五氯苯酚与木质素发生化学联结,使之存在于各层细胞壁中,增强了防腐能力。8-羟基喹啉铜的固着效果与铜和木材组分的络合有关。三丁基氧化锡能与木材中纤维素产生化学亲和力,因而具有抗流失能力。

5. 木材防腐处理方法

(1) 木材的浸注法。利用木材时需要考虑它的天然耐腐性与防腐处理的浸注性。对于不耐腐而浸注性好的木材必须进行防腐处理;对耐腐而难以浸注的木材可少进行防腐处理;对易腐而难浸注的木材应开创一些有效的方法进行防腐处理。我国常见树种木材的浸注性能见表 9-7。

表 9-7 我国常见树种木材的浸注性能

级别	用材树种名称
最易浸注	油松(边材)、赤松(边材)、金钱松(边材)、马尾松(边材)、枫香、水曲柳、大叶榆、山杨、白桦、椴木、桤木、杨木、白蜡树、水青冈
易浸注	樟子松、辽东冷杉、桧柏、枫桦、槐木、山核桃、糖槭、黄桦
较难浸注	臭冷杉、杉木、华山松、麦吊云杉、红皮云杉、红松、香樟、甜槠、铁槠、臭椿、色木、黄菠萝
最难浸注	落叶松、柔毛冷杉、油杉、粗云杉、鱼鳞云杉、刺槐、槲栎、檫木、苦槠、核桃楸、柞木、栲木、云杉

国外已研究了各种用材采用的不同防腐处理方法和不同标准的防腐剂吸收量。因为各种用材使用的环境不同,对防腐效能的要求不同,对防腐剂的吸收量也就不同。

(2) 处理方法。防腐和防虫的处理方法可分为两类:常压和真空或加压。

常压的处理方法有涂刷法、浸泡法、扩散法、热冷槽法和树液置换法等。这些方法的处理工艺与设备简单,均属于表浅处理,防腐剂保留时间短。但对浸注性好的木材,是经济实用的方法,如用于门窗料、新锯板方材、木质人造板和生材的防腐处理等。

门窗料的防腐处理:若是浸透性好的木材,用 5%的五氯苯酚将干燥的门窗料冷浸 3~5min 即可满足要求;但五氯苯酚对人有毒害,可使用三丁基氧化锡石油溶剂处理门窗料,其防腐效果和油漆性能均良好。另外,常压处理适于维护补救处理,如窗料维护补救目前多采用硼化物处理。用注射器将液体硼化物注入接榫处,任其扩散,在干燥环境中使用有效。近年来用硼化物栓剂插入木料孔中通过硼盐的扩散渗透达到防腐的目的。硼栓剂有两种,一种是八硼酸钠和硼酸的混合物,溶解度大,适用于处理含水率 50%~75%的湿材;另一种是 40%硼酸乙二醇溶液。

新锯板方材的处理:一般常用油溶性防腐、防虫剂以低量喷射。有的制材车间附设方材喷射装置,用以防腐、防虫或防霉。

木质人造板的防腐处理:对木质人造板的防腐、防虫处理可在单板、刨花和碎料阶段处理,如用硼化物喷淋或二甲基硼化物蒸气处理单板防止板材变色等。

真空或加压的处理方法有贝塞法、李宾法、劳莱法、双真空法和蒸汽加压法等。这类方法适用于易腐朽难浸注木材的防腐处理,如云杉、鱼鳞云杉和落叶松等,也适用于易注入木材的防腐处理,如处理永久性的木建筑、枕木、坑木和海水中桩柱等。其防腐效果和时间均优于常压法。常用的压力法可分为:满细胞法,防腐剂充满了细胞(包括细胞壁、细胞腔和细胞间隙);

空细胞法,防腐剂只充满细胞壁,而细胞腔及间隙不保留或少保留药剂。现在多采用双真空处理法。

双真空处理的步骤是:①抽气,抽除木材细胞腔内的空气;②真空状态下注入防腐剂;③通入空气,大气压下使防腐剂进入木材内部,对于难处理的木材,用泵施压 210kPa;④排出剩余防腐剂,此时细胞腔内仍有防腐剂;⑤二次真空,细胞腔的空气膨胀,迫使部分防腐剂排出,仅在细胞壁里存留,木材表面仍为防腐剂所湿润;⑥通入空气,木材表面近乎干燥。特点:①木材的尺寸、含水率和外观处理前后无变化;②处理后可立即装配,甚至胶粘;③可立即油漆装饰。

其他的处理方法还有高能喷射法、熏蒸法、放射线杀虫、灭菌法。其中,高能喷射法是在高压下将浓的防腐剂喷入预先钻孔的木材内,利用高压喷射和浓度差进行扩散,达到木材内部防腐的目的。这种方法适用于门、窗框架的维护、修补处理。

木材中的水分与木材防腐剂的注入关系密切。有的防腐剂不能很好地与水溶在一起,这就需要把木材中的水分去掉,进行木材干燥处理;有些防腐处理方法,不排除木材水分对注入防腐剂有利,如扩散法,就要求木材中必须有足够的水分(60%以上),扩散才能充分进行。因此,在防腐处理之前,应选择设备简单、方法简便的处理工艺,根据木材的含水率选用相应的防腐措施,才能收到预期效果。

6. 新型防腐剂与防腐途径

传统使用的防腐剂依据其毒性对于防止微生物的危害是有效的,并且绝大多数属于广谱抗菌剂,其防腐防蛀的效果随药剂毒性的增加而提高。然而这些毒性的物质对人类和环境产生很多不利的影响,因此,现行使用的防腐剂的毒性已越来越引起研究者的注意。随着人类的进步和研究的深入,一些剧毒且易流失的防腐剂必将停止使用,急需寻求新的、无毒的高效防腐剂及新的防腐途径。

(1) 化学防腐剂

① 烷基铵化合物(ACC)。目前,在最有希望的生物杀菌剂中,各种烷基铵化合物具有作为新型木材防腐剂的最大的潜力。大量的实验结果证实:一是在地上露天模拟试验中,烷基二甲基苄基氯化铵、二烷基二甲基氯化铵、烷基二甲基乙酸铵、烷基三甲基氯化铵均是高效的木材防腐剂,其作用大于 CCA。二是在土壤-木块试验中,AAC 对密黏褶菌、卧孔菌、层孔菌、粉孢革菌、洁丽香菇、纤维孔菌和变色栓菌等七种常见木腐菌具有优异的防护性能。三是在抗虫蛀试验中,AAC 对防治斑窃蠹具有高效作用,并且在较低的吸收量时均能有效地防止白蚁的危害。

综上所述,AAC 具有下列特点:一是可作为水溶性防腐剂使用;二是致死生物效力高,范围广;三是与铜铬砷(CCA)防腐剂相比,其成本极为相近;四是通过离子交换作用固定于木材中,抗流失性强;五是经 AAC 防腐处理的木材保持木材本色,对金属紧固件无腐蚀作用,对油漆无不利影响;六是对人畜无毒害,不易挥发,对环境无污染。新西兰已工业化生产 AAC。澳大利亚已经批准用季胺化合物作木材防腐剂。季胺化合物中的二甲基二癸基羟基三十一烷氯化铵(DDAC)已在 AWPA(美国木材防腐剂)标准中列为防腐剂,是常用防治新伐材菌变色的活性成分之一。这些化合物经常和其他杀菌剂混合使用。

② 百菌清。目前的研究表明,百菌清对控制木材腐朽和抵抗白蚁的攻击和五氯酚一样有效。在进行野外木桩试验中,在抗腐朽和抗白蚁性能上百菌清胜过五氯酚。此外,美国已登记的几种用于控制木材变色和新锯材霉变的配方,百菌清亦是其中的活性组分。这种化合物在

油体系中，特别是中性芳香族油中具有良好的效果。现在正对百菌清作进一步的研究，包括抗变色和抗霉菌，浸注木材中的分布及持久性，进一步阐明抗白蚁和海生钻孔虫的能力。解决这些问题后，百菌清将会成为一种新的有价值的木材防腐剂。我国目前已有百菌清(2、2、5、6-四氯-1,3-苯二腈)油剂。试验表明，1%百菌清油剂对防治落叶松早期落叶病、枯梢病及杨树灰斑病等的效果，均超过现行杀菌剂，且成本较低。

③ 2-碘-3-丙炔烯基氨甲酸酯(IPBC)。它可以制成油溶性配方和水溶性配方。油溶性配方是最普遍浸渍细木工材的防腐剂，而水溶性配方和DDAC一起，最普遍用于防治新锯板方材的菌变色。这种药剂还广泛用作涂料的杀菌剂。IPBC目前正用作保护暴露于地面以上的木材防腐剂，它也可以作为一种辅助杀菌剂和其他药剂联合用于土壤接触的木材防腐剂。

④ 异噻唑酮(4,5-二氯-3-正辛基-4-异噻唑-3-酮)。这是一种建议用于各种场合的广谱杀菌剂。野外试验的结果表明，在与土壤接触的情况下，其性能超过五氯苯酚。此外，这种药剂还能用于其他方面，包括细木工材的处理。异噻唑酮已纳入AWPA标准。

⑤ 三氮茂化合物，广泛用于农作物防治病虫害，它是通过抑制真菌细胞功能所必需的甾醇的合成而起作用。三氮茂具有很低的哺乳动物毒性，使得它们对木材处理具有特殊的吸收力。在加拿大已注册作为菌变色防治剂使用。

⑥ 二甲基二硫代氨基甲酸铜。它是一种目前正在研究的有价值的新药剂。其处理过程是先用硫酸铜或乙醇胺铜处理木材，待干燥后，再用二甲基二硫代氨基甲酸酯处理，形成铜的络合物沉积在木材中，使木材呈浅褐色，这种配方在与土壤接触的情况下具有良好的性能。

以上各种防腐剂，是近些年来世界上广泛研究和应用的具有高效低毒的木材防腐剂。这些化学药剂有望成为工业上使用的防腐剂。

(2) 生物防护。采用具有防护作用的生物改变木材基质，以防止霉菌、变色菌和木腐菌物生长繁殖。它既可防治危害木材的菌类，又不给环境带来污染。采用生物防护是合理利用资源、改进材料特性的有效途径。世界上有大量的研究人员正在进行这方面的研究，并且已经取得了可喜的进展。1970年美国就曾公布了有关采用微生物来防止木材腐朽的专利。近年来有关生物防护的报道也很多，如木霉属和 *Scytalidium* 属的真菌具有一定的生物保护作用，*Phanerochaete gigantea* 菌对异担子菌也有很好的抑制作用。又如假单胞菌(*Psedomonas cepcia*)、龟裂链霉菌(*Streptomycer rimosus*)、链轮丝菌(*Streptoverticillium cinnamonewm*)及 *Xenorhabdus lumineacens* 等对木腐菌生长有很强的抑制作用。

生物防护包括新采伐材中蓝变菌的防治、加工后木材和木制品受腐朽菌侵蚀的防治及已受害木材的生物处理。目前影响木材生物防护应用的因素主要有：过分依赖有限的几种生物，现有的木材防护生物的防治效果不佳，急需研究寻找新的木材防护生物，缺乏对具有生物保护作用的微生物之间的相互作用及木材防护机制的深入了解。

(3) 通过化学改性提高木材防腐性能。木材的化学改性系指采用某些化学药剂，在有催化剂存在时与木材组分——纤维素、半纤维素和木质素中的活性基团发生化学反应形成共价键联结，从而改变木材的化学结构与化学组成，改善或提高木材的某些特性。

由于在化学改性过程中，大量的纤维素、半纤维素和木质素分子中的游离羟基与化学试剂反应，形成醚键和酯键，从而改变了木材的亲水性。水是木腐菌必不可少的代谢物质，而通过化学改性使木材的吸湿性降低，有助于保持木材干燥后的含水率，使木材不再成为维持微生物生长的基质。用来改性的化学药剂不一定要对微生物有毒，因此，这样处理的木材，既能防止微生物的侵蚀，对人类无害，又可以提高木材的力学强度和体积稳定性。试验证明，经树脂浸渍处理、交联处理、乙酰化处理等的各类化学处理材的耐腐性能均有很大程度的提高，使用寿命长，尤其化学药剂与木材组分形成化学结合，不易滤出，防腐效果持久，并且对环境无污染。

(4) 防腐处理工艺。为了提高防腐剂的渗透性，许多新的处理工艺正在研究开发之中，如两次气体处理法、超临界液体处理法、机械处理法等。

① 两次气体处理法。将木材依次用两种能够发生化学反应并在木材细胞中形成沉淀物的化学试剂处理。因为气体在木材中的渗透性比液体大，所以常用气体处理。如木材先用二硫化碳处理，待二硫化碳完全渗入木材后，排除处理罐中的二硫化碳，引入甲胺，甲胺与二硫化碳生成二硫氨基甲酸酯。二硫氨基甲酸酯是良好的杀菌剂，且沉积于木材细胞壁内，固着性好。但上述反应是在碱性介质中进行的，与木材 pH 相差较大。

② 超临界液体处理法。超临界液体既具有气体扩散通过纹孔膜的能力，又具有液体溶解防腐剂的能力。常用的超临界液体为 CO_2(临界温度 31.1℃、压力 7280kPa)。处理时，先将超临界液体通过防腐剂的床或柱，再将达到要求的超临界液体引入盛有木材的密闭容器中，保持温度和压力，使防腐剂扩散到木材中心。然后改变温度和压力，使液体不再处于超临界状态，防腐剂的溶解度也随之改变，大部分防腐剂沉积在木材中。这种处理方法为完全处理难浸透的心材树种提供了可能，是一种很有潜力的处理方法。

(5) 木制品维修处理。对于大型木构件或永久性的木结构，在使用过程由于防腐处理不当，若由于环境因素的影响，常常会发生表面腐朽和内部腐朽，若更换这些腐朽的木构件，不但费工费料，而且还因中断运营而造成巨大的经济损失，所以要定期检查这些木构件，如发现腐朽，立即采用维修处理。近年来，常采用如下方法：

① 表面腐朽的维修处理。近年来用于表面维修的药剂，常由油溶和水溶两部分组成。油溶成分在木材表面形成一个屏障以阻止土壤生物的侵害，而水溶成分则可以扩散入木材中以杀灭已经在木材中生长的菌、虫害。

② 内部腐朽的维修处理。

熏蒸剂：北美地区广泛使用的熏蒸剂有包裹异硫氰酸甲酯的明胶胶囊、Chloropicrin(96%的三氯硝基甲烷)和 Metham Sodium(32.1%的正甲基二硫代氨基甲酸钠)。西欧地区使用溴甲烷。这两个地区均使用硫酰氟。

水溶性栓剂：虽然熏蒸剂为高效杀菌虫药剂，但是其毒性和挥发性给环境带来污染。而水溶栓剂则可弥补这一不足。近年来常用四水八硼酸二钠和硼砂-氟化钠两种水溶性栓剂。北美、欧洲、澳大利亚常用上述两种水溶性栓剂，用于门、窗框、铁道枕木、细木工产品等的维护处理，效果良好。

9.3 木材的虫害

木材除了容易受到菌害而出现腐朽之外，还会遭到虫蛀。昆虫蛀食木材造成的虫道(孔道)和虫孔为木材虫害。

9.3.1 木材害虫的主要种类

木材害虫的种类繁多，涉及昆虫纲中的鞘翅目、等翅目、膜翅目、鳞翅目、双翅目和蜚蠊目等。比较重要的有鞘翅目、等翅目、膜翅目。

1. 鞘翅目(Coleoptera)

此目中危害木材的种类最多,主要有如下诸科:

(1)天牛科(Cerombycide)。小至大型甲虫。天牛科中大部分是危害木材的。最主要的有墨天牛属(*Monochamus*)、绿虎天牛属(*Chlorophorus*)、杉天牛属(*Semanstus*)、茸天牛属(*Trichoferus*)、紫天牛属(*Purpuricenus*)、凿点天牛属(*Stromatium*)、扁天牛属(*Eurypoda*)和梗天牛属(*Arhopalus*)等。危害木材的天牛的种类很多,全世界已知道的就有2000余种,在我国危害松木的常见天牛有20多种。

(2)小蠹科(Scolytidae)。小型甲虫。多危害新伐带皮湿材。其中齿小蠹属(*Ips*)、材小蠹属(*Xylebotas*)和锉小蠹属(*Scolytoplatypus*)在边材中穿透较深,危害性较大。特别是本科中的齿小蠹属种类,侵人木材后,携带青斑病菌而引起木材变色腐朽,所以,其危害性也更大一些。在我国,小蠹虫有500余种。

(3)长小蠹科(Platrpodidae)。小型甲虫。此科昆虫并不取食木材。它们钻入木质部深处,携带真菌入内。真菌孢子在坑周缘萌发生长,长小蠹便以这些生长起来的真菌孢子为食,所以这种小蠹的寄生广泛。因为真菌在木质部中的侵蚀作用,被侵害木材极易发生腐朽。

(4)长蠹科(Bostrychidae)。小至中型甲虫。此科喜高温、高湿环境。主要危害阔叶树木材、竹材及藤本。极少危害针叶树木材。一般危害新砍伐原木及其制品和建筑物等,少数危害衰弱木。

(5)粉蠹科(Lyctidae)。小型甲虫。它是典型的干材害虫种类,仅危害阔叶树材、竹材和藤本。对竹制品及建筑物的破坏性大。

(6)窃蠹科(Anobiidae)。小型甲虫。此科多危害干燥陈旧建筑物和家具,危害性大。

(7)象甲科(Curculionidae)。小至中型甲虫。此科中仅少数种类危害湿原木或受潮的建筑物。

(8)虎象甲科(Rhynchophoridae)。中至大型甲虫。此科危害带皮湿原木,蛀成大的虫眼。危害状酷似松墨天牛的危害状。

(9)吉丁虫科(Buprestidae)。小至大型甲虫。此科多数危害伐倒木或衰弱木的边材,少数种类能在木材的深部穿蛀,蛀成大的虫眼。

除以上诸科外,尚有叩头虫科(Elateridae)、伪叩头虫科(Mclasidae)、伪步甲科(Tenbrionidae)、伪天牛科(Oedemeridae)、朽木甲科(Alleculidae)和花蚤科(Mordellidae)等科的昆虫危害木材。

2. 等翅目(Isoptera)

此目白蚁或蟞,以危害木材而著名。我国记有90余种,隶属如下4科:

(1)木白蚁科(Kalotermitidae)。木栖的原始白蚁,无固定蚁巢,亦不在表面筑蚁路。每群落个体较少。生活环境不受土壤性质的影响。主要危害建筑物。

(2)鼻白蚁科(Rhinotermitidae)。土木两栖性,筑蚁巢,适应性强。对建筑物的破坏性极大。

(3)原白蚁科(Hodotermitidae)。木栖性原始种类。此科国内仅见1种,危害木材和建筑物。

(4)白蚁科(Termitidae)。此科是土栖性高级种类,营巢于地下。主要危害堤坝和农作物,但也危害地下木结构建筑物。

3. 膜翅目(Hymenoptera)

此目昆虫大多数于人类有益,但其中部分种类是木材的重要害虫。

(1) 木蜂科(椽蜂科)(Xylocopibae)。体中至大型。成虫和幼虫并不取食木材,只是在干木或干草本植物之内筑巢贮藏花蜜,产卵其上繁殖后代。对建筑物的破坏严重。

(2) 树蜂科(Siricidae)。体大型。多寄生于衰弱木或倒木之中。因产卵时携带真菌进入木质部而引起木材腐朽。

9.3.2 主要害虫

根据害虫危害木材的含水率可将危害木材的害虫分为湿原木害虫和干材害虫。

1. 湿原木害虫

湿原木害虫是指一切危害新砍伐的生材,或含水率维持在纤维饱和点以上湿材上的昆虫。它们多发生在带有树皮的湿原木上,以皮部为食,或既取食皮层,又取食边材,或仅蛀害木质部等。当被害原木含水率降到纤维饱和点以下时,它们多不再繁殖寄生。

主要湿原木害虫有:云杉黑天牛、云杉小黑天牛、松墨天牛、皱鞘双条杉天牛、白带窝天牛、中华蜡天牛和松十二齿小蠹虫等。

2. 干材害虫

干材害虫是指寄生在含水率较低(纤维饱和点以下)的成材、加工材、建筑材和家具等木材中的害虫。这类害虫有些是直接以木材为食,有的仅仅是在木材中作巢栖生的,通常能适应较干燥环境,甚至潮湿环境,危害性很大。

主要的干材害虫有:家白蚁、黑胸散白蚁、黄胸散白蚁。白蚁是世界性的主要害虫之一,世界各大洲均有分布,其危害面积约占全球总面积的 50%;我国大部分地区均有分布。白蚁危害的木材及制品范围非常广泛,不仅可以危害植物材料,如木材、竹、棉花、麻、藤和天然橡胶,还能危害动物制品,如皮、丝、毛和贝壳,以及矿物制品和人工合成材料等。除蚁类之外,干燥材的害虫还有天牛科和粉蠹科害虫。

9.3.3 害虫滋生繁殖的条件

昆虫和海生钻孔虫要有适当的荫蔽繁殖、产卵的场所和适宜的温度、湿度、空气、日照和通风,并需要足够的营养物质供给幼虫食用。

1. 场所

由于林区的伐倒木没有剥皮或贮木场,原木是带皮原木,这为成虫产卵和幼虫生存创造了条件。如林地病腐木和枯立木多,是造成虫害的发源场所。贮木场的杂草、树皮、积水等不清除,也会给害虫滋生繁殖提供机会。

2. 温度

天牛在 14℃、小蠹虫在 11℃左右开始活动。吉丁虫、象鼻虫喜欢在温度较高的条件下生活和产卵，白蚁喜居气温 22℃以上温度较高的环境。

3. 湿度

最适宜虫害活动的湿度在 60%～80%。当木材含水率在 20%以上时，害虫就能生活，超过 120%时就能抑制其繁殖。

4. 日照和通风

天牛、小蠹虫、吉丁虫、象鼻虫等卵化和幼虫发育期间特别需要日照和通风。

9.3.4 虫害对木材的影响

1. 危害方式

不同害虫需要的食物不同，因此危害木材的方式也不同。许多昆虫和海生钻孔虫有口器，能将木材磨碎到可消化的粒度，使多糖暴露出来，然后再被肠内的纤维素酶和半纤维素酶消化，排出的废物富积在木质素里。在许多昆虫的肠内，木材并没有完全消化，这反映了木材没有磨碎到足够的细度，酶不能得到充分的补充，在肠内滞留的时间不足，或者受其他原因的影响。一些昆虫，例如，编天牛和普通的海生钻孔虫，被认为有内生的纤维素酶。白蚁和大多数消化木材的昆虫，依靠它们肠中分解聚糖的微生物消化木材，粉蠹科和长蠹科的木材害虫是以木材边材部分的淀粉和糖类为养料。又如，某些小蠹虫是利用它们蛀蚀的坑道中生长的菌类作为食物。

一般来说，心材往往比边材耐虫蛀，因为心材细胞组织已木质化，缺乏淀粉、糖类，而边材则具有丰富的有机养分。其次，心材中某些抽提物(如酚类等)对木腐菌、虫类有抑制作用。

2. 分类

木材遭受虫害后，主要在边材上形成大小不同、深浅不一的虫眼，或纵横交错的表面虫沟，称为虫害。根据木材虫蚀的程度不同和被害木材表面特征，可分为大虫眼、小虫眼和表面虫沟等三种。

(1) 大虫眼。指虫眼直径在 3mm 以上、其深度在 1cm 以上的虫眼。多数是由大型天牛的幼虫蛀蚀造成的。

(2) 小虫眼。指木材的虫眼直径不足 3mm、深度不足 1cm 的虫眼。多数是由天牛的幼虫或吉丁虫的幼虫蛀蚀造成的。

(3) 虫沟。指木材边材的虫沟深度不足 1cm。主要是由小蠹虫蛀蚀造成的。

3. 对木材的影响

表面虫沟、小虫眼对木材材质影响不大，在加工过程中，可以去掉部分虫眼，但会使加工的出材率降低并影响木材表面美观。大而深的大虫眼或深而密集的小虫眼均能破坏木材的完整性，并降低其强度和质量。在木构件、家具和木材表面形成的许多小虫眼，为菌类生长繁殖提供了适宜的场所，如霉菌或变色菌侵染虫眼内，引起木材变色，随之促进木腐菌的感染，造成木材腐朽，降低木材使用价值。

9.4　木材虫害的防治

9.4.1　木材的天然抗蛀性能

木材对粉蠹、长蠹、白蚁的天然抗蛀性能分别见表 9-8～表 9-10。

表 9-8　常见木材对粉蠹的天然抗性

级别	用材树种名称
强抗蛀	全部针叶树材、冬青科、茶科、五裂木科、金缕梅科、山矾科、银杏科、紫树科等
抗蛀	泡桐、樟、杜仲
不抗蛀	三角枫、五角枫、刺楸、幌伞枫属、鸭脚木属、银桦、白桦、血槠、米槠、青梣、柞木、山胡桃、樟木属、润楠属、刺槐、合欢、铁刀木属、油楠属、格木属、桑树、水曲柳、木棉属、乌桕属、栎木属、山枣属、香椿属

表 9-9　常见木材对长蠹的天然抗性

级别	用材树种名称
抗蛀	几乎所有针叶树材、银杏科、苦木科、杜仲科、悬铃木科、金缕梅科等
无抗性	刺槐、黄檀、华楹、白格、黑格、凤凰木、柿树、旱柳、茅栗、麻栎、槲栎、苦楝、桑树、橡胶树、琼楠、梧桐、木棉、三角枫、刺楸、白蜡、茶树、枫杨、黄连木、酸枣、乌桕、喜树等

表 9-10　我国常见树种木材的抗蚁蛀性能

级别	用材树种名称
强抗蚁蛀	柏木、柳杉、福建柏、圆柏、侧柏、黑格、油丹、蚬木、铁刀木、柠檬桉、母生、黄棉木、刺槐、柚木、红椿、青蓝、枣木、毛麻楝、子京、槐树
中抗蚁蛀	水杉、广东松、大叶相思、阳桃、赭皮桦、鼓树、苦槠、灰白木麻黄、香樟、大叶青冈、杜英、白蜡、窿缘桉、银桦、川栎、石楠、桑木、紫楠、麻栎
弱抗蚁蛀	楹树、南洋楹、合欢、山合欢、青榨槭、硕桦、光皮桦、重阳木、米槠、甜槠、梣树、蓝桉、枫香、苦楝、兰考泡桐、楸叶泡桐、柞木、紫椴、裂叶榆、苦木
不抗蚁蛀	臭椿、拟赤杨、西南桤木、西南桦、黄樟、山枣、柿树、黄杞、小叶白蜡、水曲柳、旱柳、南方泡桐、泡桐、毛泡桐、山杨、木棉、核桃楸、硬叶桐、刨花楠、大叶灰木

9.4.2　木材防虫剂的分类

按照昆虫身体吸收药剂的部位的不同，防虫剂可分为以下三种。

1. 触杀剂

触杀剂是指黏附在昆虫身体的表面使其致死的药剂，如氯丹、有机磷等。

2. 胃毒剂

胃毒剂指进入消化道，被昆虫体内吸收而中毒死亡的药剂，如硼化物、氟化物等。

3. 熏蒸剂

熏蒸剂是指能在常温下挥发，从昆虫气门进入体内使其中毒或被驱除的药剂，如溴甲烷、氟化硫酰、对-二氯苯等。木材防虫剂的主要种类见表 9-11。

表 9-11 木材防虫剂的种类

类别	化合物	备注
有机氯类	氯丹、七氯、狄氏剂、丙体六六六、艾氏剂、滴滴涕	残毒大、有防治和驱除作用
硼化物	硼酸、硼酸钠、四水合硼酸钠	大多含砷化物，采用加压法或扩散法
氯萘类	一氯萘、二氯萘及三氯萘	多氯体防虫效果好，残毒大
有机磷类	杀螟松、倍硫磷、毒死蜱、敌敌畏辛硫磷、氯化辛硫磷	速效，特别适用于烟雾剂
氨基甲酸酯类	西维因(1-萘基-*N*-甲基-氨基甲酸酯)、仲丁威(2-仲丁基苯基-*N*-甲基-氨基甲酸酯)	一般残毒较小
有机锡类	氧化双古丁基锡(丁蜗锡)三丁基锡的邻苯二甲酸盐	作胃毒剂，有残毒
酚类	五氨酚、五氯酚钠	主要用作防腐剂，防虫作用较弱(胃毒剂)
焦油类	煤焦油	污染严重
合成除虫菊酯类	胺菊酯、ES-56、二氯苯醚菊酯	对人体无害，有发展前途
驱除剂	邻位二氯苯、对位二氯苯、二溴乙烷	只有驱除作用，无预防作用
熏蒸剂	溴甲烷、硫酰氟	能彻底驱除害虫，但无残毒

有关木材防虫的物理方法、木材防虫剂的选择、木材的浸注性和处理方法请参阅本章第 2 节。木材的防虫处理比防腐处理要简单。因为防虫处理不必使木材的内部含有过多的药量，重点是边材的处理。而边材部分结构较疏松，药剂易渗透，所以在常压下只要木材含水率合适，采用涂刷、喷涂、常压浸渍、扩散或短时间低压处理，就能达到防虫目的。

9.4.3 几类主要害虫的防治

1. 天牛类的防治

天牛的防治方法包括杀灭成虫、剥皮法、水浸法、注药法和熏蒸法等。

(1) 杀灭成虫。杀灭天牛成虫有如下两种方法：①喷洒药物。喷药期应选择成虫羽化出孔的高峰期，药物以触杀剂或胃毒剂为好。②扑打成虫。掌握天牛成虫活动规律扑打，这种方法适用于少量的天牛发生。

(2) 剥皮法。利用天牛喜爱的木材的皮层产卵寄生的习性消灭害虫。当天牛幼虫在木质部以外活动时，剥除树皮常获得良好的杀虫效果。

(3) 水浸法。水浸法可以使天牛因缺氧窒息而死，一般需要 1～3 个月时间。未剥皮原木内天牛的死亡率低；蛹和成虫比幼虫的死亡率高。

(4) 注药法。此法是使化学药剂注入虫孔内，触杀或熏杀天牛。此法适用于杀灭建筑或家具中的天牛。用 5%～10%氯丹柴油剂，或 5%敌敌畏效果较好。

(5) 熏蒸法。熏蒸法是利用容易挥发有毒气体的化学药剂，施于密闭的容器内，除治木材中的天牛，熏蒸法药剂的渗透力强，毒杀力大，消毒过程快，适用于处理仓库或船舱中货物的害虫，或突击处理进口商品中的害虫。国内常用的熏蒸剂有：磷化铝（AlP）、磷化锌（Zn_3P_2）、溴甲烷（CH_3Br）、氯化苦（CCl_3NO_2）和硫黄（S）等，这些杀虫剂均有较好的熏杀作用，但对环境污染较大。近年来研究出一种新型熏蒸剂——硫酰氟（F_2O_2S）。它具有杀虫广谱性、渗透力强、毒性较低、解吸快、不燃不爆、对熏蒸物安全且可在低温下使用等特点，是一种效果良好的木材防虫熏蒸剂。

2. 长蠹、粉蠹的防治

长蠹虫和粉蠹虫主要发生在木材的边材部。常用的方法有：气蒸法、日光暴晒法、远红外线辐射法、熏蒸法、化学液涂布法和水浸法等。

(1) 气蒸法。把木材或其制品放在气蒸室内，利用蒸汽的湿热作用灭杀害虫，一般 1h 左右即可。

(2) 日光暴晒法。一般木制件在烈日下 5～6h 可杀死害虫。

(3) 远红外线辐射法。这是利用远红外线辐射使木材升温杀死害虫。这种方法设备较简单，投资少，不污染环境，杀虫速度快，操作简便，近年来使用较多。

(4) 熏蒸法。用硫酰氟熏蒸处理。在温度为 20～22℃时，施药量 $20g/m^3$，处理 12～24h；温度 0～1℃时，施药量 $30～40g/m^3$，处理 2～3 天，均能获得满意的杀虫效果。

(5) 化学液涂布法。在粉蠹羽化出孔的前夕，涂刷氯丹、DDT 等触杀或胃毒药液，一般涂刷 1～2 次，就可有效地杀灭成虫。

(6) 毒棉球塞孔法。长蠹科的害虫有在木材上蛀孔内食取木材或产卵的习惯。因此，用棉球蘸毒杀力强或触杀力强的化学药液或药粉堵塞蛀孔，可以杀死成虫。如用油剂，由于渗透作用，不仅能杀死成虫，还能杀死虫卵和幼虫。

3. 白蚁的防治

白蚁群体较庞大，分布面广，多发生在建筑物的木构件内。防治蚁类关键是找到蚁巢。

(1) 挖巢法。挖巢法适于白蚁在巢内越冬时进行。此法经济方便，见效快，不污染环境，适合于处理贮木场或建筑物附近的蚁巢。但是费时，对环境也有破坏性。

(2) 粉杀法。采用颗粒细（80～100 目）的干燥药粉，在白蚁的蚁巢诱集坑中施放，使白蚁粘染上，利用其互相吮舐等习性使蚁群中毒。灭蚁药粉中灭蚁灵应用广泛，如采用 70%的灭蚁灵与 30%的滑石粉的混合物喷撒，一般 5～6 天内能达到消灭整个蚁群的目的。

(3) 液杀法。用水剂、油剂或含有药剂的泥浆通过喷杀或灌洞穴的方式杀灭白蚁。喷药杀蚁应选择长翅繁殖蚁分飞时，喷施药液于蚁巢、蚁路中被害物上。在确定了蚁巢和主要蚁道后，可借助动力将药液施入。此法常用来消灭堆白蚁和散白蚁。对家白蚁这类有大型蚁巢的种类，除上述方法外，还可以用药剂与稀泥混合成药浆，用灌浆机向蚁巢内压入，填实洞穴杀死白蚁。

(4) 诱杀法。在无法确定蚁巢的情况下，在白蚁往来频繁的地下挖一个深 30～40cm 深的土坑，将白蚁喜食的松树枝、松花粉等放入土坑中，土坑覆盖后淋上洗米水。经 10～20 天，待白蚁聚集较多后，轻轻地分层施以毒药，然后恢复原状，使白蚁粘染上药物通过传递而中毒死亡。这种方法对消灭黑胸散白蚁具有良好效果。

9.4.4 常用木材防虫剂

目前,用于木材害虫防治的方法可分为四类。

1. 化学法

使用防虫药剂杀灭害虫,其效果是可靠的。但是,污染环境且造价较高。

2. 物理法

常使用微波、加热、诱杀、遮盖、隔离以及 γ 射线等方法防治害虫。

3. 生物法

利用作为害虫天敌的寄生性昆虫、捕食性昆虫或寄生菌等杀死害虫。庞大的天敌种群对控制木材虫害的损失起着相当大的作用。

4. 提高木材的抗虫性

除去淀粉等害虫食取的营养物,加入抗虫成分以改善木材的不良特性。常用木材防虫剂见表 9-12。

表 9-12 常用木材防虫剂

分类		化学名称	备注
有机磷类	辛硫磷	O,O-二乙基-O-(α-氰亚苄氨基)硫逐磷酸酯	褐色液体,毒性低残留性好,处理材对光、热、水稳定;有效防治白蚁、窃蠹、天牛类害虫
	氯化辛硫磷	O,O-二乙基-O-(α-氰邻-氯亚苄氨基)硫逐磷酸酯	白色粉末,其他性能同上
	倍硫磷	O,O-二甲基-O-(3-甲基-4-甲硫基苯基)硫逐磷酸酯	对光、热、水、碱均较稳定,毒性较低,与二溴乙烷混合,可有效地防治钻木虫
	乙酰甲胺磷	O,S-二甲基-N-乙酰基硫逐磷酸胺酯	白色粉末,溶于水及有机溶剂,对热、碱较稳定,防虫效果较好
	毒死蜱	O,S-二乙基-O-(3,5,6-三氯-2-吡啶基)硫逐磷酸酯	残留期很长,灭蚁、杀虫效果好,可用于土壤和原木等处理
合成除虫菊酯类	二氯苯醚菊酯	3-苯氧基联苯酰-2,2-二甲基-3-(2,2-二氯乙烯)环丙烷羧酸酯	油状液体,不易挥发,难溶于水,有强有力的防虫能力,有较长的残效期,对防治小蠹虫十分有效
	杀灭菊酯	α-氰基-间-苯氧基苄基-α-异丙基对氯苯基乙酸苯酯	残效期很长,有较强的杀虫性能
	溴氰菊酯	(S)-α-氰基-3-苯氧联苯酰基-顺式(1R,3R)-2,2-二甲基-3-(2,2-二溴乙烯)环丙烷羧酸酯	合成除虫菊酯类中杀虫力最强

续表

分类		化学名称	备注
氨基甲酸酯类	残杀威	2-异丙氧基苯-*N*-甲基氨基甲酸酯	溶于醇类，稍溶于水，防治白蚁效力尤为显著，与有机磷化物合用，防治木材钻木虫
	仲丁威	2-仲丁基苯-*N*-甲基氨基甲酸酯	难溶于水，可溶于有机溶剂，在碱性中不稳定，残效期长，对防治钻孔虫很有效力
	氯丹	分子式：$C_{10}H_6Cl_8$	溶于酯、酮、醚等，与碱作用形成无毒产物，高温易分解；触杀和胃毒剂，对粉蠹虫、白蚁毒杀效果好，对人畜毒性较大
	硫酰氟	分子式：SO_2F_2	无色无味不燃气体，熔点−122℃，沸点−55.2℃，微溶于水，碱中水解快，优良熏蒸剂，低毒，对虫、蚁效果良好

9.5　木材的变色与防治

9.5.1　木材变色的因素

如同其他生物材料一样，木材易受外界环境因素的作用而使得木材表面纹理疏松、粗糙不平、变色和褪色，甚至木材失去表面黏附性，纤维脱离，产生裂纹或脆性碎片，逐渐脱落。导致木材表面材质劣化的气候因子和环境条件主要有：日光照射、空气氧化、物理作用、微生物作用、化学试剂作用、温度与湿度变化等。Stalker 将引起木材降解的环境影响因素归类于表 9-13。

表 9-13　各种能量形式对木材的影响

能量形式	室内		室外	
	结果	影响程度	结果	影响程度
热：强烈 轻微	着火 颜色变暗	严重 轻微	着火 颜色变暗	严重 轻微
光：可见光和紫外光	变色	轻微	颜色急剧变化 化学降解	严重
机械力	磨损与撕裂	轻微	磨损与撕裂 风力侵蚀 表面变粗糙 纤维离析	轻微 轻微 严重 严重
化学作用	变色 褪色	轻微	表面粗糙 纤维离析 选择性流失 颜色变化 强度损失	严重 严重 严重 严重 严重

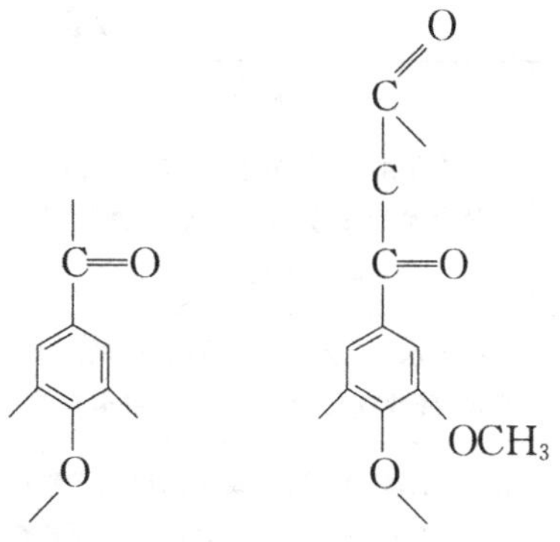

Ⅰ　　Ⅱ

木材主要由纤维素、半纤维素、木质素及少量的抽提物组成的复杂天然高分子化合物，不仅含有羰基、羧基、不饱和双键以及共轭体系发色基团，而且含有羟基等助色基团。这些基团主要存在于木质素结构中，以及少量组分黄酮、酚、芪类结构中，如云杉木质素中的两种生色基团的结构如Ⅰ、Ⅱ所示。在280nm 处有一最大紫外吸收值，并且每 100 个 C_6-C_3 木质素结构单元约有 4 个结构式(Ⅱ)生色基团。此外，木材中大多官能团具有很强的反应活性，能与许多化学试剂反应，使木材变色或降解。

9.5.2　木材变色的类型

1. 光化学降解

在引起木材褪色、变色的诸多因素中，紫外光与可见光的照射是最主要的。置于日光下的木材，其表面会迅速地发生化学降解作用，而使木材表面颜色发生变化。

(1) 光变色的波长和深度。Sandermann W. 等用阳光照射 75 种商用木材后发现，60%的木材因紫外光而变色，其余的 28%因可见光而变色。图 9-2 和图 9-3 分别是覆以各种滤光片，在氙光灯照射下日本落叶松心、边材反射率的变化。

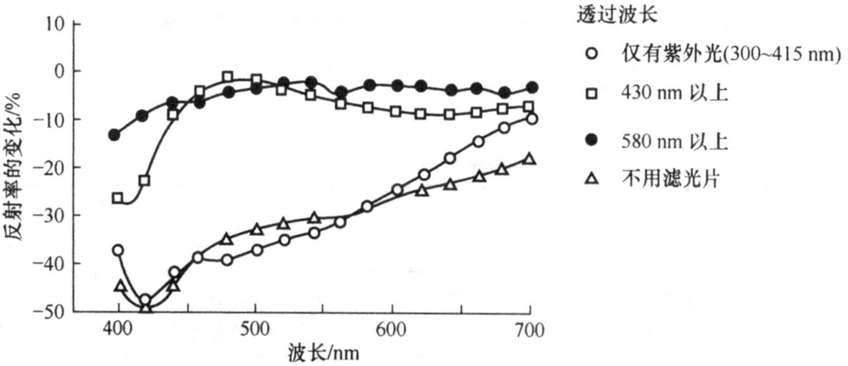

图 9-2　覆以各种滤光片，在氙光灯照射下日本落叶松心材反射率的变化

从图 9-2，图 9-3 可知，心材在 300～390nm 的波长会引起红变色，390～580nm 波长的光能引发黄变色，而 580nm 以上则很少产生变色，390～590nm 还可能引起心材褪色；波长为 300～390nm 的光能引起边材黄变色，390～580nm 的光能导致其褪色，580nm 以上的光不会导致其变色。黑胡桃心材在光照下颜色由紫褐色变为黄褐色，甲斐勇二从胡桃木心材中分离出引起紫色变为淡黄色的色素，再测定这种色素的分光性，从而证实：引起心材变色的主要是大约 350nm 紫外光与 500nm 的可见光。

利用紫外线透射技术测定置于室外长期老化的木材，紫外线透入木材的深度不能超过75μm，而可见光能透入木材表面 220μm，或更深一些，所以，一般认为光对木材的褪色作用是一种浅薄的表面现象。但是，据报道，木材表面的灰色层的厚度为 100～1235μm，在灰色层下

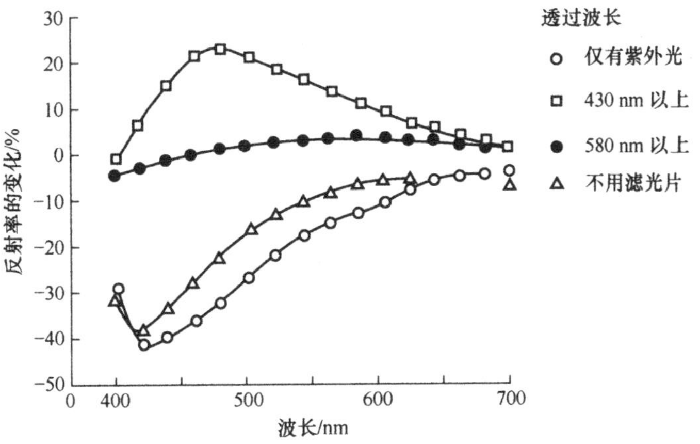

图 9-3　覆以各种滤光片，在氙光灯照射下日本落叶松边材反射率的变化

面是一个厚度为 500～2540μm 的褪色层。Browne F. 提出，在木材表面深度 508～2540μm 的褐色层并不是由于光照所形成的，而是木材表面各种组分的芳香族化合物的某些部分吸收紫外线后，形成一种能量转移过程，迁移到木材较深处，进而引起相邻层的褪色反应。一些木材光照后的侵蚀厚度随时间的变化见表 9-14。

表 9-14　加速老化试验后的木材表面侵蚀

材种	密度/g·cm^{-3}	光照后的侵蚀/μm			
		600h	1200h	1800h	2400h
阔叶材					
白栎	0.641	65	105	135	180
红栎	0.566	75	135	150	200
硬槭	0.572	95	175	200	240
软槭	0.450	85	160	195	250
椴木	0.370	130	195	320	385
黄杨	0.449	115	170	260	305
黄桦	0.558	100	200	345	300
针叶材					
南方松					
边材	0.588				
早材	0.30(Ⅰ)	95	190	325	410
晚材	0.70(Ⅰ)	20	25	55	75
红杉					
心材	0.302				
早材	—	100	225	375	510
晚材	—	60	75	120	155
边材	0.324				

注：“—”代表无数据

续表

材种	密度/g·cm^{-3}	光照后的侵蚀/μm			
		600h	1200h	1800h	2400h
早材	—	160	375	520	650
晚材	—	65	100	125	150
花旗松					
心材	0.437				
早材	—	85	240	340	455
晚材	—	50	100	130	155
边材	0.392				
早材	—	115	215	305	460
晚材	—	65	100	105	135

注：(Ⅰ)为估计值

(2) 木材光变色的范围。暴露于室外的木材的表面颜色变化是很快的。每种木材在光的照射下都会发生变色，但是变色的速度和过程因树种而异。Minemura N. 等利用碳弧光为光源，进行加速照射试验测得了 100 种商用树种木材光变色的程度和白度下降率。结果表明：①全部树种木材在照射前后产生颜色变化；②几乎全部树种木材光变色的色差值 ΔE 大于 3，而 $\Delta E=3$ 是肉眼可分辨的极限值；③其中，辽杨的 ΔE 最大为 24.7，人面子属的 ΔE 最低为 2.1；④100 种商品材树种经碳弧光照射 100h 后材面的变色可区分为 5 类：单纯变深(变色)，变深之后变浅，变深-变浅-变深，单纯变浅，变浅之后变深；⑤10%的木材树种白度值增高。经过 480d 室外风蚀的木材表面光泽度和颜色变化如图 9-4 和图 9-5 所示。

如图 9-4 所示，某些树种(如红杉、南方黄松和花旗松)在室外的第一个月内，光泽度明显下降。但在 180 天后，又重新获得光泽度，超过这个期限，表面光泽度再度下降。西部侧柏在每一个 180 天室外暴露中，光泽度有所增加，180 天后，光泽度下降。此外，所有树种木材的颜色经过 180 天后都从浅黄色向褐色或灰色变化。由图 9-5 看出，明显的颜色变化发生在室外暴露的 90～120 天之间。

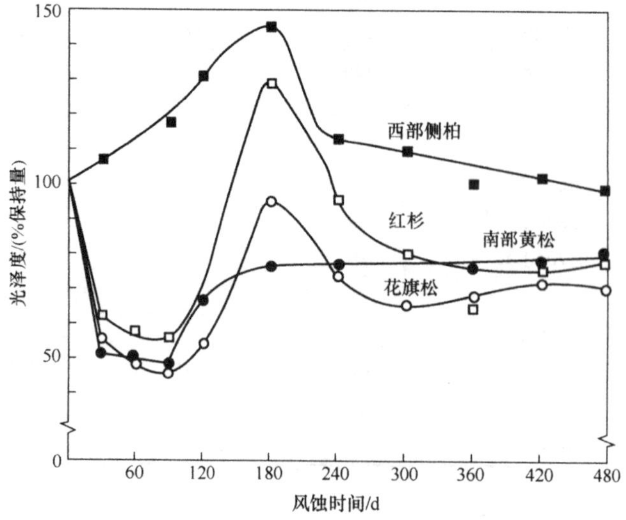

图 9-4 室外风蚀材光泽度的下降

□为西部测柏；□为红杉；●为角部黄松；○为花旗松

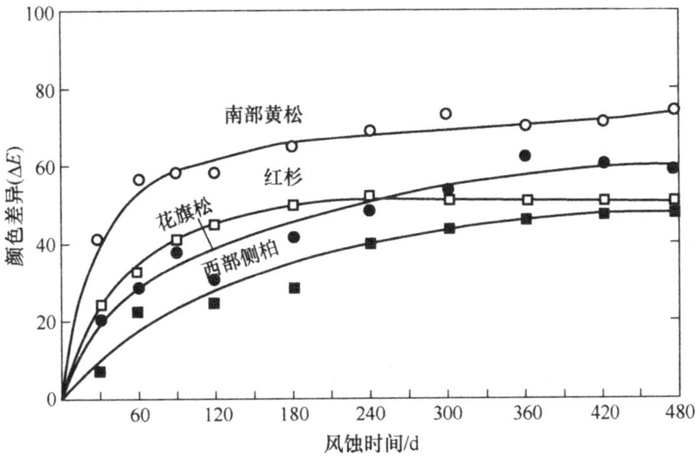

图 9-5　室外风蚀材的颜色变化

□为西部侧柏;□为红杉;●为南部黄松;○为花旗松

(3) 木材光变色反应的化学过程。木材是一种良好的光吸收物质,各组分分子均可对光产生不同程度的吸收。但是木材并不包含任何固有的自由基,如在黑暗中,含水量很高的生材,经检测并无自由基存在,而是由紫外光或可见光的电磁辐射,使其高分子的共价键产生均裂,产生各种自由基。因此,光是导致木材自由基降解反应的“引发剂”。Hon D. N. S. 采用电子自旋共振光谱(ESR),对各种不同光源(荧光、阳光、紫外光)辐射木材后所产生各种自由基的典型 ESR 信号进行测定,结果如图 9-6 所示。波长较短和光能较大的紫外线照射在木材表面上所产生的自由基浓度最高。任何一种光源所产生的自由基很快与氧作用,经由一种氢过氧化物自由基中间体而产生热敏和光敏的氢过氧化物。

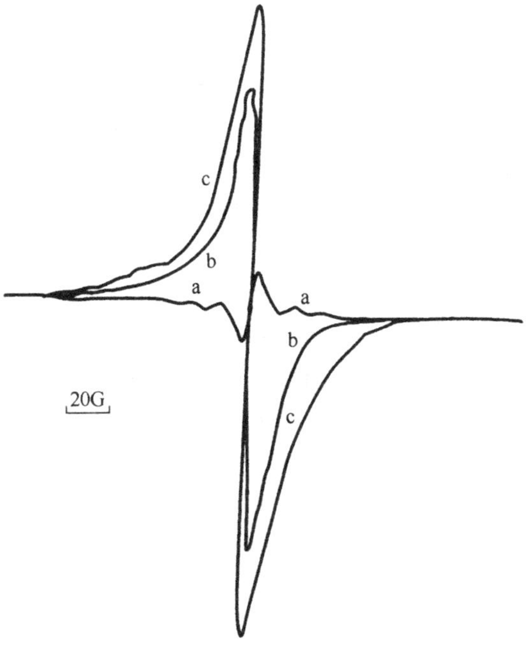

图 9-6　用各种光源辐射木材所产生的木材自由基的电子自旋共振(ESR)信号(77K,60min)

a. 荧光;b. 太阳光;c. 紫外光

木材中各组分吸收光能产生自由基的能力并不相同。纤维素大分子中由于只有羰基(C═O)的 p-π 双键作用,故在紫外光区吸收能力较弱,羟基(—OH)也只在可见光区有弱吸收。所以,纤维素分子在日光照射下,产生自由基的数量较少。纤维素的自由基降解反应主要导致木材强度损失和聚合度下降,半纤维素与纤维素类似。在光降解反应中,主要是木质素发生大量的降解氧化反应,导致木材颜色的明显变化。木质素分子中具有羰基、酚羟基、醇羟基等官能团,这些基团能参与苯环共轭。因此,木质素分子大的 π-π、p-π 共轭体系导致其在紫外光区产生强烈光吸收。光所提供的能量足以断裂各种烷-氧键,产生自由基。尤其具有共轭结构苯氧自由基和苄基自由基很易生成。自由基不稳定,极易迅速与相邻分子作用发生链传递和终止反应,形成过氧化物,最后分解为有色化合物,使木材变色。如愈创木基类木质素在氧作用下,脱除甲氧基,形成邻醌这一典型有色化合物。经紫外光照射后木材的红外光谱变化如图 9-7 所示。由图可知:木材随光照时间的加长,由羰基产生的波数 $1720cm^{-1}$ 和 $1735cm^{-1}$ 吸收增加,即羰基含量增加。这主要是由于木质素被氧化为邻醌、对醌和其他羰基化合物,以及部分纤维素的羟基被氧化成醛基、羰基所致。同时波数 $1265cm^{-1}$ 和 $1510cm^{-1}$ 的木质素吸收减少,木质素含量的减少也进一步证实木材光降解过程中木质素的变化。

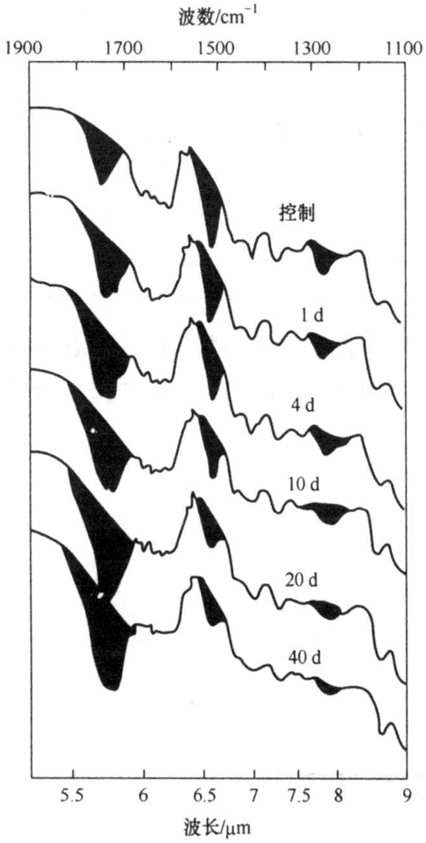

图 9-7　紫外光照射后的木材的红外光谱变化

(4) 影响光变色的因素

① 温度。提高温度可使化学反应加速,因此,提高温度可使光降解和氧化反应加速。

② 水分。一般水作为一种极性溶剂,浸透到木材细胞壁并使其膨胀,加大分子间距离,以利于光透入,从而产生更多的自由基。如图 9-8 所示,当木材含水率由 0%增加到 3.2%时,ESR 强度增加;在含水率为 6.3%时,自由基浓度达到峰值;含水率再增加时,自由基浓度有所下降。主要原因是,木材中存在过量的水分子可与自由基形成自由基-水络合物,降低了自由基浓度。

③ 树种。一般木材的容积重越大,其侵蚀率越低。针叶材早材的侵蚀率为每 100 年 6mm,坚实的容积高的阔叶材的侵蚀率为每 100 年 3mm(与针叶材晚材相近)。此外,氧、金属离子(尤其铁离子)、染料等也可以促进自由基的形成,加速光降解反应过程。

2. 化学试剂引起的变色

(1) 化学试剂导致变色的特点。化学试剂导致木材表面颜色变化是木材颜色变化中重要的一类。

特点:①反应快,木材在短时间内变色;②大多出现在加工过程中,或加工结束后;③受反应条件,如温度、时间和 pH 等的影响;④反应多发生在心材。

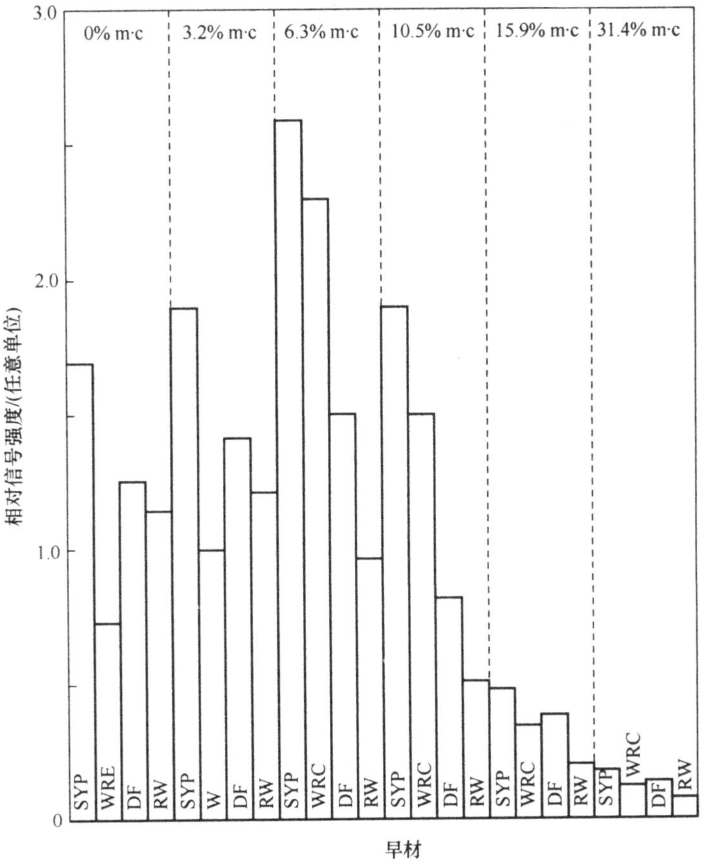

图 9-8　各种不同含水率的早材中自由基 ESR 信号强度的比较
(荧光照射，在真空中试验)
SYP. 南方黄松；WRC. 西部侧柏；DF. 花旗松；RW. 红杉

化学试剂：导致木材表面颜色变化的化学试剂主要有：①过渡金属(如 Fe^{3+} 等)和氧化剂(如 $KMnO_4$ 等)；②酸、碱或其他加工过程中的化学助剂。

变色的化学组分：产生颜色变化的主要木材化学组分是：单宁类、黄酮类及木质素和酚类化合物。

(2) 化学试剂变色的机制。木材的抽提物是导致木材变色的重要因素。目前，有关的研究虽较多，但对单一发色化合物的结构、变色机制及对全部树种变色的影响的研究还较少。

① 单宁类。单宁类由水解类单宁和凝缩类单宁组成。水解类单宁通常是没食子酸及其二聚体(双没食子酸或鞣花酸)与单糖形成的酯类化合物。这类单宁能被酸和酶水解。凝缩类单宁是儿茶素(黄烷-3-醇)衍生物的缩合物，此类单宁不易被酸和酶水解，在稀酸中加热时产生高分子无定形物——红粉。

单宁的性质：一是具有较强的极性，易溶于热水、乙醇、丙酮和乙酸乙酯；二是能与重金属盐(如醋酸铅、醋酸铜)和碱土金属氢氧化物[如 $Ca(OH)_2$]溶液形成沉淀；三是与过渡金属形成络合物而显色，如与 $FeCl_3$ 反应，生成黑色或绿色沉淀；四是强还原剂，易在空气中氧化，尤其在酶作用下，形成发色化合物。

② 黄酮类和木质素及酚类。黄酮类、木质素和酚类是导致木材显色和变色的主要化学成

分。这些化合物具有较强还原能力，易被氧化剂氧化，其氧化产物能使木材显色或颜色加深。同时，也易与过渡金属作用而显色。如中野淳三的研究证实：木质素等多酚类化合物的主要显色结构为三价铁的络合物、醌型结构的邻苯醌、对苯醌、醌甲基化物，以及共轭的松柏醛和查耳酮结构。

单宁类、黄酮类及其他酚类化合物大多存在于心材中。

(3) 铁变色。这是由 Fe^{3+} 与木材中的单宁、酚类、黄酮类及木质素发生化学反应引起木材变色，大多呈灰黑色。在这类变化中，过渡金属 Fe^{3+} 不仅易与多元酚形成金属络合物，而呈现颜色，而且在 Fe^{3+} 存在下，多元酚更易被氧化，形成单宁铁、单宁酸铁及醌类化合物等。过渡金属 Cu^{2+} 也有类似的反应，生成单宁铜或单宁酸铜，使木材呈浅红色变色。

引起这类木材变色的 Fe^{3+} 常来源于木材加工过程，如制材过程的刀锯、人造板生产过程中的热压板，以及工业用水等，都能产生与木材作用的铁离子，使木材变色。但是一般木材的单宁含量较低(1%以下)。只有几种常作为栲胶原料的树种的木材单宁含量较高。一些树种木材的单宁含量见表 9-15。

表 9-15　一些种类的木材单宁的含量和结构类型

材种	产地	单宁含量/%	单宁类别
坚木	阿根廷、巴拉圭	16～28	凝缩类
栗木	欧洲、美洲	8～14	水解类
栎木	欧洲、北美洲	4～16	水解类
红钩栗	中国福建将乐	12.12	水解类
油茶	中国浙江龙泉	33.92	凝缩类
桉木	澳大利亚	心材多酚多达 30%	水解类和凝缩类

影响铁变色的因素：

① 木材组分。影响铁变色的主要木材组分是单宁，单宁的含量影响木材色差变化，但是黄酮类、木质素等也对变色过程有影响。

② 铁的浓度。一般木材在 Fe^{3+} 浓度很低时($FeCl_3$ 浓度 $0.5\times10^{-4}\%$)就能产生变色。

③ 时间。铁引起变色所需的时间很短，一般 3min 即可变色；若温度升高，时间就会加快。同时，木材含水率增加，变色加剧。

(4) 酸变色。木材的酸变色是酸与木材中的单宁、黄酮类等酚类化合物发生的化学反应所致。经热水浸提过的木材，一般无酸变色反应，因而这一类变色反应不是由木质素引起的。

酸变色的木材一般呈红色，随着 pH 减小，色差值增大。当 pH 为 2～5 时，木材仅出现轻度变色，通常并不能为肉眼所察觉。此外，含有凝缩类单宁较多的针叶树材，其变色程度较大，置于暗处的木材酸变色轻微，光照下不仅加快变色速度，而且色差值增大。

(5) 碱变色。碱变色是碱性化合物与木材中的少量组分如单宁、黄酮类及其他酚类化合物反应所致。经热水抽提过的木材，碱变色的反应不明显。但随 pH 增大，颜色加深，并且呈不同颜色，大多呈棕色、红棕色。碱变色通常出现在木制品使用过程中，如木制品与具有碱性材料接触，在潮湿条件下可发生碱变色。若干木材树种对铁、酸、碱变色的状况列于表 9-16。

表 9-16　若干树种木材对铁、酸、碱的变色

树种	单宁含量/%	白度下降/%	色差(ΔE)	
		1%$FeCl_3$	酸	碱
花旗松(心材)	0.3	50.9	10.9	15.2
日本柳杉(心材)	0.3	38.4	6.3	15.3
美国扁柏(心材)	0.2	28.2	7.4	4.1
日本赤松(心材)	0.1	20.4	15.3	3.3
日本扁柏	0.1	23.1	10.6	8.2
水胡桃(心材)	2.1	66.2	4.7	25.6
栎(心材)	5.6	68	3.1	11.9
槭属(心材)	0.6	58.2	10.0	16.0
黑核桃(心材)	2.0	51.6	3.1	9.5
日本山毛榉(心材)	0.4	40.4	13.3	20.9
日本泡桐(心材)	0.6	42.4	5.0	9.3
桦木属(心材)	0.3	32.1	6.3	7.7
娑罗双属(心材)	0.2	20.8	5.9	5.8
水兰属(心材)	0.4	21.2	6.3	1.5
白蜡树属(心材)	0.2	26.0	3.1	2.9
柚木(心材)	0.4	4.9	1.5	3.6

3. 其他变色

这一类木材表面变色包括:木材干燥变色、抽提物渗出变色和酶变色。另外,有关微生物变色前已述及。

(1) 热变色。热变色通常出现于木材干燥过程中。木材的变色因树种和干燥温度而异,它可以变黄、棕、红、灰等颜色,长期处于高温下的木材可变成棕褐色。

木材的热变色主要是干燥过程中木材内的水分外移,部分水溶性的抽提物,如酚类、黄酮类化合物随之外移至表面所致,同时在高温下受空气氧化变色。

(2) 酶变色。刚采伐的木材,锯解成材后,放置于湿环境中,氧化酶导致木材表面变色。所变颜色因材种不同而异,如冷杉边材变黄,桤木变红棕色,柳杉变黑。含水率和湿度是酶变色的重要影响因素。当环境相对湿度达 100%时,木材出现酶变色。温度也影响变色,环境温度在 20℃以下时变色缓慢。除上述及的各种木材变色外,还有木材的树脂渗出引起的变色等。

9.5.3 木材变色的防治

1. 光变色的防治

若木材的材面已经产生了光变色,可采用砂光或刨削的方法除去变色层。如果变色层很浅,可采用漂白的方法除去材面的发色化合物,如使用过氧化氢、亚氯酸钠等。对未产生光变色的木材,可采用如下方法处理。

(1) 物理方法。在物理方法中用得最多的是采用色漆或清漆覆盖木材表面。

由于紫外光与可见光引起的木材组分降解只发生在木材表面,厚为 0.075～0.25mm,所

以采用涂漆的方法，形成一个薄膜层，可有效防止日光照射，避免自由基降解反应发生。同时，无孔隙的薄膜层能够阻止外界水分的渗入，也可提高木材的尺寸稳定性，且减少木材抽提物外移引起的变色。由于油漆可选择的颜色范围广泛，涂刷方便，效果良好，所以长期以来，人们广泛使用这一方法用于室内外家具、装潢等。但是漆料不透明，不能展现完美的木材天然纹理与颜色。虽然采用清漆可弥补这一缺陷，但是清漆对水敏感性强，漆膜脆，易脱落，使用寿命短。无论色漆或清漆都不具防腐效能。

(2) 化学方法

① 紫外线吸收剂。用含有紫外线吸收剂的涂料处理木材表面，可以有效地防止光变色。如水杨酸衍生物及2-羟基苯甲酰的衍生物等，本身不带颜色，可以吸收波长在400nm以下的紫外光。

② 改变木材组分结构。由于木质素中的α-羰基在木质素光降解中具有光敏剂的作用，是主要的发色结构，所以改变这一结构是防止光变色的有效方法。通常采用木材的甲基化、乙酰化和苯甲酰化处理减少木材的光降解，如以重氮甲烷处理木材，可将α-羰基转变为环氧乙烷，增加其稳定性。这些处理也适用于因抽提物引起的木材光变色，如甲斐勇二用7种能改变苯侧链α-羰基结构的化学试剂（重氮甲烷、硫酸二甲酯、醋酸酐、苯甲酰、硼氢化钠、邻硝基苯甲酰及3,5-二硝基苯甲酰），处理从黑胡桃心材中分离出的影响黑胡桃心材变色的抽提物，并在处理过的试样上做颜色试验。结果表明：3,5-二硝基苯甲酰防止褪色能力最强，其次是邻硝基苯甲酰。另外，也常用防止木材变色的化学试剂与防腐剂、防水剂、染色剂配合作用，使其在染色、防腐、防水处理过程中，提高对紫外线吸收的阻止能力。一些具有氧化与络合作用的试剂（如三氧化铬、铬酸铜、半卡巴肼及其衍生物）和具有稳定作用的金属盐（如镁盐或碱土金属的亚硫酸盐、硫代硫酸盐及抗坏血酸等还原性化合物），均可用来涂覆木材表面，防止木材的初期变色。这些化学试剂可通过与木材化学组分发生络合或氧化作用阻止降解反应发生，同时也改变涂料和着色剂的耐久性。有些试剂还具有抗菌能力。

③ 木材的染色。为了防止木材的褪色与变色，有些木材在未使用前需进行染料着色或颜色着色。染料可分为酸性染料、直接染料、油溶染料。应用较多的是酸性染料。酸性染料仅对木质素染色，而不对纤维素、半纤维素染色。这样就可有效地防止光化学降解所引起的木质素褐变。染料颜色可选择一些贵重木材的颜色，如红木、紫檀木、乌木等。为了染色均匀，一般木材先经稀碱预处理（1% Na_2CO_3），脱除表面抽提物及酚类，再经 H_2O_2 脱色，然后进行酸性染料染色，则可得到着色均匀、耐光性好的木材。在木材染色过程中，染料可浸渍到木材的一定深度，但又不形成独立的涂层，并可与木材中的组分产生极性吸附、氢键或发生化学反应。因此，在使用中，日照、风蚀或过量的水分都不会引起染色木材表面起泡或剥落。所以，经染色的木材颜色稳定，降解反应少，材料经久耐用。但是由于木材组织构造排列致密，致使染料分子不易向木材深处渗透，一般常压下，只是浅层染色，再次加工，颜色不易保留，采用加压处理，对于难渗透材，也只能处理尺寸较小构件。利用立木染色、单板染色，可使着色层更深或均匀，但要考虑染色对胶合和涂饰的影响。

④ 破坏参与变色的物质结构。采用氧化漂白与乙酰化或硼氢化钠（$NaBH_4$）还原复合处理的方法，破坏木材的发色基团和导致变色的前驱物质结构，以阻止光变色，效果甚佳。Minemara N. 用聚乙二醇（PEG）涂覆木材，对材色较浅的木材，具有良好的抑制光变色效果，但对材色较深木材效果较差。PEG的相对分子质量以1000～4000为宜。研究表明：PEG吸

收光能后，产生自由基，自由基与氧形成过氧化物，此过氧化物能破坏发色物质结构，使木材颜色变白，从而抑制了木材的光变色。

2. 铁变色

铁污染多产生于刨切或旋切单板的表面及其与热压机接触的部位。对于较小的变色面积，可用刨切或砂磨的方法去除；对于大面积变色部位，需用化学试剂去除。常用的处理方法有如下几种。

(1) 先涂一遍 4％的草酸水溶液，然后再涂磷酸二氢钠水溶液，涂覆量约为 $10g/m^2$（污染部位多涂）。

(2) 用 50％的次亚磷酸 20g、50％的次亚磷酸钠 2g、50％的亚硫酸氢钠 0.1g，共溶于 90ml 的水中，涂于木材表面。

(3) 用 2％～5％的草酸水溶液，涂于木材表面，干后用水冲洗。

(4) 用 2％～5％的过氧化氢水溶液，涂于木材表面。

(5) 用 2.5％的次亚磷酸水溶液（pH＝3），涂于木材表面，干后水洗。

(6) 在 3％的草酸中，加入 0.5％的乙二胺四乙酸，涂于木材表面，可防止铁污染。

(7) 将草酸、磷酸二氢钠、乙二胺四乙酸的二钠盐投放到蒸煮原木的水池中，可防止铁污染。

3. 酸变色

对于用酸处理去除铁污染的木材，应充分水洗或添加磷酸二氢钠，防止酸变色。对于表层变色，可用刨削或砂磨方法去除。

化学消除的方法如下。

(1) 在 2％～10％的过氧化氢溶液中，加入氨水，调 pH 为 7.0～8.0，涂于污染面。

(2) 将 0.2～2％的亚氯酸钠水溶液，调至弱碱性，涂于污染面。

(3) 将 0.1～1％的硼氢酸钠水溶液，调至弱碱性，涂于污染面。

4. 碱变色

碱变色常出现在酚醛树脂胶合板的表面、经常与水泥接触的木材表面及强碱性漂白剂处理后的木材表面等。

初期的碱污染可用草酸水溶液去除，浓度应视污染的程度而定。如果污染时间较长，则改用浓度为 2％～10％的过氧化氢处理。

5. 其他变色的防治

为了防止干燥变色，可在干燥前，涂覆亚硫酸钠、亚硫酸氢钠、抗坏血酸、氨基脲、尿素、半卡巴肼和氧化锌等化学试剂，这些均可有效地防止热变色。另外，变色前，采用有机溶剂或热水处理木材，也会减少木材的热变色。对于已产生热变色的木材，可采用刨削的方法去除变色层，因为热变色几乎只限于表面。也可采用漂白剂氧化分解的方法去除，如用碱性过氧化氢或亚氯酸钠溶液反复涂刷材面。

酶变色的防治。用稀酸、亚硫酸盐等化学试剂涂覆木材，或将木材用沸水或微波辐射处理，这些都能破坏酶的生存条件，防止木材酶变色。此外，在处理木材时，加入抗氧化剂，如 2,4,6-三甲基苯甲酸等抗氧化剂溶于有机溶剂中，涂刷木材表面，也可抑制酶变色。

对于已产生酶变色的木材，可采用过氧化氢等漂白或热水抽提的办法予以去除。

9.6 竹藤材的变色与防治

9.6.1 竹材变色

竹材具有生长周期短、成材快、更新容易、产量高、再生能力强，而且强度高、弹性好、韧性大、耐磨等优点，是传统建筑、造纸、编织、家具和装饰等用材。随着竹材人造板、竹复合材、竹木复合材的出现，竹材的应用进一步扩大到装饰、家具、汽车制造等领域。但是，由于气候因子，如太阳辐射、雨淋、温度变化等的作用，暴露于室外的竹材表面逐渐失去光泽，直至发生变色，降低了竹材的使用价值。

1. 竹材变色的诱因

有关竹材变色原因及变色规律的研究不如木材系统，研究报道较为少见，但竹材的有机组成和木材相似，主要是由纤维素、半纤维素、木质素及各种抽提物组成，因此二者变色原因也有相似之处，同样可分为外部因素（如微生物繁殖、金属离子附着、酸碱性物质附着、加热、光照等）和内在因素（如酶、无机离子等）。

竹材容易因霉变而变色。由于竹材中含有的冷热水抽提物、淀粉、可溶性糖及蛋白质、脂肪、氨基酸、脂肪酸、多元醇及矿质元素，可为霉菌生长提供数量充足、种类齐全的营养物质，对霉菌生长极为有利。霉菌菌丝体多无色，在其生长初期，可擦洗除去，对竹材外观无明显影响，但在其生殖生长阶段，能产生大量有色孢子，污染竹材表面。有的菌丝（如镰刀菌）可分泌色素污染竹材表面。污染严重的竹材表面呈褐色或黑色。由于色素的渗透作用，污染可达数毫米的深度，以致洗刷甚至刨削也不能完全除去。霉菌多数隶属于半知菌亚门丝孢纲（Hyphomycetes）。其中最典型的是丝孢科（Hyphomycetaceae）的青霉属（*Penicillium*）、曲霉属（*Aspergillus*）、木霉属（*Trichoderma*）等属的众多成员，它们能引起绿、蓝、黄、红、灰等色中 1～2 种深浅不等的色素污染；未充分干燥的竹材在贮存过程中会变青变暗，光泽减弱，竹材变色真菌（Staining fungus）多隶属于半知菌亚门丝孢纲、暗色孢科各属。从室内和野外发霉变色的五种竹材上分离鉴定并回接竹材，得知 30 多种真菌可引起竹材霉变。其中，致霉性较强的有枝孢（*Cladosporiurn* spp.）、青霉（*Penicillium* ssp.）、曲霉（*Aspergillus* spp.）、节菱孢（*Arthrinium* spp.）、链格孢（*Alterrmria alterreata.*）、绿木霉（*Trichoderrma viride.*）、毛霉（*Motor* spp.）、毛壳菌（*Chaetomium* spp.）等，除青霉、曲霉和毛霉外的 10 种重要致霉菌可使主材表面产生黑色、褐色、黄褐色色变。

不同地区竹材主要致霉菌种类不同，如南方常见的尖孢枝孢和绿木霉，在北方少见。竹材的霉腐程度由轻微到严重，从零星分布类→均匀分布类→菌丝覆盖类→生长子实体类，直至竹材失去加工利用的价值。在野外阴暗潮湿环境中，多产生使竹材变色的均匀分布类和菌丝覆盖类霉变。在日晒雨淋的露天环境中多产生黑质型、分生孢子盘型、子囊壳型等类型。环境湿度是竹材霉变的关键，湿度低于 75%时基本不霉变，高于 95%时非常容易霉变；竹材霉变的最适温度为 20～30℃，最适 pH 为 4～6。

竹材在光照、加热条件下也发生变色。紫外线照射毛竹茎秆，在照射 10d 后竹材的颜色和亮度均发生快速变化。利用氙光衰减仪对毛竹进行表面劣化处理，采用傅里叶变换红外光谱（FTIR）和 X 射线光电子能谱（XPS）对竹材表面化学组成和结构变化进行表征。XPS 测试结果表明，竹材表面光劣化处理后氧元素含量及氧碳比（O/C）明显增加，碳的氧化态显著升高；

FTIR 分析表明，光劣化处理使得与木质素有关的吸收峰（如 $1604cm^{-1}$，$1512cm^{-1}$ 及 $1462cm^{-1}$）强度明显降低，木质素发生降解；同时 $1735cm^{-1}$ 处非共轭羰基吸收峰强度明显增强，表明有新的羰基类物质生成，竹材表面发生光氧化反应。将竹材置于高温、高湿、高压环境下处理，色泽由原来黄白色变为浅棕色或咖啡色，是加热变色的典型事例。热处理后竹材的光学指数 L^*、a^*、b^* 均发生变化，随着热处理温度的升高，ΔE^*ab 逐渐增大，L^*、a^*、b^* 均呈下降趋势。

出土竹简变色的主要原因是竹简中的二价铁离子氧化变成三价铁离子，三价铁离子与竹材中的酚类衍生物反应生成深色化合物，导致竹简颜色变深；许多发色基团在光和氧的作用下也会导致竹简变色，不过它们不会引起竹简变色过深，但金属离子尤其是铁元素的存在会加速这种变色甚至发黑；用草酸处理的样品经过一段时间后之所以会出现返色现象，是由于草酸与铁离子反应生成草酸铁，该反应强于酚羟基与铁离子的结合力，因此草酸可以起到脱色作用。草酸铁为浅黄色，这种颜色与竹材颜色相近。但草酸铁耐光性较差，当吸收紫外光时草酸铁容易发生分解，如果此时有酚类物质存在，则分解的铁离子能与之反应形成黑色物质。同时随着空气中温湿度的不断变化，竹简内部的铁离子也会不断被迁移到竹简的表面，致使竹简再度被“着色”。

2. 竹材变色的防治

竹材霉菌变色的防治。竹材霉菌变色的防治方法分为物理方法和化学方法。物理方法分为高温灭菌法、浸水法、烟熏法。高温灭菌法是采用烘烤、曝晒、汽蒸和沸煮等方法杀灭霉菌，浸水法是将竹材及制品放在流水或活水中浸渍一段时间，使表层可溶性糖和其他营养物质溶出，达到防霉效果。这两种方法处理的竹材应保存在通风干燥的地方，否则吸湿后易长霉。烟熏法是将竹制品放置在离炉灶 3～5m 高处，让柴火烟熏竹制品，当表面变为棕色时即可。

化学方法主要是采用防霉剂达到防霉效果。所用的防霉剂主要有有机化合物和无机化合物两大类。有机药剂主要有：①卤烃类：如氯丹、1，2 二溴乙烷等；②酚及其衍生物类：如五氯苯酚（PCP）、五氯酚钠（NaPCP）、2，5-二氯-3-溴苯酚（DP）、2，4-二硝基苯酚等；③有机磷类：如辛硫磷、马拉硫磷、二嗪磷等；④氨基甲酸酯类：如涕灭威、仲丁威、叶蝉散、残杀威等；⑤除虫菊酯类：如氯氰菊酯、溴氰菊酯等；⑥季铵盐类：如十二（十四、十六、十八）烷基三甲基氯化铵；⑦腈类：如百菌清等；⑧有机金属化合物类：如 75 号防霉剂、双三丁基氧化锡；⑨硫氨酸酯类：如 MBT；⑩羧酸及其盐类：如醋酸、醋酸铅、环烷酸铜（或锌）等；⑪杂环类化合物等。无机药剂主要是：①硫酸铜（$CuSO_4 \cdot 5H_2O$）；②重铬酸钠（$Na_2Cr_2O_7 \cdot 2H_2O$）；③三氧化铬（CrO_3）；④砷酸氢钠（Na_2HAsO_4 $2H_2O$）；⑤五氧化二砷（$As_2O_5 \cdot 2H_2O$）；⑥硼酸（H_3BO_3）；⑦硼酸钠（$Na_2B_4O_7 \cdot 10H_2O$）；⑧四水合八硼酸钠（$Na_2B_8O_{13} \cdot 4H_2O$）；⑨三氧化二硼（$B_2O_3$）；⑩氟化钠（NaF）；⑪氟硅酸钠（$Na_2SiF_6$）；⑫氯化锌（$ZnCl_2$）；⑬硫酸锌（$ZnSO_4$）；⑭氯化汞（$HgCl_2$）；⑮氨水（$NH_3 \cdot H_2O$）等。

防霉剂的处理方法分为以下几种：

表面处理法　一般用 0.5%～5%的药液对干燥的竹材进行浸渍、喷雾或涂刷。大多数药剂都能用于这些方法。处理简单，对设备要求不高，投资少。但不能进入竹材的深处，处理后若再进行劈、削等加工，则会露出未处理到的竹材。

热冷槽法　把竹材放在热的药剂中（接近沸腾温度但不要到沸腾）煮一定时间，立即取出浸入冷的药剂中（可在常温下）。这样可以增加药剂的吸收量和进入深度。

树液置换法 将伐倒的竹材基部一端套上一个紧箍住的“帽子”、“帽子”通过管子连着一个加压容器。加压容器中的药剂就可以压入竹材，顺着导管流向梢部，待梢部断口上看到药液流出时就可结束。这种方法虽然麻烦，但药剂可进入全部竹材中，所需设备比较简单。对一些价值高的特殊用材，可采用此法处理。

扩散法 适用于含水率在30%以上的竹材。把竹材在较浓的药液中(10%～30%或更浓)浸泡或涂刷，使药剂附在竹材表面上。然后堆起来用塑料布密封存放2～3周。使药剂在竹材的水分中扩散到内部去。此法要求含水率要高，使用水溶性药剂，药剂的分子半径不能太大。

加压法 把竹材放入特制的加压罐中密封，送入药剂加压，在压力下让药剂进入竹材的内部。只要选用适当的药剂，在一定的压力和时间下，药剂可进入整个竹材的内部。由于需要的设备较复杂，少量的材料可委托专门的加压处理工厂代为处理。

活竹注射法 在采伐前的适当时间，在竹杆基部注射杀霉菌药剂，然后采伐。据有关单位试验有较好的防霉效果。

通过漂煮或蒸煮处理可保持竹材本色；通过高温干燥、蒸煮、烘焙等使竹材中的糖类、淀粉、蛋白质等有机成分炭化，可得到色泽浓重、竹纹清晰的栗色竹材；采用电极处理竹材，再涂刷树脂乳化漆进行表面处理，可使竹材保持原有外观色泽，而且不会开裂变形，具有更大的弯曲强度；用主要成分为铬盐、镍盐、铜盐和加铬砷酸锌盐(Boliden)K-33等的保绿剂，使竹材保持原有翠绿色；青皮竹涂上稀硫酸或稀硝酸，用火烘干，可染为黑色或赤褐色；用细泥与稀硫酸或稀硝酸拌成泥浆涂洒，可染制黄色或赤褐色的花斑；还可用稀硫酸或稀硝酸在青皮竹上染字画等；去皮竹料主要用酸性或碱性染料煮染上色；将竹青完全刮除后采用小分子的化学试剂进行深层染色，将毛竹染成逼真的仿古古铜色制作各种工艺品。

9.6.2 藤材变色

1. 藤材变色的诱因

采收晒干后的藤条要进行分级，其中颜色是一项重要的分级指标。白色、浅黄色和奶油色的藤材等级比褐色藤材的等级高。因此，藤材的颜色对其商业价值、藤制品竞争力有很大影响。藤条原色多为乳白色或米黄色，但采伐后及在运输、存放、加工和使用过程中会变色。有关藤材变色诱因的研究报道较少，在有限的文献中，引起藤材变色的主要原因是霉菌和光照所致。

(1) 藤材霉菌变色。据报道，使活立藤材变色的真菌主要有：*Colletotrichum gloeosporoides*，*Fusarium* spp. 和 *Rhizoctonia solani* 等；侵染藤材制品变色真菌有：边材变色菌 *Bostryodiplodia theobromae*，*Ceratostomella* sp.，*Aspergillus* sp.，*Cystospora calami* Syd.，*Cratocystis* 属，*Diplodia* 属，子囊菌科 *Melonomastia* 属真菌和霉菌(*Penicillium* spp.，*Trichoderma* sp.，*Fusarium* spp.)等。变色菌对藤的侵染非常快，初期不易察觉，但在侵染后的24h内便纵向渗透51mm，藤条采收后应尽快在12h之内进行防护处理。藤条采收时受条件所限，往往很难得到及时处理，约有20%的藤条受到变色污染。

(2) 藤材的光变色。新采伐的单叶省藤(*Calamus simplicifolius*)、白藤(*Calamus tetradactylus*)和黄藤(*Daemonorops margaritae*)的藤条表皮呈浅黄色或白色，但自然放置后其颜色均会逐渐加深，尤其黄藤，变色最快。肉眼观察黄藤、单叶省藤颜色变化较大，室外自然放置一年后表面呈深棕色或深褐色，而白藤变色较小。藤茎最外侧的蜡质层和角质层透明无色，变色发生在表皮组织以内的部分。剖开藤茎观察，内部颜色呈浅黄色或白色，与初始颜色相近。这说明颜色变深只是藤茎表面很薄的一层，而内部变化不大。

利用氙光衰减仪对未经任何处理的藤材进行加速变色实验，结果见表9-17，该表显示，三种藤材经氙光衰减处理84 h后明度(L^*)下降，红绿轴色度指数(a^*)上升，单叶省藤和白藤的黄蓝轴色度指数(b^*)值上升而黄藤的下降。其中，以黄藤的变化最大，明度下降了18.31，a^*值上升了6.67。而单叶省藤和白藤的变化相近。由变色度(ΔE^*ab)值说明黄藤变色最大，单叶省藤和白藤的变色接近。

表9-17　三种藤材氙光衰减84h的变色情况

藤种	ΔL^*	Δa^*	Δb^*	ΔE^*ab
单叶省藤	−10.25	2.40	3.38	11.10
白藤	−10.61	3.51	0.90	11.22
黄藤	−18.31	6.67	−2.73	19.68

图9-9表示的是三种藤材L^*，a^*，b^*及ΔE^*ab随着衰减时间而变化的情况。氙光照射初始，三种藤材的L^*急剧下降，a^*上升。照射10h后这种下降和上升的趋势停止，转向平缓变化。在整个衰减过程中，b^*的变化不明显。照射初始到10hΔE^*ab快速增大。其中，黄藤的变化比其他两种都剧烈。黄藤照射10h，单叶省藤和白藤照射30h后ΔE^*ab达到最大。继续照射，ΔE^*ab不发生明显变化。

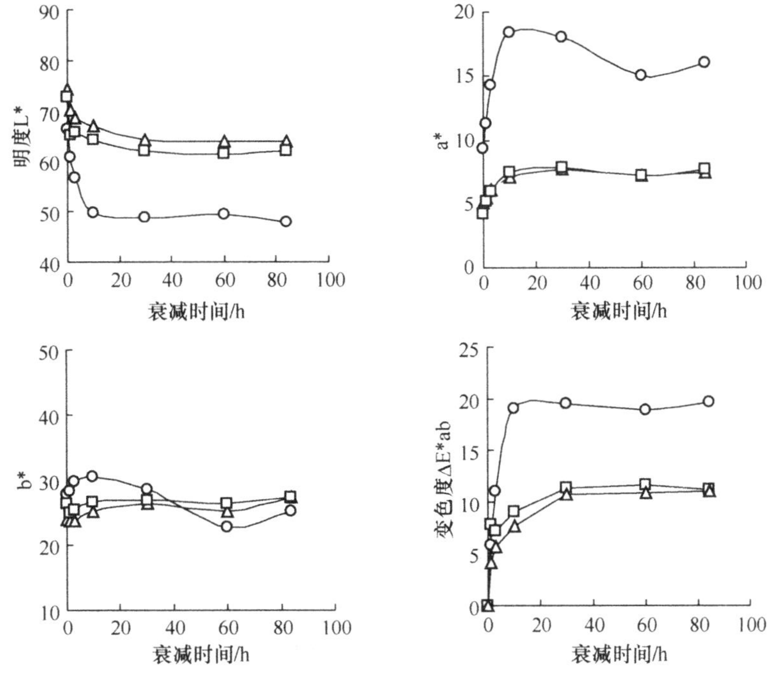

图9-9　三种藤材的L^*，a^*，b^*及ΔE^*ab的变化

○黄藤；□白藤；△单叶省藤

根据抽提物是影响木材变色的原因之一，对三种藤材进行了热水和苯醇抽提处理，然后再进行衰减处理，测定变色情况。结果见表9-18。

表 9-18 抽出处理藤材氙光衰减 84h 的变色情况

藤种	抽出方法	ΔL*	Δa*	Δb*	ΔE* ab
单叶省藤	对照	−10.25	2.40	3.38	11.10
	热水抽出	0.93	0.26	5.22	5.30
	苯醇抽出	−4.00	0.31	3.12	5.10
白藤	对照	−10.61	3.51	0.90	11.22
	热水抽出	0.70	0.06	6.13	6.18
	苯醇抽出	−5.76	0.46	2.59	6.33
黄藤	对照	−18.31	6.67	−2.73	19.68
	热水抽出	−0.20	−0.93	4.24	4.38
	苯醇抽出	−1.62	−0.13	2.42	3.12

抽出处理后，ΔL* 和 Δa* 明显减小，L* 和 a* 几乎达到了不变的程度。Δb* 有所增大，即 b* 提高。从 ΔE* ab 的变化来看，单叶省藤和白藤下降 50%左右，黄藤下降 80%左右。尤其黄藤，由变色最大变到几乎肉眼观察不到的变色。由此说明，藤材的变色与其内含物密切相关。

图 9-10 表示抽出处理藤材的 ΔE* ab 随照射时间而变化的情况。照射初始到 10h，ΔE* ab 明显增加，但黄藤及热水抽出处理的单叶省藤和白藤比未抽出处理的增加幅度小，尤其黄藤更明显。苯醇抽出处理的单叶省藤和白藤与未抽出处理的相当。随着照射时间的延长，三种藤材的 ΔE* ab 变化幅度不大。

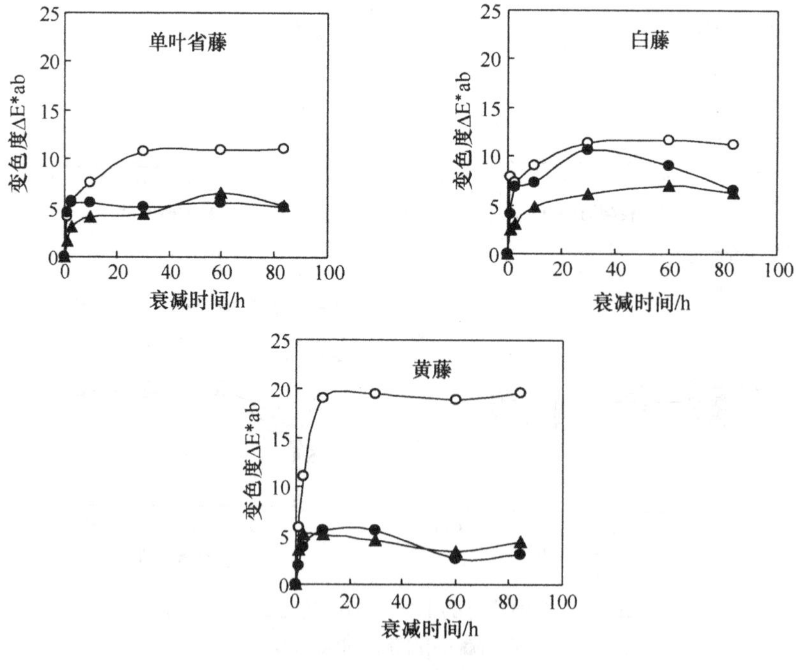

图 9-10 抽出处理方法对藤材 ΔE* ab 的影响

○素藤；▲热水抽出；●苯醇抽出

为进一步说明抽出物的影响，对三种藤材的热水和苯醇抽出物进行了定量分析，结果见表 9-19。表 9-19 结果表明，三种藤材中黄藤抽出物含量最高，达 30%左右(热水抽出物 20%左右，苯醇抽出物 10%左右)，其次是白藤，17%左右(热水抽出物 13%左右，苯醇抽出物 4%左右)，单叶省藤 10%左右(热水抽出物 6%左右，苯醇抽出物 4%左右)。白藤和单叶省藤的苯醇抽出物含量比较接近，在 4%左右。黄藤的抽出物含量明显高于其他两种藤材，这是黄藤变色度比其他两种藤材大的原因。

表 9-19　三种藤材的热水和苯醇抽出物含量(%)

单叶省藤			白藤			黄藤		
苯醇抽出	热水抽出	合计	苯醇抽出	热水抽出	合计	苯醇抽出	热水抽出	合计
4.02	6.09	10.11	3.93	13.01	16.94	9.57	19.67	29.24

综上所述，抽出物是影响藤材光变色的主要原因。抽出处理后，黄藤的 ΔE^*ab 下降 75%左右，单叶省藤和白藤分别下降 50%左右。在影响变色方面，热水抽出和苯醇抽出相近。

2. 藤材变色的防治

新采收藤条的含水率为 130%～160%，再加上淀粉含量多，容易受真菌、昆虫(主要是粉蠹甲虫)危害，采割后一天内便可发生。因此，藤采伐后应尽快将含水率干燥至 20%以下，并尽快运离采伐地进行处理和加工。一般，采割后就地将 20～30 根藤条捆缚成束，靠树直立几天使藤液流出，再将藤条平铺于开阔空地气干；无后续油浴处理，可将藤条搭成棚屋形式放置 2～3 周，使含水率降低为 20%以下。如果不能及时运走，必须就地化学处理，将杀菌剂和杀虫剂等化学药剂喷涂、粉刷在原藤上，或将原藤浸泡相应化学药剂。将藤平放或交错放置自然晾干至 15%含水率，一般需要 2～3 个月，视不同地区和条件而异。控制温度、湿度和空气流通进行人工干燥，效果更快、更好，藤含水率可在 1～1.5 天内从 145%降至 10%。

晒干的藤材要经过去除硅化皮层、熏制、漂白、油浴和干燥等初加工，还要经过汽蒸、弯曲、劈分、染色、防变色等精加工；可以采用化学药剂进行漂白改善色泽；变色藤条可用人工染色方法赋予多种颜色；用氨基树脂漆膜涂饰处理可使其表面光滑；硫黄熏蒸处理不仅改善藤色而且具有杀菌防虫作用；用化学处理有效控制新伐藤材的变色。

抽出处理可以作为一种防止藤材光变色的方法。图 9～11 给出了抽出处理藤材 L^*、a^*、b^* 随氙光衰减时间而变化的情况。氙光照射 10h，L^* 呈下降，a^*、b^* 呈增加趋势；随着照射时间的延长，L^*、a^*、b^* 变化不甚明显。三种藤材中黄藤的 L^*、a^*、b^* 的变化最显著，但抽出处理后，变化幅度大大降低。

比较热水抽出和苯醇抽出处理藤材衰减 84h 后的变色情况，热水处理的 L^* 剧烈下降，而苯醇抽出处理的只是略微降低；不论是热水还是苯醇抽出，对 a^* 影响不大，b^* 明显下降(表 9-20)；热水处理后的 ΔE^*ab 较大，而苯醇处理的 ΔE^*ab 较小。抽出处理本身也会产生藤材的变色，但降低了藤材使用过程中发生变色的程度。

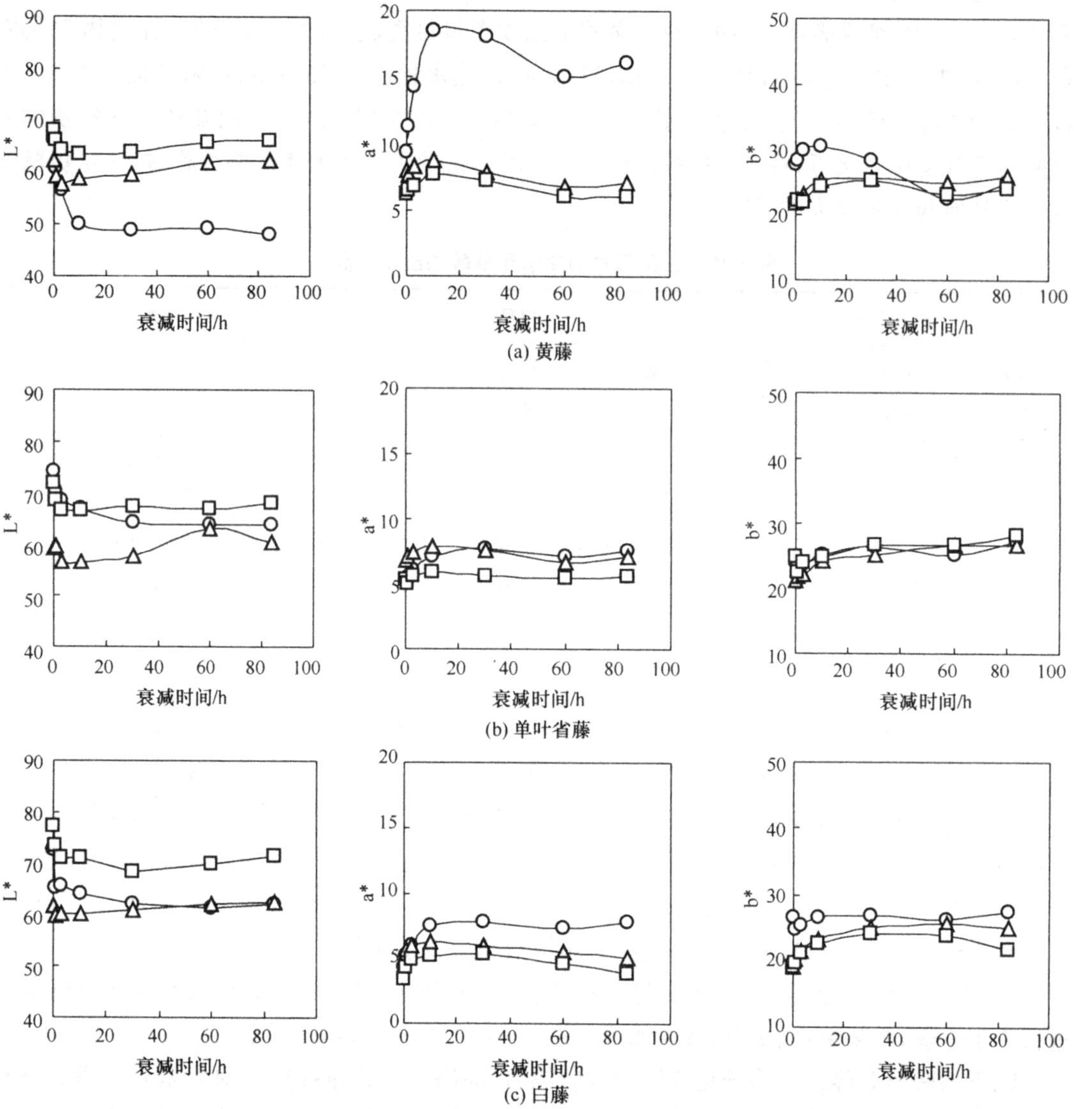

图 9-11　抽出处理藤材 L*、a*、b* 的变化

○素藤；△热水抽出；□苯醇抽出

表 9-20　抽出处理对变色的影响

藤种	热水抽出				苯醇抽出			
	ΔL*	Δa*	Δb*	ΔE*ab	ΔL*	Δa*	Δb*	ΔE*ab
黄藤	−7.76	−0.77	−5.43	10.51	−1.16	−2.23	−5.44	1.96
单叶省藤	−9.82	1.28	−3.44	11.68	−1.34	0.47	−0.85	4.63
白藤	−10.17	0.70	−5.67	9.51	−1.90	0.80	−4.12	6.05

单叶省藤表面涂覆聚乙二醇(PEG)也可以起到防治光变色的作用(表 9-21)。PEG 处理的单叶省藤，其 ΔL*、Δa*、Δb* 及 ΔE* 明显减小，尤其是 Δa* 变化微小，而且随着 PEG 溶液

浓度的提高有进一步减小的趋势。PEG 分子量的影响不明显。但是，PEG 对防治黄藤和白藤的变色作用不明显。

表 9-21　PEG 处理藤材氙光衰减 84h 后的变色

PEG 分子量	PEG 浓度/%	黄藤 ΔL*	黄藤 Δa*	黄藤 Δb*	黄藤 ΔE* ab	单叶省藤 ΔL*	单叶省藤 Δa*	单叶省藤 Δb*	单叶省藤 ΔE* ab	白藤 ΔL*	白藤 Δa*	白藤 Δb*	白藤 ΔE* ab
1000	0	−18.31	6.67	−2.73	19.68	−10.25	2.40	3.38	11.10	−10.61	3.51	0.91	11.22
	5	−19.77	6.91	−1.15	20.97	−6.04	0.97	0.25	6.12	−11.01	3.04	0.95	11.46
	15	−14.43	2.73	−2.14	14.84	−2.21	−0.90	−2.64	3.56	−6.32	1.10	−2.13	6.76
	35	−12.16	1.99	−1.34	12.39	−0.83	−1.17	−3.73	4.00	−11.93	2.02	−2.90	12.44
4000	5	−14.99	4.35	−1.43	15.67	−6.00	1.00	0.80	6.14	−13.20	4.01	1.30	13.86
	15	−11.83	2.26	−3.24	12.47	−2.61	−0.41	−3.53	4.41	−10.17	2.81	−0.61	10.57
	35	−15.27	3.08	−2.12	15.72	−2.15	−0.13	−1.10	2.42	−11.15	2.49	−0.64	11.44

热水处理与苯醇抽出处理比较，从处理成本、环境保护、操作的便利性及工业化难易等考虑，热水处理较苯醇抽出处理有优势；热水处理与 PEG 处理比较，热水处理防变色效果优于 PEG 处理，但热水处理造成的变色较为严重，主要表现在 ΔL* 和 Δb* 的降低(图 9-12)；PEG 处理也使藤材发生变色，但 PEG 处理优势在于随着光照时间的延长，藤材的 L* 呈增加趋势，a* 呈下降趋势。可以将 PEG 处理和热水处理结合起来，充分利用热水处理可以明显降低变色的优点，同时，利用 PEG 处理弥补热水处理带来的明度下降的问题。

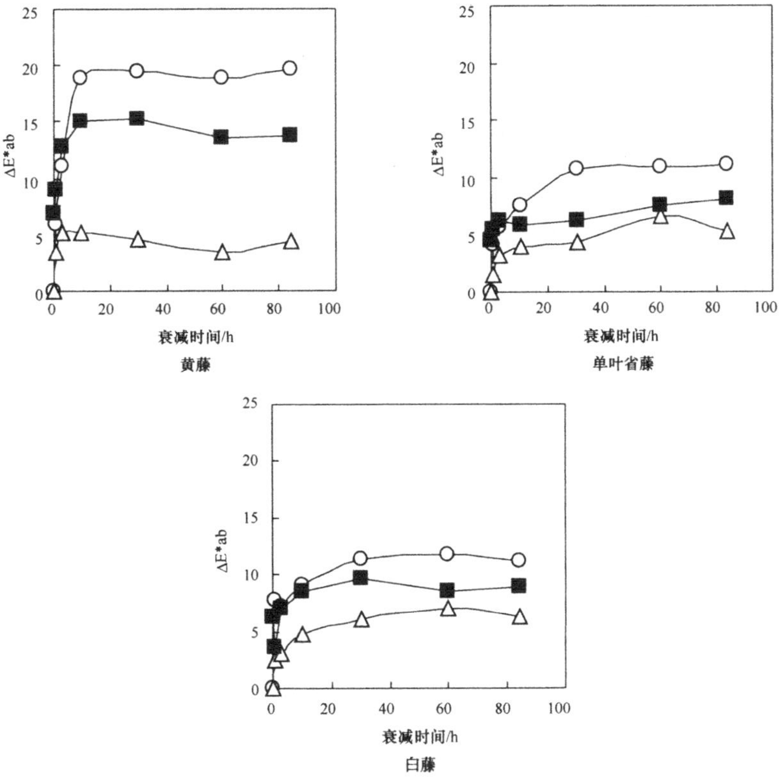

图 9-12　抽出处理和 PEG 处理的比较

○素藤；△热水抽提；■PEG(相对分子质量 4000，浓度 15%)

参考文献

方桂珍. 1992. 木材的变色与防治. 木材工业,(4)

方桂珍,任世学,金钟玲. 2001. 木材防腐剂的研究进展. 东北林业大学学报,(5):88～90

方桂珍,任世学. 2002. 铜、季铵盐复配木材防腐剂的防腐性能. 林产化学与工业,(1):71～73

付惠,陈玉惠,王文久,等. 1999. 云南五种竹材的致霉菌及其致霉特性研究. 竹子研究汇刊,18(1):16～22

江茂生,黄彪. 2003. 毛竹化学法仿古染色的研究. 中国林副特产,67(4):23

江泽慧. 2002. 世界竹藤. 沈阳:辽宁科学技术出版社

李坚. 1983. 生物木材学. 哈尔滨:东北林业大学出版社

李坚. 1985. 木材防腐的新途径. 全国木材保护学术会议论文(福州)

李坚. 1988. 木质材料耐候性的研究. 林业科学,(3)

李坚. 1991. 木材科学新篇. 哈尔滨:东北林业大学出版社

李坚. 1999. 木材保护学. 哈尔滨:东北林业大学出版社

李坚等. 1989. 木质材料的表面劣化与木材保护的研究. 东北林业大学学报,(2)

李坚等. 1990. 熏蒸法治理火烧原木害虫研究. 东北林业大学学报

邵卓平,周学辉,魏涛,等. 2003. 竹材在不同介质中加热处理后的强度变异. 林产工业,30(3):26～29

王文久,辉朝茂,陈玉惠,等. 2000. 竹材的霉腐与霉腐真菌. 竹子研究汇刊,19(2):40～43

王小青,任海青,赵荣军,等. 2009. 毛竹材表面光化降解的 FTIR 和 XPS 分析. 光谱学与光谱分析,29(7):1864～1867

魏学智,贺新强,胡玉熹,等. 2003. 紫外线照射对毛竹茎秆细胞壁超微结构及色泽变化的研究. 林业科学,39(2):137～139

吴开云,翁月霞. 2000. 竹材霉腐类型及其与环境条件的关系. 林业科学研究,13(1):63～70

吴玉章,周宇. 2005. 3 种棕榈藤藤材变色的研究. 林业科学,41(5):211～213

吴玉章,周宇. 2006. 三种棕榈藤藤材防变色的研究. 林业科学,42(3):116～120

杨校生. 1997. 国内外竹子化学利用及其研究概况. 林业科技通讯,1997,(5):33～34

仰贞. 2003. 竹料的美化工艺. 中国农村小康科技,(2):35

张广仁,李坚等. 1990. 木材涂饰原理. 哈尔滨:东北林业大学出版社

张金萍,奚三彩. 2003. 饱水竹简变色原因的研究. 文物保护与考古科学,15(4):37～42

张上镇等. 1993. 与木材光变色有关的抽出成分的反应机制及其防止方法的探讨. 中华林学季刊,26(2):113～125

张亚梅,余养伦,于文吉. 2009. 热处理对毛竹竹材颜色变化的影响. 木材工业,23(5):5～7

周慧明. 1991. 木材防腐. 北京:中国林业出版社

甲斐勇二. 1985. Prevention of light-induced discoloration in Black Walnut Wood. Mokazai Gakkaishi,31(11):921～926

峯村神哉. 2002. 木材的变色. 木材工业,16(2):5～8

A Oteng-Amoako,B Obiri-Darko. 2001. Rattan processing and marketing in Africa:technology needs for a sustainable industry. Unasylva,2 52(205):24～26

CORTES R T. 1939. Air seasoning of commercial rattan. The Philippine Journal of Forestry,2(4):329-330

K. M. wong,N. Manokaran. 1985. Proceedings of the Rattan Seminar 2～4 October 1984,Kuala Lumpur,Malaysia. The Rattan Information Center. Forest Research Institute,Kepong,Malaysia

Liese W. 2001. Challenges and constraints in rattan processing and utilization in Asia. Unasylva(FAO,Food and Agriculture Organization of the United Nations). An International Journal of Forestry and Forest Industries,52(205):46～51

Mendoza E M. 1960. Staining can be prevented in the rattan pole industry. The Philippine Lumberman Oct.-Nov:16～17,34

Norani ahmad,Tho Y P,Hong L T. 1985. Pests and diseases of rattans and rattan products in Peninsular Malaysia. In: Wong K M, Manokaran N. Proceeding of The Rattan Seminar, Kuala Lumpur(Malkysia), 2～4 Oct. , 1984. Kepon: RIC: 131～135

Roldan E P. 1985. Hyphal penetration of the staining fungus, *Ceratostomella* sp. in rattan and its significance in controlling stain. Philippines Journal of Science. 87(1): 37～45

Romualdo L, Sta Ana. 2001. Rattan and bamboo furniture and handicrafts. In: Zhu Z H. The proceeding NO. 6 of sustainable development of the bamboo and rattan sectors in tropical China. Beijing: China Forestry Publishing House: 188～196

Rowell R. 1988. 实木化学. 刘正添译. 北京：中国林业出版社

Shang-TzenChang, Ting-FengYeh. 2000. Effects of alkali pretreat-menton surface properties and green color conservation of Moso Bamboo (*Phyllostachys pubescens* Mazel). Holzforschung, 54(5): 487～491

第10章　功能木质材料

人们采用化学的、物理的或机械的等诸多方法加工或处理木材和木质材料，有的先把整体变成碎裂，再由碎料结合成整体，从而赋予木材某些新的功能，或改良木材的某些缺点，或满足某种特殊用途的需要。由此产生了与原本木材性质大有不同，但仍以木材或木质材料作为基质的一类材料，通称为功能木质材料，如塑合木、重组木、压缩木、层积木和木材金属复合材料等。

10.1　木塑复合材料

木塑复合材料已成为当今世界木材及塑料加工利用与研究领域的热点之一，国内外很多大学、研究机构和企业都在从事木塑复合材料的研究与开发。

木塑复合材料简称WPC(wood-plastic composite)，是利用植物纤维填料(包括木粉、秸秆、稻壳等)和塑料(包括废旧热塑性塑料等)为主要原料，应用塑料改性、植物纤维改性及改善界面相容性等技术手段，把废弃的天然植物纤维(农作物秸秆、木材废材如锯末等)、废旧塑料与助剂一起熔融、混炼制成颗粒，再加工成型的一种新型材料。

10.1.1　木塑复合材料的性能

WPC这种新型材料与天然木材相比，具有各向同性、耐候性和尺寸稳定性好，产品不怕虫蛀、不易被真菌侵蚀、不易吸水和变形，机械性能好，更耐用，坚硬、强韧、耐久、耐磨等优点；与塑料相比，木塑复合材料适用于各种加工方式，表面易于装饰，可印刷、油漆、喷涂、覆膜等处理，环保性能好，可生产各种颜色的产品。

WPC的主要特点归结如下：①耐用、寿命长，有类似木质外观，比塑料硬度高；②具有优良的物理性能，尺寸稳定性较好，不会产生裂缝、翘曲、无木材节疤、斜纹，加入着色剂、覆膜或复合表层可制成色彩绚丽的各种制品；③具有热塑性塑料的加工性，容易成型，加工设备投入资金少，便于推广应用；④有类似木材的二次加工性，可切割、粘接，用钉子或螺栓连接固定，可涂漆，产品规格形状可根据用户要求调整，灵活性大；⑤不怕虫蛀、耐老化、耐腐蚀、吸水性小，不会吸湿变形；⑥能重复使用和回收再利用，环境友好。

10.1.2　木塑复合材料的原料及成型理论基础

1. 木质纤维类原料

木塑复合材料中的纤维类原料最常用的为木材原料，包括各种木材加工剩余物、锯末、下脚料等。另外，一些非木材植物纤维也可作为生产木塑复合材料的纤维原料，主要有禾本科植物的茎秆类、竹材类和坚果壳粉，如：麦秸秆、稻草、稻壳、棉秆、麻秆、玉米秆、甘蔗渣、核桃壳、花生壳等。

2. 塑料原料

木塑复合材料生产中常用的塑料主要有：

聚乙烯(polyethylene，简称 PE)　$\text{-}\!\!\left[CH_2-CH_2 \right]\!\!\text{-}_n$

聚丙烯(polypropylene，简称 PP)　$\text{-}\!\!\left[CH_2-\underset{\displaystyle CH_3}{\underset{|}{CH}} \right]\!\!\text{-}_n$

聚氯乙烯(polyvinyl chloride，简称 PVC)　$\text{-}\!\!\left[CH_2-\underset{\displaystyle Cl}{\underset{|}{CH}} \right]\!\!\text{-}_n$

ABS：丙烯腈(acrylonitrile)-丁二烯(butadiene)-苯乙烯(styrene)三元共聚物的简称

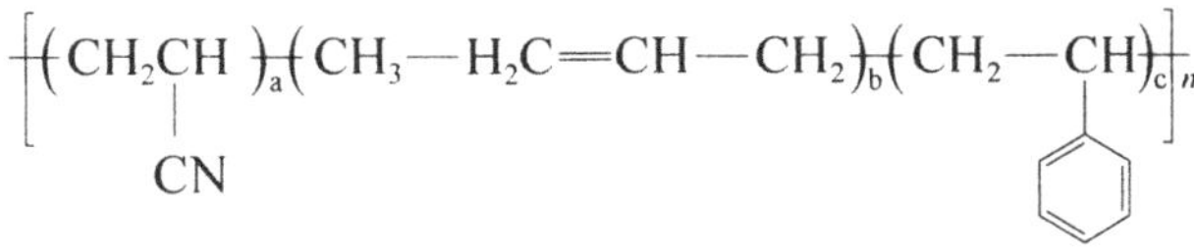

聚乙烯醇(polyvinylalcohol，简称 PVA)　$\text{-}\!\!\left[CH_2-\underset{\displaystyle OH}{\underset{|}{CH}} \right]\!\!\text{-}_n$

3. 添加剂原料

由于木粉具有较强的吸水性，且极性很强，而热塑性塑料多数为非极性，具有疏水性，所以两者之间的相容性较差，界面的黏结力很小，常需使用适当的添加剂来改性聚合物和木粉的表面，以提高木粉与塑料之间的界面亲和能力。

木塑复合材料制造中常用的添加剂主要包括如下几类。

(1) 偶联剂。能使塑料与木质纤维表面之间产生强的界面结合；同时能降低木质纤维的吸水性，提高木质纤维与塑料的相容性及分散性。主要有：硅烷偶联剂、钛酸酯偶联剂、铝酸酯偶联剂、铝钛复合偶联剂、硅钛复合偶联剂和异氰酸酯偶联剂等。

(2) 相容剂。具有增强相容作用的组分，其分子内含有两种不同链段的物质：链段一端主要处于热塑性高聚物相区，可与热塑性高聚物有较好的相容性；另一链段主要存在于木纤维区，可与木纤维分子化学键合，形成氢键或形成偶极-偶极作用力等。

相容剂可以分为非反应型相容剂和反应型界面相容剂两种类型。

非反应型相容剂有：乙丙三元橡胶(EPDM)、聚异丁烯(PIB)、苯乙烯-丁二烯-苯乙烯共聚物(SBS)、聚甲基丙烯酸(PMAA)等。

反应型界面相容剂有：马来酸酐接枝聚丙烯(MAPP)、马来酸酐接枝聚乙烯(MAPE)、马来酸酐接枝聚苯乙烯(MAPS)、马来酸酐接枝 PP 和 PS(MAPP-PS)、马来酸酐接枝乙丙三元橡胶(EPDM-MA)、马来酸酐改性的苯乙烯-乙烯-丁烯(SEBS-MA)等。

(3) 增塑剂。对于一些玻璃化温度和熔融流动黏度较高的树脂，与木质纤维进行复合时加工困难，常常需要添加增塑剂来改善其加工性能。增塑剂分子结构中含有极性和非极性两种基团，在高温剪切作用下，它能进入聚合物分子链中，通过极性基团互相吸引形成均匀稳定体系，而它较长的非极性分子的插入减弱了聚合物分子的相互吸引，从而使加工容易进行。在木塑复合材料中常要加入的增塑剂有邻苯二甲酸二丁酯(DOS)等。

(4) 润滑剂。改善熔体的流动性和挤出制品的表面质量，分为内润滑剂和外润滑剂。内润滑剂的选择与所用的基体树脂有关，它必须与树脂在高温下具有很好的相容性，并产生一定的增塑作用，降低树脂内分子间的内聚能，削弱分子间的相互摩擦，以达到降低树脂熔融黏度、改善熔融流动性的目的。外润滑剂在塑料成型加工中起树脂与木粉之间界面润滑的作用，其主要功能是促进树脂粒子的滑动。常用的润滑剂有：硬脂酸锌、亚乙基双硬脂酰胺、聚酯蜡、硬脂酸、硬脂酸铅、聚乙烯蜡、石蜡、氧化聚乙烯蜡等。

（5）着色剂。能使制品有均匀稳定的颜色，且脱色慢。

（6）发泡剂。经发泡后的木塑复合材料由于存在良好的泡孔结构，可钝化裂纹尖端并有效阻止裂纹的扩张，从而显著提高其抗冲击性能和延展性，且大大降低了制品的密度。常用的发泡剂主要有吸热型发泡剂和放热型发泡剂。

（7）紫外线稳定剂。防止或降低日光中紫外线对材料降解和破坏。

（8）防霉和防腐剂。防霉和防腐剂的选择要考虑木粉的种类、添加量、复合材料使用环境中的菌类、产品的含水量等多种因素。

4. 成型理论基础

在木塑复合材料的制备过程中，木质纤维或填充物与塑料基体间形成良好的界面结合是获得具有优良性能的木塑复合材料的关键。界面使木质纤维与基体形成一个整体，并通过它传递应力，若纤维与基体之间的相容性不好，界面不完整，则应力的传递面仅为纤维总面积的一部分。为使木塑复合材料内部能够均匀地传递应力，要求在其制造过程中形成一个完整的界面层，界面结合机制也成为木塑复合材料制造过程中的重要理论基础。界面层的完整和界面结合的牢固可以提高复合材料的力学性能。

界面层是由纤维与基体之间的界面及纤维和基体的表面薄层构成的，基体表面层的厚度约为增强纤维的数十倍，它在界面层中所占比例对复合材料的力学性能有很大影响。界面的存在将复合材料分割成许多的微区，因此就有了如阻止裂纹扩展、使材料破坏中断、应力集中的减缓等功能。

木塑复合材料的界面形成可分为两个阶段：第一阶段是塑料基体与木质纤维的接触与浸润过程。木质纤维对基体分子的各种基团或基体中各组分的吸附能力不同，它总是要吸附那些能降低其表面能的物质，并优先吸附那些能较多降低其表面能的物质。第二阶段是聚合物的固化阶段。在此过程中聚合物通过物理的或化学的变化而固化，形成固定的界面层。固化阶段受第一阶段的影响，同时它直接决定着所形成的界面层的结构。界面层的结构大致包括界面结合力的性质、界面层的厚度、界面层的组成等几个方面。

两相混合物的界面结合机制归纳起来主要有：化学键理论、界面浸润理论、机械互锁理论、界面扩散理论、弱边界层理论等。

揭示界面结合的机制，对于木塑复合材料的研制及应用研究非常重要。木塑复合材料界面性能的提高主要有三个途径：木质纤维改性处理，加入界面相容剂或偶联剂，塑料表面改性处理。

（1）木质纤维改性处理。木塑复合材料的加工过程中，由于木粉粒径大，密度小，在塑料中分散效果差，熔体黏度高，加工困难，易导致复合材料的物理力学性能降低。通常采用物理或化学的方法对木质纤维的表面进行处理，改变木纤维表面的状态，增强其与塑料基体的界面亲和力，以达到改善界面相容性的目的。

物理方法主要包括：热处理法、蒸汽爆破法和放电处理等。

化学方法主要包括：碱处理法、酯化或醚化改性、表面接枝改性等。

(2) 加入界面相容剂或偶联剂。在木塑复合材料的制备过程中，加入界面相容剂是常见的改善其界面结合强度的一种方法。这种方法是通过加入一组共聚融合剂以改善两种不相容聚合物之间的粘合性能，其中以马来酸酐的应用最为普遍。图 10-1 为马来酸酐接枝聚丙烯相容剂与木粉作用机制示意图。

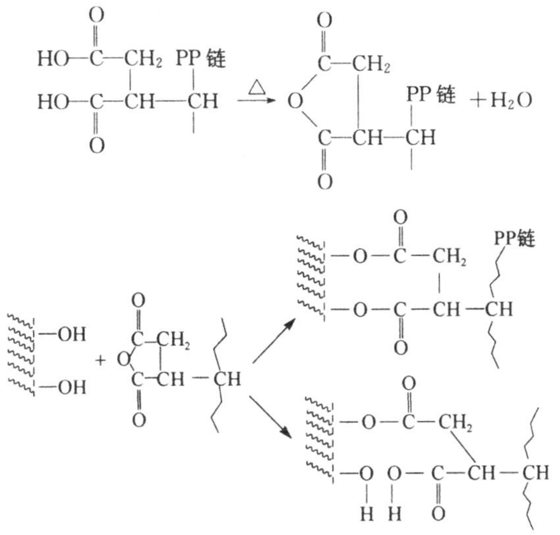

图 10-1　马来酸酐接枝聚丙烯相容剂与木粉作用机制示意图

偶联剂可以改善木质纤维与塑料基体之间的相容性和界面状况，这种作用主要体现在两个方面，首先偶联剂中的活性基团与木粉中的羟基等极性基团进行反应，从而降低木粉的表面极性，使得它能更好地与非极性的基体树脂相容。另一方面，偶联剂的活性官能团与木粉相互反应连接在一起，而它的碳链部分又能与基体树脂相互结合。硅烷偶联剂和钛酸酯偶联剂是应用最广泛的两类偶联剂。图 10-2 为硅烷偶联剂与木纤维相互作用示意图。

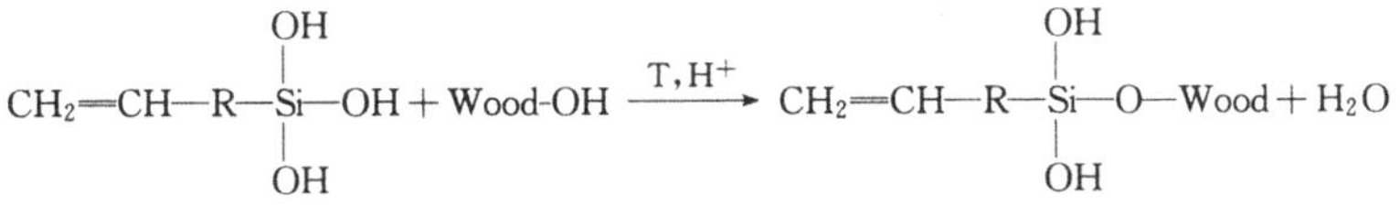

图 10-2　硅烷偶联剂与木纤维相互作用示意图

(3) 塑料表面改性处理。由于塑料基体表面能低、化学惰性、表面被污染及存在弱边界层等原因，使之难以湿润和黏合，常常对塑料表面进行处理，以改变其化学组成，增加表面能，改善结晶形态和表面形貌，以提高聚合物表面的湿润性。塑料的改性方法主要为各种化学改性。

10.1.3　木塑复合材料的成型工艺

木塑复合材料的成型工艺主要有热压成型、模压成型、注射成型和挤出成型，目前工业化生产中应用的主要是挤出成型。

1. 热压成型工艺

木塑复合材料的热压成型工艺是将木质纤维材料和塑料经过常温复合方式混合(组坯)后再热压成复合材料，适合高比例木质材料含量的木塑复合材料的制造加工，一般木质纤维材料含量在 70%以上。该成型工艺流程如图 10-3 所示。

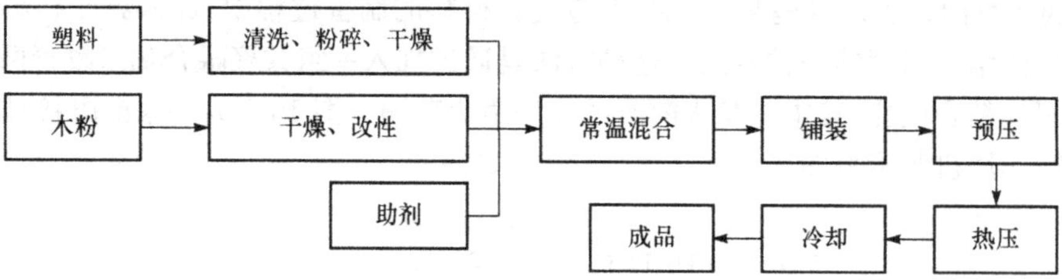

图 10-3　热压成型工艺流程

2. 模压成型工艺

模压成型工艺是指木质纤维作为增强材料，与塑料、偶联剂、润滑剂等改性剂一起放入模具型腔中，然后闭合模具，加热加压使其成型并固化，开模取出制品的方法，该工艺流程如图 10-4 所示。模压有两种形式，即立体模压法和平板模压法。前者是立体的一个腔体，没有坯料，混合好的原料加入(或灌入)封闭的模腔中，合上盖模，留有透气孔，便于树脂固化时储存气体和水。平板模压法是在上压板或者下压板中刻有立体槽痕或者突出部位，经铺装机铺层，然后加压，平板模压的气体自板边逸出，有时沟槽气体不易逸出，储在板内形成缺陷。

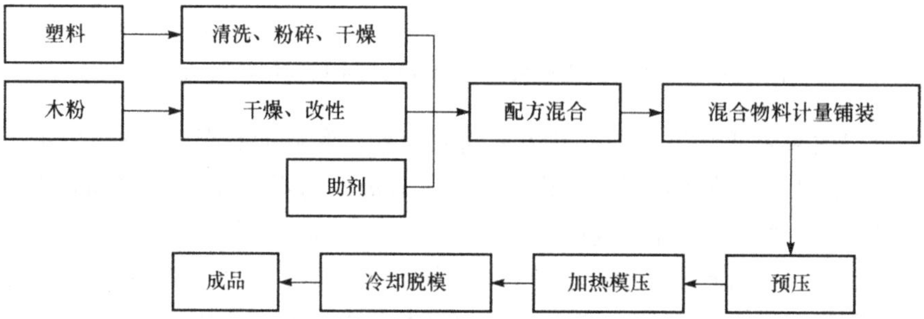

图 10-4　模压成型工艺流程

3. 注射成型工艺

注射成型工艺是将经过干燥和表面处理的粒状或粉状木质纤维原料与树脂从注射机的料斗加入料筒中，经加热塑化呈熔融状态后，借助螺杆或柱塞的推力，将其通过料筒端部的喷嘴注入温度较低的闭合模具中，经冷却定型后，开模取出制品，其工艺流程如图 10-5 所示。注射成型工艺生产速度快、效率高、易实现自动化生产，且能成型形状复杂的制品。

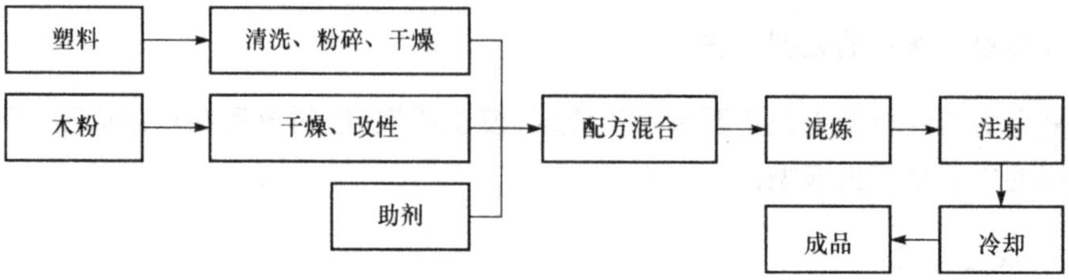

图 10-5　注射成型工艺流程

4. 挤出成型工艺

木塑复合材料的挤出成型工艺是指预处理的塑料和木质纤维原料在单螺杆或双螺杆挤出机中通过加热、加压，使受热熔融的塑料和木质纤维材料混合、塑化，最后连续通过机头口模将物料挤出成型的方法。挤出成型具有生产周期短、生产效率高、产品质量稳定、成本较低和易于实现连续化生产的特点，是目前木塑复合材料生产普遍采用的工艺技术。国内外已经开发出专门用于木塑复合材料的挤出成型设备，主要为单螺杆挤出机和双螺杆挤出机。

木塑复合材料的挤出成型工艺主要有两种典型的工艺路线，即一步法挤出成型工艺和两步法挤出成型工艺。一步法是指在生产木塑复合材料的过程中，不经过中间造粒阶段，直接将预处理的木质纤维原料、树脂及助剂加入到挤出机中，实现配混、脱挥、塑化和挤出成型在一个或一组设备上连续完成，其工艺流程如图 10-6 所示。一步法挤出成型工艺具有连续、生产效率高、节能的特点，但是一步法成型工艺对设备、工艺的要求较高，控制较难，物料干燥、混合不易彻底。两步法是指木塑复合材料的配混、脱挥和挤出在不同设备中完成，可以先将原料配混制成中间木塑粒料，然后再挤出加工成制品，其工艺流程如图 10-7 所示。相对一步法挤出成型工艺，两步法先配混、造粒，然后再挤出成型的工艺技术操作简单，具有一定的灵活性，也是现今企业最为常用的成型加工方法。

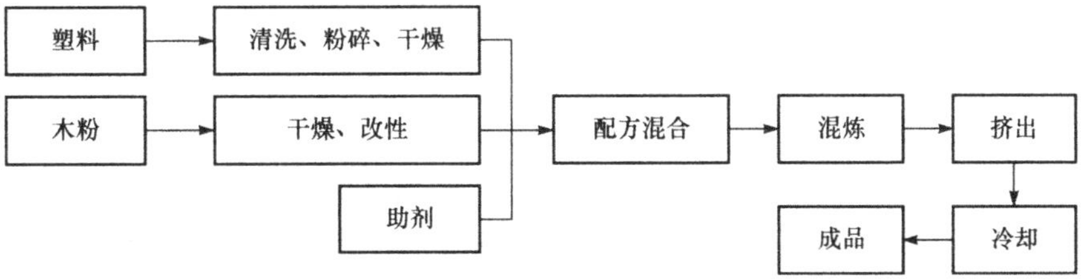

图 10-6　一步法挤出成型工艺流程

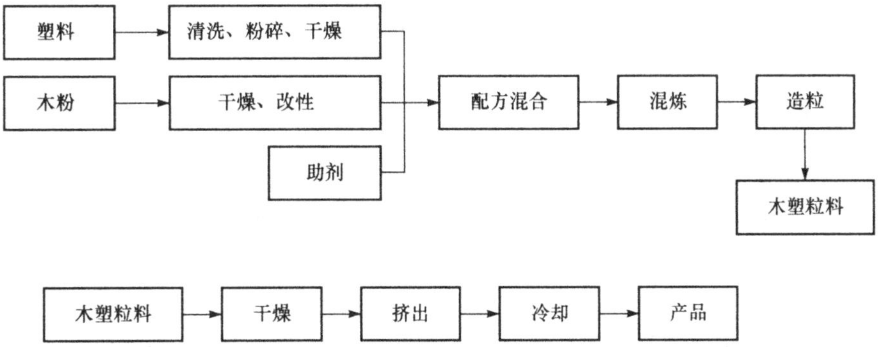

图 10-7　两步法挤出成型工艺流程

木塑复合材料的加工对其性能影响很大，混合分散不均或过度混配均会造成材料的力学性能不佳。

木塑复合材料的挤出成型过程中，工艺控制是保证挤出成型和产品质量的关键，其中主要影响因素有温度、机头压力、挤出速度。

(1) 温度。温度的控制包括料筒温度和机头温度的控制。料筒温度对木塑复合材料的混炼塑化具有决定性的影响，机头温度则对挤出定型有重要影响。

为了保证固体物料在料筒输送段顺利输送，加料口附近不产生搭桥现象，料筒加料段的温度不宜过高，甚至还要冷却加料段。料筒温度较高有利于提高物料的流动性，使熔体均匀地塑化，但温度过高可能造成物料粘度过低而不能产生足够的机头压力，使挤出的型材不密实，并会导致木纤维分解烧焦，从而影响制品的内在和外观质量。温度过低则会使物料塑化不良，复合效果差，也会影响制品的机械性能。原则上在满足物料充分塑化的前提下应尽量降低料筒温度。

机头温度与机头压力、制品质量有直接关系。当机头温度过低而螺杆转速较高时会出现排气口冒料现象，螺杆所承受的扭矩急剧增加，主机电流上升，机头基本不出料；当机头温度过高时，机头压力降低，挤出制品有很明显的撕边现象，尺寸稳定性变差，甚至会造成物料无法定型。因此，机头温度应根据物料的具体情况确定一个合理的范围。另外，为保证挤出顺利进行，机头的温度应分段控制，即温度逐渐降低。

(2) 机头压力。物料在挤出成型的过程中受螺杆的挤压和机头的回压，使木塑复合体系产生较高的熔体压力，压力的大小对木塑复合材料挤出加工性能和外观质量有非常重要的影响。

在适当的范围内，机头压力越高，挤出制品越密实，挤出质量越好。机头压力过低时，制品表面出现条纹，并产生分段现象，得不到密实连续的良好外观质量的制品。但机头压力并不是越大越好，而且机头压力控制要稳，这与螺杆转速的稳定性、均化段和机头平直段长度及喂料的均匀和稳定有关。机头压力的建立主要与两方面因素有关：一是机头本身的建压能力，主要取决于机头的压缩比；二是机头温度，较低的温度有利于机头压力的提高。

(3) 挤出速度。挤出速度会影响挤出产量、生产成本和生产效率。挤出速度主要与螺杆、料筒和机头的结构，螺杆转速，加热和冷却的效率，物料的性质等有关。螺杆转速往往是决定挤出速度的主要可控参数，螺杆转速过高会产生高剪切力，易导致热敏性木质纤维原料的降解甚至烧焦。螺杆转速过低不能达到很好的分散混合效果，同时会使物料在料筒内停留时间过长。为了保证产品的稳定形成和尺寸精度，挤出速度要稳定均匀，所以应根据不同的木塑复合材料制品设计不同的螺杆结构和尺寸。

10.1.4 木塑复合材料的用途

WPC这种新型材料具有良好的尺寸稳定性、力学强度和耐腐性，因而具有非常广泛的应用领域，以木材或木质材料为主要材料的应用场所均可以使用木塑复合材料。目前WPC的主要应用多体现在建筑材料、工业材料、包装及运输业、室内装饰材料和文化体育业等领域。

(1) 建筑材料。木塑复合材料在建筑工程中的应用极为广泛，作为铺板和护栏应用于大型公共场所等最为普遍。其次，还用于地板、护墙板、建筑模板、门窗型材、扶梯、百叶窗、屋面板、围栏、栏杆、装饰板、线条等。另外，各种园林景观建筑及园林小品方面对WPC也较为青睐，主要的应用形式有：步道、小桥、小屋、亭子、别墅、活动房、花架、栈道、庭院扶手、景观阳台、亲水平台、花坛、花箱、垃圾箱、废物箱、景墙、指示牌、户外秋千、户外桌椅等。

(2) 工业材料。木塑复合材料可作为轿车的内装饰基材，由于其质轻价低、生产工艺简单、可回收利用等特点，主要用于轿车门内嵌件、门板、后备箱、座椅背板、侧箱板、仪表盘等。此外，还用于工具手柄、办公用品、高速公路路牌、衣架、各种模型等产品。

(3) 包装及运输业。托盘是目前包装物流行业中的重要工具,木塑复合材料绿色环保,耐腐性能优于木材,用作托盘,可以降低木材成本。木塑复合材料除应用于各种规格的运输托盘和出口包装托盘,仓库铺垫板、各类包装箱、运输玻璃货架、海洋码头工程组件外,同时在军需用品上,如军品包装箱、营房设施、军用物流托盘等方面也有一些应用。

(4) 室内装饰材料。用于各类家具(橱柜、衣柜、座椅、浴室柜、办公家具等)、装饰板、天花板、浴缸、门把手等。

(5) 文化体育业。音箱、乐器材、高尔夫球棒、乒乓球台等。

10.2 重　组　木

重组木(scrimber),国内曾译为编织木、重组强化木材,它是澳大利亚于 20 世纪 80 年代首先开发的一种新型人造实体木材。它是利用小径级劣质木材、间伐材、枝丫材经辗搓设备加工成横向不断裂、纵向松散而又交错相连的大束木材,再经干燥、铺装、施胶和热压(或模压)而制成的。该产品机械加工性能良好,与天然木材相比,几乎不弯曲,不开裂,不扭曲,其密度可人为控制,产品稳定性能好。在加工过程中,它不存在像天然木材加工时的浪费和价值损失,可使木材综合利用率提高到 85%以上。由于所用材料的成本低,且可做到小材大用、短材长用、劣材优用等,因而它可带来显著的经济效益。

10.2.1　重组木特性

重组木由于采用了碾搓工艺,出材率高,木材最终利用率可达 85%以上。重组木的出现促进了速生丰产林和间伐林的合理利用,为小径木的加工利用开辟了一条新途径。作为一种新型建筑结构用材的重组木,具有许多显著特点。

1. 产品为结构用型材。一方面保留了天然木材的优良性能,其中各组成部分就好像是天然木材的一部分;另一方面在加工过程中人为地将天然木材的缺陷大部分剔除,有的随机均布于产品成材之中,从而又具有天然木材所没有的、制材加工难以达到或不可能达到的优良性能。

2. 可充分利用短轮伐期木材(如小径木、枝丫材和小山竹),产品方向性强,可获得均质高强、长度可任意选择的大截面方材,提高了木材的综合利用率和经济效益。

3. 干燥、施胶、铺装等工序较为简单。除碾搓(辊式)外,无需其他特殊设备,碾搓所需的动力也很小。

4. 机械加工和表面装饰性能好。重组木可用普通的木材加工机械和工具进行锯、刨、钻孔、开榫、钉钉等,并可直接进行油漆等装饰。如在生产过程中加入各种填料、颜料和阻燃、杀菌等化学剂,能生产具有综合功能的结构用材,同时重组木握持坚固件性能也较好。

5. 由于重组木产品的密度可人为控制,在保证一定强度和安全系数的前提下,可根据设计,最经济地选择截面尺寸,以节约原材料,降低建筑成本。

6. 产品强重比大。密度为 650kg/m^2 的辐射松重组木的抗弯强度为同树种优质无缺陷成熟材的 60%～70%;密度加大,则强度提高,二者呈线性关系。若幼龄材原材料本身的强度为同树种成熟材的 50%～70%,只要加大重组木的密度,其强度就可达到优质无缺陷成熟材的 100%或更高。据报道,杨木重组木的横纹抗压强度比辐射松刨花板高 8 倍之多。

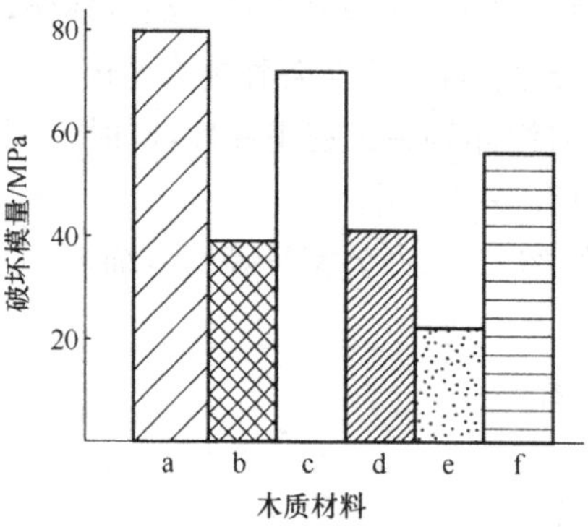

图 10-8 重组木和其他几种木质材料的强度比较

a. 无缺陷成材；b. 有缺陷成材；c. 胶合板；d. 硬质纤维板；e. 刨花板；e. 重组木

重组木与其他几种木质材料的强度比较如图 10-8 所示。

经测定，重组木的刚性和抗压性能及胶接强度均高于建筑标准中规定的要求，受拉和受压时木束破坏而胶接处不破坏，受剪切时无分层现象。经 12 个月以上的长期连续负载试验表明，其蠕变量及强度与天然优质木材相同。按 AS1859 标准的规定，煮沸 72h，其力学性能超过了建筑标准中规定的最高要求。重组木在露天暴露 18 个月后无受损迹象。重组木也和天然木材一样，其含水率的变异速度与天然木材相似，经长时间的浸泡或干燥，也会膨胀或收缩，膨胀率在 5%～20%。与天然木材不同的是，重组木几乎不弯曲，不开裂，不扭曲，材质均匀，截面积大，其长度可按任意需要生产，这些优良特性都是天然木材无法比拟的。

10.2.2 重组木的研究现状与技术延伸

1. 技术问题与研究进展

在产业化过程中重组木的生产设备和生产工艺尚存在一些问题没有得到解决。例如，有的企业没有进行设备的工业化中试就投产大规模生产线，缺少实际规模的生产设备的工业化试验；生产工艺上的主要问题也在大规模生产中逐步显露，其主要弊端是小规模的实验室的工艺参数与大规模的工业生产要求相差甚远，体现在备料、干燥、施胶、定向铺装和热压等各个生产工序中。其结果是当板材尺寸放大到大规模生产时的实际尺寸后，开始出现明显的翘曲和扭曲，表面不平整；干燥时细纤维已经变成绝干状态，而实木棍仅仅表层得到干燥，而内部含水率却很高，不能实现均布干燥；小径木辗压之后，木束纵向展开了但横向却有“藕断丝连”的状态存在，因此木束施胶比较困难；在铺装过程中有少量木束在重组木板面上呈横向排布，严重影响板面平整度，导致表面产生凸凹不平的缺陷；在热压过程中由于压板面积比小型试验的增大许多，板坯内蒸汽压力很高，气体释放困难，因而在卸压时造成了鼓泡分层等缺陷。

针对大规模工业化生产过程存在的弊端，国内外研究者开展了深入细致的研究，东北林业大学马岩和他的课题组长期开展了重组木的辗压力学、重组木力学性质和微观力学的研究，加强了对辗压坯料受力分析及木束形成机制的理论探讨等重组木基础理论的研究，精细地进行了中试生产线的工艺与设备的技术改进和反复试验，将中国重组木的研发推进到了工业化中试阶段，产业化生产规模的试验工作也顺利完成。加工生产出的重组木原料及最终坯料的相关物理力学性能均达到了先进水平。重组木中试技术的研究与实践在于开拓我国人工林小径木和间伐材等加工人造材的基础理论，填补我国重组木加工的空白，为设计研制出具有一定中国特色、规模化的重组木规格材的成套设备提供研究成果。

重组木是性能良好的新型人造材料。随着我国大径级优质原木的日趋减少，可做承重的人造材极缺。重组木研究旨在利用小径级原木、间伐材等制造承重人造材，实现小径级原木、间伐材、制材边角废料的充分利用和小材大用，提供人造材制造的方法和最佳途径。在不需要表面质量达标的产品中，对承重和定向有特定要求的场合，重组木具有广阔的应用前景。

随着我国经济的飞速发展，基本建设要求大量的优质结构材，在这样的形势下，各类有能力进行重组木加工的厂家都将调整自己的产品结构，以适应市场的变化。如果特定场合，没有方材表面质量要求，要求强度高及各向异性特征鲜明时选择重组木是适宜的。

2. 新板材MFB形成的构思

重组木是由原料近似帘幕结构的木束重新组合形成的一种木质人造材料，也可称之为“木束板”。借鉴木束板的思想，构造高强度结构型人造板，在特定场合(绝缘、绝磁、保温、轻结构、各向异性、有天然纹理要求等场合)替代实木，在未来不可再生的矿物资源原料枯竭之时全面替代不可再生的天然材料，一直是现代木材和人造板加工技术的前沿课题。东北林业大学马岩利用微米纤维重组理论，提出一种新型的人造板“微米长薄片状纤维高强度人造板”，简称微纤板，定义英文缩写MFB(micron flake fiber high strength board)。

早在一百多年以前，人们就发现木纤维的单丝强度和普通钢材近似，木材的断裂长度高于许多金属材料。木材的强度之所以低于钢材是由于木材缺陷的存在：木材细胞组织的结构尺寸远远大于钢材的晶格，细胞排布的方式和金属的晶格完全不同；木材多棱形空心形状对材料的弹性模量和强度的影响降低了人造板的强度，由木材结构形成的缺陷大幅度降低了木材强度。

在纳微米技术发展的今天，利用木材微米木纤维的加工和重组技术，通过改变木材细胞的裂解方式来获得完全没有缺陷的木纤维，在近似纯木纤维的条件下，通过微米木纤维的重组加工，理论上可以制造出强度近似钢材的新板种MFB，而且这种板材的很多性能完全超出传统木材的概念。在木材的纳微米加工技术的研究中，通过分析木材细胞的天然构成方式，利用微米加工和微观力学研究清除木材的几乎所有天然缺陷，剔除影响强度的其他低强度纤维组织，是MFB形成的基本构思。所试制的MFB板材试件，弹性模量已经达到5171MPa、握钉力可以达到1933N、静曲强度达到39MPa。弹性模量超过优等MDF和刨花板，各向同性铺装的试件弹性模量已经超过普通OSB主方向弹性模量。如果进一步改进胶的品种，提高吸水膨胀率，就可以替代现在的实木和各种人造板，是非常有前途的一种新板种。

(1) MFB的优良性能。MFB的优越性将体现在以下几个主要方面：①高强度，由马岩提出的方法生产出的实验室样品的弹性模量将具有超出原来品种实木的平均弹性模量，定向铺装以后完全可以超过原来的实木。和MDF相比，在弹性模量上超过107%，在静曲强度上超过77%，在握钉力上超过94%。因此，可以在较大的范围内替代实木和各种人造板。②木本色，木材是人类最先使用的天然材料之一，人类对木材有着本能的依赖感，木材的颜色和纹理对人有舒适的心理影响作用。MFB在生产过程中没有经过反复的高温高压作用和为了去除木材中的杂质采用的化工原料，因此，实验产品呈现木材固有的颜色。为未来产品的喷漆和择色提供优良的基础。③投资低，实现高强度的过程仅仅改变了备料设备，而设备的改进又和刨花板类似，备料设备整机功率消耗相对热磨机会大幅度减少，投资会大幅度下降。④生产线能耗低，没有蒸汽加热等装置，和MDF相比，省了耗电大的热磨机，电耗大幅度下降。⑤握钉力大,会将碎料板应用的场合扩大,板材制造成本也会下降。MFB彻底解决MDF色差不好、强度低和握钉力小的问题。改变了刨花板变形大、表面质量不好和易损坏的现状。弥补了重组木表面质量差、内应力释放困难的问题。MFB的强度可以实现OSB和重组木的指标,将成为近几年国际上出现的最新人造板产品,是我国推出的具有自由知识产权的新板种。

(2) MFB的主要用途。MFB的最主要用途将是在家具行业替代传统MDF和刨花板,替代实木和OSB应用到建材行业。MFB的最大特点之一是较高的强度和握钉力,具有木材本色的表面和优良的表面质量,而且价格低廉。这样,在要求浅色和木本色的场合,MDF往往不能应用。现在新装饰材对于木材本色要求很高,需要选用MFB的潜在市场是显而易见的。对于实木材料应用的场合采用MFB替代传统MDF可以充分发挥这种人造板强度高和握钉力高的优点,MFB的木材本色、美感、保温、绿色消费、寿命高、没有节子等缺陷、防止变形等方面的用途和优势,从各项指标上均超过传统的MDF。利用微米加工的优势,借用刨花板生产线生产方式可以大幅度降低碎料板生产成本,节约优质实木材料,降低生产线能耗,使其具有面向市场的基本条件,扩大其市场占有率,实现人造板最优的加工效益。MFB从基础理论的研究就是我国自主研究的,因此,是一个我国具有自主知识产权的人造板材新品种。

普及MFB有巨大的节能效益和社会效益。MFB能够充分的利用人工林间伐资源,促进我国新型人造板产业的发展。该产品生产过程中,可以没有木片的蒸汽加热,也没有湿法生产时代大量排出的废水,如果采用无毒胶,就可以生产清洁化的绿色人造板。即使是小规模生产,也可以保证产品质量和避免产生污染。因此,MFB的研发具有重要的科学理论价值和产业化意义,有着广阔的发展空间。

10.3 压缩木材

木材压缩技术历史悠久。早在第二次世界大战前,德国就已经制造出了压缩实木(商品名称Lignostone),层积压缩木(商品名称Lignofol)及树脂处理层积压缩木(名为Kunstharzschichtholz);酚醛树脂处理的压缩木材常常称之为“Compreg”,其含义包含有浸注和压缩处理,而未采用树脂处理的尺寸稳定的压缩木材称之为“Staypak”。第二次世界大战期间,树脂处理压缩木被大量用作飞机木制螺旋桨的根部和船舶螺旋桨的各种轴承,英国也有一种商品名为Permali的类似产品在电信号中用作电绝缘连接器;压缩木材也被用来作纺织梭子、线轴、松棉辊(picker sticks)、木槌头(mallet heads)及各种工具手柄。第二次世界大战后,其用途大大受到了限制,主要原因是制作成本太高。20世纪前半叶日本压缩木材技术以开发军用飞机部件为目的,采用高温压缩方式处理水青冈(*Fagus crenata*)、桦木等获得压缩木材;90年代后压缩木材趋向于民用,如地板、墙壁板、家具等,产品应用于一般住宅、公共住宅、学校、体育馆、博物馆等场所。

近年来,木材压缩技术的主要研究内容归纳为图10-9,重点集中在“木材横纹压缩变形”及“压缩变形固定”两个方面。

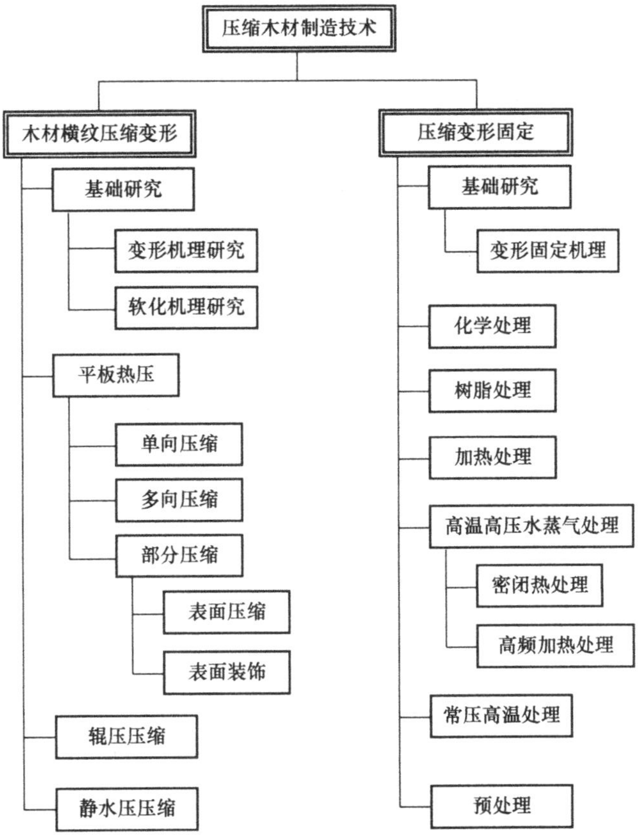

图 10-9　木材压缩技术研究内容

10.3.1　木材压缩技术种类

木材压缩技术可分为原木整形压缩、锯材整体压缩、锯材表层压缩和单板压缩等几种。

1. 原木整形压缩

以原木为对象直接将其压缩加工成正方形、矩形或其他形状的木材。利用该技术，不经过制材工序就可以从原木获得方形或矩形木材。如图 10-10 和图 10-11，原木整形压缩包括横向压缩（压缩方向垂直纤维方向）和纵向压缩（压缩方向平行纤维方向）两种圆变方的加工工艺。

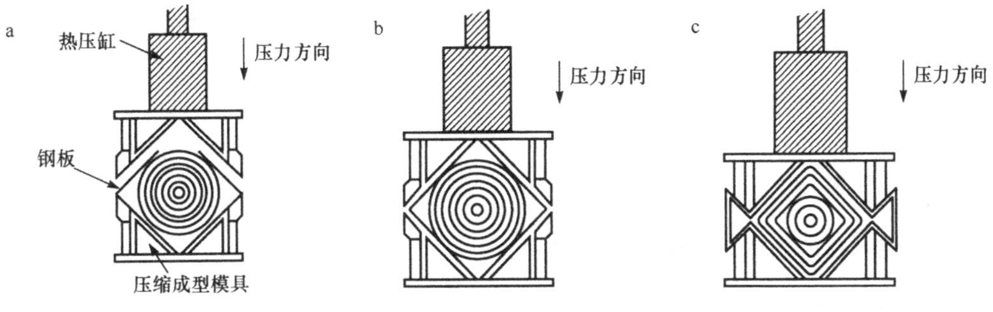

图 10-10　原木整形横向压缩圆变方工艺图

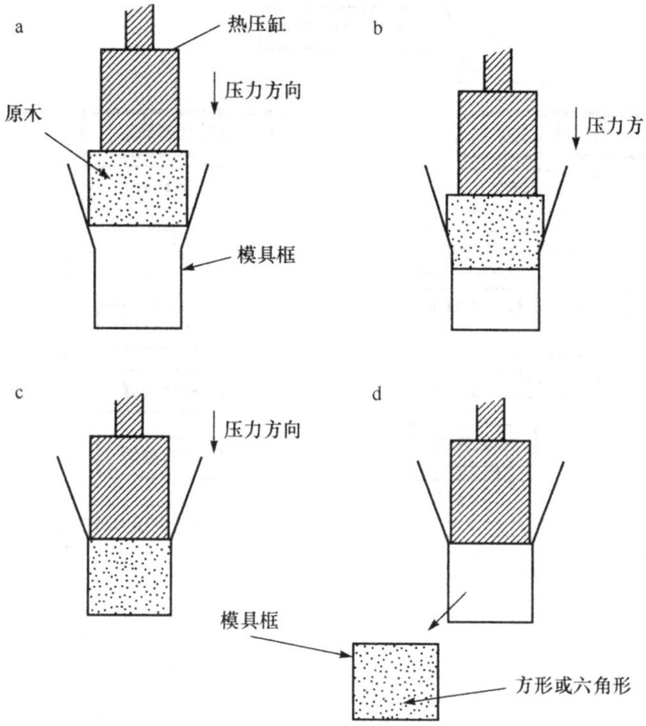

图 10-11 原木整形纵向压缩圆变方工艺图

2. 锯材整体压缩

所谓锯材整体压缩，就是先将原木制材得到规格材或板材，再对规格材或板材实施横向压缩的处理技术(图 10-12)。

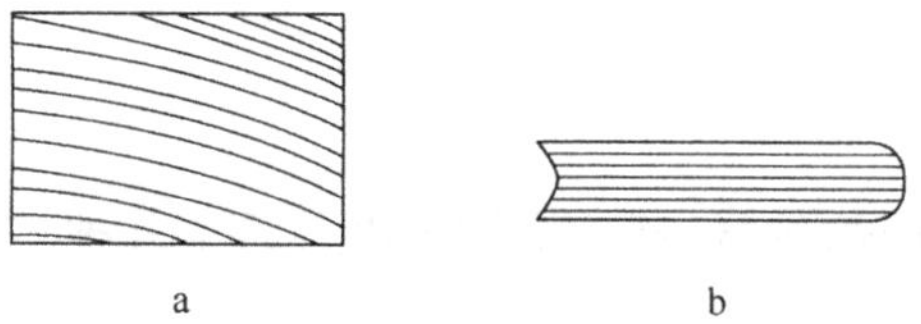

图 10-12 锯材整体压缩示意图
a. 压缩前；b. 压缩后

3. 锯材表层压缩

表层压缩，即通过一定手段仅使表面一定深度层内的木材被压缩，而内部木材压缩率较低或不被压缩的处理技术(图 10-13)。通过表层压缩处理，木材表面密度增加，而内部密度较少增加或不增加，从而实现提高木材表面硬度和耐磨性的目的。该方法既可提高木材的表面性能及物理力学性能，又节约成本，减少了木材材积损失，是一种理想的人工林软质木材材性改良方法。

4. 单板压缩

所谓单板压缩，就是先将原木旋切成单板，以单板为处理对象的压缩处理技术。

10.3.2 压缩木材的物理力学性能

软质木材经过压缩处理可以在以下几个方面得到改善。

(1) 表面特性。由于软质木材表面硬度过低，在应用过程中一旦受到重物或较大外力的

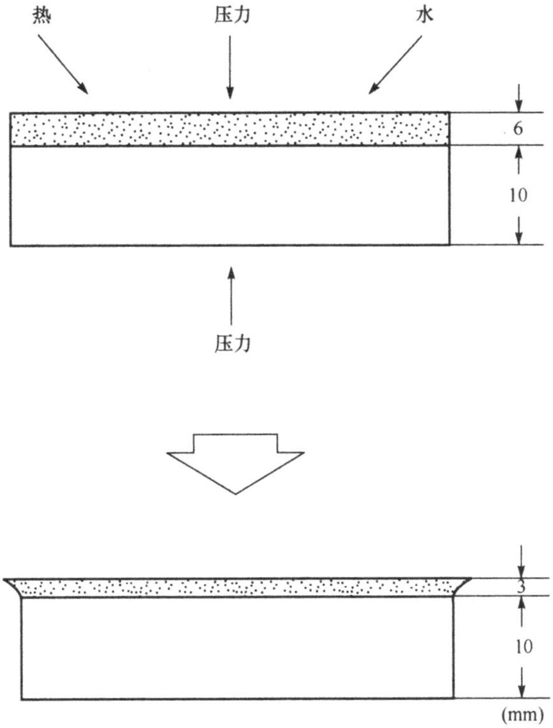

图 10-13　锯材表层压缩示意图

冲击，由于木材抵抗能力较弱，容易被压溃而破坏，特别是应用在像地板、桌子表面等人频繁接触的场合。因此，软质木材的应用范围受到很大限制。其次，在没有油漆保护的情况下，软质木材的表面耐磨性较差。经过压缩处理，单位体积内木材实体物质增加，空隙减少，硬度和表面耐磨性得到提高。

(2) 木材质感。压缩处理提高了木材的密度和硬度，从而使其质感增强，木材显得更加致密；热处理固定变形的过程中，由于热的作用会使浅色木材的颜色略微加深，给人一种高档感觉。

(3) 强度性能。压缩处理使木材的密度显著提高，而密度与强度、模量等强度性能指标又有密切的正相关性，因此压缩木材可以应用在对强度要求较高的场合。如住宅内的扶手、家具框架材料、木质结构件的结合部等。

(4) 加工性。软质木材加工表面不光滑、密度低而不适宜雕刻等。压缩处理使木材的密度更加均匀，加工后表面光洁度增加，适合雕刻加工等。如可以做成印章、各种工艺品及工具类的柄等。

图 10-14 表示的是日本柳杉压缩材的密度、弹性模量(MOE)、断裂模量(MOR)与压缩率的关系。由图可知，在压缩初期，木材密度、MOE、MOR 的增加程度比较低；随着压缩率的提高，当压缩率达到 40%以上，木材密度、MOE、MOR 等迅速上升。日本扁柏、异叶铁杉也有同样的结果。

图 10-15 表示的是日本柳杉压缩材表面性能与压缩率的关系。由图可知，随着压缩率的提高日本柳杉表面耐磨耗度和硬度均呈增加趋势。用 PF 树脂固定变形的试件，压缩率在 30%以下时，表面耐磨性比未加 PF 树脂试件的低；当压缩率达到 50%～60%时，才与未加 PF 树脂试件的相当。对日本扁柏、异叶铁杉的试验结果表明，树种之间差异不明。

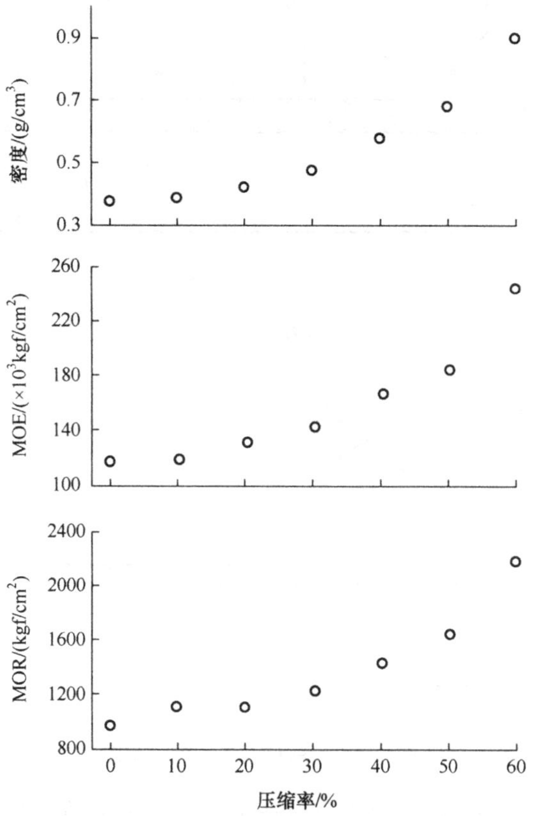

图 10-14　日本柳杉压缩材压缩率与物理力学性能的关系

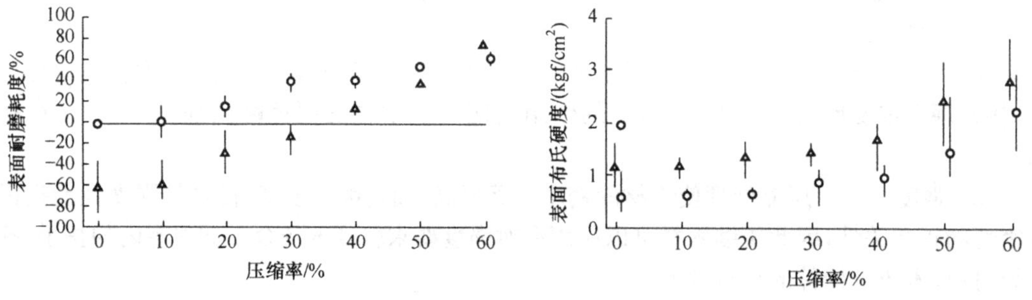

图 10-15　日本柳杉压缩材压缩率与表面性能的关系
(PF 树脂液浓度:○0%,△15%)

图 10-16 表示的是柳杉压缩处理材与其他树种木材物理力学性能的比较。由图可知,压缩处理柳杉木材的物理力学性能随着压缩率的提高而大幅度改善。

图 10-17 表示的是欧洲山杨未处理和压缩处理单板的绝干密度。用 200℃蒸汽处理获得的压缩单板,绝干密度从 0.374g/cm^3 增加到 0.924g/cm^3,提高了 147%;用 220℃和 240℃蒸汽处理获得的压缩单板,绝干密度分别增加到 0.755g/cm^3 和 0.706g/cm^3,随着处理温度的增加,压缩单板的绝干密度在降低。原因是处理温度超过 200℃后木材细胞壁的化学组成发生降解而产生质量损失。

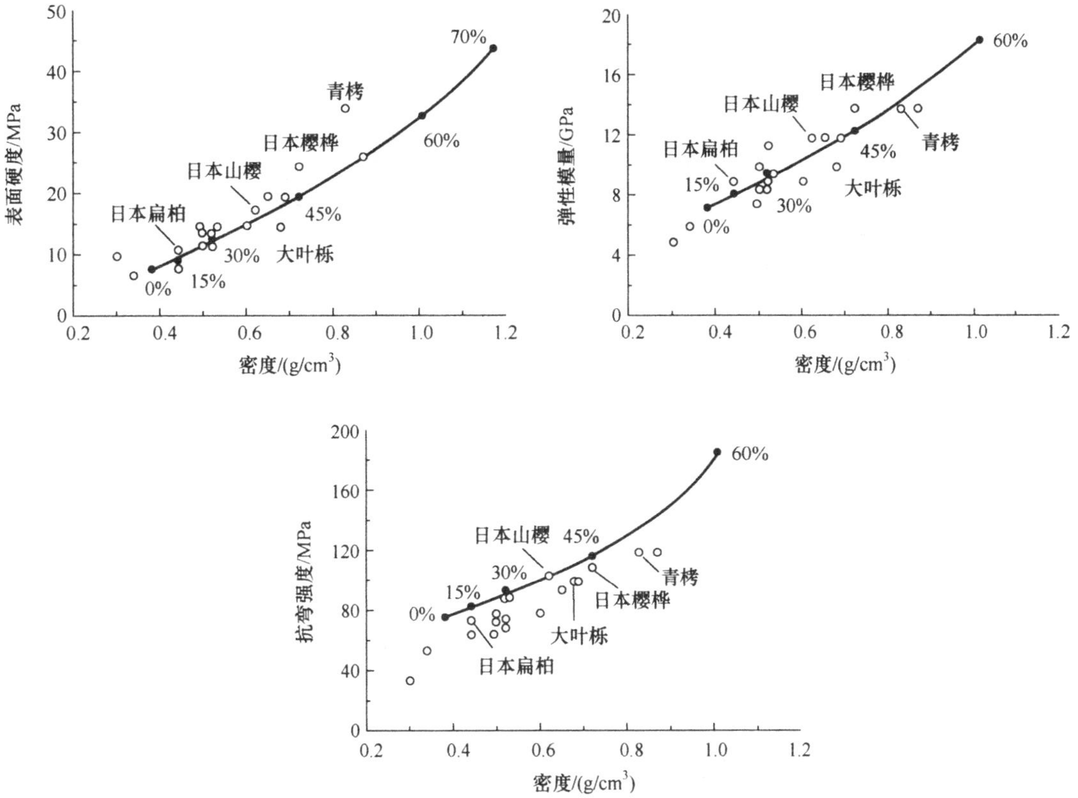

图 10-16　日本柳杉压缩材与青栲(*Quercus myrsinaefolia*),日本樱桦(*Betula grossa* Sieb. Et Zucc.),日本山樱(*Prunus jamasakura*),大叶栎(*Quercus crispula*),日本扁柏(*Chamaecyparis obtuse* Sieb. Et Zucc.)的物理力学性能比较

●代表柳杉压缩木材,○代表日本国产主要用材树种;坐标内数字代表压缩率

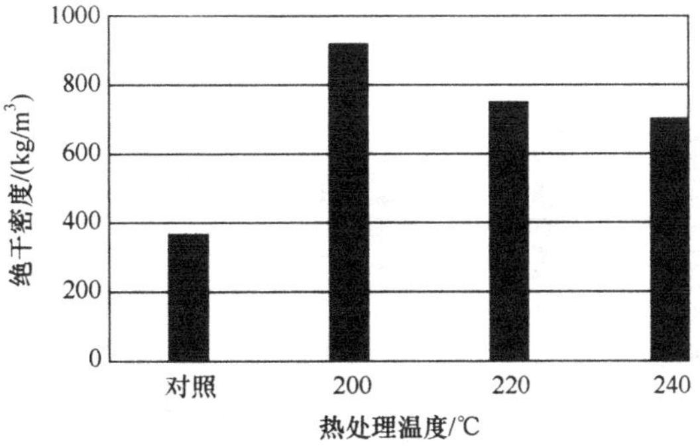

图 10-17　压缩处理对欧洲山杨绝干密度的影响

图 10-18 表示的是欧洲山杨压缩单板的饱水含水率(水中浸泡)和平衡含水率(20℃,50%RH)。由图可知,压缩率 50%左右的欧洲山杨压缩单板,其饱水含水率和平衡含水率较未压缩的降低了。原因是木材压缩后孔隙率降低,细胞壁吸湿性降低。

图 10-19 表示的是压缩处理后欧洲山杨单板的抗拉和抗弯性能及硬度的变化。由图可知,用 200℃蒸汽处理获得的压缩单板,其抗拉和抗弯模量(MOE)约为未处理材的 2 倍;随着处理温度的提高,压缩单板的抗拉和抗弯模量呈降低趋势。对于压缩单板的抗拉和抗弯强度(MOR)也有相同的表现,但与抗拉性能增加相比,抗弯性能的增加更明显。

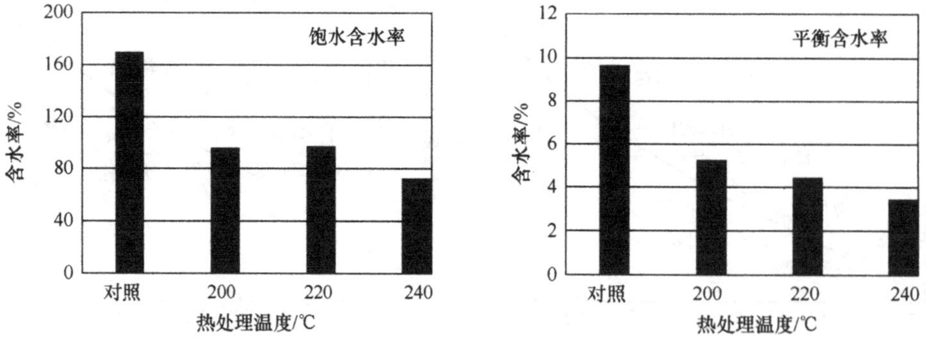

图 10-18　欧洲山杨压缩单板的饱水含水率和平衡含水率(EMC)

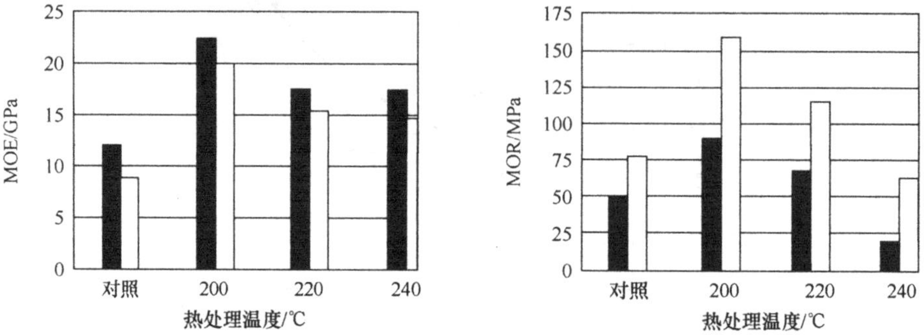

图 10-19　处理温度对压缩单板抗拉和抗弯性能的影响

■:代表抗拉性能;□:代表抗弯性能

由图 10-20 可知，用 200℃蒸汽处理获得的欧洲山杨压缩单板，硬度从未处理材的 17MPa 增加到 45MPa，但热处理温度提高，其硬度增加幅度降低。

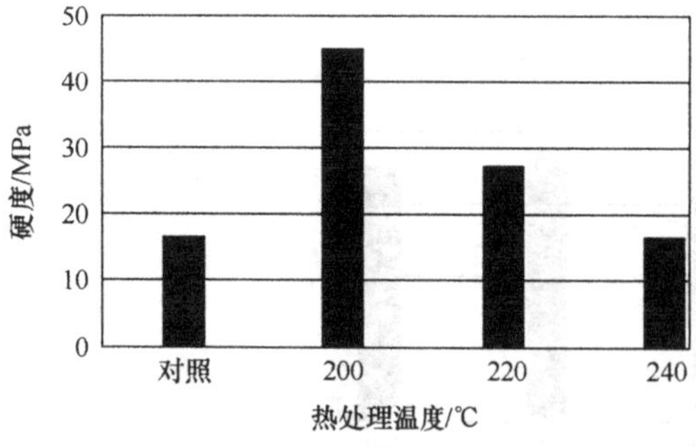

图 10-20　欧洲山杨压缩单板的硬度

按照 JIS Z2101-1994 对人工林杨木和杉木压缩单板表面硬度进行了检测，结果见表 10-1。由表可知，人工林杨木和杉木素材的表面硬度 4.3MPa 左右，压缩处理后人工林杨木表面硬度提高到 20.3MPa 左右，是素材的 5 倍左右；人工林杉木边材表面硬度提高到 12.8MPa 左右，是素材的 3 倍左右。压缩率越高，表面硬度也越高。

表 10-1　人工林杉木边材压缩单板的表面硬度

树种		表面硬度/MPa			
		平均值	最大值	最小值	标准偏差
杨木	素材	4.3	5.6	3.6	0.9
	压缩单板	20.3	38.1	10.6	7.2
杉木	素材	4.3	9.0	2.1	1.4
	压缩单板	12.8	18.7	7.2	2.7

注：木材压缩率为 45%～50%

按照 GB/T17657-1999 和 ASTM D3500-90(Reapproved 2003)对杨木压缩单板的密度、抗拉强度及模量进行了检测，结果见表 10-2。由表可知，在压缩密度相当的情况下，杨木单板的抗拉强度比对照的提高 60%～150%，模量比对照的提高 45%～64%。

表 10-2　杨木压缩单板的物理力学性能

	单板厚度 /mm	拉伸强度 /MPa	拉伸模量 /GPa	密度 /(g/cm^3)
压缩单板	1.22	204.40	27.51	1.253
	1.30	181.56	31.16	1.174
	1.38	133.18	28.78	1.303
对照	1.35	82.53	18.95	1.002

注：对照是指未浸注树脂，只进行热压缩处理的样品

10.3.3　木材压缩变形机制

图 10-21 为木材压缩成型技术的示意图。依靠外力将木材细胞的空腔挤压收缩，单位体积内木材实质物质增加，因此密度增加，相应的木材硬度、强度等指标也得到提高。

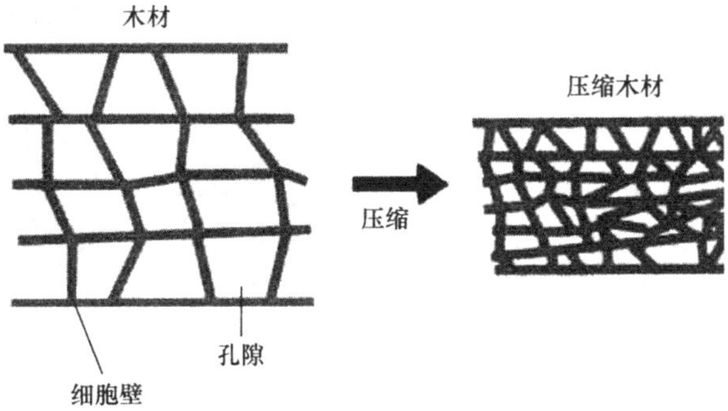

图 10-21　木材压缩成型技术示意图

沿木材纤维方向压缩(纵向压缩)时，在干燥状态下即使很小的应变也会发生破坏；如果在高温高含水率下细胞壁被软化，木材可以发生很大的变形。因此，对木材进行纵向压缩加工时，必须预先进行软化处理。这种破坏应变的大小与树种有关。与热带产阔叶树材和针叶树材相比，温带产阔叶树材的破坏应变大者居多；幼龄材和压应力木的破坏应变大者居多。

在与木材纤维方向垂直的方向上压缩木材(横纹压缩)时，细胞发生很大的屈曲变形，但不会发生很明显的破坏。产生大变形时，细胞壁未发生断裂等损伤，所产生的微小残留变形是由于木材超微构造的损伤所致。一般针叶树材在径向、阔叶树材在弦向容易压缩。

水分和热量都能对木材起到增塑作用，增加含水率或增加温度都可以使最大屈服点向低压方向移动。在 20℃下沿径向压缩处理气干状态的日本柳杉，压缩率在 5%以上时才出现残留变形，且压缩率与残留变形之间存在线性关系；压缩率 60%时，残留变形达 40%，但在水和热的共同作用下，残留变形基本上全部回复。在 100℃下沿径向压缩处理饱水状态的日本柳杉。即便应力达到急剧增加区域，解除应力后，变形基本上全部回复；残留变形有随着压缩率增大而增大的趋势，但即便压缩率达到 70%，残留变形也只有 6%左右。

研究表明，大气状态下纤维素微纤丝、半纤维素和木质素的玻璃转化点分别是 231～

253℃、167～217℃及 134～235℃；通常状况下，纤维素微纤丝对热不敏感，即使在湿润状态起玻璃转化点的变化也几乎不变，而半纤维素、木质素对热则敏感，在湿润状态下半纤维素的玻璃转化点降到 54～142℃，木质素降到 77～128℃。小林好纪利用木材这种热可塑性进行原木整形压缩和变形固定的研究，结果表明：加热温度决定了木材的可塑化程度，压缩前处理加热温度对整形压缩的难易、压缩载荷的大小有很大影响，随着压缩前处理加热温度的提高，压缩载荷在减小，而且压缩率越大最大压缩载荷也越大。

10.3.4　压缩变形回复机制

图 10-22 为木材沿径向压缩时应力应变关系(图中粗实线)。如图所示，压缩起始的微小变形(A)是弹性变形，随着应力的增加，变形呈直线增加；当应力超过屈服点(B)后，应力增加缓慢，此时表现为木材细胞壁皱曲、细胞腔基本消失(图 10-23)，再压缩下去细胞壁之间开始接触(C)；进一步压缩下去，应力呈直线急剧上升，当应力再增加时，木材将发生显著破坏。图中细实线表示压缩后立即解除载荷后的应力应变关系曲线。由图可知，变形基本全部回复(图 10-23)。

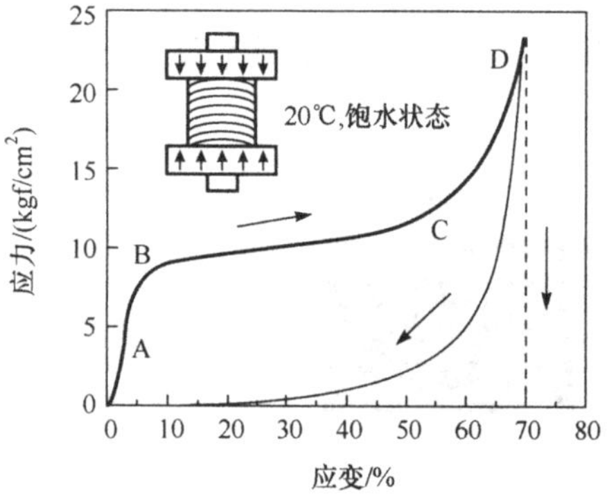

图 10-22　木材横向压缩应力应变曲线
(日本柳杉木材，在 20℃、饱水状态下)

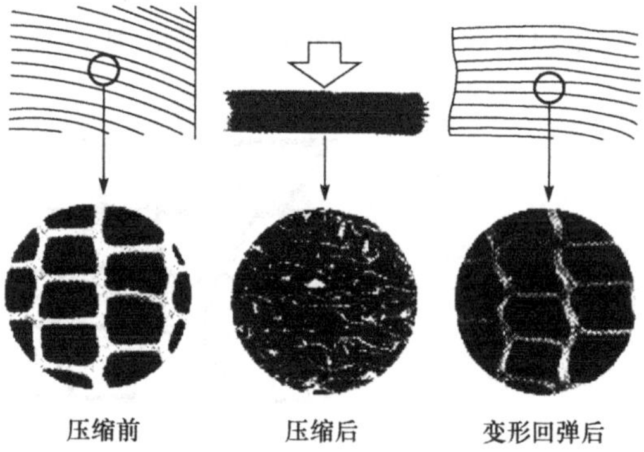

图 10-23　细胞水平观察木材压缩变形及变形回弹
(图中细胞图片为实体木材扫描电镜图片)

木材压缩变形回复有一种有趣的现象，即变形的回复程度因压缩固定时温度的不同而异。例如，分别在 20℃、40℃、60℃、80℃、100℃下压缩固定的木材，在 0℃水中的变形回复率分别是 81%、78%、73%、61%和 46%；如果变形回复处理的水温与压缩固定的温度相同时，压缩变形的回复率达到 85%～95%(图 10-24)。说明，变形回复率与木材成分的软化程度和分子运动密切相关。

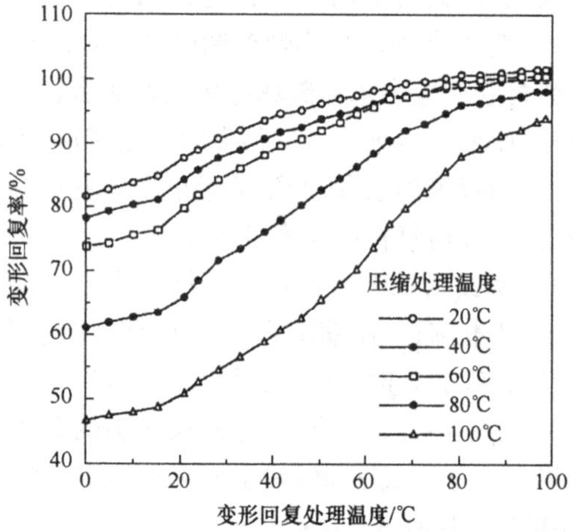

图 10-24　在饱水状态下温度对变形回复率的影响

木材细胞壁具有复杂的层状结构，各层由微纤丝及填充于微纤丝之间的基质构成。微纤丝是纤维素大分子链聚集并结晶化的构造体，基质由部分无定形高分子木质素和非结晶性多支链半纤维素构成。在水热作用下，微纤丝不会软化，而基质会软化但不流动。图 10-25 为微纤丝及基质变形和回复模型图，图左上为微纤丝，图右上为基质。微纤丝在长度方向承受压缩力作用时，发生图左下那样的屈服变形，力解除后变形瞬间回复，微纤丝显示出能弹性(energy elasticity)特性。基质在高温、高含水率条件下呈橡胶态，很小压缩力下发生图右下的大变形；由于基质成分之间存在结合力而不会发生分子的流动；当外力解除后，由于分子的热运动，变形慢慢回复，呈现熵弹性(entropy elasticity)特性。

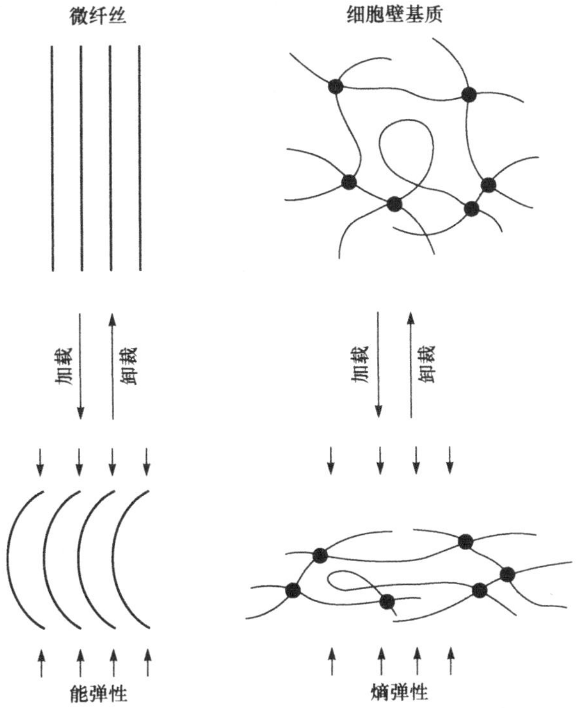

图 10-25　微纤丝及细胞壁基质变形和回复模型图

如图 10-25 所示，细胞壁发生较大压缩大变形后，微纤丝和基质相应的也发生了不同的大变形，所以推测沿着微纤长度方向二者之间的化学结合可能被切断，进一步推测细胞壁层间也会发生较大程度的化学结合的切断，但通过扫描电子显微镜的实际观察，事实上并未发现细胞壁层间的分离。

在保持微纤丝和基质大变形状态下干燥处理，微纤丝表面的纤维素、半纤维素分子脱去吸着的水分子，使分子内和分子间形成氢键结合，结晶化的微纤丝储蓄弹性能而使部分变形得到固定。另外，干燥处理后，充填在微纤丝之间的基质也脱去水分子，基质成分分子间形成氢键，而且由于温度降低，基质由橡胶态转变成玻璃态，将微纤丝的变形固定。只要氢键结合不被破坏，变形就不会回复。但是，经过水热处理，氢键结合被破坏，基质成分分子运动活泼，微纤丝蓄积的弹性能得到释放，基质会因为熵弹性回复而使变形得到回复。

综上所述，压缩变形遇水和热就会迅速回复变形；采取有效措施，控制变形的回复对保证压缩材的物理力学性能具有重要作用。

10.3.5　压缩变形固定方法

木材热压缩产生的变形可以得到暂时固定，在干燥状态下是比较稳定的；但是如果在水和热的共同作用下，被压缩的木材基本回复到原来的形状，只要是变形没有给木材带来显著破坏,那么将有 85%的压缩变形回复。因此,压缩木材作为材料使用时,永久固定其变形是一项重要内容。

永久固定压缩变形的方法可以从①分子间形成化学结合;②细胞壁疏水化;③解除压缩木材内应力三个途径来实现(图 10-26)。

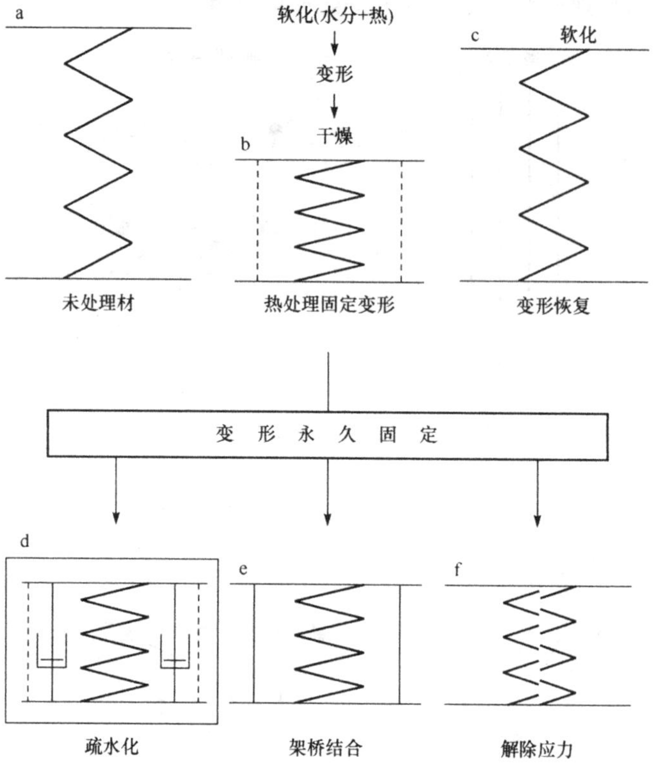

图 10-26 变形固定机制示意图

实现第一种途径的典型方法有气相甲醛处理、马来酸-丙三醇(glycerine)处理(MG 处理)等,用化学结合替代暂时固定变形的氢键结合。如图 10-27,是采用气相甲醛处理日本柳杉压

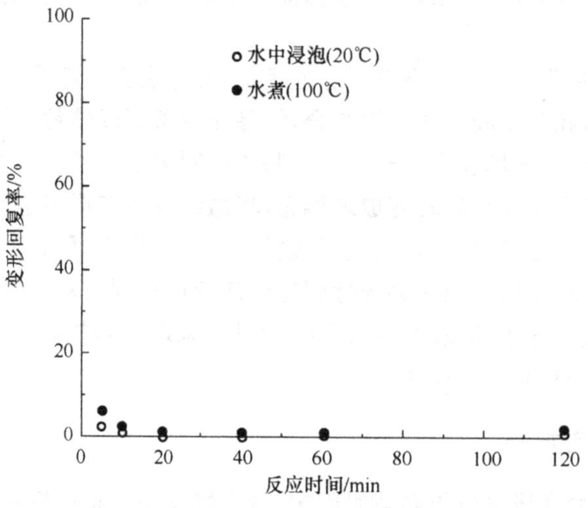

图 10-27 气相甲醛处理对变形回复率的影响

缩木材(SO_2为催化剂，压缩条件：80℃下将饱水日本柳杉沿径向压缩并干燥，压缩率 54%)，经过短时间的反应，压缩变形完全得到固定。

图 10-28 为几种架桥结合交联剂对变形回复率影响的比较。由图可知，用四噁烷+SO_2 及甲醛+醋酸+盐酸处理的，其变形回复率最低，说明这两种处理剂在控制变形回复方面效果明显。与甲醛+醋酸+盐酸处理的效果相似，用甲醛、醋酸+盐酸处理的也表现出较低的变形回复率。其固定变形的机制如图 10-26f 所示情况，即不仅起到了架桥作用，而且由于酸水解作用使木材大分子链分解，释放内部应力。

比较四噁烷+SO_2 联合处理与各自单独处理的情况可知，四噁烷、SO_2 单独处理时并没有表现出有效的固定作用。由此说明，四噁烷+SO_2 联合处理方式是固定压缩变形的一种主要方法。

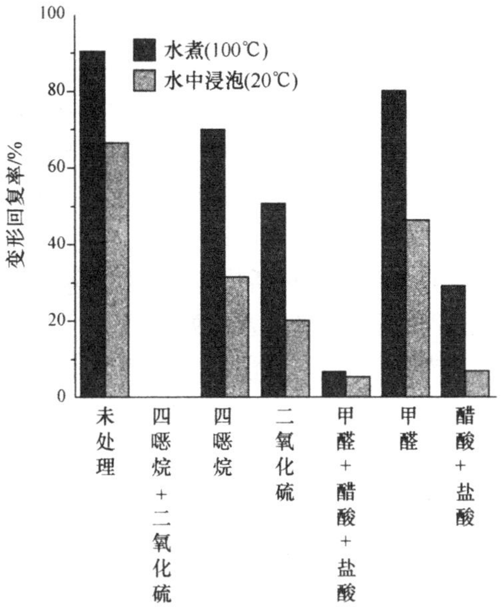

图 10-28　几种处理剂对变形回复率影响的比较

MG 马来醇+丙三醇处理主要用于弯曲木的永久固定。先将马来酸-丙三醇水溶液浸注到木材内，然后进行弯曲加工；在保持变形状态下，使处理木材发生酯化(ester)反应，达到固定变形的目的。将 MG 固定处理和未处理的弯曲木材置于野外 4 个月后，未固定处理的弯曲变形完全回复而变直，而固定处理的依然维持弯曲原状。

实现第二种途径的方法是向木材浸注低分子量的树脂水溶液使细胞壁膨润并疏水化，通过树脂固化达到固定变形的目的。有效的树脂为分子量 300 左右的酚醛树脂或三聚氰胺树脂。例如，用浓度 15%的酚醛树脂水溶液或 25%的三聚氰胺水溶液，重量增加率达到 50%，就可以使变形得到完全固定(图 10-29)。

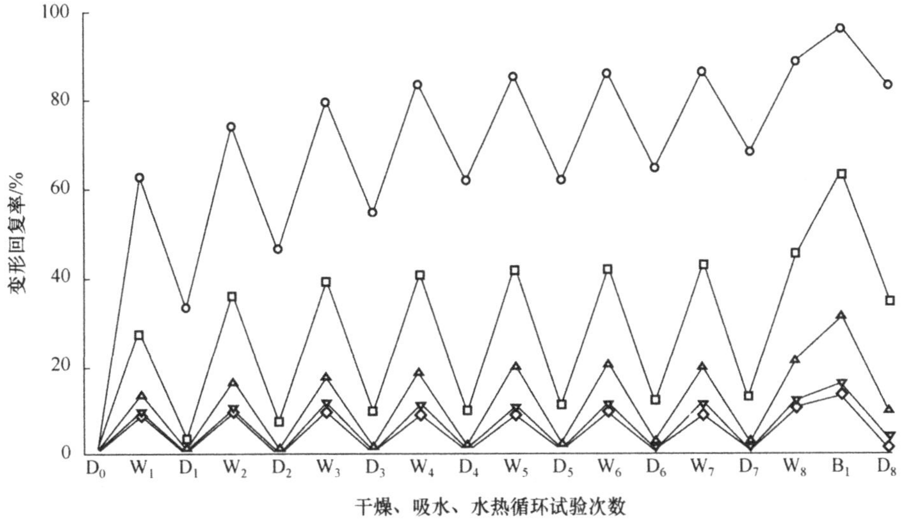

图 10-29　低分子量酚醛树脂处理材变形回复率的变化
(D 代表干燥，W 代表吸水，B 代表水热，以下同)

压缩实木(商品名称 Lignostone)时代主要是利用酚醛树脂固定压缩变形,现在开发出储存期长,着色或变色小等更加功能化的树脂,在更低的浓度下就能够有效地固定变形。树脂处理固定变形方法由于使用化学药剂而对人体和环境有影响,但是,从实用效果来讲,该方法是最简单、最有效和最可靠的方法;同时,树脂处理方法还具有抵抗生物侵害作用的优点。如果有效地解决其对人体和环境影响问题,仍不失为一种选择。

实现第三种途径的方法是加热处理。该方法的作用原理是:在热的作用下木材成分发生水解反应,微纤丝、基质成分的分子被切断,引起局部的分子运动,缓解内部应力而降低变形的回复力,使变形永久固定。

加热处理方法包括热处理、高温高压水蒸气处理、密闭加热处理、高频热处理、高能射线照射处理、常压高温处理及前处理等。

相对于热处理,高温高压水蒸气处理方法变形固定时间短(图 10-30),处理材强度损失小,对环境的负影响小,但设备造价高,操作、管理等困难,处理材的尺寸有一定限制,处理不易达到均匀。

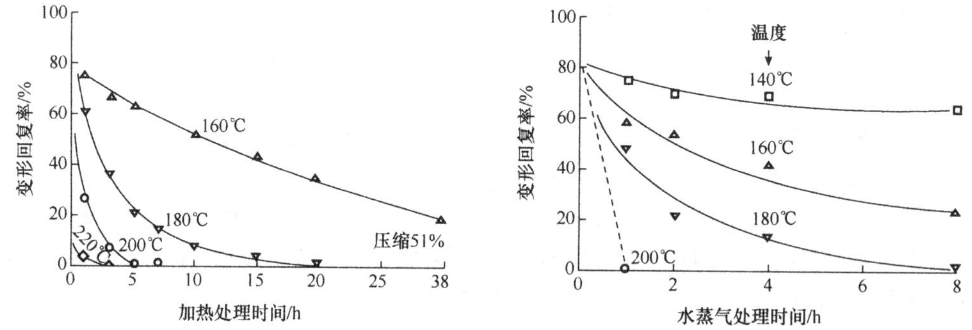

图 10-30　加热处理及水蒸气处理温度对压缩变形回复率的影响

由图 10-31 可知,不论是热处理还是水蒸气处理(温度 180℃),5 次循环处理后,变形回复率随着处理时间的延长而降低。例如,未处理试件 5 次循环后的变形回复率为 80%多,加热处理 10h 和 20h 的变形回复率分别降到 25%和 20%,而水蒸气处理 8min,5 次循环后的变形回复率小于 10%。相比之下水蒸气处理方法的效果和效率均优于热处理。

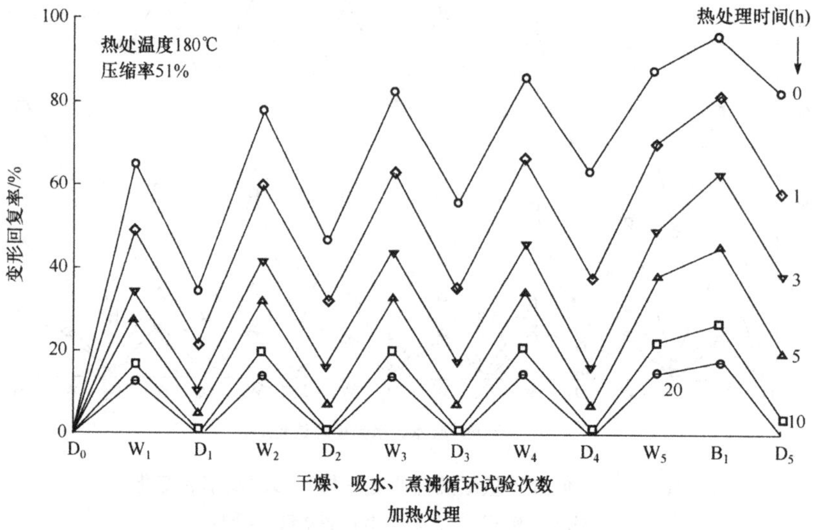

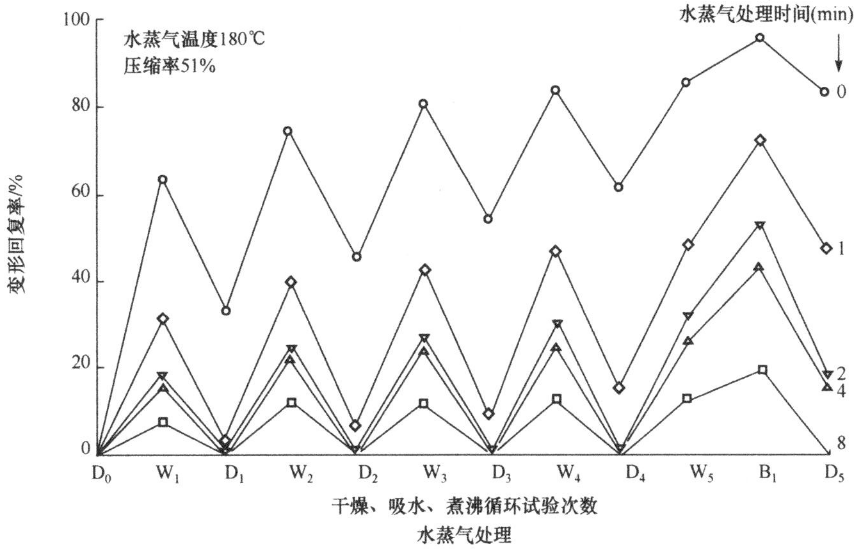

图 10-31 循环处理对加热处理及水蒸气处理压缩材变形回复率的影响

密闭加热处理方法是利用木材自身所含水分,实现短时间且均匀固定的方法。在平板压机内,将试样四周密闭而形成一个封闭体系,压缩木材时,体系内的空气也被压缩;由于加热(温度超过 100℃),体系内的压缩空气体积膨胀,同时,木材内的水分被气化,从而在体系内形成水蒸气,达到了与水蒸气处理相同的目的(图 10-32)。与水蒸气处理方法相比,该方法对处理材尺寸的限制小、处理更加均匀。

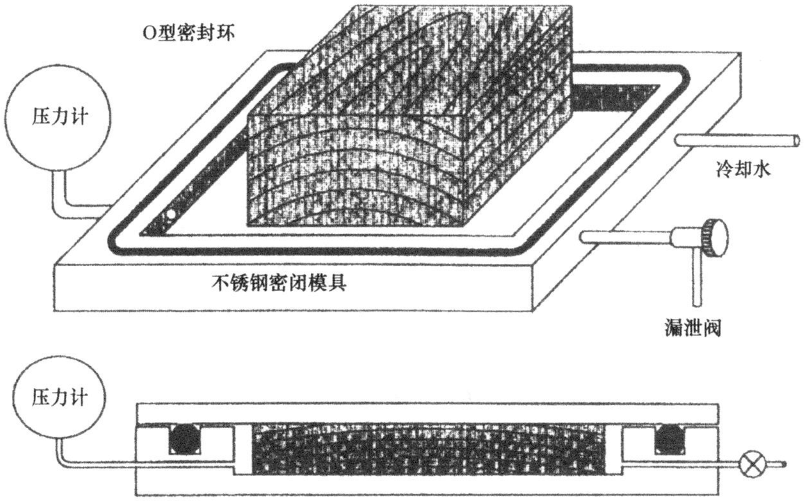

图 10-32 密闭热处理用模具

由图 10-33 可知,对于未经热处理固定变形的试件吸水及煮沸后的变形回复率分别为 73%和 86%;采用开放热处理的,随着处理时间的延长变形回复率略有降低;而经过密闭热处理的,处理 2min 和 8min 分别可以使吸水变形回复和煮沸变形回复得到控制。

比较热处理、水蒸气处理及综合了加热处理和水蒸气处理的密闭热处理在固定压缩变形方面的效果和效率,密闭热处理方法充分利用了木材固有的水分来固定变形,固定变形能力

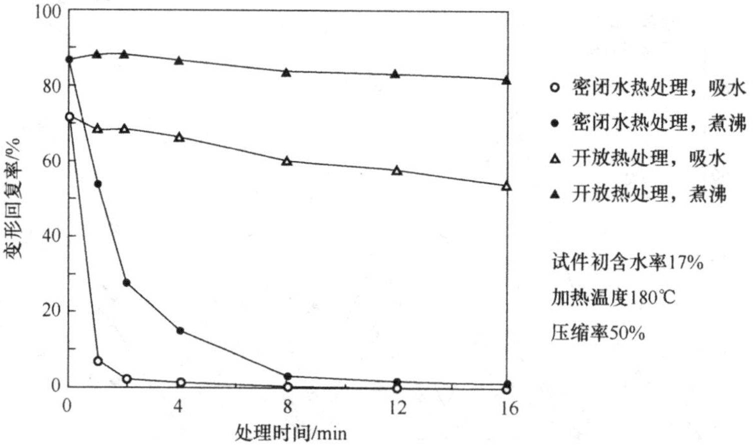

图 10-33 处理时间对变形回复率的影响

强，最重要的是固定变形所需时间短。但是，这种方法有其局限性。首先，材料的尺寸受到限制，无法制造大尺寸材料，如住宅装饰、家具用材等；其次，由于木材传热效率低，加热大尺寸木材时，在厚度方向上容易产生温度梯度，中心部位达到 180～200℃需要很长时间；再次，为了防止鼓泡，卸压必须在冷却后，反复的加热、冷却，不仅增加成本而且生产效率低。为了提高加热效率，人们探讨了使用加热效率高的高频加热方法，它可以实现内外的均匀加热。高频热处理方法适合于较厚的压缩处理材（如厚度在 20～40mm 的横断面尺寸较大的材料）。木材热传导率低，对于较厚的材料，要想使材内部也得到均匀加热，常规的加热方法都需要较长的时间且容易产生加热不均现象。

图 10-34 为高频加热处理与热压板加热处理在控制变形回复率效果方面的比较。由图可知，热压板密闭加热处理的试件，吸水处理 48h 后变形回复率达到 60%左右，而与高频并用的

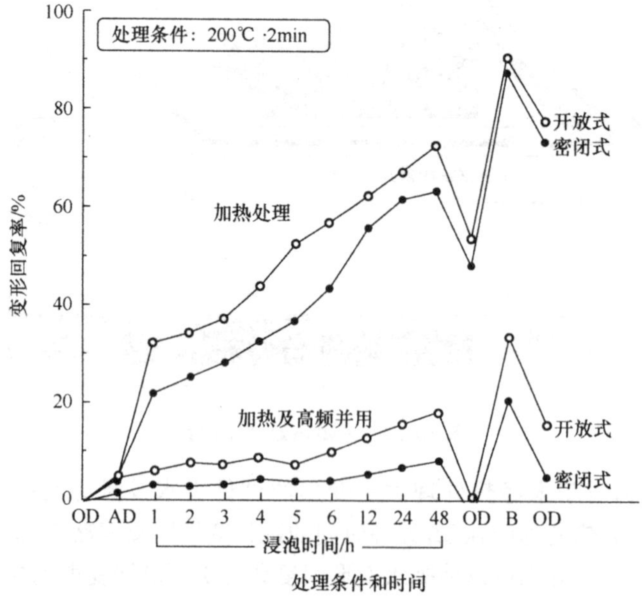

图 10-34 高频加热处理对变形回复率的影响

OD. 100℃下干燥 6h；AD. 90%RH 下 1 周；B. 煮沸 2h

处理方式，变形回复率在 5%～10%；煮沸处理时，热压板密闭加热处理试件的变形回复率达到 90%左右，而热压板与高频并用密闭加热处理试件的变形回复率只有 20%左右；煮沸处理后干燥至绝干时的变形回复率，热压板密闭加热处理试件为 70%～80%，而热压板与高频并用密闭加热处理试件在 5%以下。

利用高能射线照射处理压缩木材，可以实现短时间加热，而且发热少，无须冷却，在未来的压缩木材连续化工业生产，将是一种值得期待的固定变形方法。高能射线(如 γ 射线)照射后，木材细胞壁中半纤维素和纤维的聚合度随着照射能量的增加而降低，这与热处理固定压缩变形机制相似。

在加热处理的各种方法中，高温(超过 180℃)高压是不可或缺的条件，这种方式的最大缺点就是需要耐压容器，操作复杂。在此基础上，井上雅文等提出了利用高沸点液体[如乙二醇(glycol)、丙三醇(glycerine)]处理木材使之膨润，然后在常压下将湿润状态的木材进行高温加热处理。例如，以浓度 40%以上的丙三醇水溶液处理木材并压缩，在 200℃下加热处理 10min，获得了尺寸稳定性优异的压缩木材；如果在丙三醇水溶液中添加 0.2%的硫酸作催化剂，处理时间进一步缩短。

鉴于上述热处理方法，Sekino 等提出了在 220℃下预先处理 10min，使木材成分的网状结构被切断，增加成分的流动性，然后再压缩，这样变形就不再回复。

除此以外，还探讨了以无毒害、无污染、非甲醛系列试剂的多元羧酸类化合物 1,2,3,4-丁烷基四甲酸(简写 BTCA)为交联剂，以无机盐类(NaH_2PO_2)为催化剂，固定大青杨木材压缩变形。

10.3.6　赋予木材变形的手段

赋予木材变形的手段有多种，如平板压机压缩、辊压压缩、静水压压缩等。根据压力作用方向还可以分为单向压缩、多向压缩(主要用于原木整形压缩)；根据需要有整体压缩，也有表层压缩，等等。

辊压压缩方法是在一对回转的金属辊间使木材通过，木材经过瞬间局部产生压缩变形。这种方法的优点在于可实现压缩工艺的连续化。在未来的压缩木材连续化工业生产，将是一种值得期待的压缩处理方法。

中空结构体压缩时的变形主要表现为内腔体积的减少。因此，与变形方向相垂直的方向也会发生若干伸长。压缩时束缚住这个方向的伸长(即横向束缚)对减少压缩木材宽度方向上的翘曲变形具有重要作用。

10.4　木材-金属复合材料

以木质材料与金属单元通过不同方法复合形成的材料称之为木材-金属复合材料。复合方法包括熔融注入、叠层胶合和化学镀等，在此重点介绍化学镀法。

化学镀是指在不加外电流的情况下，利用还原剂把溶液中的金属离子还原在呈催化活性的镀件表面的一种技术。因此，该种技术又称为不通电镀(electroless plating)或自催化镀(autocatalytic plating)。其确切含义是在金属或合金层的催化作用下，用控制金属的还原来进行金属的沉积。与电镀相比，化学镀具有如下特点：①镀层厚度均匀；②化学镀层外观良好；③无需大的电源设备；④化学镀层能够在非金属上沉积。

化学镀镍溶液由主盐-镍盐、还原剂、络合剂、缓冲剂、稳定剂、加速剂、表面活性剂等组成，以下将分别讨论各组成的作用。

10.4.1 化学镀镍的机制

化学镀的还原剂主要有次磷酸盐与硼氢化物两类。下面以常用的次磷酸盐为例说明化学镀镍的原理。

以次亚磷酸钠为还原剂，将镍盐还原为镍，同时使金属层中有一定的磷。关于 Ni-P 化学镀的具体反应机制，目前还没有统一的认识，主要有三种假说，分别是“原子氢态理论”，“氢化物理论”和“电化学理论”。但被大多数人所接受的是原子氢态理论。

该理论认为，镍之所以能够沉积，是依靠镀层表面的催化作用，使次亚磷酸根在水溶液中分解，生成初生态的氢，这一过程可用化学方程式表示为：

$$H_2PO_2^- + H_2O \longrightarrow HPO_3^{2-} + H^+ + 2[H]$$

初生态的氢被吸附在催化金属表面，使其活化，镀液中的镍离子被还原，在催化金属表面沉积出金属镍。用化学方程式表示为：

$$Ni^{2+} + 2[H] \longrightarrow Ni + 2H^+$$

同时，初生态的氢在催化金属表面使次亚磷酸根还原出磷：

$$H_2PO^{2-} + [H] \longrightarrow H_2O + OH^- + P$$

部分初生态的氢原子结合成氢气。用方程式表示为：

$$H + H \longrightarrow H_2\uparrow$$

由此，镍盐被还原，次亚磷酸盐被氧化，总的方程式为：

$$Ni^{2+} + H_2PO_2^- + H_2O \longrightarrow HPO_3^{2-} + H^+ + Ni$$

镍原子与磷原子共同沉积，形成镍磷合金镀层。

$$Ni + P \longrightarrow Ni\text{-}P$$

因此可知，其基本原理是通过镀液中离子还原，同时伴随着次亚磷酸盐的分解而产生磷原子进入镀层，形成过饱和的 Ni-P 合金。

化学镀沉积是用化学的方法将镍离子还原形成金属镍并沉积在具有催化金属表面上。由于铁、钴、镍、钯、铂等金属和合金都具有催化作用，因此上述合金材料都可直接化学镀镍。而且一旦开始后，由于镍的自催化作用，这种氧化-还原反应就会在镀件各处均匀的连续不断地进行下去，从而获得一定厚度的镀层。但对于没有催化活性的非金属，需进行活化处理后，使表面具有催化活性，方可进行化学镀。

10.4.2 活化方法

(1) 敏化-活化。早期使用的活化工艺是敏化、活化两步法。即首先用氯化亚锡敏化，水解后用银氨溶液或氯化钯溶液活化，从而在非金属表面附着上对化学镀具有催化作用的贵重金属微粒。1961 年，美国学者 Shipley 首先研制成功敏化-活化一步法，该方法得到了广泛应用。这是活化工艺的一个新突破。所用的活化液习惯上被称为胶体钯活化液，此活化液虽然有可观的寿命，一般可使用 3 个月至半年，但总发生聚沉。所以，70 年代人们又开始研制活化-还原两步法，若将前两种活化工艺称为第一、二代活化工艺，则活化-还原两步法可被称为第三代活化工艺，它的活化液是真溶液，使用时若能补充溶液的组分，则其寿命远比胶体钯溶液的长，但由于技术的问题，目前仍未广泛应用。

敏化-活化一步法的研制成功是化学镀前活化处理工艺上的一个重大改进。1961年Shipley发明的胶体钯催化剂，在目前的非金属电镀、印制板孔金属化生产上得到广泛的应用。目前国内配制胶体钯溶液的一般方法如下：将75g氯化亚锡加入到200ml浓盐酸中，不断搅拌至完全溶解，加入7g锡酸钠，搅拌均匀，此为A液。将1g氯化钯加入100ml浓盐酸中搅拌至完全溶解，再加200ml蒸馏水，在30±2℃下加入2.53g氯化亚锡，并不断搅拌，此为B液。从加入氯化亚锡起计时，将B液搅拌12min后，立即将A液慢慢倒入B液中并稀释至1L。将配制好的胶体钯溶液置于65±5℃的水溶液中保持4～6h。保温不仅能提高钯微粒的催化活性，还可延长活化溶液的使用寿命。配制时发生如下反应：

$$Sn^{2+} + Pd^{2+} \rightarrow Sn^{4+} + Pd^0\text{(胶体)}$$

在盐酸溶液中，Sn^{2+}和Pd^{2+}进行反应，它的最后产物中存在金属钯微粒，此时钯粒子吸附了溶液中过量的二价锡离子，并以胶态存在。胶粒比表面积较大，具有很强的吸附作用，将工件浸入活化液中，胶体钯就会吸附到工件表面上。胶态钯活化液配方及工艺条件见表10-3。

表10-3 胶态钯活化液配方及工艺条件

成分及工艺条件	1	2	3	4
氯化钯($PdCl_2$)/(g/L)	0.2～0.3	0.5～1.0	0.1～1.0	0.2
盐酸(HCl)/ml	200	300	5～10	10
水(H_2O)/ml	800	500		
氯化亚锡$SnCl_2$/g/L	10～20	50		
温度/℃	20～40	50～60	室温	20～40
时间/min	5～10	5～10	1～3	1～3

在胶体钯活化液中盐酸含量很高，有的配方每升溶液中含盐酸高达600ml，产生的强烈酸雾对健康和设备有害。为解决这一问题，人们对胶体钯进行了改进，例如在其中加入尿素来抑制酸雾的产生。特别是用氯盐来代替大部分盐酸，这样配制的盐基胶体钯催化液在操作时不产生酸雾，但同样具有较好的催化活性、稳定性和结合力。而且，配制时不一定要像酸基胶体钯那样按照严格的步骤进行。按下述方法配制的盐基胶体钯溶液具有很好的活性。将0.3g氯化钯溶于10ml浓盐酸和10ml蒸馏水的混合溶液中，在其中加入12g氯化亚锡。另取160g氯化钠溶于1L蒸馏水中，将两溶液在不断搅拌下混合，并在45～60℃下保温2～4h即得盐基胶体钯溶液。

经胶态钯液活化处理过的镀件，其表面吸附一层胶态钯颗粒，经解胶处理后，胶体钯外面的锡离子(Sn^{2+})被溶解下来，具有催化活性的金属钯微粒，在化学镀时起催化作用。

木材化学镀过程中普遍采用的活化剂仍为胶体钯，其稳定性差，容易沉降，难以长期储存并重复利用，胶体钯活化过程中基体表面吸附一层亚锡离子而影响化学镀层的均匀性和附着力。木材表面对胶态钯吸附无化学键合作用，从而使木材与镀层之间的结合方式是单纯的物理结合，即镀层沉积在木材表面的孔隙中形成的“锁扣”效应，使镀层的附着力低，容易脱落，影响复合材料在使用中的性能和寿命。

(2) 离子钯活化法。该活化法采用离子钯活化液，其本质上是一种钯的络合物的水溶液。

氯化钯不易溶于水，却可以被过量的氯离子络合形成水溶性的$[PdCl_4]^{2-}$络离子，将待镀基体浸入上述溶液中，钯的络离子在基体表面吸附达到平衡，之后被还原成具有催化活性的金属微粒，使用的还原剂主要有次亚磷酸钠、水合肼和硼氢化钠。在表面生成了催化金属微粒后就可以进行化学镀镍和化学镀铜。由于离子钯活化液中不含亚锡离子，且是真溶液，因此可以长期使用而不会发生沉降，同时克服了胶体钯活化过程中基体表面吸附一层亚锡离子而影响化学镀层的均匀性和附着力的缺点。但是，木材作为生物质材料，主要有纤维素、半纤维素和木质素组成，其对离子钯的吸附能力有限，达不到活化的要求，因此必须用氨基硅烷或壳聚糖对木材进行表面处理，利用N-Pdσ配位键(Pd^{2+}的最外层电子构型为$4d^8 5s^0 5p^0$，一般为dsp^2杂化，电子未充满，N的孤对电子能占据Pd^{2+}的空轨道)(图10-35)使木材表面吸附足量的钯离子，经还原后获得具有催化活性的金属钯。该法的活化效果很好，既可催化金属镍的沉积，也可以催化金属铜的沉积。

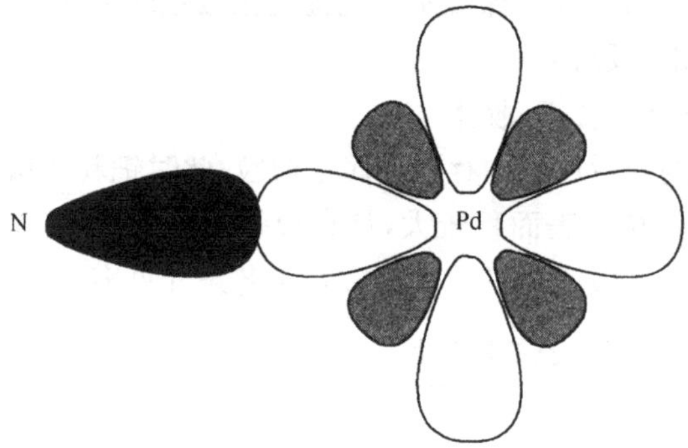

图10-35　N-Pdσ配位键的形成

东北林业大学的研究者采用以下流程(图10-36)，进行了木材表面化学镀镍和化学镀铜，获得了很好的效果。具体做法：在预处理过程中木材表面上的具有高反应活性的羟基与水解后氨基硅烷或壳聚糖分子中的羟基或者氨基形成氢键，干燥后脱水，形成C-O-Si或C-O-C键；活化时，氨基硅烷/壳聚糖分子中氨基中的N与Pd形成N-Pdσ配位键，二价钯离子随后在次亚磷酸钠溶液中被还原为单质钯，浸入镀液中后，镀液中的二价镍离子在钯催化下被还原成单质镍沉积在木材表面，同时伴随着副反应即磷沉积反应。实验过程中所用镀液的组成见表10-4。

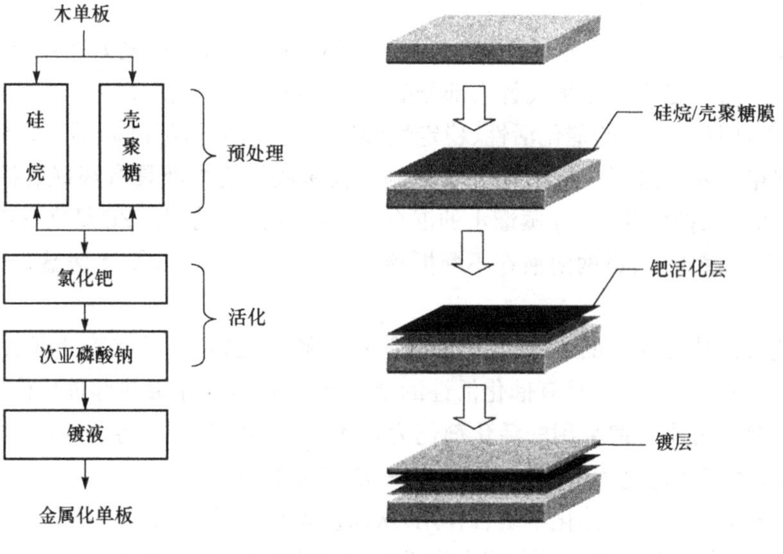

图10-36　木材单板表面化学镀镍工艺流程示意图

表 10-4　化学镀镍的镀液组成

镀液组成	含量/(g/L)
$NiSO_4 \cdot 6H_2O$	15～35
$NaH_2PO_2 \cdot H_2O$	15～35
NH_4Cl	10～30
络合剂	10～15
稳定剂	0～0.02

以氨基硅烷处理为例，进行说明。在木材的硅烷处理过程中，硅烷分子中的烷氧基需要先水解为羟基，然后再与木材表面的羟基形成氢键，加热后，硅醇与木材发生醚化反应，同时硅醇分子之间亦受热脱水醚化，从而硅烷在木材表面成膜并牢固的吸附在木材表面上(图 10-37)。因此，硅烷溶液需要先陈化一段时间，以获得足够的羟基，使硅烷在木材表面成膜效果达到最佳。图 10-38 表示硅烷陈化时间对镀后单板的金属沉积率的影响。由图可知，随着时间的增加，金属沉积率逐渐增大，在 5～7h 时达到峰值，之后有所下降。说明硅烷溶液在陈化 5～7h 时的醇解效果较好。如果陈化时间不足则醇解不充分，而陈化时间过长则会导致硅醇分子之间缩聚沉淀，均不利于硅醇与木材表面的结合。由表 10-5 可知，木材表面电阻率与金属沉积率成正相关性，说明硅烷在木材表面的成膜是均匀的，这样使后续吸附的钯活化层能均匀分布在木材表面，有利于镍金属在木材表面均匀沉积。还可以看出，镀后水曲柳单板的表面电阻率比桦木要大，这主要是因为水曲柳表面纹理比较粗糙、不平整的缘故。实验结果表明，硅烷溶液的最佳时间是 5～7h，所得化学镀镍桦木单板和水曲柳单板的表面电阻率分别为 174.4mΩ/cm² 和 210.4mΩ/cm²。

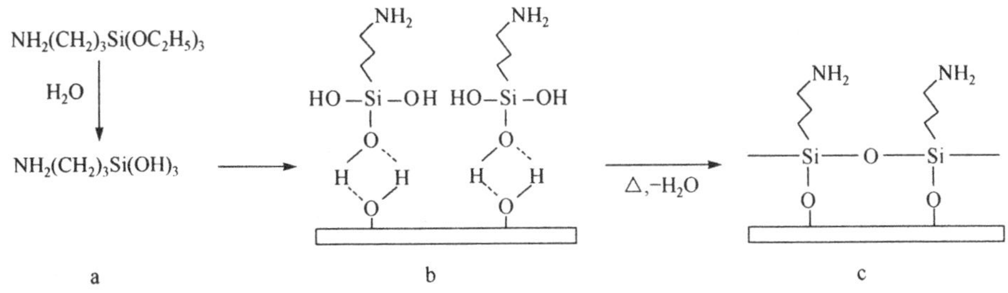

图 10-37　硅烷在木材表面的成膜过程示意图

a. 硅烷水解形成硅醇；b. 硅醇与木材表面形成氢键；c. 受热后，硅醇之间、硅醇与木材分别进行醚化反应

表 10-5　硅烷陈化时间对化学镀木材表面电阻率的影响

陈化时间/h	表面电阻率/(mΩ/cm²)	
	桦木	水曲柳
0	$>10^9$	$>10^9$
1	196.8	26.11E3
3	189.7	392.4
5	174.4	210.4
7	175.2	390.6
24	189.9	332.3

注：$E_3=26.11\times10^3$

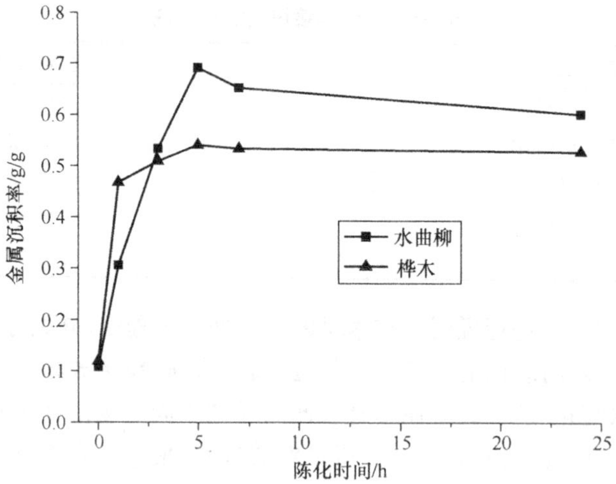

图 10-38　硅烷陈化时间对化学镀木材金属沉积率的影响

图 10-39 和图 10-40 分别为素材和硅烷处理后木材表面的扫描电镜图。由图可以看出桦木和水曲柳素材表面粗糙、暗淡、无金属光泽。经过硅烷处理后，可以发现木材表面被一层薄膜所覆盖，表明硅烷在木材表面的成膜过程是成功的。图 10-41 为镀后木材表面的扫描电镜图。从低倍率电镜图看，木材表面包括孔隙完全被金属镀层所覆盖，且镀层均匀连续，具有明显的金属光泽。从高倍率电镜图看，镀后单板依然保留了木材原有的纹理和结构，包括木纤维、导管、孔隙和薄壁组织等。

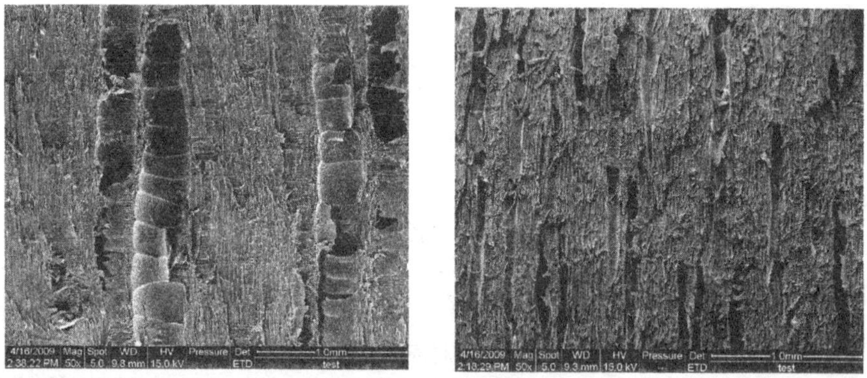

图 10-39　素材表面扫描电镜图

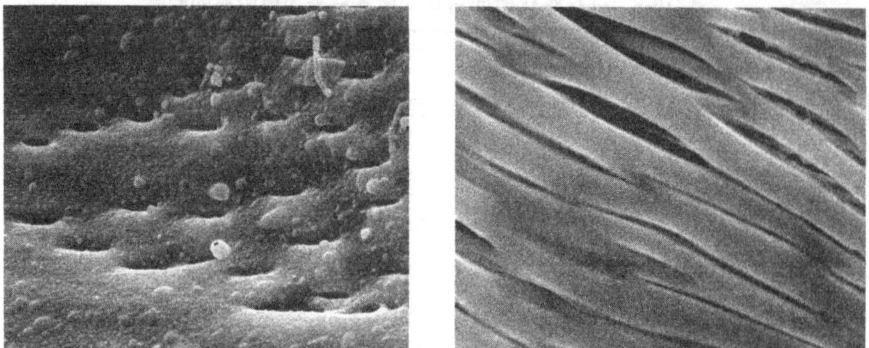

图 10-40　硅烷处理后的木材表面扫描电镜图

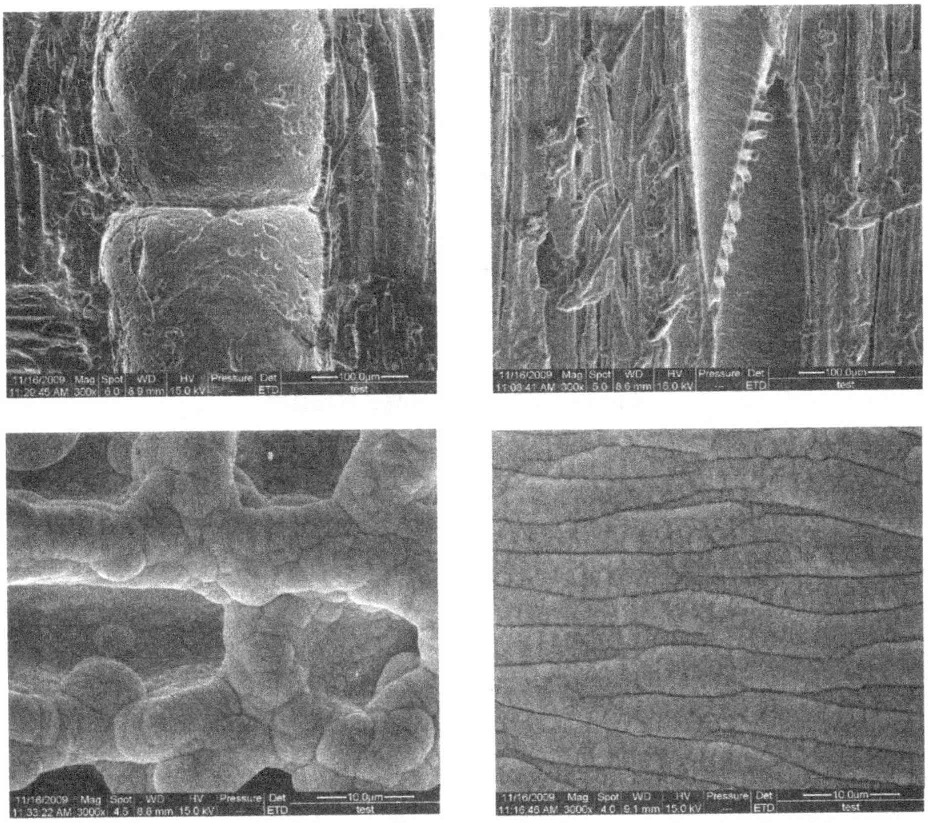

图 10-41　镀后木材表面的扫描电镜图

镀层的结合强度测试结果如图 10-42 及表 10-6 所示。从图上看，无论是桦木还是水曲柳镀层，经过拉伸后，镀层均没有脱落的现象，而只有胶层的破坏及部分木材本身撕裂，因此，镀层与木材表面的结合是牢固的。从得出的数据来看，镀层与木材表面的结合强度超过 1.39MPa。

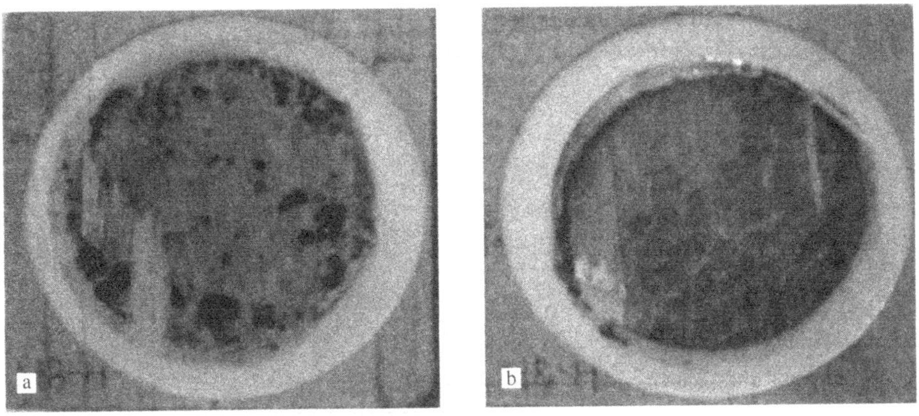

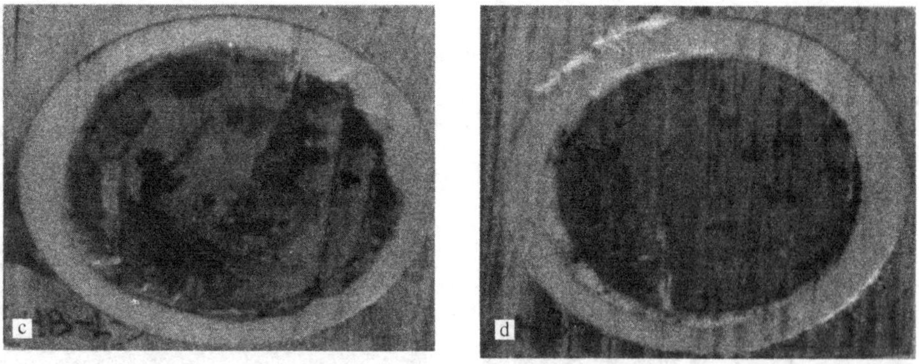

图 10-42　镀层结合强度测试数码照片

a、b. 桦木；c、d. 水曲柳

表 10-6　镀层的结合强度测定结果

试件	结合强度/MPa	破坏情况
1	1.76	胶层、木材
2	1.39	胶层、木材
3	3.36	胶层
4	3.13	胶层

图 10-43 为木材化学镀前后的电磁屏蔽效能。由图可知，在电磁波频率为 9kHz～1.5GHz 频段，桦木和水曲柳素材的屏蔽效能值始终在零轴附近，几乎没有屏蔽电磁波的能力。而经过硅烷处理的化学镀镍桦木单板的屏蔽效能超过 60dB，镀后水曲柳的屏蔽效能也超过 50dB。电磁屏蔽材料的屏蔽效能通常要求不低于 30～40dB。因此，结合硅烷处理的化学镀法制备的木质金属复合材料，其电磁屏蔽性能完全能满足民用和一些军用领域电磁屏蔽的需要。而且镀后木材表面的孔隙依然存在，这对于镀镍单板与其他材料之间的胶结等工艺性能影响不大，便于在实际中的推广和应用。

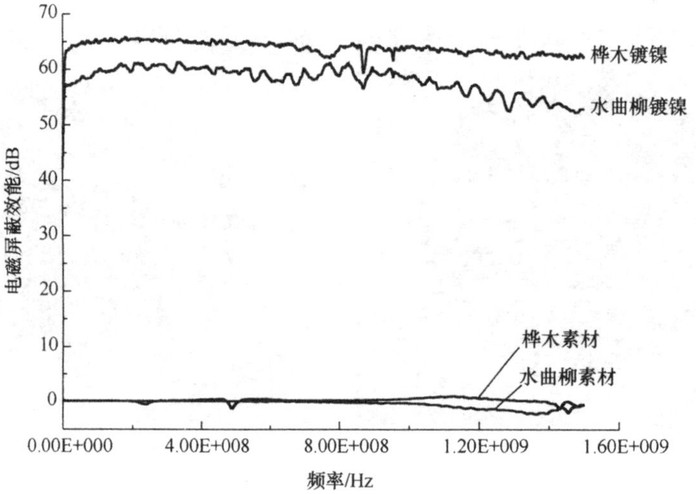

图 10-43　单板化学镀前后的电磁屏蔽效能

电磁波虽然看不见摸不着，但它是客观存在的一种物质，是一种能量传输的形式，无处不在。但是当电磁辐射的能量超过一定的数值之后，它给我们带来的就不仅仅是利益，它也会对仪器设备造成干扰，对人类居住环境造成污染。目前，电磁辐射已成为继大气、水、噪声之后的“第四污染源”。电磁污染的后果不堪设想，是人类健康的隐形“杀手”。

木材-金属复合材料的质量轻，强重比高，保湿、隔音及装饰性好，并且具很高的电磁屏蔽效能。可广泛应用于国家安全机构、驻外使领馆和一些高级人才住所等保密机构的建设，银行、保险公司、通信公司等需信息保密的商业机构的机房的装修，以防信息泄露而危害国家安全和损害企业利益。另外，还可用于一些大型仪器如核磁共振和一些精密仪器室的建设，以防电磁污染和电磁干扰，避免电磁波对人体健康危害，也防止精密仪器数据失真。因此，具有良好电磁屏蔽性能的木材-金属复合材料必将在电磁屏蔽领域发挥重要作用。

10.5 层 积 木

目前，大径级天然森林资源日渐短缺，取而代之的是以人工速生林小径木为主的低质林木。由于这些木材有的径级较小，有的材质较差，或兼而有之，都不能直接加以利用。因此，研制开发层积木具有重要意义。

层积木，顾名思义，它是由一定形状(短而薄或旋切的厚单板等)的板材、涂胶层积、施压胶合而成的具有层状结构和一定规格、形状的结构材料。通过层积得到的木质材料种类很多，而具有代表性的是集成材(胶合木)、单板层积材。

集成材早在1907年德国就开始生产，并用在建筑行业上，在第一次世界大战期间就已有了可观的发展。1934年美国开始采用层板胶合的三铰框架；1951年日本开始建造层板胶合的圆弧形拱；1956～1958年我国在北京、天津、哈尔滨等地采用了多种形式的胶合木构件，如胶合木屋架和胶合木框架等，积累了可贵的经验。1990年北京亚运村康乐宫嬉水乐园的网状木屋顶就是我国自行研制的胶合梁。

单板层积材(LVL)作为一种新型材料是在20世纪60年代由美国兴起的。当时美国正处于经济迅猛发展时期，住宅建设从50年代开始也进入高潮，因而木材的需要量大幅度提高，森林资源危机成为当时的主要问题。在西北部花旗松大径级优良材料的价格显著上升。在20世纪60年代，相继开发以航天技术为代表的许多先进技术，在石油化工行业提出的异丙苯法，使石炭酸树脂胶黏剂成本降低，刺激了LVL技术的开发。此外，LVL这种材料在强度设计上比较自由，各向异性小，很受人们的欢迎。

10.5.1 单板层积材(LVL)

单板层积材是用旋切的厚单板，经施胶、顺纹组坯、施压胶合而成的一种结构材料。由于全部顺纹组坯，故又称为平行胶合板，其层积数目可达十几层。

LVL的性能如下。

1. 强度性能

单板层积材作为木质结构材料，强度性能对其应用有很大影响。实践结果表明，单板层积材虽然某些性能不如成材，但单板层积材使原木本身的缺陷(节子、裂缝、腐朽等)均匀分布在

LVL 中，平均性能优于成材。另外，LVL 的强度性能变异系数小(13.9%)、均一，因而它的容许应力值较高，而成材做木结构时，由于其机械性质变异系数大(37%)，设计采用的下限值低，结果强度高的木材也得当低强度材用，浪费材料。红桦木及其单板层积材物理力学性能见表 10-7，文献发表的 LVL 强度资料见表 10-8。

表 10-7 红桦木及其单板层积材物理力学性能

项目	单位	红桦木	红桦木单板层积材	备注
密度	g/cm^3	0.627	0.67	
顺纹抗拉极限强度	MPa	119.27	152.29	
顺纹压力极限强度	MPa	44.0	67.23	层积材由 7 层 1.6mm 厚旋切单板组成，采用酚醛树脂胶膜，压力为 1.18MPa，含水率为 9%～10%
静曲极限强度	MPa	99.37	139.94	
静曲弹性模量	GPa	9.60	15.78	

表 10-8 LVL 强度资料

研究者	试件尺寸/mm	单板接合	树种	单板厚度/mm	材料等级	MOR_F MPa				MOR_F MPa		抗拉强度 MPa	
						平行		垂直					
						$\bar{x}$	cV	$\bar{x}$	cV	平行	垂直	$\bar{x}$	cV
Jung	37.8×87.5	无	花旗松	6.25	无选择	60.7	3.0	71.4	1.1	16.9	17.9	42.2	1.7
					低级	59.5	2.9	59.2	1.2	15.6	15.8	38.7	1.5
					中级	55.2	1.9	66.9	1.3	17.2	17.4	42.7	1.7
					高级	63.7	1.4	73.1	1.2	19.7	19.6	47.1	1.2
Kunesh	37.5×57.5	搭接	花旗松	3.13～2.15	C～D 级	80.3	1.1	—	—	16.4	16.2	45.2	1.2
Koch	37.5×87.5	对接	南方松	6.25	混合	—	—	65.4	2.0	—	13.4	—	—

注：cV 为变异系数(%)

2. 蠕变特性

通过对以意大利速生杨 I-63、I-69 为原料，脲醛树脂为胶黏剂制造的单板层积材试件两个半月的长期负荷试验，然后进行静曲强度试验，其结果表明，静曲强度为 27.42MPa，而试验前单板层积材小试件的静曲强度为 28.18MPa，变化不大。因此，可以说明单板层积材有良好的抗蠕变性能，在近两个月的试验过程中，蠕变总挠度为 1.8mm。随着试验的进行，蠕变挠度变化越来越小，最后变化甚微。

3. 抗火灾性能

将宽为 17.78cm、厚为 53.34cm 单板层积材梁和等强度工字钢梁，简支于煤气燃烧窑中进行燃烧试验，其上各负重 1.915kPa(相当于屋顶的承重荷载)的均布荷载。燃烧时有自动记录梁的最大挠度和温度的仪器，同时记录燃烧时间，试验结果见表 10-9。

表10-9 LVL梁燃烧试验结果

燃烧时间/min	木材表面温度/℃	梁的表面状况及变形量(最大挠度)	
		单板层积梁	钢梁
5	538	燃烧剧烈	无明显变化
10	705	继续燃烧	热胀变形
15	760	表面炭化,变形量25.4mm	变形量达216mm
20	795	变形量50.8mm	温度639℃,开始熔化、变形量305mm,此后挠度平均按63.5mm/min增加,因熔化而塌陷
25	821		
30	834	仍未塌陷	

燃烧试验进行30min后,单板层积材梁表面木炭层厚度为19.1mm,烧去25%,仍有75%的木质保存,由此说明LVL梁抗火灾性优于钢材。

4. 耐久性

LVL经促进老化试验后发生的破坏与成材胶合比,胶层破坏最小。在老化前,LVL剪切强度比原木低得多,但促进老化试验后,两者的差别就不太明显了。这是因为旋切单板暴露的表面是弦切面,当胶合时,各层类似于生长轮方向,应力相对自由。另外,成材胶合时,生长轮方向很可能反向配置,受潮后,膨胀引起的各层间不同运动,引起胶合板材的严重分裂。为提高LVL的耐候性,现在正研究涂料和端部处理方法。

10.5.2 集成材

集成材是适应森林结构变化需要产生的,开发较早。它与单板层积材有许多相似之处,所不同的是集成材使用短而窄的锯制板材,进行层积胶压。集成材同样可消除木材中的缺陷对材料性能的影响,有效利用小料,减少大断面材的弯曲和变形,在性能方面优于LVI和成材。

集成材的性能及应用:

1. 物理力学性能

集成材与成材相比,强度大,许多弯曲应力可提高50%,而且结构均匀,含水率比具有相同断面成材的含水率均匀,内应力小,不易开裂和翘曲变形;大断面的集成材还有较高的耐火性能。此外,集成材不存在单板裂隙的影响问题,因而比LVI更适合于做建筑梁材。

树种、胶种、纵接方式及加压工艺条件对集成材的力学性能和耐久性能都有影响。表10-10为不同树种、胶种下的集成材的物理力学性能和耐久性。从表中看出,各种胶黏剂的落叶松试件的剪切强度均在9.5MPa以上,木破率除PF外均在80%以上。各种胶黏剂的水曲柳试件的剪切强度均在10MPa以上,木破率除CRF以外都在90%以上,两种树种的各种胶黏剂的剪切强度和木破率均大于日本标准所规定的最低限度。在集成材中指接是纵接中最有效的方法,其接合效率对集成材的强度性能有很大影响。过去,一般采用指接材的弯曲试验来评价指接接合效率,但对于结构用大断面集成材,在弯曲破坏中都是最外层先被拉伸破坏。因此,指接材的结合效率必须用拉伸试验来评价。例如,柳杉在弯曲试验中接合效率为74%,而在拉伸试验中接合效率为50%；扁柏在弯曲试验中接合效率为85%，而在拉伸试验中为53%。可见，集成材抗拉性能不如抗弯性能，但在弯曲过程中不可避免要发生拉伸破坏。

耐久性是衡量集成材质量的重要指标，直接影响到它的使用寿命。日本集成材标准规定：试件的剥离率在10%以下，而且同一胶缝的剥离长度以小于胶缝长度的1/3为合格。由表10-10看出，不同胶种的集成材耐久性差异较大。CRF胶的剥离率符合日本标准要求，其他的都较大，不符合标准要求。另外，通过长期室外暴露试验，其结果如表10-11所示。酚醛胶表现出良好的耐久性能，三聚氰胺树脂胶次之。

表10-10　不同树种和胶种集成材的性能

试验项目	落叶松			水曲柳		
	CRF	PF	UF	CRF	PF	UF
含水率/%	9.5	7.7	8.4	9.8	8.4	8.6
密度(g·cm^{-3})	0.6	0.62	0.59	0.63	0.59	0.65
剪切强度/MPa	15.16	9.74	9.92	16.01	12.84	15.49
变异系数/%	11.7	23.6	17.8	1.2	19.6	12.1
木破率/%	94.4	67.1	100	77.1	98.3	94.7
剥离度/%	2.2	46.5	11.8	1.5	26	15.6

注：① CRF. 国产间苯二酚胶；PF. 酚醛胶；UF. 脲醛胶；② 试样尺寸．250mm×100mm×100mm(5层、20mm厚度板)；③ 剥离试验．CRF. PF用煮沸剥离法，在沸水中煮5h后，再在室温水中浸泡1h，取出，在60±3℃恒温下干燥18h；UF用水浸法，在室温中浸泡8h，再在40±3℃下恒温干燥18h

表10-11　长期室外暴露试验结果

胶黏剂种类	胶合完好的试件比例/%			
	1年后	2年后	3年后	4年后
酚醛树脂胶	100	100	100	100
三聚氰胺树脂胶	100	100	90	80
脲醛树脂胶	80	70	40	40
增量脲醛树脂胶	50	30	10	0

注：①胶合木由两块5mm厚锯制板材热压胶合；②增量脲醛树脂为小麦粉与水以70%进行增量

2. 应用

目前集成材的主要用途是做结构材和装修材。在日本主要用做装修材，如门框端横木、两柱间的横板、门槛、框架及柱材等，结构用的集成材占总量的30%～40%。结构用集成材具有如下优点：①因为使用干燥材，可防止在使用过程中产生的变形、开裂等；②尺寸自由度大，能得到满足要求跨度和断面形状的梁；③充分发挥木材特性，可以吸收振动，装饰随意；④易进行防火、防腐、防虫处理，且效果好等。

集成材一般用在住宅地板龙骨、体育馆、室内游泳池、集会场所等处的梁。这种梁一般露于表面，可以表现出木材的质感和美丽花纹，具有良好的装饰效果。此外，当人体与之接触时，会给人以良好的触觉及视觉。集成材还可广泛应用于拱形结构建筑、木制船龙骨、构架、车辆构件、铁路枕木及电杆托架等。

参考文献

陈克明，陈玉秋，乔学亮，等. 1996. 低温化学镀镍工艺. 电镀与环保，16(3)：15～16
方桂珍，崔永志，常德龙. 1998. 多元羧酸类化合物对木材大压缩量变形的固定作用. 木材工业，12(3)：16～19
李坚，吴玉章，马岩，等. 2011. 功能性木材，北京：科学出版社，335～360
马岩. 2001. 纳微米科学与技术及在木材工业的应用前景展望. 林业科学，37(6)：109～113
马岩. 2003. 利用微米木纤维定向重组技术形成超高强度纤维板的细胞裂解理论研究. 林业科学，39(3)：111～115
孟庆军. 2003. 微米级木材切削理论及新型人造板材构建研究. 哈尔滨：东北林业大学硕士学位论文
秦特夫. 1998. 改善木塑复合材料界面相容性的途径. 世界林业研究，3：46～51
秦特夫. 2002. 木粉加入量对木/塑复合材料性能影响的研究. 木材工业，16(5)：17～20
王清文. 王伟宏. 2006. 木塑复合材料与制品. 北京：化学工业出版社，8
吴玉章，吕建雄，孙振鸢，等. 2009. 具有人工速生材压缩单板的集装箱底板：中国，ZL 200820233757.5
翟金坤. 1987. 化学镀镍. 北京：北京航空学院出版社：23～32
战丽，马岩. 2003. 木材细胞纤维分布与定量数学描述理论研究. 林业机械与木工设备，31(6)：14～16
赵劲松. 2011. 木塑制品生产工艺及配方. 北京：化学工业出版社
钟鑫，薛平，丁筠. 2003. 木塑复合材料性能研究的关键问题. 工程塑料应用，31(1)：67～70
薛平，王哲，贾明印，等. 2004. 木塑复合材料加工工艺与设备的研究. 人造板通讯，(6)：9～13
小林好紀. 1993. 木材の熱可塑性を応用した丸太の整形と形状固定. 木材工業，48(6)：261～264
伊藤洋一. 木材を圧縮する(2)，www.fpri.asahikawa.hokkaido.jp/rsdayo/20023001001.pdf
則元京. 1993. 木材の圧縮大変形. 木材学会誌，39(8)：867～874
井上雅文，濱口隆章，師岡淳郎ら. 2000. 常圧下での高温湿潤加熱処理による圧縮変形の永久固定. 木材学会誌，46(4)：298～304
井上雅文，児玉順一，山本康二，等. 1998. 高周波加熱による圧縮木材の寸法安定化. 木材学会誌，44(6)：410～416
井上雅文，門河倫子，西尾治朗，等. 1993. 木材中の水分利用した熱処理による圧縮変形の永久固定. 木材研究・資料，29：54～61
井上雅文，則元京，大塚康史，等. 1990. 軟質針葉樹材の表面層圧密化処理(第1報)木材の表面層を選択的に圧密化するための新しい技術について. 木材学会誌，36(11)：969～975
井上雅文，則元京，大塚康史，等. 1991. 軟質針葉樹材の表面層圧密化処理(第2報)フェノール樹脂初期縮合物による圧縮木材の固定および処理材の2，3の物性. 木材学会誌，37(3)：227～233
井上雅文，則元京，大塚康史，等. 1991. 軟質針葉樹材の表面層圧密化処理(第3報)フェノール樹脂初期縮合物による表面層圧密部位の固定. 木材学会誌，37(3)：234～240
井上雅文. 2002. 压缩木研究现状与今后展望. 人造板通讯，9：3～5
井上雅文. 2001. 圧密化技術の現状と展望. 木材工業，56(5)：245～249
克列阿索夫(Klyosov，A. A.). 2010. 木塑复合材料. 王伟宏，宋永明，高华译. 北京：科学出版社
科尔曼 F F P，库恩齐 E W，施塔姆 A J. 1984. 木材学与木材工艺学原理——人造板. 杨秉国译. 北京：中国林业出版社
An Y, Chen M, Xue Q, et al. 2007. Preparation and self-assembly of carboxylic acid-functionalized silica. Journal of Colloid and Interface Science, 311(2): 507～513
Brenner A, Riddell G E. 1946. Nickel plating on steel by chemical reduction. J. Res. Nat. Bu. Stds, 37: 31～34
Brenner A, Riddell G E. 1947. Nickel plating on steel by chemical reduction. J. Res. Nat. Bu. Stds, 39: 385

Charbonnier M, Romand M. 2003. Polymer pretreatments for enhanced adhesion of metal deposited by the electroless process. International of Adhesion and Adhesives, 23(4):277～285

Cloutier A, Fang C, Mariotti N, et al. 2008. Densification of wood veneers under the effect of heat, steam and pressure. Proceedings of the 51st International Convention of Society of Wood Science and Technology November 10～12, Concepción, CHILE

Dai H, Li H, Wang F. 2006. Electroless Ni-P coating preparation of conductive mica powder by a modified activation process. Applied Surface Science, 253(5): 2474～2480

Domenech S C, et al. 2003. Electroless plating of nickel-phosphorous on surface-modified poly(ethylene terephthalate) films. Applied Surface Science, 220(1):238～250

Fujimoto H. 1992. Weathering behaviour of chemicaly modified wood with a maleic acid -glycerol mixture. In: Chemical modification of lignocellulosics, Rotorua, New Zealand, 7～8 November 1992 (compiled by Plackett D V & Dunningham E A). Forestry Research Institute, Ministry of Forestry FRI Bulletin, 176: 87～96

Gabrielli C, Raulin F. 1971. The application of electrochemical methods to the study of the electroless nickel deposition from hypophosphite solution. J. Appl. Electrochem, 1:167～177

Goring D A. 1963. Thermal softening of lignin, hemicellulose and cellulose. Pulp and Paper Magazine of Canada, 64: T517

Gutzeit G. 1959. Reaction Mechanism of chemical deposition of nickel plating, 46(11):1275

Inoue M, Norimoto M, Tanahashi M, et al. 1993. Steam or heat fixation of compressed wood. Wood and fiber science, 25(3):224～235

Inoue M, Morooka T, Norimoto M, et al. 1992. Permanent fixation of compressive deformation of wood Ⅱ Mechanisms of permanent fixation. FRI Bulletin, 176:31～41

Liu H B, Wang L J. 2010. Electroless nickel deposition on fraxinus mandshurica veneer modified with APTHS for EMI shielding. BioResources, 5(4): 2040～2050 (IF 1.406)

Liu H B, Li J, Wang L J. 2010. Electroless nickel plating on APTHS modified wood veneer for EMI shielding. Applied Surface Science, 254(4): 1325～1330 (IF 1.616)

Salvago D, Cavallotti P L. 1972. Characteristics of the chemical reduction of nickel alloys with hypophosphite. Plating, 59:665～671

Schramm, Oliver, et al. 1999. Comparing porous and dense membranes for the application in membrane reactors. Chemical Engineering Science, 54(10):1447～1453

Sekino N, Inoue M, Irle M, et al. 1999. The Mechanism Behind the Improved Dimensional Stability of Particleboards Made From Steam-Pretreated Particles. Holzforschung, 53(4): 435～440

Stamm A J. 1964. Wood and cellulose science. New York: Ronald press company

Tarozaite R, et al. 2001. Composition, microstructure and magnetic properties of electroless-plated thin Co-P films. Surface and Coatings Technology, 115(1):57～65

Wang J, Zhao G. 2001. Fixation and creep of compressed wood of chinese fir irradiated with Gamma Rays. Forestry Studies in China, 3(1):58～65

Zhang S X, Cheng C M. 1996. Process for electroless plating a metal on non-conductive materials. Journal of Cleaner Production, 4(1):78～79

第 11 章　计算机视觉技术的应用

计算机视觉(computer vision,缩写为 CV)是 20 世纪 60 年代中期迅速发展起来的一门新科学。它是集光学、电子学、图像处理、模式识别等先进技术为一体的一门新兴科学,是图像处理和知识工程学的交叉点,又是机器人技术的一个分支,由于计算机视觉在工农业生产、地质学、天文学、气象学、医药及军事科学等领域有着极大的潜在应用价值,所以它在国际上越来越受人重视。人在视网膜上的图像虽然是二维的,但其中包含了三维世界的约束条件,因此可以通过它了解三维世界。计算机视觉就是从单一的图像中抽出三维信息和从多个图像中解释三维物体的活动。计算机视觉在木材科学中的应用是自 20 世纪 80 年代开始,主要应用在木材科学的研究、木材表面质量检测、制材加工的检测、人造板的研究和生产及制浆造纸等领域,在木材科学的生产和研究方面具有广泛的应用前景和发展潜力。本章着重介绍计算机视觉在以上各个方面应用的基本理论和目前国内外研究发展现状。

11.1　计算机视觉理论

11.1.1　计算机视觉的研究内容

计算机视觉所研究的对象,简单地说,就是研究如何让计算机通过图像传感器或其他光传感器来感知、分析和理解周围环境。人类感知外部环境主要是通过视觉、听觉、触觉和嗅觉等四大系统。其中视觉系统是最为复杂的。人类从外界环境获得的信息中视觉信息量最大。

模仿人类的视觉系统,计算机视觉系统中信息的处理和分析大致分成两个阶段,图像处理阶段,图像分析和理解阶段。

在图像处理阶段,计算机对图像信息进行一系列的加工处理,这主要是:①校正成像过程中系统引进的光度学和几何学的畸变,抑制成像过程中引起的噪声,统称为图像的恢复;②从图像信息中提取诸如边沿信息、深度信息、表面三维斜方向信息等反映客观景象特征的信息;③根据抽取的特征信息把反映三维客体的各个图像图元,如轮廓线条和区域等从图像中分离出来,并且建立起各个图元之间的拓扑学上的几何学上的关系。

在图像分析和理解阶段,计算机根据事先存储在数据库中的预备知识(模型),识别出各个基元或某些基元的组合所代表的客观世界中的某些实体,称之为模型匹配;根据图像中各基元之间的关系在预备知识的指导下得出图像所代表的实际景象的含义,以及图像的解释或描述。

计算机视觉系统工作可用框图表示,如图 11-1 所示。

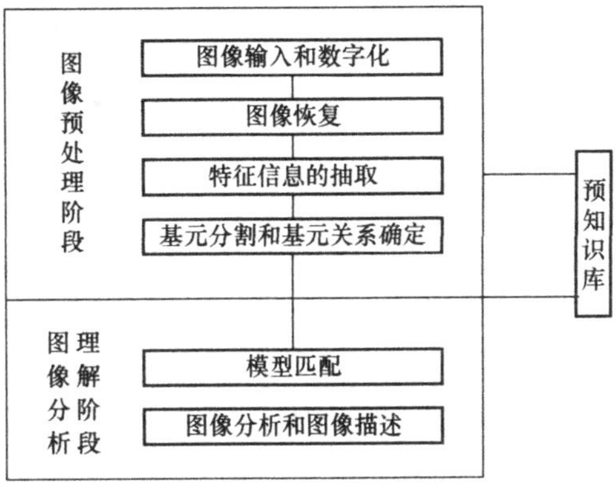

图 11-1　计算机视觉系统工作框图

必须指出,预知识在计算机视觉系统中起着相当重要的作用。在预知识库中存放着各种可能遇到的物体的知识模型和景物中各种物体之间的约束关系。计算机的作用是根据被分析的图像中的各基元及其关系，利用预知识作指导，通过匹配、搜索和推理等手段，最终得到对图像的描述。在整个过程中时刻提供处理的样板和证据。每一步的处理结果随时同预知识进行比较，同时处理的中间结果和最终结果还要馈送给预知识库作为知识的更新和积累。

11.1.2 计算机视觉系统的构成

计算机视觉系统一般包括测量对象图像的采集、图像的预处理、图像的计算机和处理结果的输出等几个部分，如图 11-2 所示。

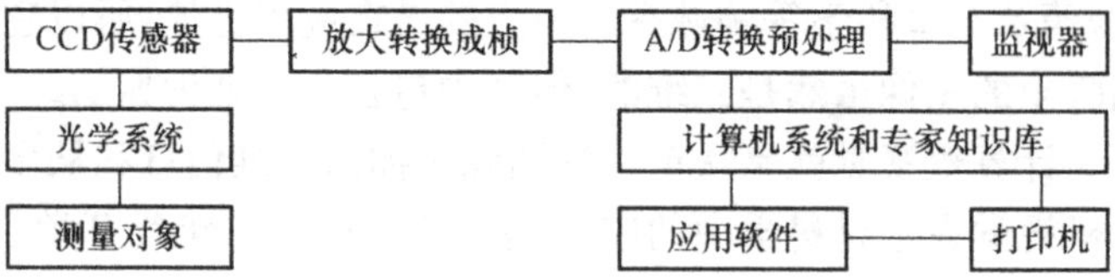

图 11-2　计算机视觉系统构成框图

在实际的测量过程中，根据不同的测量对象采取不同的光学测量系统，使被测对象能够成像在 CCD 传感器上，然后经过预处理和 A/D 转换等过程采集图像文件。计算机根据系统中的应用软件和预知识库的知识，对测量对象进行有用信息的提取。最后输出测量和分析结果。

11.1.3 图像处理基本理论

木材切片放在光学显微镜上，通过均匀平行光速照射切片，透射切片以后的光线光强发生变化，经过 CCD 传感器接收透射部分光强，然后经 A/D 转换和预处理等过程，将图像转换成具有不同灰度级的数值灰度图像，存储在计算机内，以备后续处理。

1. 数字图像的采样

所谓的采样就是把时间上和空间上连续的图像转换成离散点集合的一种操作。在实际的采样过程中，怎样选择采样点的间隔是个非常关键的问题，它直接决定图像反映被测对象细微程度的变化。最基本的采样是一维采样定理。如果把包含在一维信号 $g(t)$ 中的频率限制在 ω 以下，则采用 $T=1/(2\omega)$ 间隔进行采样 $g(iT)$，令 $i=\cdots,-1,0,1,2,\cdots$，能够把 $g(t)$ 恢复。$g(t)$ 如下式所示：

$$g(t)=\sum_{t=\infty}^{\infty} g(it)S(t-iT)$$

式中，$S(t)=\sin(2\pi\omega t)/2\pi\omega t$，称为采样函数。

2. 图像的量化

经过采样，图像被分成在时间和空间上离散的像素上，但是像素的浓淡值还是连续的。把这些连续的浓淡值变换成离散值（整数值）的操作过程称为图像的量化。如图 11-3 所示，对于存在 $Z_i \leqslant Z \leqslant Z_{i+1}$ 的浓淡值 Z，量化后变成为整数值 q_i，这样得到的值则做灰度值或灰度级。另外，把真实值 Z 和灰度值 q_i 之差，称作量化误差。

图 11-3 表示把白～灰色～黑色的连续变化（灰度值）量化成 8 比特（bit），即 0～255 的 256 级情况的灰度值相对应的浓淡程度。把表示对应于各灰度值的浓淡程度称为灰度等级。

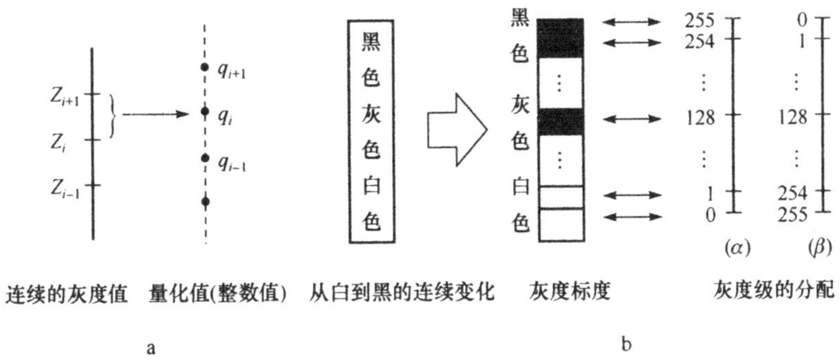

图 11-3　量化过程

a. 量化；b. 把从白到黑的灰度值量化成 8 比特

在以 0～255 的值对应于白黑的时候，有以 0 为白，以 255 为黑的方法，或者以 0 为黑，以 255 为白的方法。这完全取决于图像的输入方法，例如用透射型输入或反射型输入。在木材解剖构造的图像处理中，采用的是透射输入方法。而在只有黑白二值的二值图像中，一般设 0 为白，1 为黑。

对于连续的灰度值赋予量化级的方法有以下两种：

(1) 等间隔量化。等间隔量化是一种最简单的量化方法，它把采样值的灰色范围进行等间隔分割。对于像素灰度值在白～黑的范围内均匀分布一类的图像，量化误差可变得最小。这种量化方法也可以成为均匀量化或线性量化。

(2) 非等间隔量化。对于以下三种情况可以进行非等间隔量化。对于小的灰度值把级别间隔细分，相反对于大的灰度值把级别间隔粗分。使用像素灰度值的概率密度函数时，采用把输入灰度值和量化级的均方误差做到最小的方法；当某一范围灰度值频率产生，而其他灰度值几乎不产生时，采用把这一范围进行细化而对此范围以外进行粗化的方法。非等间隔量化方法，因为量化级的数目不变，所以可以降低量化误差。对于木材构造图像，如果进行胞壁率的测量，可以采用等间隔量化，而对于观测壁层含量测量，最好是采用非等间隔的量化效果好些。

3. 图像的二值化处理

在数字图像中，二值图像占有非常重要的地位。特别是在实用的图像处理中，以二值图像处理为中心构成的系统是很多的。为了分析图像的特征，常常从图像中分离出对象物，从而把图形和背景作为分离的二值图像对待。图像二值化可根据下列阈值处理来进行，如图 11-4 所示。

通常用最后的二值图像。$f(i,j)$中的值为 1 的部分表示对象图形，值为 0 的部分表示背景。其中最重要的问题是阈值 t 的确定方法。确定 t 的方法称为阈值选择。其主要方法有以下几个方面：

(1) P-参数法。设被测对象图形的面积大致等于 S_0，它与图像总面积 S 的比率为 $P=S_0/S$，那么设灰度值在 t 以上的图像对全体像素的比率为 P，从而求出 t。

(2) 状态法。首先求出图像灰度值的直方图，在具有两个峰值(对应于对象图形和背景)分布的情况下，可在两个峰值中间谷的地方决定 t 值，如图 11-5 所示。

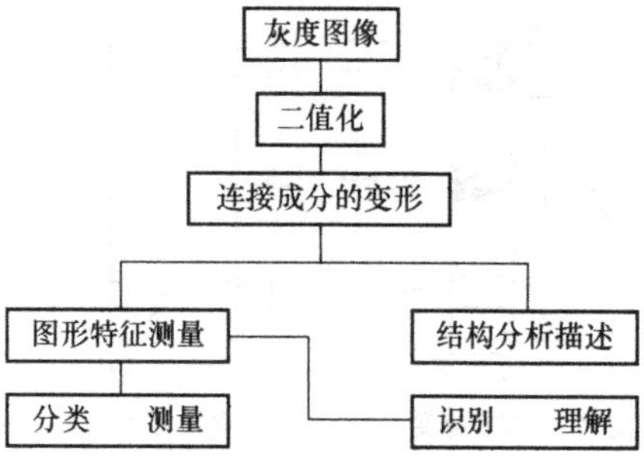

图 11-4　二值图像处理流程图

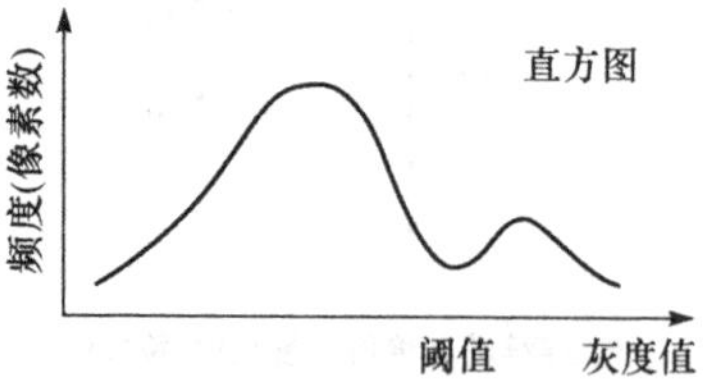

图 11-5　模型法的阈值选择

在图像的对象图形和背景的灰度值之差相差很大的时候，因为直方图有明显的谷，这一方法是适用的。而在干扰多的图像或复杂图像中，因直方图不能形成明显的谷，这种方法就不太适用。

(3) 微分直方图法。这种方法适用于图像中的对象物和背景的边界位于灰度急剧变化的情况。可以利用微分值(即灰度的变化)来决定阈值的方法。一般设图像中某一像素具有灰度值 S，计算这个像素的微分值，然后求出给定图像中具有灰度值 S 的所有像素的微分值的和，最后对所有的 S 求解即得微分直方图，如图 11-6 所示。

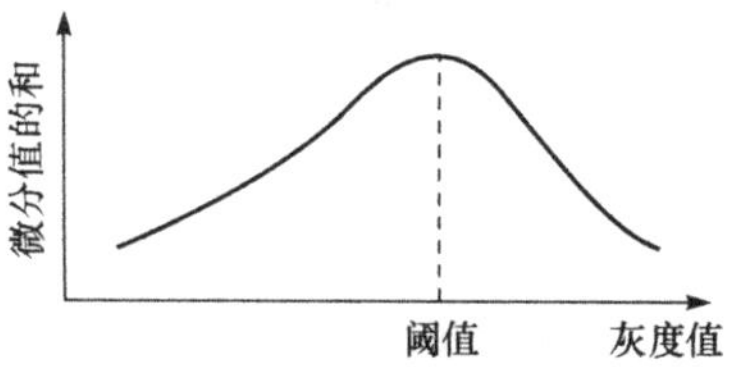

图 11-6　微分直方图

这一方法在图形的边界处于一定的灰度值范围时是有效的。但是实际上边界附近的灰度值常常是变化复杂的对象，这时该方法并不很有效。

(4) 判别分析法。在图像的灰度直方图中假设以阈值的组间方差和各组的组内方差的比为最大来确定 t 值。设给定图像具有 L 级灰度值，K 为阈值，整个图像分为大于和小于 K 值的 1、2 两组。组 1 的像素数为 $\omega_1(K)$，平均灰度值定为 $M_1(K)$，方差为 $\sigma_1(K)$；组 2 的像素数为 $\omega_2(K)$，平均灰度值定为 $M_2(K)$，方差为 $\sigma_2(K)$。若全部像素的平均灰度值为 M_T，则组内方差 σ_ω 表示为：

$$\sigma_\omega^2=\omega_1\sigma_1^2+\omega_2\sigma_2^2$$

组间方差 σ_B 表示为：

$$\begin{aligned}\sigma_B^2&=\omega_1(M_1-M_T)^2+\omega_2(M_2-M_T)^2\\&=\omega_1\omega_2(M_1-M_2)^2\end{aligned}$$

为了使 $\sigma_B^2/\sigma_\omega^2$ 变为最大，最好使 σ_B^2 为最大。从 K 的变化范围内，求出使 σ_B 成为最大值的 K 值，即为阈值 K。

(5) 可变阈值法。在图像中，因所处局部的位置不同，灰度值产生一定的变化，用单一的阈值不能有效地对整个图像进行二值化，可以让阈值随部分区域的变化而变化，从而实现对整个图像的处理。这种方法又称为动态阈值处理。最适用于因输入设备的黑斑效应而使图像具有灰度值呈缓慢变化的情况。木材解剖构造图像处理过程中，这种方法比较适用。它可以滤除因切片加工过程中厚度和染色不均而带来的误差修正。

11.2　计算机视觉在木材科学中的应用

在木材科学的研究中，木材解剖构造是重要的基础研究内容之一。

随着木材科学研究的发展和深入，木材加工工业向机械化、自动化大规模生产发展，传统木材解剖构造研究方法已经不能满足日益发展的生产与科学研究的实际需要，世界各国都对开发木材解剖构造研究方法给予了越来越多的重视。以往木材解剖构造研究多数采用光镜和电镜的人工视觉观察，对于需要完成大量木材解剖构造成分统计分析的测量，这种方法需要耗费巨大的人力和物力，而且速度很慢，精度低。因此，开发和研制一种快速、准确、自动化程度高的木材构造分析方法已是全世界木材科学研究者亟待解决的问题。美国、日本、加拿大、法国等国都在不同程度上开展了该方面的研究工作。其中，美国和日本处于领先地位。20 世纪 80 年代以来，由于计算机和数字图像处理技术的发展与普及，为世界各国研究计算机视觉在木材科学研究中的应用奠定了坚实基础。

计算机视觉在木材科学中的应用主要包括以下几个方面：①木材细胞解剖形态分析；②木材细胞数目分布密度的统计分析；③木材生长轮的晚材率测量；④木材生长速度测量；⑤木材解剖分子的特征量提取；⑥木材细胞解剖形态的识别；⑦木材生长轮材质的分析与预测等。

11.2.1　测量原理

木材构造测量原理框图如图 11-7 所示。用一准直光源（或激光源）照射被测试样，利用光学显微镜或透镜组成的光学系统将图像成像到 CCD 摄像机上，再由放大成桢、预处理等将图像数字化后送入计算机，计算机利用应用软件库中的应用软件完成对采样图像的去除噪声、滤除外部信号的影响。然后将图像二值化处理，即设定一灰度阈值，凡亮度高于此阈值的像素均置成白色（灰度级 255），凡亮度低于此阈值的像素均置成黑色（灰度级 0）。试样的移动、聚焦、分析和处理等全过程，都有载物台和自动聚焦软件和硬件完成。

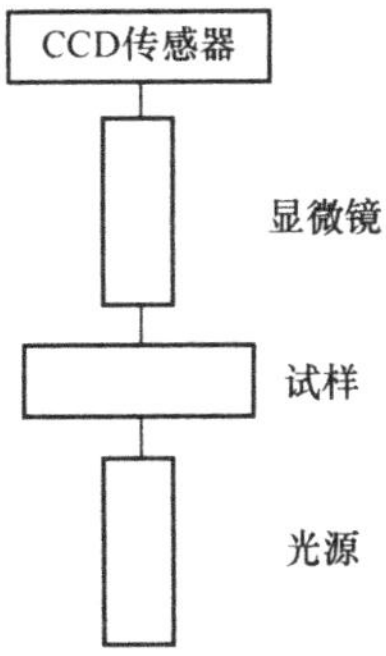

图 11-7　木材构造测量原理框图

11.2.2　图像采集与处理

系统采用 512×512 像素的 CCD 传感器，试样采用木材切片，采样后的图像被量化成 8 位 256 个灰度级；量化后的图像利用数字技术滤去量化过程中产生的各种噪声，这些噪声通常与空间高频信号相对应。然后利用数字滤波技术去除由光源照射不均的影响，这些通常对应空间信号的低频部分。滤波后的图像再进行二值化处理。二值化所用的阈值应经大量实验确定。

11.2.3　木材构造计算机视觉分析

1. 细胞形态和排列方式的特征值提取

观察木材的横切面，可以看出因树种不同而显示出的细胞形状和排列的各种特征。采用傅里叶变换图像处理对木材构造的特征提取是有效的方法，但是在频率域表示出的功率谱特征图形 PSP 十分难以理解，必须将 PSP 图形再一次进行傅里叶变换得到与原始图形相同的距离域内相关函数二维图形 ACP,并从该图形中提取特征。细胞壁横切面图像处理以后得到二值图像(wall map)和点阵图(dot map),进一步将 wall map 细化处理形成网状图(net map),它可作为提取细胞外廓形状(细胞壁分布)的特征,如图 11-8～图 11-11 所示。

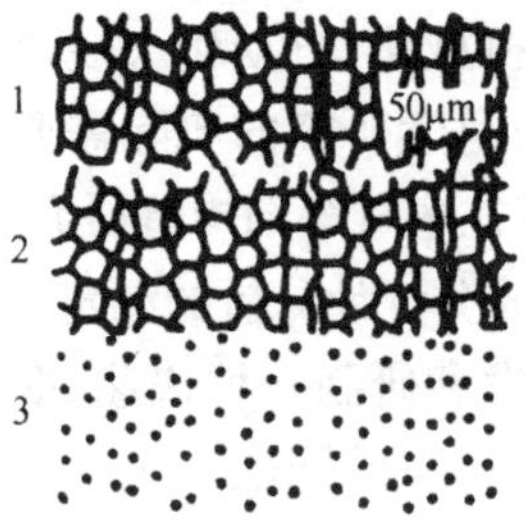

图 11-8　图像处理后日本柳杉图像

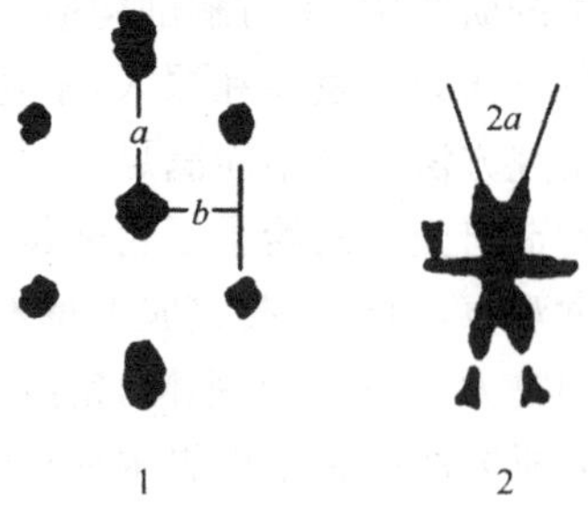

图 11-9　放大 4 倍的 Dot 和 Net Maps 图

点阵图表示的 ACP 代表细胞的二维排列情况,如图 11-8 所示。网状图表示的 ACP 代表细胞壁的方向分布,如图 11-9 所示。利用频率分布的方式表示各个特征图形上最高灰度部分之间的距离和方位,设定出 a、b、x 参数进行检测,可以复原出原来横切面上细胞排列形状的最有代表性的形态图,如图 11-10 所示。这些参数对木材特征提取方面有着重要作用。点阵图的 ACP 灰度分布表示细胞直径的频率分布,如图 11-11 所示。根据曲线的分析可对木材早、晚材过渡过程进行量化表示。

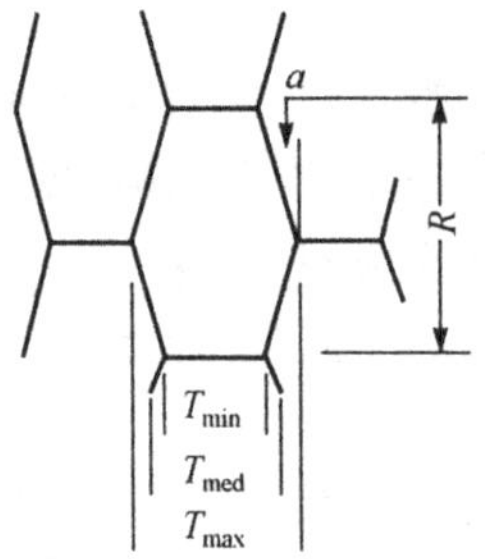

图 11-10　管胞断面的复原模型

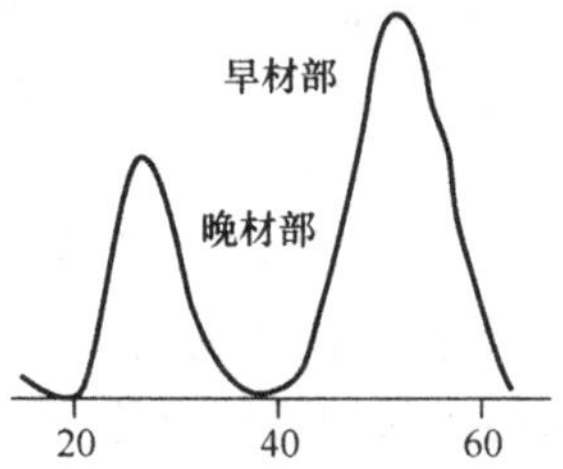

图 11-11　落叶松早、晚材过渡部位的 ACP 图

根据特征值 a、b、x 可以得出以下几个细胞形状参数值:

径向细胞直径 $R=a$;

弦向细胞直径 $T_{max}=b+(a/2)\tan x$; $T_{med}=b$; $T_{min}=b-(a/2)\tan x$。

此外,还可以计算径壁和弦壁的长度、细胞断面周长和面积。

2. 细胞壁厚度测量

采用图像处理得到细胞断面图像 wall map 和 boundary map,如图 11-12 所示。对于单细胞壁厚度(SWT)和双细胞壁厚度(DWT),可以根据细胞壁截面积(WA)、细胞外形和内腔周长(OP 和 LP)用公式 $SWT=2WA/(OP+LP)$ 来计算。对于 WA、OP、LP 各变量,采用 Maps 图中像素占有率计算求得。这种方法可以充分利用图像处理的优点,实用性非常强,而且测量的 SWT 是整个观察图像内所有细胞的平均值。

3. 纤维长度测量

用纤维分离方法制成切片，并使所有纤维不相接触和相交叉，如图 11-13 所示。得到 Maps 后测量每个纤维的周长 L_i，总周长 $L=(L_1+L_2+\cdots+L_n)$，从而求得观测的纤维平均长度为 $\bar{L}=L/(2n)$。这种方法在实际测量中不尽理想，试样切片制作较慢，但与目测法和投影法测量相比具有明显的优越性。

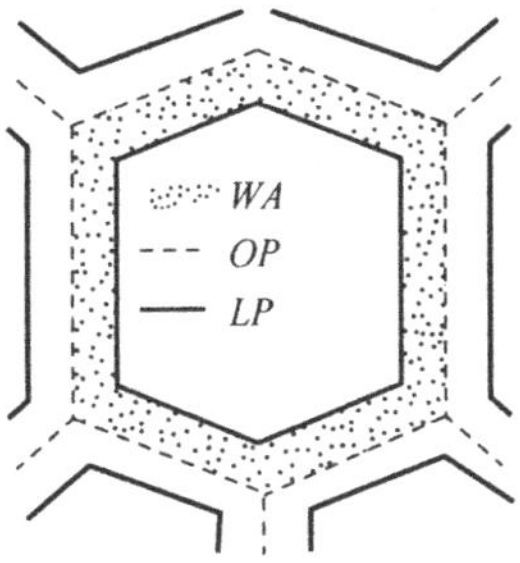

图 11-12　平均细胞壁厚度（SWT）模型图

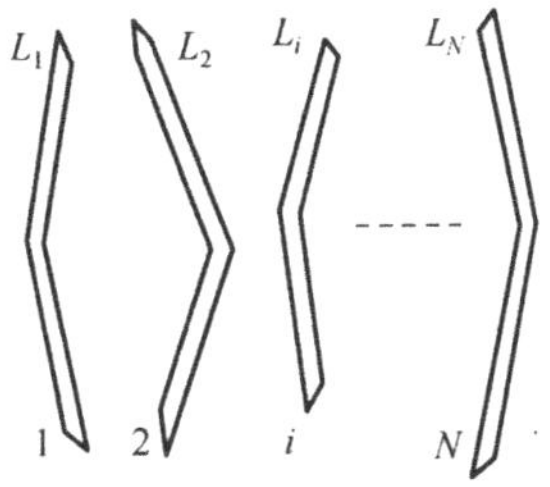

图 11-13　纤维长度测量模型图

4. 木材胞壁率的测量

二值化处理重要环节是求出图像的灰度直方图，根据灰度直方图的形式决定采取二值化的方法。在测量过程中，为了提高图像处理的质量，尽可能多地反映出木材解剖构造所包含的信息，采用非等值间隔化处理，使真正反映木材构造图像的灰度尽可能地分布在 0～256 灰度级范围内，用状态法和可变阈值两种方法并存形式，实验结果表明，效果较好。采取人工林长白落叶松木材构造切片，经采校处理后，二值化处理图像如图 11-14 所示。

二值图像以“BIN”形式存盘。其中细胞壁以“1”表示，细胞腔以“0”表示。木材的胞壁率是除细胞腔以外的所有木材构造组织。为了计算木材胞壁率，必须进行对采集的木材二值图像中细胞壁所占图像中的比率进行统计。对于图 11-14 二值图像计算结果是木材细胞率为 58.49%。

5. 木材解剖构造分子轮廓的边缘检测

木材解剖构造分子轮廓的边缘检测是木材分子构造特征提取的基础。有关边缘检测的理论在本书中就不再赘述。根据图 11-14 的二值图像进行计算机编程，自动检测木材解剖分子轮廓的边缘。其检测结果如图 11-15 所示。

图 11-14　人工长白落叶松木材解剖构造二值化图像

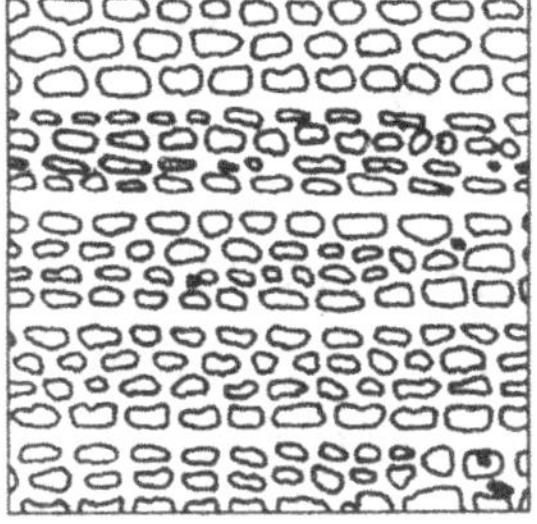

图 11-15　木材解剖构造分子轮廓的边缘检测

由图 11-15 可以看出，检测系统中自动边缘检测的效果较好。

应用计算机视觉技术测量和分析木材解剖构造具有以下优点：①对于木材构造特征成分提取和细胞排列方式分析及需要进行统计分析的研究表现出明显的优势，可以完成复杂的木材构造的细胞形态特征成分的提取，使构造参数数量化；②测量速度快，对于生长轮数目和宽度、管胞、导管、纤维等的几何尺寸测量不需要耗费很大的人力与时间；③在木材生长轮材质分析过程中，具有识别功能，测试过程简单，人为误差因素少，精确度高；④测量和分析自动化程度高，对于观测结果可再现，有记忆和存储功能，能满足快速测量要求。

11.3　木材表面质量的计算机视觉检测

木质材料表面粗糙度是木材加工行业的基础标准之一，是评定木质材料表面加工质量的重要指标。任何加工后的木质品都存在表面粗糙度是否合乎要求的问题。在许多情况下，不明确表面粗糙度要求就不能进行生产。木质材料表面粗糙度直接影响木质产品的表面涂饰质量、胶合质量及涂料、胶料的消耗量。同时表面粗糙度的高低也反映了所使用的加工机械与刀具的质量、加工方法和合理性。一个木制件的加工，一般要经过几道工序，每道工序都要切削掉一层木材，而毛料越粗糙、零部件表面粗糙度要求越高，则应留的加工余量就越大。所以，如果能合理地分配各道工序的表面粗糙度要求，则可以减少总的加工余量，从而减少木材的消耗。这样在生产过程中，可以根据木质材料表面粗糙度的要求选择相应的生产工艺过程、加工设备、刀具及切削用量来降低原材料的消耗，提高生产率。

11.3.1　现存方法及存在问题

随着木制品加工工业向机械化、自动化大规模生产的方向发展，世界各国对木质产品的表面加工质量，尤其是表面粗糙度给予了越来越多的重视。前苏联、日本、加拿大、欧洲各国、美国和中国都在不同程度上开展了该方面的研究工作。其中，美国处于领先水平。前苏联为此制定有 ГОСТ7016《木材表面粗糙度参数与评定》，并于 1968、1975、1982 年三次更新这一标准。在测量方法方面采用 ГОСТ15612-78《木材与木制品表面粗糙度的评定方法》，规定使用百分表和一种 ИШД-3 型气动式测量仪进行测量，但测量精度都不高。20 世纪 80 年代中后期，前苏联积极开展触针式轮廓法木质材料表面粗糙度测量技术的研究。

日本还没有专门的标准，但从事计量仪器的小坂研究所为测量木质材料表面粗糙度研制了触针式测量仪器。加拿大的 Bonac T. 提出了一个测量三维粗糙度体积的气动方法，建立了一个标准模型，但这种方法只能进行相对测量。瑞士的 Birgit A.、印度的 Shukla K. S. 也对触针法测定技术进行了研究。前捷克斯洛伐克的 Paulinyova E. 和 Orech T. 与波兰的 Drouct T. 利用激光与光学的方法研究了木质材料表面粗糙度测试技术，但目前尚处于探索阶段。

美国在 ANSI/ASTM D1666-64(Reapproved 1976)《木材和木质材料生产机床的试验法》中规定了以木质材料表面粗糙度作为评定机床质量的一种方法。Peters C. C. 等研究了目测、光学、触针三种方法，美国专利 US431372 提供了一种机械式测量装置。近年来随着计算机技术的普及与发展，美国已开始探索利用计算机视觉测量木质材料表面粗糙度。Faust T. D. 首次提出了一种计算机视觉测量方法，这种方法以一准直光源对 300mm×300mm 的单板试样进行照射，利用一 CCD 摄像机将图像数字化并送入微型机中，二值化处理后以他提出的一种理论和算法进行计算，得到了比较满意的结果。

我国学者对木质材料表面粗糙度也进行过一些研究。在测量方法方面，南京林业大学的吴涤荣作过光切法的研究工作，上海家具研究所作过机械式测量方法的研究工作。20 世纪 80 年代中期东北林业大学赵学增等利用触针轮廓法比较全面系统地研究了木质材料表面粗糙度测量理论和技术，提出了 6 个表征与评定参数，并研制了一台仪器。1988 年国家标准局俞汉清等在此基础上制定了国标 GB12472-90《木制件表面粗糙度、参数及其数值》(报批稿)。哈尔滨科技大学的陈杰等曾研究了利用比较样块的方法进行木质材料表面粗糙度的测量，但利用塑料样块与木质材料进行目测比较显然不能得到令人满意的结果。

综上所述，目前世界上最流行的木质材料表面粗糙度测量技术是触针式轮廓法，它具有直观、灵敏度高、能给出被测轮廓曲线等优点，但由于木质材料比较软，表面又有导管腔、管胞腔等与表面粗糙度混杂在一起，而且木质表面又是具有各向异性特征的表面，所以触针式轮廓法存在以下不能解决的问题：①被测表面的非粗糙度信息(导管腔、管胞腔等)无法从测得值中去除，以至无法真实反映这类木制件的表面粗糙度。GB12472-90《木制件表面粗糙度、参数及其数值》中只得规定测量时尽量避开这些非粗糙度信息，但实际上很难做到。②由于触头半径很小(几微米)，接触压强就很大，木质材料又较软，所以测量时易产生划痕，即破坏了被测表面，又大大影响了测量精度，而且导管腔深沟还存在损坏测量触头的危险。③测量速度太慢，一块样块需几十分钟的时间。对测量环境要求严格，不能在振动、灰尘下工作，所以触针式轮廓法不能适应生产环境下的在线测量。④触针式轮廓法进行的是线测量，用一条或几条采样线来表征木质材料这样的各向异性表面，存在严重的原理缺陷。

目测法只能作为一种粗略的检测技术，气动法目前精度与数值稳定性太差，激光法与光学方法目前处于探索阶段，只有计算机视觉检测技术更适合木质材料表面粗糙度的检测。

11.3.2　木材表面粗糙度计算机视觉检测技术

1. 检测原理

表面粗糙度的表征参数可分为两大类，即高度参数(Ry、Rz、Ra、Rq 等)和水平参数(Sm、Sv 等)。如图 11-16 所示，用一准直光源以一小角度 α 照射被测表面时，阴影部分的宽度将由入射角 α 和轮廓峰高确定，所以可以选择以下两个参数来表征木质材料表面粗糙度。

阴影频率 f，表示在测量长度内，图 11-16 中明暗交替的次数，它代表着被测轮廓的水平参数，与 Sm、Sv 相关。

阴影像素数 D，它代表着阴影部分的面积，在入射角 α 不变的情况下，它与高度参数 Ry、Rz、Ra、Rq 等相关。

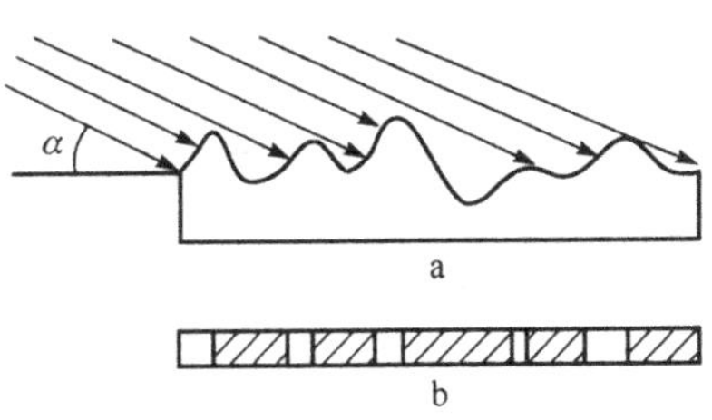

图 11-16　检测原理

用一个 $L\times L$ 的采样面积代替采样长度，就可以将上述二维情况推广到三维，此时用垂直加工纹理的空间阴影频率表征水平参数，用采样面积内的阴影像素总数表征高度参数。

2. 检测系统构成

检测系统构成如图 11-17 所示，用一准直光源(或激光源)照射被测表面，利用透镜组成的光学系统将图像成像到 CCD 摄像机上，再由放大成桢、预处理等将图像数字化后送入计算机，计算机利用应用软件库中的应用软件完成对采样图像的去除噪声、滤除由木质材料本身纹理、节疵等产生的影响。然后将图像二值化处理，即设定一灰度阈值，凡亮度高于此阈值的像素均置成白色(灰度级 255)，凡亮度低于此阈值的像素均置成黑色(灰度级 0)。最后利用二值化处理后的图像进行 f 与 D 的计算。

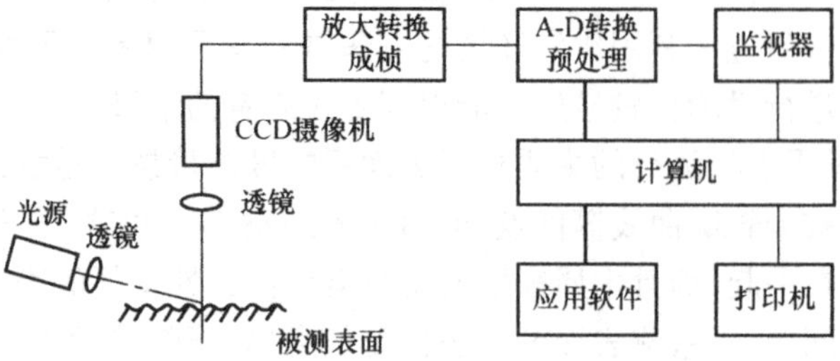

图 11-17 检测系统构成框图

3. 入射角 α 对检测结果的影响

入射角 α 是影响检测结果的一个重要因素，它可用一个实验来确定，即用实验的方法确定出使系统具有最大灵敏度的入射角 α。使用两个具有不同粗糙度等级的样块，然后选择不同的入射角 α 进行分别测量，用 D 值差别大的入射角作为最佳入射角，一般的最佳入射角 α 在 7°左右。

4. 图像采集与处理

系统采用 512×512 像素的 CCD 传感器，样块尺寸为 100mm×100mm，每个像素代表的尺寸约为 50μm。采样后的图像被量化成 8 位 256 个灰度级，如图 11-3 所示。量化后的图像利用数字技术滤去量化过程中产生的各种噪声，这些噪声通常与空间高频信号相对应。然后利用数字滤波技术去除由光源照射不均和木质材料本身纹理的影响，这些通常对应空间信号的低频部分。滤波后的图像再进行二值化处理，如图 11-3 所示。二值化所用的阈值应经大量实验确定，确定的原则是与触针式方法的测量结果最为吻合。

11.3.3 木材表面粗糙度计算机视觉分类技术

对 60 块单板样块，利用触针式轮廓仪将之分为粗、中、细三类。计算机视觉技术的测量结果呈图 11-18 分布。可见随粗糙度等级的变细，f 与 D 的平均值明显左移，这一结论说明利用计算机视觉技术进行表面粗糙度等级分类是完全可行的。

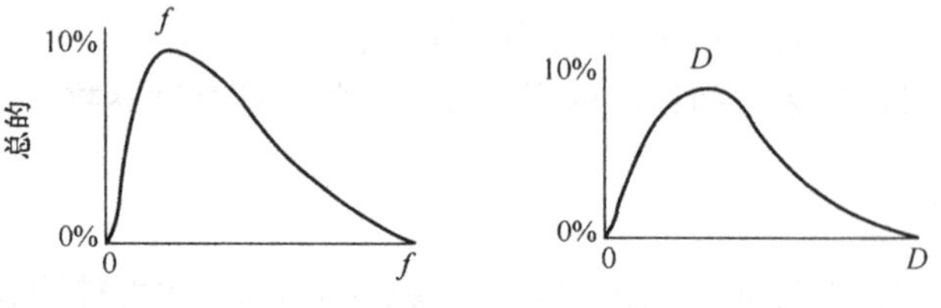

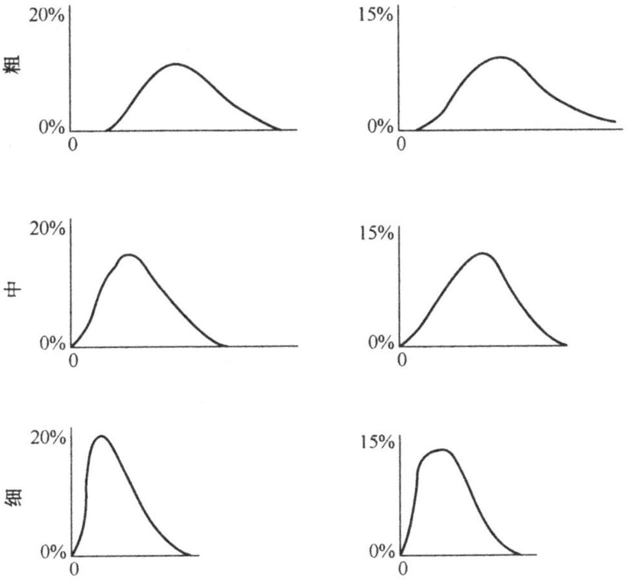

图 11-18　单板计算机视觉测量结果分布

11.3.4　与触针式轮廓法的数据相关性

计算机视觉方法与触针式轮廓法具有很好的相关性，水平参数 f 与 Sm、高度参数 D 与 Rz 的相关性如图 11-19 所示，相关系数分别为 0.86 与 0.88。采用不同的滤波技术可以提高或降低相关水平。

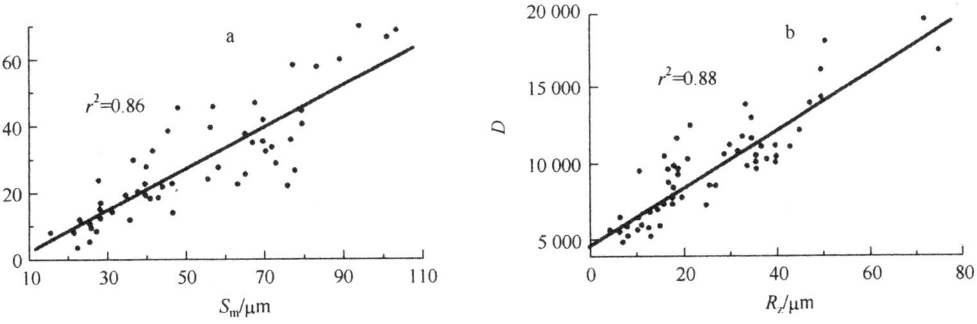

图 11-19　与触针法的相关性

a. f 与 Sm；b. D 与 Rz

11.3.5　测量时间

一幅图像的获取时间为 1/30s，对一台 IBM-XT 机，CUP-8088，主频 4.77MHz，程序用汇编语言编写，可在 1s 内完成全部计算。这一时间可以满足在线测量的要求。木质材料表面粗糙度可以采用计算机视觉技术进行测量，这种测量技术具有以下优点：①实现了非接触测量，所以不会划伤被测表面和损坏传感器；②进行的是面采样，实现了三维测量；③测量速度很高，完成一次测量仅需 1s 左右；④能去除表面加工纹理等非粗糙度信息的影响。

木质材料表面粗糙度的计算机视觉检测技术是一种新兴的技术,它将图像处理、模式识别和计算机技术结合在一起用于木质材料表面粗糙度测量领域,具有非常乐观的应用前景。在进一步研究的基础上可望应用到生产过程的在线检测中,为木材加工领域提供一种强有力的检测手段。

11.4 计算机视觉在制材加工过程中的应用

在制材加工过程中,利用计算机视觉技术可以在线实时控制板材的尺寸,选择最佳锯材方法,提高原木的出材率。同时可对板材的质量进行分级,实现木材的优化使用。Shirley S. L. Huang 采用计算机视觉技术设计和研制了培训阔叶材板材分级人员训练系统。在制材加工过程中,板材的分级是一个十分重要的环节,它直接影响木材的出材率及产品质量。因此,开发这一系统对于制材工业十分重要。建立这样一专家系统可分以下 6 个步骤:①问题的分析;②工具的选择;③专业知识和经验的获得;④系统构成的选择;⑤系统的改善和测试;⑥系统的调整和校验。在获得分析知识阶段,为了保证分析的正确性,首先要根据有经验的职业板材分级人员的分级标准来确定系统的操作基础。这一系统应用在自动制材系统中,可以加快制材的速度,帮助工人选择最优下锯的方法,降低产品成本。

原木在制成板材的加工过程中,需要锯解、裁边和剪切等工序。对于每一板材的分级远比以上工序复杂。Galiger 和 Hallock,Wengert 等研究了与此相关方面的工作。在木材的等级分级过程中主要存在两大问题:①确认缺陷的类型和程度;②计算可用面积。板材分级的规划要求分不同种类的缺陷,许多缺陷从表面看在很多方面相似,但它们是不同的,这就要求分级人员以最好的判断来区分它们。计算机视觉系统是通过假设来正确区分不同种类的板材缺陷,然后对板材判断和分类的。通常板材的分级是根据板材的缺陷数据和可利用的面积来确定的,板材的可利用面积是除去缺陷以后的剩余部分,这两方面的计算必须依据板材进行分级标准来进行。

对板材等级分类计算机视觉专家系统可以综合大量的板材分类经验对板材进行分级,其优点在于速度快、准确度高等。这一系统应用在家具制造中,可以优化下料,降低产品成本。

11.5 计算机视觉在人造板中的应用

计算机视觉在人造板中的应用主要有以下几个方面:刨花板施胶效果的检测、刨花尺寸的分级和单板破损率的检测等。

11.5.1 刨花板胶结效果的计算机视觉分析

刨花板是在木材或其他植物纤维质的刨花(刨花、木片、碎料的总称)上涂拌胶黏剂以后压制而成的一种产品。拌胶是刨花板生产上的最重要工序之一,其定义就是用一定形式的拌胶机将液体胶黏剂以雾化的方式均匀地施加到刨花表面。刨花板制造效率在很大程度上取决于刨花的拌胶。良好的拌胶效果在于最大限度地利用胶黏剂,从而实现最佳的刨花间相互结合,它决定着刨花板的质量与成本。如何快速、准确地表征与评价刨花施胶效果,始终是刨花板生产与科研领域中的一个难题，一直受到各国学者们的重视。研究和开发一种既快速而又准确的测量刨花施胶效果分析系统，对于提高刨花板的生产效率和质量具有十分重要的意义。计算机视觉分析技术能够理想地解决上述问题，是目前比较理想的刨花施胶效果测试技术之一，它将为刨花板生产与科研提供一个先进的分析手段。

1. 研究现状及存在问题

一定比例的胶黏剂和刨花两种基质材料构成了刨花板，胶黏剂最理想的利用应是在刨花表面形成一个连续的胶膜层。但是由于刨花的特殊形态及经济上原因，在刨花板制造过程中，胶黏剂只能以“胶滴”(droplet)的形式存在于刨花表面，而且只能是刨花表面的一部分能被“胶滴”所覆盖。刨花间的这种点结合特性决定了评价刨花施胶效果的重要性。自从刨花板进入工业化生产以来，有关刨花板的施胶效果问题就一直受到各国科学家们的注意。Johnson E. S. 和 Kollmann F. F. P. 等是这方面工作的早期研究者。20 世纪 60 年代，Burrows C. H. 、Carroll M. 等系统研究了刨花板生产中刨花施胶效果的影响因子、采取的措施等。Lehinahn W. F. 等于 20 世纪 70 年代初开始了光镜下刨花施胶效果的分析研究。Deppe 等则更全面地研究了胶滴尺寸大小与刨花板各项强度指标的影响关系，推断了理论上最佳的胶滴尺寸等数据。Simon E. 等于 20 世纪 90 年代利用电镜技术探讨了胶滴尺寸与刨花板胶结效果的影响趋势等。所有的这些工作都对刨花板施胶效果问题提供了有益的理论指导。但纵观这些工作，还都局限在传统的光镜或电镜等分析手段上。这些方法速度慢、精度低，所得出的结论更多是局限在定性的视觉观察上，而不是定量的准确表征。尤其在实际生产中更是缺乏实用性，致使在刨花板生产过程中至今没有一套准确的刨花施胶效果检测方法。进入 20 世纪 80 年代以来，计算机和图像处理技术的发展为刨花施胶效果问题的进一步研究提供了可能。美国林产品实验室曾于 1991 年开展刨花板的表面胶黏剂分布研究。1993 年，夏元洲进行了施胶刨花摄像底片的计算机图像处理技术研究。

世界各国已将计算机视觉应用于木材科学研究之中，但用于人造板科研领域尚不多见。计算机视觉技术具有分析速度快、自动化程度高、识别能力强、环境要求低、测量精度高等优点，具有广泛的应用前景。此研究拟采用先进的计算机视觉技术来分析刨花板制造过程中的刨花施胶效果，以准确地测量出刨花表面的胶滴覆盖率、胶滴分布模型及胶滴尺寸大小等数据，达到定量评价刨花施胶效果的目的。

2. 刨花施胶效果计算机视觉分析系统

(1) 检测系统构成。分析检测系统的构成如图 11-20 所示。用一准光源(或激光源)照射被测试样，利用光学显微镜或透镜组成的光学系统将图像成像到 CCD 摄像机上，再由放大成帧、预处理等将图像数字化后送入计算机，计算机利用应用软件库中的应用软件完成对采样图像的去除噪声、滤除外部信号等影响。然后将图像二值化处理，即设定一灰度阈值，凡灰度值高于此阈值的像素均置成黑色(灰度级 0)。试样的移动、聚焦、分析和处理等全过程，都由载物台和自动聚焦软件和硬件完成。

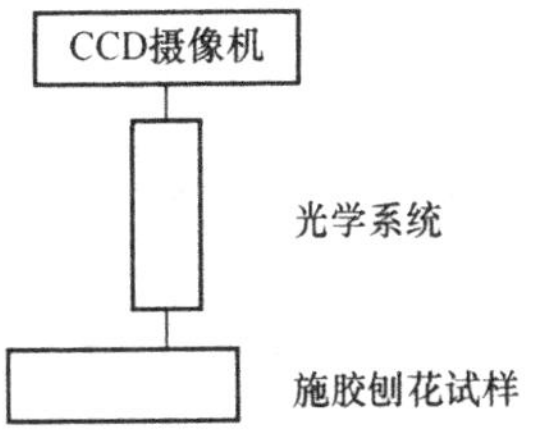

图 11-20　检测系统构成框图

(2) 图像采集与处理。系统采用 512×512 像素的 CCD 传感器,试样采用直接从拌胶机内取出的拌胶刨花,采样后的图像被量化成 8 位 256 个灰度级。量化后的图像利用数字滤波技术滤去量化过程中产生的各种噪声,这些噪声通常与空间高频信号相对应。然后利用数字滤波技术去除由光源照射不均产生的影响,这些通常对应空间信号的低频部分。滤波后的图像再进行二值化处理,二值化所用的阈值应该由大量实验确定。

(3) 系统的标定。作为一种定量分析方法,测试系统必须进行标定。标定的基本原理是采用已知几何尺寸的规则形态刨花,在相同的分析条件下,进行数据采集,从而确定系统的放大倍数。在标准标定样本上放置长×宽为 $L_c \times L_k$(mm)的矩形标样,经采样后测定其对应的图像中的像素数 N_c(个)和 N_k(上),那么对应每个像素的图像所代表的长度方向 A_c(mm)为:$A_c = L_c / N_c$,宽度方向 A_k(mm)为:$A_k = L_a / N_k$,其具体的对应关系如图 11-21 所示。

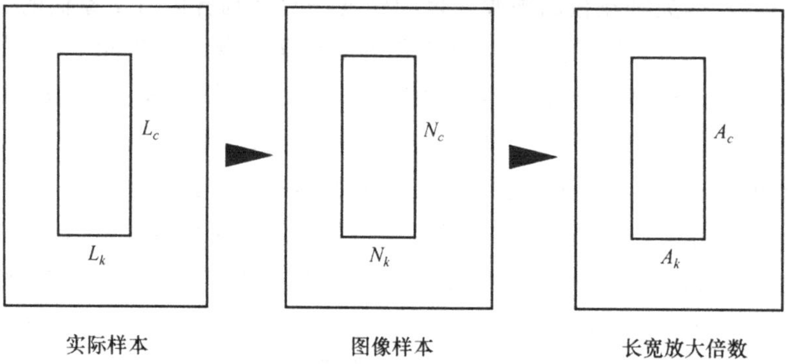

图 11-21 CV 测试系统标定原理图

系统图像二维平面 A_c、A_k 放大倍数确定以后,就可以根据采集图像中的像素直接测量被测刨花及其表面上胶滴的几何尺寸,从而完成系统标定。

3. 刨花施胶效果的计算机视觉分析

(1) 试样的采集与测定。直接从拌胶机中随机抽取部分施胶刨花,按传统四分法取样,然后置于光学系统下,经 CCD 摄像机转换放大后可以看到一定形态的刨花及刨花表面分布着胶黏剂小滴的原始图像,如图 11-22 所示。利用图像处理装置中的快速傅里叶变换功能,将原始图像变成功率频谱图(PSP)。但是在频率域内表示出的功率频谱特征图形 PSP 十分难理解,因此必须对 PSP 图形进行再次的傅里叶变换,得到与原始图形相同的距离域内相关函数二维图像 ACP,并从该图形中提取特征。施胶刨花图像处理后的二值图像(wall map)及灰度域内的点阵图(dot map)如图 11-23 所示,它可以作为提取刨花及刨花表面胶滴外廓形状的特征。

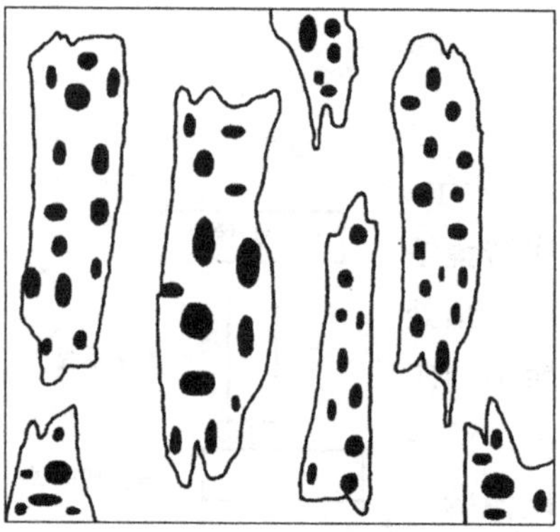

图 11-22 光学系统下施胶刨花原始图像

(2) 施胶效果的定量分析。由于以往有关刨花施胶效果的研究大多局限于定性分析方面,因此在测量中建立了一些表征刨花施胶效果的特征参数，以定量评价刨花板的施胶效果。

(3) 刨花表面的胶滴直径。胶滴直径(δ_m)一直是学者们研究刨花施胶效果问题的关键，它的确切定义是指胶滴喷在光滑刨花表面后形成的旋转椭圆体直径，其大小表征了胶黏剂的雾化程度。传统的研究方法视刨花表面的胶滴为圆形，然后在光镜或电镜下测其近似直径。由于胶滴经雾化、摩擦后已呈不同程度的椭圆体，因此不可避免地存在着测量上的误差。为此引入等价圆直径，可以准确地表征刨花表面的胶滴直径 δ_m。刨花表面的胶滴，不管圆形或是椭圆形，必然存在理论上的等价圆。由刨花表面胶滴的点阵图(dot map)(图 11-24)，可以精确地计算出胶滴的面积 S 和周长 L。设等价圆直径为 d，则有

图 11-23　数字灰度图像下一片施胶刨花的形态图

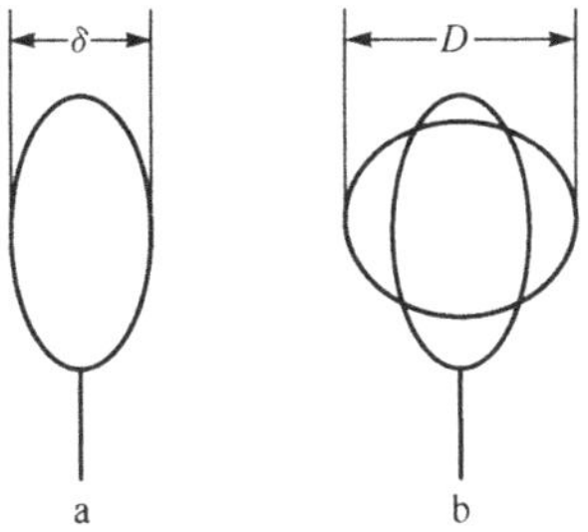

图 11-24　任一胶滴的模型图

a. 胶滴实际形态图；b. 胶滴等价圆模型图

$$S=\pi\cdot(d/2)^2, L=2\pi\cdot(d/2)$$

等价圆直径：

$$d=4S/L$$

即胶滴直径：

$$\delta=d=4S/L$$

与以往光学仪器下测定胶滴直径的方法相比，通过等价圆直径计算出来的胶滴直径更精确、更客观。

如果一片刨花上有几个胶滴，则这片刨花表面上存在的平均胶滴直径 δ_n 为：

$$\delta_n=\frac{\delta_1+\delta_2+\cdots+\delta_i}{1+2+\cdots+i}\quad i=1,2,3,\cdots,n$$

式中：δ_i——一片施胶刨花表面上任一胶滴直径；

i——一片施胶刨花表面上的胶滴个数。

于是全部刨花表面存在的平均胶滴直径 δ_m：

$$\delta_m=\frac{\delta_{n1}+\delta_{n2}+\cdots+\delta_{ni}}{1+2+\cdots+i}\quad i=1,2,3,\cdots,n$$

式中：δ_{ni}——一片施胶刨花表面上胶滴覆盖率；

i——测定的施胶刨花个数。

全部胶滴的雾化程度可由 δ_i 的变化概率直方图显示。

(4) 刨花表面胶滴覆盖率 ρ(%)。刨花表面胶滴覆盖率 ρ 用来表示刨花表面含胶黏剂的量。ρ 值高则说明刨花板的施胶效果好；不同尺寸大小刨花表面 ρ 值越接近，则表征刨花板的施胶越均匀。任一片刨花表面的胶滴覆盖率 ρ_1(%)为：

$$\rho_1=\frac{a_1+a_2+\cdots+a_i}{S_1}\times100\%$$

式中：a_i——一片胶刨花表面上任一胶滴面积；

S_1——一片施胶刨花面积。

因为施胶刨花是任意放置在光学系统下进行测量的，刨花的两面总是随机显示，因而个别刨花两面施胶不均匀的现象可忽略。因此，全部刨花表面的胶滴覆盖率 ρ(%)为：

$$\rho=\frac{\rho_1+\rho_2+\cdots+\rho_i}{1+2+\cdots+i}\times 100\% \quad i=1,2,3,\cdots,n$$

式中：ρ_i——任一片施胶刨花表面胶滴覆盖率；

i——测定的施胶刨花个数。

同理，刨花板的施胶效果可由不同形态尺寸刨花的胶滴覆盖率 ρ 变化直方图显示。

计算机视觉技术为刨花板的施胶效果问题提供了一个崭新的分析与检测途径，所建立的若干描述拌胶效果的参量参数，同以往技术相比更具有准确、全面的表征特性。刨花板施胶效果计算机视觉分析方法适用于各种复杂的刨花板施胶工艺条件，能迅速实现表征刨花施胶效果特征值的提取，达到评价结果数量化的目的，从而更好地控制整个刨花板的生产过程。

11.5.2 刨花尺寸分级和铺装方向检测

计算机视觉在人造板的生产和研究过程中的应用范围较广。例如，在刨花板的生产过程中，美国林产品实验室利用计算机视觉技术对木材刨花的尺寸大小进行分级，确定各种刨花在板中的比例和刨花的排列方向，以便于生产的质量控制。使用这种方法的突出优点是测量速度快、精度高，工作强度低。

在刨花板的生产过程中，可以通过调整刨花木片定向铺装的定向排列方向来提高刨花板等木质人造板的强度。因此，分析刨花的定向排列程度是十分必要的。但是各种刨花的形状缺少均一性，对其进行定向程度的高精度测量有一定的困难。日本京都大学的藤田稔采用图像处理中对各向异性检测具有优势的傅里叶变换的处理方法，进行了刨花板内刨花定向程度的检测。

采用窄长平整的日本柳杉刨花(长 30mm×宽 3mm×高 0.5mm)，用机械式定向铺装设备进行铺装。从 0～10cm 改变自由下落高度，得到一系列的刨花下落试样，摄影将其记录下来。同时制作向铺装和非定向铺装随机排列的刨花试样，将其表面形态用静电照排装置复制记录。把照片和静电复制的形态图像输入图像分析处理装置(Luzex Ⅲ)，用圆形取样窗口在输入的图像上采样，并将其周边灰度调整到于窗口内最高出现频率灰度相一致，利用图像处理装置中的快速傅里叶变换(FFT)功能，将图像变成功率频谱图(PSP)。采用极坐标变换，滤除极低频成分，将其余部分功率谱的角度分布图输出，用功率总量进行正归化处理。结果表明：采用下落式机械定向铺装法的定向刨花，检测出很满意的结果。对于这种试样，虽然刨花的形状和颜色深浅各有不同，但是可以认为，其长度与宽度比较已有足够的长度。而对于非定向排列的试样，同样也可以得到满意的测量结果。由此可以看出，采用傅里叶变换图像处理方法来进行刨花板内刨花定向程度的检测和分析是十分有效的，是一种理想的分析方法。

11.5.3 胶合板破损率的检测

在胶合板的制造过程中，可以利用计算机视觉技术在线实时测量木材在剪切过程中的破损率，这对控制产品质量具有十分重要的作用。检验木材单板的破损率有利于提高木材旋切过程中的质量监控，提高出材率；同时，还可以对单板进行分等，实现自动化生产过程，而且在帮助分析木材破损原因方面提供数据，这对控制产品质量具有十分重要的作用。

11.6　制浆造纸中的计算机视觉检测

计算机视觉在制浆和造纸工业中的应用目前有两个方向。其一是测量各种纸浆中的纤维形态；其二是分析纸张中的灰尘度。纸浆中的纤维形态分析，包括测量纤维的长度、纤维的直径、周长、面积及纤维在处理前后的形态变化等。新西兰的木材科学家 Kibblewhite R. P. 等研究和测量了纤维横切面的宽度、厚度、壁面积、壁厚度、腔比率、壁比率等，并且提出了纸浆中的精制和非精制纤维的计算方法。其测量系统可以准确地测量单个纤维和全部纤维的几何尺寸及其变化趋势，同时可以区分不同纸浆类型的差别。处理方法与以前的手工操作相比，既快又准确，而且还可以避开人为因素的影响。另外，在纸张的灰尘含量分析中，可以通过识别技术测定纸浆中的灰度百分含量。

11.7　木材表面缺陷的计算机视觉检测

在家具用材的制材过程中，多数采用人工选择板材，为了提高劳动生产率和产品质量，在生产过程中的某些工序采取自动化操作是必要的。板材表面缺陷的自动分类是实现制材自动化的关键技术，它可以帮助确定如何锯材和下料。采用计算机视觉检测技术可以实现这一生产实际要求。

在制材加工的第一工序是把原木据解成板材，板材的表面通常有各种缺陷，它们降低了板材的经济价值。板材表面缺陷的尺寸和形状变化较大，在加工的后期应进行分类，但人工分类比较困难，因此采取计算机视觉检测技术对板材表面缺陷进行分类具有十分重要的意义。

11.7.1　木材表面缺陷的分类

采取计算机视觉检测技术对木材表面缺陷，如树皮、腐朽、孔、节子、条斑、变色、劈裂和缺棱进行检测和分类。使用扫描方法，通过图像处理和模式识别技术来识别木材表面缺陷。在黑白图像中，利用纹理分析方法提取缺陷的特征，从而确定木材表面的缺陷模型。

11.7.2　图像数据的描述

Koivo A. J. 和 Kim C. W. 对木材表面缺陷进行了研究。首先锯解 100 块美国红栎板材，板材表面有树皮、腐朽、孔、节子、条斑、变色、劈裂和缺棱，由专家分为 9 类，8 类是表面缺陷，1 类是上等材。这些试材是用来训练和测试分类器。视觉系统是由摄像机、光学系统和数字化仪组成。摄像传感器扫描试样表面，扫描后得到的数字图像用 512×512 的矩阵存储；图像灰色值范围是 0～255，它代表板材表现的灰度级，与板材表现的明暗程度成正比。每一 512×512 图像代表木材试样表面的尺寸是 20. 3cm×20. 3cm。图像在试样表面的位置如图 11-25a 所示，矩阵内的灰度级代表图 11-25a 中方框的灰度，如图 11-25b 所示。图 11-26 例示了各种典型的具有缺陷的木材样品的数字图像。

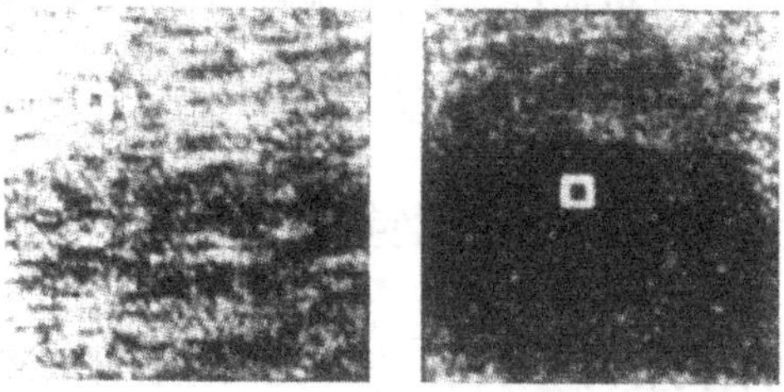

a

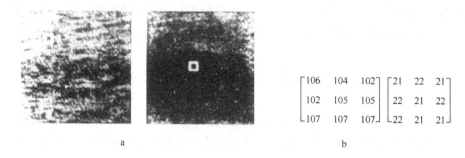

$$\begin{bmatrix} 106 & 104 & 102 \\ 102 & 105 & 105 \\ 107 & 107 & 107 \end{bmatrix} \begin{bmatrix} 21 & 22 & 21 \\ 22 & 21 & 22 \\ 22 & 21 & 21 \end{bmatrix}$$

b

图 11-25　上等材(左)和有一孔洞(右)的数字图像

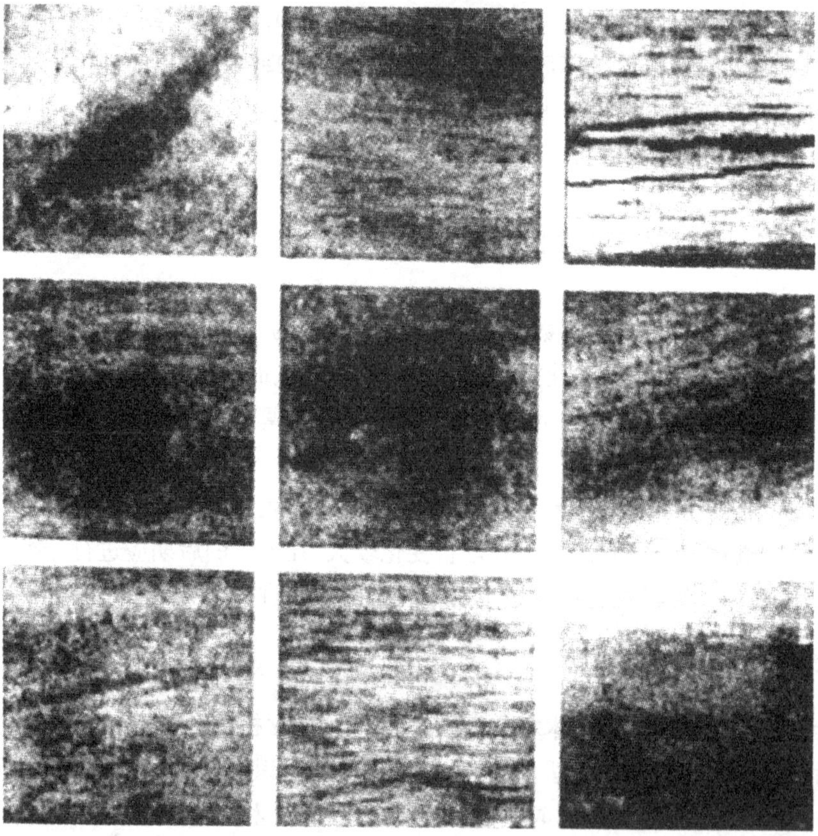

图 11-26　典型样品的数字图像

第一行从左到右分别是树皮、腐朽、孔、节子、条斑、变色、劈裂和缺棱

11.7.3　分类器对缺陷的描述

首先从图像中构造模式分类器提取特征。第一步:根据很多人对每一类缺陷的识别确定,为了分析测试结果,必须对试验结果进行统计,如测试结果的平均值、变化范围、最大值和最小值。第二步:从已知分类的训练样品中提取特征来构造分类器。

11.7.4 木材表面缺陷的识别

1. 两类缺陷的识别

在分类器中考虑两种缺陷，即上等材和孔洞。为了方便，从灰度图像中只计算两个特征值，即平均值(x_1)和变量(x_2)。图 11-27 中代表 40 个特征点(x_1,x_2)，其中 20 个代表上等材，20 个代表孔洞材。可以通过一个函数来描述两类缺陷的边界，判别函数 $h_1(x_1,x_2)$为：

$$h_1(x_1,x_2)=a_1x_1+a_2x_2+a_3$$

判别函数 $h_1(x_1,x_2)$值为正代表一个区，判别函数 $h_1(x_1,x_2)$值为负代表另一个区，判别函数 $h_1(x_1,x_2)$值等于零代表在边界上。根据训练样本得出判别函数 $h_1(x_1,x_2)$为：

$$h_1(x_1,x_2)=1.67x_1-x_2-132.59$$

从图 11-27 可以看出，$h_1(x_1,x_2)>0$，代表孔洞；$h_1(x_1,x_2)<0$，代表上等材。

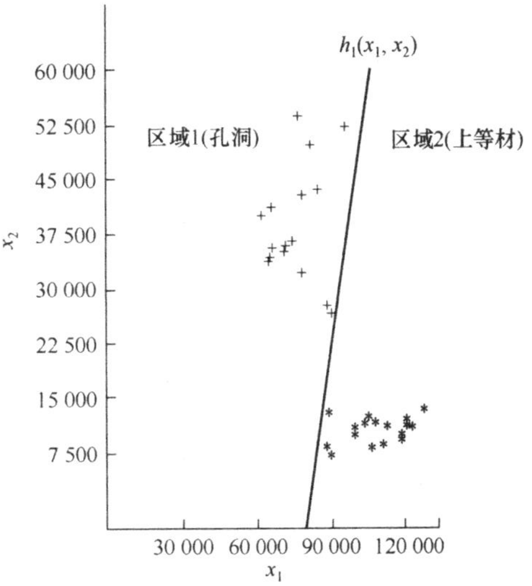

图 11-27　孔洞、上等材特征点分布和判别函数

2. 三类缺陷的识别

在分类器中考虑三种缺陷，即上等材、腐朽和孔洞。为了方便，从灰度图像中只计算两个特征值，即平均值(x_1)和变量值(x_2)。图 11-28a 代表各特征点(x_1,x_2)的分类情况。可以通过三个函数来描述三类缺陷的边界，判别函数为 $h_1(x_1,x_2)$、$h_2(x_1,x_2)$和 $h_3(x_1,x_2)$。根据训练样本得到判别函数为：

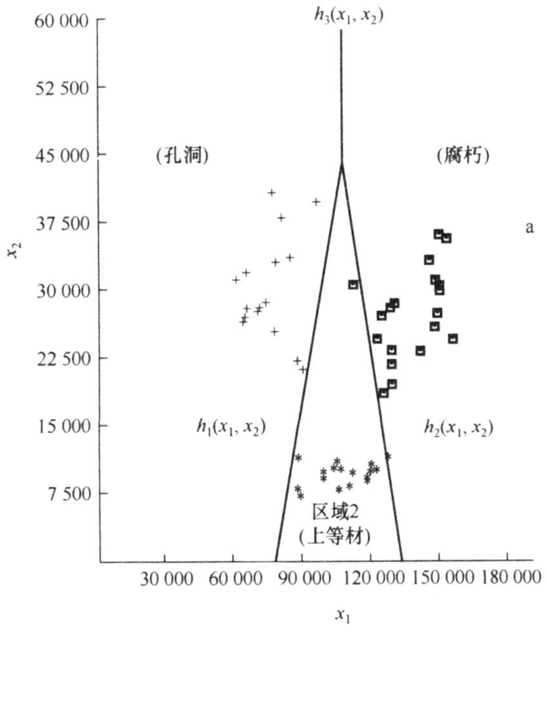

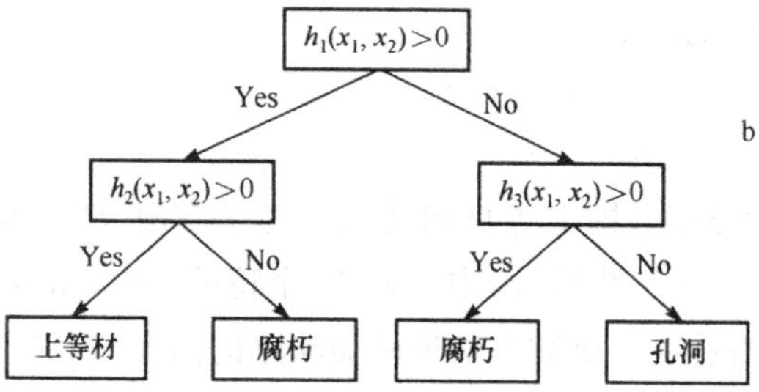

图 11-28　上等材、孔洞和腐朽材样本特征点分布(图 a)
及特征函数判别规则(图 b)

$$h_1(x_1, x_2) = 1.67x_1 - x_2 - 132.59$$

$$h_2(x_1, x_2) = -1.68x_1 - x_2 + 223.36$$

$$h_3(x_1, x_2) = 28.57x_1 - x_2 - 2\,987.97$$

其分类规则如图 11-28b 所示。

3. 缺陷的特征提取和识别

根据 120 块训练样品,测试得到 9 类缺陷的灰度直方图,如图 11-29 所示。

由以上直方图确定判别分类函数,从而实现 9 类缺陷的识别。可根据实验结果来确定板材加工中的缺陷自动分类。

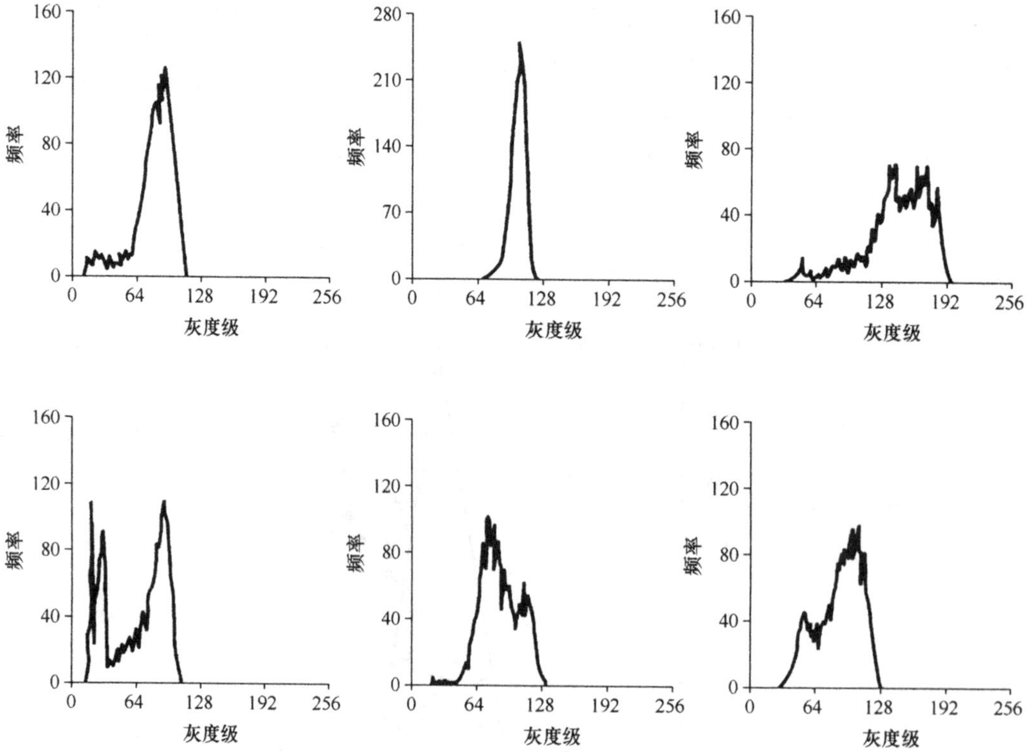

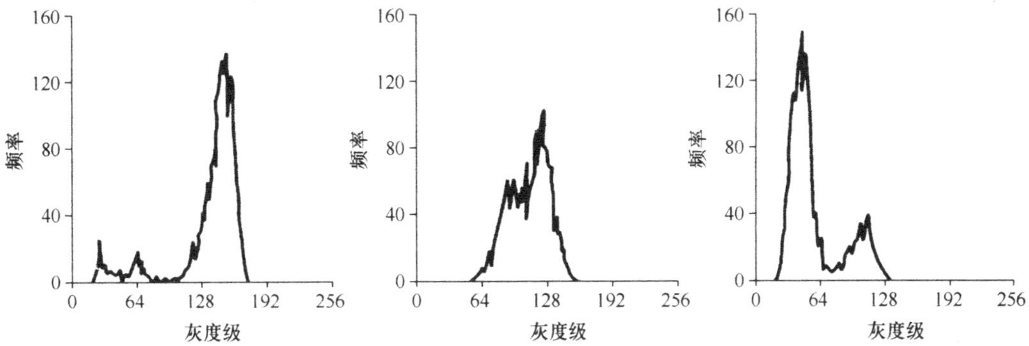

图 11-29　各种缺陷灰度直方图

11.8　计算机视觉技术应用之展望

随着电子计算机技术、图像处理技术、传感技术和机器人技术的发展，计算机视觉在木材科学的科研和生产中的应用日趋广泛。其发展趋势主琴包括以下几个方面：

① 智能化专家系统。此系统应用在木材科学的研究中，计算机视觉将改变木材解剖构造细胞分子的自动识别的测量。在制材生产过程中，将实现板材的分级；在家具制造过程中，将实现优化下料；在制浆造纸过程中，对纤维形态、纸张的打印能力、纸张灰尘含量和表面粗糙度进行分析；在人造板的制造过程中，可检测刨花的施胶效果、刨花尺寸分级和尺寸稳定性，以及胶合板的破碎率等。

② 利用计算机高速度和高速度的快速计算能力将改变以往科研和生产过程中的复杂和大工作量的局面。

③ 提高产品质量，降低产品成本。利用专家系统将实现生产中的技术判断，减少人为因素的材料浪费，降低生产成本。

近年来，世界各国相继开展了计算机视觉在木材工业科研和生产中的应用，并已取得了可喜的研究和应用成果。其中，美国、日本、加拿大和德国等国家比较领先。我国在这方面的研究由于受电子计算机技术发展的限制，与发达国家比较还存在一定的差距。但是随着国内电子计算机技术的发展，目前也相继开展了这方面的研究工作，东北林业大学目前已经进行了这方面的研究工作，开展了木质材料表面粗糙度的计算机视觉检测与测量、木材解剖构造的计算机视觉分析等研究项目，并已取得了阶段性研究成果。

计算机视觉是一种先进的测试技术，它将在木材科学研究和生产中具有广泛的应用前景。

参 考 文 献

顾伟康. 1986. 计算机视觉学的发展概况. 浙江大学学报，4：016

刘自强，齐景渌，戚大伟. 1989. 木材缺陷图像的伪彩色处理. 林业科学，25(2)：185～189

日本农业水产省林业实验场. 1991. 木材工业手册. 北京：北京林业出版社

王金满，刘一星，邹常丰. 1994. 计算机视觉技术在木材工业的科研与生产中的应用. 世界林业研究，7(3)：49～55

王金满,邹常丰,郭军. 1994. 木材解剖构造图像处理的理论研究. 东北林业大学学报,22(2):52～57
王金满等. 1993. 木材构造计算机视觉分析方法的研究。东北林业大学学报,21(2):94～99
夏元洲,缪印华. 1993. 用计算机图像处理法研究胶滴在刨花表面的分布. 林产工业,20(2):11～13
姚国正,刘磊,汪云九. 1984. 视觉信息处理的计算理论. 信息与控制,5:42～52
张顺泰,丁修堂. 1992. 应用微机数字图像处理系统测定黑松木材胞壁率的研究. 全国第二届木材解剖学学术讨论会论文摘要汇编
赵学增. 1992. 木质材料表面粗糙度计算机视觉检测技术的研究. 东北林业大学学报,20(5):55～60
赵学增. 王金满. 1993. 木质材料表面粗糙度计算机视觉检测理论及其应用初探。首届全国青年自然科学基金研讨会论文集,北京:农业出版社
前川知之,藤田稔,佐伯浩. 1991. 木材の细胞配列解析——极坐标によるパワースペケトルパターンの评价. 第 41 回日本木材学会的会研究发表要旨集
藤田稔,前川知之,佐伯浩. 1991. 木材横断面における细胞の形状と配列の自己相关パターンによる特徴抽出. 第 41 回日本木材学会的会研究发表要旨集
藤田稔,岩切一树,佐伯浩. 1991. フーリェ变换像处理による细胞壁厚度さの计测. 第 41 回日本木材学会的会研究发表要旨集
烟茂树,藤田稔,佐伯浩,1990. 压缔试片のX线回折法と剥离切片偏光法によるフィブリル倾角の评价. 第 40 回日本木材学会的会研究发表要旨集
岩切一树,藤田稔,佐伯浩. 1991. 积算画像处理による细胞壁厚度さの计划. 第 41 回日本木材学会的会研究发表要旨集
Arnold M, Lemaster R L, Dost W A et al. 1992. Surface characterization of weathered wood using a laser scanning system. Wood and Forest Science,24(3):287～293
Burrows C H. 1961. Some factors affecting resin efficiency in flake board. forest Prod J,11(1):27～33
Carroll M, McVey D. 1962. Analysis of resin efficiency in particleboard. Forest Prod. J. ,12(7):305～310
Charles W M. 1982. Application of automatic image analysis to wood science. Wood science,14(3):97～105
Colins N J, et al. 1988. Image analysis in printability testing. Appita, 41(6)
Deppe. 1984. 德国专家戴博教授讲学材料. 东北林业大学
Faust T D,Rice J T. 1986. Characterizing the roughness of southern pine veneer surfaces. Forest Products Journal,36(11)
Freeman H. 1986. 图像处理与模式识别及其在工业中的应用. 访华学术报告,3:15～24
Hata S,Fujita M,Saiki H. 1989. Periodical analysis of wood structure II Two-dimensional arrangements of rays. Journal of the Society of Materials science,38(430):733～739
Huang S S L et al. 1989. A computer aided instruction tool for grading hardwood lumber. Forest Products Journal,39(10)
Johnson E S. 1956. Wood particle board handbook. Raleigh:North Caroline State College
Kibblewhite R P, Bailey D G. 1988. Measurement of fiber cross section Dimensions using image processing. Appita,41(4):297～303
Koivo A J,Kim C W. 1989. Automatic classification of surface defects on red oak boards. Forest Products Journal,39(9):22～30
Kollmann F F P. 1993. 木材与木材工艺学原理(人造板). 北京:中国林业出版社
Lehinahn W F. 1965. Improved particle board through better resin efficiency. Forest Prod J. ,15(4):155～161
Lehinahn W F. 1973. Resin efficiency in blending in particleboard. FORS Meeting Proceeding Oregon,USA

Lehinahn W F. 1979. Resin efficiency in particleboard as influenced by density, atomization and resin content. Forest Prod J, 20(11): 48～54

Maekawa T, Fujita M, Saiki H. 1990. Preiodical Analysis of Wood structure: III Evaluation of two-dimensional arrangements of softwood tracheas on transverse sections. Bolection of The Kyoto University Forests, 62: 275～281

Mercado J S. 1992. Using digital image analysis to determine the reinforcement of wood fiber polyurethane composites. M. S. Thesis. Houghton: Michigan Technological University

Simon E. 1993. Effect of resin particle size on waferboard adhesive efficiency. Wood and Fiber Sci, 25(3): 214～219

Wilson J B. 1968. Resin distribution in flake board shown by ultravidet light photography. Forest Prod J, 18(11): 32～34

Wilson J B. 1976. Particleboard: Microscopic observations of resin distribution and board farcture. Forest Prod J, 26(11): 42～45

第 12 章　木材的美学特性

任何自然资源都具有双重属性，其一是它的物质属性，其二是它的非物质属性。自然资源的物质属性就是直接由构成这种资源的物质的理化性能所决定的各种属性；自然资源的非物质属性是指除了其物质属性以外的其他各种属性。

以森林资源为例，构成森林资源的主要物质是为树木，即木材。木材的主要组成成分为碳水化合物，所以它可以燃烧放出热量、产生能源；木材具有以纤维素为骨架的微纤丝结构，所以它具有独特的物理力学性能，可以用来建造房屋桥梁，可以用来生产家什器具。如此等等，这些都是森林资源的物质属性。对自然资源物质属性的开发利用，必然是以消耗物质资源为代价，对自然资源会造成不可逆转的破坏。

森林资源除了上述物质属性以外，还具有涵养水源、净化空气、调节气候、美化环境和保护生物多样性等属性，这些就是森林资源的非物质属性。这种非物质属性是一种与物质属性完全不同的属性。自然资源非物质属性的开发利用，不需要消耗物质资源，因而不会对自然资源造成任何破坏。例如，利用森林资源的碳汇作用来减少空气污染、或利用树木美化环境的功能来开发森林旅游，这些都是森林资源非物质属性的开发利用，这样的开发利用途径，完全不需要消耗森林资源，所以不会对森林资源造成破坏。像这样对自然资源的开发利用方式应该成为现代人类文明所追求的理想模式。

木材是一种自然资源，同样也具有物质属性和非物质属性。木材的美学特性就是木材资源的一种非物质属性。

12.1　木材的美学属性

人类之所以能够长期与木材相依相伴，人们之所以能够长期对木材情有独钟，这都是因为木材具有其他材料无可比拟的美学特性。木材之美对于我们人类可以说是自始至终、尽善尽美。

12.1.1　木材起源之美

木材来源于树木，树木生于青山绿水之中，长在高山峻岭之上，如此美丽的自然环境成就了树木的天生之美。树木的叶、型、花和果，无不带给人们美的享受，如图 12-1 所示。

木材起源于树木的生长，它是树木树叶中的叶绿素细胞吸收空气中的二氧化碳和水分，在太阳能的作用下进行光合反应而生成的生物体。在树木生长木材的过程中，空气中的二氧化碳和水分转化成为碳水化合物，永久性地固定在树干(木材)里面，从而降低空气中的碳污染。在此过程当中，同时还会放出大量的新鲜氧气，为人们提供清新的空气，这就是木材的起源之美，如图 12-2 所示。

图 12-1　树木之美

a. 树叶；b. 树型；c. 花朵；d. 果实

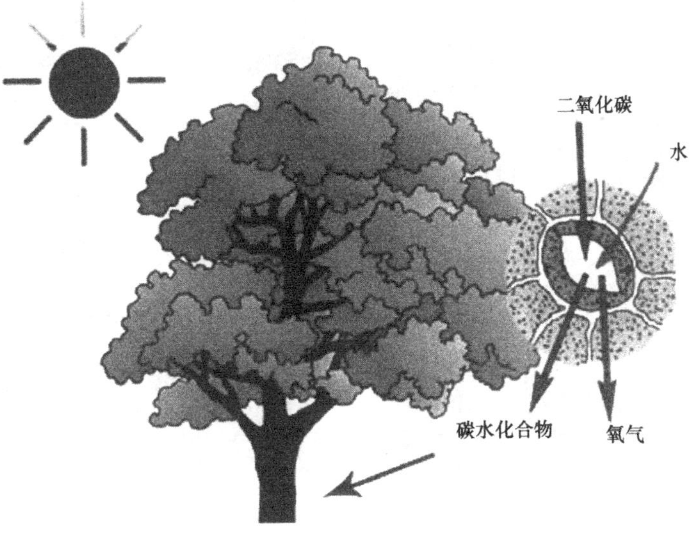

图 12-2　树木生长木材过程中的固碳作用

12.1.2 木材形式之美

木材可以通过树木本身的自然生长，或者通过人为的机械加工或塑化变形处理，展示出各种美的构型，例如精美的家具、雄伟的桥梁和木雕艺术作品等等，这些都可以充分展示木材的形式之美。图 12-3 所示为一套檀香木的椅和几，尽显红木家具形体上的简约与典雅之美。

图 12-3　紫檀家具——椅与几

图 12-4 为两幅人物题材的木艺作品。图中可见，少女轻舒广袖、柔情万种；老翁独钓寒

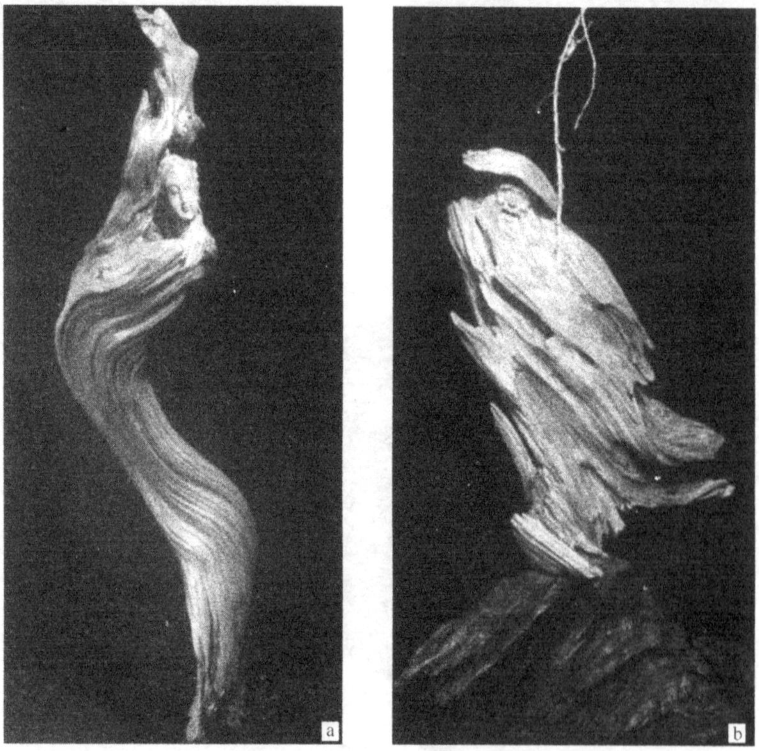

图 12-4　人物木雕组合-少女与老翁

a. 少女-轻舒广袖；b. 老翁-独钓寒江

江、悠闲自得。如此艺术境界，只有通过木材才能够实现，其他材料无法达到这样的艺术效果。这种木材根雕作品，不需要人为过多的加工，只需要艺术家们去发现木材的美，充分展示木材的美，足矣！这两件作品没有过多的雕琢，其成功之处就在于作者很好地运用了木材自然的质地、纹理和造型，把少女和老翁的神情刻画得淋漓尽致。

12.1.3　木材品质之美

在材料的属性上，木材能够吸能减震、调温调湿、隔热保温、冬暖夏凉、触觉舒适、嗅觉清香，其他材料无可比拟，这就是木材的品质之美。图 12-5 是一个黄花梨的手玩把件，把玩在手上会让人感到舒适温润、细腻光滑、韵味无穷、爱不释手。其他金属、塑料、玻璃和石材，甚至玉石，都不可能达到这样的效果。木材之所以具有这些独特的美的属性，这是因为木材是一种有机的生物体，它来自于树木的生长，仍然保留了一些原来树木生命特征，所以我们人体对木材具有天然的亲和性。木材能够呼吸空气中的湿气，自动调节其自身的含水率；木材具有调温调湿特性，因而能够带给人们冬暖夏凉的触觉；木材材面上花纹图案会随着剖切的角度、光线的方向和观察方位不同而变幻莫测。如此等等，都是原来树木所遗留下来的一些生命特征。有人说木材是一种有生气、有灵性的东西，这种说法并非毫无科学道理。

图 12-5　黄花梨手玩把件

12.1.4　木材外在之美

木材表面具有非常丰富的花纹图案，如图 12-6 所示。这种花纹图案的形成，有的是由于木材中正常组织结构的规律性变化，如树木的年轮图案(a)；有的是由于某些特殊木材中的细胞独特的分布、排列和组合方式，如白栎木材横切面上火焰状图案(b)和紫檀木材弦切面上的波浪纹(c)等；有的是由于木材中带有颜色的内含物质规律性分布，如蛇纹木(d)和乌纹木(e)等；有的是由于木材非正常生长所形成某些特别的结构特征，如树瘤花纹(f)、鸟眼花纹和虎斑花纹等；有的是由于虫菌侵蚀所致，如某些腐朽木材表面的白腐斑纹(g)；还有的是由于人工染色处理使得木材中不同的组织带呈现不同的颜色效果(h)。

木材表面的纹理千姿百态、变幻无常，带给人们美的遐想和美的享受，使人感到赏心悦目、

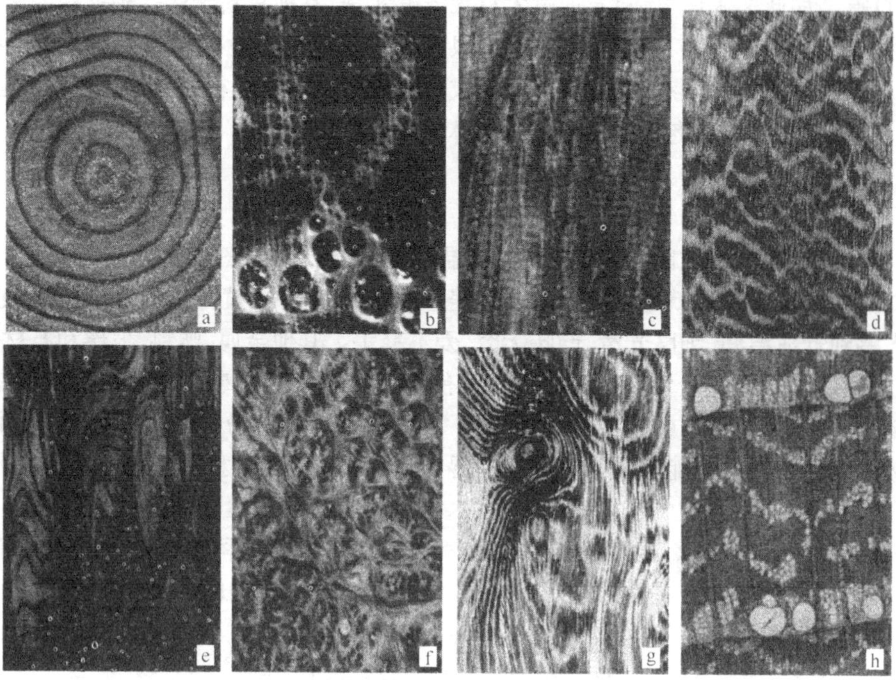

图 12-6　木材表面花纹图案

a. 柳杉年轮图案；b. 白栎火焰状花纹；c. 紫檀波浪花纹；d. 蛇纹木花纹；
e. 乌纹木花纹；f. 樟木树瘤花纹；g. 松木白腐斑纹；h. 刺楸人工染色花纹

妙趣无穷，这就是木材外在美的魅力，如图 12-7 所示。

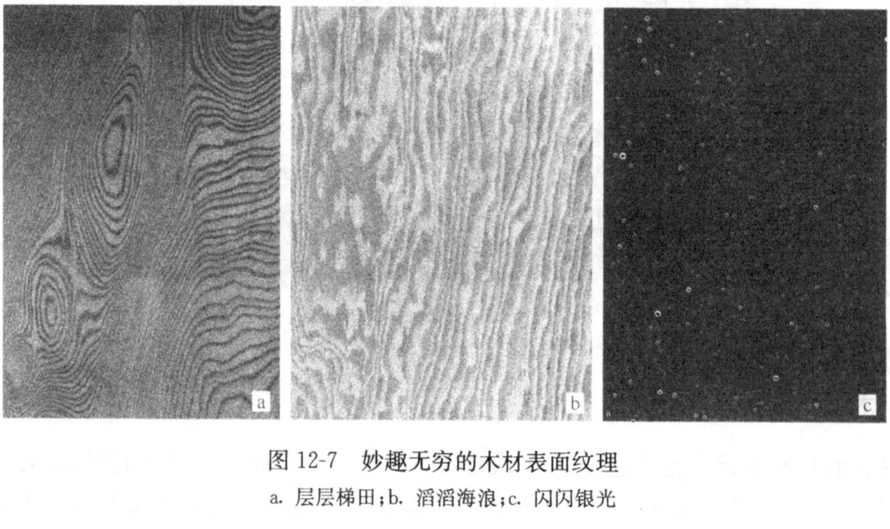

图 12-7　妙趣无穷的木材表面纹理

a. 层层梯田；b. 滔滔海浪；c. 闪闪银光

12.1.5　木材内在之美

木材之美表里如一，木材花纹图案不仅仅局限在木材的表面，在木材内部任何部位、任何角度、任何切面上都可以呈现各式各样的花纹图案，这就是木材的内在之美。

图 12-8 同时展示出树瘤的外表和内部之美。图中 a 所示是一个树瘤工艺品，从外表上看，这个树瘤的构型和表面肌理已经很美了。但是，当把这个树瘤剖切开来，其内部诡异莫测

的树瘤花纹更是美妙至极，如图中 b 所示。

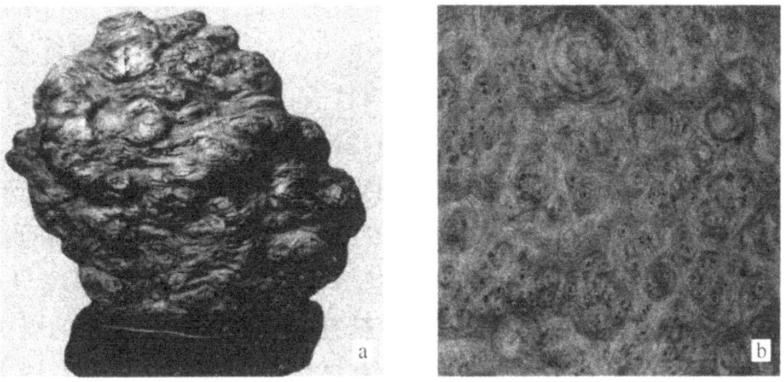

图 12-8　树瘤的外表与内在之美

a. 树瘤外表；b. 树瘤内部剖切面上的花纹图案

12.1.6　木材宏观之美

在肉眼下，人们可以欣赏到木建筑、木桥梁、木家具和木雕艺术品等精美的构型，或由树木年轮、木材纹理、树瘤和树丫等形成的各式各样的花纹图案，这些都属于木材的宏观之美。

图 12-9 为两块海南黄花梨木材的弦面板材，它们板面上的“鬼脸”，实质上就是木材在木节处所形成的涡纹。黄花梨木材备受人们推崇，很大程度上就是由于其材面上经常会有这种十分美妙的“鬼脸”花纹。黄花梨木材在板面上形成的这种涡纹之所以被美称为“鬼脸”，一方面反映了这种木材纹理变幻无常、诡异莫测的特点，另一方面反映出红木爱好者们对这种“鬼脸”花纹的喜爱之情。

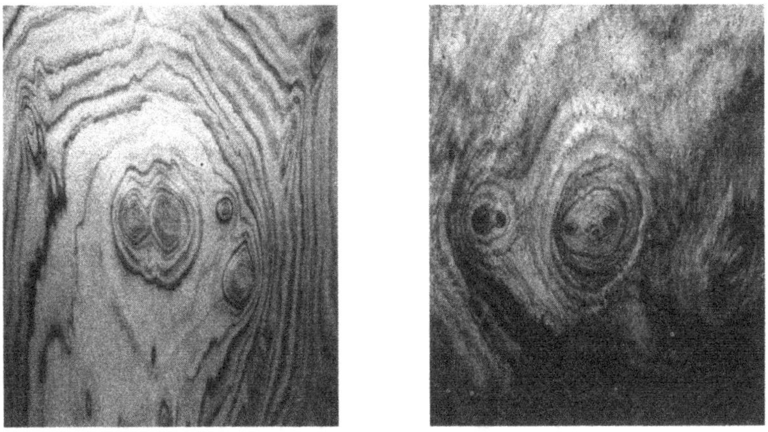

图 12-9　海南黄花梨板面上的“鬼脸”

12.1.7　木材微观之美

在木材的微观世界里，各类细胞组织既变幻无穷，同时又按科、属、种严格地遵循大自然的分布、排列和组合的法则，由此构成丰富多彩的图案，这就是木材的微观之美。

图 12-10 所示为西南猫尾树导管的穿孔和穿孔板，图中下半部穿孔板保留完整，上半部穿孔板掉落后形成空洞。我们知道，导管是树干里面一种输导管道。树木生长的时候，要从土壤

里面吸收水分和养分，然后经过树干中的这种导管组织输送到树冠，供树叶进行光合反应。在树木微观世界里面的这种导管就像宏观世界里的竹竿。竹竿是由一个一个的竹筒首尾相连而成的管道，而树木微观世界里面的导管恰好也是由一个一个的导管细胞首尾相连构成的一条管道。在竹竿中，竹筒与竹筒之间有个横隔板，叫竹节；在导管中，导管细胞与细胞之间也有一个横隔板，叫穿孔板。水分要能够在导管中流通，穿孔板上还必然会有孔洞，木材导管穿孔板上的这种孔洞，称为穿孔。木材导管穿孔板上的穿孔有各式各样，有时可以非常精美，具有极高的美学价值。如图中所见这种西南猫尾树导管的穿孔，很像是人为雕刻的花纹，但其精美程度远非我们人类所能及。图中整个穿孔板的直径为十分之几个毫米，厚度只有千分之几个毫米，在如此之小、如此之薄的东西上面，树木可以精准地生长出这么美妙的雕纹图案，这绝非我们人类所能为之。由此，我们人类不得不敬畏大自然的神奇、不得不为树木生长的精美所折服！

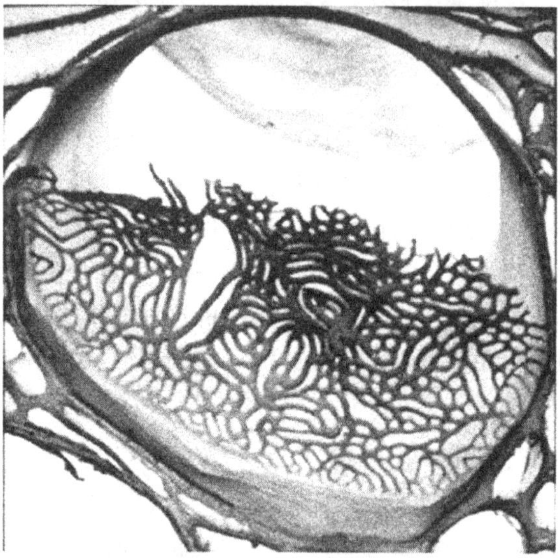

图 12-10　西南猫尾树导管穿孔板上的雕纹穿孔

12.1.8　木材消亡之美

木材消亡的途径无非有三，要么是燃烧成灰烬，要么是腐朽为尘土，要么是变成为化石，如图 12-11 所示。

当木材通过燃烧而化为灰烬的时候，会放出大量热能，供我们人类享用，这是木材消亡的主要途径；当木材被虫菌腐朽化为尘土、回归大地的时候，起到肥沃土壤、改善土壤结构的作用，这也是木材消亡的重要途径之一；除此以外，还有极少量的木材，被深埋在大地之下，长期在低温、高压和隔绝空气的状态下被富含二氧化硅等矿物质的地下水浸泡，经过一系列的取代、置换和沉积等复杂的地理化学反应，使得木材当中的有机碳水化合物完全被无机矿物质所取代，发生脱胎换骨的变化，即转变成了极其珍稀的木材化石。

根据所含矿物质成分的不同，木材化石可分为蛋白木化石、玉髓木化石和玛瑙木化石等许多品种。不同品种的木材化石具有不同的颜色和质地，所以木材化石有的火红、有的碧绿、有的漆黑、有的蛋白、有的金黄，颜色极为丰富，琢磨抛光后可表现出琉璃溢彩的艺术效果。此外，木材化石还保留有木材独有的花纹和肌理，具有极高文化品位和艺术价值，是宝石中的极品。

b

a　c

图 12-11　木材消亡的途径

a. 燃烧为烬；b. 腐朽为土；c. 转化为石

以上从八个方面对木材美的属性进行了分析。通过这些分析，我们充分认识到木材对于人类来说真是自始至终，尽善尽美。

12.2　木材美学的定义

什么是木材美学，这是我们在讨论和研究木材美学时必须明确的一个问题。要问答这个问题，首先必须明确什么是美，然后什么是美学，最后我们再来回答什么是木材美学。

12.2.1　美的定义

关于“美是什么”，这可以说是一个历史遗留问题，而且是几千年来的历史遗留问题。早在两千多年前，古希腊哲学家柏拉图(公元前 427 年～公元前 347 年)就提出了“美是什么”这个命题，即所谓“柏拉图之问”。

关于“美是什么”这个命题，柏拉图所问的是美的本质是什么？人们可以说某一花朵很美、某棵树很美、或者某个人很美，但是柏拉图所要回答的是，他们美的本质什么？他们美的共性是什么？

自从柏拉图提出“美是什么”这个命题以来，全世界有很多的思想家、哲学家和美学家都在不停地求解这个问题，得到的答案却很不一致。有的说美在于形式，有的说美就是快感，哲学家们则认为美必须是形而上的一种学问。关于“美是什么”，至今仍没有一个公认的满意的答案。

最后，有人认为美的本质是存在的，但它是不可言说的。也有人认为，“美是什么”本身就是一个假的命题，他们认为美的本质根本就不存在。柏拉图本人最后给我们的回答是“美是难的”。在这种情况下，有哲学家不无感叹地说“没有美学，谁都知道什么是美；有了美学，谁都不知美是什么”。

关于“美是什么”，既然几千年来许多哲学家们都未能说清楚这个问题，这里想要把这个问题说清楚肯定也是不可能的。但要讨论木材美学，必须对“美是什么”有一个明确的概念。为了讨论木材美学的需要，这里对木材美学中所讨论的美下一个这样的定义：美是任何让人感到身心愉悦的东西。

根据这个定义，美必须包括客观存在和主观意识两个方面。定义中“东西”就是指客观存在的东西，没有这个“东西”存在，美就不可能存在；定义中“身心愉悦”就是指主观意识，必须有人主动去感受客观存在的“东西”，才会有美产生。如果没有人的主观感受，即使客观的“东西”存在，也不会有美产生。在木材美学中所讨论的木材之美就是这种意义上的美，即客观存在于木材之中让人能够感到身心愉悦的东西。

12.2.2 美学的定义

在明确了什么叫美之后，我们再看什么是美学。美学一词来源于希腊语 Aesthesis，最初的含义是“对感观的感受”，由德国哲学家亚历山大·戈特利尔·鲍姆加通(Alexander Gottliel Baumgarten)首次使用。他在 1750 年用拉丁文出版了第一部美学专著 *Aesthetica*，所以后来人们把他称之为美学之父。第一部美学专著的出版标志着美学作为一门学科正式诞生了。在这部美学专著 *Aesthetica* 里，虽然鲍姆加通就“美学是什么”进行的解释，即“美学是研究感性认识的完善的科学”，但此后 200 多年以来，到底什么是美学，一直是许多美学家和哲学家努力思考的问题。与前面“美是什么”那个命题一样，这个问题至今也还没有一个公认的满意的答案。

下面看美学专家对这个问题是怎么说的。中国人民大学美学研究所的所长张法，在他所著的《美学导论》里面有这样一个开篇语，“谁也不能用简单的话说清楚美学是什么，就已经说清楚了美学是什么”。这里不妨换而言之，那就是“美学是谁都不能用简单的话说清楚的东西”，或者说，“美学是谁都不能简单地说清楚的东西”，这就是美学专家的看法。

下面再看权威著作对这个问题是怎么说的。在《大英百科全书》里面，对美学有这样一个解释，美学是关于美的学科。这种解释是目前关于“美学”公认度最大的一种解释，同时也最符合美学之父鲍姆加通最原本的观点。

12.2.3 木材美学的定义

为了便于开展木材美学方面的研究和讨论，需要对木材美学给出一个明确的定义，即什么是木材美学？

沿用《大英百科全书》关于美学的解释，这里对木材美学下一个定义：木材美学是一门关于木材美的属性的学科。这就是我们对木材美学给出的确切定义。

12.3 木材美学的内涵

根据以上关于木材美学的定义可以界定木材美学的内涵。就目前而言，木材美学的内涵应该包括两个主要方面。

第一个方面，木材美学研究木材所具有的各种美的属性。木材美的属性非常丰富，包括有木材生态美、木材文化美、木材历史美、木材艺术美、木材品质美和木材构造美等等，这些都是木材美的属性，都应该属于木材美学的研究范畴。

第二个方面，木材美学研究木材美的属性的开发利用方法。木材美的属性有很多的方面，对不同属性的研究需要采用不同的研究方法，所以，木材美的属性的开发利用会有多种研究方法。由此可知，通过广泛开展研究，木材美学的内涵将会非常丰富。下面以木材构造美为例讨论木材美学属性的开发利用的研究方法。

木材构造美的开发利用，可以采用图 12-12 所示的技术方案。

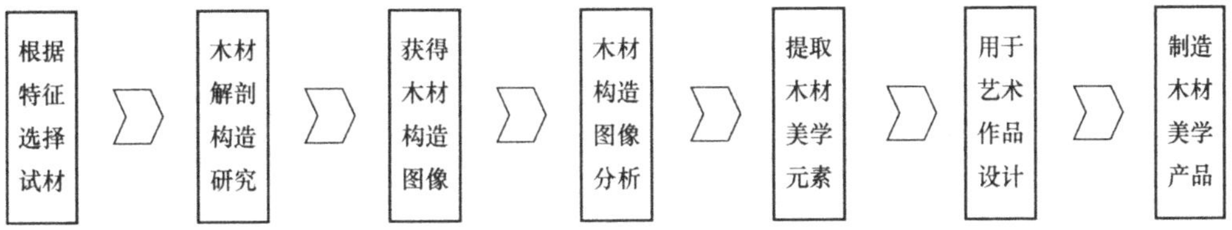

图 12-12　木材构造之美开发利用技术方案

不同树种的木材，具有不同的组织结构，首先根据木材结构特征来选择试材；然后采用木材解剖技术，对试材进行解剖构造的研究分析，从而获得木材解剖构造图像；再借用公共美学理论对木材解剖构造图像进行美学分析，从而获得具有美学价值的木材美学元素；把这些木材美学元素提取出来，并用于产品的艺术设计，从而获得木材美学的设计作品；最后通过工业生产，即可制造出木材美学应用的产品。

图 12-13 所示为木材美学领带开发的一个实际案例。首先从银桦木材(a)中切取木材试样；采用木材解剖技术对木材试样进行解剖构造分析，获得木材横切面的显微构造图像(b)；

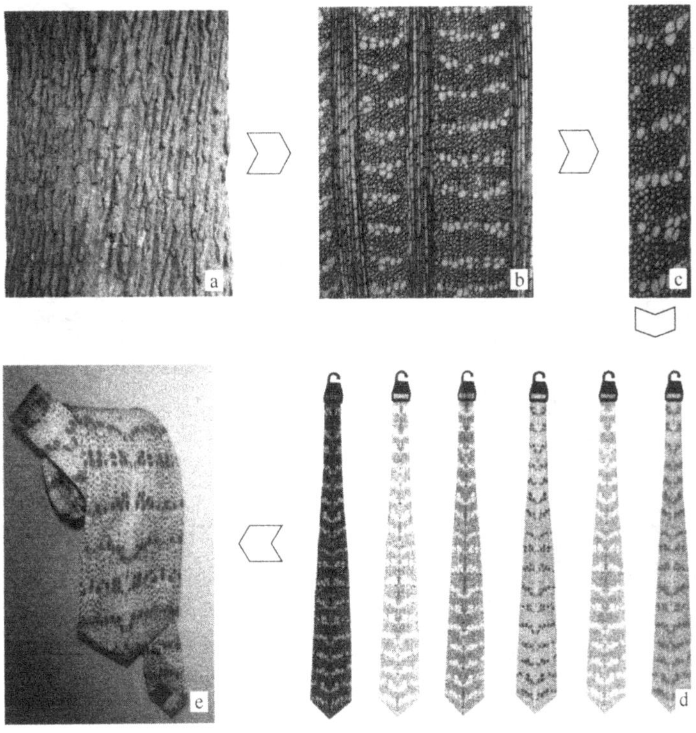

图 12-13　木材美学领带开发技术路线

a. 银桦木材；b. 横切面构造图像；c. 木材美学元素；d. 领带设计作品；e. 木材美学领带实物

应用美学理论知识和美学设计经验，从美学角度对显微构造图像进行美学分析，获得木材美学元素(c)；把这种木材美学元素应用到艺术领带的开发设计，获得木材美学领带的设计作品，图中设计出了六款具有不同颜色效果的作品(d)；最后由浙江某服饰领带有限公司把该设计作品加工生产出木材美学领带产品(e)。

按照上述同样的方法，还可以将木材美学应用到日常生活的许多方面。

图 12-14 风衣上的美饰图案直接取自于竹材维管束横切面显微构造的原始图像；图 12-15 家具面板上装饰图案来自于白千层的树皮美学元素；图 12-16 礼盒美饰图案来源于蛇纹木的材面花纹；图 12-17 所示木材美学地板中的美学元素来源于西南猫尾树导管穿孔板上的雕纹穿孔；图 12-18 中美学门板的美学元素来自于鸡翅木表面的鸡翅状花纹；图 12-19所示电热壶的装饰图案是从樟子松木材横切面显微构造的原始图像创作而来。

图 12-14　在服装领域的应用

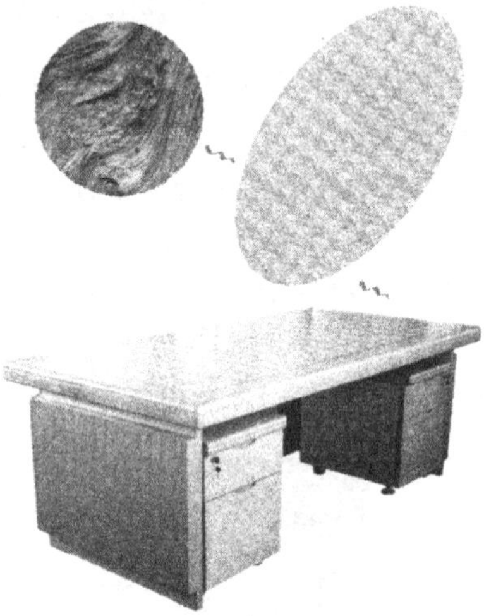

图 12-15　在家具领域的应用

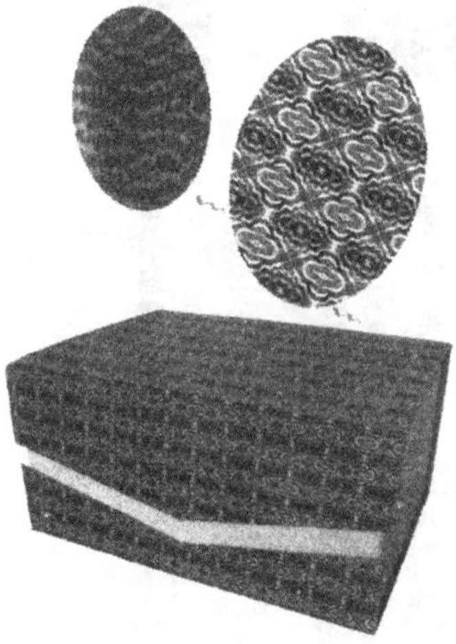

图 12-16　在礼盒包装领域的应用

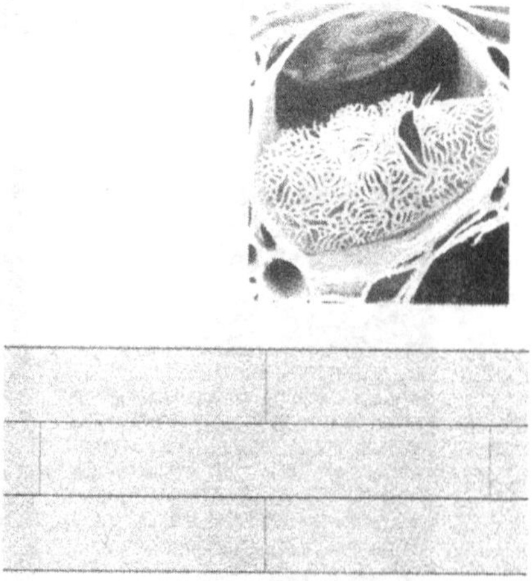

图 12-17　在地板装修中的应用

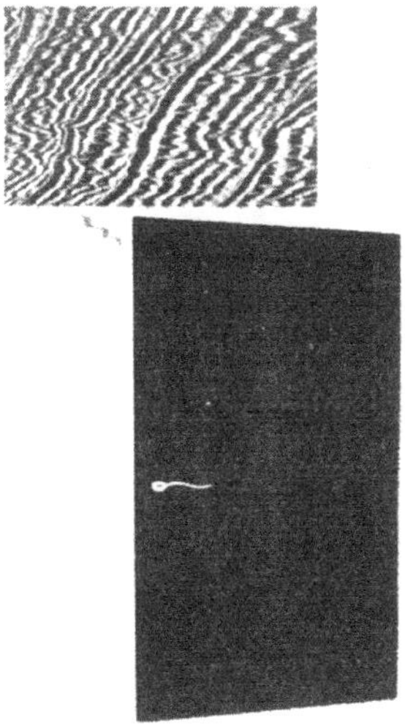

图 12-18　在门窗生产中的应用

图 12-19　在家用电器中的应用

通过以上这些实例可以看到，木材美学并不是一种虚的概念，它是实实在在的一门科学，具有重大的科学意义和很好的现实价值。通过广泛开展木材美学研究，可以开发出非常丰富的木材美学图案，应用这些木材美学图案，可以开发设计出许许多多的木材美学产品。将这种木材美学产品应用于人们日常生活的方方面面，可以极大地丰富和美化人们的物质和精神生活，让人们能够在日常生活中感悟木材之美、享受木材之美，这正是木材美学研究的目标和意义所在。

参考文献

梁敏，罗帆，罗建举. 2009. 檀香紫檀木材构造特点及其美学价值的研究. 第二届中国林业学术大会，8～9/Nov，南宁

梁敏. 2011. 木材解剖构造图案形式美初探. 南宁：广西大学硕士学位论文

刘齐梅，罗建举. 2012. 木材美学在家具设计中的应用. 家具与室内装饰，(2)：16～17

吕金阳，覃卓凯，舒辉，等. 2013. 银杉木材构造美学价值. 西北林学院学报，28(1)：183～187

罗建举，吕金阳. 2012. 木材髓心构造及其美学应用. 南方农业学报，43(9)：22～27

罗建举，罗帆，吕金阳，等. 2011. 木材宏观构造美学. 北京：科学出版社

罗建举，徐峰，李宁，等. 2008. 木材美学引论. 南宁：广西科学技术出版社

罗建举，叶萍，罗帆. 2009. 木材美学原理与技术研究. 第二届中国林业学术大会，8～9/Nov，南宁

罗建举. 2008. 开展木材美学研究 拓宽木材解剖学的应用. 中国林业教育，26(4)：25～27

罗建举. 2011. 木材美学地板及其开发技术. 地板专家-商业评论，(3)：54～56

王红芬. 2009. 木材构造的美学价值开发与应用研究. 南宁：广西大学硕士学位论文

韦晓丹，罗建举. 2013. 香樟木材美学图案在主题酒店客房装饰设计中的应用. 家具与室内装饰，(2)：74～75

Luo J J, Ye P, Luo F. 2011. Introduction of wood esthetics and its application in daily life. International conference on the art and joy of wood, 19-22/Oct. ,2011, Bangalore, India.